建设工程费用定额汇编

住房城乡建设部标准定额司　编

中国计划出版社

2008年7月

图书在版编目（CIP）数据

建设工程费用定额汇编/住房城乡建设部标准定额司编．—北京：中国计划出版社，2008.8
ISBN 978-7-80242-237-7

Ⅰ．建… Ⅱ．住… Ⅲ．建设工程-建筑预算定额-汇编-中国 Ⅳ．TU723.3

中国版本图书馆 CIP 数据核字（2008）第 106237 号

建设工程费用定额汇编

住房城乡建设部标准定额司编

☆

中国计划出版社出版

（地址：北京市西城区木樨地北里甲 11 号国宏大厦 C 座四层）

（邮政编码：100038　电话：63906433　63906381）

新华书店北京发行所发行

三河富华印刷包装有限公司印刷

787×1092 毫米　1/16　37.75 印张　1111 千字

2008 年 8 月第一版　2008 年 8 月第一次印刷

印数 1—10100 册

☆

ISBN 978-7-80242-237-7

定价：78.00 元

前　　言

建设工程费用定额是工程计价的重要依据，近年来有关部门和各省（市）为了适应工程计价工作的需要，按照国家有关法律、法规和工程造价管理改革的要求，结合工程实际，制定、修订和发布了一系列建设工程费用定额，对工程计价工作起到了重要的作用。为使从事工程造价工作的人员了解全国各行业、各省（市）建设工程费用定额的情况，掌握各类工程费用定额计取形式和标准，我们将目前全国有关行业和省（市）现行的建设工程费用定额进行了汇编，以满足各方面工作的需要。

本汇编在编辑过程中得到有关部门和各省（市）的支持，在此表示感谢。

住房城乡建设部标准定额司

2008年6月

目　录

建设部、财政部关于印发《建筑安装工程费用项目组成》的通知

建标〔2003〕206号

各省、自治区建设厅、财政厅，直辖市建委、财政局，国务院有关部门：

为了适应工程计价改革工作的需要，按照国家有关法律、法规，并参照国际惯例，在总结建设部、中国人民建设银行《关于调整建筑安装工程费用项目组成的若干规定》（建标〔1993〕894号）执行情况的基础上，我们制定了《建筑安装工程费用项目组成》（以下简称《费用项目组成》），现印发给你们。为了便于各地区、各部门做好《费用项目组成》发布后的贯彻实施工作，现将《费用项目组成》主要调整内容和贯彻实施有关事项通知如下：

一、《费用项目组成》调整的主要内容：

（一）建筑安装工程费由直接费、间接费、利润和税金组成。

（二）为适应建筑安装工程招标投标竞争定价的需要，将原其他直接费和临时设施费以及原直接费中属工程非实体消耗费用合并为措施费。措施费可根据专业和地区的情况自行补充。

（三）将原其他直接费项下对建筑材料、构件和建筑安装物进行一般鉴定、检查所发生的检验试验费列入材料费。

（四）将原现场管理费、企业管理费、财务费和其他费用合并为间接费。根据国家建立社会保障体系的有关要求，在规费中列出社会保障相关费用。

（五）原计划利润改为利润。

二、为了指导各部门、各地区依据《费用项目组成》开展费用标准测算等工作，我们统一了《建筑安装工程费用参考计算方法》和《建筑安装工程计价程序》（详见附件一、附件二）。

三、《费用项目组成》自2004年1月1日起施行。原建设部、中国人民建设银行《关于调整建筑安装工程费用项目组成的若干规定》（建标〔1993〕894号）同时废止。

《费用项目组成》在施行中的有关问题和意见，请及时反馈给建设部标准定额司和财政部经济建设司。

附件一：建筑安装工程费用参考计算方法

附件二：建筑安装工程计价程序

建设部、财政部

二〇〇三年十月十五日

建筑安装工程费用项目组成

建筑安装工程费由直接费、间接费、利润和税金组成（见附表）。

一、直接费

由直接工程费和措施费组成。

（一）直接工程费：是指施工过程中耗费的构成工程实体的各项费用，包括人工费、材料费、

施工机械使用费。

1．人工费：是指直接从事建筑安装工程施工的生产工人开支的各项费用，内容包括：

（1）基本工资：是指发放给生产工人的基本工资。

（2）工资性补贴：是指按规定标准发放的物价补贴，煤、燃气补贴，交通补贴，住房补贴，流动施工津贴等。

（3）生产工人辅助工资：是指生产工人年有效施工天数以外非作业天数的工资，包括职工学习、培训期间的工资，调动工作、探亲、休假期间的工资，因气候影响的停工工资，女工哺乳时间的工资，病假在六个月以内的工资及产、婚、丧假期的工资。

（4）职工福利费：是指按规定标准计提的职工福利费。

（5）生产工人劳动保护费：是指按规定标准发放的劳动保护用品的购置费及修理费等。

2．材料费：是指施工过程中耗费的构成工程实体的原材料、辅助材料、构配件、零件、半成品的费用。内容包括：

（1）材料原价（或供应价格）。

（2）材料运杂费：是指材料自来源地运至工地仓库或指定堆放地点所发生的全部费用。

（3）运输损耗费：是指材料在运输装卸过程中不可避免的损耗。

（4）采购及保管费：是指为组织采购、供应和保管材料过程中所需要的各项费用。包括：采购费、仓储费、工地保管费、仓储损耗。

（5）检验试验费：是指对建筑材料、构件和建筑安装物进行一般鉴定、检查所发生的费用，包括自设试验室进行试验所耗用的材料和化学药品等费用。不包括新结构、新材料的试验费和建设单位对具有出厂合格证明的材料进行检验，对构件做破坏性试验及其他特殊要求检验试验的费用。

3．施工机械使用费：是指施工机械作业所发生的机械使用费以及机械安拆费和场外运费。

施工机械台班单价应由下列七项费用组成：

（1）折旧费：指施工机械在规定的使用年限内，陆续收回其原值及购置资金的时间价值。

（2）大修理费：指施工机械按规定的大修理间隔台班进行必要的大修理，以恢复其正常功能所需的费用。

（3）经常修理费：指施工机械除大修理以外的各级保养和临时故障排除所需的费用。包括为保障机械正常运转所需替换设备与随机配备工具附具的摊销和维护费用，机械运转中日常保养所需润滑与擦拭的材料费用及机械停滞期间的维护和保养费用等。

（4）安拆费及场外运费：安拆费指施工机械在现场进行安装与拆卸所需的人工、材料、机械和试运转费用以及机械辅助设施的折旧、搭设、拆除等费用；场外运费指施工机械整体或分体自停放地点运至施工现场或由一施工地点运至另一施工地点的运输、装卸、辅助材料及架线等费用。

（5）人工费：指机上司机（司炉）和其他操作人员的工作日人工费及上述人员在施工机械规定的年工作台班以外的人工费。

（6）燃料动力费：指施工机械在运转作业中所消耗的固体燃料（煤、木柴）、液体燃料（汽油、柴油）及水、电等。

（7）养路费及车船使用税：指施工机械按照国家规定和有关部门规定应缴纳的养路费、车船使用税、保险费及年检费等。

（二）措施费：是指为完成工程项目施工，发生于该工程施工前和施工过程中非工程实体项目的费用。内容包括：

1．环境保护费：是指施工现场为达到环保部门要求所需要的各项费用。

2．文明施工费：是指施工现场文明施工所需要的各项费用。

3．安全施工费：是指施工现场安全施工所需要的各项费用。

4．临时设施费：是指施工企业为进行建筑工程施工所必须搭设的生活和生产用的临时建筑物、构筑物和临时设施费用等。

临时设施包括：临时宿舍、文化福利及公用事业房屋与构筑物，仓库、办公室、加工厂以及规定范围内道路、水、电、管线等临时设施和小型临时设施。

临时设施费用包括：临时设施的搭设、维修、拆除费或摊销费。

5. 夜间施工费：是指因夜间施工所发生的夜班补助费、夜间施工降效、夜间施工照明设备摊销及照明用电等费用。

6. 二次搬运费：是指因施工场地狭小等特殊情况而发生的二次搬运费用。

7. 大型机械设备进出场及安拆费：是指机械整体或分体自停放场地运至施工现场或由一个施工地点运至另一个施工地点；所发生的机械进出场运输和转移费用以及机械在施工现场进行安装、拆卸所需的人工费、材料费、机械费、试运转费和安装所需的辅助设施的费用。

8. 混凝土、钢筋混凝土模板及支架费：是指混凝土施工过程中需要的各种钢模板、木模板、支架等的支、拆、运输费用及模板、支架的摊销（或租赁）费用。

9. 脚手架费：是指施工需要的各种脚手架搭、拆、运输费用及脚手架的摊销（或租赁）费用。

10. 已完工程及设备保护费：是指竣工验收前，对已完工程及设备进行保护所需费用。

11. 施工排水、降水费：是指为确保工程在正常条件下施工，采取各种排水、降水措施所发生的各种费用。

二、间接费

由规费、企业管理费组成。

（一）规费：是指政府和有关权力部门规定必须缴纳的费用（简称规费）。包括：

1. 工程排污费：是指施工现场按规定缴纳的工程排污费。

2. 工程定额测定费：是指按规定支付工程造价（定额）管理部门的定额测定费。

3. 社会保障费

（1）养老保险费：是指企业按规定标准为职工缴纳的基本养老保险费。

（2）失业保险费：是指企业按照国家规定标准为职工缴纳的失业保险费。

（3）医疗保险费：是指企业按照规定标准为职工缴纳的基本医疗保险费。

4. 住房公积金：是指企业按规定标准为职工缴纳的住房公积金。

5. 危险作业意外伤害保险：是指按照建筑法规定，企业为从事危险作业的建筑安装施工人员支付的意外伤害保险费。

（二）企业管理费：是指建筑安装企业组织施工生产和经营管理所需费用。内容包括：

1. 管理人员工资：是指管理人员的基本工资、工资性补贴、职工福利费、劳动保护费等。

2. 办公费：是指企业管理办公用的文具、纸张、账表、印刷、邮电、书报、会议、水电、烧水和集体取暖（包括现场临时宿舍取暖）用煤等费用。

3. 差旅交通费：是指职工因公出差、调动工作的差旅费、住勤补助费，市内交通费和误餐补助费，职工探亲路费，劳动力招募费，职工离退休、退职一次性路费，工伤人员就医路费，工地转移费以及管理部门使用的交通工具的油料、燃料、养路费及牌照费。

4. 固定资产使用费：是指管理和试验部门及附属生产单位使用的属于固定资产的房屋、设备仪器等的折旧、大修、维修或租赁费。

5. 工具用具使用费：是指管理使用的不属于固定资产的生产工具、器具、家具、交通工具和检验、试验、测绘、消防用具等的购置、维修和摊销费。

6. 劳动保险费：是指由企业支付离退休职工的易地安家补助费、职工退职金、六个月以上的病假人员工资、职工死亡丧葬补助费、抚恤费、按规定支付给离休干部的各项经费。

7. 工会经费：是指企业按职工工资总额计提的工会经费。

8. 职工教育经费：是指企业为职工学习先进技术和提高文化水平，按职工工资总额计提的费用。

9．财产保险费：是指施工管理用财产、车辆保险。

10．财务费：是指企业为筹集资金而发生的各种费用。

11．税金：是指企业按规定缴纳的房产税、车船使用税、土地使用税、印花税等。

12．其他：包括技术转让费、技术开发费、业务招待费、绿化费、广告费、公证费、法律顾问费、审计咨询费等。

三、利润

是指施工企业完成所承包工程获得的盈利。

四、税金

是指国家税法规定的应计入建筑安装工程造价内的营业税、城市维护建设税及教育费附加等。

附表

建筑安装工程费用项目组成表

- 建筑安装工程费
  - 直接费
    - 直接工程费
      - 1.人工费
      - 2.材料费
      - 3.施工机械使用费
    - 措施费
      - 1.环境保护
      - 2.文明施工
      - 3.安全施工
      - 4.临时设施
      - 5.夜间施工
      - 6.二次搬运
      - 7.大型机械设备进出场及安拆
      - 8.混凝土、钢筋混凝土模板及支架
      - 9.脚手架
      - 10.已完工程及设备保护
      - 11.施工排水、降水
  - 间接费
    - 规费
      - 1.工程排污费
      - 2.工程定额测定费
      - 3.社会保障费
        - (1) 养老保险费
        - (2) 失业保险费
        - (3) 医疗保险费
      - 4.住房公积金
      - 5.危险作业意外伤害保险
    - 企业管理费
      - 1.管理人员工资
      - 2.办公费
      - 3.差旅交通费
      - 4.固定资产使用费
      - 5.工具用具使用费
      - 6.劳动保险费
      - 7.工会经费
      - 8.职工教育经费
      - 9.财产保险费
      - 10.财务费
      - 11.税金
      - 12.其他
  - 利润
  - 税金

附件一

建筑安装工程费用参考计算方法

各组成部分参考计算公式如下：

一、直接费

（一）直接工程费

直接工程费＝人工费＋材料费＋施工机械使用费

1. 人工费

人工费＝∑（工日消耗量×日工资单价）

日工资单价（G）＝$G_1+G_2+\cdots\cdots+G_5$

（1）基本工资

$$基本工资(G_1)=\frac{生产工人平均月工资}{年平均每月法定工作日}$$

（2）工资性补贴

$$工资性补贴(G_2)=\frac{\sum 年发放标准}{全年日历日-法定假日}+\frac{\sum 月发放标准}{年平均每月法定工作日}+每工作日发放标准$$

（3）生产工人辅助工资

$$生产工人辅助工资(G_3)=\frac{全年无效工作日(G_1+G_2)}{全年日历日-法定假日}$$

（4）职工福利费

职工福利费（G_4）＝（$G_1+G_2+G_3$）福利费计提比例（％）

（5）生产工人劳动保护费

$$生产工人劳动保护费(G_5)=\frac{生产工人年平均支出劳动保护费}{全年日历日-法定假日}$$

2. 材料费

材料费＝（材料消耗量×材料基价）＋检验试验费

（1）材料基价

材料基价＝｛（供应价格＋运杂费）［1＋运输损耗率（％）］｝［1＋采购保管费率（％）］

（2）检验试验费

检验试验费＝（单位材料量检验试验费×材料消耗量）

3. 施工机械使用费

施工机械使用费＝（施工机械台班消耗量×机械台班单价）

机械台班单价

台班单价＝台班折旧费＋台班大修费＋台班经常修理费＋台班安拆费及场外运费＋台班人工费＋台班燃料动力费＋台班养路费及车船使用税

（二）措施费

本规则中只列通用措施费项目的计算方法，各专业工程的专用措施费项目的计算方法由各地区或国务院有关专业主管部门的工程造价管理机构自行制定。

1. 环境保护

$$环境保护费=直接工程费\times环境保护费费率（\%）$$

$$环境保护费费率（\%）=\frac{本项费用年度平均支出}{全年建安产值\times直接工程费占总造价比例（\%）}$$

2. 文明施工

$$文明施工费=直接工程费\times文明施工费费率（\%）$$

$$文明施工费费率（\%）=\frac{本项费用年度平均支出}{全年建安产值\times直接工程费占总造价比例（\%）}$$

3. 安全施工

$$安全施工费=直接工程费\times安全施工费费率（\%）$$

$$安全施工费费率（\%）=\frac{本项费用年度平均支出}{全年建安产值\times直接工程费占总造价比例（\%）}$$

4. 临时设施费

临时设施费由以下三部分组成：

（1）周转使用临建（如，活动房屋）

（2）一次性使用临建（如，简易建筑）

（3）其他临时设施（如，临时管线）

临时设施费=（周转使用临建费+一次性使用临建费）［1+其他临时设施所占比例（%）］

其中：

①周转使用临建费

$$周转使用临建费=\left[\frac{临建面积\times每平方米造价}{使用年限\times365\times利用率（\%）}\times工期（天）\right]+一次性拆除费$$

②一次性使用临建费

$$一次性使用临建费=临建面积\times每平方米造价\times［1-残值率（\%）］+一次性拆除费$$

③其他临时设施在临时设施费中所占比例，可由各地区造价管理部门依据典型施工企业的成本资料经分析后综合测定。

5. 夜间施工增加费

$$夜间施工增加费=\left(1-\frac{合同工期}{定额工期}\right)\times\frac{直接工程费中的人工费合计}{平均日工资单价}\times每工日夜间施工费开支$$

6. 二次搬运费

$$二次搬运费=直接工程费\times二次搬运费费率（\%）$$

$$二次搬运费费率（\%）=\frac{年平均二次搬运费开支额}{全年建安产值\times直接工程费占总造价的比例（\%）}$$

7. 大型机械进出场及安拆费

$$大型机械进出场及安拆费=\frac{一次进出场及安拆费\times年平均安拆次数}{年工作台班}$$

8. 混凝土、钢筋混凝土模板及支架

（1）模板及支架费=模板摊销量×模板价格+支、拆、运输费

摊销量=一次使用量×（1+施工损耗）×［1+（周转次数-1）×补损率/周转次数-（1-补损率）50%/周转次数］

（2）租赁费=模板使用量×使用日期×租赁价格+支、拆、运输费

9. 脚手架搭拆费

（1）脚手架搭拆费=脚手架摊销量×脚手架价格+搭、拆、运输费

$$脚手架摊销量=\frac{单位一次使用量\times(1-残值率)}{耐用期\div一次使用期}$$

（2）租赁费 = 脚手架每日租金 × 搭设周期 + 搭、拆、运输费

10．已完工程及设备保护费

已完工程及设备保护费 = 成品保护所需机械费 + 材料费 + 人工费

11．施工排水、降水费

$$排水降水费=\sum 排水降水机械台班费\times排水降水周期+排水降水使用材料费、人工费$$

二、间接费

间接费的计算方法按取费基数的不同分为以下三种：

（一）以直接费为计算基础

间接费 = 直接费合计 × 间接费费率

（二）以人工费和机械费合计为计算基础

间接费 = 人工费和机械费合计 × 间接费费率（%）

间接费费率（%）= 规费费率（%）+ 企业管理费费率（%）

（三）以人工费为计算基础

间接费 = 人工费合计 × 间接费费率（%）

1．规费费率

根据本地区典型工程发承包价的分析资料综合取定规费计算中所需数据：

（1）每万元发承包价中人工费含量和机械费含量。

（2）人工费占直接费的比例。

（3）每万元发承包价中所含规费缴纳标准的各项基数。

规费费率计算公式

①以直接费为计算基础

$$规费费率(\%)=\frac{\sum 规费缴纳标准\times每万元发承包价计算基数}{每万元发承包价中的人工费含量}\times人工费占直接费的比例(\%)$$

②以人工费和机械费合计为计算基础

$$规费费率(\%)=\frac{\sum 规费缴纳标准\times每万元发承包价计算基数}{每万元发承包价中的人工费含量和机械费含量}\times100\%$$

③以人工费为计算基础

$$规费费率(\%)=\frac{规费缴纳标准\times每万元发承包价计算基数}{每万元发承包价中的人工费含量}\times100\%$$

2．企业管理费费率

企业管理费费率计算公式

（1）以直接费为计算基础

$$企业管理费费率(\%)=\frac{生产工人年平均管理费}{年有效施工天数\times人工单价}\times人工费占直接费比例(\%)$$

（2）以人工费和机械费合计为计算基础

$$企业管理费费率(\%)=\frac{生产工人年平均管理费}{年有效施工天数(人工单价+每一工日机械使用费)}\times100\%$$

（3）以人工费为计算基础

$$企业管理费费率(\%)=\frac{生产工人年平均管理费}{年有效施工天数\times人工单价}\times100\%$$

三、利润

利润计算公式

见附件二　建筑安装工程计价程序

四、税金

税金计算公式：

$$税金 = (税前造价 + 利润)税率(\%)$$

税率：

（一）纳税地点在市区的企业

$$税率(\%) = \frac{1}{1-3\%-(3\%\times7\%)-(3\%\times3\%)}-1$$

（二）纳税地点在县城、镇的企业

$$税率(\%) = \frac{1}{1-3\%-(3\%\times5\%)-(3\%\times3\%)}-1$$

（三）纳税地点不在市区、县城、镇的企业

$$税率(\%) = \frac{1}{1-3\%-(3\%\times1\%)-(3\%\times3\%)}-1$$

附件二

建筑安装工程计价程序

根据建设部第107号部令《建筑工程施工发包与承包计价管理办法》的规定，发包与承包价的计算方法分为工料单价法和综合单价法，程序为：

一、工料单价法计价程序

工料单价法是以分部分项工程量乘以单价后的合计为直接工程费，直接工程费以人工、材料、机械的消耗量及其相应价格确定。直接工程费汇总后另加间接费、利润、税金生成工程发承包价，其计算程序分为三种：

1. 以直接费为计算基础

序　号	费用项目	计算方法	备　注
1	直接工程费	按预算表	
2	措施费	按规定标准计算	
3	小计	(1) + (2)	
4	间接费	(3) ×相应费率	
5	利润	[(3) + (4)] ×相应利润率	
6	合计	(3) + (4) + (5)	
7	含税造价	(6) × (1 + 相应税率)	

2. 以人工费和机械费为计算基础

序　号	费用项目	计算方法	备　注
1	直接工程费	按预算表	
2	其中人工费和机械费	按预算表	
3	措施费	按规定标准计算	
4	其中人工费和机械费	按规定标准计算	

续表

序　号	费用项目	计算方法	备　注
5	小计	(1) + (3)	
6	人工费和机械费小计	(2) + (4)	
7	间接费	(6) ×相应费率	
8	利润	(6) ×相应利润率	
9	合计	(5) + (7) + (8)	
10	含税造价	(9) × (1+相应税率)	

3. 以人工费为计算基础

序　号	费用项目	计算方法	备　注
1	直接工程费	按预算表	
2	直接工程费中人工费	按预算表	
3	措施费	按规定标准计算	
4	措施费中人工费	按规定标准计算	
5	小计	(1) + (3)	
6	人工费小计	(2) + (4)	
7	间接费	(6) ×相应费率	
8	利润	(6) ×相应利润率	
9	合计	(5) + (7) + (8)	
10	含税造价	(9) × (1+相应税率)	

二、综合单价法计价程序

综合单价法是分部分项工程单价为全费用单价，全费用单价经综合计算后生成，其内容包括直接工程费、间接费、利润和税金（措施费也可按此方法生成全费用价格）。

各分项工程量乘以综合单价的合价汇总后，生成工程发承包价。

由于各分部分项工程中的人工、材料、机械含量的比例不同，各分项工程可根据其材料费占人工费、材料费、机械费合计的比例（以字母“C”代表该项比值）在以下三种计算程序中选择一种计算其综合单价。

（一）当 $C>C_0$（C_0 为本地区原费用定额测算所选典型工程材料费占人工费、材料费和机械费合计的比例）时，可采用以人工费、材料费、机械费合计为基数计算该分项的间接费和利润。

以直接费为计算基础

序　号	费用项目	计算方法	备　注
1	分项直接工程费	人工费+材料费+机械费	
2	间接费	(1) ×相应费率	
3	利润	[(1) + (2)] ×相应利润率	
4	合计	(1) + (2) + (3)	
5	含税造价	(4) × (1+相应税率)	

（二）当 $C<C_0$ 值的下限时，可采用以人工费和机械费合计为基数计算该分项的间接费和利润。

以人工费和机械费为计算基础

序　　号	费用项目	计算方法	备　　注
1	分项直接工程费	人工费+材料费+机械费	
2	其中人工费和机械费	人工费+机械费	
3	间接费	(2)×相应费率	
4	利润	(2)×相应利润率	
5	合计	(1)+(3)+(4)	
6	含税造价	(5)×(1+相应税率)	

（三）如该分项的直接费仅为人工费，无材料费和机械费时，可采用以人工费为基数计算该分项的间接费和利润。

以人工费为计算基础

序　　号	费用项目	计算方法	备　　注
1	分项直接工程费	人工费+材料费+机械费	
2	直接工程费中人工费	人工费	
3	间接费	(2)×相应费率	
4	利润	(2)×相应利润率	
5	合计	(1)+(3)+(4)	
6	含税造价	(5)×(1+相应税率)	

北京市建设工程费用定额

（2001年）

北京市建设委员会关于颁发2001年《北京市建设工程预算定额》的通知
京建经〔2001〕664号

建立在国家宏观调控前提下，由市场形成工程造价的机制，已成为适应市场经济发展和加入WTO的迫切需要，也是我市深化工程造价体制改革的要求。为此，我市组织编制了2001年《北京市建设工程预算定额》（以下简称本定额），经审查，现批准发布，自2002年4月1日起执行。

本定额作为北京市行政区域内编制建设工程预算、招标标底、投标报价、工程量清单计价以及签订施工承包合同、工程结算和工程造价审定的依据。

本定额由北京市建设工程造价管理处负责解释和管理。

北京市建设委员会
二〇〇一年十一月十六日

说　明

一、根据国家及北京市有关法律、法规，结合本市实际情况，编制了2001年《北京市建设工程费用定额》（以下简称本定额）。

二、本定额包括：现场管理费、企业管理费、利润、税金和分包工程管理费，与2001年《北京市建设工程预算定额》配套使用。

三、现场管理费包括临时设施费和现场经费，属于建设工程直接费。

四、各项费用包括的内容：

（一）临时设施费：是指施工企业为进行建筑、安装、市政工程施工所必须的生活和生产用临时设施费用。包括：临时宿舍、文化福利公用事业房屋、构筑物、仓库、办公室、加工厂、塔式起重机基础、小型临时设施以及规定范围内的现场施工道路、水、电管线，为保证文明施工现场安全和环境保护所采取的必要措施。其费用中包括了临时设施的搭设、租赁、摊销、维护及拆除等费用以及按规定缴纳的临时用地费、临时建设工程费。不包括施工用地面积小于首层建筑面积三倍时，由建设单位负责申办租用临时用地的租金。

（二）现场经费：指施工企业的项目经理部组织施工过程中所发生的费用。包括：

1．工作人员工资：从事政治、行政、经济、技术、试验、警卫消防炊事和服务人员（不含材料人员和行政汽车司机等人员）的工资、养老保险、医疗保险、各项津贴及施工现场人员的工资附加费。

2．办公费：办公用文具、纸张、账表、印刷、通讯邮资、书报、水电及办公、生活用燃料等费用。

3．差旅交通费：工作人员因公出差的差旅费、住勤补贴、误餐补助和工地转移等费用。

4. 低值易耗品摊销费：行政使用不属于固定资产的工具、器具、家具、交通工具（非机动车）及检验试验、测绘、消防用具的摊销和维修等费用。

5. 劳动保护费：按国家有关部门规定标准发放给工作人员的劳保用品费用、保健和防暑降温费用。

6. 检验试验费：对建筑材料、构件、建筑物进行鉴定、检查、试验所发生的全部费用。

7. 工程定位复测点交及竣工清理费：工程进行测量定位、复测、交工前现场及室内的清理以及施工中渣土外运的费用。

8. 其他：业务招待费、外包工管理费、民兵训练、临时工管理、咨询、“门前三包”、财产保险以及执行社会义务等费用。

（三）企业管理费：指施工企业行政管理部门为管理和组织经营活动而发生的各项费用。

1. 干勤人员工资及工资附加费：企业公司管理人员、服务人员的工资、津贴、职工福利费、工会经费。但不包括材料人员的工资。

2. 职工教育经费、共青团经费：企业为职工学习先进技术和提高文化水平按规定计提的费用，以及企业组织青年职工学习和活动的经费。

3. 办公费：企业公司管理人员办公用文具、纸张、软盘、账表以及办公用品的修理费，书报、邮电、通讯、印刷、会议、水电、燃气燃料等费用。

4. 差旅交通费：企业公司管理人员因公出差发生的交通费、补助费、公交月票补贴、误餐费，自有交通工具的燃料、养路费、高速路通行费，职工探亲路费、劳动力招募、离退休职工一次性路费等费用。

5. 固定资产折旧、修理费：企业全部非生产用固定资产的折旧和修理费。

6. 工具、用具摊销费：企业公司使用的不属于固定资产的工具、用具等摊销费用。

7. 劳动保护费：企业公司管理人员的劳动保护用品、公共的技术安全措施、保健及防暑降温费。

8. 财务经费：企业经营期间发生的短期流动资金贷款利息等。

9. 业务招待费：企业为业务经营的合理需要而支付的招待费用。

10. 劳动保险费：企业支付职工六个月以上的病假人员工资、职工退职金、丧葬补助、抚恤费及按规定支付给离休人员的各项经费等。

11. 税金：企业应缴纳的房产税、土地使用税、车船使用税和印花税。

12. 社会保障等费用：企业公司管理人员的基本医疗保险基金、基本养老保险费及企业全体人员的住房公积金、失业保险基金、残疾人保障金、工伤保险基金。

13. 其他：上述费用以外的其他费用开支。包括：上交北京市建设工程造价管理处的定额编制测定费、工程投标、财产保险、职工取暖、经济担保、党委宣传、董事会费、审计咨询、公（鉴）证、诉讼、法律顾问、民兵训练、社会义务、绿化、“门前三包”等费用。

（四）利润：计入工程造价的利润。

（五）税金：计入建设工程造价的营业税、城市维护建设税、教育费附加。

五、各项费用适用范围：

（一）建筑工程：

1. 单层建筑：各类单层建筑物及各种车棚、货棚、站台等单层建筑物。

2. 住宅：指城镇乡村所建各类住宅、宿舍、公寓、别墅。

3. 公共建筑：不属于单层建筑和住宅的其他各种用途建筑物。

（二）装饰工程：《北京市建设工程预算定额》第二册装饰工程所规定的建筑物、构筑物的装饰装修工程。

（三）构筑物：烟囱、水塔、筒仓、贮水（油）池和其他地上、地下的构筑物工程以及执行《北京市建设工程预算定额》第一册建筑工程的道路、窨井、化粪池、沟道、围墙、挡土墙、混凝土管道等。

（四）钢结构工程：建筑物、构筑物中的钢结构柱、梁、屋架、天窗架、平台及其他构件。

（五）独立土石方、地下降水工程：竖向土石方、沟渠、河道、地下降水工程。

（六）桩基础：建筑、市政工程中各类基础桩、护坡桩、连续墙。

（七）仿古建筑：《北京市建设工程预算定额》第三册仿古建筑工程所规定的仿古建筑工程。

（八）安装工程：

1. 住宅、公共建筑：动力、照明、消防、广播、电视、电话等电气工程以及采暖、给排水、燃气工程。

2. 其他：变配电工程、通风空调工程、电梯安装、锅炉及附属设备安装工程以及室外电缆敷设、架空线路、路灯、室外管道工程等。

（九）市政工程：市政道路、桥梁、管道工程。

（十）绿化工程：城市、庭园、行道新辟栽植和园林栽植改造工程。

（十一）庭园工程：《北京市建设工程预算定额》第十册庭园工程所规定的内容。

六、有关规定：

1. 临时设施费中建筑工程按承包（以建设工程施工合同为准）全部工程的总体建筑面积划分。

2. 单项工程檐高不同时，应以其最高檐高作为确定取费标准的依据。

3. 一个单项工程具有不同使用功能时，应按其主要使用功能确定取费标准。

4. 执行《北京市建设工程预算定额》第一册建筑工程的道路、窨井、化粪池、沟道、围墙等的企业管理费，按构筑物中的其他标准执行。

5. 构筑物中的动力、照明、消防、广播、电视、电话等电气工程以及采暖、给排水、燃气工程的现场经费、企业管理费，按檐高 25m 以下公共建筑标准执行。

6. 电气安装工程中，无变电设施的配电工程执行安装工程中的住宅、公共建筑的相应标准；带有变电设施的变电和配电工程应以低压柜出口为界，分别执行安装工程中的住宅、公共建筑和其他的相应标准。

七、计算规则：

1. 装饰工程、安装工程和绿化工程的临时设施费、现场经费、企业管理费，均以直接费中的人工费为基数计算。

2. 其他工程的临时设施费、现场经费以定额直接费为基数计算；企业管理费以直接费（包括临时设施费和现场经费）为基数计算。

3. 利润：以直接费和企业管理费之和为基数计算。

4. 税金：以直接费、企业管理费和利润三项之和为基数计算。

八、分包工程管理费：

1. 分包工程管理费是指施工总承包单位将承包工程中的部分工程自行分包给专业施工单位或劳务施工单位，以及专业施工单位自行将所承包工程的一部分分包给劳务施工单位时，应付给分包单位的工程管理费用。

2. 分包工程管理费按工程分包形式分为包工包料和包工不包料两种标准。

3. 分包工程管理费中包括了分包单位的现场经费和企业管理费。

4. 分包单位的临时设施费，由总包单位负责。

一、现场管理费

1. 临时设施费

定额编号	项目			计费基数	费率（%）	
					四环路以内	四环路以外
1－1	建筑工程	建筑面积	50000m^2 以外	直接费	2.7	2.3
1－2			50000m^2 以内		2.9	2.5
1－3			20000m^2 以内		3.1	2.6
1－4	装饰工程			人工费	15.0	13.0
1－5	构筑物			直接费	2.6	2.2
1－6	钢结构工程				2.0	1.7
1－7	独立土石方、地下降水工程				2.2	1.8
1－8	桩基础				1.9	1.7
1－9	仿古建筑				2.8	2.4
1－10	安装工程			人工费	19.0	16.0
1－11	市政工程	道路、桥梁		直接费	4.0	3.6
1－12		管道			3.6	3.1
1－13	绿化工程			人工费	5.0	4.0
1－14	庭园工程			直接费	2.9	2.4

2．现场经费

定额编号	项目				计费基数	费率（%）
1－15	建筑工程	单层建筑	檐高	16m 以上	直接费	4.7
1－16				16m 以下		4.2
1－17		住宅		25m 以上		4.9
1－18				25m 以下		4.5
1－19		公共建筑		25m 以上		5.4
1－20				25m 以下		4.8
1－21	装饰工程				人工费	26.0
1－22	构筑物		高度	10m 以上	直接费	4.6
1－23				10m 以下		3.9
1－24	钢结构工程					2.0
1－25	独立土石方、地下降水工程					3.6
1－26	桩基础					4.0
1－27	仿古建筑					4.9
1－28	安装工程	住宅	檐高	25m 以上	人工费	30.0
1－29				25m 以下		24.0
1－30		公共建筑		25m 以上		34.0
1－31				25m 以下		27.0
1－32		其他				31.0
1－33	市政工程	道路			直接费	5.3
1－34		桥梁				5.1
1－35		给水				3.6
1－36		排水				5.0
1－37		燃气、热力				4.2
1－38	绿化工程				人工费	14.0
1－39	庭园工程				直接费	4.1

二、企业管理费

定额编号	项目				计费基数	费率（%）
2－1	建筑工程	单层建筑			直接费	5.7
2－2		住宅	檐高	25m 以下		5.6
2－3				25m 以上		6.1
2－4		公共建筑		25m 以下		5.7
2－5				45m 以下		6.8
2－6				45m 以上		7.3
2－7	装饰工程				人工费	45.0
2－8	构筑物	混凝土烟囱、水塔、筒仓及 $500m^3$ 以上水池			直接费	6.3
2－9		其他				5.2
2－10	钢结构					2.4
2－11	独立土石方、地下降水工程					4.0
2－12	桩基础					3.9
2－13	仿古建筑					5.9
2－14	安装工程	住宅	檐高	25m 以下	人工费	44.0
2－15				25m 以上		50.0
2－16		公共建筑		25m 以下		48.0
2－17				45m 以下		56.0
2－18				45m 以上		62.0
2－19		其他				54.0
2－20	市政工程	道路			直接费	6.1
2－21		桥梁				5.7
2－22		给水				4.7
2－23		排水				5.8
2－24		燃气、热力				5.2
2－25	绿化工程				人工费	19.0
2－26	庭园工程				直接费	5.0

三、其他费用

定额编号	项目	计费基数	费率（%）
3－1	利润	直接费＋企业管理费	7.0
3－2	税金	直接费＋企业管理费＋利润	3.4

四、分包工程管理费

定额编号	项目	计费基数	费率（%）
4－1	包工包料工程	直接费	4.5
4－2	包工不包料工程	人工费	26.0

附表

企业管理费构成比例

序　号	内　　容	比例（%）
1	干勤人员工资及工资附加费	45.86
2	职工教育经费、共青团经费	3.16
3	办公费	2.40
4	差旅交通费	1.65
5	固定资产折旧、修理费	5.64
6	工具、用具摊销费	0.39
7	劳动保护费	0.26
8	财务费用	2.87
9	业务招待费	0.74
10	劳动保险费	1.82
11	税金	1.72
12	社会保障等费用	29.16
13	其他	4.33
14	合计	100.00

注：本表仅供施工企业内部核算参考。

北京市建设工程概算费用定额

（2004年）

北京市建设委员会关于颁发2004年《北京市建设工程概算定额》的通知

京建市〔2004〕991号

为加强建筑市场管理，合理确定并有效控制建设工程造价，提高投资效益，我市组织编制了2004年《北京市建设工程概算定额》（以下简称本定额），经审查同意，现批准发布，自2005年4月1日起执行。

本定额作为北京市行政区域范围内编制建设工程设计概算、控制建设工程投资的依据。

本定额由北京市建设工程造价管理处负责解释和管理。

北京市建设委员会

二○○四年十二月三十一日

说　明

一、根据国家及北京市有关法规、规章、文件，结合本市实际情况，编制了2004年《北京市建设工程概算费用定额》（以下简称费用定额）。

二、费用定额包括：综合费用、利润、税金。

三、综合费用包括：临时设施费、现场经费、企业管理费、规费。

四、各项费用适用范围：

（一）建筑工程

1. 单层建筑：指各类单层建筑物及各种车棚、货棚、站台等单层建筑物。

2. 住宅：指城镇乡村所建的各类住宅、宿舍、公寓、别墅。

3. 公共建筑：不属于单层建筑和住宅的其他各种用途建筑物。

（二）装饰工程：2004年《北京市建设工程概算定额》（以下简称概算定额）第二册装饰工程所规定的建筑物、构筑物、地铁工程中的装饰装修工程。

（三）构筑物：烟囱、水塔、筒仓、贮水（油）池和其他地上、地下的构筑物工程。

（四）建筑室外工程：概算定额第四册建筑室外工程所规定的室外工程。

（五）钢结构工程：建筑物、构筑物中的钢结构柱、梁、屋架、天窗架、平台及其他构件。

（六）独立土石方、地下降水、桩基础工程：竖向土石方、沟渠、河道；建筑工程中的地下降水、基础桩、护坡桩、连续墙、护壁。

（七）仿古建筑：概算定额第三册仿古建筑工程所规定的仿古建筑工程。

（八）安装工程

1. 住宅、公共建筑：动力、照明、消防、广播、电视、电话等电气工程以及采暖、给排水、燃气工程。

2. 其他：指变配电工程、通风空调工程、电梯安装、锅炉及附属设备安装工程；建筑室外的电缆敷设、架空线路；地铁工程中的通信、信号、人防、机电工程。

（九）市政工程：市政的道路、桥梁、给水、排水、燃气、热力工程。

（十）地铁工程：地铁的土建工程及轨道工程。

（十一）园林工程：概算定额第十册园林工程所规定的庭园、绿化工程。

五、有关规定：

（一）单层建筑不分使用功能、檐高均执行单层建筑的取费标准；单层建筑带地下室或设备层的仍执行单层建筑的取费标准。

（二）独立的地下工程执行公共建筑檐高25m以下的取费标准。

（三）一个单项工程具有不同使用功能时，按其主要使用功能确定取费标准。

（四）单项工程的檐高不同时，以最高的檐高作为确定取费标准的依据。

（五）建筑室外的地下降水、管道、路灯仍执行建筑室外工程的取费标准。

（六）构筑物中的动力、照明、消防、广播、电视、电话等以及采暖、给排水、燃气工程，执行安装工程檐高25m以下公共建筑的取费标准。

（七）在电气安装工程中，无变电设施的配电工程执行安装工程中的住宅、公共建筑的相应取费标准；带有变电设施的变电和配电工程以低压柜出口为界，分别执行安装工程的相应取费标准。

六、计算规则：

（一）建筑、构筑物、建筑室外、钢结构、独立土石方、地下降水、桩基础、仿古建筑、道路桥梁、市政管道、地铁、庭园等工程的综合费用均以直接费为基数计算。

（二）装饰、安装、绿化等工程的综合费用均以人工费为基数计算。

（三）利润：以直接费及综合费用之和为基数计算。

（四）税金：以直接费、综合费用和利润三项之和为基数计算。

一、综合费用

定额编号	项目				计费基数	费率（%）
1-1	建筑工程	单层建筑			直接费	12.60
1-2		住宅	檐高	25m以下		12.40
1-3				25m以上		13.20
1-4		公共建筑		25m以下		12.70
1-5				45m以下		14.30
1-6				45m以上		14.80
1-7	装饰工程				人工费	95.00
1-8	构筑物				直接费	12.70
1-9	建筑室外工程					11.00
1-10	钢结构工程					6.00
1-11	独立土石方、地下降水工程、桩基础					9.20
1-12	仿古建筑					12.90
1-13	安装工程	住宅	檐高	25m以下	人工费	95.00
1-14				25m以上		112.00
1-15		公共建筑		25m以下		105.00
1-16				45m以下		126.00
1-17				45m以上		142.00
1-18		其他				119.00
1-19	市政工程	道路、桥梁			直接费	14.20
1-20		管道				13.50
1-21	地铁工程	土建			直接费	12.50
1-22		轨道				6.60
1-23	园林工程	庭园			直接费	11.30
1-24		绿化			人工费	38.00

二、其他费用

定额编号	项　目	计 费 基 数	费率（%）
2-1	利润	直接费+综合费用	7.0
2-2	税金	直接费+综合费用+利润	3.4

上海市建设工程施工费用计算规则

（2000 年）

上海市建设和管理委员会关于发布《上海市建设工程施工费用
计算规则（2000）》的通知
沪建建（2001）第0383 号

《上海市建设工程施工费用计算规则（2000）》已编制完成，经我委会同有关部门审核，现予批准发布，自2001 年11 月1 日起施行。

《上海市建设工程施工费用计算规则（2000）》由上海市建设工程定额管理总站负责组织实施和解释。

上海市建设和管理委员会
二〇〇一年七月十八日

上海市建设工程施工费用计算规则

一、为加强建设工程造价管理，规范建设工程施工费用计算行为，根据国家有关规定，结合本市实际情况，制定本计算规则。

二、本计算规则适用于本市行政区域范围内的建筑和装饰、安装、市政、公用管线、园林、房修、水利、民防等建设工程施工项目。

三、建设工程施工费用的要素内容及计算方法

施工费用要素内容由直接费、综合费用、施工措施费、其他费用和税金等诸要素内容组成。

（一）直接费要素内容及计算方法

直接费指施工过程中的耗费，构成工程实体和部分有助于工程形成的各项费用（包括人工费、材料费和施工机械使用费）。

1. 人工

（1）人工单价指生产工人按国家劳动、社会保障政策的规定，在单位工作日内所包括的费用。一般包括：工资（总额）、职工福利费、劳动保护费、社会保险基金、危险作业意外伤害保险费、住房公积金、工会经费、职工教育经费及其他。

（2）人工费计算方法：由承发包双方按人工单价包括的内容为基础，根据建设工程具体特点及市场情况，参照工程造价管理机构发布的市场信息价格，约定人工单价乘以定额工日耗量计算费用。

2. 材料

（1）材料单价指单位材料价格和从供货单位运至工地耗费的所有费用之和。一般包括：材料的原价（供应价）、市内运输费、运输损耗等。

（2）材料费计算方法：由承发包双方按材料单价包括的内容为基础，根据建设工程具体特点及

市场情况，参照工程造价管理机构发布的市场信息价格，约定材料单价乘以定额材料耗量计算费用。

3．机械

（1）机械台班单价指使用施工机械每台班作业所发生的机械使用费及机械安、拆和场外运输等费用。一般包括：机械折旧、大修、经修、燃料动力、人工、养路、税金、保险等。

（2）机械费计算方法：由承发包双方按机械台班单价包括的内容为基础，根据建设工程具体特点及市场情况，参照工程造价管理机构发布的市场信息价格，约定台班单价乘以定额台班耗量计算费用。

（3）大中型机械安、拆，场外运输，路基轨道铺拆等费用，由承发包双方按招标文件和批准的施工组织设计所指定大中型机械，根据建设工程具体特点及市场情况，参照工程造价管理机构发布的市场信息价格，在合同中约定费用。

（二）综合费用内容及计算方法

综合费用由施工管理费和利润组成。

施工管理费指施工企业为组织和管理生产经营活动发生的所有费用。利润指施工企业根据市场实际情况，计入工程费用中的期望获利。

1．综合费用一般包括：管理人员和服务人员按国家劳动、社会保障政策的规定，在单位工作日内所包括的工资（总额）、职工福利费、劳动保护费、社会保险基金、住房公积金、工会经费、职工教育经费以及办公费、差旅费、业务活动经费、非生产性固定资产使用费、低值易耗品摊销（包括不属于固定资产的工、用具使用费）、税金（土地、房产、车船、印花等税金）、检验试验费、临时设施费、施工因素增加费、工程定位、复测、点交、场地清理费、利润和其他。

2．综合费用计算方法：

（1）建筑和装饰、市政、公用管线、园林、房修、水利、民防等工程综合费用计算，以直接费（人工费、材料费、机械费之和）为基数，由承发包双方以综合费包括的内容为基础，根据建设工程具体特点及市场情况，参照工程造价管理机构发布的市场信息费率，约定综合费率计算费用。

（2）安装、园林（绿化）、市政（道路交通管理设施、排水构筑物设备安装）、水利（水工机械设备安装）等工程综合费用计算，以人工费为基数，由承发包双方以综合费包括的内容为基础，根据建设工程具体特点及市场情况，参照工程造价管理机构发布的市场信息费率，约定综合费率计算费用。

（三）施工措施费内容及计算方法

施工措施费是指施工企业为完成建筑产品时，为承担的社会义务、施工准备、施工方案发生的所有措施费用（不包括已列定额子目和综合费用所包括的费用）。

施工措施费一般包括：现场安全、文明施工措施费，原公共建筑、树木、道路、桥梁、管道、电力、通讯等设施保护、改道、迁移等措施费，工程监测费，工程新材料、新工艺、新技术的研究、检验、试验、技术专利费，苗木检疫费，特殊包装费，土壤测定费，特殊产品保护费，创部、市优质工程施工措施费，特殊条件下施工措施费，保险费，港监及交通秩序维持费，建设单位另行专业分包的配合、协调、服务费及其他。

施工措施费的计算，由承发包双方遵照政府颁布的有关法律、法令、规章及各主管部门的有关规定，招标文件和批准的施工组织设计所指定的施工方案等所发生的措施费用，根据建设工程具体特点及市场情况，参照工程造价管理机构发布的市场信息价格，以报价的方法在合同中约定价格（费用内可考虑综合费用的因素）。

（四）其他费用的内容及计算方法

其他费用是国家规定可收取的费用，系指定额编制管理费、工程质量监督费等规费。按国家规定的计算方法计算费用，列入工程造价。

（五）税金的内容及计算方法

税金是指国家税法规定的营业税、城市维护建设税、教育费附加等。按国家规定的计算方法计算税金，列入工程造价。

四、各专业造价管理部门根据本规则组织实施。在实施中，可结合专业特点，对本规则予以补充说明，但需报市定额总站审定。

五、建设工程施工费用计算顺序表（详见附表）。

附表

建设工程施工费用计算顺序表

序号	项　目	计　算　式	备　注
一	直接费	按定额子目规定计算	包括说明
其中	人工费	按定额工日耗量×约定单价	
	材料费	按定额材料耗量×约定单价	
	机械费	按定额台班耗量×约定单价	
二	综合费用	∑直接费（或∑人工费）×约定费率	
三	施工措施费	报价方法计取	由双方合同约定
四	其他费用	按国家规定计取	
五	税金	按国家规定计取	
六	工程施工费用	（一）+（二）+（三）+（四）+（五）	

注：其他费用包括定额编制管理费、工程质量监督费等。税金包括营业税、城市维护建设税、教育费附加等。

上海市市政工程定额管理站关于发布《上海市建设工程施工费用计算规则（2000）（市政工程专业说明）》的通知

沪市政额（2001）32号

上海市建设和管理委员会〔沪建建（2001）第0383号文〕批准发布了《上海市建设工程施工费用计算规则（2000）》，这是上海市建设工程施工费用计算的共同规则，也是上海市市政工程必须贯彻执行的施工费用计算规则。

随着《上海市市政工程预算定额（2000）》的发布施行，市政造价专业人员希望有与之相配套的施工费用计算规则。为此，我站会同市政协会造价专业委员会，在《上海市建设工程施工费用计算规则（2000）》的总原则下，结合市政工程特点，编制了《上海市建设工程施工费用计算规则（2000）（市政工程专业说明）》，以帮助市政造价专业人员更好地使用《上海市市政工程预算定额（2000）》，以利提高造价文件编制质量。

特此通知

上海市市政工程定额管理站

二〇〇一年十一月二十八日

上海市建设工程施工费用计算规则（2000年）市政工程专业说明

一、上海市建设工程施工费用计算规则（2000）《市政工程专业说明》（以下简称市政专业说明）是根据国家有关规定、上海市建设工程施工费用计算规则，结合市政工程特点编写的。

二、市政专业说明适用于本市行政区域内的市政新建、扩建、改建及大修工程，与《上海市市政预算定额（2000年）》配套执行。

三、市政工程施工费用的要素及计算方法。市政工程费用要素内容由直接费、综合间接费、施工措施费、其他费用和税金等诸要素内容组成。

（一）直接费要素内容及计算方法。直接费是指施工过程中构成工程实体的以及部分有助于工程形成的各项费用，包括人工费、材料费、施工机械使用费、大型周材运输费及土方、泥浆外运费。

1. 人工：

（1）人工单价指生产工人按国家劳动、社会保障政策的规定，在单位工作日内所包括的费用。一般包括：工资（总额）、职工福利费、劳动保护费、社会保险基金、危险作业意外伤害保险费、住房公积金、工会经费、职工教育经费及其他。

（2）人工费计算方法。由承发包双方按人工单价包括的内容为基础，根据市政工程特点及市场情况，参照工程造价管理机构发布的人工费市场信息，约定人工单价乘以定额工日计算人工费。

2. 材料：

（1）材料单价指单位材料价格和从供货单位运至工地耗费的所有费用之和。一般包括：材料的原价（供应价）、市内运输费、运输损耗等。

（2）材料费的计算方法。由承发包双方按材料单价包括的内容为基础，根据市政工程特点及市场情况，参照工程造价管理部门发布的市场材料信息价格，约定材料单价乘以定额材料消耗量计算材料费。

3. 机械：

（1）机械台班单价是指施工过程中，使用每台施工机械正常工作一个台班所发生的机械使用费及机械安拆和场外运输费用。一般包括：折旧费、大修理费、经修费、安拆和场外运输费、燃料动力费、人工费、养路费及车船使用税等有关费用。

(2) 机械费的计算方法。由承发包双方按机械台班单价包括的内容为基础，根据市政工程特点及市场情况，参照工程造价管理机构发布的机械台班单价、市场信息价格约定机械台班单价乘以定额台班消耗量计算机械费。

(3) 大中型机械安拆及场外运输费的确定。大中型机械安、拆及场外运输、路基轨道铺设等费用，由承发包双方根据招标文件和批准的施工组织设计所指定的大中型机械，结合市政工程特点及市场情况，参照工程造价管理结构发布的市场信息价格，在合同中约定费用。

(4) 有关说明。盾构掘进机械台班费中未包括二类费用，其燃料动力费、人工费已经列入相应的盾构掘进定额子目内。

顶管机械的安、拆费及场外运费由承发包双方根据工程特点及市场情况，在合同中约定费用。

4. 土方、泥浆外运费的计算。由承发包双方根据工程特点及市场情况，参照工程造价管理机构发布的市场信息价格，约定土方外运或来源单价乘以按定额计算的数量计算费用。土方、泥浆外运费列入直接费内。土方来源费不计其他费用。

5. 大型周材运输费。指大型周转性材料（如钢板桩、支撑、钢围令、脚手板等）的进场、退场以及工地间转移的运输费。

大型周材运输费的计算，由承发包双方根据市政工程特点及市场情况，按照工程造价管理部门发布的市场信息价格在合同中约定费用。

(二) 综合费用内容及计算方法。

综合费用由施工管理费和利润组成。

施工管理费是指施工企业为组织和管理生产经营活动发生的所有费用。

利润是指施工企业根据市场的实际情况，计入工程费用中的期望获利。

1. 综合费用一般包括：管理人员和服务人员按国家劳动、社会保障政策的规定，在单位工作日内所包括的工资（总额）、职工福利费、劳动保护费、工会经费、职工教育经费、办公费、差旅费、业务活动经费、非生产性固定资产使用费、低值易耗品摊销（工具用具使用费）、各类税（土地、房产、车船、印花等税金）、社会保险基金、住房公积金、业务活动经费、检验试验费、施工因素增加费、临时设施费、工程定位、复测、点交、场地清理费、利润和其他。

2. 综合费用的计算方法。综合费用计算分为两类：市政工程和市政安装工程。

市政工程包括：道路工程、道路交通管理设施工程中的基础项目及交通标线、桥涵及护岸工程、排水管道工程、排水构筑物工程（土建）、隧道工程。市政工程以直接费为基数，由承发包双方以综合费用包括的内容为基础，根据市场情况及市政工程特点，参照工程造价管理机构发布的市场信息费率，约定综合费率计算费用。

市政安装工程包括：道路交通管理设施工程中的交通标志、信号设施、值勤亭、隔离设施、排水构筑物机械设备安装工程。市政安装工程以人工费为基数，由承发包双方以综合费包括的内容为基数，参照工程造价管理机构发布的市场信息费率约定综合费率计算费用。

(三) 施工措施费内容及计算方法。

施工措施费是指施工企业为完成市政工程所承担的社会义务、施工准备、施工方案发生的所有措施费用（不包括已列定额子目和综合费所包括的费用）。

施工措施费一般包括：施工便道养护费、冬雨季施工增加费、夜间施工增加费、施工干扰费、代办建设单位费用（代办临时接水、接电费；港监及交通纠察费用）、现场安全文明施工增加费、原有建筑物、构筑物及公用管线等设施保护、加固及搬迁等措施费、工程监理费、特殊条件下施工、技术措施费、赶工措施费、工程保险费及其他等。

施工措施费的计算，由承发包双方遵照政府颁布的有关法律、法令、规章和各主管部门的有关规定招标文件和批准的施工组织设计所指定的施工方案等所发生的措施费用，根据市政工程特点及市场情况，参照工程造价管理机构发布的市场信息价格，以报价的形式在合同中约定费用(费用内可考虑综合费用的因素)。

（四）其他费用的内容及计算方法。其他费用是指按照国家规定可收取的费用。包括定额编制管理费、工程质量监督费等规费。其他费用按国家规定的计算方法计算费用，列入工程造价。

（五）税金的内容及计算方法。

税金是指国家税法规定的营业税、城市维护建设税、教育费附加等。

税金的计算基数：直接费、综合费用、施工措施费、其他费用之和。

税金的计算方法：按国家规定的计算方法计算税金，列入工程造价。

四、市政工程施工费用计算顺序表（详见附表）。

附表

市政工程施工费用计算顺序表

序号	项　目	计 算 式	备　注
一	直接费	按定额子目规定计算	包括说明
其中	1. 人工费	按定额工日耗量×约定单价	
	2. 材料费	按定额材料耗量×约定单价	
	3. 机械费	按定额台班耗量×约定单价	包括机械进出场及安拆费
	4. 大型周材运输费		
	5. 土方泥浆外运费		
二	综合费用	直接费×约定费率	市政安装工程按人工费计取
三	施工措施费	按报价方法计取	由双方合同约定
四	其他费用	按国家规定计取	
五	税金	按国家规定计取	
六	工程施工费用	（一）+（二）+（三）+（四）+（五）	

重庆市概算费用标准及计算方法

（2006年）

重庆市建设委员会、重庆市发展和改革委员会、重庆市财政局关于颁发《重庆市建设工程设计概算编制规定》的通知

渝建发〔2006〕47号

为合理确定和有效控制建设工程投资，提高工程投资效益，加强政府宏观调控，满足设计概算编制的需要，我们组织编制了2006年《重庆市建设工程设计概算编制规定》（以下简称本规定），经审查批准予以颁发执行。现将有关事宜通知如下：

一、本规定适用于本市行政范围内新建、扩建、改建的建设项目，是编制和审批全部使用国有资金或国有资金投资为主的建设项目设计概算的依据。

二、本规定从2006年4月1日起，与2006年《重庆市建筑工程概算定额》、《重庆市安装工程概算定额》、《重庆市市政工程概算定额》配套执行。

三、本规定由重庆市建设工程造价管理总站负责解释。

重庆市建设委员会
重庆市发展和改革委员会
重庆市财政局
二〇〇六年三月十四日

概算费用标准及计算方法

第一节　建筑安装工程费

建筑安装工程费包括房屋建筑工程和市政基础设施工程的建设费用。房屋建筑工程是指各类房屋建筑及其附属设施和与其配套的线路、管道、设备安装工程及室内外装饰装修工程；市政基础设施工程是指城市道路、公共交通、供水、排水、燃气、热力、园林、环卫、污水处理、垃圾处理、防洪、地下公共设施及附属设施的土建、管道、设备安装工程。

建筑安装工程费由直接费（直接工程费和措施费）、间接费、利润和税金等组成，应以《重庆市建设工程概算定额》和本《规定》规定的费用标准为依据编制。直接工程费应根据概算定额规定的人工、材料、机上人工和机械燃料动力消耗量并按编制期市场人工工日价格、材料价格、机上人工和机械燃料动力价格计算；除税金外，措施费、间接费及利润等应以定额基价为基础，按本《规定》规定的费用标准计算。

一、直接费

直接费由直接工程费和措施费组成。

（一）直接工程费：是指施工过程中耗费的构成工程实体的各项费用，包括人工费、材料费、施工机械使用费。

表1 建筑安装工程费费率标准

费用名称 \ 工程分类		以定额直接工程费为计算基数			以定额人工费为计费基数		
		建筑	市政	机械土石方	人工土石方	安装	市政安装
措施费（%）		12.18	12.45	5.53	19.36	93.81	63.26
间接费	规费（%）	6.64	5.90	4.05	37.7	40.3	40.3
	企业管理费（%）	13.04	15.69	12.54	19.05	42.56	49.3
利润（%）		8.8	8.69	6.74	14.19	42.64	54.54
合计费率（%）		40.66	42.73	28.86	90.3	219.31	207.4

注：“定额直接工程费”即定额基价直接工程费，“定额人工费”即定额基价人工费。

1. 人工费：是指直接从事建筑安装工程施工的生产工人开支的各项费用，内容包括：

（1）基本工资：是指发放给生产工人的基本工资。

（2）工资性补贴：是指按规定标准发放的物价补贴，煤、燃气补贴，交通补贴，住房补贴，流动施工津贴等。

（3）生产工人辅助工资：是指生产工人年有效施工天数以外非作业天数的工资，包括职工学习、培训期间的工资，调动工作、探亲、休假期间的工资，因气候影响的停工工资，女工哺乳时间的工资，病假在六个月以内的工资及产、婚、丧假期的工资。

（4）职工福利费：是指按规定标准计提的职工福利费。

（5）生产工人劳动保护费：是指按规定标准发放的劳动保护用品的购置费及修理费，徒工服装补贴，防暑降温费，在有碍身体健康环境中施工的保健费用等。

本《规定》人工工日费标准为：土石方人工18.00元/工日，安装及机上人工26.00元/工日，其他人工22.00元/工日。

2. 材料费：是指施工过程中耗费的构成工程实体的原材料、辅助材料、构配件、零件、半成品的费用。内容包括：

（1）材料原价（或供应价格）。

（2）材料运杂费：是指材料自来源地运至工地仓库或指定堆放地点所发生的全部费用。

（3）运输损耗费：是指材料在运输装卸过程中不可避免的损耗。

（4）采购及保管费：是指为组织采购、供应和保管材料过程中所需要的各项费用。包括：采购费、仓储费、工地保管费、仓储损耗。

（5）检验试验费：是指对建筑材料、构件和建筑安装物进行一般鉴定、检查所发生的费用，包括自设试验室进行试验所耗用的材料和化学药品等费用。不包括新结构、新材料的试验费和建设单位对具有出厂合格证明的材料进行检验，对构件做破坏性试验及其他特殊要求检验试验的费用。

材料费按以下规定计算：

$$材料费 = \sum（定额材料消耗量 \times 材料单价）+ 检验试验费$$

$$材料单价 = \{（供应价格 + 运杂费）\times [1 + 运输损耗率（\%）] \times [1 + 采购保管费率（\%）]\}$$

$$检验试验费 = 材料费 \times 检验试验费率$$

采购保管费率：“三材”按2.5%计算；其他材料及半成品按3%计算；设备按1.0%计算。检验试验费率按0.3%计算。

3. 施工机械使用费：是指施工机械作业所发生的机械使用费以及机械安拆费和场外运费。

施工机械台班单价应由下列七项费用组成：

（1）折旧费：指施工机械在规定的使用年限内，陆续收回其原值及购置资金的时间价值。

（2）大修理费：指施工机械按规定的大修理间隔台班进行必要的大修理，以恢复其正常功能所需的费用。

（3）经常修理费：指施工机械除大修理以外的各级保养和临时故障排除所需的费用。包括为保障机械正常运转所需替换设备与随机配备工具附具的摊销和维护费用，机械运转中日常保养所需润滑与擦拭的材料费用及机械停滞期间的维护和保养费用等。

（4）安拆费及场外运费：安拆费是指施工机械在现场进行安装与拆卸所需人工、材料、机械和试运转费用及机械辅助设施的拆旧、搭设、拆除等费用；场外运费是指施工机械整体或分体自停放地点运至施工现场或由一施工地点运至另一施工地点的运输、装卸、辅助材料及架线等费用。

（5）人工费：指机上司机（司炉）和其他操作人员的工作日人工费及上述人员在施工机械规定的年工作台班以外的人工费。

（6）燃料动力费：指施工机械在运转作业中所消耗的固体燃料（煤、木柴）、液体燃料（汽油、柴油）及水、电等。

（7）养路费及车船使用税：指施工机械按照国家规定和有关部门规定应缴纳的养路费、车船使用税、保险费及年检费等。

机械台班单价按以下规定计算：

台班单价 = 台班折旧费 + 台班大修费 + 台班经常修理费 + 台班安拆费及场外运费
+ 台班人工费 + 台班燃料动力费
+ 台班养路费及车船使用税

（二）措施费：是指为完成工程项目施工，发生于该工程施工前和施工过程中非工程实体项目的费用。内容包括：

1. 环境保护费：是指施工现场为达到环保部门和市政管理部门要求所需要的各项费用。应按重庆市物价局、重庆市财政局《关于调整我市环境监测服务费收费标准的通知》（渝价〔2002〕771 号）和重庆市物价局、重庆市市政管理委员会关于印发《重庆市城市环境卫生有偿服务收费管理规定》的通知（渝价〔2001〕168 号）的规定计算。

2. 临时设施费：是指施工企业为进行建筑工程施工所必须搭设的生活和生产用的临时建筑物、构筑物和其他临时设施费用等。

临时设施包括：临时宿舍、文化福利及公用事业房屋与构筑物，仓库、办公室、加工厂以及规定范围内道路、水、电、管线等临时设施和小型临时设施。

临时设施费用包括：临时设施的搭设、维修、拆除费或摊销费。

临时设施费每万元材料摊销：钢材 0.91t、原木 1.82m^3、水泥 3.25t、标准砖 16.68 千匹。

3. 冬雨季施工费：指在冬雨季施工增加的设施（如防雨、防寒棚）、劳保用品、防滑、排除雨雪的人工及劳动效率降低等费用（不包括冬雨季施工的蒸气养护费）。

4. 夜间施工费：是指因夜间施工所发生的夜班补助费、夜间施工降效、夜间施工照明设备摊销及照明用电等费用。

5. 工程定位复测、点交及场地清理费等费用。

6. 包干费：是指一个月内停水、停电在工作时间 16 小时以内的停工、窝工损失；建设单位供应材料、设备不及时造成的停工、窝工每月在 8 小时以内的损失；材料的代用（不含钢材）等。

7. 已完工程及设备保护费：是指竣工验收前，对已完工程及设备进行保护所需费用。

8. 二次搬运费：是指因施工场地狭小等特殊情况而发生的二次搬运费用。

9. 特殊检验试验费：是指工程施工中非常规项目的检验试验费。如外墙面砖成品的抗粘接试验、室内有害物质检测、门窗（幕墙）三性试验、挖孔桩基础的抽芯及桩的破坏试验、桥梁支架的荷载试验、钢筋混凝土梁的荷载试验、桥梁的荷载试验、路基、路面的承载力试验以及具有合格证的材料成品、半成品发生的多次重复检验（试验）等检验试验费用。

10. 零星项目费：是指初步设计图中未示明的零星项目发生的费用。

二、间接费

由规费、企业管理费组成。

（一）规费：是指政府和有关权力部门规定必须缴纳的费用（简称规费）。包括：

1. 工程排污费：是指施工现场按规定缴纳的工程排污费用。

2. 社会保障费：包括养老保险、失业保险和医疗保险。

养老保险费：是指企业按规定标准为职工缴纳的基本养老保险费。计费文件：渝府发〔2000〕48号。

失业保险费：是指企业按照国家规定标准为职工缴纳的失业保险费。计费文件：中华人民共和国国务院令第258号。

医疗保险费：是指企业按照规定标准为职工缴纳的基本医疗保险费。计费文件：渝府发〔2001〕120号。

3. 住房公积金：是指企业按规定标准为职工缴纳的住房公积金。计费文件：重庆市财政局、重庆市住房制度改革办公室文件“渝住改革办发〔2001〕67号”。

4. 危险作业意外伤害保险：是指按照建筑法规定，企业为从事危险作业的建筑安装施工人员支付的意外伤害保险费。

（二）企业管理费：是指建筑安装企业组织施工生产和经营管理所需费用。内容包括：

1. 管理人员工资：是指管理人员的基本工资、工资性补贴、职工福利费、劳动保护费等。

2. 办公费：是指企业管理办公用的文具、纸张、账表、印刷、邮电、书报、会议、水电、烧水和集体取暖（包括现场临时宿舍取暖）用煤等费用。

3. 差旅交通费：是指职工因公出差、调动工作的差旅费、住勤补助费，市内交通费和误餐补助费，职工探亲路费，劳动力招募费，职工离退休、退职一次性路费，工伤人员就医路费，工地转移费以及管理部门使用的交通工具的油料、燃料、养路费及牌照费。

4. 固定资产使用费：是指管理和试验部门及附属生产单位使用的属于固定资产的房屋、设备仪器等的折旧、大修、维修或租赁费。

5. 工具用具使用费：是指管理使用的不属于固定资产的生产工具、器具、家具、交通工具和检验、试验、测绘、消防用具等的购置、维修和摊销费。

6. 劳动保险费：是指由企业支付离退休职工的易地安家补助费、职工退职金、六个月以上的病假人员工资、职工死亡丧葬补助费、抚恤费、按规定支付给离休干部的各项经费。

7. 工会经费：是指企业按职工工资总额计提的工会经费。

8. 职工教育经费：是指企业为职工学习先进技术和提高文化水平，按职工工资总额计提的费用。

9. 财产保险费：是指施工管理用财产、车辆保险。

10. 财务费：是指企业为筹集资金而发生的各种费用。

11. 税金：是指企业按规定缴纳的房产税、车船使用税、土地使用税、印花税等。

12. 其他：包括技术转让费、技术开发费、业务招待费、绿化费、广告费、公证费、法律顾问费、审计费、咨询费等。

三、利润

是指施工企业完成所承包工程获得的盈利。

四、安全文明施工费

安全文明施工费是指为满足安全生产、文明施工、职工健康生活所必需的费用。其内容包括《建筑施工安全检查标准》（JGJ 59—99）及《重庆市建筑工地文明施工标准》（渝建发〔2003〕39 号）中所规定的安全文明施工措施中除概算定额已计费用和按实计算费用外的其他所有措施内容所需费用。

根据重庆市建建设委员会“渝建发〔2004〕265 号”文件的规定，安全文明施工费按下列标准计算。

表 2　安全文明施工费用标准

项目名称			计费条件	计费标准
建筑工程	工业建筑	单层厂房	建筑面积	6.0 元/m^2
		多层厂房	建筑面积	5.5 元/m^2
	民用建筑	砖混结构	建筑面积	4.0 元/m^2
		框架结构（含剪筒薄壁柱结构）	20000m^2 以内	7.5 元/m^2
			50000m^2 以内	6.5 元/m^2
			50000m^2 以上	5.5 元/m^2
构筑物	不分结构形式		造价	1.0%
装饰工程	装饰工程	室内	人工费	6.0%
		室外	人工费	8.0%
	幕墙		幕墙面积	9.0 元/m^2
土石方工程	人工土石方	主城区	开挖土石方量	0.4 元/m^3
		其他区县	开挖土石方量	0.3 元/m^3
	机械土石方	主城区	开挖土石方量	0.6 元/m^3
		其他区县	开挖土石方量	0.5 元/m^3
安装工程	不分专业		人工费	7.0%
园林工程			造价	0.8%
房屋修缮工程			造价	0.7%
道路、桥梁工程			1000 万元以内	1.0%
			5000 万元以内	0.8%
			1 亿元以内	0.6%
			1 亿元以上	0.5%
隧道工程			1000 万元以内	0.9%
			5000 万元以内	0.7%
			1 亿元以内	0.5%
			1 亿元以上	0.4%

续表

项目名称	计费条件	计费标准
其他市政工程	1000万元以内	0.8%
	5000万元以内	0.6%
	1亿元以内	0.4%
	1亿元以上	0.3%

注：1. 以上各项工程计费条件均按单位工程划分。

2. 计费基础：建筑工程以建筑面积为基础计算；装饰工程、安装工程以人工费为基础计算；构筑物工程、园林工程、房屋修缮工程、道路工程、桥梁工程、隧道工程、其他市政工程均以税前工程造价为基础计算；幕墙工程以幕墙展开面积为基础计算；土石方工程以开挖工程量为基础计算。

3. 道路工程包括道路所附属的构筑物、跨线桥等；桥梁工程包括立交桥等单独的桥梁工程；其他市政工程指市政范围内道路、桥梁、隧道以外所有市政项目。

4. “安全文明施工费”应计算定额测定费、税金。

五、工程定额测定费

是指按规定支付工程造价（定额）管理部门的定额编制管理费。

计费文件：渝建价发〔2002〕3号文件。费率1.4‰（计费基数按建安工作量）。

六、税金

是指国家税法规定的应计入建筑安装工程造价内的营业税、城市维护建设税及教育费附加等。

税金计算公式：

$$税金=税前造价\times税率（\%）$$

税率：

（一）纳税地点在市区的企业：3.41%

即：

$$税率（\%）=\frac{1}{1-3\%-（3\%\times7\%）-（3\%\times3\%）}-1$$

（二）纳税地点在县城、镇的企业：3.35%

即：

$$税率（\%）=\frac{1}{1-3\%-（3\%\times5\%）-（3\%\times3\%）}-1$$

（三）纳税地点不在市区、县城、镇的企业：3.22%

即：

$$税率（\%）=\frac{1}{1-3\%-（3\%\times1\%）-（3\%\times3\%）}-1$$

第二节　设备及工器具购置费

是指建设项目范围内需要安装及不需要安装的设备、仪器、仪表等及其必需配备的备品备件的购置费，为保证投产初期正常生产所必需的仪器仪表、工卡模具、工器具及生产家具等购置费。该费用由设备购置费和工具、器具及生产家具购置费组成。

设备及工器具购置费按以下公式计算：

$$购置费=\sum（设备及工器具购置数量\times单价+运杂费）\times（1+采购保管费率）$$

设备及工器具采购保管费率为：1.0%

第三节　工程建设其他费用

工程建设其他费用是指建设项目从筹建起到竣工验收交付使用止的整个建设期间，除建筑安装工程费用和设备、工器具购置费以外，为保证建设顺利完成和交付使用后能够正常发挥效用而发生的各项费用的总和。主要包括建设用地费、项目论证费、研究试验费、工程勘察设计费、施工图审查费、环境影响评价费、招标代理费、工程造价咨询服务费、工程建设监理费、专利及专有技术使用费、引进技术和引进设备其他费、其他技术咨询费用、工程相关费用、建设项目筹建管理费、行政事业性收费、场地准备及临时设施费、工程保险费、生产准备及开办费、联合试运转费及其他相关费用等。

一、建设用地费用

建设用地费用是指建设项目通过划拨或征用和土地使用权出让方式取得土地使用权，所需土地征用及拆迁的补偿费和土地使用权出让金。建设用地费用应按概算编制时国家及重庆市政府的现行文件规定计算。

计算方法：

1. 根据应征建设用地面积、临时用地及耕地占用面积按重庆市人民政府制定颁发的土地征用补偿费、安置补助费标准和耕地占用税、城镇土地使用税标准计算。

2. 建设用地上的建（构）筑物如需迁建，其迁建补偿费应按迁建补偿协议计列或按新建同类工程造价计算。建设场地平整中的余留结构物拆除、清理费在“场地准备及临时设施费”中计算。

3. 建设项目采用“长租短付”方式租用土地使用权，在建设期间支付的租用土地费用计入建设用地费；在生产经营中支付的租用土地使用费应进入营运成本中核算。

4. 土地使用权出让金

以上建设用地费用应根据附录二中所列有关文件规定确定。

二、技术咨询费用

（一）项目论证费

项目论证费包括编制项目建议书、编制可行性研定报告、评估项目建议书及评估可行性研究报告等费用。

根据重庆市物价局、重庆市计划委员会、重庆市建设委员会发布的《重庆市工程建设中介服务收费管理实施办法》（渝价〔2000〕352号）计算。但已通过合同约定的按合同约定费用计算。

表3　项目论证费计算标准

1. 按建设项目估算投资额分档收费标准　　单位：万元

咨询评估项目 / 估算投资额标准	编制项目建议书	编制可行性研究报告	评估项目建议书	评估可行性研究报告
1000以下	1.5~2.5	3~5	0.8~1.5	1.5~2
1000~3000	2.5~6	6~12	1.5~4	2~5
3000~1亿	6~14	12~28	4~8	5~10
1亿~5亿	14~37	28~75	8~12	10~15
5亿~10亿	37~55	75~110	12~15	15~20
10亿~50亿	55~100	110~200	15~17	20~25
50亿以上	100~125	200~250	17~20	25~35

2. 按建设项目估算投资额分档收费的调整系数

行　业	调整系数
一、行业调整系数	
1. 化工、石化、钢铁	1.3
2. 石油、天然气、水利、水电、交通（水运）、化纤	1.2
3. 有色、黄金、纺织、轻工、邮电、广播电视、医药、煤炭、火电、（核电）、机械（船舶、航空、航天、兵器）	1.0
4. 林业、商业、粮食、建筑	0.8
5. 建材、交通（公路）、铁路、市政公用工程	0.7
二、工程复杂程度调整系数	0.8~1.2

3. 工程建设咨询人员工日费用标准

咨询人员	工日费用标准
一、高级专家	1000~1200
二、高级专业技术职称的咨询人员	800~1000
三、中级专业技术职称的咨询人员	600~800

注：有关注意事项请查阅渝价〔2000〕352号文件。

（二）研究试验费

研究试验费是指为本建设项目提供或验证设计参数、数据资料等进行必要的研究试验及按照设计规定在建设过程中必须进行的试验、验证所需的费用。包括自行或委托其他部门研究试验所需的人工费、材料费、试验设备及仪器使用费，支付的科技成果、先进技术的一次性技术转让费。但不包括：

1. 应由科技三项费用（即新产品试制费、中间试验费和重要科学研究补助费）开支的项目。

2. 应在建筑安装费用中列支的施工企业对建筑、构件和建筑物进行一般鉴定、检查所发生的费用及技术革新的研究试验费。

3. 应由勘察、设计费或工程费用中开支的项目。

计算方法：按照研究试验的内容和要求按实进行编制。

（三）工程勘察设计费

工程勘察设计费是指委托勘察、设计单位进行初步设计，施工图设计等所需的费用，以及在规定范围内由建设单位自行完成勘察、设计工作所需的费用。

计算方法：

工程勘察费及工程设计费依据勘察设计委托合同计列，或按国家计委、建设部关于发布《工程勘察设计收费管理规定》的通知（计价格〔2002〕10号）规定计算。

表4 工程设计收费标准 单位：万元

序号	计费额	计费基价
1	200	9.0
2	500	20.0
3	1000	38.8
4	3000	103.8
5	5000	163.9
6	8000	249.6
7	10000	304.8
8	20000	566.8
9	40000	1054.0
10	60000	1515.2
11	80000	1960.1
12	100000	2393.4
13	200000	4450.8
14	400000	8276.7
15	600000	11897.5
16	800000	15391.4
17	1000000	18793.8
18	2000000	34948.9

注：设计额>2000000万元的，以设计额乘以1.6%的收费率计算收费。

表5　工程设计收费专业调整系数

工程类型	专业调整系数
1. 矿山采选工程	
黑色、黄色、化学、非金属及其他矿采工程	1.1
采煤工程、有色、铀矿采选工程	1.2
选煤及其他煤炭工程	1.3
2. 加工冶炼工程	
各类冷加工工程	1.0
船舶水工工程	1.1
各类冶炼、热加工、压力加工工程	1.2
核加工工程	1.3
3. 石油、化工、石化、化纤、医药工程	1.2
核化工程	1.6
4. 水利电力工程	
风力发电、其他水利工程	0.8
火电工程	1.0
核电常规岛、水电、水库、送变电工程	1.2
核能工程	1.6
5. 交通运输工程	
机场场道工程	0.8
公路、城市道路工程	0.9
机场空管和助航灯光、轻轨工程	1.0
水运、地铁、桥梁、隧道工程	1.1
索道工程	1.3
6. 建筑市政工程	
邮政工艺工程	0.8
建筑、市政、电信工程	1.0
人防、园林绿化、广电工艺工程	1.1
7. 农业林业工程	
农业工程	0.9
林业工程	0.8

（四）施工图审查费

施工图审查费应执行重庆市物价局“渝价〔2005〕649号”《重庆市物价局关于调整施工图设计文件审查收费标准的通知》。

表6　施工图设计文件审查收费标准

1. 房屋建筑审查费：

建筑等级	Ⅰ级	Ⅱ级	Ⅲ级
审查费（元/m²）	0.8～1.5	1.0～2.2	1.2～5.0

注：1. 建筑等级按现行的《工程勘察设收费管理规定》中建筑工程复杂程度表7.3－1划分。

2. 建筑专项设计（如装饰、幕墙、轻钢等）应按折合建筑面积计价。

3. 勘察收费额指按现行的《工程勘察设计收费管理规定》计算的收费额或按双方合同约定的收费额。

2. 市政基础设施审查费：按工程初步设计概算的1.2‰～3.0‰收取。

3. 勘察成果审查费：按工程勘察收费总额的6%～10%收取。

4. 工程规划规模较小审查费总金额计算不足2000元，按2000元计收。

（五）环境影响评价费

指按照《中华人民共和国环境保护法》、《中华人民共和国环境影响评价法》等规定，为全面、详细评价建设项目对环境可能产生的污染或造成的重大影响所需的费用，包括编制环境影响报告书（含大纲），环境影响报告表和评估环境影响报告书（含大纲），环境影响报告表等所需的费用。

计算方法：

依据环境影响评价委托合同计列，或按照国家环境保护总局《关于规范环境影响咨询收费有关问题的通知》（计价格〔2002〕125号）规定计算。

表7　建设项目环境影响评价咨询收费标准　　　　单位：万元

咨询服务项目 \ 估算投资额（亿元）	0.3以下	0.3~2	2~10	10~50	50~100	100以上
编制环境影响报告书（含大纲）	5~6	6~15	15~35	35~75	75~100	110
编制环境影响报告表	1~2	2~4	4~7	7以上		
评估环境影响报告书（含大纲）	0.8~1.5	1.5~3	3~7	7~9	9~13	13以上
评估环境影响报告表	0.5~0.8	0.8~1.5	1.5~2	2以上		

注：有关事项详见文件规定。

（六）招标代理费

招标代理费执行国家计委“计价格〔2002〕1980号”《招标代理服务收费管理暂行办法》。

（七）工程造价咨询服务费

工程造价咨询服务收费包括工程项目概算、预算、结算及标底等造价的编制、审核工作以及工程造价的全过程控制所发生的费用。

应根据重庆市物价局发布的《重庆市物价局关于规范工程造价中介服务收费管理的通知》（渝价〔2006〕49号）规定的费率计算。

表8　工程造价中介服务收费项目及标准（累进制收费）

序号	收费项目			计费基数	标准（万元）					
					100内	100~500内	500~1000内	1000~5000内	5000~1亿内	1亿以上
1	概算			工程造价（‰）	2.0	1.7	1.5	1.2	0.9	0.8
2	编制、审核预算、标底	建筑		工程造价（‰）	4.0	3.5	3.0	2.5	1.5	1.2
3		安装二次装修		工程造价（‰）	8.0	7.0	6.0	4.0	3.0	2.0
4	工程结（决）算审核	基本收费	建筑	送审造价（‰）	5.0	4.0	3.5	3.0	2.0	1.5
			安装二次装修		8.0	7.0	6.0	4.0	3.0	2.0
		审减效益费		审减额（%）	3~5					
5	工程造价纠纷鉴定			工程造价（‰）	12	10	8.5	8.0	6.0	5.0
6	施工阶段工程造价全过程控制（含结算）			送审造价（‰）	15	13	12	10	8.0	5.0
7	工程清单编制、审核			项目投资额（‰）	2.5	2.0	1.8	1.5	1.2	1.0

注：1. 按上表计算不足2000.00元的，按2000.00元收费。

2. 工程结（决）算审核审减效益费的审减额，为送审项目的审减额，该审减额不抵销审增金额。

3. 某编制施工图预算的建安工程造价为3000万元，计算编制施工图预算收费如下。

100万元×0.4%＝0.40万元，（500－100）万元×0.35%＝1.40万元，（1000－500）万元×0.3%＝1.50万元，（3000－1000）万元×0.25%＝5.00万元，合计收费＝0.40＋1.40＋1.50＋5.00＝8.30万元。

（八）工程建设监理费

工程建设监理费包括设计监理费及施工监理费，应根据重庆市物价局、重庆市计划委员会、重庆市建设委员会发布的《重庆市工程建设中介服务收费管理实施办法》（渝价〔2000〕352号）计算。

表9　工程建设监理收费指导标准

1. 按所监理工程建设概（预）算总额的百分比计收：

序号	工程概（预）算 M（万元）	设计阶段（含设计招标） 监理收费 a（%）	施工（含招标）及保修 阶段监理收费 b（%）
1	$M<500$	$0.20<a$	$2.50<b$
2	$500\leqslant M<1000$	$0.15<a\leqslant 0.20$	$2.00<b\leqslant 2.50$
3	$1000\leqslant M<5000$	$0.10<a\leqslant 0.15$	$1.40<b\leqslant 2.00$
4	$5000\leqslant M<10000$	$0.08<a\leqslant 0.10$	$1.20<b\leqslant 1.40$
5	$10000\leqslant M<50000$	$0.05<a\leqslant 0.08$	$0.80<b\leqslant 1.20$
6	$50000\leqslant M<100000$	$0.03<a\leqslant 0.05$	$0.60<b\leqslant 0.80$
7	$100000\leqslant M$	$a\leqslant 0.03$	$b\leqslant 0.60$

2. 按照参与监理工作的年度平均人数计算：3.5万～5万元/人·年。

3. 不宜按以上两项办法计收的，由建设单位和监理单位按商定的其他方法计收。

（九）专利和专有技术使用费

费用内容包括：

1. 国外设计及技术资料费、引进有效专利、专有技术使用费和技术保密费；

2. 国内有效专利、专有技术使用费；

3. 商标使用费、特许经营权费等。

计算方法：

1. 按专利使用许可协议和专有技术使用合同的规定计列；

2. 专有技术的界定应以市、部级鉴定批准为依据；

3. 项目投资中只计需在项目建设期支付的专利及专有技术使用费。协议或合同规定在生产期支付的使用费应在成本核算中计列。

（十）引进技术和引进设备其他费

引进技术和引进设备其他费包括如下费用内容：

1. 引进项目图纸资料翻译复制费、备品备件测绘费。

2. 出国人员费用：包括买方人员出国进行设计、联络、考察、联合设计、设备材料监检、培训等所发生的差旅费、生活费、制装费等。

3. 来华人员费用：包括卖方来华工程技术人员的差旅费、现场办公费用、往返现场交通费用、工资、食宿费用、接待费等。

4. 银行担保及承诺费：指引进项目由国内外金融机构出面承担风险和责任担保所发生的费用，以及支付贷款机构承诺费用。

计算方法：

1. 引进项目图纸资料翻译复制费：根据引进项目的具体情况计列或按引进货价(F.O.B)的比例估列；引进项目发生备品备件测绘费时按具体情况计列。

2. 出国人员费用：依据合同规定的出国人次、期限和费用标准计算。生活费及制装费按财政部、外交部规定的现行标准计算，旅费按中国民航公布的国际航线票价计算。

3. 来华人员费用：应依据引进合同有关条款规定计算。引进合同有关条款中已包括的费用内容不得重复计算。来华人员接待费用可按人次费用标准计算。

4. 银行担保及承诺费：应按担保或承诺协议计取。投资估算和概算编制时可以担保金额或承诺金额乘以费率计算。

引进设备材料的运输费、国外运输费、国外运输保险费、关税、增值税、外贸手续费、银行财务费、国内运杂费、引进设备材料国内检验费、海关监管手续费等按引进货价（F. O. B或C. I. F）计算后进入相应的设备材料费中。单独引进软件不计关税和增值税。

（十一）其他技术咨询费用

三、工程相关费用

指建设项目单位按照重庆市人民政府有关规定缴纳的市政公用设施建设费，以及绿化补偿费等。一般包括：城市建设配套费、供电配套工程费、城区内自来水管道施工费、城区内电话通讯施工费、城区内燃气管道施工费、防雷工程设计审核费、有线电视安装费、人防工程易地建设费、人防工程拆除补偿费、城市占道费、绿地补偿费、行道树、绿地变更损失补偿费、绿地保证金、地上天然气供气设施拆除费、上水管网补偿费等。

计算方法：

1. 按照附录二按所列重庆市人民政府有关文件规定标准计列；

2. 不发生或按规定免征项目不计取。

四、工程建设管理费

（一）建设项目管理筹建费

1. 建设单位管理费

建设项目建设单位管理费，是指建设单位从项目筹建之日起至办理竣工财务决算之日止发生的管理性质的开支。包括：不在原单位发工资的工作人员工资、基本养老保险费、基本医疗保险费、失业保险费、办公费、差旅交通费、劳动保护费、施工现场津贴费、工具用具使用费、固定资产使用费、零星购置费、招募生产工人费、技术图书资料费、业务招待费、印花税、竣工验收费和其他管理费性质开支。

根据重庆市财政局转发财政部《关于〈基本建设财务管理规定〉的通知》（渝财建〔2002〕247号文），建设单位管理费总额控制数费率按下表规定计算（以建安工程费为计算基数）：

表10　建设单位管理费计算标准　　单位：万元

工程总概算	费率（%）	算例	
		建安工程费	建设单位管理费
1000 以下	1.5	1000	1000×1.5% =15
1001～5000	1.2	5000	15+（5000－1000）×1.2% =63
5001～10000	1.0	10000	63+（10000－5000）×1.0% =113
10001～50000	0.8	50000	113+（50000－10000）×0.8% =433
50001～100000	0.5	100000	433+（100000－50000）×0.8% =683
100001～200000	0.2	200000	683+（200000－100000）×0.2% =883
200000 以上	0.1	280000	883+（280000－200000）×0.1% =963

注：1. 如建设管理采用工程总承包方式，其总承包管理费由建设单位与总包单位根据总包合同商定、从建设单位管理费中开支。

2. 改扩建项目的建设单位管理费率应乘以0.8的系数。

2. 建设管理代理费

建设管理代理费列入项目总投资，并按基本建设程序管理，凡实行建设管理代理制的项目，总投资中原则上不得再列建设单位管理费。若建设单位确需发生建设单位管理费，需报经财政部门审核批准列支。

项目建设管理代理费根据重庆市财政局、重庆市发展计划委员会发布的《政府公益性项目建设管理代理费总额控制数费率暂行规定》（渝财建〔2003〕71号）计算。

表11 项目建设管理代理费总额控制数费率标准 单位：万元

项目总投资	控制费率（%）	算例（*A*为代理费控制总额，*I*为不含代理费的项目投资）
1000以下	2	1000×2.0%＝20
1001～5000	2	20＋（*I*－1000）×2.0%＝*A*
5001～10000	1.0	100＋（*I*－5000）×1.0%＝*A*
10001～50000	0.8	150＋（*I*－10000）×0.8%＝*A*
50001～100000	0.5	470＋（*I*－50000）×0.8%＝*A*
100001～200000	0.2	720＋（*I*－100000）×0.2%＝*A*
200000以上	0.1	

（二）行政事业性收费

1. 建设工程规划综合费

应执行重庆市人民政府办公厅《关于印发重庆市建设工程规划综合费收缴管理办法的通知》（渝办发〔2005〕48号）。

建设工程规划综合费按以下标准计算：

（1）住宅工程：住宅2元/平方米，旅游度假村、别墅等3.5元/平方米；非住宅部分（写字楼、星级宾馆、商业房等）4.5元/平方米。

（2）道路、交通和管线工程按预算（或概算）投资额的1‰。

（3）工业用房，即厂房、库房按1元/平方米。

（4）大专院校（中专）教学用房，学生宿舍以及经济适用房住宅，危旧房改造拆除按面积减半征收。

（5）军事设施（不含家属宿舍、非军用的生产性经营性工程设施）、中小学、幼儿园、托儿所教学用房；党政机关办公用房；民政部门办的敬老院、福利院、残疾人康复机构；财政资金投入建设的市政设施；三峡移民、防震、抗洪、地质灾害防治工程免收规划综合费。

（6）建设工程规划综合费收取方式：用地规划时，按总建筑面积的40%收取，建设工程方案规划确定时，再收取剩余部分。道路、交通和管线工程规划综合费一次性收取。

2. 建设工程质量监督费

按重庆市物价局、重庆市财政局“渝价〔2001〕345号”文件规定标准计算。

表12 建设工程质量监督费计算费率标准

建设工程质量监督费	计算基础	费率
渝中区、沙坪坝、南岸、江北区、九龙坡区	建安造价	2.0‰
大渡口区、北碚区、巴南区、渝北区	建安造价	2.8‰
其他区县（自治县、市）	建安造价	3.5‰

3. 建设工程综合服务费

按重庆市物价局"渝价〔2005〕143号"文件规定，建设工程综合服务费按中标额的2.8‰计算。

4. 消防系统的行政收费

按重庆市物价局《重庆市消防系统的行政收费的通知》(渝价〔2001〕224号)的规定计算。

5. 特种设备检验检测费

根据《特种设备安全监察条例》的有关规定，经国务院特种设备安全监督管理部门核准的特种设备检验检测机构，对特种设备实施检验检测所收取的检验费。包括锅炉、压力容器制造、修理、改造、检验单位资格及技术资料审查收费和特种设备检验检测收费。

计算方法：

按照重庆市物价局、重庆市财政局《关于我市特种设备检验检测等收费标准的通知》(渝价〔2004〕422号)的规定标准计算。

五、其他费用

(一) 场地准备及临时设施费

场地准备费是指建设项目为达到工程开工条件所发生的场地平整和建设场地余留的有碍施工建设的设施进行拆除清理的费用。

临时设施费是指建设期间建设单位所需临时设施的搭设、维修、拆除、摊销费或租赁费用。包括：临时宿舍、文化福利及公用事业房屋与构筑物、仓库、办公室、加工厂以及规定范围内的道路、水、电、气、管线等临时设施和小型临时设施。此费用不包括已列入建筑安装工程费用中的施工单位临时设施费用。

场地准备及临时设施应尽量与永久性工程统一考虑。建设场地的大型土石方工程应进入建筑安装工程费用中。

计算方法：

1. 新建项目的场地准备及临时设施费应根据实际工程量估算，或按工程费用的比例计算。改扩建项目一般只计拆除清理费。

场地准备和临时设施费 = 工程费用 × 率费 + 拆除清理费

2. 发生拆除清理费时可按新建同类工程造价或主材费、设备费的比例计算。凡可回收材料的拆除采用以料抵工方式，不再计算拆除清理费。

(二) 工程保险费

指建设项目在建设期间根据需要对建筑工程、安装工程及机器设备进行投保而发生的保险费用。包括各种建筑工程及其在施工过程中的物料、机械设备为保险标的的建筑工程一切险，以安装工程的各种机器、机械设备为保险标的的安装工程一切险，以及机器设备损坏保险、引进设备国内安装保险等。

计算方法：

不同的建设项目可根据工程特点选择投保险种，根据合同计列保险费用。编制概算时可按占工程费用的比例估算。不投保的工程不计取此项费用。

(三) 生产准备及开办费

是指建设项目为保证正常生产(或营业、使用)而发生的人员培训、提前进厂费以及投产使用初期必备的生产生活用品、工器具等购置费用。包括：

1. 生产人员培训费，自行组织人员培训或委托其他单位培训的人员的工资、工资性补贴、职工福利费、差旅交通费、劳动保护费、学习资料费、学习费等。

2. 生产单位提前进厂参加施工、设备安装、调试以及熟悉工艺流程与性能设备等人员的工资、工资性补贴、职工福利费、差旅交通费、劳动保护费等。

3. 为保证初期正常生产生活（或营业、使用）所必需的生产办公、生活家具用具的购置费；

4. 为保证初期正常生产生活（或营业、使用）所必需的第一套不够固定资产标准的生产工具、器具、用具购置费。(不包括备品备件购置)

计算方法：

1. 新建设项目按设计定员为基数计算，改扩建项目按新增设计定员为基数计算；

生产准备费及开办费 = 设计定员 × 生产准备费指标（元/人）

2. 可采用综合的生产准备费指标进行计算，也可以按上述费用内容的分类指标计算。

（四）联合试运转费

指新建企业和新增生产工艺工程的扩建企业，在竣工前按照设计规定的工程质量标准，进行整个车间的负荷联合运转所发生的费用支出大于试运转收入的亏损部分。费用内容包括：试运转所需的原料、燃料、油料和动力的费用，机械使用费用，低值易耗品及其他物品的购置费用和施工单位参加联合试运转人员的工资等。试运转收入包括试产品销售和其他收入。不包括应由设备安装工程费用开支的单台调试费及试车费用。

计算方法：

1. 不发生试运转或试运转收入大于（或等于）费用支出的工程不列此项费用。

2. 当联合试运转收入小于试运转支出时：联合试运转费 = 联合试运转费用支出 - 联合试运转收入。

（五）其他相关费用

1. 白蚁防治费

按重庆市物价局《重庆市白蚁防治收费管理办法》（渝价〔2002〕662 号）的规定计算。

2. 房地产权属登记费

按重庆市物价局“渝价〔2000〕358 号”文件规定计算。

第四节　预　备　费

预备费包括基本预备费和价差预备费。

一、基本预备费

基本预备费是指在初步设计及概算内不可预见的工程费用。费用内容包括：

（一）在批准的初步范围内，技术设计、施工图设计及施工过程中所增加的工程费用；设计变更、局部处理等增加的费用。

（二）一般自然灾害造成的损失和预防自然灾害所采取的措施费用。实行工程保险的工程费用应适当降低。

（三）竣工验收时为鉴定工程质量对隐蔽工程进行必要的挖掘和修复费用。

计算方法：

按照“工程费用”（即总概算第一部分费用总值）和“工程建设其他费用”（即总概算第二部分费用总值）总和，乘以预备费率进行计算，预备费率可按 5% ~8% 计取。

二、价差预备费

价差预备费是指在建设期内由于人工、材料、设备、施工机械的价格及费率、利率、汇率等浮动因素引起工程造价变化的预测预留费用。此费用属工程造价的动态因素，应在总预备费中单独列出。

价差预备费以第一部分工程费用总值为基数，按建设期分年度用款计划和人工、材料、设备价格年上涨系数逐年递增计算；上涨系数按重庆市有关主管理部门定期测定和发布的年投资价格指数计算。

计算方法：价差预备费 $= P \times [(1+i)^{n-1} - 1]$

式中　P——建筑安装费总额；

i——年造价增长率（投资价格指数①）（%）；

n——设计文件编制年至建设项目开工年加上建设项目建设期限。

第五节　专 项 费 用

一、固定资产投资方向调节税

投资方向调节税根据国家产业政策和项目经济规模实行差别税率。各固定资产投资项目按其单位工程分别适用税率。计税依据为固定资产投资项目实际完成的投资额，其中更新改造项目为建筑工程实际完成的投资。

投资方向调节税应根据《中华人民共和国固定资产方向调节税暂行条例》及其实施细则、补充规定等文件计算。

按国家财政部、国家税务总局、国家计委《关于暂停征收固定资产投资方向调节税的通知》（财税字〔1999〕299号文件）规定，固定资产投资方向调节税暂停征收。

二、建设期贷款利息

建设期贷款利息是指建设项目中分年使用国内贷款或国外贷款部分，在建设期内应归还的贷款利息。费用内容包括各种机构贷款、企业集资、建设债券和外汇贷款等利息。

计算方法：根据不同的资金来源，建设期贷款利息可按以下方法分别计算。

1. 贷款总额一次性贷出且利率固定的贷款利息 = 贷款总额 × ｛（1 + 年利率）^{n} − 1｝

2. 总贷款分年均衡发放的贷款利息 = Σ ｛本年度初需付息贷款本息累计 + （本年度付息贷款 ÷ 2）｝ × 年利率。

3. 如建设单位与贷款方达成协议采用其他方式计息，则按实际达成的协议方式计算。

三、铺底流动资金

是指生产经营性项目按其所需流动资金的30%作为铺底流动资金计入建设项目总概算。竣工投产后计入生产流动资金，但不构成建设项目总造价。

流动资金可采用下述方法估算。

（一）扩大指标估算法：一般可参照同类生产企业流动资金占销售收入、经营成本、固定资产投资的比率，以及单位产量占用流动资金的比率进行估算。

（二）分项详细估算法。

当采用上述两种方法有困难时，可由建设单位提供数值或按原可行性研究报告估算数值计列。

概算各项费用计算程序

第一节　建设项目概算费用计算程序

建设工程概算各项费用计算程序及计算方法见下表。

表13　建设项目概算各项费用计算程序及计算方法

编号	费用组成	计算依据及方法
一	第一部分　工程费用	
	建筑安装工程费	按表14的计算程序确定
	设备及工器具购置费	购置费 = Σ（设备及工器具购置数量 × 单价 + 运杂费） × （1 + 采购保管费率）

① 注：根据国家计委发布的《关于加强对基本建设大中型项目概算中"价差预备费"管理有关问题的通知》（计投资〔1999〕1340号文件）的规定，目前投资价格指数按零计算。

续表 13

编号	费用组成	计算依据及方法
二	第二部分　工程建设其他费用	
	建设用地费用	按概算编制时国家及重庆市政府的现行文件规定计算或实际费用计算，详见附录二的有关文件规定。
	项目论证费用	按“渝价〔2000〕352号”文件规定计算
	研究试验费	按照研究试验的内容和要求按实进行编制
	工程勘察设计费	按“计价格〔2002〕10号”文件规定计算
	施工图审查费	按“渝价〔2005〕649号”文件规定计算
	环境影响评价费	按“计价格〔2002〕125号”文件规定计算
	招标代理费	按“计价格〔2002〕1980号”文件规定计算
	工程造价咨询服务费	按“渝价〔2006〕49号”文件规定计算
	工程建设监理费	按“渝价〔2000〕352号”文件规定计算
	专利及专有技术使用费	按专利使用许可协议和专有技术使用合同的规定计列
	引进技术和引进设备其他费	按实计算
	其他技术咨询费用	按相关规定计算
	工程相关费用	按附录二所列有关文件规定标准计算
	建设项目管理筹建费	按“渝财建〔2002〕247号”或“〔2003〕71号”文件规定计算
	行政事业性收费	按附录二所列有关文件规定标准计算
	场地准备及临时设施费	场地准备和临时设施费 = 工程费用 × 率费 + 拆除清理费
	工程保险费	根据工程特点选择投保险种，按合同计列保险费用。也可按占工程费用的比例计算。详见渝府发〔1999〕221号文。
	生产准备及开办费	生产准备及开办费 = 设计定员 × 生产准备费指标（元/人）
	联合试运转费	联合试运转费 = 联合试运转费用支出 - 联合试运转收入
	其他相关费用	按附录二所列有关文件规定计算
三	第三部分　预备费	
	基本预备费	按照“工程费用”（即总概算第一部分费用总值）和“工程建设其他费用”（即总概算第二部分费用总值）总和，乘以预备费率进行计算，预备费率可按5%～8%计取。
	价差预备费	价差预备费 $= P \times [(1+i)^{n-1} - 1]$
四	第四部分　专项费用	
	固定资产投资方向调节税	暂停征收
	建设期贷款利息	根据不同的资金来源，建设期贷款利息可按以下方法分别计算。 1）贷款总额一次性贷出且利率固定的贷款利息 = 贷款总额 × {(1 + 年利率)^n - 1}； 2）总贷款分年均衡发放的贷款利息 = Σ {本年度初需付息贷款本息累计 + (本年度付息贷款 ÷ 2)} × 年利率； 3）如建设单位与贷款方达成协议采用其他方式计息，则按实际达成的协议方式计算
	铺底流动资金	铺底流动资金按流动资金计划需要量的30%计算
五	建设项目总概算	（一）+（二）+（三）+（四）

第二节 建筑安装工程费用计算程序

建筑安装工程各项费用按下表的规定方法计算。

表14 建筑安装工程费用计算程序

编号	费用组成	说明
一	定额直接工程费（基价直接工程费）	按概算定额基价计算
1.1	定额人工费（基价人工费）	
1.2	定额材料费（基价材料费）	
1.3	定额机械费（基价材料费）	
二	直接费	
2.1	直接工程费	按编制期市场实际价格计算
2.1.1	其中：人工费	按编制期市场实际价格计算
2.2	措施费	（一）或（1.1）×措施费综合费率
三	间接费	（一）或（1.1）×间接费综合费率
四	利润	（一）或（1.1）×规定费率
五	安全文明施工费	（二）+（三）+（四）或（2.1.1）×规定费率或按规定单位价格计算
六	工程定额测定费	〔（二）+（三）+（四）+（五）〕×规定费率
七	税金	〔（二）+（三）+（四）+（五）+（六）〕×规定费率
八	建筑安装工程费	（二）+（三）+（四）+（五）+（六）+（七）

注：土建、机械施工土石方、市政工程以定额直接工程费为基数取费，即：（一）×相应费率；安装工程、市政安装工程及人工土石方工程以定额人工费为基数取费，即：（1.1）×相应费率。

河北省建筑、安装、市政、装饰装修工程费率
（2003年）

河北省建设厅关于颁发《河北省建筑、安装、市政、装饰装修工程费率》的通知
冀建质〔2003〕115号

根据建设部、原中国人民建设银行《关于调整建筑安装工程费用项目组成的若干规定》（建标〔1993〕894号）和《河北省建设工程计价依据编制改革方案》精神，结合我省实际，省建设厅编制了2003年《河北省建筑安装市政装饰装修工程费率》（以下简称“本费率”），经与省计委等有关部门会签同意，现予颁发。并将有关事项通知如下：

一、本费率与省建设厅颁发的《河北省建筑工程预算综合基价》、《全国统一安装工程预算定额河北省综合基价》、《全国统一市政工程预算定额河北省综合基价》、《全国统一建筑装饰装修工程消耗量定额河北省综合基价》配套使用。

二、自2003年7月1日以后新开工建设工程使用本费率；2003年7月1日以前开工的建设工程按原规定执行。

本费率由河北省工程建设造价管理总站负责管理和解释。在执行中有何问题及建议，请及时反馈。

二〇〇三年三月二十日

一、总说明

（一）《河北省建筑安装市政装饰装修工程费率》（以下简称“本费率”）是根据建设部、原中国人民建设银行《关于调整建筑安装工程费用项目组成的若干规定》（建标〔1993〕894号）和《河北省建设工程计价依据编制改革方案》精神，结合我省实际情况，综合测算编制的。

（二）本费率是编制建筑、安装、市政、装饰装修工程实行施工图预算、结算的依据，是招标工程编制标底和投标报价的基础。

（三）本费率与我厅颁发的《河北省建筑工程预算综合基价》、《全国统一安装工程预算定额河北省综合基价》、《全国统一市政工程预算定额河北省综合基价》、《全国统一建筑装饰装修工程消耗量定额河北省综合基价》配套使用。

（四）本费率中未包括按国家计委计标〔86〕1313号文规定的，由专业部制定的费用定额，若发生时按专业工程的费用定额结合我省情况使用。

（五）本费率中包括建筑、安装、市政、装饰装修工程及其包工不包料工程费率。

二、费用项目组成

建筑、安装、市政、装饰装修工程费用由直接成本、间接成本、利润、风险金、规费、税金等六个部分组成。

（一）直接成本：是指施工过程中直接消耗在构成工程实体和有助于工程形成的费用，包括人工费、材料费、施工机械使用费。

1. 人工费，是指直接从事工程施工的生产工人开支的各项费用，内容包括：

（1）基本工资，是指发放生产工人的基本工资。

（2）工资性补贴，是指按规定标准发放的物价补贴，煤、燃气补贴，交通费补贴，住房补贴，流动施工津贴，地区津贴等。

（3）生产工人辅助工资，是指生产工人年有效施工天数以外非作业天数的工资，包括职工学习、培训期间的工资，调动工作、探亲、休假期间的工资，因气候影响的停工工资，女工哺乳期间的工资，病假在6个月以内的工资及产、婚、丧假期间的工资。

（4）职工福利费，是指按规定标准计提的职工福利费。

（5）生产工人劳动保护费，是指按规定标准发放的劳动保护用品的购置费及修理费，防暑降温费，在有碍身体健康环境中施工的保健费用等。

2. 材料费，是指施工过程中耗用的构成工程实体的原材料、辅助材料、构配件、零件、半成品的费用和周转使用材料的摊销（或租赁）费用，内容包括：

（1）材料原价（或供应价）；（2）供销部门手续费；（3）包装费；（4）材料自来源地运至工地仓库或指定堆放地点的装卸费、运输费及途耗；（5）采购及保管费。

3. 施工机械使用费，是指使用施工机械作业所发生的机械使用费以及机械安、拆和进出场费用，内容包括：

（1）折旧费；（2）大修费：（3）经修费；（4）安拆费及场外运输费；（5）燃料动力费；（6）人工费；（7）运输机械养路费、车船使用税及保险费等费用。

（二）间接成本：是指完成工程或有助于工程形成的施工措施性成本和施工经营性成本。

1. 施工措施性成本内容包括：施工技术措施费和施工组织措施费。

（1）施工技术措施费内容包括：脚手架工程、垂直运输工程、超高费等各专业“综合基价”相关章、节、项目费用。

（2）施工组织措施费内容包括：冬雨季施工增加费、临时设施费、夜间施工增加费、检验实验费等各专业“综合基价”相关章、节、项目费用。

2. 施工经营性成本内容包括：

（1）现场管理费，是指为组织施工生产和管理所需费用。内容包括：

①现场管理人员的基本工资，工资性补贴，职工福利费，劳动保护费等。

②办公费，是指现场管理办公用的文具、纸张、账表、印刷、邮电、书报、会议、水、电、烧水和集体取暖（包括现场临时宿舍取暖）用煤等费用。

③差旅交通费，是指职工因公出差期间的旅费，住勤补助费，市内交通费和误餐补助费，职工探亲路费，劳动力招募费，职工离退休、退职一次性路费，工伤人员就医路费，工地转移费以及现场管理使用的交通工具的油料、燃料、养路费及牌照费。

④固定资产使用费，是指现场管理及试验部门使用的属于固定资产的设备、仪器等的折旧、大修理维修费或租赁费等。

⑤工具用具使用费，是指现场使用的不属于固定资产的工具、器具、家具、交通工具和检验、试验、测绘、消防用具等的购置、维修和摊销费。

⑥保险费，是指施工管理用财产、车辆保险，高空、井下、海上作业等特殊工种安全保险等。

⑦工程保修费，是指工程竣工交付使用后，在规定保修期以内的修理费用。

⑧工程排污费，是指施工现场按规定交纳的排污费用。

⑨其他费用。

（2）企业管理费，是指工程承包商为组织施工生产经营活动所发生的管理费用，内容包括：

①管理人员的基本工资，工资性补贴及按规定标准计提的职工福利费。

②差旅交通费，是指企业管理人员因公出差、工作调动的差旅费，住勤补助费，市内交通及误餐补助费、职工探亲路费，离退休职工一次性路费及交通工具油料、燃料、牌照、养路费等。

③办公费，是指企业办公用工具、纸张、账表、印刷、邮电、书报、会议、水、电、燃煤（气）等费用。

④固定资产折旧、修理费，是指企业属于固定资产的房屋、设备、仪器等折旧及维修等费用。

⑤工具用具使用费，是指企业管理使用不属于固定资产的工具、用具、家具、交通工具、检验、试验、消防用具等的摊销及维修费用。

⑥工会经费，是指企业按职工工资总额2%计提的工会经费。

⑦职工教育经费，是指企业为职工学习先进技术和提高文化水平按职工工资总额的1.5%计提的费用。

⑧保险费，是指企业财产保险，管理用车辆等保险费用。

⑨税金，是指企业按规定交纳的房产税、车辆使用税、土地使用税、印花税及土地使用费等。

⑩其他，包括技术转让费、技术开发费、业务招待费、排污费、绿化费、广告费、公证费、法律顾问费、审计费、咨询费、企业支付的投标费和民兵训练费等。

（3）账务费用，是工程承包商为筹集资金而发生的各项费用，包括承包商经营期间发生的短期贷款利息净支出、汇兑净损失、调剂外汇手续费、金融机构手续费，以及承包商筹集资金发生的其他财务费用。

（4）社会劳动保险费，是指承包商按规定比例支付给社会劳动保险管理部门的在职职工养老、失业保险、基本医疗保险基金的费用。

（三）利润：是指工程承包商完成所承包工程应收取的酬金。本费率按工程类别实行差别利润率。

（四）风险金：是指工程建设过程中，不可预测因素发生的费用。

（五）规费：是指国家和省级以上政府管理部门规定必须缴纳的费用。内容包括：定额测定管理费、河道工程修建维护管理费等。

（六）税金：是指国家税法规定的应计入建筑、安装、市政、装饰装修工程造价内的营业税、城市维护建设税及教育费附加。

三、有关问题的规定

（一）凡按照《河北省建筑工程预算综合基价》、《全国统一安装工程预算定额河北省综合基价》、《全国统一市政工程预算定额河北省综合基价》、《全国统一建筑装饰装修工程消耗量定额河北省综合基价》，采用工料单价法编制新建、改建、扩建工程的预（结）算、招标工程标底和投标报价的工程费用，应按本费率计算；采用综合单价法计算工程造价的可参照本费率计算工程费用。

（二）清工、借工，是指“综合基价”项目以外的工程，承包商受发包方委托处理地下障碍物、拆除旧建筑物和发包方借用承包方工人，从事建筑、安装、市政工程建设的用工。其结算标准：建筑、市政工人工资按每工日28元计算；安装工人工资按每工日30元计算（已包括除规费、税金外的各项费用）。

（三）在有害身体健康环境中施工的保健费，指在执行保健费制度的工厂内进行新建、扩建、改建施工而发给施工人员的保健费。工程承包商发放标准按工程发包方发给本单位职工标准计算。其费用按施工现场实际参加施工的职工（包括管理人员）人数列入预算，由工程发包方支付。该项费用不应参与取费。

（四）工程发包方把单位工程发包给某一个总承包商，又将其中的装饰装修（与主体施工交叉进行）、铝合金门窗、电梯安装、通风、中央空调系统等工程分包给另一个承包商，则工程发包方应向总承包商支付工程施工配合费。配合费的内容应包括：总承包商管理费、交叉施工影响工效费用、资料费、总承包商提供施工条件的脚手架费、垂运机械费及成品保护费等费用。具体配合事项和费用计算标准由工程发包方和总承包方协商确定。

（五）风险金：发包、承包方在工程计价时，应根据工程的实际情况在施工合同中具体约定。

（六）建筑、安装、市政、装饰装修工程，采用工料单价法和综合单价法编制工程预算、招标工程标底和投标报价以及进行工程结算，应按本费率中的《工程计价程序表》计算工程造价。

（七）规费、税金费率不参与投标报价竞争，该费用按工程中标总造价与工程结算造价调整之和计取，列入工程总造价，按规定上交有关部门。

本费率规费包含定额测定管理费、河道工程修建维护管理费，其费率为税前工程造价的0.22%。

税金费率：工程所在地在市区的执行3.43%；工程所在地在县城、镇的执行3.36%；工程所在地不在市区、县城、镇的执行3.24%。

四、工程计价程序表

（一）以直接、措施性成本中的人工费＋机械费为取费基数的工程按下表程序计价

单位:%

序号	费用项目		计算方法
1	直接、措施性成本		
2	直接、措施性成本中的人工费＋机械费		
3	现场管理费		2×费率
4	企业管理费		2×费率
5	财务费用		2×费率
6	社会劳动保险费	职工养老失业保险费	2×费率
7		职工基本医疗保险费	2×费率
8	利　　润		2×费率
9	造价调整	按合同确认的方式、方法计算	
10	规　　费	(1+3+4+5+6+7+8+9)×费率，并按相关规定计算	
11	税　　金	(1+3+4+5+6+7+8+9+10)×费率	
12	工程造价	1+3+4+5+6+7+8+9+10+11	

（二）以直接、措施性成本中的人工费为取费基数的工程应按下表程序计价

单位:%

序号	费用项目		计算方法
1	直接、措施性成本		
2	直接、措施性成本中的人工费		
3	现场管理费		2×费率
4	企业管理费		2×费率
5	账务费用		2×费率
6	社会劳动保险费	职工养老失业保险费	2×费率
7		职工基本医疗保险费	2×费率
8	利　　润		2×费率
9	造价调整	按合同确认的方式、方法计算	
10	规费	(1+3+4+5+6+7+8+9)×费率，并按相关规定计算	
11	税金	(1+3+4+5+6+7+8+9+10)×费率	
12	工程造价	1+3+4+5+6+7+8+9+10+11	

五、建筑工程费率

（一）费率适用范围

1. 一般建筑工程费率：适用于工业与民用的新建、改建、扩建的各类建筑物、构筑物、厂区道路、设备基础等单位工程。

2. 桩基础工程费率：适用于工业与民用建筑工程中现场灌注桩、预制钢筋混凝土桩。不论其独立承担与否，均执行桩基础工程费率。

3. 建筑工程土石方、建筑物超高、垂直运输、特大型机械场外运输及一次安拆费率：适用于工业与民用建筑工程的土石方（含厂区道路土方）、建筑物超高、垂直运输、特大型机械场外运输及一次安拆等工程项目。

（二）建筑工程费率（包工包料）

1. 一般建筑工程费率

单位:%

序号	费用项目		计费基数	费率		
				一类工程	二类工程	三类工程
1	工程直接、措施性成本		直接、措施性成本中人工费+机械费			
2	现场管理费			17	10	8
3	企业管理费			20	13	11
4	财务费用			7	3	1
5	社会劳保	职工养老失业保险费		16	10	7
6		职工基本医疗保险费		5	3	2
7	利润			22	17	15
8	费率小计：2+3+4+5+6+7			87	56	44
9	造价调整		按合同确认的方式、方法计算			
10	规费		（1+8+9）×0.22%			
11	税金		（1+8+9+10）×3.43%、3.36%、3.24%			

2. 建筑工程土石方、建筑物超高、垂直运输、特大型机械场外运输及一次安拆费率

单位:%

序号	费用项目		计费基数	费率
1	工程直接、措施性成本		直接、措施性成本中人工费+机械费	
2	现场管理费			2
3	企业管理费			4
4	财务费用			1
5	社会劳保	职工养老失业保险费		3
6		职工基本医疗保险费		1
7	利润			4
8	费率小计：2+3+4+5+6+7			15
9	造价调整	按合同确认的方式、方法计算		
10	规费	（1+8+9）×0.22%		
11	税金	（1+8+9+10）×3.43%、3.36%、3.24%		

3．桩基础工程费率

单位:%

序号	费用项目		计费基数	费率	
				一类工程	二类工程
1	工程直接、措施性成本		直接、措施性成本中人工费＋机械费		
2	现场管理费			3	3
3	企业管理费			5	4
4	财务费用			2	2
5	社会劳保	职工养老失业保险费		5	5
6		职工基本医疗保险费		3	2
7	利润			13	11
8	费率小计：2+3+4+5+6+7			31	27
9	造价调整	按合同确认的方式、方法计算			
10	规费	（1+8+9）×0.22%			
11	税金	（1+8+9+10）×3.43%、3.36%、3.24%			

（三）建筑工程类别划分表及说明

1．一般建筑工程类别划分表：

项目			一类	二类	三类
工业建筑	单层	檐高	≥20m	≥12m	<12m
		跨度	≥24m	≥15m	<15m
	多层	檐高	≥24m	≥12m	<12m
		建筑面积	≥6000m²	≥3000m²	<3000m²
民用建筑	公共建筑	檐高	≥37m	20m	<20m
		建筑面积	≥7000m²	≤4000m²	<4000m²
		跨度	≥30m	≥15m	<15m
	住宅及其他民用建筑	檐高	≥38m	≥20m	<20m
		层数	≥13层	≥7层	<7层
构筑物	水塔（水箱）	高度	≥75m	≥35m	<35m
		吨位	≥150m³	≥75m³	<75m³
	烟囱	高度	≥100m	≥50m	<50m
	贮仓	高度	≥30m	≥15m	<15m
		容积	≥600m³	≥300m³	<300m³
	贮水（油）池容积		≥2000m³	≥1000m³	<1000m³
	沉井、沉箱		执行一类		
	围墙、砖地沟、室外建筑工程				执行三类

2．桩基础工程类别划分标准：

（1）现场灌注桩为桩基础一类工程。

（2）预制混凝土桩为桩基础二类工程。

3. 接层工程的工程类型划分，在计算檐口高度和层数时，连同原建筑物一并计算。

4. 斜通廊以最高檐口高度，按单层厂房标准划分。

（四）工程类别使用说明

1. 以单位工程为类别划分单位，在同一类别工程中有几个特征时，凡符合其中之一者，即为该类工程。

2. 一个单位工程由几种工程类型组成时，符合其中较高工程类别指标部分的面积若不低于工程总面积的50%，该工程可全部按该指标确定工程类别；若低于50%，但该部分面积又大于1500平方米，则可按其不同工程类别分别计算。

3. 高度系指从设计室外地面标高至檐口滴水的高度（有女儿墙的算至女儿墙顶面标高）。

4. 跨度系指结构设计定位轴线的距离，多跨建筑物按主跨的跨度划分工程类别。

5. 面积系指按“建筑面积计算规则”计算的建筑面积。

6. 面积小于标准层30%的顶层及层高在2.2m以内的技术或附属层，不计算层数。

7. 超出屋面封闭的楼梯出口间、电梯间、水箱间、塔楼、瞭望台，小于标准层30%的，只计算建筑面积，不计算高度、层数。

8. 大于标准层50%面积的地下室（层高>2.2m），计算建筑面积和层数。小于标准层50%面积的地下室（层高>2.2m），只计算建筑面积，不计算层数。

9. 公共建筑指为满足人们物质文化生活需要和进行社会活动而设置的非生产性建筑物，如综合楼、办公楼、教学楼、实验楼、图书馆、医院、商店、车站、影剧院、礼堂、体育馆、纪念馆等以及相类似的工程，除此以外均为其他民用建筑。

10. 对有声、光、超净、恒温、无菌等特殊要求的工程，其面积超过总建筑面积的50%时，建筑工程类别可按对应标准提高一类核定。

六、安装工程费率

（一）费率适用范围

安装工程费率适用于工业与民用新建、扩建的安装工程。范围包括：机械设备安装、电气设备安装、工艺管道、给排水、采暖、煤气、通风空调、自动化控制装置及仪表、工艺金属结构、炉窑砌筑、热力设备安装、化学工业设备安装、非设备制作工程以及上述工程的刷油、绝热、防腐蚀工程。

（二）安装工程费率（包工包料）

单位:%

序号	费用项目		计费基数	费率		
				一类工程	二类工程	三类工程
1	工程直接、措施性成本		直接、措施性成本中人工费			
2	现场管理费			18	16	14
3	企业管理费			25	24	22
4	财务费用		直接、措施性成本中人工费	6	5	4
5	社会劳保	职工养老失业保险费		12	11	10
6		职工基本医疗保险费		4	3	3
7	利　润			24	22	20
8	费率小计：2+3+4+5+6+7			89	81	73
9	造价调整	按合同确认的方式、方法计算				
10	规费	（1+8+9）×0.22%				
11	税金	（1+8+9+10）×3.43%、3.36%、3.24%				

（三）安装工程类别划分

1. 一类工程

（1）台重35吨及其以上的各类机械设备（不分整体或解体）以及自动、半自动或程控机床，引进设备。

（2）自动、半自动电梯，输送设备以及起重50吨及其以上的起重设备及相应的轨道安装。

（3）净化、超净、恒温和集中空调设备及其空调系统。

（4）自动化控制装置和仪表安装工程。

（5）砌体总实物量在50立方米及以上的炉窑、塔、设备砌筑工程和耐热、耐酸碱砌体衬里。

（6）热力设备（蒸发量10吨/小时·台以上的锅炉）及其附属设备。

（7）1000千伏安以上的变配电设备。

（8）化工制药和炼油装置。

（9）各种压力容器的制作和安装。

（10）煤气发生炉、制氧设备、制冷量20万大卡/小时以上的制冷设备，高中压空气压缩机，污水处理设备及其配套的气柜、储罐、冷却塔等。

（11）焊口有探伤要求的厂区（室外）工艺管道，热力管网、煤气管网、供水（含循环水）管网及电缆敷设工程。

（12）附属于本类型工程各种设备的配管、电气安装、金属梯子、栏杆及刷油、绝热、防腐蚀工程。

（13）一类建筑工程的附属设备、照明、采暖、通风、给排水及消防等工程。

2. 二类工程

（1）台重35吨以下的各类机械设备（不分整体或解体）。

（2）小型杂物电梯，起重量50吨以下的起重设备及相应的锅炉安装。

（3）蒸发量10吨/小时·台及其以下的低压锅炉安装。

（4）1000千伏安及其以下的变配电设置。

（5）工艺金属结构，一般容器的制作和安装。

（6）焊口无探伤要求的厂区（室外）热力管网，供水（含循环水）管网。

（7）共用天线安装和调试。

（8）低压空气压缩机，乙炔发生设备，各类泵，供热（换热）装置以及制冷量20万大卡/小时及其以下的制冷设备。

（9）附属于本类型工程各种设备的配管、电气安装和调试以及刷油、绝热、防腐蚀工程。

（10）砌体总实物量在20立方米及以上的炉窑、塔、设备砌筑工程和耐热、耐酸碱体衬里。

（11）二类建筑的附属设备、照明、采暖、通风、给排水等工程。

3. 三类工程

（1）除一、二类工程以外均为三类工程。

（2）三类建筑工程的附属设备、照明、采暖、通风、给排水等工程。

说明：上述单位工程中同时安装两台或两台以上不同类型的热力设备、制冷设备、变配电设备以及空气压缩机等，均按其中较高类型费率计算。

七、市政工程费率

（一）费率适用范围

1.《市政工程土石方、大型机械一次安拆及场外运输费率》适用于市政工程各专业的所有土石方工程（包括：土石方、挖桩孔、箱涵挖土、开路槽、挖工作坑；不包括隧道工程土石方）、拆除项目、大型机械一次安拆及场外运输项目。

2.《道路、桥涵、隧道、燃气、集中供热工程费率》适用于城市道路、人行便道、桥梁、涵洞、过街人行地道、隧道（含其土石方工程）、燃气、集中供热工程、第一册第三章“护坡、挡土墙”以及上述工程相关的通用项目。

3.《给水工程费率》适用于市政给水工程及其相关通用项目。

4.《排水、路灯工程费率》适用于市政排水（含第六册第八章“给排水构筑物”）、路灯工程及其相关通用项目。

（二）市政工程费率（包工包料）

1. 市政工程土石方、大型机械场外运输及一次安拆费率

单位：%

序号	费用项目		计费基数	费率
，FK5］1	工程直接、措施性成本		直接、措施性成本中人工费＋机械费	
2	现场管理费			3
3	企业管理费			4
4	财务管理			1
5	社会劳保	职工养老失业保险费		2
6		职工基本医疗保险费		1
7	利润			4
8	费率小计：2＋3＋4＋5＋6＋7			15
9	造价调整	按合同确认的方式、方法计算		
10	规费	（1＋8＋9）×0.22%		
11	税金	（1＋8＋9＋10）×3.43%、3.36%、3.24%		

2. 道路、桥涵、隧道、燃气、集中供热工程费率

单位：%

序号	费用项目		计费基数	费率
1	工程直接、措施性成本		直接、措施性成本中人工费＋机械费	
2	现场管理费			8
3	企业管理费			10
4	财务费用			1
5	社会劳保	职工养老失业保险费		6
6		职工基本医疗保险费		2
7	利润			12
8	费率小计：2＋3＋4＋5＋6＋7			39
9	造价调整	按合同确认的方式、方法计算		
10	规费	（1＋8＋9）×0.22%		
11	税金	（1＋8＋9＋10）×3.43%、3.36%、3.24%		

3．给水工程费率

单位:%

序号	费用项目		计费基数	费率
1	工程直接、措施性成本		直接、措施性成本中人工费＋机械费	
2	现场管理费			13
3	企业管理费			18
4	财务费用			4
5	社会劳保	职工养老失业保险费		10
6		职工基本医疗保险费		4
7	利　润			18
8	费率小计：2＋3＋4＋5＋6＋7			67
9	造价调整	按合同确认的方式、方法计算		
10	规费	（1＋8＋9）×0.22%		
11	税金	（1＋8＋9＋10）×3.43%、3.36%、3.24%		

4．排水、路灯工程费率

单位:%

序号	费用项目		计费基数	费率
1	工程直接、措施性成本		直接、措施性成本中人工费＋机械费	
2	现场管理费			11
3	企业管理费			13
4	财务费用			2
5	社会劳保	职工养老失业保险费		12
6		职工基本医疗保险费		4
7	利　润			12
8	费率小计：2＋3＋4＋5＋6＋7			54
9	造价调整	按合同确认的方式、方法计算		
10	规费	（1＋8＋9）×0.22%		
11	税金	（1＋8＋9＋10）×3.43%、3.36%、3.24%		

八、装饰装修工程费率

（一）费率适用范围

1．本费率与《全国统一建筑装饰装修工程消耗量定额河北省综合基价》配套使用。

2．装饰装修工程的垂运费参照《建筑工程土石方、建筑物超高、垂直运输、特大型机械场外运输及一次安拆费率》计取有关费用。

（二）装饰装修工程费率

单位:%

序号	费用项目		计费基数	费率
1	工程直接、措施性成本		直接、措施性成本中人工费+机械费	
2	现场管理费			14
3	企业管理费			22
4	财务费用			4
5	社会劳保	职工养老失业保险费		10
6		职工基本医疗保险费		3
7	利润			20
8	费率小计：2+3+4+5+6+7			73
9	造价调整	按合同确认的方式、方法计算		
10	规费	（1+8+9）×0.22%		
11	税金	（1+8+9+10）×3.43%、3.36%、3.24%		

九、包工不包料工程费率

（一）费率适用范围

本费率适用于建筑、安装、市政、装饰装修工程包工不包料工程。

（二）包工不包料工程费率

单位:%

序号	费用项目		计费基数	费率
1	工程直接、措施性成本中的人工费		直接、措施性成本中人工费	
2	现场管理费			7
3	企业管理费			8
4	社会劳保	职工养老失业保险费		4
5		职工基本医疗保险费		1
6	利润			6
7	费率小计：2+3+4+5+6+7			26
8	造价调整	按合同确认的方式、方法计算		
9	规费	（1+7+8）×0.22%		
10	税金	（规定的基数）×3.43%、3.36%、3.24%		

山西省建设工程费用定额

（2005年）

山西省建设厅关于发布《山西省建设工程计价依据》的通知
晋建标字〔2005〕26号

根据国家标准GB 50500—2003《建设工程工程量清单计价规范》（以下简称计价规范）、建设部和财政部《关于印发〈建筑安装工程费用项目组成〉的通知》（建标〔2003〕206号）、《山西省建设工程造价管理办法》（山西省人民政府令第161号）等，结合山西实际，我厅组织编制了《山西省建设工程计价依据》（以下简称计价依据），并通过审定，现予以发布施行。同时就实施过程中的有关规定通知如下：

一、计价依据包括：建筑工程消耗量定额及其价目汇总表、装饰装修工程消耗量定额及其价目汇总表、安装工程消耗量定额及其价目汇总表、市政工程消耗量定额及其价目汇总表、园林绿化工程消耗量定额及其价目汇总表、混凝土及砂浆配合比、施工机械台班费用定额、建设工程费用定额、工程量清单补充项目及清单计价指引。

二、计价依据既适用于工程量清单计价，同时也适用于定额计价。

三、计价依据的消耗量是社会平均消耗量，是编制设计概算、施工图预算、招标标底、投标报价、竣工结算、调解处理工程造价经济纠纷、鉴定工程造价的依据，也是衡量投标报价合理性的基础。使用清单计价办法编制标底时，依据计价规范和我省计价依据以及造价管理部门发布的人工、材料、机械台班市场信息价格进行编制。

四、定额的缺项，可由建设单位和施工企业编制一次性补充定额，经工程所在地建设工程造价管理机构确认，并报省工程建设标准定额站备案。

五、计价依据自2005年1月1日起在全省范围内实施，与之配套并经审定的工程量清单计价软件同步推广使用。2000年《山西省建设工程预算定额》、《山西省建设工程费用定额》同时停止使用。

六、凡2005年1月1日以后新开工的工程按计价依据执行，2005年1月1日以前的在建工程按原合同条款办理。

七、省工程建设标准定额站负责计价依据的日常解释和管理。在执行过程中，如遇问题和意见，请及时反映。

山西省建设厅
二〇〇五年一月二十六日

总 说 明

一、《建设工程费用定额》（以下简称本定额），是根据建设部、财政部《关于印发〈建筑安装工程费用项目组成〉的通知》（建标〔2003〕206号）的要求，结合我省具体情况，经调查研究、综合测算编制的。

二、本定额适用于工程量清单计价和定额计价的建设工程造价的编制。实行工程量清单计价的建设工程，其招标标底的编制应执行本定额，投标报价可以参考本定额。实行定额计价的建设工程，应执行2005年山西省建设工程计价依据。

三、本定额中的施工组织措施费、企业管理费、利润，其费率是按各专业正常施工条件下，根据承包范围不同，按照社会平均水平测定的，规费是根据国家和省有关规定制定的幅度费率，为不可竞争性费用。

四、本定额的解释、修订等事项属省工程建设标准定额站，各市标准定额（建经）站协助管理。

五、执行中若发现问题，请及时反馈省工程建设标准定额站，以便进一步修改完善。

第一章　工程造价的构成

建筑安装工程造价由直接费、间接费、利润和税金组成。

直接费由直接工程费和措施费组成。

间接费由规费和企业管理费组成。

利润是指施工企业完成所承包的工程应收取的利润。

税金是指国家税法规定应计入建筑安装工程造价内的营业税、城市维护建设税及教育费附加。

建筑安装工程费用项目组成

- 建筑安装工程费
  - 直接费
    - 直接工程费
      - 1.人工费
      - 2.材料费
      - 3.施工机械使用费
    - 措施费
      - 组织措施费
        - 1.环境保护费
        - 2.文明施工费
        - 3.安全施工费
        - 4.临时设施费
        - 5.夜间施工增加费
        - 6.二次搬运费
        - 7.冬雨季施工增加费
        - 8.工程定位复测、工程点交、场地清理费
        - 9.室内环境污染物检测费
        - 10.生产工具用具使用费
        - 11.施工因素增加费
        - 12. 赶工措施费
      - 技术措施费
        - 13.大型机械进出场及安拆费
        - 14.混凝土、钢筋混凝土模板及支架费
        - 15.脚手架费
        - 16.已完工程及设备保护费
        - 17.施工排水、降水费
        - 18.垂直运输机械费
  - 间接费
    - 规费
      - 1.工程排污费
      - 2.工程定额测定费
      - 3.养老保险费
      - 4.失业保险费
      - 5.医疗保险费
      - 6.工伤保险费
      - 7.住房公积金
      - 8.危险作业意外伤害保险
    - 企业管理费
      - 1.管理人员工资
      - 2.办公费
      - 3.差旅交通费
      - 4.固定资产使用费
      - 5.工具用具使用费
      - 6.工会经费
      - 7.职工教育经费
      - 8.财产保险费
      - 9.财务费
      - 10.税金
      - 11.其他
  - 利润
  - 税金
    - 营业税
    - 城市维护建设税
    - 教育费附加

第二章 建筑安装工程费用项目组成

一、直接费

直接费由直接工程费和措施费组成。

（一）直接工程费：是指施工过程中耗费的构成工程实体的各项费用，包括人工费、材料费、施工机械使用费。

1．人工费：是指直接从事建筑安装工程施工的生产工人开支的各项费用，内容包括：

（1）基本工资：是指发放给生产工人的基本工资。

（2）工资性补贴：是指按规定标准发放的物价补贴，煤、燃气补贴，交通补贴，住房补贴，流动施工津贴等。

（3）生产工人辅助工资：是指生产工人年有效施工天数以外非作业天数的工资，包括职工学习、培训期间的工资，调动工作、探亲、休假期间的工资，因气候影响的停工工资，女工哺乳时间的工资，病假在六个月以内的工资及产、婚、丧假期的工资。

（4）职工福利费：是指按规定标准计提的职工福利费。

（5）生产工人劳动保护费：是指按规定标准发放的劳动保护用品的购置费及修理费，徒工服装补贴，防暑降温费，在有碍身体健康环境中施工的保健费用等。

2．材料费：是指施工过程中耗费的构成工程实体的原材料、辅助材料、构配件、零件、半成品的费用。内容包括：

（1）材料预算价格，包括：

①材料原价（或供应价格）；

②材料运杂费：是指材料自来源地运至工地仓库或指定堆放地点所发生的全部费用；

③运输损耗费：是指材料在运输装卸过程中不可避免的损耗；

④采购及保管费：是指为组织采购、供应和保管材料过程所需要的各项费用。

包括：采购费、仓储费、工地保管费、仓储损耗。

（2）检验试验费：是指对建筑材料、构件和建筑安装物进行一般鉴定、检查所发生的费用，包括自设试验室进行试验所耗用的材料和化学药品等费用。不包括新结构、新材料的试验费和建设单位对具有出厂合格证明的材料进行检验，对构件做破坏性试验及其他特殊要求检验试验的费用。

3．施工机械使用费：是指施工机械作业所发生的机械使用费以及机械安拆费和场外运费。

施工机械台班单价应由下列七项费用组成：

（1）折旧费：指施工机械在规定的使用年限内，陆续收回其原值及购置资金的时间价值的费用。

（2）大修理费：指施工机械按规定的大修理间隔台班进行必要的大修理，以恢复其正常功能所需的费用。

（3）经常修理费：指施工机械除大修理以外的各级保养和临时故障排除所需的费用。包括为保障机械正常运转所需替换设备与随机配备工具附具的摊销和维护费用，机械运转及日常保养所需润滑与擦拭的材料费用及机械停滞期间的维护和保养费用等。

（4）安拆费及场外运费：安拆费指施工机械在现场进行安装与拆卸所需的人工、材料、机械和试运转费用以及机械辅助设施的折旧、搭设、拆除等费用；场外运费指施工机械整体或分体自停放地点运至施工现场或由一施工地点运至另一施工地点的运输、装卸、辅助材料及架线等费用。

（5）人工费：指机上司机（司炉）和其他操作人员的工作日人工费及上述人员在施工机械规定的年工作台班以外的人工费。

（6）燃料动力费：指施工机械在运转作业中所消耗的固体燃料（煤、木柴）、液体燃料（汽油、柴油）及水、电等费用。

（7）其他费用：指施工机械按照国家规定和有关部门规定应交纳的养路费、车船使用税、保险费及年检费等。

（二）措施费：是指为完成工程项目施工，发生于该工程施工前和施工过程中技术、生活、安全等方面的非工程实体项目的费用。

具体内容包括：

1．环境保护费：是指施工现场为达到环保部门要求所需要的各项费用。

2．文明施工费：是指施工现场文明施工所需要的各项费用。

3．安全施工费：是指施工现场安全施工所需要的各项费用。

4．临时设施费：是指施工企业为进行建筑工程施工所必须搭设的生活和生产用的临时建筑物、构筑物和其他临时设施费用等。

临时设施包括：临时宿舍、文化福利及公用事业房屋与构筑物，仓库、办公室、加工厂以及规定范围内道路、水、电、管线等临时设施和小型临时设施。

5．夜间施工增加费：是指因夜间施工所发生的夜班补助费、夜间施工降效、夜间施工照明设备摊销及照明用电等费用。

6．二次搬运费：是指因施工场地狭小等特殊情况而发生的二次搬运费用。

7．冬雨季施工增加费：是指按照施工及验收规范所规定的冬雨季施工要求，为保证冬雨季施工期间的工程质量和安全生产所需要增加的费用，包括冬雨季施工增加的工序、人工降效、机械降效、防雨、保温、加热等施工措施费用。

8．工程定位复测、工程点交、场地清理费：是指开工前测量、定位、钉龙门板桩及经规划部门派员复测的费用；办理竣工验收、进行工程点交的费用；以及竣工后室内清扫和场地清理所发生的费用。

9．室内环境污染物检测费：是指为保障公众健康，维护公共利益，对民用建筑中由于建筑材料和装修材料产生的室内环境污染物进行检测而发生的费用。

10．生产工具用具使用费：是指施工生产所需不属于固定资产的生产工具及检验用具等的购置、摊销和维修费，以及支付给工人自备工具的补贴费。

11．施工因素增加费：是指具有市政工程特点，但又不属于临时设施的范围，并在施工前能预见到发生的因素而增加的费用。

12．赶工措施费：是指由于建设单位原因，要求施工工期少于合理工期，施工单位为满足工期的要求而采取相应措施发生的费用。

13．大型机械进出场及安拆费：是指机械整体或分体自停放场地运至施工现场或由一个施工地点运至另一个施工地点，所发生的机械进出场运输及转移费用和机械在施工现场进行安装、拆卸所需的人工费、材料费、机械费、试运转费及安装所需的辅助设施的费用。

14．混凝土、钢筋混凝土模板及支架费：是指混凝土施工过程中需要的各种钢模板、木模板、支架等的支、拆、运输费用及模板、支架的摊销（或租赁）费用。

15．脚手架费：是指施工需要的各种脚手架搭、拆、运输费用及脚手架的摊销（或租赁）费用。

16．已完工程及设备保护费：是指竣工验收前，对已完工程及设备进行保护所需的费用。

17．施工排水、降水费：是指为确保工程在正常条件下施工，采取各种排水、降水措施所发生的费用。

18．垂直运输机械费：是指施工需要的各种垂直运输机械的台班费用。

二、间接费

由规费、企业管理费组成。

（一）规费：是指政府和有关部门规定必须交纳的费用。包括：

1．工程排污费：是指施工现场按规定缴纳的工程排污费。

2．工程定额测定费：是指按规定支付工程造价（定额）管理部门的定额测定费。

3．养老保险费（包括劳动保险费）：是指企业按规定为职工缴纳的基本养老保险费及劳动保险费。包括企业支付离退休职工的易地安家补助费、职工退职金、六个月以上的病假人员工资、职工死亡丧葬补助费、抚恤费、按规定支付给离休干部的各项经费。

4. 失业保险费：是指企业按照国家规定标准为职工缴纳的失业保险费。

5. 医疗保险费：是指企业按规定标准向社会保障主管部门为职工缴纳的基本医疗保险费。

6. 工伤保险费：是指企业按规定标准为职工缴纳的工伤保险费。

7. 住房公积金：是指企业按规定标准为职工缴纳的住房公积金。

8. 危险作业意外伤害保险：是指按照建筑法规定，企业为从事危险作业的建筑安装施工人员支付的意外伤害保险费。

（二）企业管理费：是指建筑安装企业组织施工生产和经营管理所需费用。

内容包括：

1. 管理人员工资：是指管理人员的基本工资、工资性补贴、职工福利费、劳动保护费等。

2. 办公费：是指企业管理办公用的文具、纸张、账表、印刷、邮电、书报、会议、水电、烧水和集体取暖（包括现场临时宿舍取暖）用煤等费用。

3. 差旅交通费：是指职工因公出差、调动工作的差旅费、住勤补助费，市内交通费和误餐补助费，职工探亲路费，劳动力招募费，职工离退休、退职一次性路费，工伤人员就医路费，工地转移费以及管理部门使用交通工具的油料、燃料、养路费及牌照费。

4. 固定资产使用费：是指管理和试验部门及附属生产单位使用的属于固定资产的房屋、设备仪器等折旧、大修、维修或租赁费。

5. 工具用具使用费：是指管理使用的不属于固定资产的生产性和非生产性工具、器具、家具、交通工具和检验、试验、测绘、消防用具等的购置、维修和摊销费。

6. 工会经费：是指企业按职工工资总额计提的工会经费。

7. 职工教育经费：是指企业为职工学习先进技术和提高文化水平，按职工工资总额计提的费用。

8. 财产保险费：是指施工管理用的财产、车辆保险。

9. 财务费：是指企业为筹集资金而发生的各种费用。

10. 税金：是指企业按规定缴纳的房产税、车船使用税、土地使用税、印花税等。

11. 其他：包括技术转让费、技术开发费、业务招待费、绿化费、广告费、公证费、法律顾问费、审计费、咨询费等。

三、利润

是指施工企业完成所承包工程应获得的盈利。

四、税金

是指国家税法规定的应计入建筑安装工程造价内的营业税、城市维护建设税及教育费附加。

第三章　本定额的适用范围

本定额适用于我省境内进行工程施工总承包、专业承包和劳务分包承包的，采用工程量清单计价和定额计价的建设工程招标标底、投标报价、预结算的编制及工程造价的鉴定。

一、施工总承包

是指具有总承包资质的企业，对工程实行施工总承包或对主体工程实行施工承包。包括房屋建筑工程总承包、市政公用工程总承包、机电设备安装工程总承包。

（一）房屋建筑工程总承包

适用于新建、扩建、改建的工业与民用建筑物、构筑物的建筑、装饰、安装工程。其中建筑工程包括地基处理工程、土石方工程、结构工程、屋面工程；装饰装修工程包括建筑物室内外装饰装修工程；安装工程包括上下水、采暖、电器、卫生洁具、通风、照明、消防、防雷等。

（二）市政公用工程总承包

适用于城镇管辖范围内（包括厂、矿区、住宅小区等）的新建、扩建市政工程。其中市政建设工程包括道路、桥涵、排水工程和其他市政工程项目中的土石方、构筑物等工程；市政安装工程包括给水、燃气与集中供热安装工程，排水设备安装工程。

（三）机电设备安装工程总承包

适用于一般工业、共用工程及公共建筑的机电设备安装工程。

二、专业承包

是指具有专业承包资质或总承包资质的企业，从总承包企业中分包的专业工程或从建设单位中直接承包的专业工程，包括以下几类：

（一）地基处理工程

适用于单独承担一般建设工程的地基处理工程，包括各种桩、强夯（人工挖孔桩除外）。

（二）大型土石方工程

适用于单独承担一个单位建筑物或构筑物挖方或填方超过10000m^3（含10000m^3）的土石方工程。

（三）金属结构制作及安装工程

适用于单独承担金属结构的柱、梁、屋架、拉杆、支撑、球形网架等制作安装以及随同金属结构工程的刷油工程。

（四）防水防腐保温工程

适用于单独承担的工业与民用建筑物、构筑物的防水、防腐、保温工程。

（五）装饰（装潢）工程

适用于单独承担建筑物、构筑物内外装饰装修工程。

（六）安装工程

适用于单独承担锅炉、通风空调、制冷、电气、仪器仪表等设备的安装，相配套的各种线路、管道的安装及城市道路照明工程，以及上下水、采暖、卫生洁具、照明、消防等工程。

（七）炉窑砌筑工程

适用于新建、扩建工业与民用建设的各种专业炉窑（如焦炉、高炉、炼钢炉、混铁炉、蒸汽锅炉等）和一般工业炉窑及小型炉窑等的砌筑工程。

（八）桥梁工程

适用于单独承担的各类桥梁工程。

（九）园林工程

适用于新建、扩建的园林建筑工程。

（十）单独绿化工程

适用于单独承担的城市园林绿化工程。

（十一）仿古建筑工程

适用于单独承担的仿古建筑工程。

（十二）房屋修缮工程

适用于一般工业与民用建筑工程的新建、整修、拆除等修缮工程及与之配套的安装工程。

（十三）抗震加固工程

适用于一般工业与民用建筑的抗震加固工程。

（十四）市政维护工程

适用于城市的道路、桥梁、桥涵、排水等市政设施的日常维修养护和小范围的零星修补工程。

三、劳务分包

是指具有劳务分包资质的企业从总承包企业或专业承包企业分包的劳务作业。

第四章　建设工程费用计算规则

第一节　工程量清单计价计算规则

一、实行工程量清单计价的建设工程，采用综合单价计价，综合单价的内容包括完成工程量清单中一个规定计量单位的项目所需的人工费、材料费、机械使用费、企业管理费和利润，并考虑风险因素。

二、人工费、材料费、机械使用费。

编制标底时，人工、材料、机械的消耗量按造价部门发布的消耗量定额计算，人工、材料、机械台班单价按造价部门发布的价目汇总表及信息指导价计算。

企业投标报价时，人工、材料、机械的消耗量按企业定额计算或参考造价部门发布的消耗量定额计算，人工、材料、机械台班单价按当时当地市场价格计算或参考造价部门发布的信息指导价计算。

三、措施费包括施工技术措施费和施工组织措施费。

施工技术措施费，在编制标底时，按造价部门发布的消耗量定额及价目汇总表和施工组织设计计算。企业投标报价时，按企业定额及施工组织设计计算。

施工组织措施费中的生活性临时设施费、文明施工费、安全施工费属不可竞争性费用，在建设工程招标投标及价款结算中任何一方均不得随意调整。施工组织措施费在编制标底时，按本定额费率执行，企业投标报价时，除上述三项不可竞争性费用按定额执行外，其余费用可参照本定额执行。

四、规费是指省级以上政府和有关部门批准的收费项目，属不可竞争性费用，在执行中不得随意调整。规费中的工程定额测定费是按规定缴纳造价（定额）管理部门的费用。收缴办法仍按山西省物价局、山西省财政厅晋价房字〔2002〕70号文件及有关规定执行；养老保险费的缴纳仍按山西省建设厅、山西省财政厅晋建建字〔2000〕309号文件有关规定执行。

编制标底时，按本定额规定的上限值计算。企业投标报价时，按各级标准定额（建经）站核准的费率执行。

五、企业管理费和利润是组成综合单价的两个因素，编制标底时，按本定额执行。企业投标报价时，可参照本定额执行。

六、单位工程造价包括分部分项工程费、措施项目费、其他项目费、规费和税金。

七、企业管理费和规费按直接费或人工费为计算基数。直接费是指直接工程费及施工技术措施费和组织措施费中的人工费、材料费、机械使用费之和，人工费是指直接工程费、施工技术措施费和组织措施费中的人工费，不包括机上人工费。

八、本定额费率水平是以2005年价目汇总表的基价为基础编制的，有关费用项目的费率水平应随着取费基数的变化作相应的调整。

第二节　定额计价计算规则

一、定额计价是指按照山西省建设工程消耗量定额及其价目汇总表、本定额和相关文件的规定计算建设工程造价的计价方式。

二、单位工程造价包括直接费、间接费、利润和税金。

三、实行定额计价的建设工程，除规费按各级标准定额（建经）站核准的费率执行外，其余均按本定额费率执行。

四、建设工程费用按直接费或人工费为计算基数。直接费是指直接工程费及施工技术措施费和组织措施费中的人工费、材料费、机械使用费之和，人工费是指直接工程费、施工技术措施费和组织措施费中的人工费，不包括机上人工费。

五、本定额费率水平是以2005年价目汇总表的基价为基础编制的，有关费用项目的费率水平应随着取费基数的变化作相应的调整。

第五章 费率标准

第一节 措 施 费

一、施工组织措施费

（一）总承包

单位:%

工程项目 / 计费基础 / 费用项目	房屋建筑工程			市政公用工程		机电设备安装工程
	建筑工程	装饰装修工程	安装工程	市政建设	市政安装	
	定额直接工程费		定额人工费	定额直接工程费	定额人工费	
文明施工费	0.7	0.5	3.5	0.7	3.5	3.5
生活性临设费	1.1	0.90	7.3	0.96	7.3	7.3
生产性临设费	0.46	0.42	3.6	0.37	3.6	3.6
夜间施工费	0.15	0.17	1.0	0.03	1.0	1.0
冬雨季施工增加费	0.8	0.32	1.1	0.72	1.1	1.1
二次搬运费	0.2	0.29	0.35	0.10	0.35	0.35
工程定位复测、工程点交、场地清理	0.12	0.01	0.2	0.12	0.2	0.2
室内环境污染物检测费	0.54	0.54	—	—	—	—
生产工具用具使用费	0.3	0.62	2.4	0.30	2.4	2.4
安全施工费	0.8	0.56	4.0	0.80	4.0	4.0
环境保护费						

注：1. 上述措施项目中的环境保护费发生时，由企业根据国家和省有关规定及施工组织设计自主报价。

2. 安全措施费中不包括因建设工程施工可能造成损害的相邻建筑物、构筑物和地下管线应当采取的专项防护措施发生的费用。

3. 施工因素增加费：市政建设工程按直接工程费的0.4%计取，市政安装工程按直接工程费中人工费的2.5%计取。

（二）专业承包

单位:%

工程项目 / 计费基础 / 费用项目	地基处理工程	大型土石方工程	金属结构工程	防水防腐保温工程	装饰装修工程	单独绿化工程	安装工程	炉窑砌筑工程	桥梁工程	仿古园林工程	房屋修缮抗震加固工程	市政维护工程
	定额直接工程费					定额人工费		定额直接工程费				
文明施工费	0.25	0.34	0.42	0.20	0.44	1.94	3.08	0.50	0.60	0.64	0.53	0.56
生活性临设费	0.48	0.62	0.69	0.38	0.79	3.26	6.42	0.94	0.82	1.01	0.83	0.30
生产性临设费	0.16	0.22	0.44	0.13	0.37	1.63	3.17	0.33	0.31	0.42	0.35	0.11
夜间施工费	0.05	0.07	0.09	0.04	0.15	0.68	0.88	0.11	0.03	0.14	0.11	0.02

续表

项目费用＼计费基础＼工程项目	地基处理工程	大型土石方工程	金属结构工程	防水防腐保温工程	装饰装修工程	单独绿化工程	安装工程	炉窑砌筑工程	桥梁工程	仿古园林工程	房屋修缮抗震加固工程	市政维护工程
	定额直接工程费					定额人工费		定额直接工程费				
冬雨季施工增加费	0.28	0.39	0.48	0.22	0.28	1.11	1.14	0.56	0.61	0.74	0.60	0.58
二次搬运费	0.07	0.10	0.12	0.06	0.26	1.00	0.30	0.14	0.09	0.18	0.15	0.08
工程定位复测、工程点交、场地清理	0.04	0.06	0.07	0.03	0.01	0.11	0.18	0.09	0.10	0.11	0.09	0.10
室内环境污染物检测费	—	—	—	0.26	0.48	—	—	0.40	—	0.50	0.40	—
生产工具用具使用费	0.11	0.15	0.18	0.09	0.55	2.32	2.11	0.21	0.26	0.28	0.23	0.24
安全施工费	0.3	0.3	0.48	0.24	0.50	2.10	3.5	0.57	0.68	0.74	0.60	0.64
环境保护费												

注：1. 上述措施项目中的环境保护费发生时，由企业根据国家和省有关规定及施工组织设计自主报价。
2. 安全措施费中不包括因建设工程施工可能造成损害的相邻建筑物、构筑物和地下管线应当采取的专项防护措施发生的费用。
3. 施工因素增加费：市政维护工程按直接工程费的0.3%计取，桥梁工程按直接工程费的0.4%计取。
4. 园林工程不计取室内环境污染物检测费。
5. 修缮安装工程执行安装工程费率。

二、施工技术措施费

按其相应的消耗量定额、价目汇总表计算或根据施工组织设计计算

第二节 规 费

（一）以直接费为取费基础

单位:%

序号	规费名称	计费基础	规费费率
1	养老保险费	直接费	3.5～5.2
2	失业保险费	直接费	0.2～0.3
3	医疗保险费	直接费	0.7～1.1
4	工伤保险费	直接费	0.1～0.15
5	住房公积金	直接费	1～1.5
6	危险作业意外伤害保险	直接费	0.20
7	工程定额测定费	直接费	0.14

（二）以人工费为取费基础

单位:%

序号	规费名称	计费基础	规费费率
1	养老保险费	直接费中的人工费	30~45
2	失业保险费	直接费中的人工费	1.5~2.0
3	医疗保险费	直接费中的人工费	5~7
4	工伤保险费	直接费中的人工费	0，7~1.0
5	住房公积金	直接费中的人工费	7~10
6	危险作业意外伤害保险	直接费中的人工费	1.3
7	工程定额测定费	直接费中的人工费	1.0

第三节　企业管理费

（一）总承包

单位:%

工程项目	房屋建筑工程			市政公用工程		机电设备安装工程
	建筑工程	装饰装修工程	安装工程	市政建设工程	市政安装工程	
计费基础	定额直接费		定额人工费	定额直接费	定额人工费	
费率	9	7	60	8	60	65

（二）专业承包

单位:%

工程项目	房屋修缮抗震加固工程	地基处理工程	大型土石方工程	金属结构工程	防水防腐保温工程	装饰装修工程	安装及修缮安装工程	炉窑砌筑工程	桥梁工程	仿古园林工程	市政维护工程	单独绿化工程
计费基础	定额直接费						定额人工费	定额直接费				定额人工费
费率	8	5.5	6.5	7.5	4.5	6	55	7.5	7	8	7	30

（三）劳务分包

按定额人工费的25%计取。

第四节　利　　润

（一）总承包

单位:%

工程项目	房屋建筑工程			市政公用工程		机电设备安装工程
	建筑工程	装饰装修工程	安装工程	市政建设工程	市政安装工程	
计费基础	定额直接费+企业管理费		定额人工费	定额直接费+企业管理费	定额人工费	
费率	8	6.5	65	8	65	70

（二）专业承包

单位：%

工程项目	房屋修缮抗震加固工程	地基处理工程	大型土石方工程	金属结构工程	防水防腐保温工程	装饰装修工程	安装及修缮安装工程	炉窑砌筑工程	桥梁工程	仿古园林工程	市政维护工程	单独绿化工程
计费基础	定额直接费＋企业管理费						定额人工费	定额直接费＋企业管理费				定额人工费
费率	7	6	5	7	5	6.5	60	7	7	7	7	30

（三）劳务分包

按定额人工费的10%计取。

第五节　税　　金

（一）工程量清单计价

单位：%

纳税人工程所在地	在市区的	在县城镇的	不在市区、县城镇的
计费基础	分部分项工程费＋措施项目费＋其他项目费＋规费		
税率	3.41	3.36	3.22

（二）定额计价

单位：%

纳税人工程所在地	在市区的	在县城镇的	不在市区、县城镇的
计费基础	直接费＋间接费＋利润＋动态调整		
税率	3.41	3.36	3.22

第六章　有关问题的规定

一、签证工：系指建设单位向施工单位借用工人，完成属于建设单位自行负责的工程，以及施工前期属于建设单位负责的准备工作而交由施工单位代行完成的用工。建筑安装工程的签证工为30元；装饰装修工程的签证工为35元，签证工除可计取税金外，不得计取其他各项费用。

二、有害气体保健津贴：指建安施工企业到有毒有害气体的厂矿进行施工时，原则上按专业定额计算。无规定时按以下办法计算：进入有毒有害气体现场施工的建安施工企业职工，可比照建设单位职工享有的保健津贴发放。其津贴的计算按实际施工出勤的工日数，将应发津贴列入工程结算，由建设单位统一支付。所计取的保健津贴费用，除计取税金外，不得计取其他各项费用。

三、停窝工损失费：指施工单位按合同规定或双方协定的条款进入现场后，如因设计或建设单位责任造成停窝工损失的费用，由建设单位负责。内容包括：现场施工机械在停窝工期间的停滞费和现场工人在停窝工期间的工资以及周转性材料的维护和摊销费。

施工机械停窝工损失费：定额中机械台班的停滞费×停滞台班量；

工人停窝工损失费：每工单价（25元）×停窝工总工日数，再以停窝工工资总额的30%作为管理费；

周转性材料的停窝工损失费可按实结算。

按上述规定计算的停窝工损失费总和，只计取税金，其中，机械停滞台班量和工人停窝总工日数，均应扣除法定节、假日。

四、返工损失费：由于设计或建设单位的责任，而发生的返工损失费用，由设计单位或建设单位负责。

五、施工现场耗用水、电费：原则上施工单位进入现场后应单独设置水、电表，分户结算。如施工单位直接使用建设单位水、电的，其费用应返还给建设单位。具体返还比例双方应根据实际情况确定。

六、生活用水、电费用：按施工单位在现场的月平均人数计算，耗用量按每人每月用水 1m^2，用电 1kW·h 计算费用，向建设单位返还结算。施工单位自设水、电表的，不再返还。

七、预留金：是招标人为可能发生的工程量变更而预留的金额，由招标人在工程量清单中明确。有标底的按单位工程费的 6% ~8% 计算；无标底的项目按单位工程概算的 5% ~6% 计算。

八、零星工作项目费：由招标人提出的、工程量暂估的零星工作所需的费用。根据拟建工程的具体情况，按分部分项工程费的 2% 以内计算，应详细列出人工、材料、机械的名称、计量单位和相应的数量。

九、总承包服务费：是指为配合协调招标人进行工程分包和材料采购，承包方所发生的费用，内容包括：

1. 配合协调招标人工程分包和材料采购所需费用；

2. 对分包单位的管理、协调和施工配合等费用。

招标人对总承包单位有能力承担的分部分项工程进行分包，总承包单位可按分包工程费的 2% ~5% 向建设单位计取总承包服务费；招标人对于总承包单位无能力承担的分部分项工程进行分包，总承包单位可按分包工程费的 1% ~3% 向建设单位计取总承包服务费。

十、构件增值税：是指根据中华人民共和国增值税暂行条例规定，建筑安装企业非施工现场生产的预制构件（混凝土、木、金属），编制预算时，按相应定额制作价格的 6% 列入直接工程费，并相应计算各项费用。如各地市、县税务部门收取的费率与本规定不同时，可按税务部门规定进行调整。凡以地区材料预算价格计算的成品构件（如：水磨石窗台板、水磨石踢脚板、水磨石厕所隔断、各种混凝土管、预制混凝土人行道板、混凝土侧石、混凝土缘石、混凝土电杆、离心管桩等）及执行物价部门批准的出厂价格的构件，均不得计取增值税。

十一、材料费中的检验试验费可按材料费的 0.20% 计取。

十二、劳务分包：是指工程承包中只提供劳务而不承担任何材料和机械供应的承包方式。

十三、本定额不能作为施工企业内部承包和核算的依据。

第七章　建设工程费用计算程序

第一节　工程量清单计价的计价程序

一、分部分项工程量清单项目、施工技术措施清单项目综合单价计算程序

1. 基本单位的分项工程综合单价计算程序：

序号	费用项目	计费基础及计算公式	
		直接工程费	人工费
1	直接工程费	人+材+机	人+材+机
2	直接工程费中的人工费		人工费
3	企业管理费	1×相应费率	2×相应费率
4	利润	（1+3）×相应利润率	2×相应利润率
5	综合单价	1+3+4	1+3+4

注：分项工程综合单价是指组成某个清单项目的各个分项工程内容的综合单价。

2．分项施工技术措施项目综合单价计算程序：

序　号	费 用 项 目	计费基础及计算公式	
		直接工程费	人工费
1	分项施工技术措施费	人＋材＋机	人＋材＋机
2	其中人工费		人工费
3	企业管理费	1×相应费率	2×相应费率
4	利润	（1＋3）×相应利润率	2×相应利润率
5	综合单价	1＋3＋4	1＋3＋4

3．分部分项工程量清单项目、施工技术措施清单项目综合单价计算程序：

分部分项工程量清单项目综合单价＝Σ（清单项目所含分项工程内容的综合单价×其工程量）÷清单项目工程量

施工技术措施清单项目综合单价＝Σ（分项施工技术措施项目综合单价×其工程量）。

注：分部分项工程量清单项目综合单价是指给定的清单项目的综合单价，即基本单位的清单项目所包括的各个分项工程内容的工程量分别乘以相应综合单价的小计。

二、施工组织措施项目清单综合单价计算程序

序　号	计费基础费用项目	直接工程费	人　工　费
1	单位工程直接工程费	Σ分部分项工程量清单项目工料机	
2	其中人工费		Σ分部分项工程量清单项目工日消耗量×人工单价
3	单位工程分项组织措施费	1×相应费率	2×相应费率
4	其中人工费		单位工程单项组织措施费×人工费比例
5	企业管理费	3×相应费率	4×相应费率
6	利润	（3＋5）×相应利润率	4×相应利润率
7	综合单价	3＋5＋6	3＋5＋6

注：施工组织措施项目是按单位工程考虑的，编制标底时，每一单项组织措施费可按人工费占20%，材料费占70%，机械费占10%计算；投标报价时，每一单项施工组织措施中的人工、材料和机械，可参照本比例或根据施工组织设计确定。

三、零星工作项目综合单价计算程序

序号	零星项目内容构成费用项目组成	人工费综合单价	材料费综合单价	机械费综合单价
1	基本单位人工费	A		
	基本单位材料费		B	
	基本单位机械费			C
2	企业管理费	1A×相应费率	1B×相应费率	1C×相应费率
3	利润	（1A＋2）×相应利润率	（1B＋2）×相应利润率	（1C＋2）×相应利润率
4	综合单价	1A＋2＋3	1B＋2＋3	1C＋2＋3
5	零星工作项目计价合计		Σ（工日数量×人工费综合单价）＋Σ（材料数量×材料费综合单价）＋Σ（机械台班数量×机械台班综合单价）	

四、单位工程造价计算程序表

序号	费 用 项 目	计 算 程 序
1	分部分项工程费	Σ分部分项清单项目工程量×相应清单项目综合单价
2	施工技术措施项目费	Σ分项技术措施清单项目工程量×相应清单项目综合单价
3	施工组织措施项目费	Σ施工组织措施清单项目数量×相应清单项目综合单价
4	其他项目费	招标人部分的金额+投标人部分的金额
5	规费	（分部分项工程费+措施项目费+其他项目费-预留金）中的直接费（或人工费）×核准费率
6	税金	（1+2+3+4+5）×费率
7	单位工程造价	1+2+3+4+5+6

注：1. 招标人部分的金额包括预留金、材料购置费、其他。
2. 投标人部分的金额包括总承包服务费、零星工作项目费、其他。
3. 零星工作项目费是由招标人提出的暂估工程量，由投标人报价。

第二节　定额计价的计价程序

（一）以直接工程费为计算基础

序号	费 用 项 目	计 算 公 式
1	直接工程费	按价目汇总表计算
2	施工技术措施费	按价目汇总表计算
3	施工组织措施费	1×相应费率
4	直接费小计	1+2+3
5	企业管理费	4×相应费率
6	规费	4×核准费率
7	间接费小计	5+6
8	利润	（4+7）×相应利润率
9	动态调整	发生时按规定计算
10	税金	（4+7+8+9）×相应税率
11	工程造价	4+7+8+9+10

（二）以人工费为计算基础

序 号	费 用 项 目	计 算 公 式
1	直接工程费	按价目汇总表计算
2	其中：人工费	按价目汇总表计算
3	施工技术措施费	按价目汇总表计算
4	其中：人工费	按价目汇总表计算
5	施工组织措施费	2×相应费率
6	其中：人工费	按规定的比例计算
7	直接费小计	1+3+5
8	企业管理费	（2+4+6）×相应费率
9	规费	（2+4+6）×核准费率
10	间接费小计	8+9

续表

序　号	费 用 项 目	计 算 公 式
11	利润	（2+4+6）×相应利润率
12	动态调整	发生时按规定计算
13	主材费	
14	税金	（7+10+11+12+13）×相应税率
15	工程造价	7+10+11+12+13+14

内蒙古自治区建设工程费用计算规则

（2004年）

内蒙古自治区建设厅、内蒙古自治区财政厅关于发布《内蒙古自治区建设工程费用计算规则》的通知

内建工〔2004〕85号

为了规范建设工程造价的计价行为，满足我区建设工程计价的需要，深入贯彻《建设工程工程量清单计价规范》（GB 50500—2003），按照建设部、财政部“关于印发《建筑安装工程费用项目组成》的通知”（建标〔2003〕206号）、建设部《建筑工程施工发包与承包计价管理办法》（建设部令第107号）、《内蒙古自治区建筑市场管理条例》等政策法规，结合内蒙古自治区的实际情况，编制了《内蒙古自治区建设工程费用计算规则》，经审查，现批准发布，自2004年1月1日起施行。

除合同另有约定外，凡2004年新开工的工程项目和结转至2004年的工程均按《内蒙古自治区建设工程费用计算规则》执行。

原内蒙古自治区建设厅、财政厅2002年颁发《内蒙古自治区建筑安装工程费用定额》（内建工字〔2002〕88号）、《关于内蒙古建筑、安装、市政、修缮工程定额基价调整的通知》（内建工〔2002〕86号）停止执行。

《内蒙古自治区建设工程费用计算规则》委托内蒙古自治区建设工程造价管理总站负责解释。

内蒙古自治区建设厅
内蒙古自治区财政厅
2004年4月8日

总 说 明

一、《内蒙古自治区建设工程费用计算规则》（以下简称本计算规则），是依据《建筑工程施工发包与承包计价管理办法》（建设部令107号）、《建设工程工程量清单计价规范》（GB 50500—2003）和建设部、财政部“关于印发《建筑安装工程费用项目组成》的通知”（建标〔2003〕206号）等政策法规，结合内蒙古工程建设的实际情况，本着合理确定、简明适用的原则编制的。在编制过程中，考虑了工程量清单计价模式与传统的工料单价法计价模式在一定时间内并存的特点，使计算规则在满足工程量清单计价需要的同时，满足工料单价法计价（定额计价）的需要。

二、本计算规则包括建设工程费用组成、工程类别的划分标准及说明、工程名称及费率适用范围、建设工程其他项目费、专业项目措施费计算等内容，是确定、计算建设工程费用的基础，是计算各专业项目措施费的依据。

本计算规则与内建工〔2004〕83号文件发布的《内蒙古自治区建设工程消耗量定额及基础价格》（2004年计价依据）配套使用。

三、为体现市场竞争，本计算规则将施工单位计取的各项费用的费率规定为竞争性费率。对于招标工程，如设标底时，标底编制原则上应该按照本计算规则给定的费用费率和计算方法计算各项费用。投标人投标报价时，在满足招标文件实质性要求的前提下，可根据工程特点和自身条件，在统一的费用计算方法基础上，自行确定各项费用的费率。行业规费费率不得调整。

四、本计算规则按照工程类别分别测算费用费率，适用于具有总承包资质的施工企业计算工程造价。不具备总承包资质的专业分包施工企业和具有行业施工资质的企业承揽施工任务时，其费用费率在投标文件中确定，或与发包单位、总包单位参考适用于总承包资质的施工企业的费用计算标准协商确定，并在合同中约定。

五、在工料单价计价和工程量清单计价两种计价模式并存的情况下，除《建设工程工程量清单计价规范》明确要求采用工程量清单计价的工程以外，其他工程采用何种计价方法，由招标人确定并在招标文件中予以说明。

六、本计算规则专业项目措施费中未包括的项目，由各盟市工程造价管理机构按照本计算规则的编制原则和方法进行收集、补充，并报自治区工程造价管理总站备案。

七、本计算规则凡注有“×××以内”或“×××以下”者，均包括×××本身，注有“×××以外”或“×××以上”者，则不包括×××本身。

八、本计算规则配套的电子版由内蒙古自治区建设工程造价管理总站编制、管理。

九、利用本计算规则数据编制计算机应用软件者，须经内蒙古自治区建设工程造价管理总站同意并申请对应用软件进行审查准入。未经同意，任何单位和个人不得翻印或发行电子出版物。

十、本计算规则由内蒙古自治区建设工程造价管理总站负责解释。

第一章　建设工程费用组成

建设工程费由直接费、间接费、利润和税金四部分组成。组成简图如下：

- 建设工程费
  - 直接费
    - 直接工程费
    - 措施项目费
  - 间接费
    - 规费
    - 企业管理费
  - 利润
  - 税金

一、直接费

由直接工程费和措施项目费组成。

（一）直接工程费：是指施工过程中耗费的构成工程实体的各项费用。包括人工费、材料费、施工机械使用费。

1. 人工费：是指直接从事建设工程施工的生产工人开支的各项费用。内容包括：

（1）基本工资：是指发放给生产工人的基本工资。

（2）工资性补贴：是指按规定标准发放的物价补贴，煤、燃气补贴，交通补贴，住房补贴，流动施工津贴，自备工具购置、补贴等。

（3）生产工人辅助工资：是指生产工人年有效施工天数以外非作业天数的工资，包括职工学习、培训期间的工资，调动工作、探亲、休假期间的工资，因气候影响的停工工资，女工哺乳时间的工资，病假在六个月以内的工资及产、婚、丧假期的工资。

（4）职工福利费：是指按规定标准计提的职工福利费。

（5）生产工人劳动保护费：是指按规定标准发放的劳动保护用品的购置及修理费，徒工服装补贴，防暑降温费，在有碍身体健康环境中施工的保健费用等。

2. 材料费：是指施工过程中耗费的构成工程实体的原材料、辅助材料、构配件、零件、半成品的费用。内容包括：

（1）材料原价（或供应价格）

（2）材料运杂费：是指材料自来源地运至工地仓库或指定堆放地点所发生的费用。

（3）运输损耗费：是指材料在运输装卸过程中不可避免的损耗。

（4）采购及保管费：是指为组织采购、供应和保管材料过程中所需要的各项费用。

包括：采购费、仓储费、工地保管费、仓储损耗。

（5）检验试验费：是指对建筑材料、构件和建筑安装物进行一般鉴定、检查所发生的费用，包括自设试验费和建设单位对具有出厂合格证明的材料进行检验，对构件做破坏性试验及其他特殊要求检验试验的费用。

3. 施工机械使用费：是指施工机械作业所发生的机械使用费以及机械安拆费和场外运费。

施工机械台班单价由下列七项费用组成：

（1）折旧费：指施工机械在规定的使用年限内，陆续收回其原值及购置资金的时间价值。

（2）大修理费：指施工机械除大修理以外的各级保养和临时故障排除所需的费用。包括为保障机械正常运转所需替换设备与随机配备工具附具的摊销和维护费用，机械运转中日常保养所需润滑与擦拭的材料费用及机械停滞期间的维护和保养费用等。

（3）安拆费及场外运费：安拆费指施工机械在现场进行安装与拆卸所需的人工、材料、机械和试运转费用以及机械辅助设施的折旧、搭设、拆除等费用；场外运费指施工整体或分体自停放地点运至施工现场或由一施工地点运至另一施工地点的运输、装卸、辅助材料及架线等费用。

（4）人工费：指机上司机（司炉）和其他操作人员的工作日人工费及上述人员在施工机械规定的年工作台班以外的人工费。

（5）燃料动力费：指施工机械在运转作业中所消耗的固体材料（煤、木柴）、液体燃料（汽油、柴油）及水、电等。

（6）养路费及车船使用税：指施工机械按照国家规定和有关部门规定应缴纳的养路费、车船使用税、保险费及年检费等。

（二）措施项目费：是指为完成工程项目施工，发生于该工程施工前和施工过程中非工程实体项目的费用。由通用项目措施费和专业项目措施费组成。其主要构成见措施项目分类表。

措施项目分类表

序　号	项 目 名 称
	一、通 用 项 目
1	环境保护
2	文明施工
3	安全施工
4	临时设施
5	夜间施工
6	二次搬运及完工清理
7	大型机械设备进出场及安拆
8	混凝土、钢筋混凝土模板及支架
9	脚手架
10	已完、未完工程及设备保护
11	施工排水、降水
12	冬雨季施工增加费

续表

序　号	项目名称
	二、专业项目
	（一）建筑工程
1	水平、垂直运输机械
	（二）装饰装修工程
1	垂直运输机械
2	室内空气污染测试
	（三）安装工程
1	组装平台
2	设备、管道施工的安全、防冻和焊接保护措施
3	压力容器和高压管道的检验
4	焦炉施工大棚
5	焦炉烘炉、热态工程
6	管道安装后的充气保护措施
7	隧道内施工的通风、供水、供气、供电、照明及通讯设施
8	现场施工围栏
9	格架式抱杆
	（四）市政工程
1	水平运输
2	筑岛、围堰
3	现场施工围栏
4	便道
5	便桥
6	洞内施工的通风、供水、供气、供电、照明及通讯设施
7	驳岸块石清理

措施项目除分类表内所列可能发生的项目外，施工单位可根据专业和地区情况及具体施工措施自行补充。

1. 通用项目

（1）环境保护费：是指施工现场为达到环保部门要求所需要的各项费用。

（2）文明施工费：是指施工现场文明施工所需要的各项费用。

（3）安全施工费：是指施工现场安全施工所需要的各项费用。

（4）临时设施费：是指施工企业为进行建设工程施工所必须搭设的生活和生产用的临时建筑物、构筑物和其他临时设施费用。

临时设施包括：临时宿舍、文化福利及公用事业房屋与构筑物，仓库、办公室、加工厂以及施工现场范围内道路、水、电、管线等临时设施和小型临时设施。

（5）夜间施工费：夜间施工增加费是指根据设计、施工技术要求或建设单位要求提前完工

（工期低于工期定额70%时），须进行夜间施工的工程所增加的费用。包括照明设施安装、拆除、摊销费，电费、施工降效费和职工夜餐补贴费。施工单位在建设单位没有要求提前交工为赶工期自行组织的夜间施工不计取夜间施工增加费。

（6）二次搬运及完工清理费：二次搬运是指因施工场地狭小或材料、构件无法直接运进施工现场等特殊情况而发生的二次装卸、运输费用；完工清理是指工程交付使用前，对工程和施工场地进行的卫生清扫和垃圾清理。

（7）大型机械设备进出场及安拆费：是指机械整体或分体自停放场地运至施工现场或由一个施工地点运至另一个施工地点，所发生的机械进出场运输转移费用及机械在施工现场进行安装、拆卸所需的人工费、材料费、机械费、试运转费和安装所需的辅助设施的费用。

（8）混凝土、钢筋混凝土模板及支架费：是指混凝土施工过程中需要的各种钢模板、木模板、支架等的支、拆、运输费用及模板、支架的摊销（或租赁）费用。

（9）脚手架费：是指施工需要的各种脚手架搭、拆、运输费用及脚手架的摊销（或租赁）费用。

（10）已完、未完工程及设备保护费：已完工程及设备保护费是指竣工验收前，对已完工程及设备进行保护所需费用；未完工程保护费是指工程建设过程中，在冬季或其他特殊情况下停止施工时，对未完工部分的保护费用。

（11）施工排水、降水费：是指为确保工程在正常条件下施工，采取各种排水、降水措施所发生的各种费用。

（12）冬雨季施工增加费：冬季施工增加费是指施工单位在施工规范规定的冬季气温条件下施工所增加的费用，包括冬季施工措施费和人工、机械降效费。雨季施工增加费是指在雨季施工时，为防滑、防雨、防雷、排水等增加的费用和人工降效补偿费用。不包括雷击、洪水造成的人员、财产损失。

2. 专业项目

专业项目措施费根据工程专业特点、建设地点实际情况和施工组织设计确定。

二、间接费

由规费、企业管理费组成。

1. 规费：是指政府和有关权力部门规定必须缴纳的费用（简称规费）。包括：

（1）工程排污费：是指施工现场按规定缴纳的工程排污费。

（2）工程定额测定费：是指按规定支付给工程造价（定额）管理部门的定额测定费。

（3）社会保障费。

①养老保险费：是指企业按照规定标准为职工缴纳的基本养老保险费。

②失业保险费：是指企业按照国家规定标准为职工缴纳的失业保险费。

③医疗保险费：是指企业按照规定标准为职工缴纳的基本医疗保险费和意外伤害医疗保险费。

（4）住房公积金：是指企业按照规定标准为职工缴纳的住房公积金。

（5）危险作业意外伤害保险：是指按照建筑法等有关规定，企业为从事危险作业的建筑安装施工人员支付的意外伤害保险费。

2. 企业管理费：是指建筑安装企业组织施工生产和经营管理所需费用。内容包括：

（1）管理人员工资：是指管理人员的基本工资、工资性补贴、职工福利费、劳动保护费等。

（2）办公费：是指企业管理办公用的文具、纸张、账表、印刷、邮电、书报、会议、水电、烧水和集体取暖（包括现场临时宿舍取暖）用煤等费用。

（3）差旅交通费：是指职工因公出差、调动工作的差旅费，住勤补助费，市内交通费和误餐补助费，职工探亲路费，劳动力招募费，职工离退休、退职一次性路费，工伤人员就医路费，工地转移费以及管理部门使用的交通工具的油料、燃料、养路费及牌照费。

（4）固定资产使用费：是指管理和试验部门及附属生产单位使用的属于固定资产的房屋、设备仪器等的折旧、大修、维修或租赁费。

（5）工具用具使用费：是指管理使用的不属于固定资产的生产工具、器具、家具、交通工具和检验、试验、测绘、消防用具等的购置、维修和摊销费；施工、生产所需随工人班组或个人配备的不属于固定资产的小型机械、生产工具的购置、摊销和维修费。

（6）劳动保险费：是指由企业支付离退休职工的易地安家补助费、职工退职金、六个月以上的病假人员工资、职工死亡丧葬补助费、抚恤费、按规定支付给离休干部的各项经费。

（7）职工教育经费：是指企业为职工学习先进技术和提高文化水平，按职工工资总额计提的费用。

（8）财产保险费：是指施工管理用财产、车辆保险。

（9）财务费：是指企业为筹集资金而发生的各种费用。

（10）税金：是指企业按规定缴纳的房产税、车船使用税、土地使用税、印花税等。

（11）其他：包括技术转让费、技术开发费、业务招待费、绿化费、广告费、公证费、法律顾问费、咨询费、工程投标费等。

三、利润

是指施工企业完成所承包工程获得的盈利。

四、税金

是指国家税法规定的应计入建设工程造价内的营业税、城市维护建设税及教育费附加等。

第二章　工程类别的划分标准及说明

一、建筑工程类别的划分标准及说明

（一）建筑工程类别的划分标准

工程类型		分类指标	一类	二类	三类	四类
民用建筑	公用建筑（单层）	建筑面积 高度 跨度	$>5000m^2$ >18m >24m	$>3000m^2$ >15m >18m	$>1500m^2$ >12m >12m	$\leqslant 1500m^2$ ≤12m ≤12m
	公用建筑（多层）	建筑面积 高度	$>10000m^2$ >30m	$>6000m^2$ >24m	$>3000m^2$ >18m	$\leqslant 3000m^2$ ≤18m
	住宅及其他建筑	建筑面积 层数	$>12000m^2$ >12 层	$>8000m^2$ >8 层	$>4000m^2$ >4 层	$\leqslant 4000m^2$ ≤4 层
工业建筑	单层厂房	建筑面积 高度 跨度	$>5000m^2$ >15m >33m	$>3000m^2$ >12m >24m	$>1500m^2$ >9m >18m	$\leqslant 1500m^2$ ≤9m ≤18m
	多层厂房	建筑面积 高度	$>6000m^2$ >24m	$>4000m^2$ >18m	$>2000m^2$ >12m	$\leqslant 2000m^2$ ≤12m
锅炉房		单炉蒸发量 总蒸发量	>30t/h —	>10t/h >20t/h	>6.5t/h >12t/h	≤6.5t/h ≤12t/h
人防工程		人防级别	—	>3 级	≤3 级	—

续表

工程类型		分类指标	一　类	二　类	三　类	四　类
构筑物	混凝土烟囱	高度	>100m	>60m	≤60m	—
	砖烟囱	高度	—	>50m	>30m	≤30m
	水塔	高度	—	>40m	≤40m	—
	贮仓	高度	—	>20m	≤20m	—
	贮水、贮油池	单体容量	>5000m^3	>1000m^3	≤1000m^3	—

（二）建筑工程类别的划分说明

1. 工程类别划分以单位工程为对象。同一施工单位同时施工的由不同结构或用途拼接组成的单位工程，可以按最大跨度、最高高度和合并后的建筑面积确定工程类别；由不同施工单位依伸缩缝或沉降缝为界划分后分别组织施工的单位工程，应按各自所承担的局部工程分别确定工程类别。

2. 同一类别中有两个及两个以上指标的，同时满足两个指标的才能确定为本类标准；只符合其中一个指标的，按低一类标准执行。

3. 分类指标中的“建筑面积”是指按国家和自治区有关房屋建筑工程建筑面积计算规则规定的方法计算的建（构）筑物的面积。单层厂房、单层公共建筑中的局部多层，符合建筑面积计算规则的，可以累加计算建筑面积。突出屋面的楼梯间、水箱间和建筑面积小于标准层50%的顶层及地下室，只计算建筑面积，不计算高度、层数。地下室为多层和有多层建筑面积小于标准层50%时，可将其建筑面积合并后折层计算。

4. 分类指标中的“高度”是指建（构）筑物的自身高度。建筑物的高度按设计室外地坪至建筑物檐口滴水处的距离计算；有女儿墙的建筑物，按设计室外地坪至建筑物屋面板上表面的距离计算。构筑物的高度，按设计室外地坪至构筑物本身顶端的距离（不包括避雷针、扶梯高度）计算。

5. 分类指标中的“跨度”是指桁架、梁、拱等跨越空间的结构相邻两支点（中—中）之间的距离。有多跨的建（构）筑物，按其中主要承重结构最大单跨距离计算。

6. “工业建筑”是指生产性房屋建筑工程和按国家有关规定划分为工业项目的房屋建筑工程；“民用建筑”是指为满足人们物质文化生活需要进行社会活动的非生产性房屋建筑工程。“公共建筑”是指：办公、教学、试验楼，博物、展览、文体、纪念馆，饭店、宾馆、招待所，办公、写字、商场、餐饮、娱乐等一体化综合楼。

7. 室外零星工程和不能划分类别的其他工程均按四类标准执行。

8. 建筑装饰装修工程，不分工程类别，均以人工费为取费基数计取各项费用；随主体工程承包施工的普通装饰装修工程（指内外墙抹灰刷涂料的简单装修工程），可随主体工程划分工程类别并计取各项费用。

9. 仿古工程按建筑工程三类取费标准执行。

10. 市政工程中的石砌雨水管沟工程，按建筑工程取费标准执行。当管沟断面和管沟长度分别大于2×1.6m（3.2m^2）、1000m时，划分为三类工程；当管沟断面和管沟长度分别小于2×1.6m（3.2m^2）、1000m时，划分为四类工程。

二、安装工程类别的划分标准及说明

（一）安装工程类别的划分说明

1. “锅炉蒸发量”是指蒸汽锅炉的蒸发量。热水锅炉应换算成蒸发量后再按划分标准确定工程类别。

2. “室外热力管网”是指工业厂（矿）区、住宅小区、开发区、新建行政企事业单位庭院内敷设的向多个建筑工程供暖、供气的热力管道工程。只有一条管沟、向一座建（构）筑物供热的管道称为“热力管线工程”。同沟敷设的其他管道随热力管网或热力管线确定工程类别。

3. 单独敷设的室外给水管道、燃气、蒸汽管道和室外金属、塑料排水管道，不论管径大小，一律划分为三类工程标准。

4. “容器、设备制作”是指施工单位在施工现场或加工厂按设计图纸加工制作的非标准设备，不包括生产厂家制作的设备。

（二）安装工程类别的划分标准

一类	1. 单炉蒸发量在6.5t/h及其以上或总蒸发量在12t/h以上的锅炉安装以及相应的管道、设备安装。 2. 容器、设备（包括非标设备）等制作安装。 3. 6kV以上的架空线路敷设、电缆工程。 4. 6kV以上的变配电装置及线路（包括室内、外电缆）安装。 5. 自动或半自动电梯安装。 6. 各类工业设备安装及工业管道安装。 7. 最大管径在DN150以上供水管及管径在DN150且单根管长度在400米以上的室外热力管网工程。 8. 上述各类设备安装中配套的电子控制设备及线路、自动化控制装置及线路安装工程。
二类	1. 一类取费范围外4t/h及其以上的锅炉安装以及相应的管道设备安装；换热或制冷量在4.2MW以上的换热站、制冷站内的设备、管道安装。 2. 6kV以下的架空线路敷设、电缆工程。 3. 6kV以下的变配电装置及线路（包括室内、外电缆）安装。 4. 小型杂物电梯安装；各类房屋建筑工程中设置集中、半集中空气调节设备的空调工程（包括附属的冷热水、蒸汽管道）。 5. 八层以上的多层建筑物附属的采暖、给排水、燃气、消防（包括消防卷帘、防火门）、电气照明、火灾报警、有线电视（共用天线）、通讯等工程。 6. 最大管径在DN80以上的室外热力管网工程。 7. 上述各类设备安装中配套的电气控制设备及线路、自动化控制装置及线路安装工程。
三类	1. 锅炉蒸发量小于4t/h的锅炉安装及其附属设备、管道、电气设备安装。换热或制冷量在4.2MW以下的换热站、制冷站内的设备、管道安装。 2. 四层及其以上的多层建筑物和工业厂房、影剧院、文体馆附属的采暖、给排水、燃气、消防（包括消防卷帘、防火门）、通风（包括简单空调工程，如立柜式空调机组、热空气幕、分体式空调器等）、电气照明、火灾报警、有线电视（共用天线）通讯等工程。 3. 最大管径DN80以下的室外热力管网工程、热力管线工程。 4. 室外金属、塑料排水管道工程和单独敷设的给水、燃气、蒸汽等管道工程。 5. 各类构筑物工程附属的管道安装、电气安装工程。 6. 不属于消防工程的自动加压变频给水设备安装、安全防范系数安装、计算机网络布线工程。
四类	1. 非生产性的三层以下建筑物附属的采暖、给排水、电气照明等工程。 2. 一、二、三类取费范围以外的其他安装工程。

三、市政工程类别的划分标准及说明

（一）市政工程类别的划分标准

工程类别	分类指标	一　类	二　类	三　类
市政道路工程	面积	>20000m^2	>10000m^2	≤10000m^2
	面层种类及结构厚度	沥青混凝土路面>50cm 水泥混凝土路面>55cm	沥青混凝土路面>40cm 水泥混凝土路面>40cm 沥青灌入式路面	沥青混凝土路面≤40cm 水泥混凝土路面≤40cm 其他面层路面
桥涵工程	单跨跨距	>20mm	>10m	≤10m
	桥长	>100mm	>50m	≤50m
非金属给排水管道工程	管径	>1000mm	>500mm	≤500mm
	长度	>1000mm	>500m	≤500m
金属给排水、燃气、供热管道工程（含塑料管）	管径	>300mm	>150mm	≤150mm
	长度	>1000mm	>500m	≤500m

（二）市政工程类别的划分说明

1. 市政工程是指城镇管辖范围内的，按规定执行市政工程预算定额计算工程造价的工程及其类似工程。执行市政定额的城市输水、输气管道工程，按市政工程计取各项费用。

2. 市政道路工程的“面积”是指行车道路面面积，不包括人行道和绿化、隔离带的面积。

3. 桥梁工程的长度指一座桥的主桥长，不包括引桥的长度。

4. 涵洞工程的类别随所在路段的类别确定。

5. 管道工程中的“管径”是指公称直径（混凝土和钢筋混凝土管、陶土管指内径）。“长度”是指本类别及其以上类别中所有管道的总长度（如：燃气、供热管道工程二类中的“长度”>500m，是指直径>DN150所有管道的合计长度>500m。不包括≤150的管道长度）；对于供热管道，是指一根供水或回水管的长度，而不是供回水管的合计长度。

6. 人行天桥、地下通道均按桥梁工程二类取费标准执行。

7. 城市道路的路灯，广场、庭院高杆灯均按安装工程二类取费标准执行。与之类似的零星路灯安装工程三类标准执行。

8. 同一类别中有几个指标的，同时符合两个及其以上指标的执行本标准：只符合其中一个的，按低一类标准执行。

9. 由多家施工单位分别施工的道路、管道工程，以各自承担部分为对象进行类别划分。

10. 城市广场工程建设，不分面积、结构层厚度，一律按市政道路工程三类标准取费。

四、园林工程类别的划分

园林工程分为园林绿化和园林建筑两个类别。

1. 园林绿化包括：苗木的栽（移）植，花卉、草皮的植铺。

2. 园林建筑包括：园路、园桥、假山、喷泉和亭、台、廊、牌楼等园林建筑小品以及喷灌、照明等线路的敷设安装。

第三章　工程名称及费率适用范围

一、建筑工程

本定额中的建筑工程主要指房屋建筑工程中的土建工程和与其类似的工程。

建筑工程费率适用于：

1. 工业、民用、人防、市政工程中的建筑物和构筑物。
2. 各种设备基础，砖砌（混凝土）围墙，砖砌管道沟、电缆沟，大口集水井。
3. 仿古建筑物。
4. 房屋建筑工程的室外配套工程和市政工程中的泵房、换热站、调压站工程以及与上述工程类似的其他工程。

二、安装工程

安装工程是指设备安装工程和附属于建筑工程的安装工程。

设备安装工程是指生产、动力、起重、运输、实验等各种需要安装的机电及机械设备的装配、安装工程及其设备附属的支架、平台、梯子、栏杆的制作安装、防腐刷油、保温工程。

附属于房屋建筑工程中的安装工程是指采暖、给排水、电气照明、通风、空调、燃气、消防、安全防范、防雷接地、办公智能化等安装工程。

安装工程费率使用于：

1. 设备安装工程。
2. 附属于房屋建筑工程的安装工程。
3. 工业管道工程，市政路灯工程。
4. 国家计委《关于建设工程间接费定额制定修订工作的几点意见》[计标（1986）1313号] 文件规定的由省、自治区、直辖市制定间接费的设备安装工程。

三、土石方工程

土石方工程是指进行各类房屋建筑、市政工程施工中发生的土石方的爆破、挖填、运输工程。

土石方工程费率适用于：

1. 在一个单位工程内，全部土石方挖方（或填方）工程量在 $5000m^3$ 以上的房屋建筑工程中的土石方工程。
2. 场地平整（±30cm 以外）、沟渠、运动场、广场、机场、疏干、游泳池、人工湖、鱼塘、古墓、枯井工程中的土石方挖填工程，不包括市政道路工程中的土石方工程。
3. 直埋管道的管道沟土石方挖填工程。
4. 与上述类似的土石方挖填工程。

四、市政道路、桥涵工程

道路、桥涵工程是指各种机动车道、人行道路及连接道路的桥涵工程。

道路、桥涵工程费率适用于：

1. 执行市政定额的城镇管辖范围内的各种面层的道路（包括路基土石方工程）及桥涵工程。
2. 执行建筑工程定额或参照市政定额或参照市政执行的厂（矿）区、住宅小区、行政企事业单位院内、城市广场的各种道路、硬化工程。

五、市政给排水、热力、燃气管道工程

市政给排水、热力、燃气管道工程费率适用于：

1. 城镇管辖范围内的给水、排水、热力、燃气等管道安装工程。
2. 非金属管道的混凝土基础或垫层工程。
3. 附属于上述管道的管架及其支柱、检查井、消火栓井等工程。
4. 从水源地至城市水厂的引水工程和从气源地至城市调压站的供气工程。

六、炉窑砌筑工程

（一）炉窑砌筑工程费率适用于：

1. 冶金专业炉窑以外的按规定执行全国统一安装工程预算定额第四册《炉窑砌筑工程》定额的专业炉窑和一般工业炉窑砌筑工程。
2. 执行建筑工程定额的各类炉窑砌筑工程。

（二）炉窑砌筑工程按下列规定划分工程类别：

1. 一类工程：执行《炉窑砌筑工程》定额第一章“专业炉窑”（其他炉窑除外）及其附属、辅助工程且单座炉工程量 > $300m^3$ 的工程；

2. 二类工程：执行《炉窑砌筑工程》定额第二章“一般工业炉窑”及其辅助、附属项目；第一章“专业炉窑”中的其他炉窑；第一章“专业炉窑”中的单座炉工程量 ≤ $300m^3$ 的工程。

七、装饰装修工程

装饰装修工程费率适用于新建、扩建房屋建筑工程中的装饰装修工程，原有建筑物改变使用功能和升级换代式的装饰装修工程。

八、园林工程

园林工程费率适用于城市广场、公园、道路、厂（矿）区、行政及事业单位院内外等树木、花卉、草皮栽植等绿化工程和园林建筑工程。

第四章　建设工程费用计算方法和程序

第一节　建设工程费用计算方法

一、直接工程费

直接工程费按与“计算规则”配套颁发的各类定额及有关规定计算。

二、措施项目费计算

（一）通用项目

通用项目措施费中按费率形式计算费用的环境保护费、文明施工费、安全施工费、雨季施工增加费和已完、未完工程及设备保护费，参考通用措施项目费费率表计算。

通用措施项目费费率表

序号	工程类型	类别	取费基础	分项费率（%）				合计
				环境保护费	安全文明施工费	雨季施工增加费	已完、未完工程保护费	
一	建筑工程	一 二 三 四	直接工程费	0.06	0.9 0.8 0.7 0.6	0.1	0.18	1.24 1.14 1.04 0.94
二	安装工程	一 二 三 四	定额人工费	0.2	2.97 2.64 2.31 1.98	0.3	0.6	4.07 3.74 3.41 3.08
三	土石方工程		直接工程费	0.06	0.2	0.2	—	0.46
四	市政　道路	一 二 三 四	直接工程费	0.06	0.2	0.2	—	0.46
	市政　桥涵	一 二 三	直接工程费	0.06	0.8	0.2	0.18	1.24

续表

序号	工程类型	类别	取费基础	分项费率%				合计
				环境保护费	安全文明施工费	雨季施工增加费	已完、未完工程保护费	
五	市政给排水燃气、热力管道工程	一	定额人工费	0.2	2.97	0.5	0.6	4.27
		二			2.64			3.94
		三			2.31			3.61
六	炉窑砌筑工程	一	定额人工费	0.2	3.45	0.5	0.18	4.33
		二			2.77			3.65
七	装饰装修工程		定额人工费	0.2	2.4	0.3	0.8	3.7
八	园林工程 绿化		定额人工费	0.2	1.8	0.4	—	2.4
	园林工程 建筑		直接工程费	0.06	0.06	0.2	0.18	0.5

其他部分措施项目费按以下规定计算。

1. 临时设施费

临时设施费由总承包单位根据施工组织设计确定的房屋种类、面积和围墙种类、长度及其施工现场道路、水电管线等实际情况计算。以下给出的参考费用中包括了运输、搭设、拆除、折旧等费用，可利用材料回收费用和垃圾外运费用。

（1）围护结构搭设使用费

围护结构搭设使用费 = 每延长米围护结构费用 × 围护结构长度

每延长米围护结构参考费用：砖砌围墙（包括外面抹灰、刷涂料）100 元/m，其中人工工资 30 元/m；彩条布围护（包括钢管骨架）5 元/m，其中人工工资 1 元/m；瓦龙铁、玻璃钢围护（包括型钢支架）8 元/m，其中人工工资 1 元/m。

（2）一次性使用房屋建设使用费

一次性使用房屋建设使用费 = 房屋建筑面积 × 每平方米造价

一次性使用房屋包括不同装修标准的砖木结构的宿舍、办公室、厨房、浴室、卫生间、仓库等用房，其综合参考价为 190 元/m^2，其中人工工资 40 元/m^2。

（3）周转使用房屋建设使用费

周转使用房屋建设使用费 = 每平方米一次性购置搭设费用 × 房屋建筑面积 ÷ 使用次数

每平方米一次性购置搭设参考费用：彩钢复合压型板房（带保温层）470 元/m^2，其中人工工资 65 元/m^2；混凝土活动板房（不保温）170 元/m^2，其中人工工资 30 元/m^2。

房屋建筑面积根据施工组织设计确定。也可参考下列指标计算：一类工程 400 ~ 600m^2；二类工程 300 ~ 500m^2；三类工程 200 ~ 400m^2；四类工程 150 ~ 350m^2。

使用次数应考虑使用时间长短、季节等多种因素，参考次数为 3 ~ 5 次。

（4）给排水管线、电力线路、消防设施费

给排水管线、电力线路、消防设施费用根据工程类别、施工情况确定，每个项目参考费用为 2 万 ~ 4 万元，其中人工工资占 20%。

(5) 施工现场临时道路维护费

施工现场临时道路维护费，依据工程类别、施工现场情况确定。每个项目参考费用为0.5万~1.5万元，其中人工工资占30%。硬化道路根据施工组织设计建设面积、结构，按市政定额相应项目计算，不计维护费。

2. 夜间施工费

夜间施工增加费按下表计算。

费用内容	照明设施安拆、折旧、用电	工效降低补偿	夜餐补助	合计
费用标准（元/人、班）	1.6	2.4	4	8

(1) 白天在地下室、无窗厂房、坑道、洞库内施工的工程，可视为夜间施工，每工日按4元计夜间施工增加费；

(2) 建设单位要求提前完工的工程，指建设单位要求的工期低于工期定额规定的施工工期70%的工程；

(3) 夜间施工人数按实际参加夜间施工人员总数（包括现场管理人员）计算。在当日20点至次日6点之间，施工时间在2~4个小时的，按0.5个夜班计算；施工时间在4.01~8个小时的，按1个夜班计算；施工时间超过8个小时按1.5个夜班计算；

(4) 夜间施工人员总数、施工时间由建设单位或监理单位代表签证；地下室、无窗厂房、坑道、洞库等工程按工作量所需的定额工日计算。

3. 二次搬运及完工清理费

二次搬运费应该按实际发生计算。对于招投标中欲进行工程造价包干的建筑工程，也可以按每平方米建筑面积计算二次搬运费。每平方米建筑面积二次搬运费参考值为：平房0.5元/m^2；住宅、教学、办公楼4元/m^2；工业厂房及其他2元/m^2。建筑工程以外的其他工程参照上述标准计算。

完工清理费视工程采用的建筑材料和工程装修复杂程度计算。主体工程按每平方米建筑面积0.5~1.0元计算；装修工程按0.5~1.5元计算。不便于计算建筑面积的装修工程，参照上述标准由投标人在投标报价时确定。完工清理费全部为人工费，不包括垃圾外运费用。

4. 大型机械设备进出场及安拆费

大型机械设备进出场及安拆费按“建筑工程措施项目费计算方法”中的相应定额子目计算。

5. 混凝土模板、支架搭拆使用费

混凝土模板、支架搭拆使用费由搭拆费和使用费两部分组成。搭拆费按“建筑工程措施项目费计算”中的相应定额子目计算；使用费按以下规定计算：

(1) 木模板、支架使用费（木材按自购、自有考虑）

木模板、支架使用费 = 定额用量 × 材料单价 ÷ 使用次数（一般按周转使用5次考虑）

(2) 钢模板、支架

钢模板、支架使用费 = 定额用量 × 单位模板、支架每日租赁费单价 × 分部分项工程使用天数

使用天数参考“模板使用天数参考值表”计算。带一层地下室的框架工程基础模板使用天数为8~30天；带二层地下室的框架工程基础模板使用天数为20~50天。

模板使用天数参考值表

分部工程	框架结构		砖混结构		
	基础	梁、板、柱	现浇板	基础、地梁、圈梁、过梁	构造柱
周转周期（使用天数）	8	16	16	8	5

6. 脚手架搭拆使用费

脚手架搭拆使用费由搭拆费和使用费两部分组成。搭拆费按“建筑工程措施项目费计算”中的相应定额子目计算；使用费按以下规定计算（自有脚手架按照租赁形式计算）：

脚手架使用费 = 定额用量 × 单位架管（或扣件）每日租赁单价 × 使用天数

脚手架使用天数参考下表计算。

脚手架使用天数参考值表

<table>
<tr><td rowspan="3">综合脚手架、烟囱、水塔、沿街防护棚、金属竖井、依附斜道</td><td colspan="6">单项脚手架</td></tr>
<tr><td rowspan="2">外架子</td><td colspan="2">里架子</td><td rowspan="2">满堂架子</td><td rowspan="2">浇灌道架子</td><td rowspan="2">电梯井字架</td></tr>
<tr><td>主体</td><td>围墙</td></tr>
<tr><td>工期天数 - 基础开挖等不使用脚手架天数</td><td>主体施工天数 + 外墙装修施工天数</td><td>3 ~ 4</td><td>1 ~ 2</td><td>7 ~ 10</td><td>4 ~ 6</td><td>1 ~ 2</td></tr>
</table>

7. 施工排水、降水

施工排水、降水费用根据工程水文资料、施工组织设计，按“建筑工程措施项目费计算”中的相应定额子目计算。

8. 冬季施工增加费

（1）需要冬季施工的工程其措施费，由施工单位编制冬季施工措施和冬季施工方案，连同增加费用一并报建设、监理单位批准后实施。

（2）人工、机械降效费用按冬季施工工程人工费、机械费之和的 20% 计取。

（3）对于冬季停止施工的工程，施工单位可以按实际停工天数计算看护费用。费用计算标准为：单项工程每天 120 元；由一个总包单位承包的建设项目每天 180 元。专业分包工程不计取看护费。看护费包括看护人员工资及其取暖、用水、用电费用。

冬季机械停滞时间已经在台班费用定额内考虑，不得计算冬季施工机械停滞费。

9. 水平、垂直运输费

水平、垂直运输费按第六章“专业项目措施费计算方法”中的相应定额子目计算。

（二）专业项目

专业项目按第六章“专业项目措施费计算方法”中的相应定额子目计算。

三、间接费计算

（一）规费

1. 工程排污费

工程排污费按实际发生计算。

2. 工程定额测定费

工程定额测定费是指根据国家计委、财政部《关于全面整顿住房建设收费取消部分收费项目的通知》（计价格〔2001〕585 号）和《内蒙古自治区发展计划委员会、财政厅转发国家计委、财政部关于全面整顿住房建设收费取消部分收费项目的通知》（内计费字〔2001〕1278 号）文件规定，由各级工程造价管理部门收取的用于各类定额测定和抵顶事业经费支出的专项经费。工程定额测定费按不含税工程造价的 0.15% 计取。

3. 社会保障费

（1）社会保障费中的养老保险费和失业保险费是根据《内蒙古自治区建筑施工企业劳动保险费筹集管理暂行办法实施细则》〔内建人字（2001）100 号〕文件规定，由建设行政主管部门劳保费管理办公室负责向工程项目建设单位收取的、向施工企业划转、调剂用于施工企业为职工交纳基本养老保险和失业保险的费用。社会保障费按不含税工程造价的3.5%列入预（结）算。该费用由建设单位在办理工程报建、施工许可证及开工报告等手续前，按规定向劳保费管理办公室缴纳。具体交纳方法按《内蒙古自治区建筑施工企业劳动保险费筹集管理暂行办法实施细则》（内建人字〔2001〕100号）规定办理。

（2）职工基本医疗保险费按不含税工程造价的0.67%计算。由施工企业按规定向有关部门交纳。

4．住房公积金

住房公积金按照不含税工程造价的0.89%计算。由施工企业按规定向有关部门交纳。

5．危险作业意外伤害保险和意外伤害医疗保险

危险作业意外伤害保险费和意外伤害医疗保险费按不含税工程造价的0.26%计算。由施工企业按规定为施工人员办理保险。

（二）企业管理费按下表规定计算（表中费率为%）

工程类型	建筑工程	安装工程	土石方工程	市政道路工程	市政桥涵工程	市政给排水燃气、热力管道工程	炉窑砌筑工程	装饰装修工程	园林绿化	园林建筑
计费基础	直接工程费	人工费	直接工程费	直接工程费	直接工程费	人工费	人工费	人工费	人工费	直接工程费
一类	11.11	37.00	6.34	9.14	9.58	31.76	49.81	26.1	25.27	6.42
二类	9.53	31.73		7.78	8.14	26.69	35.56			
三类	7.96	26.51		6.34	6.67	21.56				
四类	6.38	21.25								

四、利润按下表规定计算

工程类型	建筑工程	安装工程	土石方工程	市政道路、桥涵工程	市政给排水燃气、热力管道工程	炉窑砌筑工程	装饰装修工程	园林建筑	园林绿化
计费基础	直接工程费	人工费	直接工程费	直接工程费	人工费	人工费	人工费	直接工程费	人工费
费率（%）	7	23.31	7	7	23.31	35	23.31	7	23.31

五、税金

税金税率根据工程所在地区的不同实行差别税率，分别为：市区3.41%，县城（镇）3.35%，城镇以外3.22%。

第二节 费用计算程序

一、适用于工料单价计价法的取费程序

1．以直接费为计算基础

序　号	费用项目	计算方法
1	直接工程费	按定额计算
2	措施项目费	按“计算规则”计算
3	小计	1+2
4	企业管理费、利润	3×费率
5	合计	3+4
6	规费	5×费率
7	合计	5+6
8	税金	7×税率
9	含税工程造价	7+8

2. 以人工费为计算基础

序　号	费用项目	计算方法
1	直接工程费	按定额计算
2	直接工程费中的人工费	按定额计算
3	措施项目费	按“计算规则”计算
4	措施项目费中的人工费	按“计算规则”计算
5	小计	(1+3)、(2+4)
6	企业管理费、利润	(2+4)×费率
7	合计	(1+3)+6
8	规费	7×费率
9	合计	7+8
10	税金	9×税率
11	含税工程造价	9+10

二、适用于工程量清单计价法（综合单价法）的取费程序

（1）以人工费为基础的分部分项工程和措施项目综合单价计算

序　号	费用项目	计算方法
1	分部分项直接工程费 或 措施项目费	按定额计算 或 按“计算规则”计算
2	分部分项工程人工费 或 措施项目人工费	按定额计算 或 按“计算规则”计算
3	企业管理费、利润	2×费率
4	综合单价	1+3

（2）以直接工程费为基础的分部分项工程和措施项目综合单价计算

序　号	费用项目	计算方法
1	分部分项直接工程费 或 措施项目费	按定额计算 或 按“计算规则”计算
2	企业管理费、利润	1×费率
3	综合单价	1+2

（3）工程量清单计价方法的单位工程费用计算程序

序　号	费用项目	计算方法
1	分部分项工程量清单计价合计	
2	措施项目清单计价合计	
3	其他项目清单计价合计	
4	合计	1+2+3
5	规费	4×费率
6	合计	4+5
7	税金	6×税率
8	含税工程造价	6+7

第五章　建设工程其他项目费

1. 无负荷联合试运转费：是指生产性建设项目按照设计要求完成全部设备安装工程之后，在验收之前所进行的无负荷（不投料）联合试运转所发生的费用。按设备安装工程人工费的6%计算。

2. 总包服务费：实行总分包的工程，总承包单位与专业分包单位在同一施工现场同时施工时，总包单位应向分包单位提供服务并收取总包服务费。专业承包单位向总包单位或建设单位分包专业工程施工任务并享受总包服务后，应向总承包单位交纳总包服务费。

（1）总包服务费的内容

①配合分包单位施工的非生产人员工资（包括医务、宣传、安全保卫、烧水、炊事等工作人员）。

②现场生产、生活用水电费，水电设施、管线敷设摊销费（不包括施工现场制作的非标准设备、钢结构用电）。

③共用脚手架搭拆、摊销费（不包括为分包单位单独搭设的脚手架）。

④共用垂直运输设备（包括人员升降设备）、加压设备的使用、折旧、维修费。

（2）总包服务费的计算方法

①电梯、通风空调、给水加压、消防等设备安装工程，按分包工程总价的2.5%计算（不包括外购设备价值）；其他工程按分包工程总价的2%计算。

②分包工程不与总包工程同时施工的（如建筑主体工程完工后进行施工的装饰装修工程），总包单位不提供服务，不得收取总包服务费。

③虽在同一施工现场同时施工，总包单位没有提供总包服务的不应收取总包服务费。

④在同一施工现场同时施工，总包单位要求分包单位自行装设水电表，并且由分包单位支付

水电费的，分包单位按工程总价的1%支付总包服务费。

⑤总包服务内容和费用计算方法也可以由总、分包单位另行协商确定。

3．停窝工损失费

停窝工损失费是指建筑安装施工企业进入施工现场后，由于设计变更、停水、停电（不包括周期性停水、停电）以及按规定应由建设单位承担责任的原因造成的、现场调剂不了的停工、窝工损失费用。

（1）内容包括：现场在用施工机械的停滞费、现场停窝工人员生活补贴及管理费。

（2）计算方法：施工机械停滞费按定额台班单价的40%乘以停滞台班数计算；停窝工人员生活补贴按每人每天15元乘以停工工日数计算；管理费按人工停窝工费的20%计算。连续7天之内累计停工小于8小时的不计算停窝工损失费。

4．工程变更签证费

工程变更签证费是指工程施工过程中，由于设计变更、施工条件变化，建设单位供应的材料、设备、成品及半成品不能满足设计要求，由施工单位经济技术人员提出、经设计人员或建设单位（监理单位）驻工地代表认定的、超出或低于各类定额或中标价格的费用。施工合同中没有明确规定计算方法的经济签证费用按以下规定计算：

（1）设计变更引起的经济签证费用应计算工程量，按各类定额规定或投标报价中的综合单价（指工程量清单报价的）计算；按预算定额规定计算直接费的应该按“计算规则”计取各项费用。

（2）施工条件变化、建设单位供应的材料、设备、成品及半成品不能满足设计要求引起的经济签证，由建设单位（或监理单位）与施工单位协商确定费用。按预算定额基价及劳动定额用工数量、定额人工费单价计算的部分应该按费用定额规定计取各项费用；不按预算定额基价、劳动定额用工数量及定额人工费单价计算的，只计取规费和税金。

5．专业分包工程施工管理费

由建设单位按照有关规定直接发包给专业施工单位并签订合同的分包工程，如果与总包单位在同一施工现场同时交叉施工时，除分包单位向总包单位支付总包服务费外，建设单位应另外支付给总包单位分包工程总价（计算方法同总包服务费）1%的专业分包工程施工管理费。

辽宁省建设工程费用参考标准

（2006年）

辽宁省建设厅、辽宁省财政厅关于印发《辽宁省建设工程费用参考标准》的通知

辽建发〔2006〕29号

为了配合《辽宁省施工企业规费计取管理办法》的实施，进一步推动《建设工程工程量清单计价规范》的贯彻执行，现编制印发2006年《辽宁省建设工程费用参考标准》，与《辽宁省消耗量定额参考价目表》（2004年）配套使用。凡2006年7月1日以后开工的工程执行新颁布的费用参考标准，原2004年《辽宁省建设工程费用参考标准》同时废止。

执行中遇到的问题请及时反映给辽宁省建设工程造价管理总站。

辽宁省建设厅　辽宁省财政厅

二〇〇六年五月三十日

第一部分　建设工程费用组成

根据建设部、财政部建标〔2003〕206号文件《关于印发〈建筑安装工程费用项目组成〉的通知》精神，结合我省实际情况，确定建设工程费用项目组成如下：

建设工程费用由直接费、间接费、利润和税金组成。

一、直接费

由直接工程费和措施费组成。

（一）直接工程费：是指施工过程中耗费的构成工程实体的各项费用，包括人工费、材料费、施工机械使用费。

1. 人工费：是指直接从事建筑安装工程施工的生产工人开支的各项费用，内容包括：

（1）基本工资：是指发放给生产工人的基本工资。

（2）工资性津贴：是指按规定标准发放的物价补贴，煤、燃气补贴，交通补贴，住房补贴，流动施工津贴等。

（3）生产工人辅助工资：是指生产工人年有效施工天数以外非作业天数的工资，包括职工学习、培训期间的工资，调动工作、探亲、休假期间的工资，因气候影响的停工工资，女工哺乳时间的工资，病假在六个月以内的工资及产、婚、丧假期的工资。

（4）职工福利费：是指按规定标准计提的职工福利费。

（5）生产工人劳动保护费：是指按规定标准发放的劳动保护用品的购置费及修理费，徒工服装补贴，防暑降温费，在有碍身体健康环境中施工的保健费等。

2. 材料费：是指施工过程中耗费的构成工程实体的原材料、辅助材料、构配件、零件、半成品的费用。内容包括：

（1）材料原价（或供应价格）。

（2）材料运杂费：是指材料自来源地运至工地仓库或指定堆放地点所发生的全部费用。

（3）运输损耗费：是指材料在运输装卸过程中不可避免的损耗。

（4）采购及保管费：是指为组织采购、供应和保管材料过程中所需要的各项费用。

包括：采购费、仓储费、工地保管费、仓储损耗。

（5）检验试验费：是指对建筑材料、构件和建筑安装物进行一般鉴定、检查所发生的费用。

3．施工机械使用费：是指施工机械作业所发生的机械使用费以及机械安拆费和场外运输费。

施工机械台班单价应由下列七项费用组成：

（1）折旧费：是指施工机械在规定的使用年限内，陆续收回其原值及购置资金的时间价值。

（2）大修理费：是指施工机械按规定的大修理间隔台班进行必要的大修理费，以及恢复其正常功能所需的费用。

（3）经常修理费：是指施工机械除大修理以外的各级保养和临时故障排除所需的费用。包括为保障机械正常运转所需替换设备与随机配备工具附具的摊销和维护费用，机械运转中日常保养所需润滑与擦拭的材料费用及机械停滞期间的维护和保养费用等。

（4）安拆费及场外运输费：安拆费指施工机械在现场进行安装与拆卸所需的人工、材料、机械和试运转费用以及机械辅助设施的折旧、搭设、拆除等费用；场外运输指施工机械整体或分体自停放地点运至施工现场或由一施工地点运至另一施工地点的运输、装卸、辅助材料及架线等费用。

（5）人工费：指机上司机（司炉）和其他操作人员的工资。

（6）燃料动力费：指施工机械在运转作业中所消耗的固体燃料（煤、木柴）、液体燃料（汽油、柴油）及水、电等费用。

（7）养路费及车船使用税：指施工机械按照国家规定和有关部门规定应缴纳的养路费、车船使用税、保险费及年检费等。

（二）措施费：是指为完成工程项目施工，发生于该工程施工前和施工过程中非工程实体项目的费用。内容包括：

1．技术措施费：

（1）大型机械设备进出场及安拆费：是指机械整体或分体自停放场地运至施工现场或由一个施工地点运至另一个施工地点，所发生的机械进出场运输转移费用及机械在施工现场进行安装、拆卸所需的人工费、材料费、机械费、试运转费和安装所需的辅助设施的费用。

（2）混凝土、钢筋混凝土模板及支架费：是指混凝土施工过程中需要的各种钢模板、木模板、支架等的安、拆、运输费用及模板、支架的费用。

（3）脚手架费：是指施工需要的各种脚手架搭、拆、运输费用及脚手架费用。

（4）垂直运输费用、高层建筑增加费。

2．建设工程安全防护、文明施工措施费：

（1）文明施工与环境保护费：是指施工现场设立的安全警示标志、现场围挡、五板一图、企业标志、场容场貌、材料堆放、现场防火等所需要的各项费用。

（2）安全施工费：是指施工现场通道防护、预留洞口防护、电梯井口防护；楼梯边防护等安全施工所需要的各项费用。

（3）临时设施费：是指施工企业为进行建筑工程施工所必须搭设的生活和生产用的临时建筑物、构筑物和其他临时设施费用等。

内容包括：临时宿舍，文化福利及公用事业房屋与构筑物；仓库、办公室、加工厂以及规定范围内道路、水、电、管线等临时设施和小型临时设施的搭设、维修、拆除费或摊销费。

3. 其他措施费：

(1) 夜间施工增加费：是指因夜间施工所发生的夜班补助费、夜间施工降效、夜间施工照明设备摊销及照明用电费用。

(2) 二次搬运费：是指因施工场地狭小等特殊情况而发生的二次搬运费用。

(3) 已完工程及设备保护费：是指竣工验收前，对已完工程及设备进行保护所需费用。

(4) 施工排水、降水费：是指为确保工程在正常条件下施工，采取各种排水、降水措施所发生的各种费用。

(5) 市政工程施工干扰费：市政工程施工中发生的边施工边维护交通及车辆、行人干扰等所发生的防护和保护措施费。

(6) 冬雨季施工费。

冬期施工费：是指连续三天气温在5℃以下环境中施工所发生的费用，包括人工机械降效、除雪、水砂石加热、混凝土保温覆盖发生的费用。

雨季施工费：是指雨季施工的人机降效、防汛措施、工作面排雨水。

(7) 其他：上述内容未包括，但在工程实施过程中，应发生的措施费用。

二、间接费

由企业管理费和规费组成。

(一) 企业管理费：是指建筑安装企业组织施工生产和经营管理所需费用。

内容包括：

1. 管理人员工资：是指管理人员的基本工资、工资性津贴、职工福利费、劳动保护费等。

2. 办公费：是指企业管理办公用的文具、纸张、账表、印刷、邮电、书报、会议、水电、烧水和集体取暖（包括现场临时宿舍取暖）用煤等费用。

3. 差旅交通费：是指职工因公出差、调动工作的差旅费、住勤补助费，市内交通费和误餐补助费，职工探亲路费，劳动力招募费，职工离退休、退职一次性路费，工伤人员就医路费，工地转移费以及管理部门使用的交通工具的油料、燃料、养路费及牌照费。

4. 固定资产使用费：是指管理和试验部门及附属生产单位使用的属于固定资产的房屋、设备、仪器等的折旧、大修、维修或租赁等费用。

5. 生产工具用具使用费：是指施工机械原值在2000元以下、使用年限在2年以内的不构成固定资产的底值易耗机械，生产工具及检验用具等的购置、摊销和维修费；以及支付给工人自备工具补贴费。

6. 工具用具使用费：是指管理使用的不属于固定资产的工具、器具、家具、交通工具和检验、试验、测绘、消防用具等的购置、维修和摊销费。

7. 劳动保险费：是指由企业支付离退休职工的易地安家补助费、职工退职金、六个月以上的病假人员工资、职工死亡丧葬补助费、抚恤费、按规定支付给离休干部的各项费用。

8. 工会经费：是指企业按职工工资总额计提的工会经费。

9. 职工教育经费：是指企业为职工学习先进技术和提高文化水平，按职工工资总额计提的费用。

10. 财产保险费：是指施工管理用财产、车辆保险费用。

11. 财务费：是指企业为筹集资金而发生的各项费用

12. 税金：是指企业按规定缴纳的房产税、车船使用税、土地使用税、印花税等。

13. 其他：包括技术转让费、技术开发费，业务招待费、绿化费、广告费、公证费、法律顾问费、审计费、咨询费、定位复测费等。

(二) 规费

规费：是指政府和有关权力部门规定必须缴纳的费用（简称规费）。包括：

1. 工程排污费：是指施工现场按规定缴纳工程排污费。

2. 工程定额测定费：是指按规定支付工程造价（定额）管理部门的定额测定费。

3. 社会保障费

（1）养老保险费：是指企业按规定标准为职工缴纳的基本养老保险费。

（2）失业保险费：是指企业按照国家规定标准为职工缴纳的失业保险费。

（3）医疗保险费：是指企业按照规定标准为职工缴纳的基本医疗保险费。

（4）生育保险费：指企业按照规定标准为职工缴纳的女职工生育保险费。

（5）工伤保险费：是指按照《辽宁省工伤保险实施办法》辽宁省人民政府令第187号的规定；为保障因工作遭受事故伤害或者患职业病的职工获得医疗救治和经济补偿，促进工伤预防和职业康复，维护职工的合法权益，分散用人单位的工伤风险的保险费。

4. 住房公积金：是指企业按规定标准为职工缴纳的住房公积金。

5. 危险作业意外伤害保险：是指按照《中华人民共和国建筑法》规定，企业为从事危险作业的建筑安装施工人员支付的意外伤害保险费。

三、利润

是指施工企业完成所承包工程获得的盈利。

四、税金

是指国家税法规定的应计入建筑安装工程造价内的营业税、城市维护建设税及教育费附加等。

第二部分　各类工程适用范围

一、施工总承包

1. 房屋建筑工程。适用于工业、民用与公共建筑工程。

2. 机电设备安装工程。适用于一般工业、公用工程及公共建筑的机电设备安装工程。

3. 市政公用工程。

市政公用工程（1）

适用于：城市道路、桥涵、隧道工程；公用广场工程；给水厂及污水处理、给水、污水、雨水泵站、液化气储灌场（站）、各类城市生活垃圾处理工程中的基础等工程；机械土石方工程；其他各类构筑物工程。

市政公用工程（2）

适用于：市政给水、排水、燃气、热力管道安装及其人工土石方、配套的各种井室工程；给水厂及污水处理厂、给水、污水、雨水泵站、液化气储灌场（站）、各类城市生活垃圾处理工程中的设备安装工程等。

二、专业承包

1. 地基及基础工程。适用于各专业地基及基础工程。

2. 土石方工程。适用于各专业人工、机械土石方工程。

3. 建筑装饰装修工程。适用于各类建筑物、构筑物装饰装修工程。

4. 建筑幕墙工程。适用于各类型建筑幕墙工程。建筑幕墙包括：全隐框玻璃幕墙、半隐框玻璃幕墙、明框玻璃幕墙、无框玻璃幕墙；各类金属板、人造板及石材幕墙；其他各类建筑幕墙。

5. 园林古建筑工程。适用于各种规模及类型的仿古建筑、园林建筑、园林绿化及古建筑修缮工程。

6. 钢结构工程。适用于各专业钢结构工程（包括网架，轻型钢结构工程）的制作与安装。

7. 高耸构筑物工程。适用于各类烟囱、冷却塔、筒料仓、电视塔以及附属工程和其他高耸构筑物工程。

8. 电梯安装工程。适用于各类型电梯的安装工程。

9. 消防工程。适用于各类消防设施工程。

10. 建筑防水工程。适用于各类建筑物、构筑物防水工程。

11. 防腐保温工程。适用于各专业防腐保温工程。

12. 附着升降脚手架工程。适用于各类附着升降脚手架的制作、安装、施工。

13. 金属门窗工程。适用于各类铝合金、塑钢等金属门窗工程。

14. 预应力工程。适用于各专业预应力工程。

15. 起重设备安装工程。适用于各类起重设备安装与拆卸。

16. 机电设备安装工程。适用于一般工业和公共、民用建设项目的各类机电设备的安装、10千伏及以下变电站工程、非标设备、储罐的制作安装等工程。

17. 爆破与拆除工程。适用于各等级大爆破工程、复杂环境深孔爆破工程、其他爆破拆除工程。

18. 建筑智能化工程。适用于各类建筑智能化工程。包括：计算机管理系统、楼宇设备自控系统、保安监控及防盗报警系统、智能卡系统、通讯系统、卫星及公用电视天线系统、车库管理系统、综合布线系统、计算机网络系统、广播系统、会议系统、视频点播系统、智能化小区综合物业管理系统、可视会议系统、大屏幕显示系统、智能灯光及音响控制系统、火灾报警系统及计算机房等工程。

19. 环保工程。适用于各类环保工程。包括：禽、畜粪便沼气池工程；厌氧生化处理池工程；火电机组燃煤气脱硫工程；工业及集中供热燃煤锅炉烟气脱硫工程；工业项目（含核工业）噪声、有害气体、粉尘、污水、工业废料的综合处理工程；医院医疗污水处理等工程。

20. 桥涵工程。适用于各类桥涵工程。

21. 隧道工程。适用于各类隧道工程。

22. 市政路面工程。适用于市政、小区各类路面和桥面工程。

23. 市政路基工程。适用于市政、小区各级道路的基层等工程。

24. 炉窑工程。适用于各类炉窑砌筑工程。

25. 化工石油设备管道安装工程。适用于化工、石油、石油化工装置的设备、管道安装工程。

26. 管道工程。适用于各类管道及其配套工程的施工。管道工程内容包括：输送原油、成品油、天然气、燃气、热力；矿浆、灰浆；输水、供水、排水等各介质的钢管道、铸铁管道、混凝土管道等的制作与安装。

27. 城市轨道交通工程。适用于城市地铁、轻轨等轨道交通工程。

28. 城市及道路照明工程。适用于各类城市广场、道路、建筑物外立面、公共绿地等照明工程（含变电站、配电室）。

三、劳务分包

劳务分包适用于木工、砌筑、抹灰、石制、油漆、钢筋、混凝土、脚手架、模板、焊接、水暖电、钣金、架线作业工程。

第三部分　工程类别划分

一、工程类别划分标准

工程类别	划分标准	说明
一	1. 单层厂房15000m^{2}以上 2. 多层厂房20000m^{2}以上 3. 单体民用建筑25000m^{2}以上 4. 机电设备安装工程、建筑构筑物工程、装饰装修工程、房屋修缮工程等不能按建筑面积确定工程类别的工程，工程费（不含设备）在1500万元以上 5. 市政公用工程工程费（不含设备）3000万元以上	单层厂房跨度超过30m或高度超过18m、多层厂房跨度超过24m、民用建筑檐高超过100m、机电设备安装单体设备重量超过80t、市政工程的隧道及长度超过80m的桥梁工程，可参考二类工程费率

续表

工程类别	划分标准	说明
二	1. 单层厂房 10000m^2 以上，15000m^2 以下 2. 多层厂房 15000m^2 以上，20000m^2 以下 3. 单体民用建筑 18000m^2 以上，25000m^2 以下 4. 机电设备安装工程、建筑构筑物工程、装饰装修工程、房屋修缮工程等不能按建筑面积确定工程类别的工程，工程费（不含设备）在 1000 万元以上，1500 万元以下 5. 市政公用工程工程费（不含设备）2000 万元以上，3000 万元以下	单层厂房跨度超过 24m 或高度超过 15m、多层厂房跨度超过 18m、民用建筑檐高超过 80m、机电设备安装单体设备重量超过 50t、市政工程的隧道及长度超过 50m 的桥梁工程，可参考三类工程费率
三	1. 单层厂房 5000m^2 以上，10000m^2 以下 2. 多层厂房 8000m^2 以上，15000m^2 以下 3. 单体民用建筑 10000 m^2 以上，18000 m^2 以下 4. 机电设备安装工程、建筑构筑物工程、装饰装修工程、房屋修缮工程等不能按建筑面积确定工程类别的工程，工程费（不含设备）在 500 万元以上，在 1000 万元以下 5. 市政公用工程工程费率（不含设备）1000 万元以上，2000 万元以下	单层厂房跨度超过 18m 或高度超过 10m、多层厂房跨度超过 15 m、民用建筑工程檐高超过 50m、机电设备安装单体设备重量超过 30t、市政工程的隧道及长度超过 30 m 的桥梁工程，可参考四类工程费
四	1. 单层厂房 5000m^2 以下 2. 多层厂房 8000m^2 以下 3. 单体民用建筑 10000 m^2 以下 4. 机电设备安装工程、建筑构筑物工程、装饰装修工程、房屋修缮工程等不能按建筑面积确定工程类别的工程，工程费（不含设备）在 500 万元以下 5. 市政公用工程工程费（不含设备）1000 万元以下 6. 园林绿化工程	

二、工程类别划分说明

1. 建筑物按经审图部门审核后的施工图的单位工程进行划分。

2. 以工程费为标准划分类别的工程，其工程费为经批准的工程概算（或估算）投资扣除设备费。

3. 一项总包工程中含二项以上不同性质的工程时，不同性质的工程分别确认，以类别高的工程为准。

4. 划分标准中的×××以上，不包括×××本身，×××以下包括×××本身。

三、工程类别确认报告单

工程类别确认报告单

工程名称	
工程性质	
业主名称	
建筑工程建筑面积（m^2）	
机电设备安装等工程工程费（万元）	
市政公用工程工程费（万元）	
业主确认工程类别 业主公章　　　负责人签字 年　月　日	工程造价主管部门 报告表收讫章　　　负责人签字 年　月　日

说明：

1. 工程性质指建筑工程、机电设备安装工程、市政公用工程。
2. 一项总包工程中含二项以上不同性质的工程时，不同性质的工程分别确认，以类别高的为准。
3. 本表一式多份，向工程造价主管部门报告后，业主留存一份、随报审的招标文件送招投标管理部门一份、作为招标文件内容之一送每位投标人。

第四部分 各类工程费率

一、各类工程费率

1. 清单计价形式施工总承包工程

单位:%

工程性质 / 取费基数 / 工程类别 / 费用项目	建筑工程、市政公用工程（1）				机电设备安装工程、市政政公用工程（2）			
取费基数	直接工程费				直接工程费中人工费			
工程类别	一	二	三	四	一	二	三	四
1. 建筑工程安全防护、文明施工措施费	1.34	1.49	2.13	2.45	8.5	9	12	12.5
2. 企业管理费	3.4	4.25	5.1	5.95	16	20	24	28
3. 利润	2.55	2.98	3.4	3.82	12	14	16	18

2. 清单计价形式专业承包工程

单位:%

工程项目 / 取费基数 / 工程类别 / 费用项目	建筑工程、市政公用工程（1）				机电设备安装工程、市政公用工程（2）			
取费基数	直接工程费				直接工程费中人工费			
工程类别	一	二	三	四	一	二	三	四
1. 建设工程安全防护、文明施工措施费	0.89	1.11	1.66	1.87	6.5	7	9.5	10
2. 企业管理费	2.72	3.4	4.08	4.76	12.8	16	19.2	22.4
3. 利润	1.28	1.45	1.7	1.87	6	7	8	9

3. 定额计价形式施工总承包工程

单位:%

工程性质 / 取费基数 / 工程类别 / 费用项目	建筑工程、市政公用工程（1）				机电设备安装工程、市政公用工程（2）			
取费基数	直接工程费				直接工程费中人工费			
工程类别	一	二	三	四	一	二	三	四
1. 建设工程安全防护、文明施工措施费	1.5	1.75	2.5	2.75	8.5	9	12	12.5
2. 企业管理费	4	5	6	7	16	20	24	28
3. 利润	3	3.5	4	4.5	12	14	16	18

4. 定额计价形式专业承包工程

单位:%

费用项目 \ 取费基数 \ 工程类别 \ 工程项目	建筑工程、市政公用工程（1）				机电设备安装工程、市政公用工程（2）			
	直接工程费				直接工程费中人工费			
	一	二	三	四	一	二	三	四
1. 建设工程安全防护、文明施工措施费	1.05	1.3	1.95	2.2	6.5	7	9.5	10
2. 企业管理费	3.2	4	4.8	5.6	12.8	16	19.2	22.4
3. 利润	1.5	1.7	2	2.2	6	7	8	9

5. 劳务分包工程

单位:%

费用项目 \ 取费基数	劳务分包工程人工费
1. 建设工程安全防护、文明施工措施费	4.0
2. 企业管理费	10.24
3. 利润	4.8

6. 市政工程施工干扰费：沈阳、大连、鞍山、抚顺、本溪五市以直接工程费为基数工程按1%计算，以人工费为基数工程按6%计算；其他九市分别按上述五市50%计取。

7. 夜间施工和白天施工需要照明费按下表计算：

单位：元/工日

项目	合计	夜餐补助费	工效降低和照明设施折旧
夜间施工	8	3	5
白天施工需要照明	5	—	5

8. 冬雨季施工费：

单位:%

项目	直接费工程为基数	人工费为基数
冬期施工	1.5	8
雨季施工	0.15	1.5

注：冬期施工工程量为符合冬期期间发生的工程量；雨季施工为全部工程量。

二、费用计取说明：

1. 建设工程安全防护、文明施工措施费为最低标准，企业在投标报价时不得低于上述标准90%。实际投标报价时，可根据施工组织设计和现场实际高出本标准。

2. 专业工程类别以总承包的单位工程类别为准。

3. 以直接工程费计费的专业工程包括：(1) 地基基础工程、(2) 土石方工程、(3) 钢结构工程、(4) 仿古建筑工程、(5) 市政道路、桥涵、隧道、城市轨道交通工程、(6) 各类构筑物工程、(7) 防水工程、(8) 环保工程。

4. 以直接工程费中人工费计费的专业工程包括：(1) 装饰装修工程、(2) 建筑装饰幕墙工程、(3) 金属门窗工程、(4) 园林绿化工程、(5) 防腐蚀工程、(6) 管道及设备安装工程、(7) 市政、安装工程给水、排水、燃气、热力管道工程及其配套的人工土石方和构筑物工程、(8) 城市照明工程、(9) 建筑智能化工程、(10) 炉窑砌筑工程。

5. 市政、安装工程中的给水、排水、热力、燃气管道工程配套的人工土石方工程和配套的各种井室工程按工程主体费率60%计取。

6. 劳务分包工程，不分工程类别、专业、企业级别，均执行上述劳务分包费率；取费程序按照专业承包中的人工费为基数计取费用。

7. 建筑工程消耗量定额和市政工程消耗量定额说明中关于机械挖土石方工程量中按10%人工挖土石方的规定，现确定为机械挖土石方3000立方米以下人工配合挖土按总量3%计算；3000立方米以上人工配合挖土按1.5%计算；机械挖沟槽人工配合挖土按1%计算，其他规定不变。

8. 材料检验试验费：清单计价形式包括在材料费中，由投标人自行确定；定额计价形式，按实发生计算，计入其他项目费用。

9. 二次搬运费：根据施工组织设计和现场签证计算，国有投资项目签证需由造价管理部门确认。

10. 定额计价形式的直接工程费组成是指依据消耗量定额及其参考估价表计算出来人工费、材料费、机械使用费总和。

第五部分　有关问题的说明

1. 本标准与2004年我省各专业的消耗量定额及各相应专业参考价目表配套使用，是编制招投标标价、施工图预算、竣工结算、进行工程拨款的参考依据；是作为选择经济合理的建设方案的主要参考依据。

2. 使用1996年《辽宁省房屋修缮工程预算定额》，1994年《全国统一市政园林工程预算定额辽宁省单位估价表》市政维修分册及全国《仿古建筑及园林工程预算定额》一、二、三册的，定额内的消耗量是主要参数，各类价格可采用04年估价表中人工、材料、机械台班单价。取费可参照新建工程相同、相近专业的费率。

3. 费率表中的利润是按社会平均利润水平确定的最低指导利润率。

4. 取费程序表中的综合单价是指企业完成工程量清单中一个规定计量单位项目所需的人工费、材料费、机械使用费、企业管理费和利润，并考虑价差等风险因素。

(1) 材料费：应包括招标人采购的材料购置费及投标人的材料保管费。

(2) 招标人采购的材料除在“其他项目清单”招标人部分中列出材料购置费以外，还应在招标文件中按《招标人采购材料价格表》要求填写。

招标人采购材料价格表

序号	材料名称	规格型号	单位	数量	单价	备注

（3）投标人在“其他项目清单计价表”中不再列出招标人采购的材料购置费。

第六部分　取费程序表

一、工程量清单计价程序表

1. 以直接工程费为计算基数

序号	费用项目	计算方法	备　注
1	分部分项工程量清单计价合计	清单工程量×综合单价	
1.1	其中：直接工程费		
2	措施项目清单计价合计		
2.1	技术措施项目费	技术措施工程量×综合单价	
2.2	建设工程安全防护、文明施工措施费	1.1×费率	
2.3	其他措施费		
2.3.1	夜间施工增加费	按规定计算	
2.3.2	二次搬运费	按施工组织设计或签证计算	
2.3.3	已完工程及设备保护费	按施工组织设计计算	
2.3.4	冬雨季施工费	1.1×费率	
2.3.5	市政工程干扰费	1.1×费率	
3	其他项目清单计价合计		
4	税费前工程造价	1+2+3	
5	规费		
5.1	工程排污费	按工程所在地规定计算	
5.2	社会保障费		
5.2.1	养老保险费		
5.2.2	失业保障费		
5.2.3	医疗保险费	4×核定费率	
5.2.4	生育保险费		
5.2.5	工伤保险费		
5.3	住房公积金	4×核定费率	
5.4	危险作业意外伤害保险	由各市造价管理部门按有关规定确定	
6	税前工程造价合计	4+5	
7	工程定额测定费	6×规定费率	
8	税金	（6+7）×规定费率	
9	工程造价	6+7+8	

2. 以人工费为计算基数

序号	费用项目	计算方法	备注
1	分部分项工程量清单计价合计	清单工程量×综合单价	
1.1	其中：直接工程费中的人工费		
2	措施项目清单计价合计		
2.1	技术措施项目费	技术措施工程量×综合单价	
2.2	建设工程安全防护、文明施工措施费	1.1×费率	
2.3	其他措施费		
2.3.1	夜间施工增加费	按规定计算	
2.3.2	二次搬运费	按施工组织设计或签证计算	
2.3.3	已完工程及设备保护费	按施工组织设计计算	
2.3.4	冬雨季施工费	1.1×费率	
2.3.5	市政工程干扰费	1.1×费率	
3	其他项目清单计价合计		
4	税费前工程造价	1+2+3	
5	规费		
5.1	工程排污费	按工程所在地规定计算	
5.2	社会保障费		
5.2.1	养老保险费	1.1 ×核定费率	
5.2.2	失业保障费		
5.2.3	医疗保险费		
5.2.4	生育保险费		
5.2.5	工伤保险费		
5.3	住房公积金	1.1×核定费率	
5.4	危险作业意外伤害保险	由各市造价管理部门按有关规定确定	
6	税前工程造价合计	4+5	
7	工程定额测定费	6×规定费率	
8	税金	（6+7）×规定费率	
9	工程造价	6+7+8	

二、定额计价程序表

1. 以直接工程费为计算基数

序号	费用项目	计算方法	备注
1	直接工程费合计	工程量×定额基价	
2	措施项目费		
2.1	建设工程安全防护、文明施工措施费	1×费率	
2.2	夜间施工增加费	按规定计算	
2.3	二次搬运费	按施工组织设计或签证计算	
2.4	已完工程及设备保护费	按施工组织设计计算	
2.5	冬雨季施工费	1×费率	
2.6	市政工程干扰费	1×费率	
3	企业管理费	1×费率	
4	利润	1×费率	
5	价差		
6	其他项目费		
7	税费前工程造价合计	1+2+3+4+5+6	
8	规费		
8.1	工程排污费	按工程所在地规定计算	
8.2	社会保障费		
8.2.1	养老保险费	7×核定费率	
8.2.2	失业保障费		
8.2.3	医疗保险费		
8.2.4	生育保险费		
8.2.5	工伤保险费		
8.3	住房公积金	7×核定费率	
8.4	危险作业意外伤害保险	由各市造价管理部门按有关规定确定	
9	税前工程造价合计	7+8	
10	工程定额测定费	9×规定费率	
11	税金	(9+10)×规定费率	
12	工程造价	9+10+11	

2. 以人工费为计算基数

序号	费用项目	计算方法	备注
1	直接工程费合计	实际工程量×定额基价	
1.1	其中：直接费工程中人工费		
2	措施项目合计		
2.1	建设工程安全防护、文明施工措施费	1.1×费率	
2.2	夜间施工增加费	按规定计算	
2.3	二次搬运费	按施工组织设计或签证计算	
2.4	已完工程及设备保护费	按施工组织设计计算	
2.5	冬雨季施工费	1.1 ×费率	
2.6	市政工程干扰费	1.1×费率	
3	企业管理费	1.1×费率	
4	利润	1.1×费率	
5	价差		
6	其他项目费		
7	税费前工程造价合计	1+2+3+4+5+6	
8	规费		
8.1	工程排污费	按工程所在地规定计算	
8.2	社会保障费	1.1 ×核定费率	
8.2.1	养老保险费		
8.2.2	失业保障费		
8.2.3	医疗保险费		
8.2.4	生育保险费		
8.2.5	工伤保险费		
8.3	住房公积金	1.1×核定费率	
8.4	危险作业意外伤害保险	由各市造价管理部门按有关规定确定	
9	税前工程造价合计	7+8	
10	工程定额测定费	9×规定费率	
11	税金	（9+10）×规定费率	
12	工程造价	9+10+11	

吉林省建筑安装工程费用定额

（2006年）

吉林省建设厅关于颁发《吉林省建筑、装饰、安装、市政工程消耗量定额基价表》、《吉林省建筑安装工程费用定额》、《吉林省建设工程材料预算价格》、《吉林省施工机械台班费用定额》的通知

吉建造字（2006）第5号

为适应建设工程计价体制改革需要，根据国家标准《建设工程工程量清单计价规范》（GB 50500—2003）及有关规定，结合我省实际，编制了《吉林省建筑工程消耗量定额基价表》、《吉林省装饰装修工程消耗量定额基价表》、《吉林省安装工程消耗量定额基价表》、《吉林省市政工程消耗量定额基价表》、《吉林省建筑安装工程费用定额》、《吉林省建设工程材料预算价格》、《吉林省施工机械台班费用定额》（以下统称“本定额”），现予颁布，自2006年4月1日起施行。

本定额与我省现行的建筑、装饰、安装、市政消耗量定额配套使用。

本定额是编制建设工程投资估算、概算、标底、工程预结算和鉴定工程造价的依据，是衡量投标报价合理性的基础，投标报价也必须执行本定额的有关规定。

凡在2006年4月1日后开工的工程及跨年工程2006年4月1日以后完成的工程量，均应按国家标准《建设工程工程量清单计价规范》（GB 50500—2003）和本定额执行，2006年4月1日前已发出招标文件或已签订合同的工程，有约定的按原约定执行，没有约定或约定不明确的，按本文件规定执行。

2000年出版的《吉林省建筑工程预算定额》（JYD—101—2000）、《吉林省建筑装饰工程预算定额》（JYD—102—2000）、《全国统一安装工程预算定额吉林省基价表》（JYD—201～211—2000）、《全国统一市政工程预算定额吉林省基价表》（JYD—301～308—2000）和2004年出版的《吉林省建筑安装工程费用定额》（JLFD—2004）、《吉林省建设工程材料预算价格》（JLYJ—2004）、《吉林省施工机械台班费用编制规则》（JLJFG—2004）同时废止。

本定额由吉林省建设厅负责解释和管理。

吉林省建设厅

二〇〇六年三月十五日

一、编制说明

1. 根据建设部、财政部建标（2003）206号文件“关于印发《建筑安装工程费用项目组成》的通知”、中华人民共和国国家标准《建设工程工程量清单计价规范》（GB 50500—2003）、建设

部建建（2001）82号文件“关于印发《建筑业企业资质等级标准》的通知”等规定，结合我省实际，制定了《吉林省建筑安装工程费用定额》（以下简称“本定额”）。

2. 本定额与我省现行的建筑、装饰、市政、安装工程消耗量定额基价表配合使用。

3. 本定额是编制建设工程投资估算、概算、工程预结算、标底的依据。

4. 本定额适用于建筑、安装、市政和装饰装修等工程。各类工程定义、承包范围见建设部建建（2001）82号文件下发的“建筑业企业资质等级标准”。

二、建筑安装工程费用项目组成

根据建设部、财政部建标（2003）206号文件“关于印发《建筑安装工程费用项目组成》的通知”，建筑安装工程费用由直接费、间接费、利润和税金组成。

（一）直接费：由直接工程费和措施费组成

1. 直接工程费：是指施工过程中耗费的构成工程实体的各项费用，包括人工费、材料费、施工机械使用费。

（1）人工费：是指直接从事建筑安装工程施工的生产工人开支的各项费用，内容包括：

1）基本工资：是指发放给生产工人的基本工资。

2）工资性补贴：是指按规定标准发放的物价补贴，煤、燃气补贴，交通补贴，住房补贴，流动施工津贴等。

3）生产工人辅助工资：是指生产工人年有效施工天数以外非作业天数的工资，包括职工学习、培训期间的工资，调动工作、探亲、休假期间的工资，因气候影响的停工工资，女工哺乳时间的工资，病假在六个月以内的工资及产、婚、丧假期的工资。

4）职工福利费：是指按规定标准计提的职工福利费。

5）生产工人劳动保护费：是指按规定标准发放的劳动保护用品的购置费及修理费，徒工服装补贴，防暑降温费，在有碍身体健康环境中施工的保健费用等。

（2）材料费：是指施工过程中耗费的构成工程实体的原材料、辅助材料、构配件、零件、半成品的费用。内容包括：

1）材料原价（或供应价格）。

2）材料运杂费：是指材料自来源地运至工地仓库或指定堆放地点所发生的全部费用。

3）运输损耗费：是指材料在运输装卸过程中不可避免的损耗。

4）采购及保管费：是指为组织采购、供应和保管材料过程中所需要的各项费用。

包括：采购费、仓储费、工地保管费、仓储损耗。

（3）施工机械使用费：是指施工机械作业所发生的机械使用费以及机械安拆费和场外运费。

施工机械台班单价应由下列七项费用组成：

1）折旧费：指施工机械在规定的使用年限内，陆续收回其原值及购置资金的时间价值。

2）大修理费：指施工机械按规定的大修理间隔台班进行必要的大修理，以恢复其正常功能所需的费用。

3）经常修理费：指施工机械除大修理以外的各级保养和临时故障排除所需的费用。包括为保障机械正常运转所需替换设备与随机配备工具附具的摊销和维护费用，机械运转中日常保养所需润滑与擦拭的材料费用及机械停滞期间的维护和保养费用等。

4）安拆费及场外运费：安拆费指施工机械在现场进行安装与拆卸所需的人工、材料、机械和试运转费用以及机械辅助设施的折旧、搭设、拆除等费用；场外运费指施工机械整体或分体自停放地点运至施工现场或由一施工地点运至另一施工地点的运输、装卸、辅助材料及架线等费用。

5）人工费：指机上司机（司炉）或其他操作人员的工作日人工费及上述人员在施工机械规定的年工作台班以外的人工费。

6）燃料动力费：指施工机械在运转作业中所消耗的固体燃料（煤、木柴）、液体燃料（汽

吉林

油、柴油）及水、电等。

7）养路费及车船使用税：指施工机械按照国家规定和有关部门规定应缴纳的养路费、车船使用税、保险费及年检费等。

2．措施费：是指为完成工程项目施工，发生于该工程施工前和施工过程中非工程实体项目的费用。包括内容：

（1）环境保护费：是指施工现场为达到环保部门要求所需要的各项费用。

（2）文明施工费：是指施工现场文明施工所需要的各项费用。

（3）安全施工费：是指施工现场安全施工所需要的各项费用。

（4）临时设施费：是指施工企业为进行建筑工程施工所必须搭设的生活和生产用的临时建筑物、构筑物和其他临时设施费用等。

临时设施包括：临时宿舍、文化福利及公用事业房屋与构筑物，仓库、办公室、加工厂以及规定范围内道路、水、电、管线等临时设施和小型临时设施。

临时设施费用包括：临时设施的搭设、维修、拆除费或摊销费。

（5）夜间施工费：是指因夜间施工所发生的夜班补助费、夜间施工降效、夜间施工照明设备摊销及照明用电等费用。

（6）二次搬运费：是指因施工场地狭小等特殊情况而发生的二次搬运费用。

（7）检验试验费：是指对建筑材料、构件进行一般鉴定、检查所发生的费用，包括自设试验室进行试验所耗用的材料和化学药品等费用。不包括新结构、新材料的试验费和建设单位对具有出厂合格证明的材料进行检验，对构件做破坏性试验及其他特殊要求检验试验的费用。

（8）大型机械设备进出场及安拆费：是指机械整体或分体自停放场地运至施工现场或由一个施工地点运至另一个施工地点，所发生的机械进出场运输和转移费用及机械在施工现场进行安装、拆卸所需的人工费、材料费、机械费、试运转费和安装所需的辅助设施的费用。

（9）混凝土、钢筋混凝土模板及支架费：是指混凝土施工过程中需要的各种钢模板、木模板、支架等的支、拆、运输费用及模板、支架的摊销（或租赁）费用。

（10）脚手架费：是指施工需要的各种脚手架搭、拆、运输费用及脚手架的摊销（或租赁）费用。

（11）已完工程及设备保护费：是指竣工验收前，对已完工程及设备进行保护所需费用。

（12）施工排水、降水费：是指为确保工程在正常条件下施工，采取各种排水、降水措施所发生的各种费用。

（二）间接费：由规费、企业管理费组成

1．规费：是指政府和有关权力部门规定必须缴纳的费用（简称规费）。包括：

（1）工程排污费：是指施工现场按规定缴纳的工程排污费。

（2）工程定额测定费：是指按规定支付工程造价（定额）管理部门的定额测定费。

（3）社会保障费

1）养老保险费：是指企业按规定标准为职工缴纳的基本养老保险费。

2）失业保险费：是指企业按照国家规定标准为职工缴纳的失业保险费。

3）医疗保险费：是指企业按照规定标准为职工缴纳的基本医疗保险费。

（4）住房公积金：是指企业按规定标准为职工缴纳的住房公积金。

（5）危险作业意外伤害保险：是指按照建筑法规定，企业为从事危险作业的建筑安装施工人员支付的意外伤害保险费。

2．企业管理费：是指建筑安装企业组织施工生产和经营管理所需费用。内容包括：

（1）管理人员工资：是指管理人员的基本工资、工资性补贴、职工福利费、劳动保护费等。

(2) 办公费：是指企业管理办公用的文具、纸张、账表、印刷、邮电、书报、会议、水电、烧水和集体取暖（包括现场临时宿舍取暖）用煤等费用。

(3) 差旅交通费：是指职工因公出差、调动工作的差旅费、住勤补助费，市内交通费和误餐补助费，职工探亲路费，劳动力招募费，职工离退休、退职一次性路费，工伤人员就医路费，工地转移费以及管理部门使用的交通工具的油料、燃料、养路费及牌照费。

(4) 固定资产使用费：是指管理和试验部门及附属生产单位使用的属于固定资产的房屋、设备仪器等的折旧、大修、维修或租赁费。

(5) 工具用具使用费：是指管理使用的不属于固定资产的生产工具、器具、家具、交通工具和检验、试验、测绘、消防用具等的购置、维修和摊销费。

(6) 劳动保险费：是指由企业支付离退休职工的易地安家补助费、职工退职金、六个月以上的病假人员工资、职工死亡丧葬补助费、抚恤费、按规定支付给离休干部的各项经费。

(7) 工会经费：是指企业按职工工资总额计提的工会经费。

(8) 职工教育经费：是指企业为职工学可先进技术和提高文化水平，按职工工资总额计提的费用。

(9) 财产保险费：是指施工管理用财产、车辆保险。

(10) 财务费：是指企业为筹集资金而发生的各种费用。

(11) 税金：是指企业按规定缴纳的房产税、车船使用税、土地使用税、印花税等。

(12) 其他：包括技术转让费、技术开发费、业务招待费、绿化费、广告费、公证费、法律顾问费、审计费、咨询费等。

(三) 利润

是指施工企业完成所承包工程获得的盈利。

(四) 税金

是指国家税法规定的应计入建筑安装工程造价内的营业税、城市维护建设税及教育费附加等。

三、单位工程造价表现形式

1. 按定额计价的工料单价法的工程：

单位工程造价 = 直接费（直接工程费 + 措施费） + 间接费（规费 + 企业管理费） + 利润 + 税金

其中：直接工程费 = 人工费 + 材料费 + 施工机械使用费

措施费 = 措施项目费用 + 其他项目费用

2. 按工程量清单计价规范计价的综合单价法的工程

单位工程造价 = 分部分项工程量合价 + 措施项目费用 + 其他项目费用 + 规费 + 税金

其中：分部分项工程量合价 = Σ（分部分项工程量 × 分部分项工程单价）

分部分项工程单价 = 直接工程费（人工、材料、机械台班费） + 企业管理费 + 利润 + 风险费

四、工程类别划分标准

(一) 建筑工程

1. 建筑物

工程类型		分类指标	单位	一类	二类	三类
工业建筑	单层厂房	建筑面积	m^2	>4000	>2500	≤2500
		高度	m	>21	>15	≤15
		跨度	m	>21	>18	≤18
	多层厂房	建筑面积	m^2	>6000	>4000	≤4000
		跨度	m	>21	>18	≤18
		高度	m	>27	>21	≤21

续表

工程类型		分类指标	单位	一类	二类	三类
民用建筑	公共建筑	建筑面积 高度 宽度	m^2 m m	>7000 >24 >24	>4000 >18 >18	≤4000 ≤18 ≤18
	居住建筑	建筑面积 高度 层数	m^2 m 层	>6000 >27 >10	>4000 >21 >7	≤4000 ≤21 ≤7

2. 构筑物

工程类型		分类指标	单位	一类	二类	三类
构筑物	水塔	高度 容量	m t	>75 >100	>50 >50	≤50 ≤50
	贮水池	容量	t	>1000	>500	≤500
	贮仓	高度 容量	m m^3	>30 >600	>20 >400	≤20 ≤400
	混凝土烟囱	高度	m	>120	>80	≤80
	砖烟囱	高度	m		≥50	<50

注：容量指单个构筑物容量。

说明：

（1）有关名词解释：

①高度：指设计室外地面标高至屋面板顶面的高度（女儿墙不算高度）。

②工业厂房跨度：指承重屋架两端支承柱所在轴线间距离。

③公共建筑宽度：指建筑物纵向外墙轴线间距离。

④公共建筑：指为满足人们物质文化生活需要和进行社会活动而设置的非生产性建筑，如办公楼、教学楼、试验楼、图书馆、医院、商店、车站、影剧院、体育馆、纪念馆及类似工程。

（2）以一个单位工程为计算单位。一个单位工程类型、指标不同时以占建筑面积多的指标为准。

（3）超过屋面封闭的楼梯出口间、电梯间、水箱间等以及小于标准层面积 50% 的建筑物，只计算建筑面积，不计算高度、层数；小于标准层面积 50% 的地下室只计算建筑面积不计算高度和层数；大于标准层面积 50% 的地下室计算建筑面积和层数，不计算高度。

（4）工业、民用建筑工程必须符合两个指标才能定为该类工程，构筑物符合一个指标即可。

（5）多跨厂房在满足建筑面积指标前提下，如跨度之和大于 30 米为一类，大于 24 米为二类。

（6）单独承包的金属结构工程、桩基础工程、独立机械土石方工程、轻钢结构工程、地下降水工程、无（有）粘结预应力钢绞线工程按土建三类工程取费。

（7）锅炉房按工业厂房标准划定取费类别。

（8）接层工程以接层后总层数或总高度确定取费类别（符合一个指标即可）。

（9）类似民用建筑、框架结构的工业厂房的类别按公共建筑的标准划分。

（二）安装工程

1. 工艺设备安装：

工程类别	标　　准
一类工程	1. 台重30t及以上各类机械设备（不分整体或解体），自动半自动或程控机床、引进设备
	2. 自动、半自动电梯输送设备，起重量30t及以上的起重设备及相应轨道安装
	3. 净化、超净、恒温和集中空调设备、空调系统
	4. 自动化控制装置和仪表安装工程
	5. 工业炉窑设备和炉体砌筑
	6. 热力设备（蒸气量10t/h・台以上锅炉）和附属设备与炉体砌筑
	7. 1000千伏安以上的变配电设备
	8. 化工、制药和炼油装置、乙炔发生设备
	9. 各种压力容器的制作和安装
	10. 煤气发生炉、制氧、制氢设备、制冷量在233kW以上的制冷设备，高中压空气压缩机、污水处理设备及配套的气柜、贮罐、冷却塔等
	11. 焊口有探伤要求的厂区（室外）工业管道、热力管网、煤气管网、供水（含循环水）管网及电缆敷设工程
	12. 附属于本类型工程各种设备的配管、电气安装、金属结构及刷油、绝热、防腐蚀工程
二类工程	1. 台重30t以下的各类机械设备（不分整体或解体）
	2. 小型杂物电梯、起重量30t以下的起重设备及相应轨道安装
	3. 蒸发量10t/h・台及以下低压锅炉安装和炉体砌筑
	4. 1000千伏安及以下的变配电设备安装
	5. 工艺金属结构、一般容器的制作和安装
	6. 焊口无探伤要求的厂区（室外）热力管网、供水（含循环水）管网
	7. 共用天线安装和调试
	8. 低压空气压缩机、供热（换热）装置、制冷量在233kW及以下的制冷设备
	9. 附属于本类型工程各种设备的配管、电气安装和调试、刷油、绝热、防腐蚀工程
三类工程	除一、二类工程外都为三类工程

2. 建筑工程附属安装工程：

一类工程	一类建筑工程的附属设备、照明、采暖、给排水、燃气、通风工程
二类工程	二类建筑工程的附属设备、照明、采暖、给排水、燃气、通风工程
三类工程	三、四类建筑工程的附属设备、照明、采暖、给排水、燃气、通风工程

特殊工程的取费类别由各市、州定额站（建经处）提出划分意见后报省建设工程造价管理站核定。

五、费用标准

1. 措施费中的环境保护、文明施工、安全施工、临时设施费，费率如下（单位:%）

费用项目 \ 计取基数 \ 工程类别	建筑工程	安装工程	市政工程	
			道路桥涵	管道及其他
	直接工程费	人工费	直接工程费	人工费
环境保护及文明施工费	1.4	3.98	0.70	4.15
安全施工费	1.1	3.74	0.54	3.38
临时设施费	1.9	6.88	1.53	9.62

专业承包工程的环境保护费、文明施工费、临时设施费可按总承包工程的60%计取，安全施工费按上述费率计取。

措施费中的其他项目：

（1）夜间施工增加费：每人每个夜班增加10元。

（2）材料二次搬运费：按直接工程费的0.25%或人工费的1.2%计算。

（3）大型机械设备进出场及安拆费、混凝土、钢筋混凝土模板及支架费、脚手架费、施工排水、降水费用，按照消耗量定额相应标准计算。

（4）已完工程及设备保护费（含越冬维护费）：根据工程实际情况编制费用预算。

（5）检验试验费、生产工具用具使用费按直接工程费的0.73%或人工费的4.26%计取。

2. 企业管理费：

单位:%

工程类型	建筑工程			安装工程			
工程类别	一类	二类	三类	一类	二类	三类	人工土石方
计取基数	直接工程费		人工费				
费率	10.81	10.53	10.10	69.11	64.68	56.33	32.21

工程类型	装饰装修工程	市政工程			
		道路桥涵	管道及其他	人工土石方	机械土石方
取费基数	人工费	直接工程费	人工费		直接工程费
费率	64.68	9.90	66.00	32.21	6.28

注：独立土石方工程执行安装工程的人工土石方费率。

3. 规费：

（1）工程定额测定费：按建筑安装工程工作量（税前工程造价+利润）的1‰计取。其中：一级施工企业（包括所有外省施工企业）直接上缴吉林省建设工程造价管理站省财政专户，其他任何单位不得违规截留。二级及以下施工企业上缴各市、州定额站。

（2）工程排污费：按直接工程费的0.2%或人工费的1.3%计取。

（3）社会保障费：

①养老保险费：按省建设行政主管部门核发的施工企业（含外省施工企业）劳动保险费取费证书中核定的标准执行，未办理劳动保险取费证书的施工企业，建设单位不予支付养老保险费用。

②失业保险费：按人工费的2.44%计取。

③医疗保险费：按人工费的7.32%计取。

（4）住房公积金：按人工费的6.10%计取。

（5）意外伤害保险费：按各市、州建设行政主管部门规定的标准计取。

（6）工伤保险费：按人工费的1.22%计取。

（7）根据有关规定发生的工程质量检测、室内环境质量检测等费用按实计取。

4. 冬季施工增加费，指冬季施工增加的费用，包括人工费、材料费、燃料费、机械降效费、保温设施及临时取暖费，按规定需提高混凝土和砂浆强度等级（不包括建设单位要求提高强度等级的费用）及防冻加盐的费用。

混凝土蒸汽养护费、电加热、添加复合防冻剂和采取暖棚法施工等特殊措施增加的费用，发生时另行计算。

冬季施工日期：11 月 1 日到下年 3 月 31 日。土方工程：11 月 15 日到下年 4 月 15 日。

冬季施工增加费，按冬季施工期间完成人工费的 55% 计取。机械破冻土按挖一、二类土直接费的 100% 计取。

5. 利润：建筑业行业利润为直接工程费的 7% 或人工费的 50% 。

6. 税金：指营业税、城市维护建设税、教育费附加，税率如下：

单位:%

工程所在地	市区	县城、镇	市区、县城、镇以外
计取基数	不含税工程造价		
税率	3.41	3.35	3.22

7. 构件增值税：指施工企业内部所属构件厂，生产供企业内部承包工程使用的预制构件应缴纳的增值税（含城市维护建设税、教育费附加），按下表税率计取：

单位:%

工程所在地	市区	县城、镇	市区、县城、镇以外
计取基数	不含税构件造价		
税率	6.60	6.48	6.24

8. 现浇商品混凝土项目，按直接工程费的 5% 计取除定额测定费、税金以外的综合费用，定额测定费、税金按规定计取。

六、劳务分包工程费用

建设单位直接发包的劳务分包工程（包工不包料工程）按人工费的 50% 计取除税金以外的综合费用。税金按规定计取。

黑龙江省建筑安装工程费用定额

(2007年)

黑龙江省建设厅关于颁发《黑龙江省建筑安装工程费用定额》的通知
黑建造价〔2006〕16号

为了适应建筑市场经济的深入发展，进一步完善工程计价依据，根据建设部、财政部建标〔2003〕206号文件《关于印发〈建筑安装工程费用项目组成〉的通知》，《建设工程工程量清单计价规范》(GB 50500—2003) 等规定，结合我省实际情况，编制完成了2007年《黑龙江省建筑安装工程费用定额》(简称《费用定额》)，现予颁发，自2007年1月1日起执行。

2000年颁发的《黑龙江省建筑安装工程费用定额》、2004年颁发的《黑龙江省建筑安装工程费用项目组成及计算规则》及有关规定、解释自2007年1月1日起停止使用。

《黑龙江省建筑安装工程费用定额》的管理、解释、补充权属黑龙江省建设行政主管部门。具体工作由省建设工程造价管理机构负责。

黑龙江省建设厅
2006年12月15日

一、总说明

1.《黑龙江省建筑安装工程费用定额》(简称《费用定额》) 是根据建设部、财政部建标〔2003〕206号文件《关于印发〈建筑安装工程费用项目组成〉的通知》，《建设工程工程量清单计价规范》(GB 50500—2003) 及有关法律、法规、规章规定，结合我省实际情况制定的。

2. 本费用定额是编制建筑安装工程预（概）算、招标标底（预算控制价）、投标报价、签订施工合同价款及工程结算等工程计价活动的依据。

3. 本费用定额适用于建设工程计价的建筑工程、安装工程、市政工程、装饰装修工程和房屋修缮工程，应与省建设行政主管部门颁发的相应定额（或估价表）配套执行。

4. 本费用定额中的安全生产措施费、规费为不可竞争费用，不得列入招投标竞价项目。

5. 本费用定额中的一般措施费、企业管理费、利润为可竞争费用，应在投标报价中确定或签订施工合同中约定具体标准。企业管理费不得低于规定标准的下限。

6. 承包单位应当持有依法取得的资质证书，在其资质等级许可的业务范围内承揽工程，按相应工程规定的标准计算各项费用。

7. 各地、市不得改变本定额规定的标准和计算程序。

二、各类工程的适用范围

1. 建筑工程：适用于新建、扩建、改建的工业与民用建筑工程。

2. 安装工程：适用于新建、扩建、改建的工业与民用建筑安装工程。

3. 市政工程：适用于新建、扩建的市政道路工程、桥涵工程、隧道工程、给水工程、排水工程、燃气与集中供热工程、路灯工程、地铁工程及园林绿化工程。

4. 装饰装修工程：适用于新建、扩建、改建的装饰装修工程。

5. 房屋修缮工程：适用于各类房屋建筑和附属设备的修缮工程及随同房屋修缮工程施工的抗震加固工程。

三、建筑安装工程费用项目的组成及内容

（一）直接费：由直接工程费和措施费组成。

1. 直接工程费：是指施工过程中耗费的构成工程实体的各项费用。内容包括：人工费、材料费、机械使用费。

（1）人工费：是指直接从事建筑安装工程施工的生产工人开支的各项费用。内容包括：

①基本工资：是指发给生产工人的基本工资。

②工资性补贴：是指按规定标准发放的物价补贴、煤电补贴、肉价补贴、副食补贴、粮油补贴、自来水补贴、粮价补贴、电价补贴、燃料补贴、燃气补贴、市内交通补贴、住房补贴、集中供暖补贴、寒区补贴和流动施工津贴等。

③辅助工资：是指生产工人年有效施工天数以外非作业天数的工资。包括职工学习、培训期间的工资，调动工作、探亲、休假期间的工资，因气候影响的停工工资，女工哺乳期间的工资，病假在六个月以内的工资及产、婚、丧假期的工资。

④职工福利费：是指按规定标准计提的职工福利费用。

⑤徒工服装补贴、防暑降温费及在有害身体健康环境中施工的保健费用。

（2）材料费：是指施工过程中耗费的构成工程实体的原材料、辅助材料、构配件、零件、半成品的费用。内容包括：

①材料原价（或供应价格）。

②材料运杂费：是指材料自来源地运至工地仓库或指定堆放地点所发生的全部费用。

③运输损耗费：是指材料在运输装卸过程中不可避免的损耗。

④采购及保管费：是指为组织采购、供应和保管材料过程所需要的各项费用。包括采购费、仓储费、工地保管费、仓储损耗。

⑤检验试验费：是指对建筑材料、构件和建筑安装物进行一般检测、检查所发生的费用，包括自设试验室进行试验所耗用的材料和化学药品等费用。不包括新结构、新材料的试验费和发包人对具有出厂合格证明的材料再次进行检验，对构件做破坏性试验及其他特殊要求检验试验的费用。

（3）机械使用费：是指施工机械作业所发生的机械使用费以及机械安拆费和场外运费。内容包括：

①折旧费：是指施工机械在规定的使用年限内，陆续收回其原值及购置资金的时间价值。

②大修理费：是指施工机械按规定的大修理间隔台班进行必要的大修理，以恢复其正常功能所需的费用。

③经常修理费：是指施工机械除大修理以外的各级保养和临时故障排除所需的费用。包括为保障机械正常运转所需替换设备与随机配备工具附具的摊销和维护费用，机械运转中日常保养所需润滑与擦拭的材料费用及机械停滞期间的维护和保养费用等。

④中、小型机械安拆费及场外运费：

安拆费：是指施工机械在现场进行安装与拆卸所需的人工、材料、机械和试运转费用以及机械辅助设施的折旧、搭设、拆除等费用。

场外运费：是指施工机械整体或分体自停放地点运至施工现场或由一施工地点运至另一施工地点的运输、装卸、辅助材料及架线等费用。

⑤人工费：是指机上司机（司炉）和其他操作人员的工作日人工费及上述人员在施工机械规定的年工作台班以外的人工费。

⑥燃料动力费：是指施工机械在运转作业中所消耗的固体燃料（煤、木柴）、液体燃料（汽油、柴油）及水、电等。

⑦养路费及车船使用税：是指施工机械按照国家规定和有关部门规定应缴纳的养路费、车船使用税、保险费及年检费等。

2. 措施费：是指为完成工程项目施工，发生于该工程施工前和施工过程中技术、生活、安全等方面的非工程实体项目所需的费用。内容包括：

（1）定额措施费：

①特、大型机械设备进出场及安拆费：是指机械整体或分体自停放场地运至施工现场或由一个施工地点运至另一个施工地点，所发生的机械进出场运输转移费用及机械在施工现场进行安装、拆卸所需的人工费、材料费、机械费、试运转费和安装所需的辅助设施的费用。

②混凝土、钢筋混凝土模板及支架费：是指混凝土施工过程中需要的各种模板、支架等的支、拆、运输费用及模板、支架的摊销（或租赁）费用。

③脚手架费：是指施工需要的各种脚手架搭、拆、运输费用及脚手架的摊销（或租赁）费用。

④施工排水、降水费：是指为确保工程在正常条件下施工，采取各种排水、降水措施所发生的各项费用。

⑤垂直运输费：是指施工需要的垂直运输机械的使用费用。

⑥建筑物（构筑物）超高费：是指檐高超过20米（6层）时需要增加的人工和机械降效等费用。

⑦《建设工程工程量清单计价规范》规定的各专业定额列项的各种措施（现场施工围栏除外）费用。

（2）安全生产措施费：是指按照国家有关规定和建筑施工安全规范、施工现场环境与卫生标准，购置施工安全防护用具、落实安全施工措施以及改善安全生产条件所需的费用。内容包括：

①环境保护费：包括主要道路及材料场地的硬化处理，裸露的场地和集中堆放的土方采取覆盖、固化或绿化等措施，土方作业采取的防止扬尘措施，土方（渣土）和垃圾运输采取的覆盖措施，水泥和其他易飞扬的细颗粒建筑材料密闭存放或采取覆盖措施，现场混凝土搅拌场地采取的封闭降尘措施；现场设置排水沟及沉淀池所需费用，现场存放的油料和化学溶剂等物品的库房地面应做的防渗漏处理费用，食堂设置的隔离池费用，化粪池的抗渗处理费用，上下水管线设置的过滤网费用；降低噪声措施所需费用等。

②文明施工费：包括“五板一图”；现场围挡的墙面美化（内外粉刷、标语等）、压顶装饰，其他临时设施的装饰装修美化措施；符合卫生要求的饮水设备、淋浴、消毒等设施，防煤气中毒、防蚊虫叮咬等措施及现场绿化费用。

③安全施工费：包括定额项目中的垂直防护架、垂直封闭等防护；“四口”（楼梯口、电梯口、通道口、预留口）的封闭、防护栏杆；高处作业悬挂安全带的悬索或其他设施，施工机具安全防护而设置的防护棚、防护门（栏杆）、密目式安全网封闭；起重机、塔吊等起重设备（含井架、门架）及外用电梯的安全防护措施；施工安全防护通道的费用。

④临时设施费：是指企业为进行建筑工程施工所必须搭设的生活和生产用的临时建筑物、构筑物和其他临时设施费用等。

临时建筑物、构筑物：包括办公室、宿舍、食堂（制作间灶台及其周边贴瓷砖、地面的硬化和防滑处理、排风设施和冷藏设施）、厕所（水冲式或移动式、地面的硬化处理）、诊疗所、淋浴间、开水房、盥洗设施、文体活动室（场地）、仓库、加工场、搅拌站、密闭式垃圾站（或容器）、简易水塔等。

其他临时设施：包括施工现场临时道路、供电管线（施工安全用电设置的漏电保护器、保护接地装置、配电箱等）、供水管道、排水管道；施工现场采用彩色、定型钢板、砖及混凝土砌块等围挡及灯箱式安全门、门卫室。

临时设施费用：包括临时设施的搭设、维修、拆除费或摊销费用。

临时设施全部或部分由发包人提供时，承包人仍计取临时设施费，但应向发包人支付使用租金，各种库房和临时房屋租金标准按本定额规定或双方合同约定。

⑤防护用品等费用：包括扣件、起重机械安全检验检测费用；配备必要的应急救援器材、设备的购置费及摊销费用；防护用品的购置费及修理费、防暑降温措施费用；重大危险源、重大事故隐患的评估、整改、监控费用，安全生产检查与评价费用；安全技能培训及进行应急救援演练费用以及其他与安全生产直接相关的费用。

（3）一般措施费：

①夜间施工费：是指按规范、规程正常作业所发生的夜班补助费、夜间施工降效、夜间施工照明设备摊销及照明用电等费用。

②材料、成品、半成品（不包括混凝土预制构件和金属构件）二次搬运费：是指因施工场地狭小等特殊情况而发生的二次搬运费用。

③已完工程及设备保护费：是指竣工验收前，对已完工程及设备进行保护所需费用。

④工程定位、复测、点交清理费：是指工程的定位、复测、场地清理及交工时垃圾清除、门窗的洗刷等费用。

⑤生产工具用具使用费：是指施工生产所需不属于固定资产的生产工具及检验用具等的购置、摊销和维修费，以及支付给工人自备工具的补贴费用。

⑥室内空气污染测试费：是指按规范对室内环境质量的有关含量指标进行检测所发生的费用。

⑦雨季施工费：是指在雨季施工所增加的费用。包括防雨措施、排水、工效降低等费用。

⑧冬季施工费：是指在冬季施工时，为确保工程质量所增加的费用。包括人工费、人工降效费、材料费、保温设施（包括炉具设施）费、人工室内外作业临时取暖燃料费、建筑物门窗洞口封闭等费用。不包括暖棚法施工而增加的费用及越冬工程基础的维护、保护费。

冬季施工期限：北纬48°以北：10月20日至下年4月20日

北纬46°以北：10月30日至下年4月5日

北纬46°以南：11月5日至下年3月31日

⑨赶工施工费：是指发包人要求按照合同工期提前竣工而增加的各种措施费用。

⑩远地施工费：是指施工地点与承包单位所在地的实际距离超过25千米（不包括25千米）承建工程而增加的费用。包括施工力量调遣（大型施工机械搬迁费按实际发生计算）费、管理费。

施工力量调遣费：调遣期间职工的工资，施工机具、设备以及周转性材料的运杂费。

管理费：调遣职工往返差旅费、在施工期间因公、因病、探亲、换季而往返于原驻地之间的差旅费和职工在施工现场食宿增加的水电费、采暖和主副食运输费等。

（二）间接费：由企业管理费和规费组成。

1. 企业管理费：是指企业组织施工生产和经营管理所需费用。内容包括：

（1）管理人员工资：是指管理人员的基本工资、工资性补贴和职工福利费等。

（2）办公费：是指企业管理办公用的文具、纸张、账表、印刷、邮电、书报、会议、水电、烧水和集体取暖（包括现场临时宿舍取暖）用燃料等费用。

(3) 差旅交通费：是指职工因公出差、调动工作的差旅费、住勤补助费、市内交通费和误餐补助费，职工探亲路费，劳动力招募费，职工离退休、退职一次性路费，工伤人员就医路费，工地转移费以及管理部门使用的交通工具的油料、燃料、养路费及牌照费。

(4) 固定资产使用费：是指管理和试验部门及附属生产单位使用的属于固定资产的房屋、设备仪器等的折旧、大修、维修或租赁费。

(5) 工具用具使用费：是指管理使用的不属于固定资产的工具、器具、家具、交通工具和检验、试验、测绘用具等的购置、维修和摊销费。

(6) 劳动保险费：是指支付离退休职工的易地安家补助费、职工退职金、六个月以上的病假人员工资、职工死亡丧葬补助费、抚恤费和按规定支付给离休干部的各项经费。

(7) 工会经费：是指企业按职工工资总额计提的工会经费。

(8) 职工教育经费：是指企业为职工学习先进技术、提高文化水平，按职工工资总额计提的费用。

(9) 财产保险费：是指施工管理用财产和车辆保险费用。

(10) 财务费：是指企业为筹集资金而发生的各项费用。

(11) 税金：是指企业按规定缴纳的房产税、车船使用税、土地使用税及印花税等。

(12) 其他：包括技术转让费、技术开发费、业务招待费、广告费、公证费、法律顾问费、审计费和咨询费等。

2. 规费：是指政府和有关部门规定必须缴纳的费用（简称规费）。内容包括：

(1) 危险作业意外伤害保险费：是指按照《建筑法》规定，企业为从事危险作业的建筑安装施工人员支付的意外伤害保险费。

(2) 工程定额测定费：是指按规定支付工程造价管理部门的定额测定费。

(3) 社会保险费：

①养老保险费：是指企业按规定标准为职工缴纳的基本养老保险费。

②失业保险费：是指企业按规定标准为职工缴纳的失业保险费。

③医疗保险费：是指企业按规定标准为职工缴纳的基本医疗保险费。

(4) 工伤保险费：是指企业按规定标准为职工缴纳的工伤保险费。

(5) 住房公积金：是指企业按规定标准为职工缴纳的住房公积金。

(6) 工程排污费：是指企业按规定标准缴纳的工程排污费。

（三）利润：是指企业完成承包工程所获得的盈利。

（四）其他

1. 人工费价差：是指人工费信息价格（包括地、林区津贴、工资类别差等）与本定额规定标准的差价。

2. 材料价差：是指材料实际价格（或信息价格、价差系数）与省定额中材料价格的差价。

3. 机械费价差：是指机械费实际价格（或信息价格、价差系数）与省定额中机械费价格的差价。

4. 材料购置费：是指发包人自行采购材料的费用。

5. 预留金：是指发包人为可能发生的工程量变更而预留的金额。

6. 总承包服务（管理）费：是指配合协调发包人进行的工程分包和材料采购所需的费用。包括分包的工程与主体发生交叉施工，或虽不发生交叉施工，但要求主体承包人履行总包责任（现场协调、资料整理、竣工验收）及材料采购提供用量计划等。

7. 零星工作费：是指完成发包人提出的，工程量暂估的零星工作项目所需的费用。

（五）税金

税金是指国家税法规定的应计入建筑安装工程造价内的营业税、城市维护建设税及教育费附加。

四、各类工程的费用标准

（一）一般措施费

单位：%

项目		建筑	安装	市政	装饰	园林绿化	修缮
计费基础		人工费					
夜间施工费		0.25	0.10	0.15	0.10	0.10	0.10
二次搬运费		0.25	0.20	0.20	0.30	0.10	0.20
已完工程及设备保护费		0.20	0.30	0.15	0.25	0.15	0.10
工程定位、复测、点交清理费		0.25	0.20	0.20	0.20	0.15	0.15
生产工具用具使用费		0.20	0.20	0.20	0.20	0.20	0.20
室内空气污染测试费		0.50	—	—	—	—	—
雨季施工费		0.20	0.15	0.20	0.15	0.15	0.15
冬季施工费		4.50	1.50	1.00	1.50	2.00	2.00
赶工施工费		按实际发生计算					
远地施工费	25～100千米	9.50					—
	100～200千米	11.00					—
	200～300千米	12.00					—
	300～400千米	13.50					—
	400～500千米	15.00					—

注：1. 室内空气污染测试费按《计价规范》规定属于装饰装修中的措施项目，根据实际情况此项费用列入建筑工程计取。

2. 赶工施工费根据工程的实际情况，制定赶工施工的措施方案，由发、承包双方在补充协议中约定。

3. 远地施工费根据工程的实际情况，由发、承包双方在施工合同中约定。

（二）企业管理费

单位：%

项目	土建	安装	市政	装饰	园林绿化	修缮
计费基础	人工费					
企业管理费	25～21	26～22	23～20	21～18	12～10	8～6

（三）利润

单位：%

项目	土建	安装	市政	装饰	园林绿化	修缮
计费基础	人工费					
利润	50				20	15

（四）预留金、总承包服务（管理）费

1. 预留金

单位：%

项目	各类工程
计费基础	定额计价的工程：定额项目费＋一般措施费＋企业管理费＋利润 工程量清单计价的工程：分部分项工程费＋措施费
预留金	1～8

2. 总承包服务（管理）费

单位:%

项　　目	各 类 工 程
计费基础	定额计价的工程：单独分包专业工程的（定额项目费＋一般措施费＋企业管理费＋利润）或材料购置费 工程量清单计价的工程：单独分包专业工程的（分部分项工程费＋措施费）或材料购置费
总承包服务（管理）费	1～3

（五）安全生产措施费

单位:%

项　　目	土建	安装	市政	装饰	园林绿化	修缮
计费基础	定额计价的工程：定额项目费＋一般措施费＋企业管理费＋利润＋其他 工程量清单计价的工程：分部分项工程费＋措施费＋其他					
环境保护费 文明施工费	0.30	0.25	0.25	0.15	0.15	0.15
安全施工费	0.23	0.19	0.19	0.12	0.12	0.12
临时设施费	1.40	1.19	1.19	0.72	0.72	0.72
防护用品等费用	0.11	0.09	0.09	0.05	0.05	0.05
合　　计	2.04	1.72	1.72	1.04	1.04	1.04

注：1. 建筑工程的垂直防护架、垂直封闭防护执行相应定额项目。

2. 安装、市政工程的施工围挡（栏）已包含在安全生产措施费中，其相应定额规定的项目不再计算。

（六）规费

单位:%

项　　目		各 类 工 程
计费基础		定额计价的工程：定额项目费＋一般措施费＋企业管理费＋利润＋其他 工程量清单计价的工程：分部分项工程费＋措施费＋其他
危险作业以外伤害保险费		0.11
工程定额测定费		0.10
社会保险费	养老保险费	2.99
	失业保险费	0.19
	医疗保险费	0.40
工伤保险费		0.04
住房公积金		0.43
工程排污费（包括固体废物及危险废物排污、噪声超标排污）		0.06
合　　计		4.32

注：工程实体污水排污另行计算。

（七）税金

单位:%

项目	各类工程（工程所在地）		
	市区	县城、镇	城、镇以外
计费基础	不含税工程费用		
营业税、城市维护建设税、教育费附加	3.41 （哈尔滨市区内3.44）	3.35	3.22

五、有关费用标准

（一）人工单价

项目	各类工程
人工单价	35.05元/工日

注：1. 人工费单价每工日按8小时计算。
2. 此单价为各类工程计费的统一标准，具体标准由省建设行政工程造价主管部门根据市场价格确定发布。
3. 在有害身体健康的环境中施工的安装、市政工程其相应定额的规定不再计算。

（二）工程风险费

单位:%

项目	各类工程	备注
计费基础	人工费+材料费+机械使用费	采用固定价格时，考虑工程实施期间价格的风险因素而计算的费用
工程风险费	自行确定	

（三）零星用工、包工不包料

单位:%

项目	各类工程	
	零星用工	包工不包料
计费基础	人工费	
企业管理费	2.00	5.00

（四）各类工程库房、临时房屋租金

项目	各类工程
租金	1.92元/月·平方米

六、计算程序

（一）定额计价的单位工程费用计算程序

序号	费用名称	计算式	备注
（一）	定额项目费	按预（概）算定额计算的项目基价之和	
（A）	其中：人工费	Σ工日消耗量×人工单价（35.05元/工日）	35.05元/工日为计费基础
（二）	一般措施费	（A）×费率	

续表

序号	费用名称	计 算 式	备 注
(三)	企业管理费	(A) ×费率	
(四)	利 润	(A) ×利润率	
(五)	其 他	(1)+(2)+(3)+(4)+(5)+(6)+(7)	
(1)	人工费价差	人工费信息价格(包括地、林区津贴、工资类别差)与本定额人工费标准35.05元/工日的(±)差价	采用固定价格时可以计算工程风险费(定额项目费×费率)
(2)	材料价差	材料实际价格(或信息价格、价差系数)与省定额中材料价格的(±)差价	
(3)	机械费价差	机械费实际价格(或信息价格、价差系数)与省定额中机械费的(±)差价	
(4)	材料购置费	根据实际情况确定	预算或报价中不含此材料费时可以计算
(5)	预留金	[(一)+(二)+(三)+(四)]×费率	工程结算时按实际调整
(6)	总承包服务(管理)费	分包专业工程的(定额项目费+一般措施费+企业管理费+利润)×费率或材料购置费×费率	业主进行工程分包或业主自行采购材料时可以计算
(7)	零星工作费	根据实际情况确定	
(六)	安全生产措施费	(8)+(9)+(10)+(11)	
(8)	环境保护费 文明施工费	[(一)+(二)+(三)+(四)+(五)]×费率	工程结算时，根据建设行政主管部门安全监督管理机构组织安全检查、动态评价和工程造价管理机构核定的费用费率计算
(9)	安全施工费	[(一)+(二)+(三)+(四)+(五)]×费率	
(10)	临时设施费	(一)+(二)+(二)+(三)+(四)+(五)×费率	
(11)	防护用品等费用	[(一)+(二)+(三)+(四)+(五)]×费率	
(七)	规 费	(12)+(13)+(14)+(15)+(16)+(17)	
(12)	危险作业意外伤害保险费	[(一)+(二)+(三)+(四)+(五)]×0.11%	
(13)	工程定额测定费	[(一)+(二)+(三)+(四)+(五)]×0.10%	
(14)	社会保险费	①+②+③	
①	养老保险费	[(一)+(二)+(三)+(四)+(五)]×2.99%	
②	失业保险费	[(一)+(二)+(三)+(四)十(五)]×0.19%	

续表

序号	费用名称	计 算 式	备 注
③	医疗保险费	[(一)+(二)+(三)+(四)+(五)]×0.40%	
(15)	工伤保险费	[(一)+(二)+(三)+(四)+(五)]×0.04%	
(16)	住房公积金	[(一)+(二)+(三)+(四)+(五)]×0.43%	
(17)	工程排污费	[(一)+(二)+(三)+(四)+(五)]×0.06%	
(八)	税 金	[(一)+(二)+(三)+(四)+(五)+(六)+(七)]×3.41%	或3.35%、3.22%（哈尔滨市区内为3.44%）
(九)	单位工程费用	(一)+(二)+(三)+(四)+(五)+(六)+(七)+(八)	

（二）工程量清单计价的工程费用计算程序

1. 分部分项工程、定额措施、零星工作项目的综合单价计算程序

序号	费用名称	计 算 式	备 注
(1)	人工费	Σ工日消耗量×人工单价	35.05元/工日为计费基础
(2)	材料费	Σ（材料消耗量×材料单价）	
(3)	机械费	Σ（机械消耗量×台班单价）	
(4)	企业管理费	(1)×费率	
(5)	利润	(1)×利润率	
(6)	工程风险费	[(1)+(2)+(3)]×费率	自行确定费率
(7)	综合单价	(1)+(2)+(3)+(4)+(5)+(6)	

2. 单位工程费用计算程序

序号	费用名称	计 算 式	备 注
(一)	分部分项工程费	Σ（分部分项工程量×相应综合单价）	
(A)	其中：人工费	Σ工日消耗量×人工单价（35.05元/工日）	35.05元/工日为计费基础
(二)	措施费	(1)+(2)	
(1)	定额措施费	Σ（工程量×相应综合单价）	
(B)	其中：人工费	Σ工日消耗量×人工单价（35.05元/工日）	35.05元/工日为计费基础
(2)	一般措施费	[(A)+(B)]×费率	
(三)	其 他	(3)+(4)+(5)+(6)	

续表

序号	费用名称	计 算 式	备 注
(3)	材料购置费	根据实际情况确定	报价中不含此材料费时可以计算
(4)	预留金	[(一)+(二)]×费率	工程结算时按实际调整
(5)	总承包服务（管理）费	分包专业工程的（分部分项工程费+措施费）×费率或材料购置费×费率	业主进行工程分包或业主自行采购材料时可以计算
(6)	零星工作费	Σ（工程量×相应综合单价）	
(四)	安全生产措施费	(8)+(9)+(10)+(11)	
(8)	环境保护费 文明施工费	[(一)+(二)+(三)]×费率	工程结算时，根据建设行政主管部门安全监督管理机构组织安全检查、动态评价和工程造价管理机构核定的费用费率计算
(9)	安全施工费	[(一)+(二)+(三)]×费率	
(10)	临时设施费	[(一)+(二)+(三)]×费率	
(11)	防护用品等费用	[(一)+(二)+(三)]×费率	
(五)	规 费	(12)+(13)+(14)+(15)+(16)+(17)	
(12)	危险作业意外伤害保险费	[(一)+(二)+(三)]×0.11%	
(13)	工程定额测定费	[(一)+(二)+(三)]×0.10%	
(14)	社会保险费	①+②+③	
①	养老保险费	[(一)+(二)+(三)]×2.99%	
②	失业保险费	[(一)+(二)+(三)]×0.19%	
③	医疗保险费	[(一)+(二)+(三)]×0.40%	
(15)	工伤保险费	[(一)+(二)+(三)]×0.04%	
(16)	住房公积金	[(一)+(二)+(三)]×0.43%	
(17)	工程排污费	[(一)+(二)+(三)]×0.06%	
(六)	税 金	[(一)+(二)+(三)+(四)+(五)]×3.41%	3.35%、3.22% （哈尔滨市区内为3.44%）
(七)	单位工程费用	(一)+(二)+(三)+(四)+(五)+(六)	

七、有关规定

1．没有企业资质的承包人承建工程

按《黑龙江省建筑市场管理条例》第四十五条第（三）款规定处罚，并不得计算各项取费。

2．施工总承包、专业承包和劳务分包

具有施工总承包资质的企业，可以对工程实行施工总承包或者对主体工程实行施工承包。承担施工总承包的企业可以对所承接的工程全部自行施工，也可以将非主体工程或者劳务作业分包给具有相应专业承包资质或者劳务分包资质的其他建筑企业。

具有专业承包资质的企业，可以承接施工总承包企业分包的专业工程或者建设单位按照规定发包的专业工程。专业承包企业可以对所承接的工程全部自行施工，也可以将劳务作业分包给具有相应劳务分包资质的劳务分包企业。

具有劳务分包资质的企业，可以承接施工总承包企业或者专业承包企业分包的劳务作业。

3．合同效力的确认

由人民法院或者仲裁机构确认。

4．不可竞争的费用项目

（1）安全生产措施费：包括环境保护费、文明施工费、安全施工费、临时设施费、防护用品等费用；

（2）危险作业意外伤害保险费；

（3）工程定额测定费；

（4）社会保险费：包括养老保险费、失业保险费、医疗保险费；

（5）工伤保险费；

（6）住房公积金；

（7）工程排污费。

5. 工程建设设备与材料的划分

（1）通用机械

①各种金属切削机床、锻压机床、铸造机械，各种起重机、输送机，各种电梯、风机、泵、压缩机、煤气发生炉等及其全套附属零部件，均为设备。

②设备本体以外的各种行车轨道、滑触线、电梯的滑轨等均为材料。

（2）工艺设备

①制造厂以成品形式供货的各种容器、反应器、热交换器、塔器、电解槽等，均为设备。

②各种工艺设备在试车时必须填充的一次性填充物料，如各种瓷环、钢环、塑料环、钢球等；各种化学药品（如树脂、珠光砂、触媒、干燥剂、催化剂等）及变压器油等，不论是随设备带来的，还是单独订货购置的，均为设备和组成部分。

③制造厂以散件或分段分片形式供货的塔、罐等在现场拼接、组装、焊接安装内件或改制所消耗的物件为材料。

（3）热力设备

①成套或散装到货的锅炉及其附属设备、汽轮发电机及其附属设备等均为设备。

②热力系统的除氧器水箱和输水箱，工业水系统的工业水箱，油冷却系统的水箱、酸碱系统的酸碱储存槽等均为设备。

③循环水系统的旋转滤网视为设备，钢板闸门及拦污栅视为材料；起闭装置的起闭机视为设备，起闭架为材料。

④随锅炉墙砌筑时埋置的铸铁机、看火孔、窥视孔、人孔等各种成品预埋件、挂钩等为材料。

（4）自控装置及仪表

①成套供应的盘、箱、屏（包括保温箱和已经安装就位的仪表、元件等）及随主机配套供应的仪表均为设备。

②计算机、空调机、工业电视、检测控制装置，机械量、分析、显示仪表，基地式仪表、单元组合仪表、变送器、传达器及调节阀，压力、温度、流量、差压、物位仪表等视为设备。

③随管、线同时安装的一次部件、元件、配件等均为材料。

（5）通信

市内、长途电话交换机，程控电话交换机，微波、载波通信设备，电报和传真设备，中、短波通信及中短波电视天、馈线装置，移动通信设备、卫星地球站设备，通讯电源设备，光纤通信数字设备，邮政机械设备等各种生产及配套和随机附件均为设备。

（6）电气

①各种电力变压器、互感器、调压器、感应移相器、电抗器、高压断路器、高压熔断器、稳压器、电源调整器、高压隔离开关、装置式空气开关、电力电容器、蓄电池、磁力启动器、交直流报警器、成套供应的箱、盘、柜及其随设备带来的母线和支持瓷瓶均为设备。

②各种电缆、电线、母线、管材、型钢、桥架、梯架、槽盒、立柱、托臂、灯具用开关、插座、按钮等均为材料。

③刀型开关、保险器、杆上避雷针、各种电扇、铁壳开关、电铃、电表、照明配电箱等小型电器，各种绝缘子、金具、电线杆、铁塔、各种支架等金属构件均为材料。

（7）通风

①空气加热器、冷却器、各类风机、除尘设备、各种空调机、风尘管、过滤器、净化工作台、风淋室等均为设备。

②各种风管及其附件和各种调节阀、风口、风帽、消声器及其部件、构件等均为材料。

（8）管道

①各种管道、阀门、管件、配件水表及金属结构等均为材料。

②各种栓类、低压器具、供暖器具、燃气管道和附件等均为材料。

（9）炉窑砌筑

①各种安置在炉窑中的成品炉管、电机、鼓风机和炉窑传动、提斗装置均为设备。

②属于炉窑本体的金属铸件、锻件、加工及测粉装置、计器仪表、消烟、回收、除尘装置等均为设备。

③随锅炉供应已安装就位的金具、耐火衬里、炉体金属埋件等均为设备。

④现场砌筑用的耐火、耐酸、捣打料、绝热纤维、天然白泡石、玄武岩、金具、炉门及窥视孔、预埋件、填料等均为材料。

（10）建筑智能化

①针式打印机、喷墨打印机、激光打印机、热转印打印机、笔式绘图仪、喷墨绘图仪、数字绘图仪、复印机、刻录机、扫描机、传真机、投影机、打印共享器、打印机控制器、串并转换器、各种卡、内存条、服务器、交换机、路由器、防火墙等均为设备。

②远传基表、抄表采集器、控制网路通信设备、各种控制器、通信接口、各种传感器、变送器、液位计、流量计、执行机构均为设备。

③前端机柜、电视墙、前端射频设备、卫星地面接收设备、光端设备、有线电视管理系统设备、播控设备、干线设备、放大器、分配器等均为设备。

④扩声、背景音乐系统的调音台均为设备。

⑤车辆检测识别的各种探测器、分离器、识别仪，出入口控制机、出入口对讲分机、出入口终端显示器、出入口电动栏杆、各种发卡机、各种阅读机、出入口各种电子显示牌、板，停车计费器、语言报价器、收据打印机、紧急报价器等均为设备；出入口手动栏杆、各种标牌等均为材料。

⑥楼宇安全防范系统的入侵报警各种开关、探测器、控制器、有线对讲主机、报警信号各种发生器、接收机、无线报警发送机、门禁控制器、摄像机各种镜头、云台控制器、视频切换器、微机矩阵切换设备、各种分配器、视频补偿器、各种视频传输设备、各种录像机、监视器、监视模拟盘等均为设备。

6. 工程量变更内容

①工程施工中设计变更引起的标准提高（降低）或工程量的增加（减少）；

②工程量清单漏项引起的工程量的增加；

③工程量清单有误引起的工程量的增加（减少）等。

7. 施工现场可以现场签证的费用必须具备下列条件及计算规定

①必须是由于发包人、设计单位或其他客观原因（指必须由发包人负责承担费用）造成的损失费；

②必须是由于发包人要求增加（减少）工程量从而增加（减少）费用；

③必须是定额规定允许按实际发生计算或另行计算的项目费用。

合理的签证费用以金额包干形式由发承包双方议定价格的，只计取安全生产措施费、规费和税金；

合理的签证费用以计工形式由发承包双方确定用工数量（或价格）的，只计取安全生产措施费、规费和税金；

合理的签证费用套用相应定额项目的可以计取各项费用及税金。

8. 深基础变形监测、建筑物沉降观测费用

深基础变形监测、建筑物沉降观测费用，按照有关规定不属于建筑安装工程费用，如发生由发包人支付。其标准按《工程勘察收费标准》（计价格〔2002〕10号）规定，由发承包双方约定。

9. 桩静载荷试验及基桩动力检测费用

桩静载荷试验及基桩动力检测费用，按照有关规定不属于建筑安装工程费用，如发生由发包人支付。其标准按《工程勘察收费标准》（计价格〔2002〕10号）规定，由发承包双方约定。

10. 特种设备检验检测费

包括锅炉及压力容器、压力管道、消防设备、燃气设备、电梯等特种设备和设施的安全检验检测，按照有关规定不属于建筑安装工程费用，如发生由发包人支付。其标准按有关文件执行。

11. "三通一平"费用

如发生按实际计算，由发包人支付费用。

12. 水源、电源、热源的设备和设施的安装、搭设及维护费用

水源、电源、热源所需的设备、设施（变压器、锅炉、固定线路、管路、水泵、水表、电表、气表和变电所、锅炉房、水塔等）的安装、搭设及维修均由发包人负责并承担费用。

13. 冬季施工费标准及计费基础的确定

①冬季施工期间内（例如，北纬48°以北：10月20日至下年4月20日）全部进行施工，其标准按各类工程的标准确定。

②冬季施工期间内（例如，北纬48°以北：11月27日至下年3月1日）部分进行施工，其标准按冬季实际施工期占规定全部冬季施工期的比例确定。

③冬季施工期间内不进行施工，此项费用可以不计取。

④冬季施工费以单位工程中的人工费为计费基础。

14. 零星用工的费用计取

不属于单位工程承包范围内的零星用工，承包人（取得相应资质的企业）应向发包人计取企业管理费；属于单位工程承包范围内的零星用工，计入单位工程费用并计取安全生产措施费、规费和税金。

15. 包工不包料的费用计取

包工不包料是指采用定额计价的工程，承包人（取得相应资质的企业）只包定额规定的人工消耗而不包材料消耗。采用此种承包方式，承包人应向发包人按本定额规定的标准计取企业管理费，同时计取安全生产措施费、规费和税金。

16. 人工费价差的确定

合同价款采用可调价格时计算人工费价差，参照省建设行政工程造价主管部门发布的人工费信息价格与本定额规定的人工单价计算人工费差价，须在合同中约定。

17. 材料价差的确定

合同价款采用可调价格时计算材料价差，具体方法如下：

（1）以材料实际价格与省定额中的材料价格计算价差，须在合同中约定。

（2）参照建设行政工程造价主管部门发布的材料调差系数与省定额中的材料价格计算价差，须在合同中约定。

（3）参照建设行政工程造价主管部门发布的材料信息价格与省定额中的材料价格计算价差，须在合同中约定。

18. 机械费价差的确定

合同价款采用可调价格时计算机械费价差，具体方法如下：

（1）以机械费实际价格与省定额中的机械费计算价差，须在合同中约定。

（2）参照省建设行政工程造价主管部门发布的机械费调差系数与定额中的机械费计算价差，须在合同中约定。

（3）参照省建设行政工程造价主管部门发布的机械费信息价格与定额中的机械费计算价差，须在合同中约定。

19. 施工现场堆放砂、石材料的场地，做垫层所发生的费用

包括在环境保护费中，不得另行计算。

20. 基坑中的排水费用计算

基坑中排雨水的费用已包含在雨季施工费中；基坑中排地下水与地表水的排水费用按相应定额项目计算。

21. 材料、成品、半成品（不包括混凝土预制构件和金属构件）二次搬运费

施工场地狭小、无堆放地点的情况已综合考虑在材料二次搬运费中，不得另行计算。

22. 设备的二次搬运费计算

如发生障碍物等特殊情况可按实际发生计算，并计取安全生产措施费、规费和税金

23. 不可预见的地下障碍物的拆除与处理费用

按建设工程施工合同文本中通用条款第7条规定执行。

24. 因不可抗拒的自然灾害造成的损失费用

按建设工程施工合同文本中通用条款第25条规定执行。

25. 由于设计或发包单位原因使工程停缓建造成的损失费用

按《合同法》第284条及建设工程施工合同文本中通用条款第29条规定执行。

26. 由于设计或建设单位原因造成的返工费用

按建设工程施工合同文本中通用条款第43条规定执行。

27. 设计变更费用

按建设工程施工合同文本中通用条款第57条规定执行。

28. 安装工程中的管道工程费用计取

安装工程中的管道本身安装按安装工程费用标准计算；管道沟的基础砌筑、盖板及土石方按建筑工程费用标准计算。

29. 大面积屋面工程进行拆除、修复费用计取

大面积屋面拆除工程按房屋修缮工程的费用标准计算，其屋面修复工程按建筑工程费用标准计算。

30. 广场（厂区、小区广场除外）铺装工程费用计取

按市政工程费用标准计算。

31. 露天体育场工程费用计取

按建筑工程费用标准计算。

32. 室外与设备安装工程配套的土建工程费用计取

室外与设备安装工程配套的土建工程按建筑工程费用标准计算。

33. 各类工程个别项目套用其他专业定额项目其费用的计取

按主体工程的费用标准计算。

34. 越冬工程发生基础维护、保护费用

按实际发生计算，并计取安全生产措施费、规费和税金。

35. 越冬（冬季不施工）工程看护人员费用

按实际发生计算，并计取安全生产措施费、规费和税金。

36. 冬季采用暖棚法施工费用计算

按实际发生计算，并计取安全生产措施费、规费和税金。

37. 冬季采用锅炉法施工费用计算

燃料费不计算，计算锅炉本身的折旧摊销费、管道的安装拆卸费及锅炉、管道的运输费，并计取安全生产措施费、规费和税金。

38. 冬季施工发生大量的清雪（超出正常情况，如暴雪）费用

按实际发生计算，并计取安全生产措施费、规费和税金。

39. 混凝土冻融循环、抗渗试验检验费用

根据设计按实际发生计算，并计取安全生产措施费、规费和税金。

40. 泵送剂、早强剂、引气剂、微沫剂、缓凝剂、抗渗剂、抗裂剂、膨胀剂、防冻剂及其他外加剂费用

根据设计或规范要求按实际发生计算，并计取安全生产措施费、规费和税金。

41. 工程量清单（分部分项工程量清单、定额措施项目清单、一般措施项目清单、其他项目清单）漏项或设计变更引起新的工程量清单项目增加的工程量确定

工程结算时，增加的工程量按实际计算。

42. 工程量清单（分部分项工程量清单、定额措施项目清单、一般措施项目清单、其他项目清单）漏项或设计变更引起新的工程量清单项目增加的工程量其综合单价的确定

工程结算时，综合单价由承包人提出，经发包人确认后作为结算依据。

43. 工程量清单的工程数量有误或设计变更引起工程量增减确定

由于招标人的原因造成工程量清单的工程数量有误或设计变更引起工程量增减，工程结算时按实际调整工程量。

44. 工程量清单的工程数量有误或设计变更引起工程量增减其综合单价的确定

应在合同中约定一定的幅度（±10%），属于合同约定幅度以内的，执行原有的综合单价；属于合同约定以外的，增加部分的工程量或减少后剩余部分的工程量其综合单价由承包人提出，经发包人确认后作为结算依据。

45. 招标人对项目特征描述不准确其综合单价的确定

综合单价由承包人提出，经发包人确认后作为结算依据。

46. 分部分项工程量清单的实际工程量发生变化后，其措施费用的确定

措施费用应调整，并在合同中约定调整方法。

47. 甲供材料费用

甲供材料是建筑安装工程费用的组成部分，应计取安全生产措施费、规费和税金。

48. 设备费

根据《基本建设财务管理规定》（财建〔2002〕394号）建设成本包括建筑安装工程投资支出、设备投资支出、待摊投资支出和其他投资支出。建筑安装工程投资支出是指建设单位按项目概算内容发生的建筑工程和安装工程的实际成本，其中不包括被安装设备本身的价值；设备投资支出是指建设单位按照项目概算内容发生的各种设备的实际成本。

根据《建筑安装工程费用项目组成》（建标〔2003〕206号）规定建筑安装工程费由直接费、间接费、利润和税金组成。

按照规定已明确了设备费不属于建筑安装工程费用的组成部分，因此，不得列入建筑安装工程价款结算中。

49. 安全生产措施费的计取

安全生产措施费是建筑安装工程费用的组成部分，招投标工程投标报价时应按照本定额规定的标准计取。招标工程、非招标工程，工程结算时根据建设行政主管部门安全监督管理机构组织

安全检查、动态评价和工程造价管理机构核定的费用费率计算。

50. 规费的计取

规费是建筑安装工程费用的组成部分，招投标工程投标报价时应按照本定额规定的标准计取。招标工程、非招标工程，工程结算时发包人应根据承包人提供的实际缴纳票据，按照本定额规定的标准计取规费计入工程造价。

江苏省工程费用计算规则

（2004年）

江苏省建筑与装饰工程费用计算规则

一、说　明

（一）江苏省建筑与装饰工程费用计算规则（以下简称本费用计算规则）与《江苏省建筑与装饰工程计价表》配套执行。

（二）为了切实保护人民生产生活的安全，保证安全和文明施工措施落实到位，现场安全文明施工措施费作为不可竞争费用，建设单位不得任意压低费用标准，施工单位不得让利。此项费用的计取由各市工程造价管理部门根据工程实际情况予以核定，并进行监督，未经核定不得计取。

（三）不可竞争费包括：

1. 现场安全文明施工措施费；
2. 工程定额测定费；
3. 安全生产监督费；
4. 建筑管理费（注：2006年1月1日起停止收取）；
5. 劳动保险费；
6. 税金；
7. 有权部门批准的其他不可竞争费用。

以上不可竞争费在编制标底或投标报价时均应按规定计算，不得让利或随意调整计算标准。

（四）措施项目费原则上由编标单位或投标单位根据工程实际情况分别计算。除了不可竞争费必须按规定计算外，其余费用均作为参考标准。

（五）管理费和利润统一以人工费加机械费为计算基础。

（六）包工不包料和点工按本费用计算规则的规定计算。

1. 包工不包料：适用于只包计价表人工的工程。
2. 点工：适用于在建筑与装饰工程中由于各种因素所造成的损失、清理等不在计价表范围内的用工。
3. 包工不包料、点工的临时设施应由建设单位提供。

二、费用项目划分

建筑与装饰工程造价由分部分项工程费、措施项目费、其他项目费、规费和税金组成。

（一）分部分项工程费包括人工费、材料费、机械费、管理费、利润。

1. 人工费：指应列入计价表的直接从事建筑与装饰工程施工工人（包括现场内水平、垂直运输等辅助工人）和附属辅助生产单位（非独立经济核算单位）工人的基本工资、工资性津贴、流动施工津贴、房租补贴、职工福利费、劳动保护费。

2. 材料费：指应列入计价表的材料、构件和半成品材料的用量以及周转材料的摊销量乘以相应的预算价格计算的费用。

3. 机械费：指应列入计价表的施工机械台班消耗量按相应的我省施工机械台班单价计算的建筑与装饰工程施工机械使用费以及机械安、拆和进（退）场费。

4. 管理费：包括企业管理费、现场管理费、冬雨季施工增加费、生产工具用具使用费、工程定位复测点交场地清理费、远地施工增加费、非甲方所为四小时以内的临时停水停电费。

(1) 企业管理费：指企业管理层为组织施工生产经营活动所发生的管理费用。内容包括：

①管理人员的基本工资、工资性津贴、流动施工津贴、房租补贴、职工福利费、劳动保护费。

②差旅交通费：指企业职工因公出差、工作调动的差旅费、住勤补助费、市内交通费和误餐补助费、职工探亲路费、劳动力招募费、离退休职工一次性路费及交通工具油料、燃料、牌照、养路费等。

③办公费：指企业办公用文具、纸张、账表、印刷、邮电、书报、会议、水、电、燃煤、燃气等费用。

④固定资产折旧、修理费：指企业属于固定资产的房屋、设备、仪器等的折旧及维修费用。

⑤低值易耗品摊销费：指企业管理使用不属于固定资产的工具、用具、家具、交通工具、检验、试验、消防等的摊销及维修费用。

⑥工会经费及职工教育经费：工会经费是指企业按职工工资总额计提的工会经费；职工教育经费是指企业为职工学习先进技术和提高文化水平按职工工资总额计提的费用。

⑦职工待业保险费：指按规定标准计提的职工待业保险费用。

⑧保险费：指企业财产保险、管理用车辆等保险费用。

⑨税金：指企业按规定交纳的房产税、车船使用税、土地使用税、印花税及土地使用费等。

⑩其他：包括技术转让费、技术开发费、业务招待费、绿化费、广告费、公证费、法律顾问费、审计费、咨询费、联防费等。

(2) 现场管理费：指现场管理人员组织工程施工过程中所发生的费用。内容包括：

①现场管理人员的基本工资、工资性津贴、流动施工津贴、房租补贴、职工福利费、劳动保护费。

②办公费：指现场管理办公用的工具、纸张、账表、印刷、邮电、书报、会议、水、电、燃煤（气）等费用。

③差旅交通费：指职工因公出差的旅费、住勤费、补助费、市内交通费和误餐补助费，职工探亲路费、劳动力招募、职工离退休一次性路费、工伤人员就医路费、工地转移费以及现场管理使用的交通工具的油料、燃料、养路费、牌照费等。

④固定资产使用费：指现场管理及试验部门使用的属于固定资产的设备、仪器等的折旧、大修理、维修和租赁费等。

⑤低值易耗品摊销费：指现场管理使用的不属于固定资产的工具、器具、家具、交通工具、检验、试验、测绘、消防用具等的购置、维修和摊销费。

⑥保险费：指施工管理用财产和车辆保险、高空作业等特殊工种的安全保险等费用。

⑦其他费用。

(3) 冬雨季施工增加费：指在冬雨季施工期间所增加的费用。包括冬季作业、临时取暖、建筑物门窗洞口封闭及防雨措施、排水、工效降低等费用。

(4) 生产工具用具使用费：指施工生产所需不属于固定资产的生产工具、检验用具、仪器仪表等的购置、摊销和维修费，以及支付给工人自备工具的补贴费。

(5) 工程定位、复测、点交、场地清理费。

(6) 远地施工增加费：指远离基地施工所发生的管理人员和生产工人的调迁旅费、工人在途工资，中小型施工机具、工具仪器、周转性材料、办公和生活用具等的运杂费。

对包工包料工程，不论施工单位基地与工程所在地之间的距离远近，均由施工单位包干使用；包工不包料工程按发承包双方的合同约定计算。

(7) 非甲方所为四小时以内的临时停水停电费用。

5. 利润：指按国家规定应计入建筑与装饰工程造价的利润。

（二）措施项目费

1. 环境保护费：指正常施工条件下，环保部门按规定向施工单位收取的噪音、扬尘、排污等费用。

2. 现场安全文明施工措施费：包括脚手架挂安全网、铺安全竹笆片、洞口五临边及电梯井护栏费用、电气保护安全照明设施费、消防设施及各类标牌摊销费、施工现场环境美化、现场生活卫生设施、施工出入口清洗及污水排放设施、建筑垃圾清理外运等内容。

3. 临时设施费：指施工单位为进行建筑与装饰工程施工所必需的生产和生活用的临时建筑物、构筑物和其他临时设施等费用。

临时设施费内容包括：临时设施的搭设、维修、拆除、摊销等费用。

4. 夜间施工增加费：指规范、规程要求正常作业而发生的照明设施、夜餐补助和工效降低等费用。

5. 二次搬运费：指因施工场地狭小而发生的二次搬运所需费用。

6. 大型机械设备进出场及安拆：指机械整体或分体自停放场地转至施工场地，或由一个施工地点运至另一个施工地点所发生的机械安装、拆卸和进出场运输转移费用。

7. 混凝土、钢筋混凝土模板及支架：指模板及支架制作、安装、拆除、维护、运输、周转材料摊销等费用。

8. 脚手架费：指脚手架搭设、加固、拆除、周转材料摊销等费用。

9. 已完工程及设备保护：指对已施工完成的工程和设备采取保护措施所发生的费用。

10. 施工排水、降水：指施工过程中发生的排水、降水费用。

11. 垂直运输机械费：指在合理工期内完成单位工程全部项目所需的垂直运输机械台班费用。

12. 室内空气污染测试：指对室内空气相关参数进行检测发生的人工和检测设备的摊销等费用。

13. 检验试验费：是指根据有关国家标准或施工验收规范要求对建筑材料、构配件和建筑物工程质量检测检验发生的费用。除此以外发生的检验试验费，如已有质保书材料，而建设单位或质监部门另行要求检验试验所发生的费用，及新材料、新工艺、新设备的试验费等应另行向建设单位收取。

14. 赶工措施费：若建设单位对工期有特殊要求，则施工单位必须增加的施工成本费。

15. 工程按质论价：指建设单位要求施工单位完成的单位工程质量达到经有权部门鉴定为优良工程所必须增加的施工成本费。

16. 特殊条件下施工增加费：

（1）地下不明障碍物、铁路、航空、航运等交通干扰而发生的施工降效费用。

（2）在有毒有害气体和有放射性物质区域范围内的施工人员的保健费，与建设单位职工享受同等特殊保健津贴，享受人数，根据现场实际完成的工程量（区域外加工的制品不应计入）的计价表耗工数，并加计百分之十的现场管理人员的人工数确定。

（三）其他项目费

1. 总承包服务费

（1）总承包：指对建设工程的勘察、设计、施工、设备采购进行全过程承包的行为，建设项目从立项开始至竣工投产全过程承包的“交钥匙”方式。

（2）总分包

①建设单位单独分包的工程，总包单位与分包单位的配合费由建设单位、总包单位和分包单位在合同中明确。

②总包单位自行分包的工程所需的总包管理费由总包单位和分包单位自行解决。

③安装施工单位与土建施工单位的施工配合费由双方协商确定。

2. 预留金：招标人为可能发生的工程量变更而预留的金额。

3. 零星工作项目费：指完成招标人提出的，工程量暂估的零星工作所需的费用。

（四）规费

1．工程定额测定费：包括预算定额编制管理费和劳动定额测定费。应按江苏省物价局、江苏省财政厅苏价房（1999）13 号、苏财综（1999）5 号《关于工程定额编制管理费、劳动定额测定费合并为I程（劳动）定额测定费的通知》等文件的规定收取工程定额测定费。该费用列入工程造价，由施工单位代收代缴，上交工程所在地的定额或工程造价管理部门。

2．安全生产监督费：指有权部门批准的由施工安全生产监督部门收取的安全生产监督费。

3．建筑管理费：指建筑管理部门按照经有权部门批准的收费办法和标准向施工单位收取的建筑管理费。

4．劳动保险费：指施工单位支付离退休职工的退休金、价格补贴、医药费、职工退职金及六个月以上的病假人员工资、职工死亡丧葬补助费、抚恤费，按规定支付给离、退休干部的各项经费；以及在职职工的养老保险费用等。

五、税金：指国家税法规定的应计入建筑与装饰工程造价内的营业税、城市维护建设税及教育费附加。

三、工程类别划分

（一）建筑工程工程类别划分标准表

项目 \ 类别				一类	二类	三类
工业建筑	单层	檐口高度	m	≥20	≥16	<16
		跨度	m	≥24	≥18	<18
	多层	檐口高度	m	≥30	≥18	<18
		建筑面积	m^2	≥8000	≥5000	<5000
民用建筑	住宅	檐口高度	m	≥62	≥34	<34
		建筑面积	m^2	≥10000	≥6000	<6000
		层数	层	≥22	≥12	<12
	公共建筑	檐口高度	m	≥56	≥30	<30
		建筑面积	m^2	≥10000	≥6000	<6000
		层数	层	≥18	≥10	<10
构筑物	烟囱	混凝土结构高度	m	≥100	≥50	<50
		砖结构高度	m	≥50	≥30	<30
	水塔	高度	m	≥40	≥30	<30
		容积	m^3	≥80	≥60	<60
	筒仓	高度	m	≥30	≥20	<20
	贮池	容积（单体）	m^3	≥2000	≥1000	<1000
大型机械吊装工程		檐口高度	m	≥20	≥16	<16
		跨度	m	≥24	≥18	<18
桩基础工程		预制混凝土（钢板）桩长	m	≥30	≥20	<20
		灌注混凝土桩长	m	≥50	≥30	<30
单独土（石）方工程 大型土（石）方工程		挖或填、土（石）方容量	m^3	≥10000	≥5000	<5000

（二）工程类别划分说明

1．工程类别划分是根据不同的单位工程，按施工难易程度，结合我省建筑市场历年来的实际施工项目确定的。

2. 不同层数组成的单位工程，当高层部分的面积（竖向切分）占总面积30%以上时，按高层的指标确定工程类别，不足30%的按低层指标确定工程类别。

3. 以建筑面积、檐高、跨度确定工程类别时，如该工程指标达不到高类别的指标，但工程施工难度很大的（如建筑复杂、有地下室、基础要求高、采用新的施工工艺的工程等），其类别由各市工程造价管理部门根据实际情况予以核定。

4. 单独承包地下室工程的按二类标准取费，如地下室建筑面积指标达到一类标准的则按一类标准取费。

5. 建筑物、构筑物高度系指设计室外地面标高至檐口顶标高（不包括女儿墙，高出屋面电梯间、楼梯间、水箱间等的高度），跨度系指轴线之间的宽度。

6. 工业建筑工程：指从事物质生产和直接为生产服务的建筑工程，主要包括生产（加工）车间、实验车间、仓库、独立实验室、化验室、民用锅炉房、变电所和其他生产用建筑工程。

7. 民用建筑工程：指直接用于满足人们的物质和文化生活需要的非生产性建筑，主要包括：商住楼、综合楼、办公楼、教学楼、宾馆、宿舍及其他民用建筑工程。

8. 构筑物工程：指与工业与民用建筑工程相配套且独立于工业与民用建筑的工程，主要包括烟囱、水塔、仓类、池类等。

9. 桩基础工程：指天然地基上的浅基础不能满足建筑物、构筑物和稳定要求而采用的一种深基础。主要包括各种现浇和预制桩。

10. 强夯法加固地基、基础钢管支撑均按二类标准执行。深层搅拌桩、粉喷桩、基坑锚喷护壁按打灌注桩基工程三类标准执行。专业预应力张拉施工如主体为一类工程按一类工程取费；主体为二、三类工程均按二类工程取费。

11. 轻钢结构的单层厂房按单层厂房的类别降低一类标准计算。

12. 大型土石方和单独土石方工程：指单独编制概预算或在一个单位工程内挖方或填方在5000立方米（不含5000立方米）以上的工民建土石方工程。包括土石方挖或填等。

13. 预制构件制作工程类别划分按相应的建筑工程类别划分标准执行。

14. 与建筑物配套的零星项目，如化粪池、检查井、分户围墙按相应的主体建筑：工程类别标准确定外，其余如厂区围墙、道路、下水道、挡土墙等零星项目，均按三类标准执行。

15. 关于建筑物加层扩建时套用类别的方法：

（1）当选用面积和跨度指标时，以新增的实际面积和跨度套用类别标准。

（2）当选用檐高和层数指标时，要与原建筑物一并考虑套用类别标准。

16. 在计算层数指标时，半地下室和层高小于2.2米的均不计算层数。

17. 凡工程类别标准中，有两个指标控制的，只要满足其中一个指标即可按该指标确定工程类别；有三个指标控制的，必须满足两个及两个以上指标才可按该指标确定工程类别。

18. 工程类别标准中未包括的特殊工程，如影剧院、体育馆、游泳馆、别墅、别墅群等，由工程造价管理部门根据具体情况确定，报省定额总站备案。

四、费用计算规则及计算标准

一、人工工资标准分为三类：一类工标准为28元/工日：二类工标准为26元/工日；三类工标准为24元/工日。单独装饰工程的人工工资可在计价表单价基础上调整为30～45元/工日，具体在投标报价或由双方合同中予以明确（注：2006.8.1日起调整为一类工标准为40元/工日；二类工标准为37元/工日；三类工标准为34元/工日，单独装饰工程的人工工资可在计价表单价基础上调整为45～58元/工日）。

二、包工不包料、点工分别按35元/工日、29元/工日计算，其中包括了管理费、利润和劳动保险费（注：2006.8.1日起调整为包工不包料48.00元/工日、点工40.00元/工日）。

三、建筑工程管理费和利润计算标准：建筑工程计价表中的管理费是以三类工程的标准列入子目，其计算基础为人工费加机械费。利润不分工程类别按表中规定计算。

建筑工程管理费、利润取费标准表

序号	工程名称	计算基础	管理费费率（%）			利润费率（%）
			一类工程	二类工程	三类工程	
一	建筑工程	人工费 + 机械费	35	30	25	12
二	预制构件制作	人工费 + 机械费	17	15	13	6
三	构件吊装	人工费 + 机械费	12	10.5	9	5
四	制作兼打桩	人工费 + 机械费	19	16.5	14	8
五	打预制桩	人工费 + 机械费	15	13	11	6
六	机械施工 大型土石方工程	人工费 + 机械费	7	6	5	4

四、单独装饰工程管理费、利润取费标准：装饰工程的管理费按装饰施工企业的资质等级划分计取，其计算基础为人工费加机械费。利润不分企业资质等级按表中规定计算。

单独装饰工程管理费、利润取费标准表

项　目	计 算 基 础	管理费费率（%）			利润费率（%）
		一级企业	二级企业	三级企业	
单独装饰工程	人工费 + 机械费	56	48	40	15

五、措施项目费计算标准

1. 环境保护费：按环保部门的有关规定计算，由双方在合同中约定。

2. 现场安全文明施工措施费：建筑工程按分部分项工程费的 1.5% ~3.5% 计算；单独装饰工程按分部分项工程费的 0.5% ~1.5% 计算。该费用作为不可竞争费，具体由各市工程造价管理部门根据工程实际情况予以核定后方可计取。

注：自 2006 年 1 月 1 日起调整如下表，凡 2006 年 1 月 1 以后发出招标文件的招标工程或签订合同的工程（非招标）按本标准执行。

现场安全文明施工措施费费率表

序号	工程名称	基本费率（%）	现场考评费率（%）	奖励费（获市级文明工地/获省级文明工地）（%）
一	建筑工程（土建工程）	2.0	1.1	0.4/0.7
二	构件吊装	0.8	0.5	—
三	桩基工程	1.0	0.6	0.2/0.4
四	机械施工 大型土石方工程	1.0	0.6	—
五	单独装饰工程	0.8	0.5	0.2/0.4

3. 临时设施费：建筑工程按分部分项工程费的 1% ~2% 计算；单独装饰工程按分部分项工程费的 0.3% ~1.2% 计算。由施工单位根据工程实际情况报价，发承包双方在合同中约定。

4. 夜间施工增加费：根据工程实际情况，由发承包双方在合同中约定。

5. 二次搬运费：按建筑与装饰工程计价表中第二十三章计算。

6. 大型机械设备进出场及安拆：按建筑与装饰工程计价表中附录二计算。

7. 混凝土、钢筋混凝土模板及支架：按建筑与装饰工程计价表中第二十章计算。

8. 脚手架费：按建筑与装饰工程计价表中第十九章计算。

9. 已完工程及设备保护：根据工程实际情况，由发承包双方在合同中约定。

10. 施工排水、降水：按建筑与装饰工程计价表中第二十一章计算。

11. 垂直运输机械费：按建筑与装饰工程计价表中第二十二章计算。

12. 室内空气污染测试：根据工程实际情况，由发承包双方在合同中约定。

13. 检验试验费：根据有关国家标准或施工验收规范要求对建筑材料、构配件和建筑物工程质量检测检验发生的费用按分部分项工程费的0.40%（注：从2004年12月1日起调整为0.18%）计算。除此以外发生的检验试验费，如已有质保书的材料，而建设单位或质监部门另行要求检验试验所发生的费用，及新材料、新工艺、新设备的试验费等应另行向建设单位收取，由施工单位根据工程实际情况报价，发承包双方在合同中约定。

14. 赶工措施费：我省现行定额工期按苏建定（2000）283号《关于贯彻执行〈全国统一建筑安装工程工期定额〉的通知》执行，该费用由发承包双方在合同中约定。

住宅工程：比我省现行定额工期提前20%以内，按分部分项工程费的2%～3.5%计取。

高层建筑工程：比我省现行定额工期提前25%以内，按分部分项工程费的3%～4.5%计取。

一般框架、工业厂房等其他工程：比我省现行定额工期提前20%以内，按分部分项工程费的2.5%～4%计取。

15. 工程按质论价，由发承包双方在合同中约定。

住宅工程：优良级增加分部分项工程费的1.5%～2.5%。一次、二次验收不合格的，除返工合格，尚应按分部分项工程费的0.8%～1.2%扣罚工程款。

一般工业与公共建筑：优良级增加分部分项工程费的1%～2%。一次、二次验收不合格的，除返工合格，尚应按分部分项工程费的0.5%～1%扣罚工程款。

16. 特殊条件下施工增加费：根据工程实际情况，由发承包双方在合同中约定。

六、其他项目费：

1. 总承包服务费根据总承包的范围、深度按工程总造价的2%～3%向建设单位收取。

2. 预留金：由招标人预留。

3. 零星工作项目费：工程量暂估的零星工作所需的费用。

七、规费计算标准：

规费应按照有关文件的规定计取，作为不可竞争费用，不得让利，也不得任意调整计算标准。

1. 工程定额测定费：根据江苏省物价局、江苏省财政厅苏价房（1999）13号、苏财综（1999）5号《关于工程定额编制管理费、劳动定额测定费合并为工程（劳动）定额测定费的通知》等文件的规定，工程定额测定费应按工程不含税造价的1%收取。

2. 安全生产监督费：应按各市的规定执行，以不含税工程造价为计算基础。

3. 建筑管理费：应按江苏省物价局、江苏省财政厅苏价服（2003）101号、苏财综（2003）32号《关于统一规范建筑管理费的通知》的规定执行。

4. 劳动保险费：

（1）建筑与装饰工程劳动保险费取费标准

序号	工程名称	计 算 基 础	劳动保险费率（%）
一	建筑工程	分部分项工程费+措施项目费+其他项目费	1.6
二	预制构件制作	分部分项工程费+措施项目费+其他项目费	0.80
三	构件吊装	分部分项工程费+措施项目费+其他项目费	0.60
四	制作兼打桩	分部分项工程费+措施项目费+其他项目费	1.60
五	打预制桩	分部分项工程费+措施项目费+其他项目费	0.66
六	机械施工、大型土石方工程	分部分项工程费+措施项目费+其他项目费	1.60
七	单独装饰工程	分部分项工程费+措施费+其他项目费	1.20
八	包工不包料、点工	分部分项工程费+措施项目费+其他项目费	0.23

（2）实行建筑行业劳保统筹的市（县），其劳动保险费计算标准须由各市进行测算，并报省建设厅批准后执行。

（3）包工不包料、点工的劳动保险费已包含在人工工日单价中。

八、税金：按各市规定的税率计算，计算基础为不含税工程造价。

五、工程造价计算程序

（一）安装工程造价计算程序（包工包料）

<table>
<tr><th>序号</th><th colspan="2">费用名称</th><th>计算公式</th><th>备　注</th></tr>
<tr><td rowspan="6">一</td><td colspan="2">分部分项工程量清单费用</td><td>综合单价×工程量</td><td rowspan="6">按《计价表》</td></tr>
<tr><td rowspan="5">其中</td><td>1. 人工费</td><td>计价表人工消耗量×人工单价</td></tr>
<tr><td>2. 材料费</td><td>计价表材料消耗量×材料单价</td></tr>
<tr><td>3. 机械费</td><td>计价表机械消耗量×机械单价</td></tr>
<tr><td>4. 管理费</td><td>（1）×费率</td></tr>
<tr><td>5. 利润</td><td>（1）×费率</td></tr>
<tr><td>二</td><td colspan="2">措施项目清单计价</td><td>分部分项工程费×费率或综合单价×工程量</td><td>按《计价表》或费用计算规则</td></tr>
<tr><td>三</td><td colspan="2">其他项目费用</td><td></td><td>双方约定</td></tr>
<tr><td rowspan="5">四</td><td colspan="2">规　费</td><td></td><td></td></tr>
<tr><td rowspan="4">其中</td><td>1. 工程定额测定费</td><td rowspan="4">（一＋二＋三）×费率</td><td>按规定计取</td></tr>
<tr><td>2. 安全生产监督费</td><td>按规定计取</td></tr>
<tr><td>3. 建筑管理费</td><td>按规定计取</td></tr>
<tr><td>4. 劳动保险费</td><td>按各市规定计取</td></tr>
<tr><td>五</td><td colspan="2">税　金</td><td>（一＋二＋三＋四）×费率</td><td>按各市规定计取</td></tr>
<tr><td>六</td><td colspan="2">工程造价</td><td>一＋二＋三＋四＋五</td><td></td></tr>
</table>

（二）安装工程造价计算程序（包工不包料）

<table>
<tr><th>序号</th><th colspan="2">费用名称</th><th>计算公式</th><th>备　注</th></tr>
<tr><td>一</td><td colspan="2">分部分项工程量清单人工费</td><td>计价表人工消耗量×35元/工日</td><td>按《计价表》</td></tr>
<tr><td>二</td><td colspan="2">措施项目清单计价</td><td>（一）×费率或按计价表</td><td>按《计价表》或费用计算规则</td></tr>
<tr><td>三</td><td colspan="2">其他项目费用</td><td></td><td>双方约定</td></tr>
<tr><td rowspan="4">四</td><td colspan="2">规　费</td><td></td><td></td></tr>
<tr><td rowspan="3">其中</td><td>1. 工程定额测定费</td><td rowspan="3">（一＋二＋三）×费率</td><td rowspan="3">按规定计取</td></tr>
<tr><td>2. 安全生产费监督费</td></tr>
<tr><td>3. 建筑管理费</td></tr>
<tr><td>五</td><td colspan="2">税　金</td><td>（一＋二＋三＋四）×费率</td><td>按各市规定计取</td></tr>
<tr><td>六</td><td colspan="2">工程造价</td><td>一＋二＋三＋四＋五</td><td></td></tr>
</table>

（三）机械施工大型土石方工程、单独基础打桩工程造价计算程序同建筑与装饰工程造价计算程序（包工包料）。

江苏省安装工程费用计算规则

一、说　　明

（一）江苏省安装工程费用计算规则（以下简称本费用计算规则）与《江苏省安装工程计价表》配套执行。

（二）为了切实保护人民生产生活的安全，保证安全和文明施工措施落实到位，现场安全文明施工措施费作为不可竞争费用，建设单位不得任意压低费用标准，施工单位不得让利。此项费用的计取由各市工程造价管理部门根据工程实际情况予以核定，并进行监督，未经核定不得计取。

（三）不可竞争费包括：

1. 现场安全文明施工措施费；

2. 工程定额测定费；

3. 安全生产监督费；

4. 建筑管理费（注：2006年1月1日起停止收取）；

5. 劳动保险费；

6. 税金；

7. 有权部门批准的其他不可竞争费用。

以上不可竞争费在编制标底或投标报价时均应按规定计算，不得让利或随意调整计算标准。

（四）措施项目费原则上由编标单位或投标单位根据工程实际情况分别计算。除了不可竞争费必须按规定计算外，其余费用均作为参考标准。

（五）管理费和利润统一以人工费为计算基础。

（六）包工不包料和点工按本费用计算规则的规定计算。

1. 包工不包料：适用于只包计价表人工的工程。

2. 点工：适用于在安装工程中由于各种因素所造成的损失、清理等不在计价表范围内的用工。

3. 包工不包料、点工的临时设施应由建设单位提供。

二、费用项目划分

安装工程造价由分部分项工程费、措施项目费、其他项目费、规费和税金组成。

（一）分部分项工程费包括人工费、材料费、机械费、管理费、利润。

1. 人工费：指应列入计价表的直接从事安装工程施工工人（包括现场内水平、垂直运输等辅助工人）和附属辅助生产单位（非独立经济核算单位）工人的基本工资、工资性津贴、流动施工津贴、房租补贴、职工福利费、劳动保护费。

2. 材料费：指应列入计价表的材料、构件和半成品材料的用量以及周转材料的摊销量乘以相应的预算价格计算的费用。

3. 机械费：指应列入计价表的施工机械台班消耗量按相应的我省施工机械台班单价计算的安装工程施工机械使用费以及机械安、拆和进（退）场费。

4. 管理费：包括企业管理费、现场管理费、冬雨季施工增加费、生产工具用具使用费、工程定位复测点交场地清理费、远地施工增加费、非甲方所为四小时以内的临时停水停电费。

（1）企业管理费：指企业管理层为组织施工生产经营活动所发生的管理费用。内容包括：

①管理人员的基本工资、工资性津贴、流动施工津贴、房租补贴、职工福利费、劳动保护费。

②差旅交通费：指企业职工因公出差、工作调动的差旅费、住勤补助费、市内交通费和误餐补助费、职工探亲路费、劳动力招募费、离退休职工一次性路费及交通工具油料、燃料、牌照、养路费等。

③办公费：指企业办公用文具、纸张、账表、印刷、邮电、书报、会议、水、电、燃煤、燃气等费用。

④固定资产折旧、修理费：指企业属于固定资产的房屋、设备、仪器等的折旧及维修费用。

⑤低值易耗品摊销费：指企业管理使用不属于固定资产的工具、用具、家具、交通工具、检验、试验、消防等的摊销及维修费用。

⑥工会经费及职工教育经费：工会经费是指企业按职工工资总额计提的工会经费；职工教育经费是指企业为职工学习先进技术和提高文化水平按职工工资总额计提的费用。

⑦职工待业保险费：指按规定标准计提的职工待业保险费用。

⑧保险费：指企业财产保险、管理用车辆等保险费用。

⑨税金：指企业按规定交纳的房产税、车船使用税、土地使用税、印花税及土地使用费等。

⑩其他：包括技术转让费、技术开发费、业务招待费、绿化费、广告费、公证费、法律顾问费、审计费、咨询费、联防费等。

（2）现场管理费：指现场管理人员组织工程施工过程中所发生的费用。内容包括：

①现场管理人员的基本工资、工资性津贴、流动施工津贴、房租补贴、职工福利费、劳动保护费。

②办公费：指现场管理办公用的工具、纸张、账表、印刷、邮电、书报、会议、水、电、燃煤（气）等费用。

③差旅交通费：指职工因公出差的旅费、住勤费、补助费、市内交通费和误餐补助费，职工探亲路费、劳动力招募、职工离退休一次性路费、工伤人员就医路费、工地转移费以及现场管理使用的交通工具的油料、燃料、养路费、牌照费等。

④固定资产使用费：指现场管理及试验部门使用的属于固定资产的设备、仪器等的折旧、大修理、维修和租赁费等。

⑤低值易耗品摊销费：指现场管理使用的不属于固定资产的工具、器具、家具、交通工具、检验、试验、测绘、消防用具等的购置、维修和摊销费。

⑥保险费：指施工管理用财产和车辆保险、高空作业等特殊工种的安全保险等费用。

⑦其他费用。

（3）冬雨季施工增加费：指在冬雨季施工期间所增加的费用。包括冬季作业、临时取暖、建筑物门窗洞口封闭及防雨措施、排水、工效降低等费用。

（4）生产工具用具使用费：指施工生产所需不属于固定资产的生产工具、检验用具、仪器仪表等的购置、摊销和维修费，以及支付给工人自备工具的补贴费。

（5）工程定位、复测、点交、场地清理费。

（6）远地施工增加费：指远离基地施工所发生的管理人员和生产工人的调迁旅费、工人在途工资，中小型施工机具、工具仪器、周转性材料、办公和生活用具等的运杂费。

对包工包料工程，不论施工单位基地与工程所在地之间的距离远近，均由施工单位包干使用；包工不包料工程按发承包双方的合同约定计算。

（7）非甲方所为四小时以内的临时停水停电费用。

5. 利润：指按国家规定应计入安装工程造价的利润。

（二）措施项目费

1. 环境保护费：指正常施工条件下，环保部门按规定向施工单位收取的噪音、扬尘、排污等费用。

2. 现场安全文明施工措施费：包括脚手架挂安全网、铺安全竹笆片、洞口五临边及电梯井护栏费用、电气保护安全照明设施费、消防设施及各类标牌摊销费、施工现场环境美化、现场生活卫生设施、施工出入口清洗及污水排放设施、建筑垃圾清理外运等内容。

3. 临时设施费：指施工单位为进行安装工程施工所必需的生产和生活用的临时建筑物、构筑物和其他临时设施等费用。

临时设施费内容包括：临时设施的搭设、维修、拆除、摊销等费用。

4. 夜间施工增加费：指规范、规程要求正常作业而发生的照明设施、夜餐补助和工效降低等费用。

5. 二次搬运费：指因施工场地狭小而发生的二次搬运所需费用。

6. 大型机械设备进出场及安拆：指机械整体或分体自停放场地转至施工场地，或由一个施工地点运至另一个施工地点所发生的机械安装、拆卸和进出场运输转移费用。

7. 混凝土、钢筋混凝土模板及支架：指模板及支架制作、安装、拆除、维护、运输、周转材料摊销等费用。

8. 脚手架费：指脚手架搭设、加固、拆除、周转材料摊销等费用。

9. 已完工程及设备保护：指对已施工完成的工程和设备采取保护措施所发生的费用。

10. 施工排水、降水：指施工过程中发生的排水、降水费用。

11. 检验试验费：是指根据有关国家标准或施工验收规范要求对材料、构配件和建筑物工程质量检测检验发生的费用。除此以外发生的检验试验费，如已有质保书材料，而建设单位或质监部门另行要求检验试验所发生的费用，及新材料、新工艺、新设备的试验费等应另行向建设单位收取。

12. 赶工措施费：若建设单位对工期有特殊要求，则施工单位必须增加的施工成本费。

13. 工程按质论价：指建设单位要求施工单位完成的单位工程质量达到经有权部门鉴定为优良工程所必须增加的施工成本费。

14. 特殊条件下施工增加费：

（1）地下不明障碍物、铁路、航空、航运等交通干扰而发生的施工降效费用。

（2）在有毒有害气体和有放射性物质区域范围内的施工人员的保健费，与建设单位职工享受同等特殊保健津贴，享受人数，根据现场实际完成的工程量（区域外加工的制品不应计入）的计价表耗工数，并加计百分之十的现场管理人员的人工数确定。

15. 组装平台：组装平台发生的费用。

16. 设备、管道施工的安全、防冻和焊接保护措施：施工中发生的设备、管道施工的安全、防冻和焊接保护措施费用。

17. 压力容器和高压管道的检验：发生的压力容器和高压管道的检验费用。

18. 焦炉施工大棚：发生的焦炉施工大棚费用。

19. 焦炉烘炉、热态工程：发生的焦炉烘炉、热态工程费用。

20. 管道安装后的充气保护措施：发生的管道安装后的充气保护措施费用。

21. 隧道内施工的通风、供水、供气、供电、照明及通讯设施：发生的隧道内施工的通风、供水、供气、供电、照明及通讯设施费用。

22. 现场施工围栏：发生的现场施工围栏费用。

23. 长输管道临时水工保护设施：发生的长输管道临时水工保护设施费用。

24. 长输管道施工便道：发生的长输管道施工便道费用。

25. 长输管道跨越或穿越施工措施：发生的长输管道跨越或穿越施工措施费用。

26. 长输管道地下穿越地上建筑物的保护措施：发生的长输管道地下穿越地上建筑物的保护措施费用。

27. 长输管道工程施工队伍调遣：发生的长输管道工程施工队伍调遣费用。

28. 格架式抱杆：格架式抱杆费用。

（三）其他项目费

1. 总承包服务费

（1）总承包：指对建设工程的勘察、设计，施工、设备采购进行全过程承包的行为，建设项目从立项开始至竣工投产全过程承包的“交钥匙”方式。

（2）总分包

①建设单位单独分包的工程，总包单位与分包单位的配合费由建设单位、总包单位和分包单

位在合同中明确。

②总包单位自行分包的工程所需的总包管理费由总包单位和分包单位自行解决。

③安装施工单位与土建施工单位的施工配合费由双方协商确定。

2. 预留金：招标人为可能发生的工程量变更而预留的金额。

3. 零星工作项目费：指完成招标人提出的，工程量暂估的零星工作所需的费用。

（四）规费

1. 工程定额测定费：包括预算定额编制管理费和劳动定额测定费。应按江苏省物价局、江苏省财政厅苏价房（1999）13号、苏财综（1999）5号《关于工程定额编制管理费、劳动定额测定费合并为工程（劳动）定额测定费的通知》等文件的规定收取工程定额测定费。该费用列入工程造价，由施工单位代收代缴，上交工程所在地的定额或工程造价管理部门。

2. 安全生产监督费：指有权部门批准的由施工安全生产监督部门收取的安全生产监督费。

3. 建筑管理费：指建筑管理部门按照经有权部门批准的收费办法和标准向施工单位收取的建筑管理费。

4. 劳动保险费：指施工单位支付离退休职工的退休金、价格补贴、医药费、职工退职金及六个月以上的病假人员工资、职工死亡丧葬补助费、抚恤费，按规定支付给离、退休干部的各项经费；以及在职职工的养老保险费用等。

五、税金：指国家税法规定的应计入安装工程造价内的营业税、城市维护建设税及教育费附加。

三、工程类别划分

（一）安装工程类别划分标准表

一类工程
1. 10千伏及10千伏以上变配电装置 2. 10千伏及10千伏以上电缆敷设工程或实物量在5公里以上的单独6千伏（含6千伏）电缆敷设分项工程 3. 锅炉单炉蒸发量在lot/h（含lot/h）以上的锅炉安装及其相配套的设备、管道、电气工程 4. 建筑物使用空调面积在15000平方米以上的单独中央空调分项安装工程 5. 运行速度在1.75米/秒及1.75米/秒以上的单独自动电梯分项安装工程 6. 建筑面积在15000平方米以上的建筑智能化系统设备安装工程和消防工程 7. 24层以上高层建筑的水电安装工程 8. 工业安装工程一类工程项目（见后表）
二类工程
1. 除一类取费范围以外的变配电装置和10千伏以下架空线路工程 2. 除一类取费范围以外的且在380伏以上的电缆敷设工程 3. 除一类取费范围以外的各类工业设备安装、车间工艺设备安装及其相配套的管道、电气工程 4. 锅炉单炉蒸发量在lot/h以下的锅炉安装及其相配套的设备、管道、电气工程 5. 建筑物使用空调面积在15000平方米以下5000平方米以上的中央空调分项安装工程 6. 除一类取费范围以外的单独自动扶梯、自动或半自动电梯分项安装工程 7. 除一类取费范围以外的建筑智能化系统设备安装工程和消防工程 8. 八层以上建筑的水电安装工程
三类工程
1. 除一、二类取费范围以外的电缆敷设工程 2. 八层以下（含八层）建筑的水电安装工程 3. 除一、二类取费范围以外的通风空调工程 4. 除一、二类取费范围以外的工业项目辅助设施的安装工程

工业安装工程一类工程项目表

一、洁净要求高于（等于）一万级的单位工程。
二、焊口有探伤要求的工艺管道、热力管道、煤气管道、供水（含循环水）管道等工程
三、易燃、易爆、有毒、有害介质管道工程（GB 5044 职工性接触毒物危害程度分级）
四、防爆电气、仪表安装工程
五、各种类气罐、不锈钢及有色金属贮罐。碳钢贮罐容积单只≥1000 立方米
六、压力容器制作安装
七、设备单重大于（等于）10 吨/台或设备本体高度大于（等于）10 米
八、空分设备安装工程
九、起重运输设备：
1. 双梁桥式起重机：起重量≥50/10 吨　或轨距≥21.5 米　或轨道高度≥15 米
2. 龙门式起重机：起重量≥20 吨
3. 皮带运输机：
（1）宽≥650 毫米　斜度≥10 度
（2）宽≥650 毫米　总长度≥50 米
（3）宽≥1000 毫米
十、锻压设备：
1. 机械压力：压力≥250 吨
2. 液压机：压力＞315 吨
3. 自动锻压机：压力≥5 吨
十一、塔类设备安装工程
十二、炉窑类：
1. 回转窑：直径≥1.5 米
2. 各类含有毒气体炉窑
十三、总实物量超过 50 立方米的炉窑砌筑工程
十四、专业电气调试（电压等级在 500 伏以上）与工业自动化仪表调试
十五、公共安装工程中的煤气发生炉、液化站、制氧站及其配套的设备、管道、电气工程

（二）安装工程类别划分说明

1. 安装工程类别划分以分项工程确定工程类别，具体按上表的划分规定执行。

2. 在一个单位工程中有几种不同的工程类别组成，分别确定工程类别，按相应的费率标准计算。

3. 改建、装修工程使用安装定额的可参照相应的标准确定工程类别。

4. 工程类别划分标准中未包括的特殊工程，如影剧院、体育馆等，由各市工程造价管理部门根据工程实际情况予以核定，并报省工程建设标准定额总站备案。

四、费用计算规则及计算标准

一、人工工资标准分为三类：一类工标准为 28 元/工日；二类工标准为 26 元/工日：三类工标准为 24 元/工日。（注：2006.8.1 日起调整为一类工标准为 40 元/工日；二类工标准为 37 元/工日：三类工标准为 34 元/工日）。

二、包工不包料、点工分别按 35 元/工日、29 元/工日计算，其中包括了管理费、利润和劳动保险费（注：2006.8.1 日起调整为包工不包料 48.00 元/工日、点工 40.00 元/工日）。

三、安装工程管理费和利润计算标准：安装工程计价表中的管理费是以三类工程的标准列入子目，其计算基础为人工费。利润不分工程类别按下表规定计算。

安装工程管理费、利润计算标准表

序号	工程名称	计算基础	管理费费率（%）			利润率（%）
			一类工程	二类工程	三类工程	
一	安装工程	人工费	59	53	47	14

四、措施项目费计算标准

1．环境保护费：按环保部门的有关规定计算，由双方在合同中约定。

2．现场安全文明施工措施费：按分部分项工程费的0.6%～1.5%计算，该费用作为不可竞争费，具体由各市工程造价管理部门根据工程实际情况予以核定后计取。

注：自2006年1月1日起调整如下表，凡2006年1月1日以后发出招标文件的招标工程或签订合同的工程（非招标）按本标准执行。

现场安全文明施工措施费费率表

工程名称	基本费率（%）	现场考评费率（%）	奖励费（获市级文明工地/获省级文明工地）（%）
安装工程	0.7	0.4	0.2/0.4

3．临时设施费：按分部分项工程费的0.6%～1.5%计算，由施工单位根据工程实际情况报价，发承包双方在合同中约定。

4．夜间施工增加费：根据工程实际情况，由发承包双方在合同中约定。

5．二次搬运费：发生时按建筑与装饰工程计价表计算。

6．大型机械设备进出场及安拆：按机械台班费用定额计算。

7．混凝土、钢筋混凝土模板及支架：按建筑与装饰工程计价表计算。

8．脚手架费：按安装工程计价表规定计算。

9．已完工程及设备保护：根据工程实际情况，由发承包双方在合同中约定。

10．施工排水、降水：按建筑与装饰工程计价表计算。

11．检验试验费：根据有关国家标准或施工验收规范要求对建筑材料、构配件和建筑物工程质量检测检验发生的费用按分部分项工程费的0.3%计算（注：从2004年12月1日起调整为0.15%）。除此以外发生的检验试验费，如已有质保书材料，而建设单位或质监部门另行要求检验试验所发生的费用，及新材料、新工艺、新设备的试验费等应另行向建设单位收取，由施工单位根据工程实际情况报价，发承包双方在合同中约定。

12．赶工措施费：由发承包双方在合同中约定后计取。

13．工程按质论价：由发承包双方在合同中约定后计取。

14．特殊条件下施工增加费：根据工程实际情况，由发承包双方在合同中约定。

15．组装平台：根据工程实际情况确定。

16．设备、管道施工的安全、防冻和焊接保护措施：根据工程实际情况确定。

17．压力容器和高压管道的检验：根据工程实际情况确定。

18．焦炉施工大棚：根据工程实际情况确定。

19．焦炉烘炉、热态工程：根据工程实际情况确定。

20．管道安装后的充气保护措施：根据工程实际情况确定。

21．隧道内施工的通风、供水、供气、供电、照明及通讯设施：根据工程实际情况确定。

22．现场施工围栏：根据工程实际情况确定。

23．长输管道临时水工保护设施：根据工程实际情况确定。

24．长输管道施工便道：根据工程实际情况确定。

25．长输管道跨越或穿越施工措施：根据工程实际情况确定。

26．长输管道地下穿越地上建筑物的保护措施：根据工程实际情况确定。

27．长输管道工程施工队伍调遣：根据工程实际情况确定。

28．格架式抱杆：根据工程实际情况确定。

五、其他项目费：

1. 总承包服务费根据总承包的范围、深度按工程总造价的2% ~3% 向建设单位收取。

2. 预留金：由招标人预留。

3. 零星工作项目费：工程量暂估的零星工作所需的费用。

六、规费计算标准

规费应按照有关文件的规定计取，作为不可竞争费用，不得让利，也不得任意调整计算标准。

1. 工程定额测定费：根据江苏省物价局、江苏省财政厅苏价房（1999）13 号、苏财综（1999）5 号《关于工程定额编制管理费、劳动定额测定费合并为工程（劳动）定额测定费的通知》等文件的规定，工程定额测定费应按工程不含税造价的1‰收取。

2. 安全生产监督费：应按各市的规定执行，以不含税工程造价为计算基础。

3. 建筑管理费：应按江苏省物价局、江苏省财政厅苏价服（2003）101 号、苏财综（2003）32 号《关于统一规范建筑管理费的通知》的规定执行。

4. 劳动保险费：

(1) 安装工程劳动保险费取费标准

序号	工程名称	计算基础	劳动保险费率（%）
一	安装工程	分部分项工程费	1.30
二	包工不包料、点工	人工工日	0.23

(2) 实行建筑行业劳保统筹的市（县），其劳动保险费计算标准须由各市进行测算，并报省建设厅批准后执行。

(3) 包工不包料、点工的劳动保险费已包含在人工工日单价中。

七、税金：按各市规定的税率计算，计算基础为不含税工程造价。

五、工程造件计算程序

（一）安装工程造价计算程序（包工包料）

序号	费用名称		计算公式	备注
一	分部分项工程量清单费用		综合单价×工程量	按《计价表》
	其中	1. 人工费	计价表人工消耗量×人工单价	
		2. 材料费	计价表材料消耗量×材料单价	
		3. 机械费	计价表机械消耗量×机械单价	
		4. 主材费	计价表主材耗用量×单价	
		5. 管理费	(1) ×费率	
		6. 利润	(1) ×费率	
二	措施项目清单计价		分部分项工程费×费率 或综合单价×工程量	按《计价表》或 费用计算规则
三	其他项目费用			双方约定
四	规　费			
	其中	1. 工程定额测定费	（一+二+三）×费率	按规定计取
		2. 安全生产监督费		按规定计取
		3. 建筑管理费		按规定计取
		4. 劳动保险费		按各市规定计取
五	税金		（一+二+三+四）×费率	按各市规定计取
六	工程造价		一+二+三+四十五	

（二）安装工程造价计算程序（包工不包料）

序号	费用名称		计算公式	备　注
一	分部分项工程量清单人工费		计价表人工消耗量×35元/工日	按《计价表》
二	措施项目清单计价		（一）×费率或按计价表	按《计价表》或费用计算规则
三	其他项目费用			双方约定
四	规　费		（一+二+三）×费率	按规定计取
	其中	1. 工程定额测定费		
		2. 安全生产费监督费		
		3. 建筑管理费		
五	税　金		（一+二+三+四）×费率	按各市规定计取
六	工程造价		一+二+三+四+五	

江苏省市政工程费用计算规则

一、说　明

（一）江苏省市政工程费用计算规则（以下简称本费用计算规则）与《江苏省市政工程计价表》配套执行。

（二）为了切实保护人民生产生活的安全，保证安全和文明施工措施落实到位，现场安全文明施工措施费作为不可竞争费用，建设单位不得任意压低费用标准，施工单位不得让利。此项费用的计取由各市工程造价管理部门根据工程实际情况予以核定，并进行监督，未经核定不得计取。

（三）不可竞争费包括：

1. 现场安全文明施工措施费；
2. 工程定额测定费；
3. 安全生产监督费；
4. 建筑管理费；
5. 劳动保险费；
6. 税金；
7. 有权部门批准的其他不可竞争费用。

以上不可竞争费在编制标底或投标报价时均应按规定计算，不得让利或随意调整计算标准。

（四）措施项目费原则上由编标单位或投标单位根据工程实际情况分别计算。除了不可竞争费必须按规定计算外，其余费用均作为参考标准。

（五）管理费和利润以人工费或人工费加机械费为计算基础。

（六）包工不包料和点工按本费用计算规则的规定计算。

1. 包工不包料：适用于只包计价表人工的工程。
2. 点工：适用于在市政工程中由于各种因素所造成的损失、清理等不在计价表范围内的用工。
3. 包工不包料、点工的临时设施应由建设单位提供。

二、费用项目划分

市政工程造价由分部分项工程费、措施项目费、其他项目费、规费和税金组成。

（一）分部分项工程费包括人工费、材料费、机械费、管理费、利润。

1. 人工费：指应列入计价表的直接从事市政工程施工工人（包括现场内水平、垂直运输等辅助工人）和附属辅助生产单位（非独立经济核算单位）工人的基本工资、工资性津贴、流动施工津贴、房租补贴、职工福利费、劳动保护费。

2．材料费：指应列入计价表的材料、构件和半成品材料的用量以及周转材料的摊销量乘以相应的预算价格计算的费用。

3．机械费：指应列入计价表的施工机械台班消耗量按相应的我省施工机械台班单价计算的市政工程机械使用费。

4．管理费：包括企业管理费、现场管理费、冬雨季施工增加费、生产工具用具使用费、工程定位复测点交场地清理费、远地施工增加费、非甲方所为四小时以内的临停水停电费。

（1）企业管理费：指企业管理层为组织施工生产经营活动所发生的管理费用。内容包括：

①管理人员的基本工资、工资性津贴、流动施工津贴、房租补贴、职工福利费、劳动保护费。

②差旅交通费：指企业职工因公出差、工作调动的差旅费、住勤补助费、市内交通费和误餐补助费，职工探亲路费、劳动力招募费、离退休职工一次性路费及交通工具油料、燃料、牌照、养路费等。

③办公费：指企业办公用文具、纸张、账表、印刷、邮电、书报、会议、水、电、燃煤、燃气等费用。

④固定资产折旧、修理费：指企业属于固定资产的房屋、设备、仪器等的折旧及维修费用。

⑤低值易耗品摊销费：指企业管理使用不属于固定资产的工具、用具、家具、交通工具、检验、试验、消防等的摊销及维修费用。

⑥工会经费及职工教育经费：工会经费是指企业按职工工资总额计提的工会经费；职工教育经费是指企业为职工学习先进技术和提高文化水平按职工工资总额计提的费用。

⑦职工待业保险费：指按规定标准计提的职工待业保险费用。

⑧保险费：指企业财产保险、管理用车辆等保险费用。

⑨税金：指企业按规定交纳的房产税、车船使用税、土地使用税、印花税及土地使用费等。

⑩其他：包括技术转让费、技术开发费、业务招待费、绿化费、广告费、公证费、法律顾问费、审计费、咨询费、联防费等。

（2）现场管理费：指现场管理人员组织工程施工过程中所发生的费用。内容包括：

①现场管理人员的基本工资、工资性津贴、流动施工津贴、房租补贴、职工福利费、劳动保护费。

②办公费：指现场管理办公用的工具、纸张、账表、印刷、邮电、书报、会议、水、电、燃煤（气）等费用。

③差旅交通费：指职工因公出差的旅费、住勤费、补助费、市内交通费和误餐补助费，职工探亲路费、劳动力招募、职工离退休一次性路费、工伤人员就医路费、工地转移费以及现场管理使用的交通工具的油料、燃料、养路费、牌照费等。

④固定资产使用费：指现场管理及试验部门使用的属于固定资产的设备、仪器等的折旧、大修理、维修和租赁费等。

⑤低值易耗品摊销费：指现场管理使用的不属于固定资产的工具、器具、家具、交通工具试验、测绘、消防用具等的购置、维修和摊销费。

⑥保险费：指施工管理用财产和车辆保险、高空作业等特殊工种的安全保险等费用。

⑦其他费用。

（3）冬雨季施工增加费：指在冬雨季施工期间所增加的费用。包括冬季作业、临时取暖、建筑物门窗洞口封闭及防雨措施、排水、工效降低等费用。

（4）生产工具用具使用费：指施工生产所需不属于固定资产的生产工具、检验用具、仪器仪表等的购置、摊销和维修费，以及支付给工人自备工具的补贴费。

（5）工程定位、复测、点交、场地清理费。

(6) 远地施工增加费：指远离基地施工所发生的管理人员和生产工人的调迁旅费、工人在途工资，中小型施工机具、工具仪器、周转性材料、办公和生活用具等的运杂费。

对包工包料工程，不论施工单位基地与工程所在地之间的距离远近，均由施工单位包干使用；包工不包料工程按发承包双方的合同约定计算。

(7) 非甲方所为四小时以内的临时停水停电费用。

5. 利润：指按国家规定应计入市政工程造价的利润。

(二) 措施项目费

1. 环境保护费：指正常施工条件下，环保部门按规定向施工单位收取的噪音、扬尘、排污等费用。

2. 现场安全文明施工措施费：包括市政工程维护设施费、电气保护安全照明设施费、消防设施及各类标牌摊销费、施工现场环境美化、现场生活卫生设施、施工出入口清洗及污水排放设施、建筑垃圾清理外运等内容。

3. 临时设施费：指施工单位为进行市政工程施工所必需的生产和生活用的临时建筑物、构筑物和其他临时设施等费用。

临时设施费内容包括：临时设施的搭设、维修、拆除、摊销等费用。

4. 夜间施工增加费：指规范、规程要求正常作业而发生的照明设施、夜餐补助和工效降低等费用。

5. 二次搬运费：指因施工场地狭小而发生的二次搬运所需费用。

6. 大型机械设备进出场及安拆：指机械整体或分体自停放场地转至施工场地，或由一个施工地点运至另一个施工地点所发生的机械安装、拆卸和进出场运输转移费用。

7. 混凝土、钢筋混凝土模板及支架：指模板及支架制作、安装、拆除、维护、运输、周转材料摊销等费用。

8. 脚手架费：指脚手架搭设、加固、拆除、周转材料摊销等费用。

9. 已完工程及设备保护：指对已施工完成的工程和设备采取保护措施所发生的费用。

10. 施工排水、降水：指施工过程中发生的排水、降水费用。

11. 检验试验费：是指根据有关国家标准或施工验收规范要求对材料、构配件和建筑物工程质量检测检验发生的费用。除此以外发生的检验试验费，如建设单位或质监部门另行要求检验试验所发生的费用，及新材料、新工艺、新设备的试验费等应另行向建设单位收取。

12. 赶工措施费：若建设单位对工期有特殊要求，则施工单位必须增加的施工成本费。

13. 工程按质论价：指建设单位要求施工单位完成的单位工程质量达到经有权部门鉴定为优良工程所必须增加的施工成本费。

14. 特殊条件下施工增加费：

(1) 地下不明障碍物、铁路、航空、航运等交通干扰而发生的施工降效费用。

(2) 在有毒有害气体和有放射性物质区域范围内的施工人员的保健费，与建设单位职工享受同等特殊保健津贴，享受人数，根据现场实际完成的工程量（区域外加工的制品不应计入）的计价表耗工数，并加计百分之十的现场管理人员的人工数确定。

15. 围堰：围堰发生的费用。

16. 筑岛：筑岛发生的费用。

17. 便道：做便道发生的费用。

18. 便桥：做便桥发生的费用。

19. 洞内施工的通风、供水、供气、供电、照明及通讯设施：因施工需要发生的洞内施工的通风、供水、供气、供电、照明及通讯设施的费用。

20. 驳岸块石清理：发生的驳岸块石清理的费用。

（三）其他项目费

1．总承包服务费

（1）总承包：指对建设工程的勘察、设计、施工、设备采购进行全过程承包的行为，建设项目从立项开始至竣工投产全过程承包的“交钥匙”方式。

（2）总分包

①建设单位单独分包的工程，总包单位与分包单位的配合费由建设单位、总包单位和分包单位在合同中明确。

②总包单位自行分包的工程所需的总包管理费由总包单位和分包单位自行解决。

2．预留金：招标人为可能发生的工程量变更而预留的金额。

3．零星工作项目费：指完成招标人提出的，工程量暂估的零星工作所需的费用。

（四）规费

1．工程定额测定费：包括预算定额编制管理费和劳动定额测定费。应按江苏省物价局、江苏省财政厅苏价房（1999）13号、苏财综（1999）5号《关于工程定额编制管理费、劳动定额测定费合并为工程（劳动）定额测定费的通知》等文件的规定收取工程定额测定费。该费用列入工程造价，由施工单位代收代缴，上交工程所在地的定额或工程造价管理部门。

2．安全生产监督费：指有权部门批准的由施工安全生产监督部门收取的安全生产监督费。

3．建筑管理费：指建筑管理部门按照经有权部门批准的收费办法和标准向施工单位收取的建筑管理费。

4．劳动保险费：指施工单位支付离退休职工的退休金、价格补贴、医药费、职工退职金及六个月以上的病假人员工资、职工死亡丧葬补助费、抚恤费，按规定支付给离、退休干部的各项经费；以及在职职工的养老保险费用等。

五、税金：指国家税法规定的应计入市政工程造价内的营业税、城市维护建设税及教育费附加。

三、工程类别划分

（一）市政工程类别划分表

项目		单位	一类工程	二类工程	三类工程
一、道路工程	结构层厚度	cm	≥65	≥55	<55
	路幅宽度	m	≥60	≥40	<40
二、桥梁工程	单跨长度	m	≥40	≥20	<20
	桥梁总长	m	≥200	≥100	<100
三、排水工程	雨水管道直径	mm	≥1500	≥1000	<1000
	污水管道直径	mm	≥1000	≥600	<600
四、水工构筑物（设计能力）	泵站（地下部分）	万吨/日	≥20	≥10	<10
	污水处理厂（池类）	万吨/日	≥10	≥5	<5
	自来水厂（池类）	万吨/日	≥20	≥10	<10
五、防洪堤挡土墙	实浇（砌）体积	m^3	≥3500	≥2500	<2500
	高度	m	≥4	≥3	<3
六、给水工程	主管直径	mm	≥1200	≥800	<800
七、燃气工程	主管直径	mm	≥500	≥300	<300

（二）工程类别划分说明

1．工程类别划分是根据不同的单位工程的施工难易程度等，结合市政工程实际情况划分确定的。

2. 工程类别划分以单位工程为准，一个单项工程中如由几个不同类别的单位工程组成，其工程类别分别确定。

3. 单位工程的类别划分按主体工程确定，附属工程按主体工程类别取定。

4. 凡工程类别标准中，道路工程、桥梁工程、防洪堤防、挡土墙有两个指标控制的必须同时满足两个指标确定工程类别。

5. 道路路幅宽度为包含绿岛及人行道宽度即总宽度，结构层厚度指设计标准横断面厚度。

6. 道路改造工程按改造后的道路路幅宽度标准确定工程类别。

7. 桥梁的总长度是指两个桥台之间的长度。

8. 排水管道工程按主干管的管径确定工程类别。

9. 箱涵、方涵套用桥梁工程类别标准。

10. 路灯、邮电、电力、交通管理的管线安装工程均按三类工程标准取费。

11. 上表中未包括的市政工程，其工程类别由各市工程造价管理部门根据实际情况予以核定，并报省工程建设标准定额总站备案。

四、费用计算规则及计算标准

一、人工工资标准分为三类：一类工标准为28元/工日；二类工标准为26元/工日；三类工标准为24元/工日。

二、包工不包料、点工分别按35元/工日、29元/工日计算，其中包括了管理费、利润和劳动保险费。

三、市政工程管理费和利润计算标准：市政工程计价表中的管理费是以三类工程的标准列入子目。利润不分工程举别按下表规定计算。

市政工程管理费、利润取费标准表

序号	工程名称		计算基础	管理费费率（%）			利润率（%）
				一类工程	二类工程	三类工程	
一	通用项目	第一章土石方工程	人工费+机械费	15.67	14.27	12.87	3.51
		大型土石方				5.84	3.51
		第五章、第七章		43	39	35	15
		其余各章		40	36	32	10
二	道路工程		人工费+机械费	43	39	35	15
三	桥梁工程		人工费+机械费	40	36	32	10
四	隧道工程		人工费+机械费	40	36	32	10
五	给水工程		人工费	56	51	46	14
六	排水工程		人工费+机械费	45	41	37	16
	其中	挖土方子目	人工费+机械费	15.67	14.27	12.87	3.51
		第六章	人工费	56	51	46	14
七	燃气与集中供热		人工费	56	51	46	14
八	路灯工程		人工费			46	14

四、措施项目费计算标准

1. 环境保护费：按环保部门的有关规定计算，由双方在合同中约定。

2. 现场安全文明施工措施费：按分部分项工程费的1% ~3%计算，该费用作为不可竞争费，具体由各市工程造价管理部门根据工程实际情况予以核定后计取。

3. 临时设施费：按分部分项工程费的1% ~2%计算，由施工单位根据工程实际情况报价，发承包双方在合同中约定。

4. 夜间施工增加费：根据工程实际情况，由发承包双方在合同中约定。

5. 二次搬运费：发生时按建筑与装饰工程计价表第二十二章计算。

6. 大型机械设备进出场及安拆：按机械台班费用定额计算。

7. 混凝土、钢筋混凝土模板及支架：按市政工程计价表计算。

8. 脚手架费：按市政工程计价表计算。

9. 已完工程及设备保护：根据工程实际情况，由发承包双方在合同中约定。

10. 施工排水、降水：按市政工程计价表计算。

11. 检验试验费：根据有关国家标准或施工验收规范要求对材料、构配件和建筑物工程质量检测检验发生的费用按分部分项工程费的0.3%计算。除此以外发生的检验试验费，如建设单位或质监部门另行要求检验试验所发生的费用，及新材料、新工艺、新设备的试验费等应另行向建设单位收取，施工单位根据工程实际情况报价，发承包双方在合同中约定。

12. 赶工措施费：由发承包双方在合同中约定后计取。

13. 工程按质论价：由发承包双方在合同中约定后计取。

14. 特殊条件下施工增加费：根据工程实际情况，由发承包双方在合同中约定。

15. 围堰：按市政工程计价表计算。

16. 筑岛：按市政工程计价表计算。

17. 便道：按市政工程计价表计算。

18. 便桥：按市政工程计价表计算。

19. 洞内施工的通风、供水、供气、供电、照明及通讯设施根据工程实际情况，由发承包双方在合同中约定。

20. 驳岸块石清理：根据工程实际情况确定。

五、其他项目费

1. 总承包服务费根据总承包的范围、深度按完成工作量造价的2%～3%向建设单位收取。

2. 预留金：由招标人预留。

3. 零星工作项目费：工程量暂估的零星工作所需的费用。

六、规费计算标准

规费应按照有关文件的规定计取，作为不可竞争费用，不得让利，也不得任意调整计算标准。

1. 工程定额测定费：根据江苏省物价局、江苏省财政厅苏价房（1999）13号、苏财综（1999）5号《关于工程定额编制管理费、劳动定额测定费合并为工程（劳动）定额测定费的通知》等文件的规定，工程定额测定费应按完成工作量造价的1‰收取。

2. 安全生产监督费：应按各市的规定执行，以完成工作量造价为计算基础。

3. 建筑管理费：应按江苏省物价局、江苏省财政厅苏价服（2003）101号、苏财综（2003）32号《关于统一规范建筑管理费的通知》的规定执行。

4. 劳动保险费：

（1）市政工程劳动保险费取费标准

序号	工程名称	计算基础	劳动保险费率（%）
一	道路、排水、防洪堤防、桥梁、水工构筑物	分部分项工程费	1.00
二	给水、燃气、路灯工程	分部分项工程费	1.00
三	机械施工大型土石方工程	分部分项工程费	0.70
四	人工施工大型土石方工程	人工费	0.70

（2）包工不包料、点工的劳动保险费已包含在人民工日单价中。

七、税金：按各市规定的税率计算，计算基础为不含税工程造价。

五、工程造价计算程序

（一）道路、排水、防洪堤防、桥梁、水工构筑物工程造价计算程序（包工包料）

序号	费用名称		计算公式	备注
一	分部分项工程量清单费用		综合单价×工程量	按《计价表》
	其中	1. 人工费	计价表人工消耗量×人工单价	
		2. 材料费	计价表材料消耗量×材料单价	
		3. 机械费	计价表机械消耗量×机械单价	
		4. 主材费	计价表主材耗用量×单价	
		5. 管理费	（1+3）×费率	
		6. 利润	（1+3）×费率	
二	措施项目清单计价		分部分项工程费×费率 或综合单价×工程量	按《计价表》或 费用计算规则
三	其他项目费用			双方约定
四	规费		（一+二+三）×费率	
	其中	1. 工程定额测定费		按规定计取
		2. 安全生产监督费		按规定计取
		3. 建筑管理费		按规定计取
		4. 劳动保险费		按各市规定计取
五	税金		（一+二+三+四）×费率	按各市规定计取
六	工程造价		一+二+二+四+五	

（二）给水、燃气、路灯工程造价计算程序（包工包料）

序号	费用名称		计算公式	备注
一	分部分项工程量清单费用		综合单价×工程量	按《计价表》
	其中	1. 人工费	计价表人工消耗量×人工单价	
		2. 材料费	计价表材料消耗量×材料单价	
		3. 机械费	计价表机械消耗量×机械单价	
		4. 主材费	计价表主材耗用量×单价	
		5. 管理费	（1）×费率	
		6. 利润	（1）×费率	
二	措施项目清单计价		分部分项工程费×费率 或综合单价×工程量	按《计价表》或 费用计算规则
三	其他项目费用			双方约定
四	规费		（一+二+三）×费率	
	其中	1. 工程定额测定费		按规定计取
		2. 安全生产监督费		按规定计取
		3. 建筑管理费		按规定计取
		4. 劳动保险费		按各市规定计取
五	税金		（一+二+三+四）×费率	按各市规定计取
六	工程造价		一+二+三+四+五	

（三）市政工程造价计算程序（包工不包料）

<table>
<tr><th>序号</th><th colspan="2">费用名称</th><th>计算公式</th><th>备　注</th></tr>
<tr><td></td><td colspan="2">分部分项工程量清单人工费</td><td>计价表人工消耗量×35 元/工日</td><td>按《计价表》</td></tr>
<tr><td></td><td colspan="2">措施项目清单计价</td><td>（一）×费率或按计价表</td><td>按《计价表》或费用计算规则</td></tr>
<tr><td></td><td colspan="2">其他项目费用</td><td></td><td>双方约定</td></tr>
<tr><td rowspan="4">四</td><td colspan="2">规　费</td><td></td><td></td></tr>
<tr><td rowspan="3">其中</td><td>1. 工程定额测定费</td><td rowspan="3">（一＋二＋三）×费率</td><td rowspan="3">按规定计取</td></tr>
<tr><td>2. 安全生产费监督费</td></tr>
<tr><td>3. 建筑管理费</td></tr>
<tr><td>五</td><td colspan="2">税金</td><td>（一＋二＋三＋四）×费率</td><td>按各市规定计取</td></tr>
<tr><td>六</td><td colspan="2">工程造价</td><td>一＋二＋三＋四＋五</td><td></td></tr>
</table>

江苏省仿古建筑与园林工程费用计算规则

一、说　明

（一）为了适应社会主义市场经济发展的需要，我厅根据国家标准《建设工程工程量清单计价规范》（GB 50500—2003）精神，结合我省的实际情况，组织编制了《江苏省仿古建筑与园林工程费用计算规则》（以下简称本计算规则），作为编制江苏省仿古建筑与园林工程预算、标底和竣工结算时的依据，同时也是施工企业投标报价时确定费用计算规则的依据、确定费用标准及内部核算的参考。

（二）江苏省仿古建筑与园林工程费用计算规则（以下简称本费用计算规则）与《江苏省仿古建筑与园林工程计价表》配套执行。

（三）适用范围。

1. 古典建筑与园林建设包工包料工程。

（1）适用于新建、扩建的殿、堂、楼、阁、榭、舫、斋、轩、廊、亭、塔、城墙等独立建造的单位古典建筑工程。以及上述古建筑中的基础、墙体、油漆、彩画以及脚手架等工程。

（2）按照《营造法原》和具有我国民族风格传统做法设计、施工的仿古建筑工程。

（3）园林建设中的园路、园桥以及小品设施。

（4）城市、园林建设中的黄石假山、湖石假山、塑石工程。

（5）城市、园林中的绿化工程。

（6）一般建筑工程中仿古部分的项目，执行《江苏省仿古建筑与园林工程计价表》，按仿古建筑工程费用标准取费，其他套用《江苏省建筑与装饰工程计价表》，按一般建筑工程费用标准取费。计价表与费用计算规则应配套使用，用什么计价表，就配用什么费用计算规则。

（7）仿古建筑工程：适用于以《江苏省仿古建筑与园林工程计价表》中第一、二册编制预（结）算的工程。

（8）园林工程：适用于以《江苏省仿古建筑与园林工程计价表》中第三册编制预（结）算的工程。

2. 包工不包料、点工。

（1）包工不包料：适用于只包计价表人工的工程。

（2）点工：适用于在建工程中由于各种因素（建设单位认可的）所造成的损失、清理等不在计价表范围内的用工。

（四）仿古建筑与园林工程造价由分部分项工程费、措施项目费、其他项目费、规费和税金组成。分部分项工程费及部分措施项目费（计价表项目）由人工费、材料费、机械费、管理费、利润等五项费用组成。

（五）为了切实保护人民生产生活的安全，保证安全和文明施工措施落实到位，现场安全文明施工措施费作为不可竞争费用，建设单位不得任意压低该费用标准，施工单位不得让利。此项费用的计取，由各市工程造价管理部门根据工程实际情况予以核定并进行监督，未经核定不得计取。

不可竞争费包括：

1. 现场安全文明施工措施费；

2. 劳动保险费；

3. 工程定额测定费；

4. 安全生产监督费；

5. 税金；

6. 政府行政管理部门依法批准的其他不可竞争费用。

以上不可竞争费在编制标底或投标报价时均应按规定计算，不得让利或随意调整计算标准。

（六）措施项目费原则上由编标单位或投标单位根据工程实际情况分别计算。除了不可竞争费必须按规定计算外，其余费用均作为参考标准。

（七）仿古建筑工程管理费和利润以人工费加机械费作为计算基础；园林工程管理费和利润以人工费作为计算基础。

（八）包工不包料和点工按本费用计算规则的规定计算。

1. 包工不包料的工程和点工不分工程类别及企业资质等级，一律按本计算规则规定的标准计取费用。

2. 包工不包料、点工的临时设施应由发包人提供。

（九）机械施工大型土石方及打桩工程费用的计取，按《江苏省建筑及装饰工程费用计算规则》规定执行；但打石丁、夯块石及人工打圆木桩仍执行本计算规则。

（十）本计算规则规定上缴有关部门的各项费用，建设单位（甲方）、施工单位（乙方）双方不得在施工承包合同中自行调整费用标准。乙方应负责定期按规定上缴各项费用并报送有关资料。

二、费用项目与标准

仿古建筑及园林工程造价由分部分项工程费、措施项目费、其他项目费、规费和税金组成。

（一）分部分项工程费包括人工费、材料费，机械费、管理费、利润。

1. 人工费：指应列入计价表的直接从事仿古建筑及园林工程施工工人（包括现场内水平、垂直运输等辅助工人）和附属辅助生产单位（非独立经济核算单位）工人的基本工资、工资性津贴、流动施工津贴、房租补贴、职工福利费、劳动保护费。

包工包料工程：第一册与第三册标准为37.00元/工日；第二册标准为45.00元/工日。

包工不包料工程：第一册与第三册标准为48.00元/工日、第二册标准为57.00元/工日计算，其中包括了管理费、利润和劳动保险费。

点工：第一册与第三册标准为40.00元/工日、第二册标准为47.00元/工日计算，其中包括了管理费、利润和劳动保险费。

2. 材料费：指应列入计价表的材料、构件和半成品材料的用量以及周转材料的摊销量乘以相应的预算价格计算的费用。

3. 机械费：指应列入计价表的施工机械台班消耗量按相应的我省施工机械台班单价计算的仿古建筑及园林工程施工机械使用费以及施工机械安、拆和进（退）场费。施工机械台班费组成如下：

①折旧费：指施工机械在规定的使用期限内，陆续收回其原值及购置资金的时间价值。

②大修理费：指施工机械按规定的大修理间隔台班进行必要的大修理，以恢复其正常功能所需的费用。

③经常修理费：指施工机械除大修理以外的各级保养和临时故障排除所需的费用。包括为保障机械正常运转所需替换设备与随机配备工具附具的摊销和维护费用，机械运转及日常保养所需润滑与擦拭的材料费用及机械停滞期间的维护和保养费用等。

④安拆费及场外运费：安拆费，指施工机械在现场进行安装与拆卸所需的人工、材料、机械和试运转费用以及机械辅助设施的折旧、搭设、拆除等费用；场外运费，指施工机械整体或分体自停放地点运至施工现场或由一施工地点运至另一施工地点的运输、装卸、辅助材料及架线等费用。

⑤人工费：指机上司机（司炉）和其他操作人员的工作日人工费及上述人员在施工机械规定的年工作台班以外的人工费。

⑥燃料动力费：指施工机械在运转作业中所耗用的固体燃料（煤、木柴）、液体燃料（汽油、柴油）及水、电等费用。

⑦其他费用：指施工机械按照国家和有关部门规定应交纳的养路费、车船使用税、保险费及年检费用等。

4. 管理费：包括企业管理费、现场管理费、冬雨季施工增加费、生产工具用具使用费、工程定位复测点交场地清理费、远地施工增加费、非甲方所为四小时以内的临时停水停电费。

（1）企业管理费：指企业管理层为组织施工生产经营活动所发生的管理费用。内容包括：

①管理人员的基本工资、工资性津贴、流动施工津贴、房租补贴、职工福利费、劳动保护费。

②差旅交通费：指企业职工因公出差、工作调动的差旅费、住勤补助费、市内交通费和误餐补助费、职工探亲路费、劳动力招募费、离退休职工一次性路费及交通工具油料、燃料、牌照、养路费等。

③办公费：指企业办公用文具、纸张、账表、印刷、邮电、书报、会议、水、电、燃煤、燃气等费用。

④固定资产折旧、修理费：指企业属于固定资产的房屋、设备、仪器等的折旧及维修费用。

⑤低值易耗品摊销费：指企业管理使用不属于固定资产的工具、用具、家具、交通工具、检验、试验、消防等的摊销及维修费用。

⑥工会经费及职工教育经费：工会经费是指企业按职工工资总额计提的工会经费；职工教育经费是指企业为职工学习先进技术和提高文化水平按职工工资总额计提的费用。

⑦职工待业保险费：指按规定标准计提的职工待业保险费用。

⑧保险费：指企业财产保险、管理用车辆等保险费用。

⑨税金：指企业按规定交纳的房产税、车船使用税、土地使用税、印花税及土地使用费等。

⑩其他：包括技术转让费、技术开发费、业务招待费、绿化费、广告费、公证费、法律顾问费、审计费、咨询费、联防费等。

（2）现场管理费：指现场管理人员组织工程施工过程中所发生的费用。内容包括：

①现场管理人员的基本工资、工资性津贴、流动施工津贴、房租补贴、职工福利费、劳动保护费。

②办公费：指现场管理办公用的工具、纸张、账表、印刷、邮电、书报、会议、水、电、燃煤（气）等费用。

③差旅交通费：指职工因公出差的旅费、住勤费、补助费、市内交通费和误餐补助费，职工探亲路费，劳动力招募、职工离退休一次性路费、工伤人员就医路费、工地转移费以及现场管理使用的交通工具的油料、燃料、养路费、牌照费等。

④固定资产使用费：指现场管理及试验部门使用的属于固定资产的设备、仪器等的折旧、大修理、维修和租赁费等。

⑤低值易耗品摊销费：指现场管理使用的不属于固定资产的工具、器具、家具、交通工具、检验、试验、测绘、消防用具等的购置、维修和摊销费。

⑥保险费：指施工管理用财产和车辆保险、高空作业等特殊工种的安全保险等费用。

⑦其他费用。

（3）冬雨季施工增加费：指在冬雨季施工期间所增加的费用。包括冬季作业、临时取暖、建筑物门窗洞口封闭及防雨措施、排水、工效降低等费用。

（4）生产工具用具使用费：指施工生产所需不属于固定资产的生产工具、检验用具、仪器仪表等的购置、摊销和维修费，以及支付给工人自备工具的补贴费。

（5）工程定位、复测、点交、场地清理费。

（6）远地施工增加费：指远离基地施工所发生的管理人员和生产工人的调迁旅费、工人在途工资，中小型施工机具、工具仪器、周转性材料、办公和生活用具等的运杂费。

对包工包料工程，不论施工单位基地与工程所在地之间的距离远近，均由施工单位包干使用；包工不包料工程按发承包双方的合同约定计算。

（7）非甲方所为四小时以内的临时停水停电费用。

5. 利润：指按国家规定应计入仿古建筑及园林工程造价的利润。

6. 仿古建筑及园林工程管理费和利润计算标准：仿古建筑及园林工程计价表中的管理费是以三类工程的标准列入定额子目，其计算基础仿古建筑为人工费加机械费、园林工程为人工费。利润不分工程类别按表中规定计算。

仿古建筑及园林工程管理费、利润取费标准表

序号	工程名称	计算基础	管理费费率（%）			利润费率（%）
			一类工程	二类工程	三类工程	
一	仿古建筑工程	人工费＋机械费	57	50	43	12
二	园林工程	人工费	30	24	18	14

（二）措施项目费

1. 环境保护费：指正常施工条件下，环保部门按规定向施工单位收取的噪音、扬尘、排污等费用。

环境保护费按环保部门的有关规定计算，由双方在合同中约定。

2. 现场安全文明施工措施费：是指工程施工期间为满足安全生产、文明施工、职工健康生活所发生的费用。现场安全文明施工措施费费用组成如下：

安全生产方面：

（1）安全资料的编制、安全警示标志的购置及宣传栏的设置；

（2）“三宝”、“四口”、“五临边”防护的费用；

（3）施工安全用电的费用，包括电箱标准化、电气保护装置、外电防护措施；

（4）起重机、塔吊等起重设备（含井架、门架）及外用电梯的安全防护措施（含警示标志）费用及卸料平台的临边防护、层间安全门、防护棚等设施费用；

（5）建筑工地起重机械的检验检测费用；

（6）施工机具防护棚及其围栏的安全保护设施费用；

（7）施工现场安全防护通道的费用；

（8）工人的防护用品、用具购置费用；

（9）消防设施与消防器材的配置费用；

（10）电气保护、安全照明设施费；

(11) 其他安全防护措施费用。

文明施工方面：

(1) 大门、五牌一图、工人胸卡、企业标识的费用；

(2) 围挡的墙面美化（包括内外粉刷、刷白、标语等）、压顶装饰费用；现场厕所便槽刷白、贴面砖，水泥砂浆地面或地砖费用，建筑物内临时便溺设施费用；其他施工现场临时设施的装饰装修、美化措施费；

(3) 现场生活卫生设施费用；符合卫生要求的饮水设备、淋浴、消毒等设施费用；生活用洁净燃料费用；防煤气中毒、防蚊虫叮咬等措施费用；

(4) 施工现场操作场地的硬化费用；

(5) 现场污染源的控制、建筑垃圾及生活垃圾清理外运、场地排水排污措施的费用；市政工程防扬尘洒水费用；

(6) 现场绿化费用、治安综合治理费用、现场电子监控设备费用；

(7) 现场配备医药保健器材、物品费用和急救人员培训费用；

(8) 用于现场工人的防暑降温费、电风扇、空调等设备及用电费用；

(9) 现场施工机械设备防噪音、防扰民措施费用；

(10) 其他文明施工措施费用。

我省现场安全文明施工措施费分为基本费、现场考评费和奖励费三部分。

(1) 基本费为施工单位在施工过程中必须发生的安全文明措施的基本保障费用。

(2) 现场考评费是指施工单位执行有关安全文明施工规定，经考评组织现场核查打分和动态评价获取的安全文明措施增加费。

(3) 奖励费是指施工单位根据与建设单位的约定，加大投入，加强管理，创建省、市级文明工地的奖励费。

现场安全文明施工措施费以分部分项工程费作为计费基础。具体费率标准见下表。

现场安全文明施工措施费费率表 单位:%

工程名称	基本费率	现场考评费率	奖励费（市级文明工地/省级文明工地）
仿古建筑工程	1.4	0.8	0.3/0.5
园林工程	0.7	0.4	—

3. 临时设施费：指施工单位为进行仿古建筑及园林工程施工所必需的生产和生活用的临时建筑物、构筑物和其他临时设施等费用。

临时设施费内容包括：临时设施的搭设、维修、拆除、摊销等费用。

仿古建筑按分部分项工程费的1.6% ~3.2% 计算；园林工程按分部分项工程费的0.26% ~0.70% 计算。由施工单位根据工程实际情况报价，发承包双方在合同中约定。

4. 夜间施工增加费：指规范、规程要求正常作业而发生的照明设施、夜餐补助和工效降低等费用，根据工程实际情况确定，由发承包双方在合同中约定。

5. 二次搬运费：指因施工场地狭小而发生的二次搬运所需费用。材料不能直接上山的工程所发生的二次搬运费另行处理。

二次搬运费按分部分项工程费的1.1% 计算。

6. 大型机械设备进出场及安拆：指机械整体或分体自停放场地转至施工场地，或由一个施工地点运至另一个施工地点所发生的机械安装、拆卸和进出场运输转移费用。

大型机械设备进出场及安拆按《江苏省施工机械台班费用定额》进行计算。

7. 混凝土、钢筋混凝土模板及支架：指模板及支架制作、安装、拆除、维护、运输、周转材料摊销等费用。

模板工程按仿古建筑及园林工程计价表中第一册第八章计算。

8. 脚手架费：指脚手架搭设、加固、拆除、周转材料摊销等费用。

脚手架工程按仿古建筑及园林工程计价表中第一册第七章计算。

9. 已完工程及设备保护：指对已施工完成的工程和设备采取保护措施所发生的费用。

已完工程及设备保护应根据工程实际情况确定。

10. 施工排水、降水：指施工过程中发生的排水、降水费用。

施工排水、降水按仿古建筑及园林绿化工程计价表中第一册第一章计算。

11. 垂直运输机械费：指完成单位工程全部项目所需的垂直运输机械台班费用。

垂直运输机械费按仿古建筑及园林工程计价表中各相关章节项目内容计算。

12. 仿古建筑物及构筑物超高措施增加费：凡仿古建筑及构筑物设计室外地面至檐口的高度（不包括女儿墙、楼梯间等的高度）超过20米时，应计算超高人工、机械降效费及措施增加费。

13. 室内空气污染测试：指对室内空气相关参数进行检测发生的人工和检测设备的摊销等费用。

室内空气污染测试费根据工程实际情况加以确定。

14. 检验试验费：是指根据有关国家标准或施工验收规范要求对建筑材料、构配件和建筑物工程质量检测检验，按照我省建设行政管理部门关于改变材料检验试验送检方式规定，需承包方配合制作取样及企业内部质量管理与控制发生的费用。除此以外发生的检验试验费，如已有质保书材料，而建设单位或质监部门另行要求检验试验所发生的费用，及新材料、新工艺、新设备的试验费等应另行向建设单位收取。

检验试验费仿古建筑按分部分项工程费的0.3%计算，园林工程按分部分项工程费的0.06%计算。

15. 工程按质论价：指建设单位要求施工单位完成的单位工程质量达到经有权部门鉴定为优质工程所必须增加的施工成本费。根据工程质量标准加以确定，由发承包双方在合同中约定。

仿古建筑工程：被评为优质级增加分部分项工程费的1.5%～2.5%。一次、二次验收不合格的，除返工合格，尚应按分部分项工程费的0.5%～1%扣罚工程款。

园林绿化工程：被评为优质工程增加分部分项工程费的1%～2%。

16. 特殊条件下施工增加费：

（1）地下不明障碍物、铁路、航空、航运等交通干扰而发生的施工降效费用。

（2）在有毒气体和有放射性物质区域范围内的施工人员的保健费，与建设单位职工享受同等特殊保健津贴，享受人数，根据现场实际完成的工程量（区域外加工的制品不应计入）的计价表耗工数，并加计百分之十的现场管理人员的人工数确定。

特殊条件下施工增加费根据工程实际情况，由发承包双方在合同中约定。

（三）其他项目费

1. 总承包服务费

（1）总承包：指对仿古建筑及园林工程的勘察、设计、施工、设备采购进行全过程承包的行为，建设项目从立项开始至竣工投产全过程承包的"交钥匙"方式。

总承包服务费根据总承包的范围、深度，按工程总造价的2%～3%计算。

（2）总分包

①建设单位单独分包的工程，总包单位与分包单位的配合费，按工程总造价的3%～5%计算，由建设单位、总包单位和分包单位在合同中明确。

②总包单位自行分包的工程所需的总包管理费由总包单位和分包单位自行解决。

2. 预留金：招标人为可能发生的工程量变更而预留的金额。

3. 零星工作项目费：指完成招标人提出的，工程量暂估的零星工作所需的费用。

（四）规费

1. 工程定额测定费：包括预算定额编制管理费和劳动定额测定费。应按江苏省物价局、江苏省财政厅苏价房（1999）13号、苏财综（1999）5号《关于工程定额编制管理费、劳动定额测定费合并为工程（劳动）定额测定费的通知》等文件的规定收取工程定额测定费。该费用列入工程造价，由施工单位代收代缴，上交工程所在地的定额或工程造价管理部门。

工程定额测定费应按工程不含税造价的1‰收取。

2. 安全生产监督费：指有权部门批准的由施工安全生产监督部门收取的安全生产监督费。

安全生产监督费应按各市的规定执行，以不含税工程造价为计算基础。

3. 劳动保险费：指施工单位支付离退休职工的退休金、价格补贴、医药费、职工退职金及六个月以上的病假人员工资、职工死亡丧葬补助费、抚恤费，按规定支付给离、退休干部的各项经费；以及在职职工的养老保险费用等。

（1）仿古建筑与园林绿化工程劳动保险费取费标准按下表执行。

仿古建筑与园林绿化工程劳动保险费取费表

序号	工程名称	计算基础	劳动保险费率
一	仿古建筑工程	分部分项工程费+措施项目费+其他项目费	1.60%
二	园林工程		1.30%
三	包工不包料、点工	人工工日	（0.35元）

（2）包工不包料、点工的劳动保险费已包含在人工工日单价中。

（五）税金：指国家税法规定的应计入建筑工程造价内的营业税、城市维护建设税及教育费附加。税金按各市规定的税率计算，计算基础为不含税工程造价。

三、工程类别划分

（一）工程类别划分标准

序号	项目 \ 单位 \ 类别			一类	二类	三类
一	楼阁庙宇厅堂廊	单层	屋面形式	重檐或斗拱	—	—
			建筑面积（m^2）	≥500	≥150	<150
		多层	屋面形式	重檐或斗拱	—	—
			建筑面积（m^2）	≥800	≥300	<300
二	古塔（高度m）			≥25	<25	—
三	牌楼			有斗拱	—	无斗拱
四	城墙（高度m）			≥10	≥8	<8
五	牌科墙门			有斗拱	—	—
六	砖细照墙			有斗拱	—	—
七	亭			重檐亭　海棠亭	其他亭、水榭	—
八	古戏台			有斗拱	无斗拱	—
九	船舫			船舫	—	—
十	桥			≥三孔拱桥	≥单孔拱桥	平桥
十一	园林工程	公园广场	占地面积（m^2）	≥20000	≥10000	<10000
		庭园		≥2000	≥1000	<1000
		屋顶		≥500	≥300	<300
		道路及其他		≥8000	≥4000	<4000

（二）工程类别划分说明

1. 工程类别划分是根据不同的单位工程，按施工难易程度，结合我省建筑市场近年来实际施工项目的实际情况确定。

2. 工程类别划分标准，是计取有关施工费用的依据，也是招投标活动中施工企业编制投标报价的参考。

3. 仿古建筑工程：指仿照古代式样而运用现代结构材料技术建造的建筑工程。例如有：宫殿、寺庙、楼阁、厅堂、古戏台、古塔、牌楼（牌坊）、亭、船舫等。

4. 园林工程：指公园、庭园、游览区、住宅小区、广场、厂区等处的园路、园桥、园林小品及绿化，市政工程项目中的景观及绿化工程等。本费用计算规则不适用大规模的植树造林以及苗圃内项目。

5. 桩基础工程：指天然地基上的浅基础不能满足仿古建筑工程稳定要求而采用的一种深基础。主要包括各种现浇和预制混凝土桩、木桩等。

6. 古塔高度系指设计室外地面标高至塔刹（宝顶）顶端高度。

7. 城墙高度系指设计室外地面标高至城墙墙身顶面高度，不包括垛口（女儿墙）高度。

8. 园林工程的占地面积以设计图示范围为准，其中的园路、园桥、水面等面积应包含在内。

9. 市政道路工程中的景观绿化工程占地面积以绿地面积为准。

10. 预制构件制作工程类别划分按相应的仿古建筑工程类别划分标准执行。

11. 与仿古建筑物配套的零星项目，如化粪池、检查井、下水道、围墙等按相应的主体仿古建筑工程类别标准确定。

12. 工程类别划分标准表中未包括的仿古建筑按照三类工程标准执行。

13. 工程类别标准中，有两个指标控制的，只要满足其中一个指标即可按该指标确定工程类别。

14. 工程类别标准中未包括的特殊工程，由各市工程造价管理部门根据具体情况确定，报省建设工程造价管理总站备案。

四、工程造价计算程序

（一）仿古建筑工程造价计算程序（包工包料）

<table>
<tr><th>序号</th><th colspan="2">费用名称</th><th>计算公式</th><th>备注</th></tr>
<tr><td rowspan="6">一</td><td colspan="2">分部分项工程量清单费用</td><td>综合单价×工程量</td><td rowspan="6">按《计价表》</td></tr>
<tr><td rowspan="5">其中</td><td>1. 人工费</td><td>计价表人工消耗量×人工单价</td></tr>
<tr><td>2. 材料费</td><td>计价表材料消耗量×材料单价</td></tr>
<tr><td>3. 机械费</td><td>计价表机械消耗量×机械单价</td></tr>
<tr><td>4. 管理费</td><td>（1+3）×费率</td></tr>
<tr><td>5. 利润</td><td>（1+3）×费率</td></tr>
<tr><td>二</td><td colspan="2">措施项目清单费用</td><td>分部分项工程费×费率
或综合单价×工程量</td><td>按《计价表》或
费用计算规则</td></tr>
<tr><td>三</td><td colspan="2">其他项目费用</td><td></td><td>根据规定和工程
具体情况计取</td></tr>
<tr><td rowspan="4">四</td><td colspan="2">规费</td><td></td><td></td></tr>
<tr><td rowspan="3">其中</td><td>1. 工程定额测定费</td><td rowspan="3">（一+二+三）×费率</td><td>按规定计取</td></tr>
<tr><td>2. 安全生产监督费</td><td>按规定计取</td></tr>
<tr><td>3. 劳动保险费</td><td>按各市规定计取</td></tr>
<tr><td>五</td><td colspan="2">税金</td><td>（一+二+三+四）×费率</td><td>按各市规定计取</td></tr>
<tr><td>六</td><td colspan="2">工程造价</td><td>一+二+三+四+五</td><td></td></tr>
</table>

（二）园林工程造价计算程序（包工包料）

序号	费用名称		计算公式	备注
一	分部分项工程量清单费用		综合单价×工程量	按《计价表》
	其中	1．人工费	计价表人工消耗量×人工单价	
		2．材料费	计价表材料消耗量×材料单价	
		3．机械费	计价表机械消耗量×机械单价	
		4．管理费	（1+3）×费率	
		5．利润	（1+3）×费率	
二	措施项目清单费用		综合单价×工程量或 分部分项工程费×费率	按《计价表》或 费用计算规则
三	其他项目费用			根据规定和工程 具体情况计取
四	规　费			
	其中	1．工程定额测定费	（一+二+三）×费率	按规定计取
		2．安全生产监督费		按规定计取
		3．劳动保险费		按各市规定计取
五	税金		（一+二+三+四）×费率	按各市规定计取
六	工程造价		一+二+三+四+五	

（三）仿古建筑及园林工程造价计算程序（包工不包料）

序号	费用名称		计算公式	备注
一	分部分项工程量清单人工费		计价表人工消耗量×48元/工日 或×57元/工日	按《计价表》
二	措施项目清单计价		（一）×费率或按计价表	按《计价表》或 费用计算规则
三	其他项目费用			双方约定
四	规　费			
	其中	1．工程定额测定费	（一+二+三）×费率	按规定计取
		2．安全生产监督费		按规定计取
		3．劳动保险费		已包含在人工工日单价中
五	税金		（一+二+三+四）×费率	按各市规定计取
六	工程造价		一+二+三+四+五	

（四）机械施工大型土石方及打桩工程计算程序同建筑工程造价计算程序（包工包料）。

江苏省建筑工程概算费用计算规则

一、说　明

（一）江苏省建筑工程概算费用计算规则（以下简称本费用计算规则）与《江苏省建筑工程概算定额》配套执行。

（二）为了切实保护人民生产生活的安全，保证安全和文明施工措施落实到位，现场安全文明施工措施费作为不可竞争费用，建设单位不得任意压低费用标准。

（三）不可竞争费包括：

1. 现场安全文明施工措施费；

2. 工程定额测定费；

3. 安全生产监督费；

4. 劳动保险费；

5. 税金；

6. 有权部门批准的其他不可竞争费用。

以上不可竞争费在编制设计概算时均应按规定计算，不得随意调整计算标准。

（四）措施项目费原则上由设计概算编制单位根据工程实际情况分别计算。

（五）管理费和利润统一以人工费加机械费为计算基础。

二、费用项目划分

建筑工程造价由分部分项工程费、措施项目费、其他项目费、规费和税金组成。

（一）分部分项工程费包括人工费、材料费、机械费、管理费、利润。

1. 人工费：指应列入定额的直接从事建筑工程施工工人（包括现场内水平、垂直运输等辅助工人）和附属辅助生产单位（非独立经济核算单位）工人的基本工资、工资性津贴、流动施工津贴、房租补贴、职工福利费、劳动保护费。

2. 材料费：指应列入计价表的材料、构件和半成品材料的用量以及周转材料的摊销量乘以相应的预算价格计算的费用。

3. 机械费：指应列入定额的施工机械台班消耗量按相应的我省施工机械台班单价计算的建筑工程施工机械使用费以及机械安、拆和进（退）场费。

4. 管理费：包括企业管理费、现场管理费、冬雨季施工增加费、生产工具用具使用费、工程定位复测点交场地清理费、远地施工增加费、非甲方所为四小时以内的临时停水停电费。

（1）企业管理费：指企业管理层为组织施工生产经营活动所发生的管理费用。内容包括：

①管理人员的基本工资、工资性津贴、流动施工津贴、房租补贴、职工福利费、劳动保护费。

②差旅交通费：指企业职工因公出差、工作调动的差旅费、住勤补助费、市内交通费和误餐补助费、职工探亲路费、劳动力招募费、离退休职工一次性路费及交通工具油料、燃料、牌照、养路费等。

③办公费：指企业办公用文具、纸张、账表、印刷、邮电、书报、会议、水、电、燃煤、燃气等费用。

④固定资产折旧、修理费：指企业属于固定资产的房屋、设备、仪器等的折旧及维修费用。

⑤低值易耗品摊销费：指企业管理使用不属于固定资产的工具、用具、家具、交通工具、检验、试验、消防等的摊销及维修费用。

⑥工会经费及职工教育经费：工会经费是指企业按职工工资总额计提的工会经费；职工教育经费是指企业为职工学习先进技术和提高文化水平按职工工资总额计提的费用。

⑦职工待业保险费：指按规定标准计提的职工待业保险费用。

⑧保险费：指企业财产保险、管理用车辆等保险费用。

⑨税金：指企业按规定交纳的房产税、车船使用税、土地使用税、印花税及土地使用费等。

⑩其他：包括技术转让费、技术开发费、业务招待费、绿化费、广告费、公证费、法律顾问费、审计费、咨询费、联防费等。

（2）现场管理费：指现场管理人员组织工程施工过程中所发生的费用。内容包括：

①现场管理人员的基本工资、工资性津贴、流动施工津贴、房租补贴、职工福利费、劳动保护费。

②办公费：指现场管理办公用的工具、纸张、账表、印刷、邮电、书报、会议、水、电、燃

煤（气）等费用。

③差旅交通费：指职工因公出差的旅费、住勤费、补助费、市内交通费和误餐补助费，职工探亲路费、劳动力招募、职工离退休一次性路费、工伤人员就医路费、工地转移费以及现场管理使用的交通工具的油料、燃料、养路费、牌照费等。

④固定资产使用费：指现场管理及试验部门使用的属于固定资产的设备、仪器等的折旧、大修理、维修和租赁费等。

⑤低值易耗品摊销费：指现场管理使用的不属于固定资产的工具、器具、家具、交通工具、检验、试验、测绘、消防用具等的购置、维修和摊销费。

⑥保险费：指施工管理用财产和车辆保险、高空作业等特殊工种的安全保险等费用。

⑦其他费用。

（3）冬雨季施工增加费：指在冬雨季施工期间所增加的费用。包括冬季作业、临时取暖、建筑物门窗洞口封闭及防雨措施、排水、工效降低等费用。

（4）生产工具用具使用费：指施工生产所需不属于固定资产的生产工具、检验用具、仪器仪表等的购置、摊销和维修费，以及支付给工人自备工具的补贴费。

（5）工程定位、复测、点交、场地清理费。

（6）远地施工增加费：指远离基地施工所发生的管理人员和生产工人的调迁旅费、工人在途工资，中小型施工机具、工具仪器、周转性材料、办公和生活用具等的运杂费。

对包工包料工程，不论施工单位基地与工程所在地之间的距离远近，均由施工单位包干使用。

（7）非甲方所为四小时以内的临时停水停电费用。

5．利润：指按国家规定应计入建筑工程造价的利润。

（二）措施项目费

1．环境保护费：指正常施工条件下，环保部门按规定向施工单位收取的噪音、扬尘、排污等费用。

2．现场安全文明施工措施费：包括脚手架挂安全网、铺安全竹笆片、洞口五临边及电梯井护栏费用、电气保护安全照明设施费、消防设施及各类标牌摊销费、施工现场环境美化、现场生活卫生设施、施工出入口清洗及污水排放设施、建筑垃圾清理外运等内容。

3．临时设施费：指施工单位为进行建筑与装饰工程施工所必需的生产和生活用的临时建筑物、构筑物和其他临时设施等费用。

临时设施费内容包括：临时设施的搭设、维修、拆除、摊销等费用。

4．夜间施工增加费：指规范、规程要求正常作业而发生的照明设施、夜餐补助和工效降低等费用。

5．二次搬运费：指因施工场地狭小而发生的二次搬运所需费用。

6．大型机械设备进出场及安拆：指机械整体或分体自停放场地转至施工场地，或由一个施工地点运至另一个施工地点所发生的机械安装、拆卸和进出场运输转移费用。

7．混凝土、钢筋混凝土模板及支架：指模板及支架制作、安装、拆除、维护、运输、周转材料摊销等费用。

8．脚手架费：指脚手架搭设、加固、拆除、周转材料摊销等费用。

9．已完工程及设备保护：指对已施工完成的工程和设备采取保护措施所发生的费用。

10．施工排水、降水：指施工过程中发生的排水、降水费用。

11．垂直运输机械费：指在合理工期内完成单位工程全部项目所需的垂直运输机械台班费用。

12．室内空气污染测试：指对室内空气相关参数进行检测发生的人工和检测设备的摊销等费用。

13．检验试验费：是指施工单位根据有关国家标准或施工验收规范要求对建筑材料、构配件和建筑物工程质量检测检验发生的费用。除此以外发生的检验试验费，如已有质保书材料，而建设单位或质监部门另行要求检验试验所发生的费用，及新材料、新工艺、新设备的试验费等由建设单位另行列支。

14. 赶工措施费：若建设单位对工期有特殊要求，则施工单位必须增加的施工成本费。

15. 工程按质论价：指建设单位要求施工单位完成的单位工程质量达到经有权部门鉴定为优良工程所必须增加的施工成本费。

16. 特殊条件下施工增加费：

(1) 地下不明障碍物、铁路、航空、航运等交通干扰而发生的施工降效费用。

(2) 在有毒有害气体和有放射性物质区域范围内的施工人员的保健费，与建设单位职工享受同等特殊保健津贴，享受人数，根据现场实际完成的工程量（区域外加工的制品不应计入）的计价表耗工数，并加计百分之十的现场管理人员的人工数确定。

（三）其他项目费

1. 总承包服务费

(1) 总承包：指对建设工程的勘察、设计、施工、设备采购进行全过程承包的行为，建设项目从立项开始至竣工投产全过程承包的“交钥匙”方式。

(2) 总分包

①建设单位单独分包的工程，总包单位与分包单位的配合费，需由建设单位支出的费用。

②总包单位自行分包的工程所需的总包管理费由总包单位和分包单位自行解决。

③安装施工单位与土建施工单位的施工配合费由双方协商确定。

（四）规费

1. 工程定额测定费：包括预算定额编制管理费和劳动定额测定费。应按江苏省物价局、江苏省财政厅苏价房（1999）13号、苏财综（1999）5号《关于工程定额编制管理费、劳动定额测定费合并为工程（劳动）定额测定费的通知》等文件的规定收取工程定额测定费。该费用列入工程造价，由施工单位代收代缴，上交工程所在地的定额或工程造价管理部门。

2. 安全生产监督费：指有权部门批准的由施工安全生产监督部门收取的安全生产监督费。

3. 劳动保险费：指施工单位支付离退休职工的退休金、价格补贴、医药费、职工退职金及六个月以上的病假人员工资、职工死亡丧葬补助费、抚恤费，按规定支付给离、退休干部的各项经费；以及在职职工的养老保险费用等。

（五）税金：指国家税法规定的应计入建筑工程造价内的营业税、城市维护建设税及教育费附加。

三、工程类别划分

（一）建筑工程工程类别划分标准表

项目		类别	单位	一类	二类	三类
工业建筑	单层	檐口高度	m	≥20	≥16	<16
		跨度	m	≥24	≥18	<18
	多层	檐口高度	m	≥30	≥18	<18
		建筑面积	m^2	≥8000	≥50000	<5000
民用建筑	住宅	檐口高度	m	≥62	≥34	<34
		建筑面积	m^2	≥10000	≥6000	<6000
		层数	层	≥22	≥12	<12
	公共建筑	檐口高度	m	≥56	≥30	<30
		建筑面积	m^2	≥10000	≥6000	<6000
		层数	层	≥18	≥10	<10

续表

项目 \ 类别			单位	一类	二类	三类
构筑物	烟囱	混凝土结构高度	m	≥100	≥50	<50
		砖结构高度	m	≥50	≥30	<30
	水塔	高度	m	≥40	≥30	<30
		容积	m^3	≥80	≥60	<60
	筒仓	高度	m	≥30	≥20	<20
	贮池	容积（单体）	m^3	≥2000	≥1000	<1000
大型机械吊装工程		檐口高度	m	≥20	≥16	<16
		跨度	m	≥24	≥18	<18
桩基础工程		预制混凝土（钢板）桩长	m	≥30	≥20	<20
		灌注混凝土桩长	m	≥50	≥30	<30
单独土（石）方工程 大型土（石）方工程		挖或填土（石）方容量	m^3	≥10000	≥5000	<5000

（二）工程类别划分说明

1. 工程类别划分是根据不同的单位工程，按施工难易程度，结合我省建筑市场历年来的实际施工项目确定的。

2. 不同层数组成的单位工程，当高层部分的面积（竖向切分）占总面积30%以上时，按高层的指标确定工程类别，不足30%的按低层指标确定工程类别。

3. 以建筑面积、檐高、跨度确定工程类别时，如该工程指标达不到高类别的指标，但工程施工难度很大的（如建筑复杂、有地下室、基础要求高、采用新的施工工艺的工程等），其类别由各市工程造价管理部门根据实际情况予以核定。

4. 单独承包地下室工程的按二类标准取费，如地下室建筑面积指标达到一类标准的则按一类标准取费。

5. 建筑物、构筑物高度系指设计室外地面标高至檐口顶标高（不包括女儿墙，高出屋面电梯间、楼梯间、水箱间等的高度），跨度系指轴线之间的宽度。

6. 工业建筑工程：指从事物质生产和直接为生产服务的建筑工程，主要包括生产（加工）车间、实验车间、仓库、独立实验室、化验室、民用锅炉房、变电所和其他生产用建筑工程。

7. 民用建筑工程：指直接用于满足人们的物质和文化生活需要的非生产性建筑；主要包括：商住楼、综合楼、办公楼、教学楼、宾馆、宿舍及其他民用建筑工程。

8. 构筑物工程：指与工业与民用建筑工程相配且独立于工业与民用建筑的工程，主要包括烟囱、水塔、仓类、池类等。

9. 桩基础工程：指天然地基上的浅基础不能满足建筑物、构筑物和稳定要求而采用的一种深基础。主要包括各种现浇和预制桩。

10. 强夯法加固地基、基础钢管支撑均按二类标准执行。深层搅拌桩、粉喷桩、基坑锚喷护壁按打灌注桩基础工程三类标准执行。专业预应力张拉施工如主体为一类工程按一类工程取费；主体为二、三类工程均按二类工程取费。

11. 轻钢结构的单层厂房按单层厂房的类别降低一类标准计算。

12. 大型土石方和单独土石方工程；指单独编制概预算或在一个单位工程内挖方或填方在5000立方米（不含5000立方米）以上的工民建土石方工程。包括土石方挖或填等。

13. 预制构件制作工程类别划分按相应的建筑工程类别划分标准执行。

14. 与建筑物配套的零星项目，如化粪池、检查井、分户围墙按相应的主体建筑工程类别标准确定外，其余如厂区围墙、道路、下水道、挡土墙等零星项目，均按三类标准执行。

15. 关于建筑物加层扩建时套用类别的方法：

（1）当选用面积和跨度指标时，以新增的实际面积和跨度套用类别标准。

（2）当选用檐高和层数指标时，要与原建筑物一并考虑套用类别标准。

16. 在计算层数指标时，半地下室和层高小于2.2米的均不计算层数。

17. 凡工程类别标准中，有两个指标控制的，只要满足其中一个指标即可按该指标确定工程类别；有三个指标控制的，必须满足二个及二个以上指标才可按该指标确定工程类别。

18. 工程类别标准中未包括的特殊工程，如影剧院、体育馆、游泳馆、别墅、别墅群等，由工程造价管理部门根据具体情况确定，报省定额总站备案。

四、费用计算规则及计算标准

一、人工工资标准分为三类：一类工标准为32.00元/工日；二类工标准为30.00元/工日；三类工标准为27.00元/工日。

二、建筑工程管理费和利润计算标准：建筑工程概算定额中的管理费是以一类工程的标准列入子目，其计算基础为人工费加机械费。利润不分工程类别按表中规定计算。

建筑工程管理费、利润取费标准表

序号	工程名称	计算基础	管理费费率（%）			利润费率
			一类工程	二类工程	三类工程	
一	建筑工程	人工费+机械费	35	30	25	12
二	制作兼打桩	人工费+机械费	19	16.5	14	8
三	打预制桩	人工费+机械费	15	13	11	6
四	机械施工 大型土石方工程	人工费+机械费	7	6	5	4

三、措施项目费计算标准

1. 环境保护费：按环保部门的有关规定计算。

2. 现场安全文明施工措施费：按分部分项工程费的1.5%～3.5%计算。该费用作为不可竞争费，按规定计取。

3. 临时设施费：按分部分项工程费的1%～2%计算。由建设单位根据工程实际情况确定。

4. 夜间施工增加费：根据工程实际情况确定。

5. 二次搬运费：建筑工程按分部分项工程费的1.1%计算。

6. 大型机械设备进出场及安拆：按建筑工程概算定额中第十四章计算。

7. 混凝土、钢筋混凝土模板及支架：按建筑工程概算定额中第十二章计算。

8. 脚手架费：按建筑工程概算定额中第十一章计算。

9. 已完工程及设备保护：根据工程实际情况，由发承包双方在合同中约定。

10. 基坑支护、施工排水、降水、建筑物超高措施增加费：按建筑工程概算定额中第十三章计算。

11. 垂直运输机械费：按建筑工程概算定额中第十四章计算。

12. 室内空气污染测试：根据工程实际情况确定。

13. 检验试验费：根据有关国家标准或施工验收规范要求对建筑材料、构配件和建筑物工程质量检测检验发生的费用按分部分项工程费的0.18%计算。除此以外发生的检验试验费，如已有质保书的材料，而建设单位或质监部门另行要求检验试验所发生的费用，及新材料、新工艺、新设备的试验费等应由建设单位另行支付。

14. 赶工措施费：我省现行定额工期按苏建定（2000）283号《关于贯彻执行〈全国统一建筑安装工程工期定额〉的通知》执行，该费用由发承包双方在合同中约定。

住宅工程：比我省现行定额工期提前20%以内，按分部分项工程费的2% ~3.5%计取。

高层建筑工程：比我省现行定额工期提前25%以内，按分部分项工程费的3% ~4.5%计取。

一般框架、工业厂房等其他工程：比我省现行定额工期提前20%以内，按分部分项工程费的2.5% ~4%计取。

15. 工程按质论价，根据工程质量标准加以确定。

住宅工程：优良级增加分部分项工程费的1.5% ~2.5%。

一般工业与公共建筑：优良级增加分部分项工程费的1% ~2%。

16. 特殊条件下施工增加费：根据工程实际情况确定。

四、其他项目费

1. 总承包服务费根据总承包的范围、深度按工程总造价的2% ~3%计算。

2. 预留金：由建设单位根据工程具体情况预留。

五、规费计算标准

规费应按照有关文件的规定计取，作为不可竞争费用，不得让利，也不得任意调整计算标准。

1. 工程定额测定费：根据江苏省物价局、江苏省财政厅苏价房（1999）13号、苏财综（1999）5号《关于工程定额编制管理费、劳动定额测定费合并为工程（劳动）定额测定费的通知》等文件的规定，工程定额测定费应按工程不含税造价的1‰收取。

2. 安全生产监督费：应按各市的规定执行，以不含税工程造价为计算基础。

3. 劳动保险费：

建筑工程劳动保险费取费标准

序号	工程名称	计算基础	劳动保险费率（%）	
			不实行建筑行业劳保统筹的市（县）	实行建筑行业劳保统筹的市（县）
一	建筑工程	不含税工程造价	1.60	2.96
二	制作兼打桩	不含税工程造价	1.60	2.96
三	打预制桩	不含税工程造价	0.66	1.22
四	机械施工大型土石方工程	不含税工程造价	1.60	2.96

六、税金：按各市规定的税率计算，计算基础为不含税工程造价。

五、工程造价计算程序

（一）建筑工程概算造价计算程序（包工包料）

序号	费用名称		计算公式	备注
一	分部分项工程量清单费用		综合单价×工程量	按《概算定额》及《计价表》
	其中	1. 人工费	计价表人工消耗量×人工单价	
		2. 材料费	计价表材料消耗量×材料单价	
		3. 机械费	计价表机械消耗量×机械单价	
		4. 管理费	（1+3）×费率	
		5. 利润	（1+3）×费率	

续表

序号	费用名称		计算公式	备注
二	措施项目清单计价		分部分项工程费×费率或综合单价×工程量	按《概算定额》或费用计算规则
三	其他项目费用			根据规定和工程具体情况计取
四	规费			
	其中	1. 工程定额测定费	（一+二+三）×费率	按规定计取
		2. 安全生产监督费		按规定计取
		3. 劳动保险费		按各市规定计取
五	税金		（一+二+三+四）×费率	按各市规定计取
六	工程造价		一+二+三+四+五	

（二）机械施工大型土石方工程、单独基础打桩工程造价计算程序同建筑工程造价计算程序。

浙江省建设工程施工取费定额

（2003年）

浙江省建设厅、浙江省发展和改革委员会、浙江省财政厅关于印发
《浙江省建设工程计价规则和计价依据（2003版）》的通知
浙建建〔2004〕45号

根据省建设厅、省计委、省财政厅联合印发的《关于组织编制〈浙江省建设工程计价依据和计价办法〔2002版〕〉的通知》（建建发〔2002〕100号）的要求以及《建设工程工程量清单计价规范》（GB 50500—2003）、《关于印发〈建筑安装工程费用项目组成〉的通知》（建标〔2003〕206号）等规定，由三部门组织编制的《浙江省建设工程计价规则（2003版）》、《浙江省建设工程施工取费定额（2003版）》、《浙江省建筑工程预算定额（2003版）》、《浙江省安装工程预算定额（2003版）》、《浙江省市政工程预算定额（2003版）》（以下简称新计价依据）通过审定，现予以颁发，并就实施过程中的有关事项通知如下：

一、新计价依据适用于工程量清单综合计价法和传统工料单价法。新计价依据的消耗量是社会平均消耗量，是编制设计概算、施工图预算、招标标底、投标报价、竣工结算、调解处理工程造价经济纠纷、鉴定工程造价的依据，也是衡量投标报价合理性的基础。

二、凡全部使用国有资金投资或国有资金投资为主的大中型建设工程，应按照《建设工程工程量清单计价规范》的要求执行工程量清单计价。实行工程量清单报价时，必须统一项目编码、统一项目名称、统一计量单位和统一工程量计算规则。

三、新计价依据中的人工、材料、机械台班价格及有关费率，实行全面动态管理。市场信息价由各级造价管理机构通过价格信息发布系统发布。

四、新计价依据中取费定额按不同专业工程、不同取费项目划分为竞争性与非竞争性两大类。在工程发承包过程中，非竞争性费用应按照规定计取，不得任意调整。

五、新计价依据从2004年10月1日起在全省范围内施行，与之配套的计算机应用软件同步推广使用。原《浙江省建筑安装工程费用定额》（1994年）、《浙江省建筑工程预算定额》（1994年）、《全国统一安装工程预算定额浙江省单位估价表》（1994年）及《全国统一市政工程预算定额浙江省单位估价表》（1993年）在新计价依据执行之日起同时停止使用。

凡在2004年10月1日以后经招投标管理机构批准招标或非招标未签订合同的工程，均按新计价依据执行。2004年10月1日以前已发出招标文件或已签订合同的工程则不作改变。

六、《浙江省仿古建筑及园林工程预算定额》、《浙江省房屋修缮工程预算定额》等，在新定额未出台前，工料机消耗量标准仍按原定额执行。

各地在贯彻执行新计价依据过程中，如遇有问题和意见，请及时向浙江省建设工程造价

管理总站反映，并由他们负责日常解释与管理。

浙江省建设厅
浙江省发展和改革委员会
浙江省财政厅
二〇〇四年五月二十五日

总 说 明

一、《浙江省建设工程施工取费定额（2003 版）》（以下简称本定额）是根据浙江省建设厅、浙江省发展改革委员会和浙江省财政厅《关于组织编制“浙江省建设工程计价依据和计价办法”的通知》（建建发〔2002〕100 号）及建设部、财政部《建筑安装工程费用项目组成》（建标〔2003〕206 号）等文件组织编制的。

二、本定额遵循成本、价格、利润等经济学基本理论和市场经济规律，依据中华人民共和国《建筑法》、《合同法》、《价格法》、《招标投标法》和《建筑工程施工发包与承包计价管理办法》（建设部第 107 号令）、《建设工程工程量清单计价规范》（GB 50500—2003）等法律、法规、规范和标准，并按照“政府宏观调控、企业自主报价、市场形成价格、社会全面监督”等改革思路，结合浙江省的实际情况进行编制。

三、本定额以指令性与指导性相结合、政策指导与市场调节相互补为编制原则，按指令性、指导性、参考性三个不同层次制定本定额，以指导建设工程施工取费，规范我省建设市场的计价行为。

四、本定额的费用计算程序和施工取费计算规则属指令性的范畴，施工取费费率（除定额另有规定外）属指导性或参考性范畴。

五、本定额适用于我省境内建设工程施工发包与承包的计价及其他有关计价的活动。本定额所指的建设工程包括建筑、装饰、安装、市政、仿古建筑及园林、人防、房修等工程。

六、本定额是编制建设工程造价即编制设计概算、招标标底、投标报价（施工图预算）、工程结算及约定工程合同价等的依据。

七、建设工程造价由直接费、间接费、利润和税金组成。直接费由直接工程费和措施费组成，其中措施费由施工技术措施费及施工组织措施费组成。间接费由企业管理费和规费组成。

八、本定额所编费率的费用项目分为施工组织措施费、综合费用、规费及税金四类，其中综合费用又分为企业管理费及利润两项费用。

九、施工组织措施费费率、综合费用费率为弹性区间费率；规费费率、税金费率为固定费率。

十、本定额将施工组织措施费、综合费用、规费、税金四项费用的费率合并为概算费率，适用于编制设计概算和投资估算。

白蚁预防费根据国家和省有关规定，按每平方米 2 元列入概算。

十一、本定额不适用于实行产品出厂价格的各类建筑构配件生产企业，也不适用于未经企业资质审定的建设工程施工企业。

十二、本定额中凡注明有“××以内”或“××以下”者，均包括××本身；“××以外”或“××以上”者，则不包括××本身。

十三、本定额由浙江省建设工程造价管理总站负责解释与管理。

第一章 建设工程造价和施工取费计算规则

第一节 建设工程造价组成

建设工程造价由直接费、间接费、利润和税金组成（见附表）。

一、直接费

直接费由直接工程费和措施费组成。

（一）直接工程费

直接工程费是指工程施工过程中耗费的构成工程实体的各项费用，包括人工费、材料费、施工机械使用费。

1. 人工费

人工费是指直接从事建设工程施工的生产工人开支的各项费用，内容包括：

（1）基本工资：是指发放给生产工人的基本工资。

（2）工资性补贴：是指按规定标准发放的物价补贴，煤、燃气补贴，交通补贴，住房补贴，流动施工津贴等。

（3）辅助工资：是指生产工人年有效施工天数以外非作业天数的工资，包括职工学习、培训期间的工资，调动工作、探亲、休假期间的工资，因气候影响的停工工资，女工哺乳期间的工资，病假在六个月以内的工资及产、婚、丧假期的工资。

（4）福利费：是指按规定标准计提的职工福利费。

（5）劳动保护费：是指按规定标准发放的生产工人劳动保护用品的购置费及修理费，服装补贴，防暑降温费，在有碍身体健康环境中施工的保健费用等。

2. 材料费

材料费是指施工过程中耗用的构成工程实体的原材料、辅助材料、构配件、零件、半成品的费用。内容包括：

（1）材料原价（或供应价格）。

（2）材料运杂费：是指材料自来源地运至工地仓库或指定堆放地点所发生的全部费用。

（3）运输损耗费：是指材料在运输装卸过程中不可避免的损耗。

（4）采购及保管费：是指为组织采购、供应和保管材料过程所需要的各项费用，包括采购费、仓储费、工地保管费、仓储损耗。

（5）检验试验费：是指对建筑材料、构件和建筑安装物进行一般鉴定、检查所发生的费用，包括自设试验室进行试验所耗用的材料和化学药品等费用。不包括新结构、新材料的试验费和建设单位对具有出厂合格证明的材料进行检验，对构件做破坏性试验及其他有特殊要求需要检验试验的费用。

3. 施工机械使用费

施工机械使用费是指施工机械作业所发生的机械使用费以及机械安拆费和场外运输费。

施工机械台班单价应由下列七项费用组成：

（1）折旧费：是指施工机械在规定的使用年限内，陆续收回其原值及购置资金的时间价值。

（2）大修理费：是指施工机械按规定的大修理间隔台班进行必要的大修理，以恢复其正常功能所需的费用。

（3）经常修理费：是指施工机械除大修理以外的各级保养和临时故障排除所需的费用。包括为保障机械正常运转所需替换设备与随机配备工具附具的摊销和维护费用，机械运转中日常保养所需润滑与擦拭的材料费用及机械停滞期间的维护和保养费用等。

（4）安拆费及场外运费：安拆费是指一般施工机械（不包括大型机械）在现场进行安装与拆卸所需的人工、材料、机械和试运转费用以及机械辅助设施的折旧、搭设、拆除等费用；场外运费是指一般施工机械（不包括大型机械）整体或分件自停放场地运至施工场地或由一施工场地运至另一施工场地的运输、装卸、辅助材料及架线等费用。

（5）人工费：是指机上司机（司炉）和其他操作人员的工作日人工费及上述人员在施工机械规定的年工作台班以外的人工费。

（6）燃料动力费：是指施工机械在运转作业中所消耗的固体燃料（煤、木柴）、液体燃料（汽油、柴油）及水、电等。

（7）养路费及车船使用税：指施工机械按照国家和有关部门规定应缴纳的养路费、车船使用税、保险费及年检费等。

（二）措施费

措施费是指为完成工程项目施工，发生于该工程施工前和施工过程中非工程实体项目的费用，由施工技术措施费和施工组织措施费组成。

施工技术措施费内容包括：

1. 大型机械设备进出场及安拆费：是指大型机械整体或分体自停放场地运至施工现场或由一个施工地点运至另一个施工地点所发生的机械进出场运输转移费用，及机械在施工现场进行安装、拆卸所需的人工费、材料费、机械费、试运转费和安装所需的辅助设施的费用。

2. 混凝土、钢筋混凝土模板及支架费：是指混凝土施工过程中需要的各种钢模板、木模板、支架等的支、拆、运输费用及模板、支架的摊销（或租赁）费用。

3. 脚手架费：是指施工需要的各种脚手架搭、拆、运输费用及脚手架的摊销（或租赁）费用。

4. 施工排水、降水费：是指为确保工程在正常条件下施工，采取各种排水、降水措施所发生的各种费用。

5. 其他施工技术措施费：是指根据各专业、地区及工程特点补充的技术措施费用项目。

施工组织措施费内容包括：

1. 环境保护费：是指施工现场为达到环保部门要求所需要的各项费用。

2. 文明施工费：是指施工现场文明施工所需要的各项费用。一般包括施工现场的标牌设置，施工现场地面硬化，现场周边设立围护设施，现场安全保卫及保持场貌、场容整洁等发生的费用。

3. 安全施工费：是指施工现场安全施工所需要的各项费用。一般包括安全防护用具和服装，施工现场的安全警示、消防设施和灭火器材，安全教育培训，安全检查及编制安全措施方案等发生的费用。

4. 临时设施费：是指施工企业为进行建筑工程施工所必须搭设的生活和生产用的临时建筑物、构筑物和其他临时设施等发生的费用。

临时设施包括：临时宿舍、文化福利及公用事业房屋与构筑物，仓库、办公室、加工厂（场）以及在规定范围内道路、水、电、管线等临时设施和小型临时设施。

临时设施费用包括：临时设施的搭设、维修、拆除费或摊销费。

5. 夜间施工增加费：是指因夜间施工所发生的夜班补助费、夜间施工降效、夜间施工照明设备摊销及照明用电等费用。

6. 缩短工期增加费：是指因缩短工期要求发生的施工增加费，包括夜间施工增加费、周转材料加大投入量所增加的费用等。

7. 二次搬运费：是指因施工场地狭小等特殊情况而发生的二次搬运费用。

8. 已完工程及设备保护费：是指竣工验收前，对已完工程及设备进行保护所需的费用。

9. 其他施工组织措施费：是指根据各专业、地区及工程特点补充的施工组织措施费用项目。

二、间接费

间接费由规费、企业管理费组成。

（一）规费：是指政府和有关政府行政主管部门规定必须缴纳的费用（简称规费）。包括：

1. 工程排污费：是指施工现场按规定缴纳的工程排污费。

2. 工程定额测定费：是指按规定支付工程造价管理机构的技术经济标准的制定和定额测定费。

3. 社会保障费：包括养老保险费、失业保险费和医疗保险费等。

（1）养老保险费：是指企业按规定标准为职工缴纳的基本养老保险费。

（2）失业保险费：是指企业按照国家规定标准为职工缴纳的失业保险费。

（3）医疗保险费：是指企业按照规定标准为职工缴纳的基本医疗保险费。

4. 住房公积金：是指企业按规定标准为职工缴纳的住房公积金。

5. 危险作业意外伤害保险费：是指按照《建筑法》规定，企业为从事危险作业的建筑安装施工人员支付的意外伤害保险费。

（二）企业管理费：是指建筑安装企业组织施工生产和经营管理所需的费用。

内容包括：

1. 管理人员工资：是指管理人员的基本工资、工资性补贴、职工福利费、劳动保护费等。

2. 办公费：是指企业管理办公用的文具、纸张、账表、印刷、邮电、书报、会议、水电、烧水和集体取暖（包括现场临时宿舍取暖）用煤等费用。

3. 差旅交通费：是指职工因公出差、调动工作的差旅费、住勤补助费，市内交通费和误餐补助费，职工探亲路费，劳动力招募费，职工离退休、退职一次性路费，工伤人员就医路费，工地转移费以及管理部门使用的交通工具的油料、燃料、养路费及牌照费等。

4. 固定资产使用费：是指管理和试验部门及附属生产单位使用的属于固定资产的房屋、设备仪器等的折旧、大修、维修或租赁费。

5. 工具用具使用费：是指管理使用的不属于固定资产的生产工具、器具、家具、交通工具和检验、试验、测绘、消防用具等的购置、维修和摊销费。

6. 劳动保险费：是指由企业支付离退休职工的易地安家补助费、职工退职金、六个月以上的长病假人员工资、职工死亡丧葬补助费、抚恤费、按规定支付给离休干部的各项经费。

7. 工会经费：是指企业按职工工资总额计提的工会经费。

8. 职工教育经费：是指企业为职工学习先进技术和提高文化水平，按职工工资总额计提的费用。

9. 财产保险费：是指施工管理用财产、车辆保险。

10. 财务费：是指企业为筹集资金而发生的各种费用。

11. 税金：是指企业按规定缴纳的房产税、车船使用税、土地使用税、印花税等。

12. 其他：包括技术转让费、技术开发费、业务招待费、绿化费、广告费、公证费、法律顾问费、审计费、咨询费等。

三、利润

利润是指施工企业完成所承包工程获得的盈利。

四、税金

税金是指国家税法规定的应计入建筑工程造价内的营业税、城乡维护建设税、教育费附加及按本省规定应缴纳的水利建设专项资金等。

附表

建设工程造价组成表

<table>
<tr><td rowspan="17">建设工程造价</td><td rowspan="17">一、直接费</td><td rowspan="3">直接工程费</td><td colspan="2">1. 人工费</td></tr>
<tr><td colspan="2">2. 材料费</td></tr>
<tr><td colspan="2">3. 施工机械使用费</td></tr>
<tr><td rowspan="14">措施费</td><td rowspan="5">施工技术措施费</td><td>1. 大型机械设备进出场及安拆费</td></tr>
<tr><td>2. 混凝土、钢筋混凝土模板及支架费</td></tr>
<tr><td>3. 脚手架费</td></tr>
<tr><td>4. 施工排水、降水费</td></tr>
<tr><td>5. 其他施工技术措施费</td></tr>
<tr><td rowspan="9">施工组织措施费</td><td>1. 环境保护费</td></tr>
<tr><td>2. 文明施工费</td></tr>
<tr><td>3. 安全施工费</td></tr>
<tr><td>4. 临时设施费</td></tr>
<tr><td>5. 夜间施工增加费</td></tr>
<tr><td>6. 缩短工期增加费</td></tr>
<tr><td>7. 二次搬运费</td></tr>
<tr><td>8. 已完工程及设备保护费</td></tr>
<tr><td>9. 其他施工组织措施费</td></tr>
</table>

续表

建设工程造价	二、间接费	规费	1. 工程排污费
			2. 工程定额测定费
			3. 社会保障费（包括养老保险费、失业保险费、医疗保险费）
			4. 住房公积金
			5. 危险作业意外伤害保险费
		企业管理费	1. 管理人员工资
			2. 办公费
			3. 差旅交通费
			4. 固定资产使用费
			5. 工具用具使用费
			6. 劳动保险费
			7. 工会经费
			8. 职工教育经费
			9. 财产保险费
			10. 财务费
			11. 税金
			12. 其他
	三、利润		
	四、税金		

注：本表措施费仅列通用项目，各专业工程的措施费项目如垂直运输机械等作为其他施工技术措施费项目列项计算。

第二节　建设工程费用计算程序

本定额按综合单价法和工料单价法分列两类不同的工程费用计算程序，每类费用计算程序又分以人工费加机械费为计算基数和人工费为计算基数的两种计算程序。

综合单价法是指分部分项项目及施工技术措施费项目的单价采用除规费、税金外的全费用单价（综合单价）的一种计价方法，规费、税金单独计取。综合单价是指完成工程量清单中一个规定计量单位项目所需的人工费、材料费、机械使用费、企业管理费和利润，并考虑风险因素。

工料单价法是指分部分项工程项目单价采用直接工程费单价（工料单价）的一种计价方法，综合费用（企业管理费和利润）、规费及税金单独计取。工料单价是指完成一个规定计量单位项目所需的人工费、材料费、施工机械使用费。

一、综合单价法计价的工程费用计算程序

1. 人工费加机械费为计算基数的工程费用计算程序表：

序号	费用项目		计算方法
一	分部分项工程量清单项目费		Σ（分部分项工程量清单×综合单价）
	其中	1. 人工费	
		2. 机械费	
二	措施项目清单费		（一）+（二）
	（一）施工技术措施项目清单费		Σ（技术措施项目清单×综合单价）
	其中	3. 人工费	
		4. 机械费	
	（二）施工组织措施项目清单费		Σ［（1+2+3+4）×费率］

续表

序号	费用项目	计算方法
三	其他项目清单费	按清单计价要求计算
四	规费	（一＋二）×相应费率
五	税金	（一＋二＋三＋四）×相应费率
六	建设工程造价	一＋二＋三＋四＋五

2. 人工费为计算基数的工程费用计算程序表：

序号	费用项目	计算方法
一	分部分项工程量清单项目费	Σ（分部分项工程量清单×综合单价）
	1. 其中人工费	
二	措施项目清单费	（一）＋（二）
	（一）施工技术措施项目清单费	Σ（技术措施项目清单×综合单价）
	2. 其中人工费	
	（二）施工组织措施项目清单费	Σ［（1＋2）×费率］
三	其他项目清单费	按清单计价要求计算
四	规费	（1＋2）×相应费率
五	税金	（一＋二＋三＋四）×相应费率
六	建设工程造价	一＋二＋三＋四＋五

二、工料单价法计价的工程费用计算程序：

1. 人工费加机械费为计算基数的工程费用计算程序表：

序号	费用项目		计算方法
一	直接工程费		Σ（分部分项工程量×工料单价）
	其中	1. 人工费	
		2. 机械费	
二	施工技术措施费		Σ（措施项目工程量×工料单价）
	其中	3. 人工费	
		4. 机械费	
三	施工组织措施费		Σ［（1＋2＋3＋4）×相应费率］
四	综合费用		（1＋2＋3＋4）×相应费率
五	规费		（一＋二＋三＋四）×相应费率
六	总承包服务费		分包项目工程造价×相应费率
七	税金		（一＋二＋三＋四＋五＋六）×相应费率
八	建设工程造价		一＋二＋三＋四＋五＋六＋七

2. 人工费为计算基数的工程费用计算程序表：

序号	费用项目	计算方法
一	直接工程费	分部分项工程量×工料机单价
	1. 其中人工费	
二	施工技术措施费	措施项目工程量×工料机单价

续表

序号	费用项目	计算方法
	2. 其中人工费	
三	施工组织措施费	Σ［（1+2）×相应费率］
四	综合费用	（1+2）×相应费率
五	规费	（1+2）×相应费率
六	总承包服务费	分包项目工程造价×相应费率
七	税金	（一+二+三+四+五+六）×相应费率
八	建设工程造价	一+二+三+四+五+六+七

第三节　建设工程施工取费计算规则

一、建设工程施工费用按“人工费+机械费”或“人工费”为计算基数的程序计算。人工费和机械费是指直接工程费及施工技术措施费中的人工费和机械费，人工费中不包括机上人工，机械费中不包括大型机械设备进出场及安拆费。

二、人工费、材料费、机械费按工程定额项目或按分部分项工程量清单项目及施工技术措施项目清单计算的人工、材料、机械台班消耗量乘以相应单价计算。

人工、材料、机械台班消耗量可根据工程定额确定，人工、材料、机械台班单价按当时当地的市场价格组价，发承包双方应在合同中约定或明确。

三、建设工程造价管理机构编制的工程定额及发布的人工、材料、机械台班市场信息价格，可作为编制标底、施工图预算等的依据；企业在投标报价时可根据自身的情况及建筑市场人工价格、材料价格、机械租赁价格等因素自主决定。

四、措施费项目应根据本定额或措施项目清单，结合工程实际确定。本定额不包括的其他措施费项目，发承包双方可自行补充或约定。

施工技术措施费可根据相关的工程定额计算。

施工组织措施费可根据本定额计算，其中环境保护费、文明施工费、安全施工费等费用，工程计价时不应低于弹性区间费率的下限。

五、缩短工期增加费以工期缩短的比例计取。

工期缩短的比例=［（合同工期－定额工期）/定额工期］×100%

缩短工期比例在30%以上者，应由专家委员会审定其措施方案及相应的费用。

计取缩短工期增加费的工程不应同时计取夜间施工增加费。

六、本定额综合费用费率是根据不同的工程类别分别制定的。工程类别按本定额第三章“综合费用取费工程类别划分”判定。

七、施工组织措施费、综合费用，在编制概算、施工图预算（标底）等时，应按弹性区间费率的中值计取；投标报价时，除本定额另有规定外，企业可参考弹性区间费率自主确定，发承包双方应在施工合同中约定或明确。

房屋修缮工程综合费用费率按相应新建工程项目的三类费率乘以系数0.8计取。

八、规费应按本定额规定费率计取。

以“人工费+机械费”为计费基础的工程，工料单价法计价时，规费以“直接工程费+措施费+综合费用”为计算基数乘以相应费率计算；综合单价计价时，规费以“分部分项工程量清单项目费+措施项目清单费”为计算基数乘以相应费率计算。

以“人工费”为计费基础的工程，规费均以“人工费”为计算基数乘以相应费率计算。

规费费率内不含危险作业意外伤害保险费，危险作业意外伤害保险费按各市有关规定计算。

九、税金应按本定额规定费率计取。税金以“直接费+间接费+利润”之和为计算基数乘以相应费率计算。

十、本定额费率水平是以2003版工程预算定额基价为基础编制的，有关费用项目的费率水平应随着取费基数的变化作相应调整。

十一、本定额费率是按单位工程综合测定的。若按《房屋建筑和市政基础设施工程施工分包管理办法》（建设部令第124号）规定发生专业工程分包时，总承包单位可按分包工程造价的1%～3%向发包力计取总承包服务费。发包与总承包双方应在施工合同中约定或明确总承包服务的内容及费率。

总承包服务费一般包括：涉及分包工程的施工组织设计、施工现场管理、竣工资料整理等活动所发生的费用。

总承包单位自行完成工程范围内的临时道路、围墙等，总承包单位不应向分包单位收取费用，分包单位也不应再向建设单位计取相应费用。

总承包单位不得向建设单位计取分包工程的脚手架、垂直运输机械等措施性项目的费用，若分包单位要求利用总承包单位的脚手架、垂直运输机械等时，其费用由总分包单位自行约定。

十二、工程保险费、风险费应按有关规定在合同中约定。

第二章　建设工程施工取费费率

第一节　建筑工程施工取费费率

一、建筑工程施工组织措施费费率

定额编号	项目名称		计算基数	费率（%）
A1	施工组织措施费			
A1-1	环境保护费		人工费+机械费	0.1～0.2
A1-2	文明施工费			
A1-21	其中	非市区工程	人工费+机械费	0.5～0.9
A1-22		市区一般工程	人工费+机械费	0.9～1.4
A1-23		市区临街工程	人工费+机械费	1.4～2.5
A1-3	安全施工费		人工费+机械费	0.3～0.8
A1-4	临时设施费		人工费+机械费	4.5～5.1
A1-5	夜间施工增加费		人工费+机械费	0.0～0.1
A1-6	缩短工期增加费			
A1-61	其中	缩短工期10%以内	人工费+机械费	0.0～2.3
A1-62		缩短工期20%以内	人工费+机械费	2.3～3.4
A1-63		缩短工期30%以内	人工费+机械费	3.4～4.5
A1-7	材料二次搬运费		人工费+机械费	0.9～1.3
A1-8	已完工程及设备保护费		人工费+机械费	0.0～0.1

注：专业工程施工组织措施费费率乘以系数0.6。

二、建筑工程综合费用费率

定额编号	项目名称	计算基数	费率（%）		
			一类	二类	三类
A2	综合费用				
A2-1	民用建筑工程	人工费+机械费	59～43	49～36	40～29

续表

定额编号	项目名称		计算基数	费率（%）		
				一类	二类	三类
A2－11	其中	企业管理费	人工费＋机械费	35～26	29～22	24～17
A2－12		利润	人工费＋机械费	24～17	20～14	16～12
A2－2	工业建筑工程		人工费＋机械费	49～37	40～30	33～23
A2－21	其中	企业管理费	人工费＋机械费	29～22	24～18	20～14
A2－22		利润	人工费＋机械费	20～15	16～12	13～9
A2－3	钢结构工程		人工费＋机械费	42～31	35～25	28～20
A2－31	其中	企业管理费	人工费＋机械费	25～19	21～15	17～12
A2－32		利润	人工费＋机械费	17～12	14～10	11～8
A2－4	构筑物及其他		人工费＋机械费	60～44	50～37	40～30
A2－41	其中	企业管理费	人工费＋机械费	36～26	30～22	24～18
A2－42		利润	人工费＋机械费	24～18	20～15	16～12
A2－5	专业土石方工程		人工费＋机械费	—	19～14	16～10
A2～51	其中	企业管理费	人工费＋机械费	—	12～9	10～6
A2～52		利润	人工费＋机械费	—	7～5	6～4
A2－6	专业打桩工程		人工费＋机械费	31～23	26～19	21～15
A2－61	其中	企业管理费	人工费＋机械费	20～15	17～12	17～10
A2－62		利润	人工费＋机械费	11～8	9～7	8～5
A2－7	其他专业工程		人工费＋机械费	—	29～22	—
A2－71	其中	企业管理费	人工费＋机械费	—	19～14	—
A2－72		利润	人工费＋机械费	—	10～8	—

注：1. 专业土石方工程指单独承包的土石方工程。

2. 其他专业工程指定额所列项目以外的，经建设行政主管部门批准，具有专业工程资质的企业组织施工的工程项目。

三、建筑工程规费费率

定额编号	项目名称	计算基数	费率（%）
A3	规费	直接费＋综合费用	4.39

注：1. 专业工程规费费率乘以系数0.6。

2. 由专业厂家制作或制作兼安装并按厂方价格结算的工程项目，其发生的费用不作为规费的计费基数。

四、建筑工程税金费率

定额编号	项目名称	计算基数	费率（%）		
			市区	城（镇）	其他
A4	税金	直接费＋综合费用＋规费	3.513	3.448	3.320
A4－1	税费	直接费＋综合费用＋规费	3.413	3.348	3.220
A4－2	水利建设基金	直接费＋综合费用＋规费	0.100	0.100	0.100

注：税费包括营业税、城市建设维护税及教育费附加。

第二节　装饰工程施工取费费率

一、装饰工程施工组织措施费费率

定额编号	项目名称		计算基数	费率（%）
B1	施工组织措施费			
B1－1	环境保护费		人工费＋机械费	0.08～0.1
B1－2	文明施工费		人工费＋机械费	
B1－21	其中	非市区工程	人工费＋机械费	0.3～0.5
B1－22		市区一般工程	人工费＋机械费	0.5～1.0
B1－23		市区临街工程	人工费＋机械费	1.0～1.5
B1－3	安全施工费		人工费＋机械费	0.3～0.7
B1－4	临时设施费		人工费＋机械费	2.0～2.6
B1－5	夜间施工增加费		人工费＋机械费	0.0～0.1
B1－6	缩短工期增加费		人工费＋机械费	
B1－61	其中	缩短工期10%以内	人工费＋机械费	0.0～1.8
B1－62		缩短工期20%以内	人工费＋机械费	1.8～2.7
B1－63		缩短工期30%以内	人工费＋机械费	2.7～3.6
B1－7	材料二次搬运费		人工费＋机械费	1.9～2.5
B1－8	已完工程及设备保护费		人工费＋机械费	0.3～1.0

注：专业工程施工组织措施费费率乘以系数0.6。

二、装饰工程综合费用费率

定额编号	项目名称		计算基数	费率（%）		
				一类	二类	三类
B2	综合费用					
B2－1	一般装饰工程		人工费＋机械费	55～41	45～33	36～27
B2－11	其中	企业管理费	人工费＋机械费	33～25	27～20	22～16
B2－12		利润	人工费＋机械费	22～16	18～13	14～11
B2－2	住宅装饰工程		人工费＋机械费	45～33	37～27	29～21
B2－21	其中	企业管理费	人工费＋机械费	27～20	22～16	17～13
B2－22		利润	人工费＋机械费	18～13	15～11	12～9
B2－3	专业幕墙工程		人工费＋机械费	50～37	40～30	32～24
B2－31	其中	企业管理费	人工费＋机械费	30～22	24～18	19～14
B2－32		利润	人工费＋机械费	20～15	16～12	13～10

注：1. 专业幕墙工程适用于单独承包的工程项目。
　　2. 幕墙的试验费未包括，设计有要求时另行计算

三、装饰工程规费费率

定额编号	项目名称	计算基数	费率（%）
B3	规费	直接费＋综合费用	5.58

注：1. 专业工程规费费率乘以系数0.6。
　　2. 由专业厂家制作或制作兼安装并按厂方价格结算的工程项目所发生的费用不作为规费的计费基数。

四、装饰工程税金费率

定额编号	项目名称	计算基数	费率（%）		
			市区	城（镇）	其他
B4	税金	直接费＋综合费用＋规费	3.513	3.448	3.320
B4－1	税费	直接费＋综合费用＋规费	3.413	3.348	3.220
B4－2	水利建设基金	直接费＋综合费用＋规费	0.100	0.100	0.100

注：税费包括营业税、城市建设维护税及教育费附加。

第三节　安装工程施工取费费率

一、安装工程施工组织措施费费率

定额编号	项目名称		计算基数	费率（%）
C1	施工组织措施费			
C1－1	环境保护费		人工费	0.2～0.4
C1－2	文明施工费		人工费	
C1－21	其中	非市区工程	人工费	0.4～1.6
C1－22		市区一般工程	人工费	1.6～2.9
C1－23		市区临街工程	人工费	2.9～5.2
C1－3	安全施工费		人工费	0.4～1.5
C1－4	临时设施费		人工费	6.7～7.4
C1－5	夜间施工增加费		人工费	0.0～0.1
C1－6	缩短工期增加费		人工费	
C1－61	其中	缩短工期10%以内	人工费	0.0～3.8
C1－62		缩短工期20%以内	人工费	3.8～5.6
C1－63		缩短工期30%以内	人工费	5.6～8.0
C1－7	材料二次搬运费		人工费	0.2～1.0
C1－8	已完工程及设备保护费		人工费	0.0～0.3

二、安装工程综合费用费率

定额编号	项目名称		计算基数	费率（%）		
				一类	二类	三类
C2	综合费用					
C2－1	机械设备、热力设备、静止设备与工艺金属结构		人工费	85～65	70～54	58～44
C2－11	其中	企业管理费	人工费	52～39	42～32	35～26
C2－12		利润	人工费	33～26	28～22	23～18
C2－2	工业管道及水、暖、通风、消防管道		人工费	95～72	80～62	68～50
C2－21	其中	企业管理费	人工费	58～44	48～37	40～30
C2－22		利润	人工费	37～28	32～25	28～20

续表

定额编号	项目名称		计算基数	费率（%）		
				一类	二类	三类
C2-3	电气、智能化、自动化控制及消防电气		人工费	114~84	85~70	79~56
C2-31	其中	企业管理费	人工费	69~51	51~42	47~34
C2-32		利润	人工费	45~33	34~28	32~22
C2-4	炉窑砌筑工程		人工费	94~68	73~52	—
C2-41	其中	企业管理费	人工费	56~41	44~30	—
C2-42		利润	人工费	38~27	29~22	—

三、安装工程规费费率

定额编号	项目名称	计算基数	费率（%）
C3	规费	人工费	23.61

四、安装工程税金费率

定额编号	项目名称	计算基数	费率（%）		
			市区	城（镇）	其他
C4	税金	直接费+综合费用+规费	3.513	3.448	3.320
C4-1	税费	直接费+综合费用+规费	3.413	3.348	3.220
C4-2	水利建设基金	直接费+综合费用+规费	0.100	0.100	0.100

注：税费包括营业税、城市建设维护税及教育费附加。

第四节　市政工程施工取费费率

一、市政工程施工组织措施费费率

1. 综合费用以“人工费+机械费”为取费基数的组织措施费费率。

定额编号	项目名称		计算基数	费率（%）
D1-1	施工组织措施费			
D1-11	环境保护费		人工费+机械费	0.1~0.3
D1-12	文明施工费		人工费+机械费	
D1-121	其中	非市区工程	人工费+机械费	0.3~0.5
D1-122		市区一般工程	人工费+机械费	0.5~1.4
D1-123		市区临街工程	人工费+机械费	1.4~2.7
D1-13	安全施工费		人工费+机械费	0.3~1.1
D1-14	临时设施费		人工费+机械费	4.3~4.8
D1-15	夜间施工增加费		人工费+机械费	0.0~0.1
D1-16	缩短工期增加费		人工费+机械费	
D1-161	其中	缩短工期10%以内	人工费+机械费	0.0~2.0
D1-162		缩短工期20%以内	人工费+机械费	2.0~3.1
D1-163		缩短工期30%以内	人工费+机械费	3.1~4.0
D1-16	材料二次搬运费		人工费+机械费	0.2~0.3
D1-17	已完工程及设备保护费		人工费+机械费	0.0~0.1

2. 综合费用以“人工费”为取费基数的组织措施费费率。

定额编号	项目名称		计算基数	费率（%）
D1-2	施工组织措施费			
D1-21	环境保护费		人工费	0.1~0.5
D1-22	文明施工费		人工费	
D1-221	其中	非市区工程	人工费	0.5~0.9
D1-222		市区一般工程	人工费	0.9~2.0
D1-223		市区临街工程	人工费	2.0~3.4
D1-23	安全施工费		人工费	0.5~1.9
D1-24	临时设施费		人工费	6.7~7.4
D1-25	夜间施工增加费		人工费	0.0~0.1
D1-26	缩短工期增加费		人工费	
D1-261	其中	缩短工期10%以内	人工费	0.0~3.0
D1-262		缩短工期20%以内	人工费	3.0~5.2
D1-263		缩短工期30%以内	人工费	5.2~7.1
D1-27	材料二次搬运费		人工费	0.3~0.4
D1-28	已完工程及设备保护费		人工费	0.0~0.5

注：适用于市政工程中安装部分（电气及监控安装）工程。

二、市政工程综合费用费率

1. 以人工费加机械费为计算基础的综合费用费率。

定额编号	项目名称		计算基数	费率（%）		
				一类	二类	三类
D2	综合费用费率					
D2-1	道路工程		人工费+机械费	44~33	39~29	33~25
D2-11	其中	企业管理费	人工费+机械费	24~18	22~16	19~14
D2-12		利润	人工费+机械费	20~15	17~13	14~11
D2-2	桥梁工程		人工费+机械费	51~38	45~33	38~28
D2-21	其中	企业管理费	人工费+机械费	21~24	28~21	24~18
D2-22		利润	人工费+机械费	20~14	17~12	14~10
D2-3	隧道工程		人工费+机械费	25~18	21~16	18~13
D2-31	其中	企业管理费	人工费+机械费	15~11	13~10	11~8
D2-32		利润	人工费+机械费	10~7	8~6	7~5
D2-4	地铁（轻轨）工程		人工费+机械费	28~20	—	—
D2-41	其中	企业管理费	人工费+机械费	17~12	—	—
D2-42		利润	人工费+机械费	11~8	—	—
D2-5	河道护岸工程		人工费+机械费	—	32~24	27~20
D2-51	其中	企业管理费	人工费+机械费	—	20~15	17~13
D2-52		利润	人工费+机械费	—	12~9	10~7
D2-6	给排水、燃气工程		人工费+机械费	35~26	31~23	26~19
D2-61	其中	企业管理费	人工费+机械费	21~16	19~14	16~12
D2-62		利润	人工费+机械费	14~10	12~9	10~7

2. 以人工费为计算基础的综合费用费率。

定额编号	项目名称		计算基数	费率（%）		
				一类	二类	三类
	综合费用费率					
D2-7	电气及监控安装工程		人工费	98~76	81~60	55~39
D2-71	其中	企业管理费	人工费	59~46	49~36	33~23
D2-72		利润	人工费	39~30	32~24	22~16

注：路灯工程按 D2-7 电气及监控安装工程费率执行。

三、市政工程规费费率

定额编号	项目名称	计算基数	费率（%）
D3	规费		
D3-1	建筑部分	直接费+综合费用	3.47
D3-2	安装部分	人工费	23.61

四、市政工程税金费率

定额编号	项目名称	计算基数	费率（%）		
			市区	城（镇）	其他
D4	税金	直接费+综合费用+规费	3.513	3.448	3.320
D4-1	税费	直接费+综合费用+规费	3.413	3.348	3.220
D4-2	水利建设基金	直接费+综合费用+规费	0.100	0.100	0.100

注：税费包括营业税、城市建设维护税及教育费附加。

第五节　仿古建筑及园林工程施工取费费率

一、仿古建筑及园林工程施工组织措施费费率

定额编号	项目名称		计算基数	费率（%）
E1	施工组织措施费			
E1-1	环境保护费		人工费+机械费	0.1~0.3
E1-2	文明施工费		人工费+机械费	
E1-21	其中	非市区工程	人工费+机械费	0.6~1.0
E1-22		市区一般工程	人工费+机械费	1.0~2.1
E1-23		市区临街工程	人工费+机械费	2.1~3.5
E1-3	安全施工费		人工费+机械费	0.3~1.0
E1-4	临时设施费		人工费+机械费	4.0~4.4
E1-5	夜间施工增加费		人工费+机械费	0.0~0.1
E1-6	缩短工期增加费		人工费+机械费	
E1-61	其中	缩短工期 10% 以内	人工费+机械费	0.0~2.7
E1-62		缩短工期 20% 以内	人工费+机械费	2.7~4.0
E1-63		缩短工期 30% 以内	人工费+机械费	4.0~5.5
E1-6	材料二次搬运费		人工费+机械费	0.2~0.3
E1-7	已完工程及设备保护费		人工费+机械费	0.0~0.2

二、仿古建筑及园林工程综合费用费率

定额编号	项目名称		计算基数	费率（%）		
				一类	二类	三类
E2	综合费用					
E2－1	仿古建筑工程		人工费＋机械费	60～46	50～36	39～30
E2－11	其中	企业管理费	人工费＋机械费	36～28	30～22	24～18
E2－12		利润	人工费＋机械费	24～18	20～14	15～12
E2－2	园林景区工程		人工费＋机械费	54～41	45～33	36～27
E2－21	其中	企业管理费	人工费＋机械费	32～25	27～20	22～16
E2－22		利润	人工费＋机械费	22～16	18～13	14～11
E2－3	绿化工程		人工费＋机械费	—	40～29	31～24
E2－31	其中	企业管理费	人工费＋机械费	—	24～18	19～14
E2－32		利润	人工费＋机械费	—	16～11	12～10

三、仿古建筑及园林工程规费费率

定额编号	项目名称	计算基数	费率（%）
E3	规费	直接费＋综合费用	5.85

四、仿古建筑及园林工程税金费率

定额编号	项目名称	计算基数	费率（%）		
			市区	城（镇）	其他
E4	税金	直接费＋综合费用＋规费	3.513	3.448	3.320
E4－1	税费	直接费＋综合费用＋规费	3.413	3.348	3.220
E4－2	水利建设基金	直接费＋综合费用＋规费	0.100	0.100	0.100

注：税金包括营业税、城市建设维护税及教育费附加。

第六节　人防工程施工取费费率

一、人防工程施工组织措施费费率

定额编号	项目名称		计算基数	费率（%）
F1	施工组织措施费			
F1－1	环境保护费		人工费＋机械费	0.1～0.2
F1－2	文明施工费		人工费＋机械费	
F1－21	其中	非市区工程	人工费＋机械费	0.6～0.8
F1－22		市区一般工程	人工费＋机械费	0.8～1.7
F1－23		市区临街工程	人工费＋机械费	1.7～2.6
F1－3	安全施工费		人工费＋机械费	0.5～1.9
F1－4	临时设施费		人工费＋机械费	2.2～3.8
F1－5	夜间施工增加费		人工费＋机械费	0.0～0.1
F1－6	缩短工期增加费		人工费＋机械费	

续表

定额编号	项目名称		计算基数	费率（%）
F1－61	其中	缩短工期10%以内	人工费＋机械费	0.0～2.7
F1－62		缩短工期20%以内	人工费＋机械费	2.7～4.0
F1－63		缩短工期30%以内	人工费＋机械费	4.0～5.5
F1－7	材料二次搬运费		人工费＋机械费	0.6～1.0
F1－8	已完工程及设备保护费		人工费＋机械费	0.0～0.1

二、人防工程综合费用费率

定额编号	项目名称		计算基数	费率（%）		
				一类	二类	三类
F2	综合费用					
F2－1	掘开式工程		人工费＋机械费	46～34	38～29	33～23
F2－11	其中	企业管理费	人工费＋机械费	25～18	20～15	17～12
F2－12		利润	人工费＋机械费	21～16	18～14	16～11
F2－2	坑地道工程		人工费＋机械费	31～23	25～19	21～15
F2－21	其中	企业管理费	人工费＋机械费	16～12	13～10	11～8
F2－22		利润	人工费＋机械费	15～11	12～9	10～7

三、人防工程规费费率

定额编号	项目名称	计算基数	费率（%）
F3	规费	直接费＋综合费用	4.49

四、人防工程税金费率

定额编号	项目名称	计算基数	费率（%）		
			市区	城（镇）	其他
F4	税金	直接费＋综合费用＋规费	3.513	3.448	3.320
F4－1	税费	直接费＋综合费用＋规费	3.413	3.348	3.220
F4－2	水利建设基金	直接费＋综合费用＋规费	0.100	0.100	0.100

注：税金包括营业税、城市建设维护税及教育费附加。

第七节　建设工程劳务分包施工取费费率

劳务分包工程施工取费费率

定额编号	项目名称		计算基数	费率（%）
G1	综合费用		人工费	16～8
G1－1	其中	企业管理费	人工费	9.5
G1－2		利润	人工费	7～3
G2	规费		人工费	22.35
G3	税金		人工费＋综合费用＋规费	3.53

注：拆除工程参照劳务分包施工取费定额费率。

第八节　建设工程设计概算费率

定额编号	项目名称	计算基数	费率（%）		
			一类	二类	三类
H	概算费率				
HA	建筑工程				
HA－1	民用建筑	直接费	27	24	21
HA－2	工业建筑	直接费	24	22	19
HA－3	钢结构工程	直接费	22	20	18
HA－4	构筑物及其他	直接费	26	23	20
HB	装饰工程				
HB－1	装饰工程	直接费	25	22	20
HC	安装工程				
HC－1	机械、热力、静止设备及工艺金属结构	人工费	106	93	82
HC－2	工业管道及水暖、通风、消防管道	人工费	115	102	90
HC－3	电气、智能化、自动化控制及消防电气	人工费	130	113	99
HC－4	炉窑砌筑工程	人工费	81	63	—
HD	市政工程				
HD－1	道路工程	直接费	18	15	12
HD－2	桥梁工程	直接费	26	22	18
HD－3	隧道工程	直接费	25	21	17
HD－4	地铁（轻轨）工程	直接费	25	—	—
HD－5	河道护岸工程	直接费	—	17	14
HD－6	给排水、燃气工程	直接费	18	15	12
HD－7	电气及监控安装工程	人工费	130	113	99
HE	仿古建筑及园林工程				
HE－1	仿古建筑工程	直接费	29	24	19
HE－2	园林景区工程	直接费	26	22	18
HF	人防工程				
HF－1	掘开式工程	直接费	21	19	15
HF－2	坑道式工程	直接费	24	22	19

第三章　综合费用取费工程类别划分

第一节　建 筑 工 程

一、建筑工程综合费用取费工程类别划分表

工程＼类别			一类	二类	三类
工业建筑	单层	高度 H（m）	$H>18$	$18\geqslant H>12$	$H\leqslant 12$
		跨度 L（m）	$L>36$	$36\geqslant L>24$	$L\leqslant 24$
	多层	高度 H（m）	$H>35$	$35\geqslant H>20$	$H\leqslant 20$
		面积 S（m^2）	$S>20000$	$20000\geqslant S>10000$	$S\leqslant 10000$

续表

工程 \ 类别			一类	二类	三类
民用建筑	居住建筑	高度 H（m）	$H>87$	$87\geqslant H>45$	$H\leqslant45$
		层数 N	$N>28$	$28\geqslant N>14$	$14\geqslant N>6$
		地下室层数 N	$N>1$	1	半地下室
	公共建筑	高度 H（m）	$H>65$	$65\geqslant H>25$	$H\leqslant25$
		层数 N	$N>18$	$18\geqslant N>6$	$N\leqslant6$
		地下室层数 N	$N>1$	1	
	特殊建筑	跨度 L（m）	$L>36$	$36\geqslant L>24$	$L\leqslant24$
		面积 S（m^2）	$S>10000$	$10000\geqslant S>5000$	$S\leqslant5000$
钢结构	单层	跨度 L（m）	$L>45$	$45\geqslant L>30$	$L\leqslant30$
	多层	层数 N	$N>18$	$18\geqslant N>6$	$N\leqslant6$
构筑物及其他	单独车库	层数 N（m）	$N>6$	$6\geqslant N>2$	$N\leqslant2$
		面积 S（m^2）	$S>20000$	$20000\geqslant S>10000$	$S\leqslant10000$
	冷库	容积 Q（m^3）	$Q>5000$	$5000\geqslant Q>1000$	$Q\leqslant1000$
	锅炉房	单炉总蒸发量 Q（t/h）	$Q>50$	$50\geqslant Q>10$	$Q\leqslant10$
	变电所	变压器总量 Q（kV·A）		$Q>1000$	$Q\leqslant1000$
	水塔	容量 Q（m^3）	$Q>100$	$100\geqslant Q>50$	$Q\leqslant50$
		高度 H（m）	$H>70$	$70\geqslant H>25$	$H\leqslant25$
	烟囱	高度 H（m）	$H>120$	$120\geqslant H>70$	$H\leqslant70$
	贮油（水）池	容量 Q（t）	$Q>3000$	$3000\geqslant Q>1000$	$Q\leqslant1000$
	贮仓	高度 H（m）	$H>25$	$25\geqslant H>12.5$	$H\leqslant12.5$
专业工程	土石方工程			深度6m以上的基坑开挖	1. 深度6m以下的基坑开挖 2. 平基土方
	打桩工程		1. 接桩二次 2. 25m以上预制桩 3. 36m以上钢筋混凝土管桩 4. 45m以上灌注桩	1. 接桩一次 2. 25m以下预制桩 3. 36m以下钢筋混凝土管桩 4. 45m以下灌注桩 5. 15m以上人工挖孔桩	1. 18m以下预制桩 2. 25m以下灌注桩 3. 15m以下人工挖孔桩 4. 木桩、砂桩、砂石桩、旋喷桩、水泥搅拌桩、钢板桩、树根桩、混凝土板桩、压密注浆帽杆桩

二、工程类别划分说明

1. 建筑工程类别是根据单位工程的规模、高度、跨度、层数和施工技术难易程度来划分的。

（1）高度：指建（构）筑物从设计室外地坪至建筑物檐口底的高度。不包括突出屋面的电梯机房、屋顶亭子间及屋顶水箱的高度。

（2）跨度：指结构设计定位轴线之间的距离。

(3) 层数：指设计的层数（含地下室、半地下室的层数）。阁楼层、面积小于标准层30%的顶层及层高在2.2米以下的地下室或技术设备层不计算层数。

(4) 面积：指按浙江省建筑工程预算定额（2003版）中的建筑面积计算规则计算的建筑面积。

(5) 居住建筑：指住宅、宿舍、商住楼等建筑物。

(6) 公共建筑：指综合楼、办公楼、教学楼、宾馆、酒店、食堂、礼堂、图书馆等建筑物。

(7) 特殊建筑：指影剧院、体育馆、展览馆、艺术中心、高级会堂等建筑物。

(8) 地下室：指室内地坪低于室外地坪1/2层高以上的建筑工程。

(9) 半地下室：指室内地坪低于室外地坪1m以上，小于1/2层高的建筑工程。

2. 单位工程有三个条件的，凡符合两个或两个以上条件的执行相应类别标准，只符合一个条件的，按低一类标准执行。单位工程有两个条件的，只要符合其中一个条件，则按相应类别标准执行。

3. 单位工程有不同层数，高层部分的建筑面积占单位工程总建筑面积30%以上者，按高层部分的层数、高度划分工程类别；否则按低层部分划分工程类别。

4. 六层以下居住建筑除别墅按三类工程费率外，其他按三类工程费率乘以系数0.8。

5. 地下室三层及三层以上符合二类、三类的工程按相应规定提高一个类别。

6. 工业建筑有声、光、超静、恒温、无菌等特殊要求者，当其建筑面积占总面积1/4以上的，可提高一个类别取费。

7. 单层或多层工业厂房相连的附属生活用房按工业厂房类别执行。

8. 多跨工。业建筑物按最大跨度划分工程类别。

9. 各类别中均包括附属于本类别工程的围墙、道路、传达室等附属工程，如单独承发包附属工程时按三类工程费率乘以系数0.8。

10. 双曲线冷却塔均按水塔一类，其他冷却塔均按水塔二类。

11. 专业工程也适用于市政、人防、园林工程。

第二节 装饰工程

一、装饰工程综合费用取费工程类别划分表

类别 工程	一类	二类	三类
宾馆、饭店装饰	4、5星级	3星级	2星级及以内
住宅及其他建筑装饰工程	高级装饰	中级装饰	一般装饰
单独幕墙工程	高度50m以上的幕墙，或单项面积5000m^2以上	高度30m以上的幕墙，或单项面积3000m^2以上	高度30m以下的幕墙，单项面积3000m^2以下

二、工程类别划分说明：

1. 装饰工程类别是根据建筑装饰标准来划分的。

2. 住宅及其他建筑装饰工程的具体装饰标准如下表

项目	高级装饰	中级装饰	一般装饰
墙面	干挂石材、铝合金条板、镶贴石材、高级涂料、贴壁纸、锦缎软包、镶板地面、幕墙、金属装饰板、造形木墙裙	贴面砖、高级涂料、贴壁纸、镶贴大理石、木墙裙	勾缝、水刷石、干粘石、一般涂料
天棚	高级涂料、造形吊顶、金属吊顶、壁纸	高级涂料、吊顶、壁纸	一般涂料

续表

项目	高级装饰	中级装饰	一般装饰
楼地面	大理石、花岗岩、木地板、地毯楼地面	磨石、块料、木地板、地毯楼地面	水泥、混凝土、塑料涂料、磨石楼地面
门、窗	彩板、塑钢、铝合金、硬木、不锈钢门（窗）	彩板、塑钢、铝合金、松木门（窗）	松木、钢木门（窗）

注：1. 高级装饰：墙面、楼地面每项分别满足3个及3个以上高级装修项目，天棚、门窗每项分别满足2个及2个以上高级装修项目，并且每项装修项目的面积之和占相应装修项目面积70%以上者为高级装饰。

2. 中级装饰：墙面、楼地面、天棚、门窗每项分别是2个及2个以上中级装修项目，并且每项装修项目的面积之和占相应装修项目面积70%以上者为中级装饰。

第三节 安装工程

一、安装工程综合费用工程类别划分表

类别 工程	一类	二类	三类
机械设备安装工程	1. 台重30t以上各类机械设备安装； 2. 起重量20t以上起重设备及相应轨道安装； 3. 半自动机床安装； 4. 工业炉设备安装； 5. 直流集控、快速电梯安装或直流、集控高速电梯安装； 6. 1500kW以上压缩机组（风机）泵类安装； 7. 起重能力100t·m以上塔式起重机及相应轨道安装； 8. 精密数控机床安装； 9. 成套引进设备安装，自动加工线安装	1. 台重10t以上各类机械设备安装； 2. 起重量5t以上起重设备及相应轨道安装； 3. 煤气发生设备安装； 4. 输送设备安装； 5. 交流，半自动低速货梯安装； 6. 1000kW以上压缩机组（风机）泵类安装； 7. 交流、集控低速电梯安装	1. 台重10t以下各类机械设备安装； 2. 其他机械及附属设备安装； 3. 起重量5t以下起重设备及相应轨道安装； 4. 1000kW以下压缩机组（风机）泵类安装
热力设备安装工程	A、B级锅炉热力设备及其附属设备安装	C、D级锅炉热力设备及其附属设备安装	E级锅炉安装
静置设备与工艺金属结构工程	1. Ⅱ、Ⅲ类容器现场制作、安装 2. 台重50t以上设备制作、安装 3. 容量10000m^3以上金属油罐、容量5000m^3以上气柜预制安装 4. 跨距20m以上或单重5t以上金属结构制作、安装 5. 100t以上火炬、排气筒制作、安装	1. Ⅰ类容器现场制作、安装 2. 台重30t以上设备制作、安装 3. 容量5000m^3以上金属油罐、容量1000m^3以上气柜预制安装 4. 跨距12m以上或单重3t以上金属结构制作、安装 5. 100t以下火炬、排气筒制作、安装	1. 台重30t以下设备制作、安装 2. 常压容器制作 3. 容量5000m^3以下金属油罐、容量1000m^3以下气柜预制安装 4. 跨距12m以下或单重3t以下金属结构制作、安装
给排水、采暖，燃气、安装工程	1. 管外径630mm以上厂区（室外）煤气管网安装； 2. 管外径720mm以上厂区（室外）采暖管网安装	1. 管外径630mm以下厂区（室外）煤气管网安装； 2. 管外径720mm以下厂区（室外）采暖管网安装； 3. Φ300mm以上厂区（室外）供水管网安装； 4. Φ600mm以上厂区（室外）排水管网安装	1. Φ300mm以下厂区（室外）供水管网安装； 2. Φ600mm以下厂区（室外）排水管网安装

续表

工程 \ 类别	一类	二类	三类
工业管道安装工程	1. Ⅰ、Ⅱ、Ⅲ类管道安装； 2. 铝及铝合金管道安装； 3. 钛管、镍管安装	Ⅳ、Ⅴ类管道安装	1. 非金属低压管道安装； 2. 铸铁给排水管道安装
通风、空调安装工程	净化、超静、恒温、恒湿通风管道系统安装	1. 集中空调系统安装； 2. 除尘、排毒、排烟系统制作安装	1. 一般机械通风设备及其系统、分体式空调机、窗式空调器等安装； 2. 轴流通风机、排风扇和自然通风工程
自动化控制装置及仪表安装工程	微机控制自动化装置及仪表安装调试	指示记录型单独控制及显示自动化装置及仪表安装、调试	除一类、二类工程以外的其他自动化控制装置及仪表安装
电气设备安装工程	35kV 及以下变配电所电气安装、调试	10kV 及以下变配电所电气安装、调试及配电线路安装等	1kV 及以下变配电所电气、低压配电设备安装调试及配电线路安装等
消防及安全防范设备安装工程	火灾自动报警系统安装、调试及监控设备安装调试	水灭火系统安装、调试	气体灭火系统及泡沫灭火系统安装、调试
炉窑砌筑工程	专业炉窑砌筑	一般工业炉窑砌筑	

二、工程类别划分说明

1. 安装工程以单位工程为类别划分单位。符合以下规定者为单位工程：

①建筑设备安装工程和民用建筑物或构筑物合并为单位工程，建筑设备安装工程同建筑工程类别（不包括单独锅炉房、变电所）。

②新建或扩建的住宅区、厂区的室外给水、排水、供热、燃气等建筑管道安装工程；室外的架空线路、电缆线路、路灯等建筑电气安装工程均为单位工程。

③厂区内的室外给水、排水、热力、煤气管道安装；架空线路、电缆线路安装；龙门起重机、固定式胶带输送机安装；拱顶罐、球型罐制作、安装；焦炉、高炉及热风炉砌筑等各自为单位工程。

④工业建筑物或构筑物的安装工程各自为单位工程。

⑤工业建筑室内的上下水、暖气、煤气、卫生、照明等工程由建筑单位施工时，应同建筑工程类别执行。

2. 安装单位工程中，有几个分部（专业）工程类别时，以最高分部（专业）类别为单位工程类别。分部（专业）工程类别中有几个特征时，凡符合其中之一者，即为该类工程。

3. 在单位工程内，如仅有一个分部（专业）工程时，则该分部（专业）工程即为单位工程。

4. 一个类别工程中，部分子目套用其他工程子目时，按主册类别执行。

5. 安装工程中的刷油、绝热、防腐蚀工程，不单独划分类别，归并在所属类别中。单独刷油、防腐蚀、绝热工程按相应工程三类取费。

6. 智能化安装工程均按一类工程取费。

第四节　市 政 工 程

一、市政工程综合费用工程类别划分表

类别 工程	一类	二类	三类
道路工程	城市高速干道	1. 城市主干道、次干道； 2. 10000m^2 以上广场、5000m^2 以上停车场； 3. 带 400m 标准跑道的运动场	1. 支路、街道、居民（厂）区道路； 2. 单独的人行道工程、广场及路面维修； 3. 10000m^2 以下广场、5000m^2 以下停车场； 4. 运动场
桥涵工程	1. 层数三层以上的立交桥； 2. 单孔最大跨径 40m 以上的桥梁； 3. 拉索桥； 4. 箱涵顶进	1. 三层以下立交桥、人行地道； 2. 单孔最大跨度 20m 以上的桥梁； 3. 高架路	1. 单孔最大跨径 20m 以下的桥梁； 2. 涵洞； 3. 人行天桥
隧道工程	1. 水底隧道； 2. 垂直顶升隧道； 3. 截面宽度 9m 以上	截面宽度 6m 以上	截面宽度 6m 以下
轻轨、地铁工程	均按一类工程		
河道排洪及护岸工程		单独排洪工程	单独护岸护坡及土堤
给水、排水工程	1. 日生产能力 20 万 t 以上的自来水厂； 2. 日处理能力 20 万 t 以上的污水处理厂； 3. 日处理能力 10 万 t 以上的单独排水泵站； 4. 直径 1200mm 以上的给水管道； 5. 管径 1800mm 以上的排水管道； 6. 顶管工程	1. 日生产能力 8 万 t 以上的自来水厂； 2. 日处理能力 10 万 t 以上的污水处理厂； 3. 日处理能力 5 万 t 以上的单独排水泵站； 4. 直径 600mm 以上的给水管道； 5. 管径 1000mm 以上的排水管道； 6. 给排水构筑物	1. 日生产能力 8 万 t 以下的自来水厂； 2. 日处理能力 10 万 t 以下的污水处理厂； 3. 日处理能力 5 万 t 以下的单独排水泵站； 4. 直径 600mm 以内的给水管道； 5. 管径 1000mm 以内的排水管道
燃气供热工程	管外径 900mm 以上的燃气供热管道	管外径 600mm 以上的燃气供热管道	管外径 600mm 以下的燃气供热管道
路灯工程		路灯安装大于 30 根，且包含 20m 及以上的高杆灯安装大于 4 根的工程	二类工程以外的其他工程

二、工程类别划分说明

（一）道路工程

道路工程按道路交通功能分类：

1. 高速干道：城市道路设有中央分隔带，具有四条以上车道，全部或部分采用立体交叉与控制出入，供车辆高速行驶的道路。

2. 主干道：在城市道路网中起骨架作用的道路。

3．次干道：在城市道路网中的区域性干路，与主干路相连接，构成完整的城市干路系统。

4．支路：在城市道路网中的干路以外联系次干路或供区域内部使用的道路。

5．街道：在城市范围全部或大部分地段两侧建有各式建筑物，设有人行道和各种市政公用设施的道路。

6．居民（厂）区道路：以住宅（厂房）建筑为主体的区域内道路。

（二）桥涵工程

1．单独桥涵工程按桥涵分类，附属于道路工程的桥涵，按道路工程分类。

2．单独立交桥工程按立交桥层数进行分类；与高架路相连的立交桥，执行立交桥类别。

（三）隧道工程

隧道工程按隧道类型及隧道截面宽度进行分类。

隧道截面宽度指隧道内截面的净宽度。

（四）河道排洪及护岸工程

河道排洪及护岸工程按单独排洪工程、单独护岸护坡及土堤工程分类。

1．单独排洪工程包括明渠、暗渠及截洪沟。

2．单独护岸护坡包括抛石、石笼、砌护底、护脚、台阶以及附属于本类别的土方附属工程等。

（五）给排水工程

给排水工程按管径大小分类。

1．顶管工程包括挤压顶进。

2．在一个给水或排水工程中有两种及其以上不同管径时，按最大管径取定类别。

3．给、排水管道包括附属于本类别的挖土和管道附属构筑物及设备安装。

（六）燃气、供热工程

燃气、供热工程按燃气、供热管道管外径大小分类。

1．一个燃气或供热管道工程中，有两种及其以上不同管外径管道时，按最大管外径取定类别。

2．燃气、供热管道包括管道挖土和管道附属构筑物。

（七）其他有关说明

1．某专业工程有多种情况的，符合其中一种情况，即为该类工程。

2．除另有说明者外，多个专业工程一同发包时，按专业工程类别最高者作为该工程的类别。

3．道路或桥涵工程附属的人行道、挡土墙、护坡、围墙等工程按道路或桥涵工程分类。

4．单独附属工程按相应主体工程的三类取费标准计取。

5．与其他专业工程一同发包的路灯或交通设施工程要单独划分工程类别。

6．交通设施工程包括交通标志、标线、护栏、信号灯、交通监控工程等。

第五节　仿古建筑及园林工程

一、仿古建筑及园林工程综合费用工程类别划分表

类别 工程	一类	二类	三类
仿古建筑工程	1．单项 $1000m^2$ 以上或单体 $700m^2$ 以上仿古建筑； 2．国家级文物古迹复建和古建筑修缮； 3．高度27m以上古塔； 4．高度10m以上牌楼、牌坊	1．单项 $500m^2$ 以上或单体 $300m^2$ 以上仿古建筑； 2．省级文物古迹复建和古建筑修缮； 3．高度15m以上古塔； 4．高度7m以上牌楼、牌坊	1．单项 $500m^2$ 以下或单体 $300m^2$ 以下仿古建筑； 2．市县级古迹复建和古建筑修缮； 3．高度15m以下古塔； 4．高度7m以下牌楼、牌坊

续表

类别 工程	一类	二类	三类
园林景区工程	1. 60亩以上综合园林建筑； 2. 直径40m以上或占地1257m^2以上的喷泉； 3. 高度8m以上城市雕像； 4. 堆砌7m以上假山石、塑石、立峰	1. 30亩以上综合园林建筑； 2. 直径20m以上或占地314m^2以上的喷泉； 3. 高度4m以上城市雕像； 4. 缩景模型制作安装； 5. 堆7m以下假山石、塑石、立蜂	1. 30亩以下综合园林建筑； 2. 直径20m以下或占地314m^2以下的喷泉； 3. 高度4m以下城市雕像； 4. 园林围墙、园路、园桥小品
单独绿化工程	—	1. 国家级风景区、省级风景区绿化工程； 2. 公园、度假村、高尔夫球场、广场、街心花园、园林小品、屋顶花园、室内花园等绿化工程	1. 公共建筑环境、企事业单位与居住区的绿化工程； 2. 道路绿化工程； 3. 片林、风景林等工程

二、程类别划分说明

1. 综合园林建设：按园林建设规模划分类别，建设面积以工程立项批准文件为准。游乐场及公园式墓园类别划分同综合性园林建设。

2. 在同一个类别工程中，有几个特征时，凡符合其中特征之一者，即为该类工程。

3. 园林景区内按市政标准设计的道路、广场，按市政工程相应类别划分。

4. 仿古建筑及园林工程中的一般安装工程按三类工程取费。

第六节 人 防 工 程

一、人防工程综合费用工程类别划分表

类别 工程	一类	二类	三类
掘开式工程	1. $B>18$m； 2. $H>12$m，底层$S>3000m^2$； 3. 沉井、(沉箱) 工程	1. 18m$\geqslant B>$12m； 2. $H>12$m； 3. $H>8$m，底层$S>3000m^2$； 4. $S>6000m^2$	1. $B\leqslant12$m； 2. $H\leqslant12$m； 3. $S\leqslant6000m^2$； 4. 坑地道掘开施工口部工程； 5. 加固改造工程； 6. 坑地道衬套及内部工程
坑地道工程	1. $L>1500$m； 2. $S>15000m^2$； 3. $B>18$m；或$f\leqslant3$、13>16m； 4. 地道口部$H>50$m	1. 1500m$\geqslant L>$600m； 2. 15000$m^2\geqslant S>5000m^2$； 3. 18m$\geqslant B>$12m或$f\leqslant3$、$B>8$m； 4. 地道口部50m$>H>$20m	1. $L\leqslant600$m； 2. $S\leqslant5000m^2$； 3. $B\leqslant12$m； 4. 独立的缺口土石方

二、工程类别划分说明

1. 面积S——掘开式工程指建筑面积，坑地道工程指毛洞面积；

2. 跨度B——掘开式工程指墙中心线或柱中心线之间的跨度；坑地道工程指毛洞跨度；

3. 埋深 H——掘开式工程指自然地面标高至基坑底平面设计标高之间深度（不包括从基坑底部局部下浮的槽、坑深度）；坑地道工程以施工竖井自然地面标高至提升罐笼罐座平面之间的距离。

4. 主轴线长度 L——坑地道工程由一个施工口至另一施工口或施工口至另一口之间主要施工运输通道轴线长度。

5. 工程类别划分标准中，只要满足其中一个指标，即可按该指标确定工程类别。

6. 一个单位工程中有几种不同类别组成时，符合其中较高工程类别指标部分的面积若不低于工程总面积的50%，该工程可全部按该指标确定工程类别，若低于50%，但该部分面积又大于1500m^2，则可按其不同工程类别分别计算。

7. 地道工程支护（被覆）后的衬套及内部工程按掘开式工程相应类别标准取费。

8. 单独承包井点降水或机井降水项目，按掘开式工程四类标准取费。

安徽省建设工程清单计价费用定额

（2005年）

安徽省建设厅关于发布《安徽省建设工程消耗量定额》的通知

建定〔2005〕101号

为认真贯彻执行国家标准《建设工程工程量清单计价规范》，结合本省实际情况，编制了“安徽省建设工程消耗量定额”，现予发布，请遵照执行，并就实施过程中的有关事项通知如下：

一、“安徽省建设工程消耗量定额”是“安徽省建设工程工程量清单计价依据”的组成部分，主要由以下内容构成：

(1)《安徽省建筑工程消耗量定额》。

(2)《安徽省装饰装修工程消耗量定额》。

(3)《安徽省安装工程消耗量定额》。

(4)《安徽省市政工程消耗量定额》。

(5)《安徽省园林绿化及仿古建筑工程消耗量定额》。

(6)《安徽省建设工程清单计价费用定额》。

(7)《安徽省建设工程清单计价施工机械台班费用定额》。

二、凡全部使用国有资金投资或国有资金投资为主的建设工程，应按照《建设工程工程量清单计价规范》的要求和“安徽省建设工程消耗量定额”的规定，执行工程量清单计价。

其他投资的建设项目，是否采用工程量清单计价，由招标人自行确定。如采用工程量清单计价招标的，应执行清单计价办法和规定。

实行工程量清单计价时必须统一项目编码、统一项目名称、统一计量单位和统一工程量计算规则。

三、“安徽省建设工程消耗量定额”从2005年7月1日起在全省范围内施行。2005年7月1日以前已发出招标文件或已签订合同的工程则不作改变。

四、各市在贯彻执行“安徽省建设工程消耗量定额”过程中，如有问题和意见，请及时向安徽省工程建设标准定额总站（安徽省建设工程造价总站）反映。

五、《安徽省建设工程消耗量定额》由安徽省建设工程造价总站负责管理与解释。

安徽省建设厅

二〇〇五年四月四日

总 说 明

一、《安徽省建设工程清单计价费用定额》（以下简称清单费用定额），是根据建设部、财政部《关于印发〈建筑安装工程费用定额项目组成〉的通知》（建标〔2003〕206 号文）及《安徽省建设工程造价管理办法》（省政府第 145 号令）的要求，结合我省具体情况，经调查研究、综合测算编制的。

二、清单费用定额适用于工程量清单计价的建设工程造价的编制。作为本省建设工程工程量清单计价依据的组成部分，与建设工程消耗量定额配套使用。招标标底或控制价的计算应执行清单费用定额费率，投标报价可以参考清单费用定额，除另有规定外，工程结算编制与审核亦可执行清单费用定额费率。

三、清单费用定额区分不同专业工程和工程特殊情况设置费用项目，措施费不分工程类别，其费率按各专业在正常施工条件下的社会平均水平测定。企业管理费和利润应按各级工程造价管理机构核定的工程类别和相对应的费率执行；规费按政府及有关部门规定执行。施工组织措施费费率、企业管理费费率、利润率、规费（除工程定额测定费）费率均为弹性区间费率，工程定额测定费费率和税金费率为固定费率。

四、清单费用定额所指的建设工程，包括建筑、装饰装修、安装、市政、园林绿化及仿古建筑工程等。

五、清单费用定额中注明有“×××以内”或“×××以下”者，均包括“×××”本身；“×××以外”或“×××以上”者不包括“×××”本身。

六、清单费用定额解释与管理，由安徽省工程建设标准定额总站（安徽省建设工程造价总站）负责。

七、著作权所有，未经主编部门同意，严禁使用本书内容制作各类出版物和各类软件，违者必究。

第一章　建设工程清单计价工程造价构成与计算程序

第一节　建设工程造价构成

建设工程造价由直接费、间接费、利润和税金组成（见表 1）

表 1　建设工程造价构成表

建设工程造价	直接费	直接工程费	1. 人工费	
			2. 材料费	
			3. 施工机械使用费	
		措施费	施工技术措施费	1. 大型机械进出场及安拆费
				2. 混凝土、钢筋混凝土模板及支架费
				3. 脚手架费
				4. 已完工程及设备保护费
				5. 施工排水、降水费
				6. 垂直运输机械及超高增加费
				7. 构件运输及安装费
				8. 其他施工技术措施费
				9. 总承包服务费
			施工组织措施费	10. 环境保护费
				11. 文明施工费
				12. 安全施工费
				13. 临时设施费
				14. 夜间施工费
				15. 二次搬运费
				16. 冬雨季施工增加费

续表

<table>
<tr><td rowspan="24">建设工程造价</td><td rowspan="5">直接费</td><td rowspan="5">措施费</td><td rowspan="5">施工组织措施费</td><td>17. 工程定位复测、工程交点、场地清理费</td></tr>
<tr><td>18. 室内环境污染物检测费</td></tr>
<tr><td>19. 缩短工期措施费</td></tr>
<tr><td>20. 生产工具用具使用费</td></tr>
<tr><td>21. 其他施工组织措施费</td></tr>
<tr><td rowspan="17">间接费</td><td rowspan="12" colspan="2">企业管理费</td><td>1. 管理人员工资</td></tr>
<tr><td>2. 办公费</td></tr>
<tr><td>3. 差旅交通费</td></tr>
<tr><td>4. 固定资产使用费</td></tr>
<tr><td>5. 工具用具使用费</td></tr>
<tr><td>6. 劳动保险费</td></tr>
<tr><td>7. 工会经费</td></tr>
<tr><td>8. 职工教育经费</td></tr>
<tr><td>9. 财产保险费</td></tr>
<tr><td>10. 财务费</td></tr>
<tr><td>11. 税金</td></tr>
<tr><td>12. 其他</td></tr>
<tr><td rowspan="5" colspan="2">规费</td><td>1. 工程排污费</td></tr>
<tr><td>2. 工程定额测定费</td></tr>
<tr><td>3. 社会保障费（1. 养老保险费 2. 失业保险费 3. 医疗保险费）</td></tr>
<tr><td>4. 住房公积金</td></tr>
<tr><td>5. 危险作业意外伤害保险</td></tr>
<tr><td colspan="4">利 润</td></tr>
<tr><td colspan="4">税 金</td></tr>
</table>

注：表中措施费仅列通用项目，各专业工程的措施项目可根据拟建工程的具体情况确定。

一、直接费

直接费由直接工程费和措施费组成。

（一）直接工程费：是指施工过程中耗费的构成工程实体的各项费用，包括人工费、材料费、施工机械使用费。

1. 人工费：是指直接从事建设工程施工的生产工人开支的各项费用，内容包括：

（1）基本工资：是指发放给生产工人的基本工资。

（2）工资性补贴：是指按规定标准发放的工资有关补贴，详见建标（2003）206 号文。

（3）生产工人辅助工资：是指生产工人年有效施工天数以外非作业天数的工资，包括职工学习、培训期间的工资，调动工作、探亲、休假期间的工资，因气候影响的停工工资，女工哺乳期间的工资，病假在六个月以内的工资及产、婚、丧假期的工资。

（4）职工福利费：只指按规定标准计提的职工福利费。

（5）生产工人劳动保护费：是指按规定标准发放的劳动保护用品的购置费及修理费，徒工服装补贴，防暑降温费，在有碍身体健康环境中施工的保健费用等。

2. 材料费：是指施工过程中耗费的构成工程实体的原材料、辅助材料、构配件、零件、半成品的费用。内容包括：

（1）材料原价（或供应价格）。

（2）材料运杂费：是指材料自来源地运至工地仓库或指定堆放地点所发生的全部费用。

（3）运输耗损费：是指材料在运输装卸过程中不可避免的损耗。

（4）采购及保管费：是指为组织采购、供应和保管材料过程中所需要的各项费用。包括：采购费、仓储费、工地保管费、仓储耗损。

（5）检验试验费：是指对建筑材料、构件和建筑安装物进行一般鉴定、检查所发生的费用，包括自设实验室进行实验所耗用的材料和化学药品等费用。不包括新结构、新材料的试验费和建设单位对具有出厂合格证明的材料进行检验，对构件做破坏性试验及其他特殊要求检验试验的费用。

3. 施工机械使用费：是指施工机械作业所发生的机械使用费以及机械安拆费和场外运费。

施工机械台班单价应由下列七项费用组成：

（1）折旧费：指施工机械在规定的使用年限内，陆续收回其原值及购置资金的时间价值。

（2）大修理费：指施工机械按规定的大修理间隔台班进行必要的大修理，以恢复其正常功能所需的费用。

（3）经常修理费：指施工机械除大修理以外的各级保养和临时故障排除所需的费用。包括为保障机械正常运转所需替换设备与随机配备工具附具的摊销和维护费用，机械运转中日常所需润滑与擦拭的材料费用及机械停滞期间的维护和保养费用等。

（4）安拆费及场外运费：安拆费指施工机械在现场进行安装与拆卸所需的人工、材料、机械和试运转费用以及机械辅助设施的折旧、搭设、拆除等费用；场外运费指施工机械整体或分体自停放地点运至施工现场或由一施工地点运至另一个施工地点的运输、装卸、辅助材料及架线等费用。

（5）人工费：指机上司机（司炉）和其他操作人员的工作日人工费用及上述人员在施工机械规定的年工作台班以外的人工费。

（6）燃料动力费：指施工机械在运转作业中所消耗的固体燃料（煤、木柴）、液体燃料（汽油、柴油）及水、电等。

（7）养路费及车船使用税：指施工机械按照国家规定和有关部门规定应交纳的养路费、车船使用税、保险费及年检费等。

（二）措施费：是指为完成工程项目施工，发生于该工程施工前和施工过程中非工程实体项目的费用。由施工技术措施费和施工组织措施费组成。定额中所列项目是通用项目，专用项目应结合各专业工程和拟建工程的具体情况确定。

1. 施工技术措施费内容包括：

（1）大型机械进出场及安拆费：是指机械整体或分体自停放地点运至施工现场或由某一施工地点运至另一个施工地点，所发生的机械进出场运输转移费用及机械在施工现场进行安装、拆卸所需的人工费、材料费、机械费、试运转费和安装所需的辅助设施的费用。

（2）混凝土、钢筋混凝土模板及支架费：是指混凝土施工过程中需要的各种钢模板、木模板、支架等的支、拆、运输费用及模板、支架的摊销（或租赁）费用。

（3）脚手架费：是指施工需要的各种脚手架搭、拆、运输费用及脚手架的摊销（或租赁）费用。

（4）已完工程及设备保护费：是指竣工验收前，对已完工程及设备进行保护所需的费用。

（5）施工排水、降水费：是指为确保工程在正常条件下施工，采取各种排水、降水措施降低地下水位所发生的各种费用。

（6）垂直运输机械及超高增加费：指工程施工需要的垂直运输机械使用费和建筑物高度超过20m时，人工、机械降效等所增加的费用。

（7）构件运输及安装费：指混凝土、金属构件、门窗等自堆放地或构件加工厂至施工吊装点的运输费用，以及混凝土、金属构件的吊装费用。

(8）其他施工技术措施费：是指根据各专业特点、各地区和工程情况所需增加的施工技术措施费用。

(9）总承包服务费：指为配合、协调招标人进行的工程分包和材料采购所需的费用。

2. 施工组织措施费内容包括：

(1）环境保护费：是指施工现场为达到环保部门要求所需要的各项费用。

(2）文明施工费：是指施工现场文明施工所需要的各项费用。

(3）安全施工费：是指施工现场安全施工所需要的各项费用。一般包括安全防护用具和服装，施工现场的安全警示、消防设施、灭火器材、安全教育培训，安全检查和编制安全措施方案等发生的费用。

(4）临时设施费：是指施工企业为进行建筑工程施工所必须搭设的生活和生产用的临时建筑物、构筑物和其他临时设施费用等。

临时设施包括：临时宿舍、文化福利及公用事业房屋与构筑物，仓库、办公室、加工厂以及规定范围内道路、水、电、管线等临时设施和小型临时设施。

临时设施费用包括：临时设施的搭设、维修、拆除费或摊销费。

(5）夜间施工费：是指因夜间施工所发生的夜班补助费、夜间施工降效、夜间施工照明设备摊销及照明用电等费用。

(6）二次搬运费：是指因施工场地狭小等特殊情况而发生的二次搬运费用。

(7）冬雨季施工增加费：指在冬、雨季施工期间，为保证工程质量，采取保温、防护措施所增加的费用，防雨、防滑、排雨水等措施费，以及因工效和机械作业效果降低所增加的费用。

(8）工程定位复测、工程点交、场地清理费：是指开工前测量、定位、钉龙门板桩及经规划部门派员复测的费用；办理竣工验收，进行工程点交的费用；以及竣工后室内清扫等场地清理所发生的费用。

(9）室内环境污染物检测费：是指为保护公众健康，维护公共利益，对民用建筑中由于建筑材料和装修材料产生的室内环境污染物进行检测所发生的费用。

(10）缩短工期措施费：是指由于建设单位原因，要求施工工期少于合理工期、施工单位为满足工期的要求而采取相应措施发生的费用。

(11）生产工具用具使用费：是指施工生产所需不属于固定资产的生产工具及检验用具的购置、摊销和维修费。

(12）其他施工组织措施费：是指根据各专业特点、地区和工程特点所需增加的施工组织措施费用。

二、间接费

间接费由企业管理费、规费组成。

(一）企业管理费：是指建筑安装企业组织施工生产和经营管理所需的费用包括：

1. 管理人员工资：是指管理人员的基本工资、工资性补贴、职工福利费、劳动保护费。

2. 办公费：是指企业管理办公用的文具、纸张、账表、印刷、邮电、书报、会议、水电和集体取暖（包括现场临时宿舍取暖）用煤等费用。

3. 差旅交通费：是指职工因公出差、调动工作的差旅费、住勤补助费，市内交通费和误餐补助费，职工探亲路费，劳动力招募费，职工离退休、退职一次性路费，工伤人员就医路费，工地转移费以及管理部门使用的交通工具的油料、燃料、养路费等。

4. 固定资产使用费：是指管理和实验部门及附属生产单位使用的属于固定资产的房屋、设备仪器等的折旧、大修、维修或租赁费。

5. 工具用具使用费：是指管理使用的不属于固定资产的生产工具、器具、家具、交通工具和检验、实验、测绘、消防用具等的购置、维修和摊销费。

6. 劳动保险费：是指由企业支付离退休职工的异地安家补助费、职工退职金、六个月以上的病假人员工资、职工死亡丧葬补助费、抚恤金、按规定支付给离休干部的各项经费。

7. 工会经费：是指企业按职工工资总额计提的工会经费。

8. 职工教育经费：是指企业为职工学习先进技术和提高文化水平，按职工工资总额计提的费用。

9. 财产保险费：是指施工管理用财产、车辆保险。

10. 财务费：是指企业为筹集资金而发生的各种费用。

11. 税金：是指企业按规定交纳的房产税、车船使用税、土地使用税、印花税等。

12. 其他：包括技术转让费、技术开发费、业务招待费、绿化费、广告费、公证费、法律顾问费、审计费、咨询费等。

（二）规费：是指省级以上政府和有关权力部门批准必须缴纳的费用（简称规费）。规费具有强制性，属不可竞争性费用，在执行中不得随意调整。包括：

1. 工程排污费：是指施工现场按规定缴纳的工程排污费。

2. 工程定额测定费：是指按规定支付工程造价（定额）管理部门的定额测定费。

3. 社会保障费：

（1）养老保险费：是指企业按规定标准为职工缴纳的养老保险费。

（2）失业保险费：是指企业按照国家规定标准为职工缴纳的失业保险费。

（3）医疗保险费：是指企业按照国家规定标准为职工缴纳的基本医疗保险费。

4. 住房公积金：是指企业按照国家规定标准为职工缴纳的住房公积金。

5. 危险作业意外伤害保险：是指按照建筑法规定，企业为从事危险作业的建筑安装施工人员支付的意外伤害保险费。

三、利润

是指施工企业完成所承包工程获得的盈利。

四、税金

是指国家税法规定的应计入建设工程造价内的营业税、城市维护建设税、教育费附加和水利建设基金。

第二节　建设工程造价计算程序

安徽省建设工程（包括建筑、装饰装修、安装、市政、园林绿化及仿古建筑工程）实行工程量清单计价，采用综合单价法。该方法是指分部分项工程项目、施工技术措施费项目的单价采用除规费、税金外的全费用单价（综合单价）的一种计价方法，规费、税金单独计取。综合单价是指完成工程量清单中一个规定计量单位项目所需的人工费、材料费、机械使用费、企业管理费和利润，并考虑风险因素。

一、分部分项工程量清单项目、施工技术措施清单项目综合单价计算程序

（一）基本单位的分项工程综合单价计算程序。

分项综合单价是指组成某个清单项目的各个分项工程内容的综合单价，计算程序见表2。

表2　基本单位的分项工程综合单价计算程序表

序号	费用项目		计算公式
一	直接工程费		人工费+材料费+机械费
	其中	1. 人工费	
		2. 机械费	
二	企业管理费		(1+2) ×相应企业管理费费率
三	利润		(1+2) ×相应利润率
四	综合单价		一+二+三

（二）分项施工技术措施项目综合单价计算程序

分项施工技术措施项目综合单价计算程序见表3。

表3　分项施工技术措施项目综合单价计算程序表

序号	费用项目		计算公式
一	分项施工技术措施费		人工费＋材料费＋机械费
	其中	1. 人工费	
		2. 机械费	
二	企业管理费		（1＋2）×相应企业管理费费率
三	利润		（1＋2）×相应利润率
四	综合单价		一＋二＋三

（三）分部分项工程清单项目、施工技术措施清单项目综合单价计算程序。

1. 分部分项工程量清单项目综合单价是指给定的清单项目的综合单价，即基本单位的清单项目所包括的各个分项工程内容的工程量分别乘以相应综合单价的小计。

分部分项工程量清单项目综合单价＝Σ（清单项目所含分项工程内容的综合单价×其工程量）÷清单项目工程量

清单项目所含分项工程内容的综合单价可参照“安徽省建设工程消耗量定额综合单价”（建筑、装饰装修、安装、市政、园林绿化及仿古建筑工程等）。

2. 施工技术措施清单项目综合单价计算如下：

施工技术措施清单项目综合单价＝Σ（分项施工技术措施项目综合单价×其工程量）÷清单项目工程量

施工技术措施清单项目综合单价可参照“安徽省建设工程消耗量定额综合单价”（建筑、装饰装修、安装、市政、园林绿化及仿古建筑工程等）。

二、施工组织措施项目清单费计算

施工组织措施项目清单费一般按照直接工程费和施工技术措施项目费中的“人工费＋机械费”为取费基数乘以相应的费率计算。

三、单位工程造价计算程序

建设工程中各单位工程的取费基数为人工费与机械费之和，其中工程造价计算程序见表4。

表4　建设工程造价计算程序表

序号	费用项目		计算方法
一	分部分项工程量清单项目费		Σ（分部分项工程量×综合单价）
	其中	1. 人工费	
		2. 机械费	
二	措施项目清单费		（一）＋（二）
	（一）施工技术措施项目清单费		Σ（施工技术措施项目清单）×综合单价
	其中	3. 人工费	
		4. 机械费	
	（二）施工组织措施项目清单费		Σ（1＋2＋3＋4）×费率
三	其他项目清单费		按清单计价要求计算
四	规费	规费（一）	（1＋3）×规定的相应费率
		规费（二）	（一＋二＋三）×规定的相应费率
五	税金		（一＋二＋三＋四）×规定的相应费率
六	建设工程造价		一＋二＋三＋四＋五

注：规费（一）是指工程排污费、社会保障费、住房公积金、危险作业意外伤害保险费。

规费（二）是指工程定额测定费。

第三节　建设工程清单计价费用定额的适用范围

一、建筑工程

适用于一般工业与民用建筑新建、扩建项目的房屋建筑工程，各种设备基础、管道沟基础。一般炉体砌筑、场地平整，各种混凝土构件、木构件，以及附属于一个单位工程内的挖方或填方量不超过5000m^3 的土石方工程等。

二、安装工程

适用于机械设备、电气设备、热力设备，静置设备与工艺金属结构安装，工业管道工程，给排水、采暖、燃气，通风空调，消防，自动化控制仪表，炉窑砌筑，刷油、防腐绝热等安装工程。

三、装饰装修工程

适用于新建、改建建筑室内外装饰工程和二次装饰装修工程。

四、市政工程

适用于城市道路、桥涵、隧道、河道排水及护岸给排水、集中供热、燃气工程以及附属于一个单位工程内挖方或填方量不超过5000m^3 的土石方工程等。

五、园林绿化及仿古建筑工程

适用于园林景区、绿化和仿古建筑工程，以及附属于一个单位工程内挖方或填方量不超过5000m^3 土石方工程等。

六、专业工程

（一）专业土石方工程

适用于单独编制工程量清单计价的，如堤坝、沟渠、人工湖、游泳池、机场、运动场、不带基础砌筑的管道沟、场地平整等项目，或一个单位工程内挖方或填方量分别超过5000m^3 的土石方工程等。

（二）专业打桩工程

适用于单独承担各种钢筋混凝土、钢筋桩的制作、打桩工程。也适用于分包单位向总包单位的结算。

（三）钢结构工程

适用于单独承担金属结构构件的柱、梁（吊车梁）、屋架、楼梯、平台等的制作、安装工程，也适用于分包单位向总包单位的结算。

（四）构筑物及其他工程

适用于单独承担的单独车库、冷库、锅炉房、变电所、水塔、烟囱、贮藏池等。

（五）其他专业工程适用于定额所列项目以外的，经建设主管部门批准，具有专业工程资质的企业组织施工的工程项目。

第四节　建设工程取费的计算规定

1. 建设工程取费以“人工费＋机械费”为计算基数。“人工费＋机械费”是指直接工程费与施工技术措施费中的人工费与机械费之和，其中人工费不包括机上人工、机械费不包括大型机械进出场及安拆费。

2. 人工费、材料费、机械费按建设工程消耗定额项目或分部分项工程量清单项目及施工技术措施项目清单计算的人工、材料、机械台班消耗量乘以相应单价计算。

3. 措施费项目应根据省清单计价依据或措施项目清单，结合工程实际情况确定。施工技术措施费按建设工程工程量清单计价规范和相应的消耗量定额计算。施工组织措施费可按本清单费用定额计算，其中环境保护费、文明施工费、安全施工费、临时设施费组成安全防护、文明施工措施费，投标报价取费时不应低于弹性区间费率下限的90%。

4. 企业管理费费率和利润率是根据工程类别确定的。工程类别执行本清单费用定额“第三章工程类别划分标准”的规定。

5. 规费应按本清单费用定额规定的费率计取。其中规费费率中不含危险作业意外伤害保险费，该费按各市有关规定计算。

6. 税金应按本清单费用定额规定费率计取，以“直接费 + 间接费 + 利润”为计算基数乘以相应的费率。

7. 缩短工期措施费以工期缩短的比例计取。工期缩短的比例 = [（合同工期 - 定额工期）/定额工期] ×100%。如果缩短工期比例在30%以上者，应由专家评委审定其措施方案及相应的费用，才能认定。定额工期执行安徽省现行工期定额。无工期定额参考的工程，此项费用确定，协商解决。计取缩短工期措施费的工程，不应同时计取夜间施工费。

8. 本清单费用定额水平是以2005年版安徽省建设工程清单计价消耗量定额及其综合单价为基础编制的，有关费用项目的费率水平应随着取费基数的变化而作相应的调整。

9. 本清单费用定额费率是按单位工程综合测定的。若按规定发生专业工程分包时，总承包单位可按分包工程造价的1% ~3%向发包方计取总承包服务费。发包与总承包双方应在施工合同中约定或明确总承包服务的内容及费率。

10. 工程保险费、风险费应按有关规定在合同中约定。

11. 有毒害气体保健津贴：指建设施工企业到有毒害气体的厂矿进行施工时，原则上按有关专业定额计算，无规定时按进入有毒害气体现场施工的职工，比照建设单位职工享有的保健津贴发放。其津贴的计算按实际施工出勤的工日数，将应发津贴列入工程结算中。所计取的保健津贴费用，除计取税金外不得计取其他各项费用。

12. 返工损失费：由于设计或发包人的责任，而发生的返工损失费用，由设计单位或发包人负责。

13. 施工现场用水、电费，原则上承包方进入施工现场后单独装表，分户结算，如未单独装表，其水、电费用应返还给发包方，具体返还比例双方应根据实际情况确定。

14. 检验试验费：可按材料费的0.20%计取，构成工程的材料费。

15. 零星工作项目费可根据拟建工程具体情况，按分部分项工程费的2%以内计取，应详细列出人工、材料、机械的名称、计量单位和相应的数量。

16. 签证工：是指发包方向承包方借用工人，完全属于发包方自己负责的工程，以及施工前期属于发包方负责的准备工作，而交由承包方代行完成的用工。签证工工资单价一律按25元/工日计取，计取的费用除计取税金外，不得计取其他各项费用。少量零星无定额可查的项目，采用点工的，其点工比照签证工计算。

17. 停、窝工损失费：是指承包方按合同规定或双方协定的条款进入现场后，如因设计或发包方责任造成停窝工损失的费用，应由发包方负责。内容主要包括：在停窝工期间的现场施工机械停滞费、现场工人的工资及周转性材料的维护和摊销费。施工机械停窝工损失费以定额中机械台班的停滞费乘以停滞台班量计算。工人停窝工损失费：停窝工总工日数乘以每工日单价，再以停窝工工资总额的30%作为管理费。其中停滞台班量和工人停窝工总工日数，均应扣除法定节、假日。周转性材料的停窝工损失费可按实结算。按上述规定计算的停窝工损失费总和后，只计取税金。

18. 劳动保险行业统筹费（简称劳保费）应按各市建设行政主管部门规定实施。

第二章　建设工程清单计价取费费率

第一节　建筑工程取费费率

一、建筑工程施工技术措施费

建筑工程施工技术措施费按建筑工程计价规范和建筑工程消耗量定额规定执行。

二、建筑工程施工组织措施费费率

定额编号	项目名称		计算基数	费率（%）
A1	施工组织措施费			
A1－1	环境保护费		人工费＋机械费	0.4～1.0
A1－2	文明施工费			
A1－2.1	其中	非市区工程	人工费＋机械费	3.2～4.0
A1－2.2		市区工程	人工费＋机械费	4.0～6.0
A1－3	安全施工费		人工费＋机械费	3.0～5.0
A1－4	临时设施费		人工费＋机械费	4.8～9.2
A1－5	夜间施工费		人工费＋机械费	0.0～0.2
A1－6	缩短工期措施费			
A1－6.1	其中	缩短工期10%以内	人工费＋机械费	0.0～2.5
A1－6.2		缩短工期10%以内	人工费＋机械费	2.5～3.5
A1－6.3		缩短工期30%以内	人工费＋机械费	3.5～4.5
A1－7	二次搬运费		人工费＋机械费	0.9～1.3
A1－8	已完工程及设备保护费		人工费＋机械费	0.0～0.1
A1－9	冬雨季施工增加费		人工费＋机械费	1.3～3.0
A1－10	工程定位复测、工程点交、场地清理费		人工费＋机械费	2.0～4.5
A1－11	生产工具用具使用费		人工费＋机械费	1.8～3.5

注：专业工程施工组织措施费费率乘以系数0.6。

三、建筑工程企业管理费费率

定额编号	项目名称	计算基数	费率（%）		
			一类	二类	三类
A2	企业管理费				
A2－1	民用建筑工程	人工费＋机械费	31～36	25～30	19～24
A2－2	工业建筑工程	人工费＋机械费	26～31	20～25	14～19
A2－3	钢结构工程	人工费＋机械费	20～25	14～19	8～13
A2－4	构筑物及其他	人工费＋机械费	31～36	25～30	19～24
A2－5	专业土石方工程	人工费＋机械费	—	9～14	5～8
A2－6	专业打桩工程	人工费＋机械费	18～23	12～17	6～11
A2－7	其他专业工程	人工费＋机械费	—	14～19	—

四、建筑工程利润率

定额编号	项目名称	计算基数	费率（%）		
			一类	二类	三类
A3	利　润				
A3－1	民用建筑工程	人工费＋机械费	23～27	18～22	13～17
A3－2	工业建筑工程	人工费＋机械费	20～23	16～19	12～15
A3－3	钢结构工程	人工费＋机械费	14～16	11～13	8～10
A3－4	构筑物及其他	人工费＋机械费	18～21	14～17	10～13
A3－5	专业土石方工程	人工费＋机械费	—	11～14	6～10
A3－6	专业打桩工程	人工费＋机械费	13～16	9～12	5～8
A3－7	其他专业工程	人工费＋机械费	—	8～13	—

五、建筑工程规费费率

定额编号	项目名称	计算基数	费率（%）
A4	规费		
A4－1	社会保障费		
A4－1.1	养老保险费	分部分项项目清单人工费＋施工技术措施项目清单人工费	20～35
A4－1.2	失业保险费	分部分项项目清单人工费＋施工技术措施项目清单人工费	2～4
A4－1.3	医疗保险费	分部分项项目清单人工费＋施工技术措施项目清单人工费	8～15
A4－2	住房公积金	分部分项项目清单人工费＋施工技术措施项目清单人工费	10～20
A4－3	危险作业意外保险费	分部分项项目清单人工费＋施工技术措施项目清单人工费	0.5～1.0
A4－4	工程排污费	按工程所在地环保部门规定计取	
A4－5	工程定额测定费	税前工程造价	0.124

六、建筑工程税金费率

定额编号	项目名称	计算基数	费率（%）		
			市区	城（镇）	其他
A5	税金	分部分项工程项目清单费＋措施项目清单费＋其他项目清单费＋规费	3.475	3.410	3.282
A5－1	税费	分部分项工程项目清单费＋措施项目清单费＋其他项目清单费＋规费	3.413	3.348	3.220
A5－2	水利建设基金	分部分项工程项目清单费＋措施项目清单费＋其他项目清单费＋规费	0.062	0.062	0.062

注：税费包括营业税、城市建设维护税及教育费附加。

第二节　装饰装修工程取费费率

一、装饰装修工程施工技术措施费

装饰装修工程施工技术措施费按装饰装修工程计价规范和装饰装修工程消耗量定额规定执行。

二、装饰装修工程施工组织措施费费率

定额编号	项目名称		计算基数	费率（%）
B1	施工组织措施费			
B1－1	环境保护费		人工费＋机械费	0.3～1.0
B1－2	文明施工费			
B1－2.1	其中	非市区工程	人工费＋机械费	3.1～4.3
B1－2.2		市区工程	人工费＋机械费	4.3～5.4
B1－3	安全施工费		人工费＋机械费	2.5～5.0
B1－4	临时设施费		人工费＋机械费	4.0～8.8
B－5	夜间施工费		人工费＋机械费	0.0～0.2
B1－6	缩短工期措施费			
B1－6.1	其中	缩短工期10%以内	人工费＋机械费	0.0～1.8
B1－6.2		缩短工期20%以内	人工费＋机械费	1.8～2.7
B1－6.3		缩短工期30%以内	人工费＋机械费	2.7～3.6
B1－7	二次搬运费		人工费＋机械费	1.9～2.5
B1－8	已完工程及设备保护费		人工费＋机械费	0.3～1.0
B1－9	冬雨季施工增加费		人工费＋机械费	1.3～2.2
B1－10	工程定位复测、工程点交、场地清理费		人工费＋机械费	1.6～2.8
B1－11	生产工具用具使用费		人工费＋机械费	1.9～3.6

注：专业工程施工组织措施费费率乘以系数0.6。

三、装饰装修工程企业管理费费率

定额编号	项目名称	计算基数	费率（%）		
			一类	二类	三类
B2	企业管理费				
B2－1	一般装饰工程	人工费＋机械费	35～40	29～34	23～28
B2－2	住宅装饰工程	人工费＋机械费	30～35	24～29	18～23
B2－3	专业幕墙工程	人工费＋机械费	32～37	26～31	20～25

注：1．专业幕墙工程适用于单独承包的工程项目。

2．幕墙的试验费未包括，设计有要求时另行计算。

四、装饰装修工程利润率

定额编号	项目名称	计算基数	费率（%）		
			一类	二类	三类
B3	利　润				
B3－1	一般装饰工程	人工费＋机械费	27～32	21～26	15～20
B3－2	住宅装饰工程	人工费＋机械费	22～27	16～21	10～15
B3－3	专业幕墙工程	人工费＋机械费	24～29	18～23	12～17

注：1．专业幕墙工程适用于单独承包的工程项目。

2．幕墙的试验费未包括，设计有要求时另行计算。

五、装饰装修工程规费费率

定额编号	项目名称	计算基数	费率（%）
B4	规　费		
B4－1	社会保障费		
B4－1.1	养老保险费	分部分项项目清单人工费＋施工技术措施项目清单人工费	20～35
B4－1.2	失业保险费	分部分项项目清单人工费＋施工技术措施项目清单人工费	2～4
B4－1.3	医疗保险费	分部分项项目清单人工费＋施工技术措施项目清单人工费	8～15
B4－2	住房公积金	分部分项项目清单人工费＋施工技术措施项目清单人工费	10～20
B4－3	危险作业意外保险费	分部分项项目清单人工费＋施工技术措施项目清单人工费	0.5～1.0
B4－4	工程排污费	按工程所在地环保部门规定计取	
B4—5	工程定额测定费	税前工程造价	0.124

六、装饰装修工程税金费率

定额编号	项目名称	计算基数	费率（%）		
			市区	城（镇）	其他
B5	税金	分部分项工程项目清单费＋措施项目清单费＋其他项目清单费＋规费	3.475	3.410	3.282
B5－1	税费	分部分项工程项目清单费＋措施项目清单费＋其他项目清单费＋规费	3.413	3.348	3.220
B5－2	水利建设基金	分部分项工程项目清单费＋措施项目清单费＋其他项目清单费＋规费	0.062	0.062	0.062

注：税费包括营业税、城市建设维护税及教育费附加。

第三节　安装工程取费费率

一、安装工程施工技术措施费

安装工程施工技术措施费按安装工程计价规范和安装工程消耗量定额规定执行。

二、安装工程施工组织措施费费率

定额编号	项目名称		计算基数	费率（%）
C1	施工组织措施费			
C1-1	环境保护费		人工费+机械费	0.2~0.9
C1-2	文明施工费		人工费+机械费	1.5~4.2
C1-3	安全施工费		人工费+机械费	1.6~3.6
C1-4	临时设施费		人工费+机械费	4.2~7.0
C1-5	夜间施工费		人工费+机械费	0.0~0.2
C1-6	缩短工期措施费			
C1-6.1	其中	缩短工期10%以内	人工费+机械费	0.0~2.5
C1-6.2		缩短工期20%以内	人工费+机械费	2.5~4.0
C1-6.3		缩短工期30%以内	人工费+机械费	4.0~6.0
C1-7	二次搬运费		人工费+机械费	0.6~1.3
C1-8	已完工程及设备保护费		人工费+机械费	0.0~0.3
C1-9	冬雨季施工增加费		人工费+机械费	1.1~2.0
C1-10	工程定位复测、工程点交、场地清理费		人工费+机械费	0.4~1.0
C1-11	生产工具用具使用费		人工费+机械费	0.9~2.1

三、安装工程企业管理费费率

定额编号	项目名称	计算基数	费率（%）		
			一类	二类	三类
C2	企业管理费				
C2-1	机械设备、热力设备、静止设备与工艺金属结构	人工费+机械费	30~35	24~29	18~23
C2-2	工业管道及水、暖、通风、消防管道	人工费+机械费	35~40	29~34	23~28
C2-3	电气、智能化、自动化控制及消防电气	人工费+机械费	37~42	31~36	25~30
C2-4	炉窑砌筑工程	人工费+机械费	30~40	19~29	—

四、安装工程利润率

定额编号	项目名称	计算基数	费率（%）		
			一类	二类	三类
C3	利　润				
C3-1	机械设备、热力设备、静止设备与工艺金属结构	人工费+机械费	16~21	10~15	4~9
C3-2	工业管道及水、暖、通风、消防管道	人工费+机械费	21~26	15~20	9~14
C3-3	电气、智能化、自动化控制及消防电气	人工费+机械费	25~30	19~24	13~18
C3-4	炉窑砌筑工程	人工费+机械费	15~20	9~14	—

五、安装工程规费费率

定额编号	项目名称	计 算 基 数	费率（%）
C4	规 费		
C4－1	社会保障费		
C4－1.1	养老保险费	分部分项项目清单人工费＋施工技术措施项目清单人工费	20～35
C4－1.2	失业保险费	分部分项项目清单人工费＋施工技术措施项目清单人工费	2～4
C4－1.3	医疗保险费	分部分项项目清单人工费＋施工技术措施项目清单人工费	8～15
C4－2	住房公积金	分部分项项目清单人工费＋施工技术措施项目清单人工费	10～20
C4－3	危险作业以外保险	分部分项项目清单人工费＋施工技术措施项目清单人工费	0.5～1.0
C4－4	工程排污费	按工程所在地环保部门规定计取	
C4－5	工程定额测定费	税前工程造价	0.124

六、安装工程税金费率

定额编号	项目名称	计算基数	费率（%）		
			市区	城（镇）	其他
C5	税金	分部分项工程项目清单费＋措施项目清单费＋其他项目清单费＋规费	3.475	3.410	3.282
C5－1	税费	分部分项工程项目清单费＋措施项目清单费＋其他项目清单费＋规费	3.413	3.348	3.220
C5－2	水利建设基金	分部分项工程项目清单费＋措施项目清单费＋其他项目清单费＋规费	0.062	0.062	0.062

注：税费包括营业税、城市建设维护税及教育费附加。

第四节　市政工程取费费率

一、市政工程施工技术措施费

市政工程施工技术措施费按市政工程计价规范和市政工程消耗量定额规定执行。

二、市政工程施工组织措施费费率

定额编号	项目名称		计算基数	费率（%）
D1	施工组织措施费			
D1－1	环境保护费		人工费＋机械费	0.3～1.0
D1－2	文明施工费		人工费＋机械费	1.3～4.5
D1－3	安全施工费		人工费＋机械费	1.3～3.2
D1－4	临时设施费		人工费＋机械费	4.0～5.6
D1－5	夜间施工费		人工费＋机械费	0.0～0.4
D1－6	缩短工期措施费			
D1－6.1	其中	缩短工期10%以内	人工费＋机械费	0.0～2.0
D1－6.2		缩短工期20%以内	人工费＋机械费	2.0～3.1
D1－6.3		缩短工期30%以内	人工费＋机械费	3.1～4.0
D1－7	二次搬运费		人工费＋机械费	0.5～1.2
D1－8	已完工程及设备保护费		人工费＋机械费	0.0～0.1
D1－9	冬雨季施工增加费		人工费＋机械费	1.5～3.0
D1－10	工程定位复测、工程点交、场地清理费		人工费＋机械费	0.6～1.5
D1－11	生产工具用具使用费		人工费＋机械费	0.8～1.9

三、市政工程企业管理费费率

定额编号	项目名称	计算基数	费率（%）		
			一类	二类	三类
D2	企业管理费				
D2-1	土石方工程	人工费+机械费	—	—	4~9
D2-2	道路工程	人工费+机械费	22~27	16~21	10~15
D2-3	桥涵工程	人工费+机械费	27~32	21~26	15~20
D2-4	隧道工程	人工费+机械费	16~21	10~15	4~9
D2-5	给排水、燃气、供热工程	人工费+机械费	18~23	12~17	6~11
D2-6	河道防洪护岸工程	人工费+机械费	—	15~20	9~14
D2-7	路灯或交通设施工程	人工费+机械费	—	15~20	—

四、市政工程利润率

定额编号	项目名称	计算基数	费率（%）		
			一类	二类	三类
D3	利　　润				
D3-1	土石方工程	人工费+机械费	—	—	3~8
D3-2	道路工程	人工费+机械费	18~23	12~17	6~11
D3-3	桥涵工程	人工费+机械费	18~23	12~17	6~11
D3-4	隧道工程	人工费+机械费	14~19	8~13	2~7
D3-5	给排水、燃气、供热工程	人工费+机械费	15~20	9~14	3~8
D3-6	河道防洪护岸工程	人工费+机械费	—	8~13	2~7
D3-7	路灯或交通设施工程	人工费+机械费	—	7~12	—

五、市政工程规费费率

定额编号	项目名称	计算基数	费率（%）
D4	规　　费		
D4-1	社会保障费		
D4-1.1	养老保险费	分部分项项目清单人工费+施工技术措施项目清单人工费	20~35
D4-1.2	失业保险费	分部分项项目清单人工费+施工技术措施项目清单人工费	2~4
D4-1.3	医疗保险费	分部分项项目清单人工费+施工技术措施项目清单人工费	8~15
D4-2	住房公积金	分部分项项目清单人工费+施工技术措施项目清单人工费	10~20
D4-3	危险作业以外保险	分部分项项目清单人工费+施工技术措施项目清单人工费	0.5~1.0
D4-4	工程排污费	按工程所在地环保部门规定计取	
D4—5	工程定额测定费	税前工程造价	0.124

六、市政工程税金费率

定额编号	项目名称	计算基数	费率（%）		
			市区	城（镇）	其他
D5	税金	分部分项工程项目清单费+措施项目清单费+其他项目清单费+规费	3.475	3.410	3.282
D5-1	税费	分部分项工程项目清单费+措施项目清单费+其他项目清单费+规费	3.413	3.348	3.220
D5-2	水利建设基金	分部分项工程项目清单费+措施项目清单费+其他项目清单费+规费	0.062	0.062	0.062

注：税费包括营业税、城市建设维护税及教育费附加。

第五节　园林绿化及仿古建筑工程取费费率

一、园林绿化及仿古建筑工程施工技术措施费

园林绿化及仿古建筑工程技术措施费按园林绿化及仿古建筑工程计价规范和消耗量定额规定执行。

二、园林绿化及仿古建筑工程组织措施费费率

定额编号	项目名称		计算基数	费率（%）
E1	施工组织措施费			
E1－1	环境保护费		人工费＋机械费	0.3～0.8
E1－2	文明施工费		人工费＋机械费	1.0～3.2
E1－3	安全施工费		人工费＋机械费	1.2～2.8
E1－4	临时设施费		人工费＋机械费	3.5～5.1
E1－5	夜间施工费		人工费＋机械费	0.0～0.3
E1－6	缩短工期措施费			
E1－6.1	其中	缩短工期10%以内	人工费＋机械费	0.0～2.1
E1－6.2		缩短工期20%以内	人工费＋机械费	2.1～3.1
E1－6.3		缩短工期30%以内	人工费＋机械费	3.1～4.1
E1－7	二次搬运费		人工费＋机械费	0.1～0.3
E1－8	已完工程及设备保护费		人工费＋机械费	0.0～0.2
E1－9	冬雨季施工增加费		人工费＋机械费	1.3～2.4
E1－10	工程定位复测、工程点交、场地清理费		人工费＋机械费	0.6～2.5
E1－11	生产工具用具使用费		人工费＋机械费	0.8～1.9

三、园林绿化及仿古建筑工程企业管理费费率

定额编号	项目名称	计算基数	费率（%）		
			一类	二类	三类
E2	企业管理费				
E2－1	园林绿化及仿古建筑工程	人工费＋机械费	27～32	21～26	15～20

四、园林绿化及仿古建筑工程利润率

定额编号	项目名称	计算基数	费率（%）		
			一类	二类	三类
E3	利　润				
E3－1	园林绿化及仿古建筑工程	人工费＋机械费	22～27	16～21	10～15

五、园林绿化及仿古建筑工程规费费率

定额编号	项目名称	计算基数	费率（%）
E4	规　费		
E4－1	社会保障费		
E4－1.1	养老保险费	分部分项工程项目清单人工费＋施工技术措施项目清单人工费	20～35
E4－1.2	失业保险费	分部分项工程项目清单人工费＋施工技术措施项目清单人工费	2～4

续表

定额编号	项目名称	计算基数	费率（%）
E4－1.3	医疗保险费	分部分项工程项目清单人工费＋施工技术措施项目清单人工费	8～15
E4－2	住房公积金	分部分项工程项目清单人工费＋施工技术措施项目清单人工费	10～20
E4－3	危险作业以外保险	分部分项工程项目清单人工费＋施工技术措施项目清单人工费	0.5～1.0
E4－4	工程排污费	按工程所在地环保部门规定计取	
E4－5	工程定额测定费	税前工程造价	0.124

六、园林绿化及仿古建筑工程税金费率

定额编号	项目名称	计算基数	费率（%）		
			市区	城（镇）	其他
E5	税金	分部分项工程项目清单费＋措施项目清单费＋其他项目清单费＋规费	3.475	3.410	3.282
E5－1	税费	分部分项工程项目清单费＋措施项目清单费＋其他项目清单费＋规费	3.413	3.348	3.220
E5－2	水利建设基金	分部分项工程项目清单费＋措施项目清单费＋其他项目清单费＋规费	0.062	0.062	0.062

第三章　建设工程清单计价取费工程类别划分标准

第一节　建筑工程取费工程类别划分标准

一、建筑工程取费工程类别划分标准

工程 \ 类别			一类	二类	三类
工业建筑	单层	高度 H（m）	$H>18$	$18\geq H>12$	$H\leq 12$
		跨度 L（m）	$L>36$	$36\geq L>24$	$L\leq 24$
	多层	高度 H（m）	$H>35$	$35\geq H>20$	$H\leq 20$
		面积 S（m^2）	$S>20000$	$20000\geq S>10000$	$S\leq 10000$
民用建筑	居住建筑	高度 H（m）	$H>88$	$88\geq H>45$	$H\leq 45$
		层数 N	$N>28$	$28\geq N>14$	$14\geq N>6$
		地下室层数 N	$N>1$	1	半地下室
	公共建筑	高度 H（m）	$H>65$	$65\geq H>25$	$H\leq 25$
		层数 N	$N>18$	$18\geq H>6$	$N\leq 6$
		地下室层数 N	$N>1$	1	
	特殊建筑	跨度 L（m）	$L>36$	$36\geq L>24$	$L\leq 24$
		面积 S（m^2）	$S>10000$	$10000\geq S>5000$	$S\leq 5000$
钢结构	单层	跨度 L（m）	$L>45$	$45\geq L>30$	$L\leq 30$
	多层	层数 N	$N>18$	$18\geq N>6$	$N\leq 6$

续表

工程		类别	一类	二类	三类
构筑物及其他	单独车库	层数 N（m）	$N>6$	$6\geqslant N>2$	$N\leqslant 2$
		面积 S（m^2）	$S>20000$	$20000\geqslant S>10000$	$S\leqslant 10000$
	冷库	容积 Q（m^3）	$Q>5000$	$5000\geqslant Q>1000$	$Q\leqslant 1000$
	锅炉房	单炉总蒸发量 Q（t/h）	$Q>50$	$50\geqslant Q>10$	$Q\leqslant 10$
	变电所	变压器总量 Q（kV·A）		$Q>1000$	$Q\leqslant 1000$
	水塔	容量 Q（m^3）	$Q>100$	$100\geqslant Q>50$	$Q\leqslant 50$
		高度 H（m）	$H>70$	$70\geqslant H>30$	$H\leqslant 30$
	烟囱	高度 H（m）	$H>120$	$120\geqslant H>70$	$H\leqslant 70$
	贮油（水）池	容量 Q（t）	$Q>3000$	$3000\geqslant H>1000$	$Q\leqslant 1000$
	贮仓	高度 H（m）	$H>30$	$30\geqslant H>15$	$H\leqslant 15$
专业工程	土石方工程			深度6m以上的基坑开挖	1. 深度6m以下的基坑开挖 2. 平基土方
	打桩工程		1. 接桩二次； 2. 25m以上预制桩； 3. 36m以上钢筋混凝土管桩； 4. 45m以上灌注桩	1. 接桩一次； 2. 25m以下预制桩； 3. 36m以下钢筋混凝土管桩； 4. 45m以下灌注桩5. 15m以上人工挖孔桩	1. 18m以下预制桩； 2. 25m以下灌注桩； 3. 15m以下人工挖孔桩； 4. 木桩、砂桩、砂石桩、旋喷桩、水泥搅拌桩、钢板桩、树根桩、混凝土板桩、压密注浆帽杆桩

二、工程类别划分说明

1. 建筑工程类别是根据单位工程的规模、高度、跨度、层数和施工技术难易程度来划分的。

（1）高度：指建（构）筑物从设计室外地坪至建筑物檐口底的高度。不包括突出屋面的电梯机房、屋顶亭子间及屋顶水箱的高度。

（2）跨度：指结构设计定位轴线之间的距离。

（3）层数：指设计的层数（含地下室、半地下室的层数）。阁楼层、面积小于标准层30%的顶层及层高在2.2m以下的地下室或技术设备层不计算层数。

（4）面积：指按安徽省建筑工程消耗量定额中的建筑面积计算规则计算的建筑面积。

（5）居住建筑：指住宅、宿舍、商住楼等建筑物。

（6）公共建筑：指综合楼、办公楼、教学楼、宾馆、酒店、食堂、礼堂、图书馆等建筑物。

（7）特殊建筑：指影剧院、体育馆、展览馆、艺术中心、高级会堂等建筑物。

（8）地下室：指室内地坪低于室外地坪1/2层高以上的建筑工程。

（9）半地下室：指室内地坪低于室外地坪1m以上，小于1/2层高的建筑工程。

2. 单位工程有三个条件的，凡符合两个或两个以上条件的执行相应类别标准，只符合一个条件的，按低一类标准执行。单位工程有两个条件的，只要符合其中一个条件，则按相应类别标准执行。

3. 单位工程有不同层数，高层部分的建筑面积占单位工程总建筑面积30%以上者，按高层部分的层数、高度划分工程类别，否则按低层部分划分工程类别。

4. 六层以下居住建筑除别墅按三类工程费率外，其他按三类工程费率乘以0.8系数。

5. 地下室三层及三层以上符合二类、三类的工程按相应规定提高一个类别。

6. 工业建筑有声、光、超静、恒温、无菌等特殊要求者，当其建筑面积占总面积1/4以上的，可提高一个类别取费。

7. 单层或多层工业厂房相连的附属生活用房按工业厂房类别执行。

8. 多跨工业建筑物按最大跨度划分工程类别。

9. 各类别中均包括附属于本类别工程的围墙、道路、传达室等附属工程，如单独承发包附属工程时按三类工程费率乘以系数0.8。

10. 双曲线冷却塔均按水塔一类，其他冷却塔均按水塔二类。

11. 专业工程也适用于市政、园林绿化及仿古建筑工程。

第二节　装饰装修工程取费工程类别划分标准

一、装饰工程取费工程类别划分表

类别 工程	一类	二类	三类
宾馆、饭店装饰 （一般装饰工程）	4、5星级	3星级	2星级及以内
住宅及其他 建筑装饰工程	高级装饰	中级装饰	普通装饰
单独幕墙工程	高度50m以上的幕墙， 或单项面积5000m^{2}以上	高度30m以上的幕墙， 或单项面积3000m^{2}以上	高度30m以下的幕墙， 单项面积3000m^{2}以下

二、工程类别划分标准说明

1. 装饰工程类别是根据建筑装饰标准划分的。

2. 宾馆、饭店星级是执行国家旅游局或其他管理部门制定的标准。

3. 住宅及其他建筑装饰工程的具体装饰标准如下表：

项目	高级装饰	中级装饰	一般装饰
墙面	干挂石材、铝合金条板、镶贴石材、高级涂料、贴壁纸、锦缎软包、镶板地面、幕墙、金属装饰板、造型木墙裙	贴面砖、高级涂料、贴壁纸、镶贴大理石、木墙裙	勾缝、水刷石、干粘石、一般涂料
天棚	高级涂料、造型吊项、金属吊顶、壁纸	高级涂料、吊顶、壁纸	一般涂料
楼地面	大理石、花岗岩、木地板、地毯楼地面	水磨石、块料、木地板、地毯楼地面	水泥、混凝土、塑料涂料、水磨石楼地面
门、窗	彩板、塑钢、铝合金、硬木、不锈钢门（窗）	彩板、塑钢、铝合金、松木门（窗）	松木、钢木门（窗）

注：1. 高级装饰：墙面、楼地面每项分别满足3个及3个以上高级装修项目，天棚、门窗每项分别满足2个及2个以上高级装修项目，并且每项装修项目的面积之和占相应装修项目面积70%以上者为高级装饰。

2. 中级装饰：墙面、楼地面、天棚、门窗每项分别是2个及2个以上中级装修项目，并且每项装修项目的面积之和占相应装修项目面积70%以上者为中级装饰。

第三节　安装工程取费工程类别划分标准

一、安装工程取费工程类别划分表

类别 工程	一类	二类	三类
机械设备安装工程	1. 台重30t以上各类机械设备安装； 2. 起重量20t以上起重设备及相应轨道安装； 3. 半自动机床安装； 4. 工业炉设备安装； 5. 直流集控、快速电梯安装或直流、集控高速电梯安装； 6. 1500kW以上压缩机组（风机）泵类安装； 7. 起重能力100t·m以上塔式起重机及相应轨道安装； 8. 精密数控机床安装； 9. 成套引进设备安装，自动加工线安装	1. 台重10t以上各类机械设备安装； 2. 起重量5t以上起重设备及相应轨道安装； 3. 煤气发生设备安装； 4. 输送设备安装； 5. 交流、半自动低速货梯安装； 6. 1000kW以上压缩机组（风机）泵类安装； 7. 交流、集控低速电梯安装	1. 台重10t以下各类机械设备安装； 2. 其他机械及附属设备安装； 3. 起重量5t以下起重设备及相应轨道安装； 4. 1000kW以下压缩机组（风机）泵类安装
热力设备安装工程	A、B级锅炉热力设备及其附属设备安装	C、D级锅炉热力设备及其附属设备安装	E级锅炉安装
工业管道安装工程	1. Ⅰ、Ⅱ、Ⅲ类管道安装； 2. 铝及铝合金管道安装； 3. 钛管、镍管安装	Ⅳ、Ⅴ类管道安装	1. 非金属低压管道安装； 2. 铸铁给排水管道安装
通风、空调安装工程	净化、超净、恒温、恒湿通风管道系统安装	1. 集中空调系统安装； 2. 除尘、排毒、排烟系统制作安装	1. 一般机械通风设备及其系统、分体式空调机、窗式空调器等安装； 2. 轴流通风机、排风扇和自然通风工程
自动化控制装置及仪表安装工程	微机控制自动化装置及仪表安装调试	指示记录型单独控制及显示自动化装置及仪表安装、调试	除一类、二类工程以外的其他自动化控制装置及仪表安装
电气设备安装工程	35kV及以下变配电所电气安装、调试	10kV及以下变配电所电气安装、调试及配电线路安装等	1kV及以下变配电所电气、低压配电设备安装调试及配电线路安装等
静置设备与工艺金属结构工程	1. Ⅱ、Ⅲ类容器现场制作、安装； 2. 台重50t以上设备制作、安装； 3. 容量10000m³以上金属油罐、容量5000m³以上气柜制作、安装； 4. 跨距20m以上或单重5t以上金属结构制作、安装； 5. 100t以上火炬、排气筒制作、安装	1. Ⅰ类容器现场制作、安装； 2. 台重30t以上设备制作、安装； 3. 容量5000m³以上金属油罐、容量1000m³以上气柜制作、安装； 4. 跨距12m以上或单重3t以上金属结构制作、安装； 5. 100t以下火炬、排气筒制作、安装	1. 台重30t以下设备制作、安装； 2. 常压容器制作； 3. 容量5000m³以下金属油罐、容量1000m³以下气柜制作、安装； 4. 跨距12m以下或单重3t以下金属结构制作、安装

续表

类别 工程	一类	二类	三类
给排水、采暖、燃气安装工程	1. 管外径630mm以上厂区（室外）煤气管网安装； 2. 管外径720mm以上厂区（室外）采暖管网安装	1. 管外径630mm以下厂区（室外）煤气管网安装； 2. 管外径720mm以下厂区（室外）采暖管网安装； 3. ϕ300mm以上厂区（室外）供水管网安装； 4. ϕ600mm以上厂区（室外）排水管网安装	1. ϕ300mm以下厂区（室外）供水管网安装； 2. ϕ600mm以下厂区（室外）排水管网安装
消防及安全防范设备安装工程	火灾自动报警系统安装、调试及监控设备安装调试	水灭火系统安装、调试	气体灭火系统及泡沫灭火系统安装、调试
炉窑砌筑工程	专业炉窑砌筑	一般工业炉窑砌筑	—

二、工程类别划分说明

1. 安装工程以单位工程为类别划分单位。符合以下规定者为单位工程：

（1）建筑设备安装工程和民用建筑物或构筑物合并为单位工程，建筑设备安装工程同建筑工程类别（不包括单位锅炉房、变电所）。

（2）新建或扩建的住宅区、厂区的室外给水、排水、供热、燃气等建筑管道安装工程；室外的架空线路、电缆线路、路灯等建筑电气安装工程均为单位工程。

（3）厂区内的室外给水、排水、热力、煤气管道安装；架空线路、电缆线路安装；龙门起重机、固定式胶带输送机安装；拱顶罐、球型罐制作、安装；焦炉、高炉及热风炉砌筑等各自为单位工程。

（4）工业建筑物或构筑物的安装工程各自为单位工程。

（5）工业建筑室内的上下水、暖气、煤气、卫生、照明等工程由建筑单位施工时，应同建筑工程类别执行。

2. 安装单位工程中，有几个分部（专业）工程类别时，以最高分部（专业）类别为单位工程类别。分部（专业）工程类别中由几个特征时，凡符合其中之一者，即为该类工程。

3. 在单位工程内，如仅有一个分部（专业）工程时，则该分部（专业）工程即为单位工程。

4. 一个类别工程中，部分子目套用其他工程子目时，按主册类别执行。

5. 安装工程中的刷油、绝热、防腐蚀工程，不单独划分类别，归并在所属类别中。单独刷油、防腐蚀、绝热工程按相应工程三类取费。

6. 智能化安装工程均按一类工程取费。

第四节　市政工程取费工程类别划分标准

一、市政工程取费工程类别划分表

类别 工程	一类	二类	三类
土石方工程	—	挖或填土石方量>3000m^3且≤5000m^3	挖或填土石方量≥3000m^3
道路工程	城市高速干道	1. 城市主干道、次干道； 2. 10000m^2以上广场、5000m^2以上停车场； 3. 带400m标准跑道的运动场	1. 支路、街道、居民（厂）区道路； 2. 单独的人行道工程、广场及路面维修； 3. 10000m^2以下广场、5000m^2以下停车场； 4. 运动场

续表

类别 / 工程	一类	二类	三类
桥涵工程	1. 层数三层以上的立交桥； 2. 单孔最大跨径40m以上的桥梁； 3. 拉索桥； 4. 箱涵过水断面积≥$6m^2$	1. 三层以下立交桥、人行地道； 2. 单孔最大跨径20m以上的桥梁； 3. 高架路； 4. 箱涵过水断面积<$6m^2$	1. 单孔最大跨径20m以下的桥梁； 2. 涵洞； 3. 人行天桥
隧道工程	1. 水底隧道； 2. 垂直顶升隧道； 3. 截面宽度9m以上	截面宽度6m以上	截面宽度6m以下
给水、排水工程	1. 日生产能力20万t以上的自来水厂； 2. 日处理能力20万t以上的污水处理厂； 3. 日处理能力10万t以上的单独排水泵站； 4. 管径1200mm以上的给水管道； 5. 管径1800mm以上的排水管道； 6. 顶管工程	1. 日生产能力8万t以上的自来水厂； 2. 日处理能力10万t以上的污水处理厂； 3. 日处理能力5万t以上的单独排水泵站； 4. 管径600mm以上的给水管道； 5. 管径1000mm以上的排水管道； 6. 给排水构筑物	1. 日生产能力8万t以上的自来水厂； 2. 日处理能力10万t以上的污水处理厂； 3. 日处理能力5万t以上的单独排水泵站； 4. 管径600mm以内的给水管道； 5. 管径1000mm以内的排水管道
燃气、供热工程	1. 管径630mm以上的燃气管道； 2. 管外径900mm以上的供热管道	1. 管径325mm以上的燃气管道； 2. 管外径600mm以上的供热管道	1. 管径325mm以下的燃气管道； 2. 管外径600mm以下的供热管道
河道防洪及护岸工程	—	单独防洪工程	单独护岸、护坡及土堤
路灯工程	—	路灯安装大于30根，且包含20m以上的高杆灯安装大于4根的工程	二类工程以外的其他工程

二、工程类别划分说明

（一）土石方工程

附属于一个单位工程内挖或填方量不超过$5000m^3$的土石方工程，按土石方工程类别执行；单独编制工程量清单计价的或一个单位工程内挖方或填方分别超过$5000m^3$的土石方工程执行专业土石方工程。

（二）道路工程

道路工程按道路交通功能分类：

1. 高速干道：城市道路设有中央分隔带，具有四条以上车道，全部或部分采用立体交叉与控制出入，供车辆高速行驶的道路。

2. 主干道：在城市道路网中起骨架作用的道路。

3．次干道：在城市道路网中的区域性干路，与主干路相连接，构成完整的城市干路系统。

4．支路：在城市道路网中的干路以外联系次干路或供区域内部使用的道路。

5．街道：在城市范围全部或大部分地段两侧建有各式建筑物，设有人行道和各种市政公用设施的道路。

6．居民（厂）区道路：以住宅（厂房）建筑为主体的区域内道路。

（三）桥涵工程

1．单独桥涵工程按桥涵分类，附属于道路工程的桥涵，按道路工程分类。

2．单独立交桥工程按立交桥层数进行分类；与高架路相连的立交桥，执行立交桥类别。

（四）隧道工程

隧道工程按隧道类型及隧道截面宽度进行分类。

隧道截面宽度指隧道内截面的净宽度。

（五）河道防洪及护岸工程

河道防洪及护岸工程按单独排洪工程、单独护岸、护坡及土堤工程分类。

1．单独防洪工程包括明渠、暗渠及截洪沟。

2．单独护岸护坡包括抛石、石笼、砌护底、护脚、台阶以及附属于本类别的土方附属工程等。

（六）给排水工程

给排水工程按管径大小分类。

1．顶管工程包括挤压顶进。

2．在一个给水或排水工程中有两种及其以上不同管径时，按最大管径取定类别。

3．给、排水管道包括附属于本类别的挖土和管道附属构筑物及设备安装。

（七）燃气、供热工程

燃气工程按管径大小分类。

供热工程按供热管径大小分类。

1．一个燃气或供热管道工程中，有两种及其以上不同管外径管道时，按最大管外径取定类别。

2．燃气、供热管道包括管道挖土和管道附属构筑物。

（八）其他有关说明

1．某专业工程有多种情况的，符合其中一种情况，即为该类工程。

2．除另有说明者外，多个专业工程一同发包时，按专业工程类别最高者作为该工程的类别。

3．在同一单位工程中，有两种以上不同外径的管道时，其工程类别应按工作量最大的管道外径取定。

4．道路或桥涵工程附属的人行道、挡土墙、护坡、围墙等工程按道路或桥涵工程分类。

5．单独附属工程按相应主体工程的三类取费标准计取。

6．与其他专业工程一同发包的路灯或交通设施工程要单独划分工程类别。

7．交通设施工程包括交通标志、标线、信号灯、交通监控工程等，一律按二类取费标准计取。

第五节　园林绿化及仿古建筑工程取费工程类别划分标准

一、园林绿化及仿古建筑工程取费类别划分表

类别 工程	一类	二类	三类
园林绿化及仿古建筑	1．占地面积 25000m^2 以上的综合性园林建设	1．占地面积 25000m^2 以内的综合性园林建设	1．绿化工程
	2．单项建筑面积或占地面积 500m^2 以上的园林建筑工程	2．单项建筑面积或占地面积 500m^2 以内的园林建筑工程	2．绿化养护工程

二、工程类别划分说明

1．综合性园林建设：是指景观、公园、游乐场、公园式墓地等地域内的园林建设，包含园林建筑、园林小品、微缩模仿、园路等。不包括绿化、绿化养护、室内外安装工程等，其占地面积以工程立项批文为准。

（1）园林小品：是指门楼、景墙、景壁、景门、景窗、人工塑假山、树、竹、凳、椅、台、墓、花架等小型工艺建筑。

（2）微缩模仿工程：是指特定建筑物、景区、石景、自然树、动植物等景观的缩小、模仿、塑造工程。

（3）园路：是指园林、绿化区域内宽度小于2m的步行路。

2．园林建筑工程：是指亭、廊、舫、榭、厅堂、楼、阁、殿、斋、馆、轩、塔等建筑工程。

3．绿化工程：是指住宅区、工厂、宾馆、酒店、别墅等绿化布置工程，以及市政绿化和迁移树木工程。其工作内容包括道路两旁绿化带、花坛、草皮、绿篱、乔灌木等。

4．单位工程在同一类别中有两个条件的，只要符合其中一个，即可执行该取费类别费率。

福建省建筑安装工程费用定额

（2003年）

福建省建设厅关于颁发《福建省建筑安装工程费用定额》（2003版）的通知
闽建筑〔2004〕8号

为了规范建设工程造价的计价行为，合理确定工程造价，根据《建筑安装工程费用项目组成》（建标〔2003〕206号）和《建设工程工程量清单计价规范》（GB 50500—2003）等有关规定，结合我省实际情况，省造价管理总站组织编制了《福建省建筑安装工程费用定额》（2003版）（以下简称本定额），经会同省计委研究，现予颁发，自2004年3月1日起施行。

本定额适用于在我省行政区域范围内新建、扩建和改建的建筑（含装饰装修）、安装、市政、仿古建筑及园林绿化、房屋修缮和抗震加固等工程。本定额是编制施工图预算、招标标底或招标控制价、工程结算和调解处理工程造价纠纷、鉴定工程造价的依据；是编制投资估算、设计概算的基础。投标报价应按照本定额的有关规定并结合工程、企业实际情况自主确定，费用组成要完整，费用计取要合理。文明施工费、安全施工费、临时设施费、规费及税金应按本定额的规定计取，不得优惠。

本定额与《建设工程工程量清单计价规范》及我省现行的建筑、建筑装饰、安装、市政、仿古建筑及园林绿化和房屋修缮工程预算定额配套使用，我省现行各专业预算定额及有关规定与本定额不一致的，按照本定额有关规定执行。

凡2004年3月1日前已发出招标文件的工程，其费用计取按2004年3月1日前的有关规定与招标文件有关条款执行；凡2004年3月1日前已签订工程承发包合同的工程，其费用计取按合同约定执行。

本定额由福建省建设工程造价管理总站负责管理和解释。

福建省建设厅
二○○四年一月十五日

总 说 明

一、为了规范建设工程造价的计价行为，合理确定工程造价，根据国家和本省有关规定，并结合本省实际情况，编制《福建省建筑安装工程费用定额》（2003版）（以下简称本定额）。

二、本定额编制的主要依据有：《建筑法》、《失业保险条例》、《住房公积金管理条例》、《工伤保险条例》、《建设工程安全生产管理条例》、《建设工程工程量清单计价规范》（GB 50500—2003）、《建筑施工安全检查标准》（JGJ 59—99）、《建筑安装工程费用项目组成》（建标〔2003〕206号）、《福建省城镇企业职工基本养老保险条例》、《福建省企业职工生育保险规定》、《福建省人民政府关于加快建筑业改革和发展的若干意见》（闽政〔2003〕18号）、《福建省建筑工地文明施工指南》（闽建建〔2003〕31号）及其他有关政策规定。

三、本定额适用于在我省行政区域范围内新建、扩建和改建的建筑（含装饰装修，下同）、安装、市政、仿古建筑及园林绿化、房屋修缮和抗震加固等工程。

四、本定额是编制施工图预算、招标标底或招标控制价、工程结算和调解处理工程造价纠纷、鉴定工程造价的依据；是编制投资估算、设计概算的基础。投标报价应按照本定额的有关规定并结合工程、企业实际情况自主确定，费用组成要完整，费用计取要合理。

五、本定额是按照正常的施工条件和多数企业正常、合理的费用支出以及合理工期、合格工程进行编制的。发包方要求发包工程的施工工期较定额工期提前的，应予计取缩短工期措施费；发包方要求发包工程的质量达到优良等级的，应予计取优良工程增加费。

六、建设工程造价的组成和计算程序按《福建省建设工程综合单价计价办法》（闽建法〔2004〕3号）的有关规定。

七、根据《建设工程安全生产管理条例》，为了确保安全生产作业环境和安全施工措施费用，本定额中安全施工费和文明施工费的取费标准为最低取费标准，临时设施费的最低取费标准为本定额中临时设施费取费标准的70%。编制施工图预算、招标标底或招标控制价按本定额的取费标准，投标报价不得低于规定的最低取费标准。

八、规费和税金均应按照本定额的有关规定计算，不得优惠。

九、本定额中养老保险费、失业保险费、医疗保险费、工伤保险费、生育保险费和住房公积金（以下简称劳保费用），分为甲、乙、丙、丁四类，劳保费用取费类别由省建设行政主管部门根据施工企业实际投保比例核定后计取。编制施工图预算、招标标底或招标控制价和投标报价的劳保费用按甲类计算，投标报价应同时注明按核定取费类别计取的劳保费用，签订工程施工合同按核定的取费类别计取劳保费用。

十、本定额中危险作业意外伤害保险的取费标准，作为编制施工图预算、招标标底或招标控制价的依据，投标报价按施工企业实际投保费率计取。

十一、本定额将建筑材料、构件和建筑安装物进行一般鉴定、检查所发生的检验试验费列入材料费中的材料单价。

十二、抗震加固工程按相应专业的扩建、改建工程计算。

第一章　建筑安装工程费用项目组成及内容

一、建筑安装工程费用的项目组成

- 建筑安装工程费
  - 直接费
    - 直接工程费
      - 1. 人工费
      - 2. 材料费
      - 3. 施工机械使用费
    - 措　施　费
      - 1. 环境保护
      - 2. 文明施工
      - 3. 安全施工
      - 4. 临时设施
      - 5. 夜间施工
      - 6. 二次搬运
      - 7. 大型机械设备进出场及安拆
      - 8. 混凝土、钢筋混凝土模板及支架
      - 9. 脚手架
      - 10. 已完工程及设备保护
      - 11. 施工排水、降水
      - 12. 风雨季施工增加费
      - 13. 生产工具用具使用费
      - 14. 工程点交、场地清理费
      - 15. 其他措施费

- 建筑安装工程费
  - 间接费
    - 规　　费
      - 1. 工程排污费
      - 2. 工程定额测定费
      - 3. 社会保障费
        - （1）养老保险费
        - （2）失业保险费
        - （3）医疗保险费
        - （4）工伤保险费
        - （5）生育保险费
      - 4. 住房公积金
      - 5. 危险作业意外伤害保险
    - 企业管理费
      - 1. 管理人员工资
      - 2. 办公费
      - 3. 差旅交通费
      - 4. 固定资产使用费
      - 5. 工具用具使用费
      - 6. 劳动保险费
      - 7. 工会经费
      - 8. 职工教育经费
      - 9. 财产保险费
      - 10. 财务费
      - 11. 税金
      - 12. 其他
  - 利润
  - 税金

二、建筑安装工程费用项目组成的内容

建筑安装工程费用由直接费、间接费、利润、税金组成。

（一）直接费

由直接工程费和措施费组成。

1. 直接工程费：指施工过程中耗费的构成工程实体的各项费用，包括人工费、材料费、施工机械使用费。

（1）人工费：指直接从事建筑安装工程施工的生产工人开支的各项费用。包括：

①基本工资：指发放给生产工人的基本工资。

②工资性补贴：指按规定标准发放的物价补贴，煤、燃气补贴，交通补贴，住房补贴，流动施工津贴等。

③生产工人辅助工资：是指生产工人年有效施工天数以外非作业天数的工资，包括职工学习、培训期间的工资，调动工作、探亲、休假期间的工资，因气候影响的停工工资，女工哺乳时间的工资，病假在六个月以内的工资及产、婚、丧假期的工资。

④职工福利费：指按规定标准计提的职工福利费。

⑤生产工人劳动保护费：指按规定标准发放的劳动保护用品的购置费及修理费，徒工服装补贴，防暑降温费，在有碍身体健康环境中施工的保健费用等。

（2）材料费：指施工过程中耗费的构成工程实体的原材料、辅助材料、构配件、零件、半成品的费用。包括：

①材料原价（或供应价格）。

②材料运杂费：指材料自来源地运至工地仓库或指定堆放地点所发生的全部费用。

③运输损耗费：指材料在运输装卸过程中不可避免的损耗。

④采购及保管费：指在组织采购、供应和保管材料过程中所需要的各项费用。

包括：采购费、仓储费、工地保管费、仓储损耗。

⑤检验试验费：指对建筑材料、构件和建筑安装物进行一般鉴定、检查所发生的费用，包括自设试验室进行试验所耗用的材料和化学药品等费用。不包括新结构、新材料的试验费和建设单位对具有出厂合格证明的材料进行复验，对构件做破坏性试验及其他特殊要求检验试验的费用。

（3）施工机械使用费：指施工机械作业所发生的机械使用费以及机械安拆费和场外运费。施工机械台班单价由下列七项费用组成：

①折旧费：指施工机械在规定的使用年限内，陆续收回其原值及购置资金的时间价值。

②大修理费：指施工机械按规定的大修理间隔台班进行必要的大修理，以恢复其正常功能所需的费用。

③经常修理费：指施工机械除大修理以外的各级保养和临时故障排除所需的费用。包括为保障机械正常运转所需替换设备与随机配备工具用具的摊销和维护费用，机械运转及日常保养所需润滑与擦拭的材料费用及机械停滞期间的维护和保养费用等。

④安拆费及场外运费：安拆费指施工机械在现场进行安装与拆卸所需的人工、材料、机械和试运转费用以及机械辅助设施的折旧、搭设、拆除等费用；场外运费指施工机械整体或分体自停放地点运至施工现场或由一施工地点运至另一施工地点的运输、装卸、辅助材料及架线等费用。

⑤人工费：指机上司机（司炉）和其他操作人员的工作日人工费及上述人员在施工机械规定的年工作台班以外的人工费。

⑥燃料动力费：指施工机械在运转作业中所消耗的固体燃料（煤、木柴）、液体燃料（汽油、柴油）及水、电等。

⑦养路费及车船使用税：指施工机械按照国家规定和有关部门规定应缴纳的养路费、车船使用税、保险费及年检费等。

2. 措施费：指为完成工程项目施工，发生于该工程施工前和施工过程中非工程实体项目的费用。包括：

（1）环境保护费：指施工现场为达到环保部门要求所需要的各项费用。

环境保护内容主要包括：施工企业按照《中华人民共和国环境保护法》、《建设工程安全生产管理条例》及其他有关环境保护的规定，保护施工现场周围环境，防止或者减少粉尘、废气、废水、噪声、振动和施工照明对周围环境和人的污染和危害，按规定堆放、清除建筑垃圾等废弃物以及竣工后修整和恢复在工程施工中受到破坏的环境等。

（2）文明施工费：指施工现场文明施工所需要的各项费用。

文明施工内容主要包括：按照《建设工程安全生产管理条例》、《建筑施工安全检查标准》、《福建省建筑工地文明施工指南》等有关规定，施工现场组织文明施工的各项工作。

（3）安全施工费：指施工现场安全施工所需要的各项费用。

安全施工内容主要包括：按照《建设工程安全生产管理条例》和《建筑施工安全检查标准》等有关规定，施工企业建立安全生产、消防安全责任、安全检查、安全教育、安全生产培训等各类制度；设置符合国家标准的安全警示标牌、标志，配置“三宝”；对可能造成损害的毗邻建筑物、构筑物和地下管线等采取防护措施，对建筑四周、“四口”及临边采用安全防护，垂直作业上下隔离防护，施工用电防护，起重吊装专设人员上下爬梯及作业平台临边支护；按规定，检查、检测、验收施工起重机械、整体提升脚手架、模板等自升式架设设施；设置地下室施工围栏、基坑施工人员上下专用通道和基坑支护；设置消防通道、消防水源，配备消防设施和灭火器材以及其他安全施工所需要的防护措施。

（4）临时设施费：指施工企业为进行建筑工程施工所必须搭设符合《建设工程安全生产管理

条例》、《建筑施工安全检查标准》及《福建省建筑工地文明施工指南》等有关规定的生活和生产用的临时建筑物、构筑物和其他临时设施费用等。临时设施主要包括：搭设符合规定的并能够安全使用的临时宿舍、文化福利及公用事业房屋与构筑物，仓库、办公室、加工厂以及规定范围内的道路、水、电、管线等临时设施和小型临时设施。临时设施费包括：临时设施的搭设、维修、拆除费或摊销费。

(5) 夜间施工费：指因夜间施工所发生的夜班补助费、夜间施工降效、夜间施工照明设备摊销及照明用电等费用。包括：施工企业因工程结构及施工工艺要求必须进行夜间施工，或市政道路、绿化工程白天因保证交通无法施工而必须在夜间施工所发生的工效降低、施工照明和夜餐补助的费用。

(6) 二次搬运费：指因施工场地狭小等特殊情况而发生的二次搬运费用。

(7) 大型机械设备进出场及安拆费：指机械整体或分体自停放场地运至施工现场或由一个施工地点运至另一个施工地点所发生的机械进出场运输转移费用，以及机械在施工现场进行安装、拆卸所需的人工费、材料费、机械费、试运转费和安装所需的辅助设施的费用。

(8) 混凝土、钢筋混凝土模板及支架费：指混凝土施工过程中需要的各种钢模板、木模板、支架等的支、拆、运输费用及模板、支架的摊销（或租赁）费用。

(9) 脚手架费：指施工需要的各种脚手架搭、拆、运输费用及脚手架的摊销（或租赁）费用。

(10) 已完工程及设备保护费：指竣工验收前，对已完工程及设备进行保护所需费用。

(11) 施工排水、降水费：指为确保工程在正常条件下施工，采取各种排水、降水措施所发生的各种费用。

(12) 风雨季施工增加费：指施工企业在风、雨季施工期间，为确保工程质量以及工效降低所采取的防雨、防风、防滑措施所增加的人工费、材料费和设施费用。

(13) 生产工具用具使用费：指施工生产所需且不属于固定资产的生产工具及检验用具等购置、摊销和维修费，以及支付给工人自备工具补贴费。

(14) 工程点交、场地清理费：指施工企业在工程竣工点交、施工现场清理所需的费用。

(15) 其他措施费：

①缩短工期措施费：指发包方要求发包工程的施工工期较定额工期提前，为缩短工期而增加的费用。包括：缩短施工工期增加的周转材料投入以及夜间施工所发生的夜班补助费、夜间施工降效、夜间施工照明设备摊销及照明用电等费用。

②优良工程增加费：指发包方要求发包工程的质量达到优良等级的，在合格工程造价基础上增加的费用。

③按《建设工程工程量清单计价规范》及有关规定的其他措施项目。

（二）间接费

由规费、企业管理费组成。

1. 规费：指政府和有关权力部门规定必须缴纳的费用。包括：

(1) 工程排污费：指施工现场按规定缴纳的工程排污费。

(2) 工程定额测定费：指按规定支付工程造价（定额）管理部门的定额测定费。

(3) 社会保障费，包括：

①养老保险费：指企业按规定标准为职工缴纳的基本养老保险费。

②失业保险费：指企业按规定标准为职工缴纳的失业保险费。

③医疗保险费：指企业按规定标准为职工缴纳的基本医疗保险费。

④工伤保险费：指企业按规定标准为职工缴纳的工伤保险费。

⑤生育保险费：指企业按规定标准为职工缴纳的生育保险费。

(4) 住房公积金：指企业按规定标准为职工缴纳的住房公积金。

(5) 危险作业意外伤害保险：指按照《建筑法》规定，企业为从事危险作业的建筑安装施工人员支付的意外伤害保险费。

2. 企业管理费：指建筑安装企业组织施工生产和经营管理所需费用。包括：

(1) 管理人员工资：指管理人员的基本工资、工资性补贴、职工福利费、劳动保护费等。

(2) 办公费：指企业管理办公用的文具、纸张、账表、印刷、邮票、书报、会议、水电、烧水和集体取暖（包括现场临时宿舍取暖）用煤等费用。

(3) 差旅交通费：指职工因公出差、调动工作的差旅费、住勤补助费，市内交通费和误餐补助费，职工探亲路费，劳动力招募费，职工离退休、退职一次性路费，工伤人员就医路费，工地转移费以及管理部门使用的交通工具的油料、燃料、养路费及牌照费。

(4) 固定资产使用费：指管理和试验部门及附属生产单位使用的属于固定资产的房屋、设备仪器等的折旧、大修、维修或租赁费。

(5) 工具用具使用费：指管理使用的不属于固定资产的生产工具，器具、家具、交通工具和检验、试验、测绘、消防用具等的购置、维修和摊销费。

(6) 劳动保险费：指由企业支付离退休职工的易地安家补助费、职工退职金、六个月以上的病假人员工资、职工死亡丧葬补助费、抚恤费、按规定支付给离休干部的各项经费。

(7) 工会经费：指企业按职工工资总额计提的工会经费。

(8) 职工教育经费：指企业为职工学习先进技术和提高文化水平，按职工工资总额计提的费用。

(9) 财产保险费：指施工管理用财产、车辆保险。

(10) 财务费：指企业为筹集资金而发生的各种费用。

(11) 税金：指企业按规定缴纳的房产税、车船使用税、土地使用税、印花税等。

(12) 其他：包括技术转让费、技术开发费、业务招待费、绿化费、广告费、公证费、法律顾问费、审计费、咨询费等。

(三) 利润

指施工企业完成所承包工程获得的盈利。

(四) 税金

指国家税法规定的应计入建筑安装工程造价内的营业税、城市维护建设税及教育费附加等。

第二章　工程类别划分标准

一、建筑工程类别划分标准

工程类型			单位	工程类别划分标准		
				一类	二类	三类
建筑物	单层厂房	檐高	m	>24	>15	≤15
		最大跨度	m	>24	>15	≤15
	其他建筑物	檐高	m	>75	>40	≤40
		建筑面积	m^2	>30000	>10000	≤10000
构筑物	烟囱	混凝土结构（高度）	m	>80	>50	≤50
		砖结构（高度）	m	>50	>30	≤30
	水塔	高度	m	>40	>30	≤30
		容积（单体）	m^3	>80	>60	≤60
	筒仓	高度	m	>30	>20	≤20
	贮池	容积（单体）	m^3	>2000	>1000	≤1000
	栈桥	高度	m	—	>30	≤30
		跨度	m	—	>30	≤30

说明：

1. 建筑工程以单位工程划分工程类别。

2. 单位工程中有两个特征指标的，按所符合的较高类别确定工程类别。

3. 单位工程中有不同檐高的，按最高的檐高确定工程类别。

4. 按上表划分标准是三类的单位工程带有地下室的，按二类。

5. 附属工程（包括传达室、民用水加压泵房、变电房、围墙、下水道、化粪池、阴井、游泳池等）按三类。

6. 室外道路、挡土墙、单独土石方、单独装饰装修工程不分工程类别。

二、安装工程类别划分标准

工程类型	工程类别划分标准		
	一类	二类	三类
工业设备安装工程	1. 单台重＞40t 各类设备（不分整体或解体）； 2. 起重量≥50t 或轨距≥31.5m 的起重设备及相应轨道安装； 3. 出口额定压力＞2.5MPa 的锅炉热力设备及其附属设备安装； 4. Ⅱ、Ⅲ类容器制作； 5. 台重＞40t 静置设备制作安装； 6. 容量＞20000m^3 的金属油罐制作安装； 7. 容量＞10000m^3 的气柜制作安装； 8. 单重＞10t 金属结构制作安装； 9. 球罐组对安装	1. 单台重＞10t 的各类设备（不分整体或解体）； 2. 起重量≥15t 或轨距≥19.5m 的起重设备及相应轨道安装； 3. 出口额定压力≤2.5MPa 的散装锅炉热力设备及其附属设备安装； 4. Ⅰ类容器制作； 5. 台重＞10t 静置设备制作安装； 6. 容量＞10000m^3 的金属油罐制作安装； 7. 容量＞5000m^3 的气柜制作安装； 8. 单重＞5t 金属结构制作安装； 9. 皮带宽＞500mm 的输送设备安装	其他
工业管道工程	高、中压工业管道	其他	—
电气安装工程	1. 变压器单台容量＞1000kV·A 的变配电装置及电缆敷设； 2. 生产流程由微机控制的电气安装、高压电机安装	1. 变压器单台容量＞560kV·A 的变配电装置及电缆敷设； 2. 其他工业电气	变压器单台容量≤560kV·A 的变配电装置及电缆敷设
自动化仪表安装工程	微机控制的自动化装置及仪表安装、调试	其他	—
工业炉窑砌筑工程	专业炉窑砌筑	其他	—

说明：

1. 安装工程以单位工程划分工程类别。

2. 建筑给排水、燃气、消防、电气、智能化系统、通风与空调、电梯安装工程类别划分标准同建筑工程。单独施工的建筑智能化工程和消防工程，按施工面的建筑面积确定工程类别。

3. 同一安装单位工程中，不同分部工程的类别不同时，按最高的类别确定单位工程类别。

4. 按上表划分标准是三类的单位工程，其建筑面积中有1/4以上设计对声、光、尘、菌、毒、酸、碱、废气、温湿度有特别要求的，按二类。

5. 净化、超静、恒温、恒湿通风空调系统安装工程按一类。

6. 厂区或小区室外的给排水管道、燃气管道、消防水管道、架空线路、电（光）缆敷设、道路照明等安装工程按三类。

7. 全面积防爆电气安装工程按一类，其他按二类。

8. 附属于各分部工程的刷油、绝热、防腐蚀工程，不单独划分类别，按所属工程的类别。

三、市政工程类别划分标准

工程类型		工程类别划分标准		
		一类	二类	三类
桥涵工程	桥梁	最大跨径＞100m	最大跨径＞40m	最大跨径≤40m
			立交桥	
	涵洞	—	采用顶进箱涵施工工艺的涵洞	其他涵洞
隧道工程	长度	＞3000m	＞1000m	≤1000m
排水工程		—	顶管工程	其他工程
道路工程、给水工程、燃气工程、路灯工程、其他市政工程		不分类别		

说明：

1. 市政工程以单位工程划分工程类别。

2. 市政广场、停车坪按道路工程，不区分类别。

3. 其他市政工程是指单位工程按使用功能无法确定为道路、桥涵、隧道、给水、排水、燃气、路灯之一的工程。

四、仿古建筑及园林绿化工程类别划分标准

工程类型	工程类别划分标准		
	一类	二类	三类
仿古建筑及园林建筑工程	单体建筑面积＞800m^{2}的仿古建筑工程	单体建筑面积＞400m^{2}的仿古建筑工程	单体建筑面积≤400m^{2}的仿古建筑工程
			园林建筑工程
绿化工程	—	公园	其他

说明：

1. 仿古建筑及园林绿化工程以单位工程划分工程类别。

2. 园林建筑工程包括园林建筑、道路、广场、桥梁、山石、小品等土建项目，不包括绿化项目。

3. 单体仿古建筑的室外工程（如围墙、道路、广场、山石、小品等土建项目，不包括绿化项目）类别按三类。

4. 绿化工程包括绿化种植及绿化养护工程。

五、房屋修缮工程类别划分标准

房屋修缮工程不分工程类别。

第三章　建筑安装工程费用取费标准

一、企业管理费

1. 建筑工程。

分部分项工程名称			取费基数	一类	二类	三类
建筑定额	第一章	土石方工程	人工费、机械费之和	3%		
	第二章	桩基工程		10%		
	第三章	砌筑工程		25%	20%	17%
	第四章	混凝土及钢筋混凝土工程		30%	24%	20%
	第五章～第八章	木结构工程～耐酸防腐、保温、隔热工程		17%		

续表

分部分项工程名称			取费基数	一类	二类	三类
建筑定额	第九章	金属结构及构件工程	人工费、机械费之和	18%	15%	13%
	第十章	构筑物工程		20%	16%	14%
	第十一章	脚手架工程		16%	13%	11%
	第十二章	垂直运输工程		4%		
	第十四章	大型机械场外运输及组装拆卸费		3%		
	第十五章	建筑构配件		17%		
建筑装饰定额	第一章～第十一章	楼地面工程～脚手架工程	人工费、机械费之和	11%		
	第十三章	其他工程		5%		
	第十四章～第十六章	电气、给排水、通风空调工程	人工费	20%		
室外道路、挡土墙工程			人工费、机械费之和	13%		

注：桩基工程套用有区分工程类别的其他章定额项目时，按三类计算企业管理费。

2．安装工程。

分部分项工程名称	取费基数	一类	二类	三类
人工挖填土、开挖路面、凿槽、打透眼工程	人工费	5%		
其他安装工程		46%	33%	20%

3．市政工程。

分部分项工程名称			取费基数	一类	二类	三类
第一册	通用项目	土石方、拆除项目	人工费、机械费之和	3%		
		其他项目		17%		
第二册	道路工程	—		20%		
第三册	桥涵工程	—		26%	22%	18%
第四册	隧道工程	—		18%	14%	10%
第五册	给水工程	—		25%		
第六册	排水工程	顶管工程		18%		
		其他工程		25%		
第七册	燃气工程	—		25%		
第八册	路灯工程	—		25%		
大型机械场外运输及组装拆卸工程				3%		

注：非桥涵（隧道）工程套用桥涵（隧道）工程册定额项目的，按三类计算企业管理费。

4．仿古建筑及园林绿化工程。

分部分项工程名称		取费基数	一类	二类	三类
第一、二、四章	砌筑工程、混凝土及钢筋混凝土工程、屋面工程	工费、机械费之和	22%	20%	18%
第三章、第五～八章	抹灰工程、砖细工程、石作工程、木作工程、油漆工程		16%	14%	12%
第九章	绿化种植工程		—	16%	12%

续表

分部分项工程名称		取费基数	一类	二类	三类
第十章	绿化养护工程	人工费、机械费之和	—	8%	6%
第十一章	假山石工程		20%		
第十二、十三章	园路及园桥工程、园林设施及小品工程		15%		
第十四章	构件及材料运输工程		3%		
土石方工程			3%		
桩基础工程			10%		
地面工程、金属结构及构件工程、脚手架工程、围堰、打拔钢板桩、挡土墙工程			15%		
垂直运输工程			4%		
大型机械安拆场外运输工程			3%		
装饰装修工程			11%		

5．房屋修缮工程。

分部分项工程名称		取费基数	费　率
第一册	土建工程	人工费、机械费之和	13%
第二册	给排水工程	人工费	20%
第三册	电气工程		
第四册	通风工程		

二、利润

建筑、安装、市政、仿古建筑及园林绿化和房屋修缮等工程的利润，根据单位工程的类别按下表计算。单位工程不分类别的，利润率按三类计算。建筑工程中的土石方、桩基础、室外道路、挡土墙工程及其他市政工程按三类计算。

取费基数	利润率（%）		
	一类	二类	三类
人工费、材料费、施工机械使用费、企业管理费之和	7	5	3

三、措施费

措施费列入相应的措施项目费计算。措施项目费按项目计算，包括人工费、材料费、机械使用费、企业管理费和利润。

1．文明施工、安全施工、临时设施、夜间施工、已完工程及设备保护、缩短工期措施费、风雨季施工增加费、生产工具用具使用费、工程点交及场地清理费等以分部分项工程费为基数按下表的取费标准计算。

（1）建筑工程。

<table>
<tr><th>序号</th><th colspan="2">项目名称</th><th>取费基数</th><th>一类</th><th>二类</th><th>三类</th><th>单独装饰工程</th><th>单独土石方工程</th></tr>
<tr><td rowspan="2">1</td><td rowspan="2">文明施工</td><td>无外墙装饰</td><td rowspan="15">分部分项工程费</td><td rowspan="2">0.5%</td><td rowspan="2">0.8%</td><td rowspan="2">1.0%</td><td>0.1%</td><td rowspan="2">0.2%</td></tr>
<tr><td>有外墙装饰</td><td>0.3%</td></tr>
<tr><td rowspan="2">2</td><td rowspan="2">安全施工</td><td>无外墙装饰</td><td rowspan="2">0.7%</td><td rowspan="2">0.8%</td><td rowspan="2">0.9%</td><td>0.06%</td><td rowspan="2">0.05%</td></tr>
<tr><td>有外墙装饰</td><td>0.2%</td></tr>
<tr><td>3</td><td colspan="2">临时设施</td><td>0.6%</td><td>0.8%</td><td>0.9%</td><td>0.15%</td><td>0.2%</td></tr>
<tr><td>4</td><td colspan="2">夜间施工</td><td colspan="3">0.1%</td><td>0.06%</td><td>0.1%</td></tr>
<tr><td>5</td><td colspan="2">已完工程及设备保护</td><td colspan="3">0.03%</td><td>0.1%</td><td>无</td></tr>
<tr><td rowspan="3">6</td><td rowspan="3">缩短工期措施费</td><td>缩短工期10%～20%</td><td colspan="3">1%</td><td>0.5%</td><td>0.5%</td></tr>
<tr><td>缩短工期20%～30%</td><td colspan="3">1.75%</td><td>0.75%</td><td>0.75%</td></tr>
<tr><td>缩短工期30%以上</td><td colspan="3">2.5%</td><td>1%</td><td>1%</td></tr>
<tr><td>7</td><td colspan="2">风雨季施工增加费</td><td colspan="3">0.15%</td><td>—</td><td>0.05%</td></tr>
<tr><td>8</td><td colspan="2">生产工具用具使用费</td><td colspan="3">0.07%</td><td>0.02%</td><td>0.01%</td></tr>
<tr><td>9</td><td colspan="2">工程点交、场地清理费</td><td>0.06%</td><td>0.1%</td><td>0.15%</td><td>0.1%</td><td>0.02%</td></tr>
</table>

注：1. 随建筑工程主体发包的装饰装修、土石方、桩基础、室外道路、挡土墙和附属工程的措施项目费按建筑工程的类别计算。
2. 单独发包的桩基础、室外道路、挡土墙和附属工程的措施项目费按二类建筑工程计算。
3. 缩短工期是指较定额工期提前的比例。

（2）安装工程。

<table>
<tr><th>序号</th><th colspan="2">项目名称</th><th>取费基数</th><th>一类</th><th>二类</th><th>三类</th></tr>
<tr><td>1</td><td colspan="2">文明施工</td><td rowspan="11">分部分项工程费</td><td>0.3%</td><td>0.4%</td><td>0.5%</td></tr>
<tr><td>2</td><td colspan="2">安全施工</td><td>0.2%</td><td>0.2%</td><td>0.2%</td></tr>
<tr><td>3</td><td colspan="2">临时设施</td><td>0.5%</td><td>0.6%</td><td>0.7%</td></tr>
<tr><td>4</td><td colspan="2">夜间施工</td><td>0.2%</td><td>0.2%</td><td>0.2%</td></tr>
<tr><td>5</td><td colspan="2">已完工程及设备保护费</td><td>0.15%</td><td>0.15%</td><td>0.15%</td></tr>
<tr><td rowspan="3">6</td><td rowspan="3">缩短工期措施费</td><td>缩短工期10%～20%</td><td colspan="3">1%</td></tr>
<tr><td>缩短工期20%～30%</td><td colspan="3">1.75%</td></tr>
<tr><td>缩短工期30%以上</td><td colspan="3">2.5%</td></tr>
<tr><td>7</td><td colspan="2">风雨季施工增加费</td><td>0.15%</td><td>0.15%</td><td>0.15%</td></tr>
<tr><td>8</td><td colspan="2">生产工具用具使用费</td><td>0.25%</td><td>0.25%</td><td>0.25%</td></tr>
<tr><td>9</td><td colspan="2">工程点交、场地清理费</td><td>0.05%</td><td>0.05%</td><td>0.05%</td></tr>
</table>

注：缩短工期是指较定额工期提前的比例。

（3）市政工程。

序号	项目名称	取费基数	道路、桥涵、隧道、排水、其他市政工程	给水、燃气、路灯工程
1	文明施工	分部分项工程费	0.45%	0.24%
2	安全施工		0.45%	0.18%
3	临时设施		0.5%	0.48%
4	夜间施工		0.15%	0.03%
5	已完工程及设备保护费		0.1%	0.06%
6	风雨季施工增加费		0.23%	0.12%
7	生产工具用具使用费		0.07%	0.2%
8	工程点交、场地清理费		0.03%	0.01%

注：上表中的夜间施工费费率未包括市政工程白天因保证交通无法施工而必须在夜间施工所发生的费用，如发生，道路、桥涵、隧道、排水、其他市政工程按夜间施工工程量分部分项工程费的1.2%计算，给水、燃气、路灯工程按夜间施工工程量分部分项工程费的1%计算。

（4）仿古建筑及园林绿化工程。

序号	项目名称	取费基数	仿古建筑、园林建筑工程	绿化种植	绿化养护
1	文明施工	分部分项工程费	0.95%	0.8%	1.8%
2	安全施工		0.76%	0.48%	0.27%
3	临时设施		1.33%	0.95%	0.18%
4	夜间施工		0.19%	—	—
5	已完工程及设备保护费		0.11%	0.90%	—
6	风雨季施工增加费		0.38%	0.24%	—
7	生产工具用具使用费		0.09%	0.09%	0.09%
8	工程点交、场地清理费		0.1%	0.02%	—

注：上表中夜间施工费费率未包括道路绿化工程白天因保证交通无法施工而必须在夜间施工所发生的费用，如发生，绿化种植按夜间施工工程量分部分项工程费的1.2%计算，绿化养护工程按夜间施工工程量分部分项工程费的3.6%计算。

（5）房屋修缮工程。

序号	项目名称		取费基数	房屋修缮工程
1	文明施工	无外墙修缮	分部分项工程费	0.1%
		有外墙修缮		0.3%
2	安全施工	无外墙修缮		0.06%
		有外墙修缮		0.2%
3	临时设施			0.15%
4	夜间施工			0.06%
5	已完工程及设备保护			0.2%
6	生产工具用具使用费			0.02%
7	工程点交、场地清理费			0.1%

2．优良工程增加费：按分部分项工程费乘以费率计算，费率由承发包双方在合格工程造价的基础上协商确定，可按2%~5%计算。

3．其他的措施项目费按工程量乘以相应的综合单价计算。

四、规费

1．工程排污费。包括污水、废气排污费、固体废物及危险废物排污费、噪声超标排污费等，按有关规定计算。

2．劳保费用。包括社会保障费和住房公积金。建筑、安装、市政、仿古建筑及园林绿化和房屋修缮等工程的劳保费用按下表计算。

取费基数	取费标准（%）			
	甲类	乙类	丙类	丁类
分部分项工程费、措施项目费、其他项目费之和	4.86	3.65	2.92	2.19

3．危险作业意外伤害保险费用。建筑、安装、市政、仿古建筑及园林绿化和房屋修缮等工程的危险作业意外伤害保险费用以分部分项工程费、措施项目费、其他项目费之和为基数，取费标

准为0.19%。

4．工程定额测定费。建筑、安装、市政、仿古建筑及园林绿化和房屋修缮等工程的工程定额测定费按下表计算。

工程所在地	取费基数	取费标准（%）
福州、厦门、漳州、泉州、莆田	分部分项工程费、措施项目费、其他项目费、规费（除工程定额测定费外）之和	0.114
三明、南平、龙岩、宁德		0.135

五、税金

建筑、安装、市政、仿古建筑及园林绿化和房屋修缮等工程的税金按下表计算。

工程所在地	计税基数	税率（%）
市区（含县级市）	分部分项工程费、措施项目费、其他项目费、规费之和（不含税工程造价）	3.445
县城、镇		3.381
其他地区		3.252

六、费用计算的其他有关规定

1．业主依法将专业工程单独发包的，施工总承包单位与专业工程施工承包单位现场配合、交叉施工所增加的管理费用由发包方承担，费用由施工总承包单位与发包方协商确定，可按单独发包的专业工程分部分项工程费、措施项目费之和的2%～4%计算。专业工程施工承包单位使用施工总承包单位的脚手架、机械设备、水、电以及临时设施等的费用，由施工总承包单位与专业工程施工承包单位协商确定。业主单独发包的专业工程的费用按本定额的工程类别划分标准和取费标准计算。

2．建筑业企业将其所承包的专业工程或劳务作业分包的，专业工程分包和劳务作业分包的费用依据业主与建筑业企业签订的施工合同，参照本定额的工程类别划分标准和取费标准，由分包工程发包人与分包工程承包人协商确定。

江西省建筑安装工程费用定额

(2004年)

江西省建设厅关于颁发《江西省二〇〇四年工程定额》的通知
赣建价〔2004〕2号

为了贯彻国家标准《建设工程工程量清单计价规范》(GB 50500—2003),根据建设部《关于贯彻执行〈建设工程工程量清单计价规范〉若干问题的通知》(建办标〔2003〕48号)、《关于印发〈建筑安装工程费用项目组成〉的通知》(建标〔2003〕206号)、《关于发布〈全国统一建筑装饰装修工程消耗量定额〉的通知》(建标〔2001〕271号)等文件的要求,我厅组织编制了《江西省建筑工程消耗量定额及统一基价表》、《江西省装饰装修工程消耗量定额及统一基价表》、《江西省安装工程消耗量定额及单位估价表》、《江西省建筑安装工程费用定额》(四部定额简称为江西省二〇〇四年工程定额),并已经审定通过,现予颁发,自2005年元月1日起全省执行。

凡在2005年元月1日以后新开工的工程均按《江西省二〇〇四年工程定额》执行;凡2005年元月1日以前完工工程和2005年元月1日以后续建工程仍按原定额执行。已经办理工程结算的不再重算。

本定额由江西省建设工程造价管理站负责管理、解释。

江西省建设行
二〇〇四年十月二十二日

说　明

一、《江西省建筑安装工程费用定额(2004年)》(以下简称本定额),是根据国家标准《建设工程工程量清单计价规范》(GB 50500—2003)、建设部《建筑安装工程费用项目组成》(建标〔2003〕206号)、《建筑工程发包与承包计价管理办法》(建设部107号令)等文件精神,结合我省实际情况编制的。

二、本定额适用于我省境内建筑、装饰装修、安装工程施工发包与承包的计价及其他有关计价活动。在计价方式上,既适用于工程量清单计价,又适用于定额计价。

三、本定额是编制投资估算、设计概算的基础,是编制招标标底、投标报价(施工图预算)、工程结算及约定工程合同价等的依据。

四、建筑安装工程费用由直接费、间接费、利润和税金组成。直接费由直接工程费和措施费组成,直接工程费指构成工程实体的人工费、材料费(含主材或未计价材料)、机械费,措施费分为技术措施费和组织措施费,间接费由企业管理费和规费组成。

五、技术措施费参照《江西省建筑工程消耗量定额及统一基价表》、《江西省装饰装修工程消耗量定额及统一基价表》、《江西省安装工程消耗量定额及单位估价表》中技术措施项目列项计算，组织措施费参照本费用定额中的组织措施费列项计算，对未包括的施工技术措施费和施工组织措施费可根据工程实际进行补充。

六、建筑工程中有部分装饰工程项目时，建筑工程参照《江西省建筑工程消耗量定额及统一基价表》和本费用定额建筑工程类别划分及取费标准执行，装饰工程参照《江西省装饰装修工程消耗量定额及统一基价表》和本费用定额装饰工程类别划分及取费标准执行；装饰工程中有部分建筑工程项目时，装饰工程参照《江西省装饰装修工程消耗量定额及统一基价表》和本费用定额装饰工程类别划分及取费标准执行，建筑工程参照《江西省建筑工程消耗量定额及统一基价表》和本费用定额建筑工程四类取费标准执行。

七、建筑工程、机械施工大型土石方及单独土石方工程以“工料机费”为计费基础，装饰工程、安装工程、人工施工大型土石方及单独土石方工程以“人工费”为计费基础，并按照本费用定额计算程序规定的计算方法计取有关费用，以人工费为计费基础的不包括机械台班费中的人工费。

八、本费用定额中的临时设施费、企业管理费、利润分别按工程类别所对应的费率计取费用。

九、本费用定额所列的规费是指政府和有关权力部门规定必须缴纳的费用，包括社会保障费、住房公积金、危险作业意外伤害保险、工程排污费、工程定额测定费、上级（行业）管理费共六项费用，是不可竞争性费用，施工企业应按规定计取和上缴。

十、安全文明施工措施费用（包括环境保护费、文明施工费和安全施工费）作为非竞争性费用，在编制工程预算、标底、投标报价时单列设立，计入总价，但不参与商务标价格竞争，并应在合同中明确其内容、计取标准和费用金额。对实行工程量清单计价的工程，安全文明施工措施费用以扣除工程定额测定费、上级（行业）管理费和税金后的工程费用为计费基数，除计取工程定额测定费、上级（行业）管理费和税金外，不作为其他各项费用的计费基数；对实行定额计价的工程，安全文明施工措施费用以扣除工程定额测定费和税金后的工程费用为计费基数，除计取工程定额测定费和税金外，不作为其他各项费用的计费基数。

十一、工程量清单计价

1. 工程量清单计价是指投标人完成由招标人提供的工程量清单所需的全部费用，包括分部分项工程费、措施项目费、其他项目费和规费、税金。工程量清单计价采用综合单价计价。综合单价是指完成规定计量单位项目所需的人工费、材料费、机械使用费、管理费、利润，并考虑风险因素。

2. 分部分项工程量清单的综合单价，不包括招标人自行采购材料的价款，但可计取各项费用。

3. 其他项目费是指预留金、材料购置费、零星工作项目费、总承包服务费等。

预留金主要考虑可能发生的工程量变更而预留的金额，招标人可按分部分项工程量清单计价合计的一定比例估算。

材料购置费为招标人采购材料所需的价款，招标人可按计划材料的品种、数量和价格进行估算。

零星工作项目费由投标人按分部分项工程费的一定比例估算，应详细列出人工、材料、机械的名称、计量单位和相应数量。

预留金、材料购置费和零星工作项目费三项费用，编制招标标底、投标报价时，均为估算金额，竣工结算时应按实际情况进行调整。有关费用变化，同时予以调整。

总承包服务费指总包单位配合协调招标人工程分包和材料采购所需的费用，总包单位按招标人分包工程分部分项工程量清单计价合计的一定比例计取，具体内容、计取标准应在合同中明确。对不需要总包单位配合，分包单位也不影响总包单位施工的，不计取该项费用。

4. 赶工措施费、提前竣工奖、优良工程增加费，桩基础、幕墙检测费等未包括在定额内，在编制预算、标底和投标报价时，应根据工程实际，参照有关标准或市场情况计算，列入工程总价，除计取工程定额测定费、上级（行业）管理费和税金外，不作为其他各项费用的计费基数。

5. 鉴于本费用定额费率水平是以《江西省建筑工程消耗量定额及统一基价表》、《江西省装饰装修工程消耗量定额及统一基价表》、《江西省安装工程消耗量定额及单位估价表》为基础测算的，在依据上述定额基价表（估价表）编制预算和标底时应考虑价差的影响，价差除计取工程定额测定费、上级（行业）管理费和税金外，不计取其他费用。

6. 本费用定额是根据我省社会平均水平编制的，施工企业投标报价时可采用本企业的施工消耗量定额或参照现行《江西省建筑工程消耗量定额及统一基价表》、《江西省装饰装修工程消耗量定额及统一基价表》、《江西省安装工程消耗量定额及单位估价表》、《江西省建筑安装工程费用定额》，结合建筑市场人工、材料和机械台班价格，以及本企业的技术管理水平自主确定。施工企业投标报价不能低于本企业成本。

十二、定额计价

1. 实行定额计价的工程，采用工料单价法计价。工料单价法是指项目单价采用人工费、材料费、机械使用费用计算的一种计价方法，企业管理费、利润、规费和税金等单独计取。

2. 本费用定额与《江西省建筑工程消耗量定额及统一基价表》、《江西省装饰装修工程消耗量定额及统一基价表》、《江西省安装工程消耗量定额及单位估价表》及江西省有关计价规定等配套执行。

3. 价差是指市场人工费、材料费、施工机械使用费与江西省建筑（装饰）、安装工程消耗量定额统一基价表（估价表）中取定价格的差价，按工程造价管理部门发布的有关规定进行计算，价差除计取工程定额测定费和税金外不计取其他费用。

4. 包工不包料工程按定额人工费乘以 1.50 系数加上人工费价差计算，除计取工程定额测定费和税金外不计取其他费用。

5. 施工过程中发生的预算外费用，甲乙双方按实签证，按工程定额计算的，列入直接工程费，计取相关费用。不按工程定额计算的，列入工程费用并计取工程定额测定费和税金。

6. 构件制作与安装占总费率的比率分别为 59.3% 和 40.7%。

7. 总承包服务费、赶工措施费、提前竣工奖、优良工程增加费，桩基础、幕墙检测费等未包括在定额内，其费用另行计算，具体要求和计取标准应在合同中明确。

(1) 总承包服务费：指配合协调招标人工程分包和材料采购所需的费用。投标人按招标人分包工程扣除工程定额测定费和税金后的工程费用的一定比例计取，除计取工程定额测定费和税金外，不作为其他各项费用的计费基数，并应在合同中明确其内容、计取标准和费用金额。对不需要总包单位配合，分包单位也不影响总包单位施工的，不计取该项费用。

(2) 赶工措施费：若建设单位对施工工期有特殊要求，且施工工期比国家或省定额工期提前 20% ~40%，须增加 1% ~3% 的赶工措施费，计费基数为扣除工程定额测定费和税金后的工程费用，除计取工程定额测定费和税金外，不作为其他各项费用的计费基数。

(3) 提前竣工奖：提前竣工奖应列入工程承发包合同中的奖惩条款，已计取赶工措施费的，提前竣工工期计算应以赶工后的工期为计算基础。

(4) 优良工程增加费：指为了按质论价，经相应工程质量评定机构验收，评定为优良工程的增加费用。计取标准按国家和省现行有关文件规定，具体计取标准、数额应在施工合同中明确，除计取工程定额测定费和税金外，不作为其他各项费用的计费基数。

十三、本定额凡注明有“××以内”或“××以下”者，均包括××本身；“××以外”或“××以上”者，则不包括××本身。

十四、本定额由江西省建设工程造价管理站负责解释、管理。

第一章　建筑安装工程费用项目组成表

- 建筑装饰安装工程费
  - 直接费
    - 直接工程费
      - 1. 人工费
      - 2. 材料费
      - 3. 施工机械使用费
    - 措施费
      - 技术措施费
        - 1. 大型机械设备进出场及安拆费
        - 2. 混凝土、钢筋混凝土模板及支架费
        - 3. 脚手架费
        - 4. 施工排水、降水费
        - 5. 已完工程及设备保护费
        - 6. 其他技术措施费
      - 组织措施费
        - 1. 环境保护费
        - 2. 安全施工费
        - 3. 文明施工费
        - 4. 临时设施费
        - 5. 夜间施工增加费
        - 6. 二次搬运费
        - 7. 冬雨季施工增加费
        - 8. 生产工具用具使用费
        - 9. 检验试验费
        - 10. 工程定位复测、工程点交、场地清理费
        - 11. 其他组织措施费
  - 间接费
    - 规费
      - 1. 社会保障费
        - (1) 养老保险费
        - (2) 失业保险费
        - (3) 医疗保险费
      - 2. 住房公积金
      - 3. 危险作业意外伤害保险
      - 4. 工程排污费
      - 5. 工程定额测定费
      - 6. 上级（行业）管理费
    - 企业管理费
      - 1. 管理人员工资
      - 2. 办公费
      - 3. 差旅交通费
      - 4. 固定资产使用费
      - 5. 工具用具使用费
      - 6. 劳动保险费
      - 7. 工会经费
      - 8. 职工教育经费
      - 9. 财产保险费
      - 10. 财务费
      - 11. 税金
      - 12. 其他
  - 利润
  - 税金
    - 1. 营业税
    - 2. 城市建设维护税
    - 3. 教育费附加

注：本表措施费仅列通用项目，各专业工程的措施费项目参照《建设工程工程量清单计价规范》措施项目一览表作为其他措施费项目列项。套用消耗量定额项目计算的措施费，作为技术措施费列项；以费率形式计算的措施费，作为组织措施费列项。

第二章　建筑安装工程费用定额

第一节　组织措施费计取标准

1．安全文明施工措施费（包括环境保护、文明施工和安全施工费用）计取标准

按定额专业划分	计费基础	安全文明措施费（%）
建筑工程	工料机费	1.20
装饰工程	工料机费	0.80
安装工程	工料机费	0.70
大型土石方及单独土石方工程、桩基工程、混凝土及木构件、金属构件制安工程	工料机费	0.55

注：1．获得省（市）安全文明样板工地的工程，按上述费率乘以1.15系数计算，竣工安全文明综合评价不合格的工程，按上述费率乘以0.85系数计算。

2．计费程序中的组织措施费不包含安全文明施工措施费的内容，安全文明施工措施费单列，计入总价。

2．临时设施费计取标准

<table>
<tr><th colspan="3">工程类别</th><th>计费基础</th><th>临时设施费（%）</th></tr>
<tr><td colspan="2" rowspan="4">建筑工程</td><td>一类</td><td rowspan="4">工料机费</td><td>2.47</td></tr>
<tr><td>二类</td><td>2.23</td></tr>
<tr><td>三类</td><td>1.68</td></tr>
<tr><td>四类</td><td>1.26</td></tr>
<tr><td rowspan="11">其中</td><td rowspan="3">桩基工程</td><td>一类</td><td rowspan="3">工料机费</td><td>2.04</td></tr>
<tr><td>二类</td><td>1.83</td></tr>
<tr><td>三类</td><td>1.38</td></tr>
<tr><td rowspan="4">混凝土、木构件制作安装工程</td><td>一类</td><td rowspan="4">工料机费</td><td>1.92</td></tr>
<tr><td>二类</td><td>1.73</td></tr>
<tr><td>三类</td><td>1.30</td></tr>
<tr><td>四类</td><td>0.98</td></tr>
<tr><td rowspan="4">金属结构制作安装工程</td><td>一类</td><td rowspan="4">工料机费</td><td>1.64</td></tr>
<tr><td>二类</td><td>1.47</td></tr>
<tr><td>三类</td><td>1.11</td></tr>
<tr><td>四类</td><td>0.83</td></tr>
<tr><td colspan="2" rowspan="2">大型土石方及单独土石方工程</td><td>机械施工</td><td>工料机费</td><td>1.84</td></tr>
<tr><td>人工施工</td><td>人工费</td><td>3.65</td></tr>
<tr><td colspan="2" rowspan="4">装饰工程</td><td>一类</td><td rowspan="4">人工费</td><td>7.97</td></tr>
<tr><td>二类</td><td>7.18</td></tr>
<tr><td>三类</td><td>6.10</td></tr>
<tr><td>四类</td><td>5.19</td></tr>
<tr><td colspan="2" rowspan="3">安装工程</td><td>一类</td><td rowspan="3">人工费</td><td>8.37</td></tr>
<tr><td>二类</td><td>7.53</td></tr>
<tr><td>三类</td><td>5.61</td></tr>
</table>

3. 检验试验费等六项组织措施费计取标准

单位:%

计费基础		工料机费（建筑、机械土石方）	人工费（安装、人工土石方/装饰）
综合费率		1.75	8.75/7.00
其中	1. 检验试验费	0.25	1.25/1.00
	2. 夜间施工增加费	0.35	1.75/1.40
	3. 二次搬运费	0.35	1.75/1.40
	4. 冬雨季施工增加费	0.25	1.25/1.00
	5. 生产工具用具使用费	0.35	1.75/1.40
	6. 工程定位、点交、场地清理费	0.20	1.00/0.80
	7. 其他组织措施费	—	—

第二节　企业管理费计取标准

工程类别			计费基础	企业管理费（%）
建筑工程		一类	工料机费	8.03
		二类		7.51
		三类		5.45
		四类		3.54
其中	桩基工程	一类	工料机费	6.21
		二类		5.87
		三类		4.52
	混凝土、木构件制作安装工程	一类	工料机费	5.84
		二类		5.59
		三类		4.33
		四类		3.10
	金属结构制作安装工程	一类	工料机费	4.59
		二类		4.52
		三类		3.58
		四类		2.51
大型土石方及单独土石方工程		机械施工	工料机费	4.90
		人工施工	人工费	11.40
装饰工程		一类	人工费	26.96
		二类		23.45
		三类		18.93
		四类		13.33
安装工程		一类	人工费	34.23
		二类		31.06
		三类		23.76

第三节　利润计取标准

<table>
<tr><th colspan="3">工程类别</th><th>计费基础</th><th>利润（%）</th></tr>
<tr><td colspan="2" rowspan="4">建筑工程</td><td>一类</td><td rowspan="4">工料机费</td><td>6.50</td></tr>
<tr><td>二类</td><td>5.50</td></tr>
<tr><td>三类</td><td>4.00</td></tr>
<tr><td>四类</td><td>3.00</td></tr>
<tr><td rowspan="11">其中</td><td rowspan="3">桩基工程</td><td>一类</td><td rowspan="3">工料机费</td><td>6.25</td></tr>
<tr><td>二类</td><td>5.25</td></tr>
<tr><td>三类</td><td>3.75</td></tr>
<tr><td rowspan="4">混凝土、木构件制作安装工程</td><td>一类</td><td rowspan="4">工料机费</td><td>6.00</td></tr>
<tr><td>二类</td><td>5.00</td></tr>
<tr><td>三类</td><td>3.50</td></tr>
<tr><td>四类</td><td>2.50</td></tr>
<tr><td rowspan="4">金属结构制作安装工程</td><td>一类</td><td rowspan="4">工料机费</td><td>5.75</td></tr>
<tr><td>二类</td><td>4.75</td></tr>
<tr><td>三类</td><td>3.25</td></tr>
<tr><td>四类</td><td>2.25</td></tr>
<tr><td colspan="2" rowspan="2">大型土石方及单独土石方工程</td><td>机械施工</td><td>工料机费</td><td>4.50</td></tr>
<tr><td>人工施工</td><td>人工费</td><td>7.00</td></tr>
<tr><td colspan="2" rowspan="4">装饰工程</td><td>一类</td><td rowspan="4">人工费</td><td>25.08</td></tr>
<tr><td>二类</td><td>20.77</td></tr>
<tr><td>三类</td><td>16.79</td></tr>
<tr><td>四类</td><td>12.72</td></tr>
<tr><td colspan="2" rowspan="3">安装工程</td><td>一类</td><td rowspan="3">人工费</td><td>33.28</td></tr>
<tr><td>二类</td><td>29.12</td></tr>
<tr><td>三类</td><td>20.52</td></tr>
</table>

第四节　规费计取标准

单位:%

<table>
<tr><th colspan="2">计算基础</th><th>工料机费（建筑、机械土石方）</th><th>人工费（安装、人工土石方/装饰）</th></tr>
<tr><td colspan="2">1. 社会保障费</td><td></td><td></td></tr>
<tr><td rowspan="3">其中</td><td>（1）养老保险费</td><td>3.25</td><td>21.67/16.25</td></tr>
<tr><td>（2）失业保险费</td><td>0.16</td><td>1.07/0.80</td></tr>
<tr><td>（3）医疗保险费</td><td>0.98</td><td>6.53/4.90</td></tr>
<tr><td colspan="2">2. 住房公积金</td><td>0.81</td><td>5.40/4.05</td></tr>
<tr><td colspan="2">3. 危险作业意外伤害保险</td><td>0.10</td><td>0.66/0.50</td></tr>
<tr><td colspan="2">4. 工程排污费</td><td>0.05</td><td>0.33/0.25</td></tr>
<tr><td colspan="2">1~4 小计</td><td>5.35</td><td>35.66/26.75</td></tr>
<tr><td colspan="2">5. 工程定额测定费</td><td colspan="2">0.20</td></tr>
<tr><td colspan="2">6. 上级（行业）管理费</td><td colspan="2">0.50（清单）/0.6（定额）</td></tr>
</table>

说明：1. 表中工程定额测定费系数为非住宅工程系数；住宅工程系数为0.14；一项工程既有住宅建设又有非住宅建设，分别按不同标准计算。

2. 工程定额测定费、上级（行业）管理费不论建筑、装饰、安装工程均以“工料机费”为计费基础，具体计算方法按计费程序规定。

3. 上级（行业）管理费中系数0.5适用于清单计价，系数0.6适用于定额计价。

第五节 税金计取标准

营业税、城市建设维护税、教育费附加综合税率

工程所在地 / 计税基础 / 项目	工程所在地在市区	工程所在地在县城、镇	工程所在地不在市区、县城或镇
	不含税工程造价		
综合税率%	3.413	3.348	3.220

第三章 建筑安装工程费用计算程序表

第一节 采用工程量清单计价

1. 分部分项工程量清单综合单价计算程序表

序号	计费基础 / 费用项目		工料机费	人工费
一	分部分项工程直接工程费		分部分项工程 Σ（人工费＋材料费＋机械费）	分部分项工程 Σ（人工费＋材料费＋机械费）
	其中	1. 人工费 2. 材料费 3. 机械使用费	Σ（工日耗用量×人工单价） Σ（材料耗用量×材料单价） Σ（机械耗用量×机械单价）	Σ（工日耗用量×人工单价） Σ（材料耗用量×材料单价） Σ（机械耗用量×机械单价）
二	企业管理费		（一）×相应费率	（1）×相应费率
三	利润		［（一）＋（二）］×相应费率	（1）×相应费率
四	综合单价		［（一）＋（二）＋（三）］ ÷工程数量	［（一）＋（二）＋（三）］ ÷工程数量

2. 施工技术措施项目费计算程序表

序号	计费基础 / 费用项目		工料机费	人工费
一	技术措施项目 Σ（人工费＋材料费＋机械费）		技术措施项目 Σ（人工费＋材料费＋机械费）	技术措施项目 Σ（人工费＋材料费＋机械费）
	其中	1. 人工费 2. 材料费 3. 机械费使用费	Σ（工日耗用量×人工单价） Σ（材料耗用量×材料单价） Σ（机械耗用量×机械单价）	Σ（工日耗用量×人工单价） Σ（材料耗用量×材料单价） Σ（机械耗用量×机械单价）
二	企业管理费		（一）×相应费率	（1）×相应费率
三	利润		［（一）＋（二）］×相应费率	（1）×相应费率
四	技术措施项目费		（一）＋（二）＋（三）	（一）＋（二）＋（三）

注：技术措施项目Σ（人工费＋材料费＋机械费）未详列人工、材料、机械耗用量，而以每项“××元”表示的，或无工日耗用量的，以人工费为基础计取有关费用时，人工费按15%比例计算。

3. 施工组织措施项目费计算程序表

序号	计费基础 / 费用项目		工料机费	人工费
一	分部分项工程量清单计价合计		Σ（清单工程量×综合单价）	Σ（清单工程量×综合单价）
	其中	1. 人工费	Σ（工日耗用量×人工单价）	Σ（工日耗用量×人工单价）
二	技术措施项目清单计价合计		Σ技术措施项目费	Σ施工技术措施项目费
	其中	2. 人工费	Σ（工日耗用量×人工单价）	Σ（工日耗用量×人工单价）

续表

序号	计费基础 / 费用项目		工料机费	人工费
三	组织措施项目 Σ（人工费+材料费+机械费）			[（1）+（2）]×费率
	其中	3. 人工费		（三）×人工系数
四	企业管理费			（3）×费率
五	利润			（3）×费率
六	施工组织措施项目费		[（一）+（二）]×费率	（三）+（四）+（五）

注：组织措施项目Σ（人工费+材料费+机械费）中的人工系数按15%计算。

4. 零星工作项目费计算程序表

序号	计费基础 / 费用项目	工料机费	人工费
一	人工综合单价	人工单价（1+企业管理费率）×（1+利润率）	人工单价（1+企业管理费率）×（1+利润率）
二	人工费合价	Σ（工日耗用量×人工综合单价）	Σ（工日耗用量×人工综合单价）
三	材料综合单价	材料单价（1+企业管理费率）×（1+利润率）	材料单价
四	材料费合价	Σ（材料耗用量×材料综合单价）	Σ（材料耗用量×材料综合单价）
五	机械综合单价	机械单价（1+企业管理费率）×（1+利润率）	机械单价
六	机械费合价	Σ（机械耗用量×机械综合单价）	Σ（机械耗用量×机械综合单价）
七	零星工作项目费	（二）+（四）+（六）	（二）+（四）+（六）

5. 单位工程工程费用计算程序表

（1）以工料机费为计费基础

序号	费用项目		计算方法
一	分部分项工程量清单计价合计		Σ（清单工程量×综合单价）
二	技术措施项目清单计价合计		Σ技术措施项目费
三	组织措施项目清单计价合计		Σ组织措施项目费
四	其他项目清单计价合计		Σ其他项目费
五	规费	1. 社会保障费	[（一）+（二）+（三）+（四）]×相应费率
		2. 住房公积金	
		3. 危险作业意外伤害保险	
		4. 工程排污费	
		5. 工程定额测定费	[（一）+（二）+（三）+（四）+（1）+（2）+（3）+（4）]×相应费率
		6. 上级（行业）管理费	
六	税金		[（一）+（二）+（三）+（四）+（五）]×相应税率
七	工程费用		（一）+（二）+（三）+（四）+（五）+（六）

(2) 以人工费为计费基础

<table>
<tr><th>序号</th><th colspan="2">费用项目</th><th>计算方法</th></tr>
<tr><td>一</td><td colspan="2">分部分项工程量清单计价合计</td><td>Σ（清单工程量×综合单价）</td></tr>
<tr><td></td><td>其中</td><td>1. 人工费</td><td>Σ（工日耗用量×人工单价）</td></tr>
<tr><td>二</td><td colspan="2">技术措施项目清单计价合计</td><td>Σ技术措施项目费</td></tr>
<tr><td></td><td>其中</td><td>2. 人工费</td><td>Σ（工日耗用量×人工单价）或按人工费比例计算</td></tr>
<tr><td>三</td><td colspan="2">组织措施项目清单计价合计</td><td>Σ组织措施项目费</td></tr>
<tr><td></td><td>其中</td><td>3. 人工费</td><td>组织措施项目Σ（人工费＋材料费＋机械费合计）×人工系数</td></tr>
<tr><td>四</td><td colspan="2">其他项目清单计价合计</td><td>Σ其他项目费</td></tr>
<tr><td></td><td>其中</td><td>4. 人工费</td><td>Σ其他项目费中的人工费</td></tr>
<tr><td rowspan="6">五</td><td rowspan="6">规费</td><td>5. 社会保障费</td><td rowspan="4">[（1）＋（2）＋（3）＋（4）]×相应费率</td></tr>
<tr><td>6. 住房公积金</td></tr>
<tr><td>7. 危险作业意外伤害保险</td></tr>
<tr><td>8. 工程排污费</td></tr>
<tr><td>9. 工程定额测定费</td><td rowspan="2">[(一)＋(二)＋(三)＋(四)＋(5)＋(6)＋(7)＋(8)]×相应费率</td></tr>
<tr><td>10. 上级（行业）管理费</td></tr>
<tr><td>六</td><td colspan="2">税金</td><td>[(一)＋(二)＋(三)＋(四)＋(五)]×相应税率</td></tr>
<tr><td>七</td><td colspan="2">工程费用</td><td>（一）＋（二）＋（三）＋（四）＋（五）＋（六）</td></tr>
</table>

注：“Σ其他项目费中的人工费”指预留金、零星工作项目费中的人工费，预留金中的人工费按15%计算。

第二节　采用定额计价

1. 以工料机费为计费基础的单位工程工程费用计算程序表

<table>
<tr><th>序号</th><th colspan="2">费用项目</th><th>计算方法</th></tr>
<tr><td>一</td><td colspan="2">直接工程费</td><td>工程量×消耗量定额基价</td></tr>
<tr><td>二</td><td colspan="2">技术措施费</td><td>按消耗量定额计算</td></tr>
<tr><td>三</td><td colspan="2">组织措施费</td><td>[（一）＋（二）]×相应费率</td></tr>
<tr><td>四</td><td colspan="2">价差</td><td>按有关规定计算</td></tr>
<tr><td>五</td><td colspan="2">企业管理费</td><td>[（一）＋（二）＋（三）]×相应费率</td></tr>
<tr><td>六</td><td colspan="2">利润</td><td>[（一）＋（二）＋（三）＋（五）]×相应费率</td></tr>
<tr><td rowspan="6">七</td><td rowspan="6">规费</td><td>1. 社会保障费</td><td rowspan="4">[(一)＋(二)＋(三)＋(五)＋(六)]×相应费率</td></tr>
<tr><td>2. 住房公积金</td></tr>
<tr><td>3. 危险作业意外伤害保险</td></tr>
<tr><td>4. 工程排污费</td></tr>
<tr><td>5. 上级（行业）管理费</td><td>[（一）＋（二）＋（三）]×相应费率</td></tr>
<tr><td>6. 工程定额测定费</td><td>[(一)＋(二)＋(三)＋(四)＋(五)＋(六)＋(1)＋(2)＋(3)＋(4)＋(5)]×相应费率</td></tr>
<tr><td>八</td><td colspan="2">税金</td><td>[(一)＋(二)＋(三)＋(四)＋(五)＋(六)＋(七)]×相应税率</td></tr>
<tr><td>九</td><td colspan="2">工程费用</td><td>(一)＋(二)＋(三)＋(四)＋(五)＋(六)＋(七)＋(八)</td></tr>
</table>

2. 以人工费为计费基础的单位工程工程费用计算程序表

序号	费用项目		计算方法
一	直接工程费		Σ（工程量×消耗量定额基价）
	其中	1. 人工费	Σ（工日耗用费×人工单价）
二	技术措施费		Σ（工程量×消耗量定额基价）
	其中	1. 人工费	Σ（工日耗用量×人工单价）或按人工费比例计算
三	组织措施费		[（1）+（2）]×相应费率
	其中	3. 人工费	（三）×人工系数
四	价差		按有关规定计算
五	企业管理费		[（1）+（2）+（3）]×相应费率
六	利润		[（1）+（2）+（3）]×相应费率
七	规费	4. 社会保障费	[（1）+（2）+（3）]×相应费率
		5. 住房公积金	
		6. 危险作业意外伤害保险	
		7. 工程排污费	
		8. 上级（行业）管理费	[（一）+（一）+（三）]×相应费率
		9. 工程定额测定费	[（一）+（二）+（三）+（四）+（五）+（六）+（4）+（5）+（6）+（7）+（8）]×相应费率
八	税金		[（一）+（二）+（三）+（四）+（五）+（六）+（七）]×相应税率
九	工程费用		（一）+（二）+（三）+（四）+（五）+（六）+（七）+（八）

注：1. 技术措施项目未详列人工、材料、机械耗用量，而以每项“××元”表示的，或无工日耗用量的，以人工费为基础计取有关费用时，人工费按15%比例计算。

2. 组织措施费人工系数按15%比例计算。

第四章　建筑安装工程类别划分标准及说明

第一节　工程类别划分标准

一、建筑工程类别划分标准

项目			单位	工程类别			
				一类	二类	三类	四类
工业建筑	单层	檐口高度	m	≥18	≥12	≥9	<9
		跨度	m	≥24	≥18	≥12	<12
	多层	檐口高度	m	≥27	≥18	≥12	<12
		建筑面积	m^2	≥6000	≥4000	≥1500	<1500
民用建筑	公共建筑	檐口高度	m	≥39	≥27	≥18	<18
		跨度	m	≥27	≥18	≥15	<15
		建筑面积	m^2	≥9000	≥6000	≥3000	<3000
	其他建筑	檐口高度	m	≥39	≥27	≥18	<18
		层数	层	≥13	≥9	≥6	<6
		建筑面积	m^2	≥10000	≥7000	≥3000	<3000

续表

项目			单位	工程类别			
				一类	二类	三类	四类
构筑物	烟囱（高度）	钢筋混凝土	m	≥100	≥50	<50	—
		砖	m	≥50	≥30	<30	—
	水塔	高度	m	≥40	≥30	<30	—
		容量	m^3	≥80	≥60	<60	—
	贮水（油）池	容量	m^3	≥1200	≥800	<800	—
	贮仓	高度	m	≥30	≥20	<20	—
桩基	按工程类别划分说明第11条执行						
炉窑砌筑工程						专业炉窑	其他炉窑

二、装饰工程类别划分标准

1. 公共建筑的装饰工程按相应建筑工程类别标准执行。其他装饰工程按建筑工程相应类别降低一类执行，但不低于四类。

2. 局部装饰工程（装饰建筑面积小于总建筑面积50%）按第一条规定，降低一类执行，但不低于四类。

3. 仅进行金属门窗、塑料门窗、幕墙、外墙饰面等局部装饰的工程按三类标准执行。

4. 除一类工程外，有特殊声、光、超净、恒温要求的装饰工程，按原标准提高一类执行。

三、安装工程类别划分标准

项目 类别	名称	内容
一类	设备安装	1. 台重50t及其以上的各类机械设备、非标设备（不分整体或解体）以及精密、自动、半自动或程控机床、引进设备。 2. 自动、半自动电梯，输送设备以及起重35t及其以上的起重设备及相应的轨道安装。 3. 净化、超净、恒温和集中空调设备及其空调系统。 4. 自动化控制装置、通信交换设备和仪表安装工程。 5. 工业炉窑设备。 6. 热力设备（蒸发量10t/h台以上的锅炉），单台容量3000kW及其以上发电机组及其附属设备。 7. 800kV·A及其以上的变电装置。 8. 各种压力容器、油罐、球形罐、气柜的制作和安装。 9. 煤气发生炉、制氧设备、制冷量20万大卡/小时及以上的制冷设备、高中压空气压缩机、污水处理设备及其配套的储罐、冷却塔等。 10. 焊口有探伤要求的厂区（室外）工艺管道、热力管网、煤气管网、供水（含循环水）管网工程。 11. 附属于本工程各种设备的配管、电气安装、通风、工艺金属结构及刷油、绝热、防腐蚀工程
	建筑安装	一类建筑工程的附属设备、照明、通风、采暖、给排水、煤气、消防、安全防范、电话电视及共用天线等工程

续表

项目 类别	名称	内 容
二类	设备安装	1. 台重50t以下的各类机械设备、非标设备（不分整体或解体）。 2. 小型杂物电梯，起重35t以下的起重设备及其相应的轨道安装。 3. 蒸发量10t/h台及以下的锅炉安装。 4. 800kV·A以下的变配电设备。 5. 工艺金属结构，一般容器的制作和安装。 6. 焊口无探伤要求的厂区（室外）工艺管道、热力管网、煤气管网、供水（含循环水）管网工程。 7. 电缆敷设、10kV以下架空配电线路、有线电视线路工程。 8. 低压空气压缩机、乙炔发生设备，各类泵、供热（换热）装置以及制冷量20万大卡/小时以下的制冷设备。 9. 附属于本工程各种设备的配管、电气安装、通风、工艺金属结构及刷油、绝热、防腐蚀工程
	建筑安装	二类建筑工程的附属设备、照明、通风、采暖、给排水、煤气、消防、安全防范、电话电视及共用天线等工程
三类	设备安装	除一、二类工程以外均为三类工程
	建筑安装	三、四类建筑工程的附属设备、照明、通风、采暖、给排水、煤气、消防、安全防范、电话电视及共用天线等工程

第二节　工程类别划分说明

1. 工程类别划分根据不同的单位工程，按其繁简、施工难易程度，按我省建筑市场历年来实际施工项目，并结合企业资质等级标准确定。

2. 一个单位工程中由几种不同的工程类别组成时，其工程类别按从高到低合计占总建筑面积为50%时的工程类别确定。

3. 凡有钢筋混凝土地下室的单位工程（不含半地下室），且地下室建筑面积占底层建筑面积的60%以上，其工程类别按其单位工程类别（除一类工程外）高套一级。

4. 建筑物高度系指设计室外地面至檐口滴水高度（不包括女儿墙，高出屋面电梯间、楼梯间、水箱间、塔楼、屋面天窗等的高度），构筑物高度系指设计室外地面至构筑物顶面高度，跨度系指轴线之间的宽度。大于标准层面积50%的顶层计算高度和层数。

5. 工业建筑工程：指从事物质生产和直接为生产服务的建筑工程，主要包括生产（加工）车间、实验车间、仓库、科研单位独立实验室、化验室、民用锅炉房和其他生产用建筑工程。

6. 公共建筑工程：指为满足人们物质文化生活需要和进行社会活动而建设的非生产性建筑物，如办公楼、教学楼、图书馆、医院、宾馆、商场、车站、影剧院、礼堂、体育馆、纪念馆等以及相类似的工程。除此以外为其他民用建筑工程。

7. 构筑物工程：指与工业与民用建筑工程相配套且独立于工业与民用建筑工程，主要包括烟囱、水塔、仓类、池类等。

8. 桩基础工程：指天然地基上的浅基础不能满足建筑物、构筑物的稳定要求而采用的一种深基础，主要包括各种现浇和预制桩。其单项取费只适用于单独承担桩基础施工的工程。

9. 大型土石方工程和单独土石方工程：指单独编制概预算或一个单位工程内挖方或填方（不能挖、填相加）在$4000m^3$以上的土石方工程。

10. 框、排架结构不低于三类工程取费。锯齿形屋架厂房，按二类工程取费。锅炉房，单机蒸发量大于等于20t或总蒸发量大于等于50t时执行一类工程取费，小于以上蒸发量时分别以檐高或跨度为准。单独地下停车场、地下商场执行一类工程取费。冷库工程执行一类工程取费。造型相似的普通别墅群执行四类工程取费，造型独特的单个别墅执行三类工程取费。

11. 混凝土、木构件制作安装工程，金属结构制作安装工程类别划分按附属的建筑工程类别划分标准执行。人工挖孔桩按三类工程取费，其他桩基工程类别划分按相应的建筑工程类别划分标准执行，但不低于三类工程取费。

12. 与建筑物配套的零星项目，如化粪池、检查井、地沟等按相应的主体建筑工程类别等级标准确定。围墙按建筑工程四类取费标准计取费用。

13. “安装定额”中的炉窑砌筑工程按建筑工程相应类别取费标准计取费用。

14. 同一工程类别中有几个指标时，以符合其中一个指标为准。

15. 工程类别标准中未包括的特殊工程类别，由各地、市工程造价管理部门根据具体情况预先选定，并附工程详细资料报省造价管理站审批后确定。

第五章　建筑安装工程项目适用范围

一、一般建筑工程

适用于一般工业与民用建筑新建、扩建、改建工程的永久性和临时性的房屋及构筑物，也适用于炉窑砌筑工程和设备基础、围墙、管道沟等工程，以及附属上述单位工程内挖方或填方在 $4000m^3$ 以内的土石方工程。其中：

（一）桩基工程

适用于单独承担各种桩基工程（含制、运、安、打），也适用于分包单位向总包单位的结算。

（二）混凝土预制构件、木构件制作安装工程

适用于单独承担各种混凝土预制构件和木构件的制作安装工程，也适用于分包单位向总包单位的结算。

（三）金属结构制作安装工程

适用于单独承担一般建筑工程中金属构件的柱、梁、吊车梁、屋架、屋架梁、拉撑杆、平台、走台、操作台、楼梯、栏杆、楼板、门窗等的制作安装工程，也适用于分包单位向总包单位的结算。

二、大型土石方及单独土石方工程

适用于单独编制概（预）算的工石方工程，如运动场、机场、游泳池、人工湖（河）、场地平整等所发生的挖、填土石方，或附属在一个单位工程内挖方或填方量（不得挖填相加）在 $4000m^3$ 以上的土石方工程。

三、装饰工程

适用于一般建筑工程的装饰工程，也适用于单独承担的装饰工程及分包单位向总包单位的结算（包括新建工程的装饰和二次装修）。

四、安装工程

《江西省安装工程消耗量定额及单位估价表》（共十三册）适用于工业与民用安装工程的新建、扩建及技改项目的给排水、采暖、通风空调、电器照明、通信、智能化系统等设备、管线的安装工程和一般机械设备工程。

第六章　建筑安装工程费用项目组成

建筑安装工程费用由直接费、间接费、利润和税金组成。

第一节　直　接　费

直接费由直接工程费和措施费组成。

一、直接工程费

直接工程费是指工程施工过程中耗费的构成工程实体的各项费用，包括人工费、材料费、施工机械使用费。

1. 人工费

人工费是指直接从事建筑安装工程施工的生产工人开支的各项费用，内容包括：

(1) 基本工资：是指发放给生产工人的基本工资。

(2) 工资性补贴：是指按规定标准发放的物价补贴，煤、燃气补贴，交通补贴，住房补贴，流动施工津贴等。

(3) 生产工人辅助工资：是指生产工人年有效施工天数以外非作业天数的工资，包括职工学习、培训期间的工资，调动工作、探亲、休假期间的工资，因气候影响的停工工资，女工哺乳期间的工资，病假在六个月以内的工资及产、婚、丧假期的工资。

(4) 职工福利费：是指按规定标准计提的职工福利费。

(5) 生产工人劳动保护费：是指按规定标准发放的劳动保护用品的购置费及修理费，徒工服装补贴，防暑降温费，在有碍身体健康环境中施工的保健费用等。

2. 材料费

材料费是指施工过程中耗费的构成工程实体的原材料、辅助材料、构配件、零件、半成品的费用。内容包括：

(1) 材料原价（或供应价格）。

(2) 材料运杂费：是指材料自来源地运至工地仓库或指定堆放地点所发生的全部费用。

(3) 运输损耗费：是指材料在运输装卸过程中不可避免的损耗。

(4) 采购及保管费：是指为组织采购、供应和保管材料过程所需要的各项费用。包括采购费、仓储费、工地保管费、仓储损耗。

3. 施工机械使用费

施工机械使用费是指施工机械作业所发生的机械使用费以及机械安拆费和场外运费。

施工机械台班单价应由下列七项费用组成：

(1) 折旧费：是指施工机械在规定的使用年限内，陆续收回其原值及购置资金的时间价值。

(2) 大修理费：是指施工机械按规定的大修理间隔台班进行必要的大修理，以恢复其正常功能所需的费用。

(3) 经常修理费：是指施工机械除大修理以外的各级保养和临时故障排除所需的费用。包括为保障机械正常运转所需替换设备与随机配备工具附具的摊销和维护费用，机械运转中日常保养所需润滑与擦拭的材料费用及机械停滞期间的维护和保养费用等。

(4) 安拆费及场外运费：安拆费是指一般施工机械（不包括大型机械）在现场进行安装与拆卸所需的人工、材料、机械和试运转费用以及机械辅助设施的折旧、搭设、拆除等费用；场外运费是指一般施工机械（不包括大型机械）整体或分体自停放场地运至施工场地或由一施工场地运至另一施工场地的运输、装卸、辅助材料及架线等费用。

(5) 人工费：是指机上司机（司炉）和其他操作人员的工作日人工费及上述人员在施工机械规定的年工作台班以外的人工费。

(6) 燃料动力费：是指施工机械在运转作业中所消耗的固体燃料（煤、木柴）、液体燃料（汽油、柴油）及水、电等。

(7) 养路费及车船使用税：指施工机械按照国家和有关部门规定应缴纳的养路费、车船使用税、保险费及年检费等。

二、措施费

措施费是指为完成工程项目施工，发生于该工程施工前和施工过程中非工程实体项目的费用，由技术措施费和组织措施费费组成。

(一) 技术措施费内容包括：

1. 大型机械设备进出场及安拆费：是指机械整体或分体自停放场地运至施工现场或由一个施

工地点运至另一个施工地点，所发生的机械进出场运输及转移费用及机械在施工现场进行安装、拆卸所需的人工费、材料费、机械费、试运转费和安装所需的辅助设施的费用。

2．混凝土、钢筋混凝土模板及支架费：是指混凝土施工过程中需要的各种钢模板、木模板、支架等的支、拆、运输费用及模板、支架的摊销（或租赁）费用。

3．脚手架费：是指施工需要的各种脚手架搭、拆、运输费用及脚手架的摊销（或租赁）费用。

4．施工排水、降水费：是指为确保工程在正常条件下施工，采取各种排水、降水措施所发生的各种费用。

5．已完工程及设备保护费：是指竣工验收前，对已完工程及设备进行保护所需的费用。

6．其他技术措施费：指根据各专业工程特点或工程实际补充的技术措施费用项目。

（二）组织措施费内容包括：

1．环境保护费：是指施工现场为达到环保部门要求所需要的各项费用。

2．文明施工费：是指施工现场文明施工所需要的各项费用。

3．安全施工费：是指施工现场安全施工所需要的各项费用。

环境保护费、文明施工费、安全施工费（简称安全文明施工措施费）包含的内容：

（1）安全管理资料编印费用；

（2）安全标志的购置以及宣传设施、器材等的设置费用；

（3）安全教育、特种作业人员培训费用（包括建筑工人岗位安全技能培训）；

（4）施工现场的消防设施、消防器材和保健设施建设、急救器材的购置费用；

（5）基坑临边防护和基坑相邻建筑物（构筑物）的变形监测费用；

（6）起重机械（各类吊车、起重机、塔吊等）及需要检测的设备、设施的安全防护设施和安全检测费用；

（7）地下作业通风设备配置和安全监测费用；

（8）高空作业时所需辅助设备、设施的安全措施费用；

（9）安全帽、安全网、安全带、安全绳、安全手套、劳保鞋、安全面罩、防毒面具、救生设备等安全用品；

（10）楼梯口、电梯口、通道口、预留洞口和阳台、楼层、通道等的临边防护措施费用；

（11）施工用电的三级配电两级防护等用电配置措施费用；

（12）抢险应急措施设备设置及特殊防护费用；

（13）交通疏导、警示设施设置费用；

（14）施工场地硬化处理、排水系统建设、泥浆处理、污水处理、粉尘控制、噪音控制、垃圾清运、除四害、洗车槽措施、场地绿化等建设和管理措施；

（15）《建筑施工安全检查标准》（JGJ 59—99）要求达标所需的其他安全生产文明施工措施费用。

4．临时设施费：是指施工企业为进行建筑工程施工所必须搭设的生活和生产用的临时建筑物、构筑物和其他临时设施费用等。

临时设施包括：宿舍、办公室、会议室、医务室、娱乐活动室、门卫室、食堂、浴室、厕所、变电室、盥洗室、吸烟室、水泥库房、工具库房、大门、木工棚、钢筋棚、电焊棚、搅拌机棚、卷扬机棚、沙石料场、地坪、道路、现场围（墙）栏以及在规定范围内水、电、管线等临时设施和小型临时设施。

临时设施费用包括：临时设施的搭设、维修、拆除费或摊销费。

5．夜间施工增加费：是指因夜间施工所发生的夜班补助费、夜间施工降效、夜间施工照明设备摊销及照明用电等费用。

6. 二次搬运费：是指因施工场地狭小等特殊情况而发生的二次搬运费用。

7. 冬雨季施工增加费：指工程在冬雨季施工期间为防雨、防水、保温及为保证工程质量和安全生产所采取的措施费用和人工降效费用。

8. 生产工具用具使用费：指建筑安装工程施工生产所需的不属于固定资产的生产工具用具、仪器仪表及检验用具等的购置、摊销和维修费，以及支付给工人的自备工具补贴费。

9. 检验试验费：是指对建筑材料、构件和建筑安装物进行一般鉴定、检查所发生的费用，包括自设试验室进行试验所耗用的材料和化学药品等费用。不包括新结构、新材料的试验费和建设单位对具有出厂合格证明的材料进行检验，对构件做破坏性试验及其他特殊要求检验试验的费用。

10. 工程定位复测、工程点交、场地清理等费用。

11. 其他组织措施费：指根据各专业工程特点或工程实际补充的组织措施费用项目。

第二节 间 接 费

由规费、企业管理费组成。

一、规费

规费是指政府和有关权力部门规定必须缴纳的费用（简称规费）。包括：

1. 社会保障费

（1）养老保险费：是指企业按规定标准为职工缴纳的基本养老保险费。

（2）失业保险费：是指企业按照国家规定标准为职工缴纳的失业保险费。

（3）医疗保险费：是指企业按照规定标准为职工缴纳的基本医疗保险费。

2. 住房公积金：是指企业按规定标准为职工缴纳的住房公积金。

3. 危险作业意外伤害保险：是指按照《建筑法》规定，企业为从事危险作业的建筑安装施工人员支付的意外伤害保险费。

4. 工程排污费：是指施工现场按规定缴纳的工程排污费。

5. 工程定额测定费：是指按规定支付工程造价管理机构的定额测定费。

6. 上级（行业）管理费：是指企业按规定向建筑行业主管部门交纳的管理费。

二、企业管理费

企业管理费是指建筑安装企业组织施工生产和经营管理所需费用。

内容包括：

1. 管理人员工资：是指管理人员的基本工资、工资性补贴、职工福利费、劳动保护费等。

2. 办公费：是指企业管理办公用的文具、纸张、账表、印刷、邮电、书报、会议、水电、烧水和集体取暖（包括现场临时宿舍取暖）用煤等费用。

3. 差旅交通费：是指职工因公出差、调动工作的差旅费、住勤补助费，市内交通费和误餐补助费，职工探亲路费，劳动力招募费，职工离退休、退职一次性路费，工伤人员就医路费，工地转移费以及管理部门使用的交通工具的油料、燃料、养路费及牌照费。

4. 固定资产使用费：是指管理和试验部门及附属生产单位使用的属于固定资产的房屋、设备仪器等的折旧、大修、维修或租赁费。

5. 工具用具使用费：是指管理使用的不属于固定资产的生产工具、器具、家具、交通工具和检验、试验、测绘、消防用具等的购置、维修和摊销费。

6. 劳动保险费：是指由企业支付离退休职工的易地安家补助费、职工退职金、六个月以上的病假人员工资、职工死亡丧葬补助费、抚恤费、按规定支付给离休干部的各项经费。

7. 工会经费：是指企业按职工工资总额计提的工会经费。

8. 职工教育经费：是指企业为职工学习先进技术和提高文化水平，按职工工资总额计提的费用。

9. 财产保险费：是指施工管理用财产、车辆保险。

10. 财务费：是指企业为筹集资金而发生的各种费用。

11. 税金：是指企业按规定缴纳的房产税、车船使用税、土地使用税、印花税等。

12. 其他：包括技术转让费、技术开发费、业务招待费、绿化费、广告费、公证费、法律顾问费、审计费、咨询费等。

第三节 利　　润

是指施工企业完成所承包工程获得的盈利。

第四节 税　　金

是指国家税法规定的应计入建筑工程造价内的营业税、城市建设维护税、教育费附加等。

山东省费用项目组成及计算规则

（2006年）

山东省建设厅关于印发《山东省建筑安装市政工程费用项目组成及计算规则》的通知

鲁建标字〔2006〕2号

为加强对工程造价的动态管理，适应建设工程计价的需要，根据国家有关规定，结合我省情况，我们制定了《山东省建筑安装市政工程费用项目组成及计算规则》（以下简称“费用计算规则”）。现予以印发，并就有关问题通知如下：

一、本费用计算规则自2006年4月1日起施行。2006年4月1日前已签订合同的工程，可仍按原合同及有关规定执行。

二、原省建设厅鲁建标字〔2004〕15号文件发布的《山东省建筑安装工程费用及计算规则》和原省工程建设标准定额站鲁标定字〔2002〕11号文件发布的《山东省市政工程费用定额》同时停止使用。

三、本费用计算规则由山东省工程建设标准定额站负责管理、解释。在执行过程中，有何问题和意见，请及时反馈给山东省工程建设标准定额站。

山东省建设厅

二〇〇六年二月二十日

总 说 明

（一）根据建设部、财政部《关于印发建筑安装工程费用项目组成的通知（建标〔2003〕206号）》和省建设厅、省财政厅《关于印发山东省建筑安装工程费用项目组成的通知（鲁建标字〔2004〕3号）》，为统一我省建筑工程费用计算程序并发布我省建筑、装饰装修工程费率，制定本规则。

（二）本规则适用于山东省行政区域内一般工业与民用建筑、装饰装修工程的新建、扩建和改建工程的计价活动，与《山东省建筑工程消耗量定额》及2006年版《山东省建筑工程价目表》配套使用。

（三）建筑工程计价活动包括编制施工图预算、招标标底，投标报价和签订施工合同价以及确定工程竣工结算等内容。

（四）规费中的社会保障费，按省政府鲁政发〔1995〕101号和省政府办公厅鲁政办发〔1995〕77号文件规定，在工程开工前由建设单位向建筑企业劳保机构交纳。企业在投标报价时，不包括该项费用。在编制工程预（结）算时，仅将其作为计税基础。

（五）规费中的安全施工费，在工程发包时，按规定计算出费额，在工程造价中列为暂定金额；工程施工时，由工程发包单位、市建筑安全监督机构、工程造价管理机构对施工现场设置的安全设施内容进行确认，并由市工程造价管理机构核定其费用，作为工程结算的依据。

（六）企业管理费费率、利润率和部分措施费费率按不同的工程类别确定。

（七）工程量清单计价可参照本规则公布的相应费率。

（八）本规则中工程费用计算程序是建筑、装饰装修工程计价活动的依据，其中，实行定额计价方式，执行计算程序（一）；实行工程量清单计价方式，执行计算程序（二）。各种费率（规费、税金除外）是计价活动的参考。

山东省建筑工程费用项目组成及计算规则

建筑工程费由直接费、间接费、利润和税金组成（见附表）。

一、直接费

由直接工程费和措施费组成。

（一）直接工程费：是指施工过程中耗费的构成工程实体的各项费用，包括人工费、材料费、施工机械使用费。

1. 人工费：是指直接从事建筑安装工程施工的生产工人开支的各项费用，内容包括：

（1）基本工资：是指发放给生产工人的基本工资。

（2）工资性补贴：是指按规定标准发放的物价补贴，煤、燃气补贴，交通补贴，住房补贴，流动施工津贴等。

（3）生产工人辅助工资：是指生产工人年有效施工天数以外非作业天数的工资，包括职工学习、培训期间的工资，调动工作、探亲、休假期间的工资，因气候影响的停工工资，女工哺乳时间的工资，病假在六个月以内的工资及产、婚、丧假期的工资。

（4）职工福利费：是指按规定标准计提的职工福利费。

（5）生产工人劳动保护费：是指按规定标准发放的劳动保护用品的购置费及修理费，徒工服装补贴，防暑降温费，在有碍身体健康环境中施工的保健费用等。

2. 材料费：是指施工过程中耗费的构成工程实体的原材料、辅助材料、构配件、零件、半成品的费用。内容包括：

（1）材料原价（或供应价格）。

（2）材料运杂费：是指材料自来源地运至工地仓库或指定堆放地点所发生的全部费用。

（3）运输损耗费：是指材料在运输装卸过程中不可避免的损耗。

（4）采购及保管费：是指为组织采购、供应和保管材料过程中所需要的各项费用。

包括：采购费、仓储费、工地保管费、仓储损耗。

（5）检验试验费：是指对建筑材料、构件和建筑安装物进行一般鉴定、检查所发生的费用，包括自设试验室进行试验所耗用的材料和化学药品等费用。不包括新结构、新材料的试验费和建设单位对具有出厂合格证明的材料进行检验，对构件做破坏性试验及其他特殊要求检验试验的费用。

3. 施工机械使用费：是指施工机械作业所发生的机械使用费以及机械安拆费和场外运费。

施工机械台班单价应由下列七项费用组成：

（1）折旧费：指施工机械在规定的使用年限内，陆续收回其原值及购置资金的时间价值。

（2）大修理费：指施工机械按规定的大修理间隔台班进行必要的大修理，以恢复其正常功能所需的费用。

(3) 经常修理费：指施工机械除大修理以外的各级保养和临时故障排除所需的费用。包括为保障机械正常运转所需替换设备与随机配备工具附具的摊销和维护费用，机械运转中日常保养所需润滑与擦拭的材料费用及机械停滞期间的维护和保养费用等。

(4) 安拆费及场外运费：安拆费指施工机械在现场进行安装与拆卸所需的人工、材料、机械和试运转费用以及机械辅助设施的折旧、搭设、拆除等费用；场外运费指施工机械整体或分体自停放地点运至施工现场或由一施工地点运至另一施工地点的运输、装卸、辅助材料及架线等费用。

(5) 人工费：指机上司机（司炉）和其他操作人员的工作日人工费及上述人员在施工机械规定的年工作台班以外的人工费。

(6) 燃料动力费：指施工机械在运转作业中所消耗的固体燃料（煤、木柴）、液体燃料（汽油、柴油）及水、电等。

(7) 养路费及车船使用税：指施工机械按照国家规定和有关部门规定应缴纳的养路费、车船使用税、保险费及年检费等。

(二) 措施费：是指为完成工程项目施工，发生于该工程施工前和施工过程中非工程实体项目的费用。内容包括：

1. 环境保护费：是指施工现场为达到环保部门要求所需要的各项费用。

2. 文明施工费：是指施工现场文明施工所需要的各项费用。

3. 临时设施费：是指施工企业为进行建筑工程施工所必须搭设的生活和生产用的临时建筑物、构筑物和其他临时设施费用等。

临时设施包括：临时宿舍、文化福利及公用事业房屋与构筑物，仓库、办公室、加工厂以及规定范围内道路、水、电、管线等临时设施和小型临时设施。

临时设施费用包括：临时设施的搭设、维修、拆除费或摊销费。

4. 夜间施工费：是指因夜间施工所发生的夜班补助费、夜间施工降效、夜间施工照明设备摊销及照明用电等费用。

5. 二次搬运费：是指因施工场地狭小等特殊情况而发生的二次搬运费用。

6. 大型机械设备进出场及安拆费：是指机械整体或分体自停放场地运至施工现场或由一个施工地点运至另一个施工地点，所发生的机械进出场运输转移费用及机械在施工现场进行安装、拆卸所需的人工费、材料费、机械费、试运转费和安装所需的辅助设施的费用。

7. 混凝土、钢筋混凝土模板及支架费：是指混凝土施工过程中需要的各种钢模板、木模板、支架等的支、拆、运输费用及模板、支架的摊销（或租赁）费用。

8. 脚手架费：是指施工需要的各种脚手架搭、拆、运输费用及脚手架的摊销（或租赁）费用。

9. 已完工程及设备保护费：是指竣工验收前，对已完工程及设备进行保护所需费用。

10. 施工排水、降水费：是指为确保工程在正常条件下施工，采取各种排水、降水措施降低地下水位所发生的各种费用。

11. 冬雨季施工增加费：指在冬、雨季施工期间，为保证工程质量，采取保温、防护措施所增加的费用，以及因工效和机械作业效率降低所增加的费用。

12. 垂直运输机械及超高增加费：指工程施工需要的垂直运输机械使用费和建筑物高度超过20米时，人工、机械降效等所增加的费用。

13. 构件运输及安装费：指混凝土、金属构件、门窗等自堆放地或构件加工厂至施工吊装点的运输费用；以及混凝土、金属构件的吊装费用。

14. 总承包服务费：指为配合、协调招标人进行的工程分包和材料采购所需的费用。

二、间接费

由规费、企业管理费组成。

（一）规费：是指政府和有关权力部门规定必须缴纳的费用（简称规费）。包括：

1. 工程排污费：是指施工现场按规定缴纳的工程排污费。

2. 工程定额测定费：是指按规定缴纳工程造价（定额）管理部门的定额测定费。

3. 社会保障费

（1）养老保障金：是指企业按省财政厅、省建设厅鲁财综〔2003〕25 号文件的规定标准为职工缴纳的养老保障金。

（2）失业保险费：是指企业按照国家规定标准为职工缴纳的失业保险费。

（3）医疗保险费：是指企业按照规定标准为职工缴纳的基本医疗保险费。

4. 住房公积金：是指企业按规定标准为职工缴纳的住房公积金。

5. 危险作业意外伤害保险：是指按照建筑法规定，企业为从事危险作业的建筑安装施工人员支付的意外伤害保险费。

6. 安全施工费：是指按《建设工程安全生产管理条例》规定，为保证施工现场安全施工所必需的各项费用。

（二）企业管理费：是指建筑安装企业组织施工生产和经营管理所需费用。

内容包括：

1. 管理人员工资：是指管理人员的基本工资、工资性补贴、职工福利费、劳动保护费等。

2. 办公费：是指企业管理办公用的文具、纸张、账表、印刷、邮电、书报、会议、水电、烧水和集体取暖（包括现场临时宿舍取暖）用煤等费用。

3. 差旅交通费：是指职工因公出差、调动工作的差旅费、住勤补助费，市内交通费和误餐补助费，职工探亲路费，劳动力招募费，职工离退休、退职一次性路费，工伤人员就医路费，工地转移费以及管理部门使用的交通工具的油料、燃料、养路费及牌照费。

4. 固定资产使用费：是指管理和试验部门及附属生产单位使用的属于固定资产的房屋、设备仪器等的折旧、大修、维修或租赁费。

5. 工具用具使用费：是指管理使用的不属于固定资产的生产工具、器具、家具、交通工具和检验、试验、测绘、消防用具等的购置、维修和摊销费。

6. 劳动保险费：是指由企业支付离退休职工的易地安家补助费、职工退职金、六个月以上的病假人员工资、职工死亡丧葬补助费、抚恤费、按规定支付给离休干部的各项经费。

7. 工会经费：是指企业按职工工资总额计提的工会经费。

8. 职工教育经费：是指企业为职工学习先进技术和提高文化水平，按职工工资总额计提的费用。

9. 财产保险费：是指施工管理用财产、车辆保险。

10. 财务费：是指企业为筹集资金而发生的各种费用。

11. 税金：是指企业按规定缴纳的房产税、车船使用税、土地使用税、印花税等。

12. 其他：包括技术转让费、技术开发费、业务招待费、绿化费、广告费、公证费、法律顾问费、审计费、咨询费等。

三、利润

是指施工企业完成所承包工程获得的盈利。

四、税金

是指国家税法规定的应计入建筑安装工程造价内的营业税、城市维护建设税及教育费附加等。

附表

建筑工程费用项目组成表

- 建筑安装工程费
  - 直接费
    - 直接工程费
      - 1. 人工费
      - 2. 材料费
      - 3. 施工机械使用费
    - 措施费
      - 1. 环境保护
      - 2. 文明施工
      - 3. 临时设施
      - 4. 夜间施工
      - 5. 二次搬运
      - 6. 大型机械设备进出场及安拆
      - 7. 混凝土、钢筋混凝土模板及支架
      - 8. 脚手架
      - 9. 已完工程及设备保护
      - 10. 施工排水、降水
      - 11. 冬雨季施工增加
      - 12. 垂直运输机械及超高增加
      - 13. 构件运输及安装
      - 14. 总承包服务
  - 间接费
    - 企业管理费
      - 1. 管理人员工资
      - 2. 办公费
      - 3. 差旅交通费
      - 4. 固定资产使用费
      - 5. 工具用具使用费
      - 6. 劳动保险费
      - 7. 工会经费
      - 8. 职工教育经费
      - 9. 财产保险费
      - 10. 财务费
      - 11. 税金
      - 12. 其他
    - 规费
      - 1. 工程排污费
      - 2. 工程定额测定费
      - 3. 社会保障费
        - (1) 养老保障费
        - (2) 失业保险费
        - (3) 医疗保险费
      - 4. 住房公积金
      - 5. 危险作业意外伤害保险
      - 6. 安全施工费
  - 利润
  - 税金

三、建筑工程费用计算程序

（一）定额计价的计算程序

序号	费用名称	计算方法
一	直接费	（一）+（二）
	（一）直接工程费	Σ｛工程量×Σ［（定额工日消耗数量×人工单价）+（定额材料消耗数量×材料单价）+（定额机械台班消耗数量×机械台班单价）］｝
	（一）′省价直接工程费	Σ（工程量×省基价）
	（二）措施费	1+2+3
	1. 参照定额规定计取的措施费	按定额规定计算
	2. 参照省发布费率计取的措施费	（一）′×相应费率
	3. 按施工组织设计（方案）计取的措施费	按施工组织设计（方案）计取
	（二）′其中省价措施费	见说明
二	企业管理费	［（一）′+（二）′］×管理费费率
三	利润	［（一）′+（二）′］×利润率
四	规费	（一+二+三）×规费费率
五	税金	（一+二+三+四）×税率
六	建筑工程费用合计	一+二+三+四+五

说明：

（1）参照定额规定计取的措施费是指建筑上程消耗量定额中列有相应子目或规定有计算方法的措施项目费用。例如：混凝土、钢筋混凝土模板及支架、脚手架费、垂直运输机械及超高增加费、构件运输及安装费等。

（注：本类中的措施费有些要结合施工组织设计或技术方案计算）。

（2）参照省发布费率计取的措施费是指按省建设行政主管部门根据建筑市场状况和多数企业经营管理情况、技术水平等测算发布了参考费率的措施项目费用。包括环境保护、文明施工、临时设施、夜间施工及冬雨季施工增加费、二次搬运费以及已完工程及设备保护费等。

（3）按施工组织设计（方案）计取的措施费是指承包人按施工组织设计（技术方案）计算的措施项目费用。例如：大型机械进出场及安拆；施工排水、降水费用等。

（4）省价措施费是指按照省价目表中的人、材、机单价计算的措施费与按照省发布费率及规定计取的措施费之和。

（5）计算程序中，直接工程费中的“工程量”，不包括消耗量定额第二章“地基处理与防护”中排水与降水及第十章“施工技术措施项目”。

（二）工程量清单计价的计算程序

序号	费用项目名称	计 算 方 法
一	分部分项工程费合价	$\sum_{i=1}^{n} Ji \times Li$
	分部分项工程费综合单价（Ji）	1 +2 +3 +4 +5
	1. 人工费	∑清单项目每计量单位工日消耗量×人工单价
	1′. 人工费	∑清单项目每计量单位工日消耗量×省价目表单价
	2. 材料费	∑清单项目每计量单位材料消耗量×材料单价
	2′. 材料费	∑清单项目每计量单位材料消耗量×省价材料单价
	3. 施工机械使用费	∑清单项目每计量单位施工机械台班消耗量×机械台班单价
	3′. 施工机械使用费	∑清单项目每计量单位施工机械台班消耗量×省价机械台班单价
	4. 企业管理费	（1′+2′+3′）×管理费费率
	5. 利润	（1′+2′+3′）×利润率
	分部分项工程量（Li）	按工程量清单数量计算
二	措施项目费	∑单项措施费
	单项措施费	某项措施项目基价+省价措施费基价×（管理费费率+利润率）
三	其他项目费	（一）+（二）
	（一）招标人部分	（1）+（2）+（3）
	（1）预留金	由招标人根据拟建工程实际计列
	（2）材料购量费	由招标人根据拟建工程实际计列
	（3）其他	由招标人根据拟建工程实际计列
	（二）投标人部分	（4）+（5）+（6）
	（4）总承包服务费	由投标人根据拟建工程需要或参照省发布费率计列
	（5）零星工作项目费（按零星工作清单数量计列）	零星工作人工费+零星工作省价人工费×（管理费费率+利润率）+材料费+机械使用费
	（6）其他	由投标人根据拟建工程需要计列
四	规费	（一+二+三）×规费费率
五	税金	（一+二+三+四）×税率
六	建筑工程费用合计	一+二+三+四+五

注：序号二中“某项措施项目基价”，系指按计算程序（一）“定额计价的计算程序”计算的某项措施费金额。

四、装饰工程计算程序

（一）定额计价的计算程序

序号	费 用 名 称	计 算 方 法
一	直接费	（一）+（二）
	（一）直接工程费	∑｛工程量×∑［（定额工日消耗数量×人工单价）+（定额材料消耗数量×材料单价）+（定额机械台班消耗数量×机械台班单价）］｝
	其中：人工费 R1	∑（工程量×定额工日消耗数量×省价人工单价）
	（二）措施费	1+2+3
	1. 参照定额规定计取的措施费	按定额规定计算
	2. 参照费率计取的措施费	R1×相应费率
	3. 按施工组织设计（方案）计取的措施费	按施工组织设计（方案）计取
	其中：人工费 R2	∑措施费中省价人工费
二	企业管理费	（R1+R2）×管理费费率
三	利润	（R1+R2）×利润率
四	规费	（一+二+三）×规费费率
五	税金	（一+二+三+四）×税率
六	装饰工程费用合计	一+二+三+四+五

注：措施费中省价人工费 R2，是指按照省价目表中人工单价计算的人工费与按照省发布费率及规定计取的人工费之和。

（二）工程量清单计价的计算程序

序号	费用项目名称	计 算 方 法
一	分部分项工程费合价	$\sum_{i=1}^{n} Ji \times Li$
	分部分项工程费综合单价（Ji）	1+2+3+4+5
	1. 人工费	∑清单项目每计量单位工日消耗量×人工单价
	1′. 人工费	∑清单项目每计量单位工日消耗量×省价人工单价
	2. 材料费	∑清单项目每计量单位材料消耗量×材料单价
	3. 施工机械使用费	∑清单项目每计量单位施工机械台班消耗量×机械台班单价
	4. 企业管理费	1′×管理费费率
	5. 利润	1′×利润率
	分部分项工程量（Li）	按工程量清单数量计算

续表

序号	费用项目名称	计算方法
二	措施项目费	∑单项措施费
	单项措施费	某项措施项目基价＋其中省价人工费×（管理费费率＋利润率）
三	其他项目费	（一）＋（二）
	（一）招标人部分	（1）＋（2）＋（3）
	（1）预留金	由招标人根据拟建工程实际计列
	（2）材料购量费	由招标人根据拟建工程实际计列
	（3）其他	由招标人根据拟建工程实际计列
	（二）投标人部分	（4）＋（5）＋（6）
	（4）总承包服务费	由投标人根据拟建工程需要或参照省发布费率计列
	（5）零星工作项目费（按零星工作清单数量计列）	零星工作人工费＋零星工作省价人工费×（管理费费率＋利润率）＋材料费＋机械使用费
	（6）其他	由投标人根据拟建工程需要计列
四	规费	（一＋二＋三）×规费费率
五	税金	（一＋二＋三＋四）×税率
六	装饰工程费用合计	一＋二＋三＋四＋五

注：序号二中“某项措施项目基价”，系指按计算程序（一）“定额计价的计算程序”计算的某项措施费金额。

五、建筑工程费率表

（一）企业管理费、利润、税金

单位:%

费用名称 \ 工程类别 \ 工程名称	工业、民用建筑工程			构筑物工程		
	Ⅰ	Ⅱ	Ⅲ	Ⅰ	Ⅱ	Ⅲ
企业管理费	8.9	7.1	5.1	7.1	6.3	4.1
利润	7.6	4.3	3.2	6.3	5.1	2.4

费用名称 \ 工程类别 \ 工程名称	单独土石方工程			桩基础工程			装饰工程		
	Ⅰ	Ⅱ	Ⅲ	Ⅰ	Ⅱ	Ⅲ	Ⅰ	Ⅱ	Ⅲ
企业管理费	5.8	4.1	2.5	4.6	3.5	2.5	107	85	51
利润	4.7	3.4	1.4	3.6	2.8	1.0	36	23	17

税金		
税金	市区	3.44
	县城、城镇	3.38
	市县镇以外	3.25

（二）措施费、规费费率表

单位：%

工程名称 / 费用名称		建筑工程	装饰工程
措施费	环境保护费	0.15	1.0
	文明施工费	0.40	0.80
	临时设施费	1.0	14
	夜间施工费	0.7	4.2
	二次搬运费	0.6	3.8
	冬雨季施工增加费	0.8	4.7
	已完工程及设备保护费	0.15	0.15
	总承包服务费	0.3	
规费	工程排污费	按环保部门有关规定计算	
	工程定额测定费	按各市有关规定计算	
	社会保障费	按建安工作量2.6%计算	
	住房公积金	按有关规定计算	
	危险作业意外伤害保险	按实际工程投保金额计算	
	安全施工费	由各市工程造价管理机构核定	

其中：1. 装饰工程已完工程及设备保护费计费基础为价目表基价，其他项目取费基础均为定额人工费。

2. 措施费中人工费含量：夜间施工增加费、冬雨季施工增加费及二次搬运费为20%，其余按10%。

六、工程类别划分

（一）工程类别划分说明

工程类别划分标准，是根据不同的单位工程，按其施工难易程度，结合我省建筑市场的实际情况确定的。工程类别划分标准是根据工程施工难易程度计取有关费用的依据；同时也是企业编制投标报价的参考。建筑工程的工程类别按工业建筑工程、民用建筑工程、构筑物工程、单独土石方工程、桩基础工程分列并分若干类别。

1. 类别划分

（1）工业建筑工程：指从事物质生产和直接为物质生产服务的建筑工程。一般包括：生产（加工、储运）车间、实验车间、仓库、民用锅炉房和其他生产用建筑物。

（2）装饰装修工程：指建筑物主体结构完成后，在主体结构表面及相关部位进行抹灰、镶贴和铺挂面层等，以达到建筑设计效果的装饰装修工程。

（3）民用建筑工程：指直接用于满足人们物质和文化生活需要的非生产性建筑物。一般包括：住宅及各类公用建筑工程。

科研单位独立的实验室、化验室按民用建筑工程确定工程类别。

（4）构筑物工程：指与工业或民用建筑配套或独立于工业与民用建筑工程的工程。一般包括：烟囱、水塔、仓类、池类等。

（5）桩基础工程：指天然地基上的浅基础不能满足建筑物和构筑物的稳定要求，而采用的一种深基础。主要包括各种现浇和预制混凝土桩及其他桩基。

（6）单独土石方工程：指建筑物、构筑物、市政设施等基础土石方以外的，且单独编制概预算的土石方工程。包括上石方的挖、填、运等。

2. 使用说明

（1）工程类别的确定，以单位工程为划分对象。

（2）与建筑物配套使用的零星项目，如化粪池、检查井等，按其相应建筑物的类别确定工程类别。其他附属项目，如围墙、院内挡土墙、庭院道路、室外管沟架、按建筑工程Ⅲ类标准确定类别。

（3）建筑物、构筑物高度，自设计室外地坪算起，至屋面檐口高度。高出屋面的电梯间、水箱间、塔楼等不计算高度。建筑物的面积，按建筑面积计算规则的规定计算。建筑物的跨度，按设计图示尺寸标注的轴线跨度计算。

（4）非工业建筑的钢结构工程，参照工业建筑工程的钢结构工程确定工程类别。

（5）居住建筑的附墙轻型框架结构，按砖混结构的工程类别套用；但设计层数大于18层，或建筑面积大于$12000m^2$时，按居住建筑其他结构的Ⅰ类工程套用。

（6）工业建筑的设备基础，单位混凝土体积大于$1000m^3$，按构筑物Ⅰ类工程计算：单位体混凝土体积大于$600\ m^3$，按构筑物Ⅱ类工程计算；单体混凝土体积小于$600m^3$，大于$50m^3$按构筑物Ⅲ类工程计算；小于$50m^3$的设备基础按相应建筑物或构筑物的工程类别确定。

（7）同一建筑物结构形式不同时，按建筑面积大的结构形式确定工程类别。

（8）强夯工程，均按单独土石方工程Ⅱ类执行。

（9）新建建筑工程中的装饰工程，按下列规定确定其工程类别：

①每平方米建筑面积装饰定额人工费合计在100元以上的，为Ⅰ类工程。

②每平方米建筑面积装饰定额人工费合计在50元以上、100元以下的，为Ⅱ类工程。

③每平方米建筑面积装饰定额人工费合计在50元以下的，为Ⅲ类工程。

④每平方米建筑面积装饰定额人工费计算：按第九章计算出全部装饰工程量（包括外墙装饰），套用价目表中相应项目的定额人工费，合计后除以被装饰建筑物的建筑面积。

⑤单独外墙装饰，每平方米外墙装饰面积装饰定额人工费在50元以上的，为Ⅰ类工程；装饰定额人工费在50元以下，20元以上的，为Ⅱ类工程；装饰定额人工费在20元以下的，为Ⅲ类工程。

⑥单独招牌、灯箱、美术字为Ⅲ类工程。

（10）工程类别划分标准中有两个指标者，确定类别时需满足其中一个指标。

（二）建筑工程类别划分标准

<table>
<tr><th colspan="4" rowspan="2">工程名称</th><th rowspan="2">单位</th><th colspan="3">工程类别</th></tr>
<tr><th>Ⅰ</th><th>Ⅱ</th><th>Ⅲ</th></tr>
<tr><td rowspan="3">工业建筑工程</td><td colspan="2">钢结构</td><td>跨度
建筑面积</td><td>m
m²</td><td>>30
>16000</td><td>>18
>10000</td><td>≤18
≤10000</td></tr>
<tr><td rowspan="2">其他结构</td><td>单层</td><td>跨度
建筑面积</td><td>m
m²</td><td>>24
>10000</td><td>>18
>6000</td><td>≤18
≤6000</td></tr>
<tr><td>多层</td><td>檐高
建筑面积</td><td>m
m²</td><td>>50
>10000</td><td>>30
>6000</td><td>≤30
≤6000</td></tr>
</table>

续表

工程名称				单位	工程类别		
					Ⅰ	Ⅱ	Ⅲ
民用建筑工程	公用建筑	砖混结构	檐高	m	—	30 < 檐高 < 50	≤30
			建筑面积	m^2	—	6000 < 面积 < 10000	≤6000
		其他结构	檐高	m	>60	>30	≤30
			建筑面积	m^2	>12000	>8000	≤8000
	居住建筑	砖混结构	层数	层	—	8 < 层数 < 12	≤8
			建筑面积	m^2	—	8000 < 面积 < 12000	≤8000
		其他结构	层数	层	>18	>8	≤8
			建筑面积	m^2	>12000	>8000	≤8000
构筑物工程	烟囱	混凝土结构高度		m	>100	>60	≤60
		砖结构高度		m	>60	>40	≤40
	水塔	高度		m	>60	>40	≤40
		容积		m^3	>100	>60	≤60
	筒仓	高度		m	>35	>20	≤20
		容积（单体）		m^3	>2500	>1500	≤1500
	贮池	容积（单体）		m^3	>3000	>1500	≤1500
单独土石方工程		单独挖、填土石方		m^3	>15000	>10000	5000 < 体积 < 10000
桩基础工程		桩长		m	>30	>12	≤12

山东省安装工程费用项目组成及计算规则

一、总说明

（一）根据建设部、财政部《关于印发建筑安装工程费用项目组成的通知（建标〔2003〕206号）》和省建设厅、省财政厅《关于印发山东省建筑安装工程费用项目组成的通知（鲁建标字〔2004〕3号）》，为统一我省安装工程费用计算程序并发布我省安装工程费率，制定本规则。

（二）本方法适用于山东省行政区域内一般工业与民用安装工程的新建、扩建和改建工程的计价活动，与《山东省安装工程消耗量定额》及2006版《山东省安装工程价目表》配套使用。

（三）安装工程计价活动包括编制施工图预算、招标标底、投标报价和签订施工合同价以及确定工程竣工结算等内容。

（四）本规则中的措施费费率、企业管理费率、利润率、规费费率和税率也可用于安装工程工程量清单计价。

（五）规费中的社会保障费，按省政府鲁政发〔1995〕101号和省政府办公厅鲁政办发〔1995〕77号文件规定，应在工程开工前由建设单位向建筑企业劳保机构交纳。因而施工企业在投标报价时，不包括该项费用。在编制工程预（结）算时，仅将其作为计税基础。

（六）规费中的安全施工费，应按照鲁建发〔2005〕29号文件“关于印发《山东省〈建筑工程安全防护、文明施工措施费用及使用管理规定〉实施细则》的通知”规定执行。在工程发包时，按规定计算出费额，在工程造价中列为暂定金额；工程施工时，由工程发包单位、市建筑安全监督机构、工程造价管理机构对施工现场设置的安全设施内容进行确认，并由市工程造价管理机构核定其费用，作为工程结算的依据。

（七）企业管理费费率、利润率和部分措施费率按不同的工程类别确定。

（八）本规则中计算程序是我省安装工程计价活动的依据。其中，实行定额计价方式，执行计算程序（一）；实行工程量清单计价方式，执行计算程序（二）。费率表中所列费率，除环境保护费、文明施工费、临时设施费、规费、税金费率外，其他均作为计价活动的参考。

二、安装工程费用项目组成

安装工程费由直接费、间接费、利润和税金组成（见附表）。

一、直接费

由直接工程费和措施费组成。

（一）直接工程费：是指施工过程中耗费的构成工程实体的各项费用，包括人工费、材料费、施工机械使用费。

1. 人工费：是指直接从事建筑安装工程施工的生产工人开支的各项费用，内容包括：

（1）基本工资：是指发放给生产工人的基本工资。

（2）工资性补贴：是指按规定标准发放的物价补贴，煤、燃气补贴，交通补贴，住房补贴，流动施工津贴等。

（3）生产工人辅助工资：是指生产工人年有效施工天数以外非作业天数的工资，包括职工学习、培训期间的工资，调动工作、探亲、休假期间的工资，因气候影响的停工工资，女工哺乳时间的工资，病假在六个月以内的工资及产、婚、丧假期的工资。

（4）职工福利费：是指按规定标准计提的职工福利费。

（5）生产工人劳动保护费：是指按规定标准发放的劳动保护用品的购置费及修理费，徒工服装补贴，防暑降温费，在有碍身体健康环境中施工的保健费用等。

2. 材料费：是指施工过程中耗费的构成工程实体的原材料、辅助材料、构配件、零件、半成品的费用。内容包括：

（1）材料原价（或供应价格）。

（2）材料运杂费：是指材料自来源地运至工地仓库或指定堆放地点所发生的全部费用。

（3）运输损耗费：是指材料在运输装卸过程中不可避免的损耗。

（4）采购及保管费：是指为组织采购、供应和保管材料过程中所需要的各项费用。

包括：采购费、仓储费、工地保管费、仓储损耗。

（5）检验试验费：是指对建筑材料、构件和建筑安装物进行一般鉴定、检查所发生的费用，包括自设试验室进行试验所耗用的材料和化学药品等费用。不包括新结构、新材料的试验费和建设单位对具有出厂合格证明的材料进行检验，对构件做破坏性试验及其他特殊要求检验试验的费用。

3. 施工机械使用费：是指施工机械作业所发生的机械使用费以及机械安拆费和场外运费。

施工机械台班单价应由下列七项费用组成：

（1）折旧费：指施工机械在规定的使用年限内，陆续收回其原值及购置资金的时间价值。

（2）大修理费：指施工机械按规定的大修理间隔台班进行必要的大修理，以恢复其正常功能所需的费用。

（3）经常修理费：指施工机械除大修理以外的各级保养和临时故障排除所需的费用。包括为保障机械正常运转所需替换设备与随机配备工具附具的摊销和维护费用，机械运转中日常保养所需润滑与擦拭的材料费用及机械停滞期间的维护和保养费用等。

(4) 安拆费及场外运费：安拆费指施工机械在现场进行安装与拆卸所需的人工、材料、机械和试运转费用以及机械辅助设施的折旧、搭设、拆除等费用；场外运费指施工机械整体或分体自停放地点运至施工现场或由一施工地点运至另一施工地点的运输、装卸、辅助材料及架线等费用。

(5) 人工费：指机上司机（司炉）和其他操作人员的工作日人工费及上述人员在施工机械规定的年工作台班以外的人工费。

(6) 燃料动力费：指施工机械在运转作业中所消耗的固体燃料（煤、木柴）、液体燃料（汽油、柴油）及水、电等。

(7) 养路费及车船使用税：指施工机械按照国家规定和有关部门规定应缴纳的养路费、车船使用税、保险费及年检费等。

（二）措施费：是指为完成工程项目施工，发生于该工程施工前和施工过程中非工程实体项目的费用。内容包括：

1. 环境保护费：是指施工现场为达到环保部门要求所需要的各项费用。

2. 文明施工费：是指施工现场文明施工所需要的各项费用。

3. 临时设施费：是指施工企业为进行安装工程施工所必须搭设的生活和生产用的临时建筑物、构筑物和其他临时设施费用等。

临时设施包括：临时宿舍、文化福利及公用事业房屋与构筑物、仓库、办公室、加工厂以及规定范围内道路、水、电、管线等临时设施和小型临时设施。

临时设施费用包括：临时设施的搭设、维修、拆除费或摊销费。

4. 夜间施工费：是指因夜间施工所发生的夜班补助费、夜间施工降效、夜间施工照明设备摊销及照明用电等费用。

5. 二次搬运费：是指因施工现场狭小等特殊情况而发生的二次搬运费用。

6. 大型机械设备进出场及安拆费：是指机械整体或分体自停放场地运至施工现场或由一个施工地点运至另一个施工地点，所发生的机械进出场运输转移费用及机械在施工现场进行安装、拆卸所需的人工费、材料费、机械费、试运转费和安装所需的辅助设施的费用。

7. 脚手架费：是指施工需要的各种脚手架搭、拆、运输费用及脚手架的摊销（或租赁）费用。

8. 已完工程及设备保护费：是指竣工验收前，对已完工程及设备进行保护所需费用。

9. 施工排水、降水费：是指为确保工程在正常条件下施工，采取各种排水、降水措施所发生的各种费用。

10. 冬、雨季施工增加费：冬雨季施工期间，为保证工程质量，采取保温、防雨措施以及人工、机械降效所增加的费用。

11. 组装平台费：为现场组装设备或钢结构而搭设的平台所发生的费用。

12. 设备、管道施工安全、防冻和焊接保护措施费：为保证设备、管道施工质量、人身安全而采取的措施所发生的费用。

13. 压力容器和高压管道的检验费：为保证压力容器和高压管道的安装质量，根据有关规定对其检测所发生的费用。

14. 焦炉施工大棚费：为改善施工条件、保证施工质量，搭设的临时性大棚所发生的费用。

15. 焦炉烘炉、热态工程费：为烘炉而发生的砌筑、拆除、热态劳动保护等所发生的费用。

16. 管道安装后的充气保护措施费：按规定洁净度要求高的管道，在使用前实施充气保护所发生的费用。

17. 隧道内施工的通风、供水、供气、供电、照明及通讯设施费：为满足隧道内施工的要求，临时设置的通风、供水、供气、供电、照明及通讯设施所发生的费用。

18. 格架式抱杆费：为满足安装工程吊装的需要而发生的格架式抱杆使用费。

19. 总承包服务费：指为配合、协调招标人进行的工程分包和材料采购所需的费用。

二、间接费

由规费、企业管理费组成。

(一) 规费：是指政府和有关权力部门规定必须缴纳的费用（简称规费）。包括：

1. 工程排污费：是指施工现场按规定缴纳的工程排污费。

2. 工程定额测定费：是指按规定缴纳工程造价（定额）管理部门的定额测定费。

3. 社会保障费

(1) 养老保障金：是指企业按省财政厅、省建设厅鲁财综〔2003〕25号文件的规定标准为职工缴纳的养老保障金。

(2) 失业保险费：是指企业按照国家规定标准为职工缴纳的失业保险费。

(3) 医疗保险费：是指企业按照规定标准为职工缴纳的基本医疗保险费。

4. 住房公积金：是指企业按规定标准为职工缴纳的住房公积金。

5. 危险作业意外伤害保险：是指按照建筑法规定，企业为从事危险作业的建筑安装施工人员支付的意外伤害保险费。

6. 安全施工费：是指按《建设工程安全生产管理条例》规定，为保证施工现场安全施工所必需的各项费用。

(二) 企业管理费：是指建筑安装企业组织施工生产和经营管理所需费用。

内容包括：

1. 管理人员工资：是指管理人员的基本工资、工资性补贴、职工福利费、劳动保护费等。

2. 办公费：是指企业管理办公用的文具、纸张、账表、印刷、邮电、书报、会议、水电、烧水和集体取暖（包括现场临时宿舍取暖）用煤等费用。

3. 差旅交通费：是指职工因公出差、调动工作的差旅费、住勤补助费，市内交通费和误餐补助费，职工探亲路费，劳动力招募费，职工离退休、退职一次性路费，工伤人员就医路费，工地转移费以及管理部门使用的交通工具的油料、燃料、养路费及牌照费。

4. 固定资产使用费：是指管理和试验部门及附属生产单位使用的属于固定资产的房屋、设备仪器等的折旧、大修、维修或租赁费。

5. 工具用具使用费：是指管理使用的不属于固定资产的生产工具、器具、家具、交通工具和检验、试验、测绘、消防用具等的购置、维修和摊销费。

6. 劳动保险费：是指由企业支付离退休职工的易地安家补助费、职工退职金、六个月以上的病假人员工资、职工死亡丧葬补助费、抚恤费、按规定支付给离休干部的各项经费。

7. 工会经费：是指企业按职工工资总额计提的工会经费。

8. 职工教育经费：是指企业为职工学习先进技术和提高文化水平，按职工工资总额计提的费用。

9. 财产保险费：是指施工管理用财产、车辆保险。

10. 财务费：是指企业为筹集资金而发生的各种费用。

11. 税金：是指企业按规定缴纳的房产税、车船使用税、土地使用税、印花税等。

12. 其他：包括技术转让费、技术开发费、业务招待费、绿化费、广告费、公证费、法律顾问费、审计费、咨询费等。

三、利润

是指施工企业完成所承包工程获得的盈利。

四、税金

是指国家税法规定的应计入建筑安装工程造价内的营业税、城市维护建设税及教育费附加等。

附表

安装工程费用项目组成表

- 建筑安装工程费
  - 直接费
    - 直接工程费
      - 1．人工费
      - 2．材料费
      - 3．施工机械使用费
    - 措 施 费
      - 1．环境保护
      - 2．文明施工
      - 3．临时设施
      - 4．夜间施工
      - 5．二次搬运
      - 6．大型机械设备进出场及安拆
      - 7．脚手架
      - 8．已完工程及设备保护
      - 9．施工排水、降水
      - 10．冬、雨季施工增加
      - 11．组装平台
      - 12．设备、管道施工安全、防冻和焊接保护措施
      - 13．压力容器和高压管道的检验
      - 14．焦炉施工大棚
      - 15．焦炉烘炉、热态工程
      - 16．管道安装后的充气保护措施
      - 17．隧道内施工的通风、供水、供气、供电、照明及通讯设施
      - 18．格架式抱杆
      - 19．总承包服务
  - 间接费
    - 企业管理费
      - 1．管理人员工资
      - 2．办公费
      - 3．差旅交通费
      - 4．固定资产使用费
      - 5．工具用具使用赞
      - 6．劳动保险费
      - 7．工会经费
      - 8．职工教育经费
      - 9．财产保险费
      - 10．财务费
      - 11．税金
      - 12．其他
    - 规 费
      - 1．工程排污费
      - 2．工程定额测定费
      - 3．社会保障费
      - （1）养老保障费
      - （2）失业保险费
      - （3）医疗保险费
      - 4．住房公积金
      - 5．危险作业意外伤害保险
      - 6．安全施工费
  - 利 润
  - 税 金

三、安装工程费用计算程序

（一）定额计价的计算程序

序号	费用项目名称	计 算 方 法
一	直接费	（一）+（二）
	（一）直接工程费	Σ｛工程量×Σ［（定额工日消耗数量×人工单价）+（定额材料消耗数量×材料单价）+（定额机械台班消耗数量×机械台班单价）］｝
	（一）′省价直接工程费	Σ［工程量×（省价目表基价+未计价材料费）］
	其中：人工费（R_1）	省价直接工程费中的人工费之和
	（二）措施费	1+2+3
	1. 参照定额规定计取的措施费	按定额规定计算
	2. 参照省发布费率计取的措施费	2.1+2.2+…2.n
	2.1　环境保护费	R_1×费率
	2.2　文明施工费	R_1×费率
	2.3　临时设施费	R_1×费率
	2.n　其他措施费	R_1×费率
	3. 按施工组织设计（方案）计取的措施费	按施工组织设计（方案）计算
	（二）′省价措施费	按省价目表及有关规定计算
	其中：人工费（R_2）	省价措施费中的人工费之和
二	企业管理费	（R_1+R_2）×企业管理费费率
三	利润	（R_1+R_2）×利润率
四	规费	4+5+6+7+8+9
	4. 工程排污费	按各市相关规定计算
	5. 工程定额测定费	（一+二+三）×各市规定费率
	6. 社会保障费	（一+二+三）×省统一费率
	7. 住房公积金	按各市相关规定计算
	8. 危险作业意外伤害保险	按各市相关规定计算
	9. 安全施工费	按各市工程造价管理机构规定计算
五	税金	（一+二+三+四）×税率
六	安装工程费用合计	一+二+三+四-6+五

说明

（1）建设招标工程编制标底时，应使用由省统一发布的信息价。其余工程计价活动，人工、材料、机械台班单价均可由发、承包双方根据拟建工程实际、建筑市场状况及自身情况自主确定或执行双方约定单价。

（2）计算程序中机械台班包括施工机械台班和仪器仪表台班。

（3）费率表中的费率计算基础，除规费和税金外，均以人工费为计算基础，该人工费是指按省价目表中人工单价计算的人工费。表中费率是以人工工日单价28元测定的。

（4）参照定额规定计取的措施费是指安装工程消耗量定额中列有相应子目或规定有计算方法的措施项目费用。例如：施工现场临时组装平台、格架式金属抱杆、球罐焊接防护棚、脚手架搭拆系数等。

注：其中有些措施费要结合施工组织设计或技术方案计算。

（5）参照省发布费率计取的措施费是指省建设行政主管部门根据建筑市场状况和多数企业经营管理情况、技术水平等测算发布了参考费率的措施项目费用。其中环境保护费、文明施工费、临时设施费在费用计算程序表中单独列出，未列出的措施费在表中以“其他措施费”表示，包括夜间施工及冬、雨季施工增加费、二次搬运费、已完工程及设备保护费以及总承包服务费等。

（6）按施工组织设计（方案）计取的措施费是指承包人（投标人）按经批准或双方确认的施工组织设计（方案）计算的措施项目费用。例如：大型机械进出场及安拆；设备、管道施工安全、防冻和焊接保护措施以及按拟建工程实际需要采取的其他措施性项目费用等。

（7）计算程序中所称“省价措施费中的人工费（即 R_2）”，是指各项措施费中按照省价目表人工单价计算的人工费和按照省发布的措施费率及其规定计算的人工费之和。

（8）企业投标报价时，计算程序中除规费和税金外的费率，均可按费用项目组成及计算方法自主确定，但环境保护费、文明施工费、临时设施费的费率按省建设厅鲁建发〔2005〕29 文“关于印发《山东省〈建筑工程安全防护、文明施工措施费用及使用管理规定〉实施细则》的通知”规定，不得低于省颁费率的90%。

（9）规费中的安全施工费按各市工程造价管理机构规定全额计取。

（二）工程量清单计价的计算程序

序号	费用项目名称	计 算 方 法
一	分部分项工程费合价	$\sum_{i=1}^{n}$（Ji · Li）
	分部分项工程综合单价（Ji）	1+2+3+4+5
	1. 人工费	清单项目每计量单位∑（工日消耗量×人工单价）
	1. 省价人工费	清单项目每计量单位∑（工日消耗量×省价目表人工单价）
	2. 材料费	清单项目每计量单位∑（材料消耗量×材料单价）
	3. 施工机械使用费	清单项目每计量单位∑（机械台班消耗量×机械台班单价）
	4. 企业管理费	1′×企业管理费费率
	5. 利润	1′×利润率
	分部分项工程量（Li）	按工程量清单数量计算
二	措施项目费	6+7+8+9
	6. 环境保护费	方法一：分部分项工程省价人工费合计×［措施费费率+措施费费率×其中人工含量比例×（企业管理费费率+利润率）］ 方法二：措施费基价+按省价计算的措施项目人工费×（企业管理费费率+利润率）
	7. 文明施工费	
	8. 临时设施费	
	9. 其他措施费	

续表

序号	费用项目名称	计 算 方 法
三	其他项目费	（一）+（二）
	（一）招标人部分	10+11+12
	10. 预留金	由招标人根据拟建工程实际计列
	11. 材料购置费	由招标人根据拟建工程实际计列
	12. 其他	由招标人根据拟建工程实际计列
	（二）投标人部分	13+14+15
	13. 总承包服务费	由投标人根据拟建工程需要或参照省发布费率计列
	14. 零星工作项目费（按零星工作项目清单数量计列）	零星工作人工费+材料费+机械使用费+按省价计算的零星工作人工费×（企业管理费费率+利润率）
	15. 其他	由投标人根据拟建工程需要计列
四	规费	16+17+18+19+20+21
	16. 工程排污费	按各市相关规定计算
	17. 工程定额测定费	（一+二+三）×各市规定费率
	18. 社会保障费	（一+二+三）×省统一费率
	19. 住房公积金	按各市相关规定计算
	20. 危险作业意外伤害保险	按各市相关规定计算
	21. 安全施工费	按各市工程造价管理机构规定计算
五	税金	（一+二+三+四）×税率
六	安装工程费用合计	一+二+三+四-18+五

注：措施项目费的计算，表中列出了两种计算方法。方法一适用于参照省发布费率计算的措施项目费；其余可按方法二计算。其中“措施费基价”，系指按安装工程费用计算程序“（一）定额计价的计算程序”计算的某项措施费金额。

四、安装工程费用费率

单位:%

费用名称 \ 工程名称及类别		设备安装			炉窑砌筑		
		Ⅰ	Ⅱ	Ⅲ	Ⅰ	Ⅱ	Ⅲ
措施费	环境保护费	3.2	2.7	2.2	6.2	5.2	4.2
	文明施工费	6.5	5.5	4.5	13	10.9	8.8
	临时设施费	18.5	15	12	46	37	29
	夜间施工增加费	3.6	3	2.5	9.4	7.8	6.5
	二次搬运费	3.2	2.6	2.1	8.3	6.8	5.5

续表

工程名称及类别 / 费用名称		设备安装			炉窑砌筑		
		Ⅰ	Ⅱ	Ⅲ	Ⅰ	Ⅱ	Ⅲ
措施费	冬、雨季施工增加费	4	3.3	2.8	10.4	8.6	7.3
	已完工程及设备保护费	2	1.6	1.3	5.2	4.2	3.3
	总承包服务费	8	5	3	—	—	—
企业管理费		65	54	42	135	112	87
利润		40	30	20	90	70	45
规费	工程排污费	按各市相关规定计算					
	工程定额测定费	按各市规定费率计算					
	社会保障费	2.6					
	住房公积金	按各市相关规定计算					
	危险作业意外伤害保险	按各市相关规定计算					
	安全施工费	由各市工程造价管理机构测算发布					
税金	市区	3.44					
	县城、镇	3.38					
	市、县城、镇外	3.25					

说明

措施费中人工费含量：夜间施工增加费为50%，冬、雨季施工增加费及二次搬运费为40%；总承包服务费中不考虑，其余按25%。

五、安装工程类别划分标准

（一）说明

1. 安装工程类别的划分，是根据各专业安装工程的功能、规模、繁简、施工技术难易程度，结合我省安装工程实际情况进行制定的。

2. 工程类别划分标准，是工程建设各方作为评定工程类别等级、确定有关费用的依据。

3. 工程类别等级，均以单位工程划分，一个单位工程一般只定一个等级类别。

4. 一个单位工程中有多个不同的工程类别标准时，则依据主体设备，或主要部分的标准确定。

5. 对于民用工程中列有单独标准的专业工程，可单独确定工程类别。

6. 水塔、水池的安装工程及工业建筑物中未设计工业设备的安装工程，其类别按相应建筑工程的类别等级标准确定安装工程类别等级。

7. 弱电工程是指电视监控、安全防范、办公自动化、通信广播、电视共用天线等系统。

8. 该标准中缺项时，拟定为Ⅰ类工程的项目由省工程造价管理机构核准；Ⅱ、Ⅲ类工程项目由市工程造价管理机构核准，并报省工程造价管理机构备案。

（二）工程类别标准

1. 设备安装工程

工程类别	工程类别标准
Ⅰ类	1. 台重≥35t各类机械设备；精密数控（程控）机床；自动、半自动生产工艺装置；配套功率≥1500kW的压缩机（组）、风机、泵类设备；国外引进成套生产装置的安装工程。 2. 主钩起重量桥式≥50t、门式≥20t起重设备及相应轨道；运行速度≥1.5m/s自动快速、高速电梯；宽度≥1000mm或输送长度≥100m或斜度≥10°的胶带输送机安装。 3. 容量≥1000kV·A变配电装置；电压≥6kV架空线路及电缆敷设工程；全面积防爆电气工程。 4. 中压锅炉和汽轮发电机组、各型散装锅炉设备及其配套工程的安装工程。 5. 各类压力容器、塔器等制作、组对、安装；台重≥40t各类静置设备安装；电解槽、电除雾、电除尘及污水处理设备安装。 6. 金属重量≥50t工业炉；炉膛内径Φ≥2000mm煤气发生炉及附属设备；乙炔发生设备及制氧设备安装。 7. 容量≥5000m^{3}金属贮罐、容量≥1000m^{3}气柜制作安装；球罐组装；总重>50t或高度>60m火炬塔架制作安装。 8. 制冷量≥4.2MW制冷站、供热量≥7MW换热站安装工程。 9. 工业生产微机控制自动化装置及仪表安装、调试。 10. 中、高压或有毒、易燃、易爆工作介质或有探伤要求的工艺管网（线）；试验压力≥1.0MPa或管径Φ≥500mm的铸铁给水管网（线）；管径Φ≥800mm的排水管网（线）。 11. 附属于上述工程各种设备及其相关的管道、电气、仪表、金属结构及其刷油、绝热、防腐蚀工程。 12. 净化、超净、恒温、恒湿通风空调系统；作用建筑面积≥10000m^{2}民用工程集中空调（含防排烟）系统安装。 13. 作用建筑面积≥5000m^{2}的自动灭火消防系统；智能化建筑物中的弱电安装工程。 14. 专业用灯光、音响系统。
Ⅱ类	1. 台重<35t各类机械设备；配套功率<1500kW的压缩机（组）、风机、泵类设备；引进主要设备的安装工程。 2. 主钩起重量≥5t桥式、门式、梁式、壁行及旋臂起重机及其轨道安装；运行速度<1.5m/s自动、半自动电梯；自动扶梯、自动步行道；Ⅰ类以外其他输送设备安装。 3. 容量<1000kV·A变配电装置；电压<6kV架空线路及电缆敷设；工业厂房及厂区照明工程。 4. 蒸发量≥4t/h各型快装（含整装燃油、气）、组装锅炉及其配套工程。 5. 各类常压容器及工艺金属结构制作、安装；台重<40t各类静置设备安装。 6. Ⅰ类工程以外的工业炉设备安装。 7. Ⅰ类工程以外金属贮罐、气柜、火炬塔架等制作安装。 8. Ⅰ类工程以外制冷站、换热站安装工程。 9. 未有探伤要求的工艺管网（线）；试验压力<1.0MPa的铸铁给水管网（线）；管径Φ<800mm的排水管网（线）。 10. 附属于上述工程的各种设备及其相关的管道、电气、仪表、金属结构及其刷油、绝热、防腐蚀工程。 11. 工业厂房除尘、排毒、排烟、通风和分散式（局部）空调系统；作用建筑面积<10000m^{2}民用工程集中空调（含防排烟）系统安装。 12. 作用建筑面积<5000m^{2}的自动灭火消防系统；非智能建筑物中的弱电安装工程。 13. Ⅰ类、Ⅱ类民用建筑工程中及其室外配套的低压供电、照明、防雷接地、采暖、给排水、卫生、消防（消火栓系统）、燃气系统安装。

续表

工程类别	工程类别标准
Ⅲ类	1. 台重≤5t 的各类机械设备；配套功率 <300kW 的压缩机（组）、风机、泵类设备；Ⅰ、Ⅱ类工程以外的梁式、壁行、旋臂式起重机及轨道；各型电动葫芦、单轨小车及轨道安装；小型杂物电梯安装。 2. 蒸发量 <4t/h 各型快装（含整装燃油、气）锅炉、常压锅炉及其配套工程。 3. 台重≤5t 的静置设备安装。 4. Ⅲ类民用建筑工程中及其室外配套的低压供电、照明、防雷接地、采暖、给排水、卫生、消防（消火栓系统）、燃气系统安装。 5. Ⅰ、Ⅱ类工程以外的其他安装工程。

2. 炉窑砌筑工程

工程类别	工程类别标准
Ⅰ类	1. 专业炉窑设备的砌筑 2. 中压锅炉、各型散装锅炉的炉体砌筑。
Ⅱ类	一般炉窑设备的砌筑。
Ⅲ类	Ⅰ、Ⅱ类工程以外的炉体砌筑。

山东省市政工程费用项目组成及计算规则

一、总说明

（一）《山东省市政工程费用项目组成及计算规则》是根据建设部、财政部建标〔2003〕206号《关于印发建筑安装工程费用项目组成的通知》和省建设厅、省财政厅鲁建标字〔2004〕3号《关于印发山东省建筑安装工程费用项目组成的通知》，结合我省实际情况编制的。

（二）本规则适用于我省城镇范围内的新建、扩建市政工程的计价活动，与《山东省市政工程消耗量定额》及2006年版《山东省市政工程价目表》配套使用。

（三）市政工程计价活动包括编制施工图预算、招标标底、投标报价和签订施工合同价以及确定工程竣工结算等内容。

（四）本规则费用项目由直接费、间接费、利润和税金组成。本规则所列费率为参考性费率，签订施工合同时，发承包双方可在此基础上，以合同约定。编制招标工程标底时，可按本规则所列费用进行编制。

（五）规费中的安全施工费，在工程发包时，按规定计算出费额，在工程造价中列为暂定金额；工程施工时，由工程发包单位、市建筑安全监督机构、工程造价管理机构对施工现场设置的安全设施内容进行确认，并由工程造价管理机构核定其费用，作为工程结算的依据。

（六）企业管理费费率、利润率按不同的工程类别确定。

（七）实行工程量清单计价，可参照本规则发布的相应费率。

（八）本规则中工程费用计算程序是市政工程计价活动的依据，其中，实行定额计价方式，执行计算程序（一）；实行工程量清单计价方式，执行计算程序（二）。各种费率（规费、税金除外）是计价活动的参考。

二、市政工程费用项目组成

市政工程费由直接费、间接费、利润和税金组成（见附表）。

一、直接费

由直接工程费和措施费组成。

（一）直接工程费：是指施工过程中耗费的构成工程实体的各项费用，包括人工费、材料费、施工机械使用费。

1. 人工费：是指直接从事市政工程施工的生产工人开支的各项费用，内容包括：

（1）基本工资：是指发放给生产工人的基本工资。

（2）工资性补贴：是指按规定标准发放的物价补贴，煤、燃气补贴，交通补贴，住房补贴，流动施工津贴等。

（3）生产工人辅助工资：是指生产工人年有效施工天数以外非作业天数的工资，包括职工学习、培训期间的工资，调动工作、探亲、休假期间的工资，因气候影响的停工工资，女工哺乳时间的工资，病假在六个月以内的工资及产、婚、丧假期的工资。

（4）职工福利费：是指按规定标准计提的职工福利费。

（5）生产工人劳动保护费：是指按规定标准发放的劳动保护用品的购置费及修理费，徒工服装补贴，防暑降温费，在有碍身体健康环境中施工的保健费用等。

2. 材料费：是指施工过程中耗费的构成工程实体的原材料、辅助材料、构配件、零件、半成品的费用。内容包括：

（1）材料原价（或供应价格）。

（2）材料运杂费：是指材料自来源地运至工地仓库或指定堆放地点所发生的全部费用。

（3）运输损耗费：是指材料在运输装卸过程中不可避免的损耗。

（4）采购及保管费：是指为组织采购、供应和保管材料过程中所需要的各项费用。

包括：采购费、仓储费、工地保管费、仓储损耗。

（5）检验试验费：是指对材料、构件和安装物进行一般鉴定、检查所发生的费用，包括自设试验室进行试验所耗用的材料和化学药品等费用。不包括新结构、新材料的试验费和建设单位对具有出厂合格证明的材料进行检验，对构件做破坏性试验及其他特殊要求检验试验的费用。

3. 施工机械使用费：是指施工机械作业所发生的机械使用费以及机械安拆费和场外运费。

施工机械台班单价应由下列七项费用组成：

（1）折旧费：指施工机械在规定的使用年限内，陆续收回其原值及购置资金的时间价值。

（2）大修理费：指施工机械按规定的大修理间隔台班进行必要的大修理，以恢复其正常功能所需的费用。

（3）经常修理费：指施工机械除大修理以外的各级保养和临时故障排除所需的费用。包括为保障机械正常运转所需替换设备与随机配备工具附具的摊销和维护费用，机械运转中日常保养所需润滑与擦拭的材料费用及机械停滞期间的维护和保养费用等。

（4）安拆费及场外运费：安拆费指施工机械在现场进行安装与拆卸所需的人工、材料、机械和试运转费用以及机械辅助设施的折旧、搭设、拆除等费用；场外运费指施工机械整体或分体自停放地点运至施工现场或由一施工地点运至另一施工地点的运输、装卸、辅助材料及架线等费用。

（5）人工费：指机上司机（司炉）和其他操作人员的工作日人工费及上述人员在施工机械规

定的年工作台班以外的人工费。

(6) 燃料动力费：指施工机械在运转作业中所消耗的固体燃料（煤、木柴)、液体燃料（汽油、柴油）及水、电等。

(7) 养路费及车船使用税：指施工机械按照国家规定和有关部门规定应缴纳的养路费、车船使用税、保险费及年检费等。

（二）措施费：是指为完成工程项目施工，发生于该工程施工前和施工过程中非工程实体项目的费用。内容包括：

1. 环境保护费：是指施工现场为达到环保部门要求所需的各项费用。

2. 文明施工费：是指施工现场文明施工所需的各项费用。

3. 临时设施费：是指施工企业为进行市政工程施工所必须搭设的生活和生产用的临时建筑物、构筑物和其他临时设施费用等。

临时设施包括：临时宿舍、文化福利及公用事业房屋与构筑物、仓库、办公室、加工厂以及规定范围内道路、水、电、管线等临时设施和小型临时设施。

临时设施费用包括：临时设施的搭设、维护、拆除费用或摊销费。

4. 夜间施工费：是指因夜间施工所发生的夜班补助费、夜间施工降效、夜间施工照明设施摊销及照明用电等费用。

5. 已完工程及设备保护费：是指竣工验收前，对已完工程及设备进行保护所需费用。

6. 冬、雨季施工增加费：指在冬、雨季施工期间，为保证工程质量，采取保温、防护措施所增加的费用，以及因工效和机械作业效率降低所增加的费用。

7. 场地清理等费用：指工程定位复测，工程点交、场地清理等费用。

8. 中小型机械及生产工具使用费：指施工生产所需的单位价值在2000元以下的中小型机械及上具用具使用费。

9. 施工因素增加费：指具有市政工程的施工环境特点又不属于临时设施范围，并在施工前可预见的因素所发生的费用。包括开工登报，防行车、行人干扰的一般措施及路面保护措施、地下工程的接头交叉处理与恢复措施，因不断绝交通而降低工效所发生的费用，以及因场地狭小等特殊情况而发生的材料二次搬运费，该项费用分省辖地级市建成区、县级市建成区、县城及镇建成区三类层次，无交通干扰的未建成区施工工程不得计取该项费用。

10. 大型机械设备进出场及安拆费：是指机械整体或分体自停放场地运至施工现场或由一个施工地点运至另一施工地点，所发生的机械进出场运输转移费用及机械在施工现场进行安装、拆卸所需的人工费、材料费、机械费、试运转费和安装所需的辅助设施的费用。

11. 混凝土、钢筋混凝土模板及支架费：是指混凝土施工过程中所需的各种钢模板、木模板、支架等的支、拆、运输费用及模板、支架的摊销（或租赁）费用。

12. 脚手架费：是指施工需要的各种脚手架搭、拆、运输费用及脚手架的摊销（或租赁）费用。

13. 施工排水、降水费：是指为确保工程在正常条件下施工，采取各种排水、降水措施降低地下水位所发生的各种费用。

14. 隧道内施工的通风、供水、供气、供电、照明及通讯设施费：为满足隧道内施工的要求，临时设置的通风、供水、供气、供电、照明及通讯设施所发生的费用。

15. 总承包服务费：指为配合、协调工程发包人另行专业分包所发生的费用。

二、间接费

由规费、企业管理费组成。

（一）规费：是指政府和有关权力部门规定必须缴纳的费用（简称规费）。包括：

1. 工程排污费：是指施工现场按规定缴纳的工程排污费。

2. 工程定额测定费：是指按规定缴纳工程造价（定额）管理部门的定额测定费。

3. 社会保障费

（1）养老保障金：是指企业按规定标准为职工缴纳的基本养老保险费。

（2）失业保险费：是指企业按照国家规定标准为职工缴纳的失业保险费。

（3）医疗保险费：是指企业按照规定标准为职工缴纳的基本医疗保险费。

4. 住房公积金：是指企业按规定标准为职工缴纳的住房公积金。

5. 危险作业意外伤害保险：是指按照建筑法规定，企业为从事危险作业的施工人员支付的意外伤害保险费。

6. 安全施工费：是指按《建设工程安全生产管理条例》规定，为保证施工现场安全施工所必需的各项费用。

（二）企业管理费：是指市政工程施工企业组织施工生产和经营管理所需费用。

内容包括：

1. 管理人员工资：是指管理人员的基本工资、工资性补贴、职工福利费、劳动保护费等。

2. 办公费：是指企业管理办公用的文具、纸张、账表、印刷、邮电、书报、会议、水电、烧水和集体取暖（包括现场临时宿舍取暖）用煤等费用。

3. 差旅交通费：是指职工因公出差、调动工作的差旅费、住勤补助费，市内交通费和误餐补助费，职工探亲路费，劳动力招募费，职工离退休、退职一次性路费，工伤人员就医路费，工地转移费以及管理部门使用的交通工具的油料、燃料、养路费及牌照费。

4. 固定资产使用费：是指管理和试验部门及附属生产单位使用的属于固定资产的房屋、设备仪器等的折旧、大修、维修或租赁费。

5. 工具用具使用费：是指管理使用的不属于固定资产的生产工具、器具、家具、交通工具和检验、试验、测绘、消防用具等的购置、维修和摊销费。

6. 劳动保险费：是指由企业支付离退休职工的异地安家补助费、职工退职金、六个月以上的病假人员工资、职工死亡丧葬补助费、抚恤费、按规定支付给离休干部的各项经费。

7. 工会经费：是指企业按职工工资总额计提的工会经费。

8. 职工教育经费：是指企业为职工学习先进技术和提高文化水平，按职工工资总额计提的费用

9. 财产保险费：是指施工管理用财产、车辆保险。

10. 财务费：是指企业为筹集资金而发生的各种费用。

11. 税金：是指企业按规定缴纳的房地产税、车船使用税、土地使用税、印花税等。

12. 其他：包括技术转让费、技术开发费、业务招待费、绿化费、广告费、公证费、法律顾问费、审计费、咨询费等。

三、利润

是指施工企业完成所承包工程获得的盈利。

四、税金

是指国家税法规定的应计入建筑安装工程造价内的营业税、城市维护建设税及教育费附加等。

附表

市政工程费用项目组成表

- 市政工程费
  - 直接费
    - 直接工程费
      - 1. 人工费
      - 2. 材料费
      - 3. 施工机械使用费
    - 措施费
      - 1. 环境保护费
      - 2. 文明施工费
      - 3. 临时设施费
      - 4. 夜间施工费
      - 5. 已完工程及设备保护费
      - 6. 冬雨季施工增加费
      - 7. 场地清理费
      - 8. 中小型机械及生产工具使用费
      - 9. 施工因素增加费
      - 10. 大型机械设备进出场及安拆费
      - 11. 混凝土、钢筋混凝土模板及支架费
      - 12. 脚手架费
      - 13. 施工排水、降水费
      - 14. 隧道内施工的通风、供水、供气、供电、照明及通讯设施费
      - 15. 总承包服务费
  - 间接费
    - 规费
      - 1. 工程排污费
      - 2. 工程定额测定费
      - 3. 社会保障费
      - （1）养老保险金
      - （2）失业保险费
      - （3）医疗保险费
      - 4. 住房公积金
      - 5. 危险作业意外伤害保险
      - 6. 安全施工费
    - 企业管理费
      - 1. 管理人员工资
      - 2. 办公费
      - 3. 差旅交通费
      - 4. 固定资产使用费
      - 5. 工具用具使用费
      - 6. 劳动保险费
      - 7. 工会经费
      - 8. 职工教育经费
      - 9. 财产保险费
      - 10. 财务费
      - 11. 税金
      - 12. 其他
  - 利润
  - 税金

三、市政工程费用参考计算方法

各组成部分参考计算公式如下：

一、直接费

（一）直接工程费

$$直接工程费=人工费+材料费+施工机械使用费$$

1. 人工费

$$人工费=\sum（工日消耗量\times日工资单价）$$

$$日工资单价（G）=\sum_1^5 G$$

（1）基本工资

$$基本工资（G_1）=\frac{生产工人平均月工资}{年平均每月法定工作日}$$

（2）工资性补贴

$$工资性补贴（G_2）=\frac{\sum年发放标准}{全年日历日-法定假日}+\frac{\sum年发放标准}{年平均每月法定工作日}+每工作日发放标准$$

（3）生产工人辅助工资

$$生产工人辅助工资（G_3）=\frac{全年无效工作日\times（G_1+G_2）}{全年日历日-法定假日}$$

（4）职工福利费

$$职工福利费（G_4）=（G_1+G_2+G_3）\times福利费计提比例（\%）$$

（5）生产工人劳动保护费

$$生产工人劳动保护费（G_5）=\frac{生产工人年平均支出劳动保护费}{全年日历日-法定假日}$$

2. 材料费

$$材料费=\sum（材料消耗量\times材料基价）+检验试验费$$

（1）材料基价

$$材料基价=\{（供应价格+运杂费）\times[1+运输损耗率（\%）]\}\times[1+采购保管费率（\%）]$$

（2）检验试验费

$$检验试验费=\sum（单位材料量检验试验费\times材料消耗量）$$

3. 施工机械使用费

$$施工机械使用费=\sum（施工机械台班消耗量\times机械台班单价）$$

$$机械台班单价=台班折旧费+台班大修费+台班经常修理费+台班安拆费及场外运费+台班人工费+台班燃料动力费+台班养路费及车船使用税$$

（二）措施费

本处只列部分通用措施费项目的计算方法，专用措施费项目按施工组织设计计算。

1. 环境保护

$$环境保护费=直接工程费（或其中人、机费）\times环境保护费费率（\%）$$

环境保护费费率（%）=

$$\frac{本项费用年度平均支出}{全年建安产值\times直接工程费（或其中人、机费）占总造价的比例（\%）}\times100\%$$

2. 文明施工

文明施工费 = 直接工程费（或其中人、机费）×文明施工费费率（%）

文明施工费费率（%）=

$$\frac{\text{本项费用年度平均支出}}{\text{全年建安产值}\times\text{直接工程费（或其中人、机费）占总造价的比例（\%）}}\times 100\%$$

3. 临时设施费

临时设施费有以下三部分组成：

（1）周转使用临建（如，活动房屋）

（2）一次性使用临建（如，简易建筑）

（3）其他临时设施（如，临时管线）

$$\text{临时设施费}=(\text{周转使用临建费}+\text{一次性使用临建费})\times[1+\text{其他临时设施所占比例（\%）}]$$

其中：

①周转使用临建费

$$\text{周转使用临建费}=\sum\left[\frac{\text{临建面积}\times\text{每平方米造价}}{\text{使用年限}\times 365\times\text{利用率（\%）}}\times\text{工期（天）}\right]+\text{一次性拆除费}$$

②一次性使用临建费

$$\text{一次性使用临建费}=\sum\text{临建面积}\times\text{每平方米造价}\times[1-\text{残值率（\%）}]+\text{一次性拆除费}$$

③其他临时设施

或：　　临时设施费 = 直接工程费（或其中人、机费）×临时设施费费率（%）

临时设施费费率（%）=

$$\frac{\text{本项费用年度平均支出}}{\text{全年建安产值}\times\text{直接工程费（或其中人、机费）占总造价的比例（\%）}}\times 100\%$$

4. 夜间施工增加费

$$\text{夜间施工增加费}=\left(1-\frac{\text{合同工期}}{\text{定额工期}}\right)\times\frac{\text{直接工程费中的人工费合计}}{\text{平均日工资单价}}\times\text{每工日夜间施工费开支}$$

或：夜间施工增加费 = 直接工程费（或其中人、机费）×夜间施工增加费费率（%）

夜间施工增加费费率（%）=

$$\frac{\text{本项费用年度平均支出}}{\text{全年建安产值}\times\text{直接工程费（或其中人、机费）占总造价的比例（\%）}}\times 100\%$$

5. 大型机械设备进出场及安拆费：

$$\text{大型机械设备进出场及安拆费}=\frac{\text{一次进出场及安拆费}\times\text{年平均安拆次数}}{\text{年工作台班}}$$

或按批准的施工组织设计（施工方案）单独计算。

6. 脚手架搭拆费

（1）脚手架搭拆费 = 脚手架摊销量×脚手架价格 + 搭、拆、运输费

$$\text{脚手架摊销量}=\frac{\text{单位一次使用量}\times(1-\text{残值率})}{\text{耐用期}\div\text{一次使用期}}$$

（2）租赁费 = 脚手架每日租金×搭设周期 + 搭、拆、运输费或参照消耗量定额规定计算。

7. 已完工程及设备保护费

已完工程及设备保护费 = 成品保护所需人工费 + 材料费 + 机械费

或：已完工程及设备保护费 = 直接工程费（或其中人、机费）×已完工程及设备保护费费率

已完工程及设备保护费费率 =

$$\frac{\text{本项费用年度平均支出}}{\text{全年建安产值}\times\text{直接工程费（或其中人、机费）占总造价的比例（\%）}}\times 100\%$$

8. 施工排水、降水费

$$\text{排水降水费} = \sum\text{排水降水机械台班费}\times\text{排水降水周期} + \text{排水降水使用材料费、人工费}$$

9. 冬雨季施工增加费：

(1) 冬季施工增加费 = 拟建工程合同工期内冬季施工采取保温措施所需的人工费 + 材料费 + 人工降效费 + 施工机械降效费 + 施工规范规定的技术措施费

(2) 雨季施工增加费 = 拟建工程合同工期内雨季施工采取防护及排水措施所需的人工费 + 材料费 + 人工降效费 + 施工机械降效费

冬雨季施工增加费 = (1) + (2)

或：冬雨季施工增加费 = 直接工程费（或其中人、机费）×冬雨季施工增加费费率（%）

冬雨季施工增加费费率（%）=

$$\frac{\text{本项费用年度平均支出}}{\text{全年建安产值}\times\text{直接工程费（或其中人、机费）占总造价的比例（\%）}}\times 100\%$$

10. 总承包服务费：可参照相应规定计取。

二、间接费

（一）企业管理费

企业管理费费率计算公式

Ⅰ以直接费为计算基础

$$\text{企业管理费费率（\%）} = \frac{\text{生产工人年平均管理费}}{\text{年有效施工天数}\times\text{人工单价}}\times\text{人工费占直接费比例（\%）}$$

Ⅱ以人工费和机械费合计为计算基础

企业管理费费率（%）=

$$\frac{\text{生产工人年平均管理费}}{\text{年有效施工天数}\times\text{（人工单价 + 每一日机械使用费）}}\times 100\%$$

Ⅲ以人工费为计算基础

$$\text{企业管理费费率（\%）} = \frac{\text{生产工人年平均管理费}}{\text{年有效施工天数}\times\text{人工单价}}\times 100\%$$

（二）规费

根据本地区典型工程发承包价的分析资料综合取定规费计算中所需数据：

(1) 每万元发承包价中人工费含量和机械费含量。

(2) 人工费占直接费的比例。

(3) 每万元发承包价中所含规费缴纳标准的各项基数。

规费费率的计算公式

Ⅰ以直接费为计算基础

$$\text{规费费率（\%）} = \frac{\sum\text{规费缴纳标准}\times\text{每万元发承包价计算基数}}{\text{每万元发承包价中的人工费含量}}\times\text{人工费占直接费的比例（\%）}$$

Ⅱ以人工费和机械费合计为计算基础

$$规费费率（\%）=\frac{\sum 规费缴纳标准\times 每万元发承包价计算基数}{每万元发承包价中的人工费含量和机械含量}\times 100\%$$

Ⅲ以人工费为计算基础

$$规费费率（\%）=\frac{\sum 规费缴纳标准\times 每万元发承包价计算基数}{每万元发承包价中的人工费含量}\times 100\%$$

三、利润

利润计算公式见计算程序

四、税金

税金计算公式

税金＝税前造价（含利润）×税率（%）

税率

（一）纳税地点在市区的企业

$$税率（\%）=\frac{1}{1-3\%-3\%\times 7\%-3\%\times 4\%}-1$$

（二）纳税地点在县城、镇的企业

$$税率（\%）=\frac{1}{1-3\%-3\%\times 5\%-3\%\times 4\%}-1$$

（三）纳税地点不在市区、县城、镇的企业

$$税率（\%）=\frac{1}{1-3\%-3\%\times 1\%-3\%\times 4\%}-1$$

四、市政工程费用计算程序

（一）定额计价计算程序

序号	费用名称	计算方法
一	直接费	（一）＋（二）
	（一）直接工程费	Σ｛工程量×Σ［（定额工日消耗数量×人工单价）＋（定额材料消耗数量×材料单价）＋（定额机械台班消耗数量×机械台班单价）］｝
	（一）′省价直接工程费	Σ｛工程量×Σ［（定额工日消耗数量×省价人工单价）＋（定额材料消耗数量×省价材料单价）＋（定额机械台班消耗数量×省价机械台班单价）］｝
	人机费（RJ_1）	省价直接工程费中的人机费之和
	（二）措施费	1＋2＋3
	1. 参照定额规定计取的措施费	按定额规定计取
	2. 参照省发布费率计取的措施费	$\sum RJ_1$×相应费率
	3. 按施工组织设计（方案）计取的措施费	按施工组织设计（方案）计取
	其中省价人机费（RJ_2）	Σ措施费1、2、3中的省价人机费

续表

序号	费用名称	计算方法
二	企业管理费	(RJ_1+RJ_2) ×管理费费率
三	利润	(RJ_1+RJ_2) ×利润率
四	规费	（一+二+三）×规费费率
五	税金	（一+二+三+四）×税率
六	市政工程费用合计	一+二+三+四+五

说明

（1）直接工程费中的人工、材料、机械台班价格，除国有资金投资或国有资金投资为主的建设工程招标标底使用省统一发布的信息价外，其余工程均可由投标人根据拟建工程实际、市场状况及自身情况自主确定或执行发、承包双方约定单价。

（2）参照定额规定计取的措施费是指市政工程消耗量定额中列有相应子目或规定有计算方法的措施项目费用。例如：混凝土、钢筋混凝土模板及支架、脚手架费等。

注：本类中的措施费有些要结合施工组织设计或技术方案计算。

（3）参照省发布费率计取的措施费是指按省建设行政主管部门根据市场状况和多数企业经营管理情况、技术水平测算发布了参考费率的措施项目费用。包括环境保护、文明施工、临时设施、夜间施工及冬雨季施工增加费、场地清理费等。

（4）按施工组织设计（方案）计取的措施费是指承包人（投标人）按经批准的（投标的）施工组织设计（技术方案）计算的措施项目费。例如：大型机械进出场及安拆；施工排水、降水费用等。

（5）参照定额规定计取的措施费和按施工组织设计（方案）计取的措施费中的人工、材料、机械台班价格按第（1）条规定。

（6）措施费中人机费（RJ_2）是指按省价中人机单价计算的人机费与省发布费率及规定计取的人机费之和。参照省发布费率计取的措施费中人机费含量：施工因素增加费为94%，其余按45%（总承包服务费中不考虑）。

（7）企业投标报价时，计算程序中除规费和税金外的费率，均可按费用项目组成及计算方法自主确定，但环境保护费、文明施工费、临时设施费的费率不得低于省颁费率的90%；也可参照省发布的参考费率计价。

（二）工程量清单计价计算程序

序号	费用名称	计算方法
一	分部分项工程费合价	$\sum_{i=1}^{n} Ji \cdot Li$
	分部分项工程费综合单价（Ji）	1+2+3+4+5
	1. 人工费	清单项目每计量单位∑工日消耗量×人工单价
	1′. 人工费	清单项目每计量单位∑工日消耗量×省价人工单价
	2. 材料费	清单项目每计量单位∑材料消耗量×材料单价

续表

序号	费 用 名 称	计 算 方 法
一	3. 施工机械使用费	清单项目每计量单位∑施工机械台班消耗量×机械台班单价
	3′. 施工机械使用费	清单项目每计量单位∑施工机械台班消耗量×省价机械台班单价
	4. 企业管理费	（1′+3′）×管理费费率
	5. 利润	（1′+3′）×利润率
	分部分项工程量（Li）	按工程量清单数量计算
二	措施项目费	∑单项措施费
	单项措施费	某项措施项目基价+其中省价人机费×（管理费费率+利润率）
三	其他项目费	（一）+（二）
	（一）招标人部分	（1）+（2）+（3）
	（1）预留金	由招标人根据拟建工程实际计列
	（2）材料购置费	由招标人根据拟建工程实际计列
	（3）其他	由招标人根据拟建工程实际计列
	（二）投标人部分	（4）+（5）+（6）
	（4）总承包服务费	由投标人根据拟建工程实际或参照省发布费率计列
	（5）零星工作项目费（按零星工作清单数量计列）	零星工作人机费+零星工作省价人机费×（管理费费率+利润率）+材料费
	（6）其他	由投标人根据拟建工程实际计列
四	规费	（一+二+三）×规费费率
五	税金	（一+二+三+四）×税率
六	市政工程费用合计	一+二+三+四+五

注：序号“二”中“某项措施项目基价”，系指按计算程序“（一）定额计价计算程序”计算的某项措施费金额。

五、市政工程费率表

（一）间接费

单位:%

类别			企业管理费	规费：社会保障费	规费：工程排污费	规费：工程定额测定费	规费：住房公积金	规费：危险作业意外伤害保险	规费：安全施工费
计算基础				见计算程序					
一	道路工程	一类	16.58	2.6	按有关部门规定计取				由各市工程造价管理部门确定
		二类	14.03						
		三类	12.94						
二	桥涵工程	一类	19.37		按有关部门规定计取				
		二类	17.66						
		三类	15.85						
三	排水工程	一类	18.98		按有关部门规定计取				
		二类	16.79						
		三类	14.46						
四	隧道工程	一类	16.46		按有关部门规定计取				
		二类	15.01						
		三类	13.47						
五	给水工程	一类	30.08		按有关部门规定计取				
		二类	25.55						
		三类	22.24						
六	燃气工程	一类	24.81		按有关部门规定计取				
		二类	22.29						
		三类	20.05						
七	供热工程	一类	19.44		按有关部门规定计取				
		二类	16.69						
		三类	15.83						
八	路灯工程	一类	28.72		按有关部门规定计取				
		二类	24.39						
		三类	21.55						

（二）措施费费率

单位:%

	费用名称 \ 专业名称	道路工程	桥涵工程	排水工程	隧道工程	给水工程	燃气工程	供热工程	路灯工程
1	环境保护费	0.47	0.51	0.49	0.43	1.78	1.08	1.18	0.53
2	文明施工费	1.21	1.31	1.27	1.11	4.45	2.71	2.96	1.33
3	临时设施费	4.74	5.03	4.55	4.28	6.11	5.53	4.71	4.59
4	夜间施工费	0.10	0.10	0.13	0.09	0.30	0.21	0.19	0.09
5	冬雨季施工增加费	0.95	0.71	0.82	0.60	2.00	1.46	1.23	0.91
6	场地清理费	0.13	0.09	0.11	0.08	0.26	0.18	0.15	0.13
7	中小型机械及工具用具使用费	2.09	1.80	1.98	1.53	3.17	2.37	2.31	2.11
8	总承包服务费	0.47	0.51	0.49	0.43	1.78	1.08	1.18	0.53
	以上合计	10.16	10.06	9.84	8.55	19.85	14.62	13.91	10.22
9	已完工程及设备保护费	按有关规定计取							
10	大型机械设备进出场及安拆费								
11	混凝土、钢筋混凝土模板及支架费								
12	脚手架费								
13	施工排水、降水费								
14	隧道内施工的通风、供水、供气、供电、照明及通讯设施费								
15	施工因素增加费 地级市	2.03	1.65	1.53	1.40	3.06	2.22	1.88	1.96
	县级市	1.50	1.27	1.07	1.08	2.36	1.55	1.36	1.29
	县城及镇	1.06	0.89	0.75	0.75	1.59	1.03	0.91	0.95

说明：按费率计取的措施费中人机费含量：施工因素增加费为94%，其余按45%（总承包服务费中不考虑）。

（三）利润、税金

单位:%

费用名称 \ 专业名称		道路工程			桥涵工程			排水工程			隧道工程		
		一类	二类	三类	一类	二类	三类	一类	二类	三类	一类	二类	三类
利润		10.20	5.94	3.52	12.63	6.94	5.00	10.01	5.88	4.58	10.74	5.90	4.25
税金	市区	3.44			3.44			3.44			3.44		
	县城或镇	3.38			3.38			3.38			3.38		
	市县或镇外	3.25			3.25			3.25			3.25		

费用名称 \ 专业名称		给水工程			燃气工程			供热工程			路灯工程		
		一类	二类	三类	一类	二类	三类	一类	二类	三类	一类	二类	三类
利润		30.54	25.52	7.66	22.01	13.16	6.50	24.27	11.82	5.82	10.63	5.81	3.93
税金	市区	3.44			3.44			3.44			3.44		
	县城或镇	3.38			3.38			3.38			3.38		
	市县或镇外	3.25			3.25			3.25			3.25		

六、市政工程类别划分标准

名称 \ 类别			工程类别	
一、道路工程	一类	主干道	沥青混凝土路面	面层厚≥10cm
			水泥混凝土路面	面层厚＞22cm
			广场、机场路面≥8000m²	
	二类	次干道	沥青混凝土路面	6cm≤面层厚度＜10cm
			水泥混凝土路面	18cm＜面层厚度≤22cm
			8000m²＞广场、机场路面≥3000m²	
	三类	支路	沥青混凝土路面	面层厚＜6cm
			水泥混凝土路面	面层厚≤18cm
			广场、机场路面＜3000m²	
二、桥涵工程	一类		单跨跨径≥30m且多孔跨径总长大于100m的桥梁	
	二类		30m＞单跨跨径≥10m且多孔跨径总长小于100m，大于等于50m的桥梁	
	三类		单跨跨径＜10m的桥梁	
三、排水工程	一类		1. 顶管工程 2. 管径≥Φ1200mm 3. 沉井内径≥15m 4. 排水设备安装 5. 排水沟渠断面＞4m²（净断面）	
	二类		1. 管径＞Φ600mm 2. 排水沟渠断面≤4m² 3. 沉井内径＜15m	
	三类		1. 管径≤Φ600mm 2. 排水沟渠断面＜2m²	

续表

名称 \ 类别		工程类别
四、隧道工程	一类	截面净宽度 ≥9m
	二类	截面净宽度 ≥7m
	三类	截面净宽度 <7m
五、给水工程	一类	1. 管道试验压力≥1MPa 2. DN≥1000mm
	二类	管道试验压力≥0.7MPa
	三类	一、二类除外
六、燃气工程	一类	1. 焊缝有探伤要求的管道且管径≥Φ300mm 2. 调压站（区域）
	二类	1. 无探伤要求且管径≥Φ300mm 2. 有探伤要求且管径<Φ300mm
	三类	一、二类除外
七、供热工程	一类	1. 中压以上 2. 管径≥Φ400mm且有探伤要求
	二类	管径≥Φ200mm且有探伤要求的管道
	三类	一、二类除外
八、路灯工程	一类	1. 高杆灯（15m以上） 2. 桥栏杆灯 3. 高架路灯
	二类	1. 高杆灯（15m以下） 2. 包箍灯臂长0.7m以上 3. 桥栏装饰灯 4. 地灯 5. 地缆
	三类	一、二类除外

山东省建设厅关于印发《山东省园林绿化工程费用项目组成及计算规则》的通知

鲁建标字〔2006〕5号

为加强对工程造价的动态管理，适应建设工程计价的需要，根据国家有关规定，结合我省情况，我们制定了《山东省园林绿化工程费用项目组成及计算规则》（以下简称“费用计算规则”）。现予以印发，并就有关问题通知如下：

一、本费用计算规则自2006年4月1日起施行。2006年4月1日前已签订合同的工程，可仍按原合同及有关规定执行。

二、原省建设厅鲁建标字〔2005〕9号文件发布的《山东省园林绿化工程费用及计算规则》同时停止使用。

三、本费用计算规则由山东省工程建设标准定额站负责管理、解释。

在执行过程中，有何问题和意见，请及时反馈给山东省工程建设标准定额站。

山东省建设厅

二〇〇六年三月十三日

一、总说明

（一）根据建设部、财政部《关于印发建筑安装工程费用项目组成的通知》（建标〔2003〕206号）和省建设厅、省财政厅《关于印发山东省建筑安装工程费用项目组成的通知》（鲁建标字〔2004〕3号），为统一我省园林绿化工程费用计算程序并发布我省园林绿化工程费率，制定本规则。

（二）本规则适用于山东省行政区域内园林绿化工程的新建、扩建和改建工程的计价活动，与《山东省园林绿化工程消耗量定额》配套使用。

（三）园林绿化工程计价活动包括编制施工图预算、招标标底，投标报价和签订施工合同价以及办理工程竣工结算等内容。

（四）规费中的社会保障费，按省政府鲁政发〔1995〕101号和省政府办公厅鲁政办发〔1995〕77号文件规定，在工程开工前由建设单位向建筑企业劳保机构交纳。企业在投标报价时，不包括该项费用。在编制工程预（结）算时，仅将其作为计税基础。

（五）规费中的安全施工费，在工程发包时，按规定计算出费额，在工程造价中列为暂定金额；工程施工时，由工程发包单位、市建筑安全监督机构、工程造价管理机构对施工现场设置的安全设施内容进行确认，并由市工程造价管理机构核定其费用，作为工程结算的依据。

（六）企业管理费费率、利润率和部分措施费率按不同的工程类别确定。

（七）工程量清单计价可参照本规则发布的相应费率执行。

（八）本规则中工程费用计算程序是园林绿化工程计价活动的依据，其中，采用定额计价方式，执行计算程序（一）；采用工程量清单计价方式，执行计算程序（二）。各种费率（规费、税金除外）为计价活动的参考。

二、园林绿化工程费用项目组成

园林绿化工程费由直接费、间接费、利润和税金组成（见附表）。

一、直接费

由直接工程费和措施费组成。

（一）直接工程费：是指施工过程中耗费的构成工程实体的各项费用，包括人工费、材料费、施工机械使用费。

1. 人工费：是指直接从事园林绿化工程施工的生产工人开支的各项费用，内容包括：

（1）基本工资：是指发放给生产工人的基本工资。

（2）工资性补贴：是指按规定标准发放的物价补贴，煤、燃气补贴，交通补贴，住房补贴，流动施工津贴等。

（3）生产工人辅助工资：是指生产工人年有效施工天数以外非作业天数的工资，包括职工学习、培训期间的工资，调动工作、探亲、休假期间的工资，因气候影响的停工工资，女工哺乳时间的工资，病假在六个月以内的工资及产、婚、丧假期的工资。

（4）职工福利费：是指按规定标准计提的职工福利费。

（5）生产工人劳动保护费：是指按规定标准发放的劳动保护用品的购置费及修理费，徒工服装补贴，防暑降温费，在有碍身体健康环境中施工的保健费用等。

2. 材料费：是指施工过程中耗费的构成工程实体的原材料、辅助材料、构配件、零件、半成品的费用。内容包括：

（1）材料原价（或供应价格）。

（2）材料运杂费：是指材料自来源地运至工地仓库或指定堆放地点所发生的全部费用。

（3）运输损耗费：是指材料在运输装卸过程中不可避免的损耗。

（4）采购及保管费：是指为组织采购、供应和保管材料过程中所需要的各项费用。包括：采购费、仓储费、工地保管费、仓储损耗。

（5）检验试验费：是指对建筑材料、构件和建筑安装物进行一般鉴定、检查所发生的费用，包括自设试验室进行试验所耗用的材料和化学药品等费用。不包括新结构、新材料的试验费和建设单位对具有出厂合格证明的材料进行检验，对构件做破坏性试验及其他特殊要求检验试验的费用。

3. 施工机械使用费：是指施工机械作业所发生的机械使用费以及机械安拆费和场外运费。

施工机械台班单价应由下列七项费用组成：

（1）折旧费：指施工机械在规定的使用年限内，陆续收回其原值及购置资金的时间价值。

（2）大修理费：指施工机械按规定的大修理间隔台班进行必要的大修理，以恢复其正常功能所需的费用。

（3）经常修理费：指施工机械除大修理以外的各级保养和临时故障排除所需的费用。包括为保障机械正常运转所需替换设备与随机配备工具附具的摊销和维护费用，机械运转中日常保养所需润滑与擦拭的材料费用及机械停滞期间的维护和保养费用等。

（4）安拆费及场外运费：安拆费指施工机械在现场进行安装与拆卸所需的人工、材料、机械和试运转费用以及机械辅助设施的折旧、搭设、拆除等费用；场外运费指施工机械整体或分体自停放地点运至施工现场或由一施工地点运至另一施工地点的运输、装卸、辅助材料及架线等费用。

（5）人工费：指机上司机（司炉）和其他操作人员的工作日人工费及上述人员在施工机械规定的年工作台班以外的人工费。

（6）燃料动力费：指施工机械在运转作业中所消耗的固体燃料（煤、木柴）、液体燃料（汽油、柴油）及水、电等。

（7）养路费及车船使用税：指施工机械按照国家规定和有关部门规定应缴纳的养路费、车船使用税、保险费及年检费等。

（二）措施费：是指为完成工程项目施工，发生于该工程施工前和施工过程中非工程实体项目的费用。内容包括：

1. 环境保护费：是指施工现场为达到环保部门要求所需要的各项费用。

2. 文明施工费：是指施工现场文明施工所需要的各项费用。

3. 临时设施费：是指施工企业为进行市政工程施工所必须搭设的生活和生产用的临时建筑物、构筑物和其他临时设施费用等。

临时设施包括：临时宿舍、文化福利及公用事业房屋与构筑物，仓库、办公室、加工厂以及规定范围内道路、水、电、管线等临时设施和小型临时设施。

临时设施费用包括：临时设施的搭设、维修、拆除费用或摊销费。

4. 夜间施工费：是指因夜间施工所发生的夜班补助费、夜间施工降效、夜间施工照明设备摊销及照明用电等费用。

5. 二次搬运费：是指因施工场地狭小等特殊情况而发生的二次搬运费用。

6. 大型机械设备进出场及安拆费：是指机械整体或分体自停放场地运至施工现场或由一个施工地点运至另一个施工地点，所发生的机械进出场运输转移费用及机械在施工现场进行安装、拆卸所需的人工费、材料费、机械费、试运转费和安装所需的辅助设施的费用。

7. 混凝土、钢筋混凝土模板及支架费：是指混凝土施工过程中需要的各种钢模板、木模板、支架等的支、拆、运输费用及模板、支架的摊销（或租赁）费用。

8. 脚手架费：是指施工需要的各种脚手架搭、拆、运输费用及脚手架的摊销（或租赁）费用。

9. 施工排水、降水费：是指为确保工程在正常条件下施工，采取各种排水、降水措施降低地下水位所发生的各种费用。

10. 冬雨季施工增加费：指在冬、雨季施工期间，为保证工程质量，采取保温、防护措施所增加的费用，以及因工效和机械作业效率降低所增加的费用。

11. 垂直运输机械费：指工程施工需要的垂直运输机械使用费。

12. 总承包服务费：指为配合、协调招标人进行的工程分包和材料采购所需的费用。

二、间接费

由规费、企业管理费组成。

（一）规费：是指政府和有关权力部门规定必须缴纳的费用（简称规费）。包括：

1. 工程排污费：是指施工现场按规定缴纳的工程排污费。

2. 工程定额测定费：是指按规定缴纳工程造价（定额）管理部门的定额测定费。

3. 社会保障费

（1）养老保障金：是指企业按省财政厅、省建设厅鲁财综〔2003〕25号文件的规定标准为职工缴纳的养老保障金。

（2）失业保险费：是指企业按照国家规定标准为职工缴纳的失业保险费。

（3）医疗保险费：是指企业按照规定标准为职工缴纳的基本医疗保险费。

4. 住房公积金：是指企业按规定标准为职工缴纳的住房公积金。

5. 危险作业意外伤害保险：是指按照建筑法规定，企业为从事危险作业的建筑安装施工人员支付的意外伤害保险费。

6. 安全施工费：是指按《建设工程安全生产管理条例》规定，为保证施工现场安全施工所必需的各项费用。

（二）企业管理费：是指园林绿化企业组织施工生产和经营管理所需费用。内容包括：

1. 管理人员工资：是指管理人员的基本工资、工资性补贴、职工福利费、劳动保护费等。

2. 办公费：是指企业管理办公用的文具、纸张、账表、印刷、邮电、书报、会议、水电、烧水和集体取暖（包括现场临时宿舍取暖）用煤等费用。

3. 差旅交通费：是指职工因公出差、调动工作的差旅费、住勤补助费，市内交通费和误餐补助费，职工探亲路费，劳动力招募费，职工离退休、退职一次性路费，工伤人员就医路费，工地转移费以及管理部门使用的交通工具的油料、燃料、养路费及牌照费。

4. 固定资产使用费：是指管理和试验部门及附属生产单位使用的属于固定资产的房屋、设备仪器等的折旧、大修、维修或租赁费。

5. 工具用具使用费：是指管理使用的不属于固定资产的生产工具、器具、家具、交通工具和检验、试验、测绘、消防用具等的购置、维修和摊销费。

6. 劳动保险费：是指由企业支付离退休职工的易地安家补助费、职工退职金、六个月以上的病假人员工资、职工死亡丧葬补助费、抚恤费、按规定支付给离休干部的各项经费。

7. 工会经费：是指企业按职工工资总额计提的工会经费。

8. 职工教育经费：是指企业为职工学习先进技术和提高文化水平，按职工工资总额计提的费用。

9. 财产保险费：是指施工管理用财产、车辆保险。

10. 财务费：是指企业为筹集资金而发生的各种费用。

11. 税金：是指企业按规定缴纳的房产税、车船使用税、土地使用税、印花税等。

12. 其他：包括技术转让费、技术开发费、业务招待费、绿化费、广告费、公证费、法律顾问费、审计费、咨询费等。

三、利润

是指施工企业完成所承包工程获得的盈利。

四、税金

是指国家税法规定的应计入园林绿化工程造价内的营业税、城市维护建设税及教育费附加等。

附表

园林绿化工程费用项目组成表

- 园林绿化工程费
  - 直接费
    - 直接工程费
      - 1. 人工费
      - 2. 材料费
      - 3. 施工机械使用费
    - 措施费
      - 1. 环境保护费
      - 2. 文明施工费
      - 3. 临时施工费
      - 4. 夜间施工费
      - 5. 二次搬运费
      - 6. 大型机械设备进出场及安拆费
      - 7. 混凝土、钢筋混凝土模板及支架费
      - 8. 脚手架费
      - 9. 施工排水、降水费
      - 10. 冬雨季施工增加费
      - 11. 垂直运输机械费
      - 12. 总承包服务费

- 园林绿化工程费
  - 间接费
    - 企业管理费
      - 1. 管理人员工资
      - 2. 办公费
      - 3. 差旅交通费
      - 4. 固定资产使用费
      - 5. 工具用具使用费
      - 6. 劳动保险费
      - 7. 工会经费
      - 8. 职工教育经费
      - 9. 财产保险费
      - 10. 财务费
      - 11. 税金
      - 12. 其他
    - 规　　费
      - 1. 工程排污费
      - 2. 工程定额测定费
      - 3. 社会保障费
      - （1）养老保险费
      - （2）失业保险费
      - （3）医疗保险费
      - 4. 住房公积金
      - 5. 危险作业意外伤害保险
      - 6. 安全施工费
  - 利　润
  - 税　金

三、园林绿化工程费用计算程序

（一）定额计价的计算程序

序号	费用名称	计算方法
一	直接费	（一）+（二）
	（一）直接工程费	∑工程量×（定额工日数量×人工单价+定额材料数量×材料单价+定额机械台班数量×机械台班单价）
	省价人工费 R1	∑工程量×定额工日数量×省价人工单价
	（二）措施费	1+2+3
	1. 按定额项目计取	∑措施工程量×（定额工日数量×人工单价+定额材料数量×材料单价+定额机械台班数量×机械台班单价）
	2. 按费率计取	∑（R1×措施费费率）
	3. 其他	按有关规定计算
	省价人工费 R2	（1+2+3）中的省价人工费
二	企业管理费	（R1+R2）×管理费费率
三	利润	（R1+R2）×利润率
四	规费	（一+二+三）×规费费率
五	税金	（一+二+三+四）×税率
六	合计	一+二+三+四+五

说明：

1. 按定额项目计取的措施费是指园林绿化工程消耗量定额中列有相应子目或规定有计算方法的措施项目费用。例如：模板及支撑、脚手架、吊装机械等。

2. 按费率计取的措施费是指按省建设行政主管部门发布的费率或根据企业实际情况测算的费率计算的措施项目费用。例如：环境保护、文明施工、临时设施、夜间施工及冬雨季施工增加、二次搬运费等。

3. 措施费中的“其他”是指园林绿化工程消耗量定额中没有相应项目，而根据设计或施工现场情况应计算的措施项目费用。例如：排水、降水费、大型机械设备进出场及安拆费等。

4. 省价人工费 R2：“1”中人工费是指按定额的工日数量和省价人工工日单价计算的人工费合计；“2”中人工费是指按省发布费率计算的措施费中人工费合计，其中人工费含量为：夜间施工增加费、二次搬运费、冬雨季施工增加费 20%，其他措施费项目 10%。

（二）工程量清单计价的计算程序

序号	费用项目名称	计 算 方 法
一	分部分项工程费	∑J×L
	分部分项工程费综合单价（J）	1+2+3+4+5
	1. 人工费	∑清单项目每计量单位工日数量×人工单价
	省价人工费 R	∑清单项目每计量单位工日数量×省价人工单价
	2. 材料费	∑清单项目每计量单位材料数量×材料单价
	3. 机械费	∑清单项目每计量单位机械台班数量×机械台班单价
	4. 企业管理费	R×管理费费率
	5. 利润	R×利润率
	分部分项工程量（L）	按工程量清单数量计算
二	措施项目费	∑单项措施费
	单项措施费	某项措施项目费＋省价人工费*×（管理费费率＋利润率）
三	其他项目费	（一）＋（二）
	（一）招标人部分	1+2+3
	1. 预留金	由招标人根据拟建工程实际计列
	2. 材料购置费	由招标人根据拟建工程实际计列
	3. 其他	由招标人根据拟建工程实际计列
	（二）投标人部分	4+5+6
	4. 总承包服务费	由投标人根据拟建工程实际或参照省发布费率计列
	5. 零星工作项目费	∑零星工作费＋省价人工费*×（管理费费率＋利润率）
	6. 其他	由投标人根据拟建工程实际计列
四	规费	（一＋二＋三）×规费费率
五	税金	（一＋二＋三＋四）×税率
六	合计	一＋二＋三＋四＋五

说明：

1. 序号二中“某项措施项目费”是指按计算程序（一）计算的某项措施费金额。

2. 省价人工费*：是指某项措施项目费或零星工作费中按省价人工工日单价计算的人工费。

四、园林绿化工程费率表

（一）企业管理费、利润、税金

单位:%

费用名称 \ 工程类别 \ 工程名称		园林绿化工程		
		Ⅰ	Ⅱ	Ⅲ
企业管理费		72.00	58.00	42.00
利润		62.00	35.00	26.00
税金	市区	3.44		
	县城、城镇	3.38		
	市县镇以外	3.25		

（二）措施费、规费

单位:%

费用名称 \ 工程名称		园林绿化工程
措施费	环境保护费	0.80
	文明施工费	1.80
	临时设施费	6.50
	夜间施工费	5.70
	二次搬运费	4.90
	冬雨季施工增加费	6.50
	总承包服务费	2.45
规费	工程排污费	按环保部门有关规定计算
	工程定额测定费	按各市有关规定计算
	社会保障费	2.6
	住房公积金	按有关规定计算
	危险作业意外伤害保险	按实际工程投保金额计算
	安全施工费	由市工程造价管理机构核定

五、工程类别划分

（一）园林绿化工程类别划分标准

工程类别	工程类别标准
Ⅰ类	工程内容包括：绿化种植工程、假山工程、园路工程、园桥工程、园林小品工程
Ⅱ类	工程内容包括：绿化种植工程、假山工程、园路工程、园桥工程、园林小品工程其中四项
Ⅲ类	Ⅰ、Ⅱ类工程以外的园林绿化工程

绿化养护工程按Ⅲ类工程标准执行。

（二）工程类别划分说明

1．工程类别划分标准，是根据不同的单位工程，按其施工难易程度，结合我省园林绿化工程的实际情况确定的。

2．工程类别划分标准是计取有关费用的依据；同时也是企业编制投标报价的参考。

3．工程类别的确定，以单位工程为划分对象。单位工程的确定，以批准的园林绿化规划设计为准。

湖北省建筑安装工程费用定额

（2003年）

湖北省建设厅关于颁发《湖北省建筑安装工程费用定额》的通知

鄂建〔2003〕44号

为配合《建设工程工程量清单计价规范》（GB 50500—2003）以及2003年《湖北省建筑工程消耗量定额及统一基价表》、《湖北省装饰装修工程消耗量定额及统一基价表》、《湖北省安装工程消耗量定额及单位估价表》贯彻执行，我厅根据建设2003年颁发《建筑安装工程费用组成》规定，结合我省实际，重新编制了《湖北省建筑安装工程费用定额》（以下简称本定额），现予以颁发。本定额作为建设工程招标标底以及工程预、结算的依据。并就执行中有关问题通知如下：

一、本定额适用于工程量清单计价和定额计价的建设工程造价编制。

以工程量清单计价的建设工程，招标标底的计算按本定额执行，投标报价可参考本定额执行。

以定额计价的建筑、装饰装修、安装工程，应执行2003年《湖北省建筑工程消耗量定额及统一基价表》、《湖北省装饰装修工程消耗量定额及统一基价表》、《湖北省安装工程消耗量定额及单位估价表》和本定额的规定。

二、市政工程、仿古建筑与园林工程，仍执行2000年《湖北省建筑安装工程费用定额》及有关规定。上述工程颁发了湖北省消耗量定额及统一基价表时，本定额将配套执行。

三、2003年《全国统一房屋修缮工程预算定额湖北省统一基价表》仍按鄂建〔2002〕89号有关规定执行。

四、费用定额全省统一管理，各市如需增加费用项目，应报省建设工程造价管理总站审查并报我厅批准后实施。

五、本定额从2003年7月1日起施行，2003年7月1日以后新开工的工程按本定额执行，2003年7月1日以前在建工程按原合同条款办理。执行中如有问题，请及时与省建设工程造价管理总站联系。

湖北省建设厅

二〇〇三年六月二十七日

建筑安装工程价格项目表

- 建筑安装工程造价
  - 直接费
    - 直接工程费
      - 1. 人工费
      - 2. 材料费
      - 3. 机械使用费
      - 4. 构件增值税
    - 措施费
      - 施工技术措施费
        - 1. 大型机械设备进出场及安拆
        - 2. 混凝土、钢筋混凝土模板及支架
        - 3. 脚手架
        - 4. 已完工程及设备保护
      - 施工组织措施费
        - 1. 环境保护
        - 2. 安全施工
        - 3. 文明施工
        - 4. 临时设施
        - 5. 夜间施工
        - 6. 二次搬运
        - 7. 冬雨季施工
        - 8. 生产工具用具使用费
        - 9. 工程定位复测、工程点交、场地清理
        - 10. 施工排水、降水费
  - 间接费
    - 施工管理费
      - 1. 管理人员工资
      - 2. 办公费
      - 3. 交通差旅费
      - 4. 固定资产使用费
      - 5. 工具用具使用费
      - 6. 保险费
      - 7. 财务费
      - 8. 税金
      - 9. 其他
    - 规费
      - 1. 工程排污费
      - 2. 工程定额测定费
      - 3. 劳动保险统筹基金
      - 4. 职工待业保险费
      - 5. 职工医疗保险费
  - 利润
  - 税金
    - 1. 营业税
    - 2. 城市建设维护税
    - 3. 教育费附加

注：措施费中的技术措施费只列出了通用项目。其他未列的技术措施费按规范或各专业消耗量定额的规定。

一、工程类别划分标准

一般土建工程类别划分表

项目			单位	一类	二类	三类	四类
工业建筑	单层	檐口高度	m	>15	>12	>9	≤9
工业建筑	单层	跨度	m	>24	>18	>12	≤12
工业建筑	单层	吊车吨位	t	>30	>20	≤20	—
工业建筑	多层	檐口高度	m	>24	>15	>9	≤9
工业建筑	多层	建筑面积	m^2	>6000	>4000	>1200	≤1200
工业建筑	多层	其他		有声、光、超净、恒温、无菌等特殊要求工程			
民用建筑	公共建筑	檐口高度	m	>45	>24	>15	≤15
民用建筑	公共建筑	跨度	m	>24	>18	>12	≤12
民用建筑	公共建筑	建筑面积	m^2	>9000	>5000	>2500	≤2500
民用建筑	其他民用建筑	檐口高度	m	>56	>27	>18	≤18
民用建筑	其他民用建筑	层数	层	>18	>9	>6	≤6
民用建筑	其他民用建筑	建筑面积	m^2	>10000	>6000	>3000	≤3000
构筑物	水塔（水箱）	高度	m	>75	>50	≤50	—
构筑物	水塔（水箱）	吨位	t	>100	>50	≤50	—
构筑物	烟囱 砖	高度	m	>60	>30	≤30	—
构筑物	烟囱 钢筋混凝土	高度	m	>80	>50	≤50	—
构筑物	贮仓（包括相连建筑）	高度	m	>20	>10	≤10	—
构筑物	贮水（油）池	容积	m^3	>1000	>500	≤500	—

一般土建工程类别划分说明：

1. 以单位工程为划分单位，一个单位工程有几种以上工程类型组成时，以占建筑面积最多的类型为准。

2. 在同一类别工程中有几个特征时，凡符合其中之一者，即为该类工程。

3. 檐高系指设计室外地面标高至檐口滴水标高，无组织排水的滴水标高为屋面板顶，有组织排水的滴水标高为天沟板底，同一建筑物有不同檐口高度时，大于标准层建筑面积50%（含50%）的顶层，按最高檐口高度计算；跨度系指轴线之间的宽度，多跨建筑按最大跨度取定类别。

4. 超出屋面封闭的楼梯出口间、电梯间、水箱间、塔楼、望台，小于标准层建筑面积50%的顶层，只计算建筑面积，不计算高度、层数。层高在2.2米以内的技术层，不计算层数和面积。

5. 公共建筑指为满足人民物质文化需要和进行社会活动而设置的非生产性建筑物。如办公楼、教学楼、试验楼、图书馆、医院、商店、车站、影剧院、礼堂、体育馆、纪念馆等以及相类似的工程。除此以外均为其他民用建筑。

6. 属于框架结构的轻工、化工厂房、锯齿形屋架厂房，不低于二类。

7. 冷库工程，含有悬索、升板等特殊结构的工程和沉井、沉箱以及建筑面积大于20000平方米的单层工业建筑列为一类工程。

8. 含有网架结构的工程，网架结构按一类工程计取费用。

9. 锅炉房，当单机蒸发量≥20 吨或总蒸发量≥50 吨时为一类，小于以上蒸发量时分别按檐高或跨度为准。

10. 桩基础工程按土建工程类别确定。

11. 扩建、加层建筑按总层数、总面积或总高度为衡量标准，但最高不得超过二类。

12. 附属于建筑工程的停车场，按建筑工程的类别降低一类，但不低于三类工程取费，单独建设的停车场按三类工程取费。

13. 塑钢门窗安装工程、金属构件制作安装工程以建筑工程类别划分。

14. 化粪池、检查井、地沟、支架等随主体工程划分类别；挡土墙、围墙等零星工程按四类工程取费。

安装工程类别划分标准：

1. 设备安装工程

一类：

(1) 各类机械设备（不分整体或解体，以下注明者除外），以及精密、自动、半自动或程控机床、引进设备；

(2) 自动、半自动电梯，输送设备以及起重量在30吨及其以上的起重设备及相应的轨道安装；

(3) 净化、超净、恒温和集中空调设备及其空调系统；

(4) 自动化控制装置和仪表安装工程；

(5) 专业炉窑设备和炉体砌筑；

(6) 热力设备（蒸发量10吨/小时·台及以下低压锅炉除外）及其附属设备与炉体砌筑；6.5吨/小时·台及其以上散装锅炉安装；

(7) 1000千伏安及其以上的变配电设备；防爆电器安装工程；

(8) 各种压力容器的制作和安装以及1000立方米以上的贮罐制作和安装；

(9) 附属于本类型工程各种设备的配管、电气安装、金属梯子、栏杆以及刷油、绝热、防腐蚀工程；

(10) 焊口有探伤要求的厂区（室外）工艺管道、热力管网、煤气管网、供水（含循环水）管网及电缆敷设工程。

二类：

(1) 小型杂物电梯、起重量在30吨以下的起重设备及相应的轨道安装；

(2) 蒸发量10吨/小时·台及以下的低压锅炉安装；

(3) 1000千伏安以下的变配电设备；

(4) 一般金属结构、一般容器的制作和安装；

(5) 一般工业炉窑设备和炉体砌筑；

(6) 厂区（室外）无探伤要求的热力管网、供水（含循环水）管网；

(7) 共用天线和调试（已列入一类的除外）；

(8) 附属于本类型各种设备的配管、电气安装和调试以及刷油、绝热、防腐蚀工程。

三类：

除一、二类工程以外均为三类工程。

2. 建筑安装工程

一类：一类建筑工程的附属设备、照明、采暖、通风空调、给排水、煤气管道、消防及安全防范、建筑智能化等工程。

二类：二类建筑工程的附属设备、照明、采暖、通风空调、给排水、煤气管道、消防及安全防范、建筑智能化等工程。

三类：三、四类建筑工程的附属设备、照明、采暖、通风空调、给排水、煤气管道、消防及安全防范、建筑智能化等工程。

安装工程类别划分标准说明：单位工程中同时安装两台或两台以上不同类型的设备，均按主体设备执行。

城市道路的路灯工程按二类工程计取费用。

市政工程类别划分标准：

一类：

1．单孔跨径 20 米至 30 米或多跨径总长 30 米至 100 米内的中桥（含相同跨径标准的立交桥、高架桥）；

2．高速道路、机场跑道；

3．红线宽度 >40 米的道路（宽度包括人行道、车行道、隔离花坛）；

4．隧道（含地下通道）及执行市政定额的人防工程；

5．双排或多排各类结构的封闭式涵渠，单排横截面宽度超过 1.5 米的混凝土结构或 2 米及以上的砖混结构的封闭涵渠；

6．管径 >Φ1200mm 且长度占排水管道总长 30% 以上的雨污排水管工程；

7．污水处理厂和净水厂，雨污泵站，5 万吨及以上水厂；

8．占地面积≥15000 平方米的广场；

9．含有标准足球场地和标准跑道且看台标高 >30 米的露天运动场。

二类：

1．单孔跨径 10 米至 20 米或多孔跨径总长 15 米至 30 米以内的中、小桥（含相同跨径标准的立交桥、高架桥）；

2．红线宽度 31 米至 40 米的道路；

3．单排横截面宽度在 1.5 米以内的混凝土结构或不足 2 米的砖混结构的封闭式涵渠；

4．管径在 Φ1001mm 至 Φ1200mm 且长度占排水管道总长 30% 以上的雨污排水管工程；

5．5 万吨以下水厂；

6．占地面积≥10000 平方米的广场；

7．含有标准足球场地和标准跑道且看台高度 >15 米的露天运动场。

三类：

1．单跨不足 10 米或多跨总长在 15 米以内的小桥及同跨径标准的立交桥、天桥；

2．红线宽度 21 米至 30 米的道路；

3．管径在 Φ501mm 至 Φ1000mm 且长度占排水管道总长 30% 以上的雨污排水管工程；

4．占地面积≥5000 平方米的广场、露天运动场。

四类：

1．单跨不足 5 米或多跨总长在 8 米以内的桥涵；

2．红线宽度≤20 米的道路；

3．管径≤Φ500mm 的雨污排水管；

4．混凝土及砖砌电缆沟；

5．占地面积 <5000 平方米的广场、露天运动场。

二、取费标准表

（一）说明

1．一般性规定

1.1　本费用定额适用于工程量清单计价和定额计价的建设工程招标标底、投标报价的编制。也是确定工程预、结算的依据。

1.2　直接工程费包括人工费、材料费（含未计价材）、机械费、构件增值税。

1.3 本费用定额中的措施费包括施工组织措施费和施工技术措施费。措施费应计取施工管理费、规费、利润和税金。

1.4 根据我省实际情况，在措施费中增列了冬雨季施工增加费，生产工具用具使用费，工程定位、点交、场地清理费。

1.5 间接费由规费和施工管理费组成。

(1) 规费指经省级以上政府和有关部门批准的行政收费项目，是不可竞争性费用。

(2) 规费中含定额测定费。凡在省内承担建设施工任务的施工企业应按规定的费率缴纳给造价管理部门。收缴办法按鄂价房服〔2002〕47号和其他有关文件执行。

(3) 工程排污费，包括施工现场向有关部门交纳的污水排放费用。

(4) 本费用定额未包括建筑施工噪音、超标准排污费，若发生，可列入工程造价，并计取税金。

1.6 施工企业非施工现场制作的构件应收取增值税，构件增值税按构件制作直接工程费的7.05%计取，增值税列入直接工程费，并计取各项费用。

1.7 总承包服务费

总承包单位有能力承担的分部分项工程，由建设单位分包给其他施工单位的，总承包单位可按分部分项工程费的3%向建设单位收取，也可由总承包单位和建设单位协商确定。内容包括：

(1) 配合协调招标人工程分包和材料采购所需费用；

(2) 对分包单位的管理、协调和施工配合等费用；

(3) 施工现场的水电设施、管线敷设的摊销费用；

(4) 共用脚手架搭拆的摊销费用；

(5) 共用垂直运输设备，加压设备的使用、折旧、维修费。

总承包服务费应计取相应的利润和税金。总承包单位未向分包单位提供服务的或由总承包单位分包给其他施工单位的，不应收取总承包服务费。

1.8 铝合金门窗、彩板门窗、塑料门窗安装，铝合金门窗制作安装、铝合金玻璃幕墙、塑铝复合板幕墙等工程，按塑钢金门窗的费率计取费用。其他建筑装饰工程按建筑工程相应类别的各项费率计取费用。独立承担装饰工程的按相应建筑工程类别降低一类计取费用。但最低不得低于四类。

1.9 市政工程按直接工程费取费的有：土石方工程、道路工程、桥涵护岸工程、隧道工程、市政管网工程中给排水部分（不含金属管道、预应力管道、塑料管道、复合管道）及给排水构筑物、钢筋工程、拆除工程、地铁工程中的结构、轨道中的道床部分；按人工费取费的有：市政管网工程中的给水工程、煤气工程中的金属管道、预应力管道、设备安装、刷油防腐工程，地铁工程中的轨道（不含道床）、信号、电力牵引部分。

1.10 市政工程施工因素增加费已综合考虑。市政工程施工因素增加费指具有市政工程特点，由施工前不可预见性因素引起的费用，包括阻碍交通费、半边通车的道路工程，以及行人通行的交通维护措施费用。

2. 工程量清单计价

2.1 实行工程量清单计价招标投标的建设工程，工程量清单采用综合单价计价，其内容包括完成工程量清单中规定的项目所需的人工费、材料费、机械使用费、管理费和利润，并考虑风险因素。

2.2 单位工程造价包括各分部分项工程量清单计价合计、措施项目清单计价合计、其他项目清单计价合计、规费和税金。

2.3 本费用定额是我省社会平均水平的体现，编制工程投标报价时施工单位可采用本企业的施工消耗量定额或湖北省建筑、装饰装修、安装、市政、园林绿化工程消耗量定额，根据实际需要参考本费用定额执行，但不得低于建筑施工企业的成本。

2.4 建设单位可按分部分项工程费的5%以内计提预留金，用于可能发生的工程量清单漏项、有误引起的工程量增加和施工中设计变更造成的工程造价增加。预留金由招标人在工程量清单中明确。以人工费计费的工程，预留金中的人工费按10%计算。

2.5　零星工作项目费应根据拟建工程的具体情况，按分部分项工程费的2%以内计取，应详细列出人工、材料、机械的名称、计量单位和相应的数量。

2.6　分部分项工程量清单的综合单价，不得包括招标人自行采购材料的价款，但可计取各项费用。

2.7　绿化工程可参考下表计算各项费用，并计取税金。

绿化工程费用项目表

单位:%

费用项目	计费基础	费率
施工组织措施费综合费率	人工费	4
规费		10
施工管理费		8
利润		6

3. 定额计价

3.1　实行定额计价招标投标的建设工程，采用工料机单价法，内容包括湖北省统一基价表或单位估价表中的人工费、材料费、机械费，以及费用定额和相关文件规定计算的建设工程的直接费、间接费、利润和税金等。

3.2　本费用定额以湖北省建筑、装饰装修、市政、园林绿化、仿古建筑工程统一基价表、安装工程单位估价表及湖北省有关规定为计费基础。

3.3　价差指人工、材料、机械费根据有关规定和材料信息价格（或预算价格）与全省统一基价中的取定价格的正、负差价。价差可计取利润和税金。

3.4　包工工程、计时工按2003年湖北省各专业消耗量定额和统一基价表（估价表）计算人工消耗量的，执行本费用定额的人工费标准，以人工费的18%计取费用，不再计取其他费用。

费用包括管理人员和炊事员的工资、补贴及办公费、职工差旅费、技工的工具津贴、烤火费、医药费以及上交乡、镇、县建委的管理费等。施工用的特殊工具，如手推车等，仍由建设单位解决。

包工工程范围适用于建筑、装饰装修、安装、市政、园林绿化、仿古建筑等工程。施工企业自备机械或人工代替机械，按定额收取机械费，但不收取其他费用。

3.5　绿化工程按人工费的28%计取费用，并计取相应的税金。

3.6　房屋修缮工程仍按鄂建〔2002〕89号文的规定执行。

3.7　在有害身体的环境中施工的工程，施工单位可按建设方人员享受保健的标准计取费用，列入工程造价计取税金。

3.8　工程由于采用了新材料定额缺项，若施工工艺、消耗量相近，按相应定额子目换算，其基价仍以定额基价确定。新材料的价格与定额基价中相应材料取定价的价差列入总价差。

3.9　施工过程中发生的预算外费用，甲乙双方按实签证。按工程定额计算的预算外费用，列入直接工程费，计取相关费用。不按工程定额计算的费用，列入工程造价，计取利润和税金。

3.10　总承包工程中，由建设单位提供材料的，材料费应进入工程直接费，计取各项费用。

3.11　本费用定额不能作为施工企业内部承包和核算的依据。

（二）人工费

单位：元/工日

工程性质	建筑、装饰装修、市政、园林绿化及其他工程	安装工程	包工不包料工程，计时工
人工费	30.0	31.0	30.0

（三）施工组织措施费

1. 临时设施费

单位：%

工程性质		建筑装饰装修市政工程	炉窑砌筑工程	金属构件制作安装	塑钢门窗安装	大型土石方工程		安装工程
						机械	人工	
计费基础		直接工程费+施工技术措施项目直接工程费					人工费	
工程类别	一类工程	1.5	1.2	1.0	0.4	1.5	4.0	12.0
	二类工程	1.0	0.6	0.6	0.2			8.0
	三类工程	0.5	—	0.3	0.1			4.0
	四类工程	0.3	—	0.3	0.1			—

2. 其他施工组织措施费

单位：%

计费基础		直接工程费+施工技术措施项目直接工程费	人工费
综合费率		1.5	8.0
其中	环境保护	0.25	1.0
	安全施工	0.10	0.5
	文明施工	0.10	0.5
	夜间施工	0.10	0.5
	二次搬运	0.05	按施工组织设计计算
	施工排水、降水	0.10	0.5
	冬雨季施工	0.20	1.0
	生产工具用具使用	0.50	3.5
	工程定位、点交、场地清理	0.10	0.5

注：1. 施工排水、降水费是指排除雨、雪、污水的费用。

2. 以人工费计取施工组织措施费的工程，施工组织措施费中的人工费按15%计取。

3. 施工技术措施费按湖北省各专业消耗量定额计算。

（四）间接费

1. 施工管理费

表1　建筑市政及其他工程

工程类别 / 计费基础 / 费率% 项目	建筑市政工程				大型土石方工程	
	一类工程	二类工程	三类工程	四类工程	机械施工	人工施工
	直接工程费/直接费					人工费
施工管理费	10.0	7.0	4.0	2.0	10.0	15.0

注：1. 仿古建筑、园林绿化工程除绿化工程外，以建设主管部门颁发的资质等级，按相应的建筑工程类别费率计取间接费和其他各项费用。

2. 工程量清单计价时计费基础为直接工程费，定额计价时为直接费。（下同）

表2　安装工程

项目 \ 费率（%）\ 计费基础 \ 工程类别	一类	二类	三类
计费基础	人工费		
施工管理费	35.0	25.0	15.0

表3　炉窑砌筑及金属构件工程

项目 \ 费率（%）\ 计费基础 \ 工程类别	炉窑砌筑工程		金属构件制作安装工程			
	一类	二类	一类	二类	三类	四类
计费基础	直接工程费/直接费					
施工管理费	6.5	6.0	7.0	5.0	3.0	2.0

表4　塑钢门窗安装工程

项目 \ 费率（%）\ 计费基础 \ 工程类别	一类	二类	三类	四类
计费基础	直接工程费/直接费			
施工管理费	2.5	2.0	1.5	1.0

2. 规费

（1）采用工程量清单计价：

单位:%

计费基础		清单计价合计	清单计价合计中的人工费
综合费率		5.0	25.0
其中	养老保险统筹基金	2.91	15.0
	待业保险基金	0.42	2.0
	医疗保险费	1.50	7.0
	定额测定费	0.13	0.6
	工程排污费	0.04	0.4

注：清单计价合计包括分部分项工程量清单计价合计、措施项目清单合计和其他项目清单合计。

（2）采用定额计价：

单位:%

计费基础		直接工程费	人　工　费
综合费率		6.0	25.0
其中	养老保险统筹基金	3.50	16.0
	待业保险基金	0.50	2.0
	医疗保险费	1.80	6.0
	定额测定费	0.15	0.6
	工程排污费	0.05	0.4

（五）利润

计费基础 费率（%） 工程类别	直接工程费/直接费	人工费
一类工程	7.0	30.0
二类工程	5.0	20.0
三类工程	3.0	10.0
四类工程	2.0	—

注：1. 人工施工大型土石方工程的利润按相应定额人工费的6.0%计取。

2. 建筑工程中的电气动力、照明、控制线路工程；通风空调工程；给排水、采暖、煤气管道工程；消防及安全防范工程；建筑智能化工程；在清单计价时以直接工程费为基数计取利润，定额计价时按直接费计取利润。

（六）营业税、城市建设维护税、教育费附加综合税率

纳税人地区 计税基础 项目	纳税人所在地在市区	纳税人所在地在县城、镇	纳税人所在地不在市区、县城或镇
	不含税工程造价		
综合税率（%）	3.41	3.35	3.22

注：1. 不分国营或集体建安企业，均以工程所在地区税率计取。

2. 企事业单位所属的建筑修缮单位，承包本单位建筑、安装工程和修缮业务不计取税金（本单位的范围只限于从事建筑安装和修缮业务的企业单位本身，不能扩大到本部门各个企业之间或总分支机构之间）。

3. 建筑安装企业承包工程实行分包形式的，税金由总承包单位统一计取缴纳。

三、建筑安装工程价格计算程序表

（一）采用工程量清单计价

1. 分部分项工程综合单价计算程序表

序号	费用项目	计算方法	
		以直接工程费为计费基础的工程	以人工费为计费基础的工程
1	分部分项工程直接工程费	Σ（人工费＋材料费＋机械费＋构件增值税）	
2	其中：人工费	Σ（人工单价×工日耗用量）	Σ（人工单价×工日耗用量）
3	材料费	Σ（材料单价×材料耗用量）	Σ（材料单价×材料耗用量）
4	机械使用费	Σ（机械台班单价×机械台班耗用量）	Σ（机械台班单价×机械台班耗用量）
5	构件增值税	构件制作费×税率	—
6	施工管理费	1×费率	2×费率
7	利润	1×费率	2×费率/1×费率
8	风险因素	自行考虑	自行考虑
9	综合单价	1＋6＋7＋8	1＋6＋7＋8

注：表中“2×费率/1×费率”中的“1＋费率”用于“利润”表附注2规定的安装工程。（下同）

2. 施工技术措施项目费计算程序表

序号	费用项目	计算方法	
		以直接工程费为计费基础的工程	以人工费为计费基础的工程
1	施工技术措施项目直接工程费	施工技术措施项目直接工程费	
2	其中：人工费	—	施工技术措施项目直接工程费中的人工费
3	施工管理费	1×费率	2×费率
4	利润	1×费率	2×费率/1×费率
5	施工技术措施项目费	1+3+4	1+3+4

3. 施工组织措施项目费计算程序表

序号	费用项目	计算方法	
		以直接工程费为计费基础的工程	以人工费为计费基础的工程
1	分部分项工程量清单计价合计	Σ（综合单价×清单工程量）	Σ（综合单价×清单工程量）
2	其中：人工费	—	Σ（人工单价×工日耗用量）
3	施工技术措施项目清单计价合计	Σ施工技术措施项目费	Σ施工技术措施项目费
4	其中：人工费	—	Σ（人工单价×工日耗用量）
5	施工组织措施项目直接工程费	—	（2+4）×费率
6	其中：人工费	—	5×人工系数
7	施工管理费	—	6×费率
8	利润	—	6×费率/（1+3）×费率
9	施工组织措施项目费	（1+3）×费率	5+7+8

注：表中“6×费率/（1+3）×费率”中的“（1+3）×费率”用于“利润”表附注2规定的安装工程。（下同）

4. 零星工作项目费

序号	费用项目	计算方法	
		以直接工程费为计费基础的工程	以人工费为计费基础的工程
1	人工综合单价	人工单价×（1+施工管理费费率+利润率）	
2	人工费合价	Σ（人工综合单价×数量）	
3	材料综合单价	材料单价×（1+施工管理费费率+利润率）	材料单价/材料单价×（1+利润率）
4	材料费合价	Σ（材料综合单价×数量）	Σ（材料综合单价×数量）
5	机械综合单价	机械台班单价×（1+施工管理费费率+利润率）	机械台班单价/机械台班单价×（1+利润率）
6	机械费合价	Σ（机械综合单价×数量）	Σ（机械综合单价×数量）
7	零星工作项目费	2+4+6	2+4+6

注：1. 综合单价应考虑风险因素。

2. 表中“材料单价/材料单价×（1+利润率）”中的“材料单价×（1+利润率）”用于“利润”表附注2规定的安装工程。

5．单位工程造价计算程序表

序号	费用项目	计算方法	
		以直接工程费为计费基础的工程	以人工费为计费基础的工程
1	分部分项工程量清单计价合计	Σ（综合单价×清单工程量）	Σ（综合单价×清单工程量）
2	其中：人工费	—	Σ（人工单价×工日耗用量）
3	施工技术措施项目清单计价合计	Σ施工技术措施项目费	Σ施工技术措施项目费
4	其中：人工费	—	Σ（人工单价×工日耗用量）
5	施工组织措施项目清单计价合计	Σ施工组织措施项目费	Σ施工组织措施项目费
6	其中：人工费	—	Σ（施工组织措施直接工程费×人工系数）
7	其他项目清单计价合计	Σ其他项目费	Σ其他项目费
8	其中：人工费	—	Σ其他项目费中的人工费
9	规费	（1+3+5+7）×费率	（2+4+6+8）×费率
10	税金	（1+3+5+7+9）×费率	（1+3+5+7+9）×费率
11	单位工程造价	1+3+5+7+9+10	1+3+5+7+9+10

（二）采用定额计价

序号		费用项目	计算方法	
			以直接工程费为计费基础的工程	以人工费为计费基础的工程
1	直接费	直接工程费	Σ（定额基价×工程量）+构件增值税	Σ（定额基价×工程量）
2	直接费	其中：人工费	Σ（人工单价×工日耗用量）	Σ（人工单价×工日耗用量）
3	直接费	材料费	Σ（材料价格×材料耗用量）	Σ（材料价格×材料耗用量）
4	直接费	机械费	Σ（机械台班单价×机械台班耗用量）	Σ（机械台班单价×机械台班耗用量）
5	直接费	构件增值税	构件制作费×税率	—
6	直接费	施工技术措施费	Σ（定额基价×工程量）	Σ（定额基价×工程量）
7	直接费	其中：人工费	—	Σ（人工单价×工日耗用量）
8	直接费	施工组织措施费	Σ（1+6）×费率	Σ（2+7）×费率
9	直接费	其中：人工费	—	8×人工系数
10	直接费/价格调整	价差	用量×（市场价格－定额取定价格）	
11	直接费/价格调整	人工费调整	按规定计算	
12	直接费/价格调整	机械费调整	按规定计算	
13	间接费	施工管理费	（1+6+8）×费率	（2+7+9）×费率
14	间接费	规费	（1+6+8）×费率	（2+7+9）×费率
15		利润	（1+6+8+10+11+12）×费率	（2+7+9）×费率/（1+6+8+10+11+12）×费率
16		不含税工程造价	1+6+8+10+11+12+13+14+15	1+6+8+10+11+12+13+14+15
17		税金	16×税率	16×税率
18		含税工程造价	16+17	16+17

四、适用范围

（一）建筑工程

适用于工业与民用临时性和永久性的建筑物、构筑物。包括各种房屋、设备基础、钢筋混凝土、木结构、钢结构及零星金属构件、烟囱、水塔、水池、围墙、挡土墙、化粪池、窨井、室内外管道沟砌筑等及其单幢建筑物内土方没超过6000m³的附属土石方工程和开工前的平整场地。

（二）装饰装修工程

适用于新建、扩建和改建工程的建筑装饰装修。包括楼地面工程、墙柱面装饰工程、天棚装饰工程、木门窗工程及油漆、涂料、裱糊工程等。

（三）市政工程

适用于城镇管辖范围内的土石方工程、道路工程、桥涵护岸工程、隧道工程、市政管网工程中给排水部分（不含金属管道、预应力管道、塑料管道、复合管道）及给排水构筑物、钢筋工程、拆除工程、地铁工程中的结构、轨道中的道床部分。

（四）安装工程

适用于机械设备安装、电气设备安装、热力设备安装、炉窑砌筑、静置设备与工艺金属结构制作安装、工业管道、消防及安全防范设备安装、给排水、采暖、燃气、通风空调、自动化仪表安装、刷油、防腐蚀、绝热、通信设备及线路、建筑智能化、长距离输送管道等工程预算定额以及安装工程补充预算定额。

还适用于市政管网工程中的给水工程、煤气工程中的金属管道、预应力管道、设备安装、刷油防腐工程，地铁工程中的轨道（不含道床）、信号、电力牵引部分。

（五）炉窑砌筑工程

适用于专业炉窑和一般工业炉窑的砌筑工程（不包括金属锚固体制作安装）。

（六）金属构件工程

适用于工业与民用建筑中的柱、梁、屋架、支撑、拉杆、钢门钢窗等的制作、刷油及安装工程，对于零星金属构件应分别列入土建安装等工程内计算。

（七）塑钢门窗安装

适用于铝合金门窗安装、铝合金门窗制作安装、彩板门窗安装、塑钢门窗安装、塑料门窗安装、铝合金玻璃幕墙、塑铝复合板幕墙等工程。

（八）大型土石方工程

适用于修筑堤坝、人工河、人工湖、场地平整。室外给水排水管沟土方、运动场及厂区铁路专用线的路基以及单幢建筑物内部的土石方超过6000m³以上者（指单挖或单填）等。

五、建筑安装工程费用组成

建筑安装工程费用包括直接费、间接费、利润和税金四个部分。

一、直接费

由直接工程费和措施费组成。

（一）直接工程费：是指施工过程中耗费的构成工程实体的各项费用，包括人工费、材料费、施工机械使用费和构件增值税。

1. 人工费：是指直接从事建筑安装工程施工的生产工人开支的各项费用。人工单价内容包括：

(1) 基本工资：是指发放给生产工人的基本工资。

(2) 工资性补贴：是指按规定标准发放的物价补贴，煤、燃气补贴，交通补贴，住房补贴，流动施工津贴等。

(3) 生产工人辅助工资：是指生产工人年有效施工天数以外非作业天数的工资，包括职工学习、培训期间的工资调动工作、探亲、休假期间的工资，因气候影响的停工工资，女工哺乳时间的工资，病假在六个月以内的工资及产、婚、丧假期的工资。

（4）职工福利费：是指按规定标准计提的职工福利费。

（5）生产工人劳动保护费：是指按规定标准发放的劳动保护用品的购置费及修理费，徒工服装补贴，防暑降温费，在有碍身体健康环境中施工的保健费用等。

（6）住房公积金：是指企业按标准为职工交纳的住房公积金。

（7）劳动保险费：是指由企业支付离退休职工的易地安家补助费、职工退职金、六个月以上的病假人员工资、职工死亡丧葬补助费、抚恤费、按规定支付给离休干部的各项经费。

（8）危险作业意外伤害保险：是指按照建筑法规定，为从事危险作业的建筑安装施工人员支付的意外伤害保险费。

（9）工会经费：是指企业按职工工资总额计提的工会经费。

（10）职工教育经费：是指企业为职工学习先进技术和提高文化水平，按职工工资总额计提的费用。

2. 材料费：是指施工过程中耗费的构成工程实体的原材料、辅助材料、构配件、零件、半成品的费用。材料单价内容包括：

（1）材料原价（或供应价格）；

（2）材料运杂费：是指材料自来源地运至工地仓库或指定堆放地点所发生的全部费用；

（3）运输损耗费：是指材料在运输装卸过程中不可避免的损耗。

（4）采购及保管费：是指为组织采购、供应和保管材料过程所需要的各项费用。包括：采购费、仓储费、工地保管费、仓储损耗。

（5）检验试验费：是指对建筑材料、构件和建筑安装物进行一般鉴定、检查所发生的费用，包括自设试验室进行试验所耗用的材料和化学药品等费用。不包括新结构、新材料的试验费和建设单位对具有出厂合格证明的材料进行检验，对构件做破坏性试验及其他特殊要求检验试验的费用。

3. 施工机械使用费：是指施工机械作业所发生的机械使用费以及机械安拆费和场外运费。施工机械台班单价应由下列七项费用组成：

（1）折旧费：指施工机械在规定的使用年限内，陆续收回其原值及购置资金的时间价值。

（2）大修理费：指施工机械按规定的大修理间隔台班进行必要的大修理，以恢复其正常功能所需的费用。

（3）经常修理费：指施工机械除大修理以外的各级保养和临时故障排除所需的费用。包括为保障机械正常运转所需替换设备与随机配备工具附具的摊销和维护费用，机械运转及日常保养所需润滑与擦拭的材料费用及机械停滞期间的维护和保养费用等。

（4）安拆费及场外运费：安拆费指施工机械在现场进行安装与拆卸所需的人工、材料、机械和试运转费用以及机械辅助设施的折旧、搭设、拆除等费用；场外运费指施工机械整体或分体自停放地点运至施工现场或由一施工地点运至另一施工地点的运输、装卸、辅助材料及架线等费用。

（5）人工费：指机上司机（司炉）和其他操作人员的工作日人工费及上述人员在施工机械规定的年工作台班以外的人工费。

（6）燃料动力费：指施工机械在运转作业中所消耗的固体燃料（煤、木柴）、液体燃料（汽油、柴油）及水、电等。

（7）其他费用：指施工机械按照国家规定和有关部门规定应交纳的养路费、车船使用税、保险费及年检费等。

4. 构件增值税：指施工企业非施工现场制作的构件应收取的增值税。

（二）措施费：是指为完成工程项目施工，发生于该工程施工前和施工过程中技术、生活、安全等方面的非工程实体项目的费用。内容包括：

1. 环境保护费：是指施工现场为达到环保部门要求所需要的各项费用。

2. 文明施工费：是指施工现场文明施工所需要的各项费用。

3. 安全施工费：是指施工现场安全施工所需要的各项费用。

4. 临时设施费：是指施工企业为进行建筑工程施工所必须搭设的生活和生产用的临时建筑物、构筑物和其他临时设施费用等。

临时设施包括：临时宿舍、文化福利及公用事业房屋与构筑物，仓库、办公室、加工厂以及施工现场50米以内道路、水、电、管线等临时设施和小型临时设施。

不包括水井、场外临时水管、线路、道路、铁路专用线、锅炉房、水泵房、变电站以及锅炉、变压器、水泵等设备。

临时设施费用包括：临时设施的搭设、维修、拆除费或摊销费。

临时设施由施工单位包干使用，临时设施产权属施工单位。

5. 夜间施工费：是指因夜间施工所发生的夜班补助费、夜间施工降效、夜间施工照明设备摊销及照明用电等费用。

6. 二次搬运费：是指因施工场地狭小等特殊情况而发生的二次搬运费用。

7. 施工排水、降水费：是指为确保工程在正常条件下施工，采取各种排水、降水措施所发生的各种费用。

8. 冬雨季施工增加费：是指建筑安装工程在冬雨季施工，采取防寒保暖或防雨措施所增加的费用，包括材料费、人工费、保温费及防雨措施费等费用。

9. 生产工具用具使用费：是指施工、生产所需不属于固定资产的生产工具检验、试验用具等的购置、摊销和维修费，以及支付给工人自备工具补贴费。

10. 工程定位复测、工程点交、场地清理等费用。

二、间接费

由施工管理费、规费组成。

（一）施工管理费：是指组织施工生产和经营管理所需费用。内容包括：

1. 管理人员工资：是指管理人员的基本工资、工资性补贴、职工福利费、劳动保护费、住房公积金、劳动保险费、危险作业意外伤害保险费、工会经费、职工教育经费等。

2. 办公费：是指企业管理办公用的文具、纸张、账表、印刷、邮电、书报、会议、水电、烧水和集体取暖（包括现场临时宿舍取暖）用煤等费用。

3. 差旅交通费：是指职工因公出差、调动工作的差旅费、住勤补助费，市内交通费和误餐补助费，职工探亲路费，劳动力招募费，职工离退休、退职一次性路费，工伤人员就医路费，工地转移费以及管理部门使用的交通工具的油料、燃料、养路费及牌照费。

4. 固定资产使用费：是指管理和试验部门及附属生产单位使用的属于固定资产的房屋、设备仪器等的折旧、大修、维修或租赁费。

5. 工具用具使用费：是指管理使用的不属于固定资产的生产工具、器具、家具、交通工具和检验、试验、测绘、消防用具等的购置、维修和摊销费。

6. 保险费：是指施工管理用财产、车辆保险。

7. 财务费：是指企业为筹集资金而发生的各种费用。

8. 税金：是指企业按规定交纳的房产税、车船使用税、土地使用税、印花税等。

9. 其他：包括技术转让费、技术开发费、业务招待费、绿化费、广告费、公证费、法律顾问费、审计费、咨询费等。

（二）规费：是指政府和有关部门规定必须交纳的费用（简称规费）。包括：

1. 工程排污费：是指施工现场按规定交纳的工程排污费。

2. 工程定额测定费：是指按规定支付工程造价（定额）管理部门的定额测定费。

3. 养老保险统筹基金：是指企业按规定向社会保障主管部门交纳的职工基本养老保险费（社会统筹部分）。

4. 失业保险费：是指企业按照国家规定交纳的失业保险基金。

5. 医疗保险费：是指企业向社会保障主管部门交纳的职工基本医疗保险费。

三、利润

是指施工企业完成所承包工程应收取的利润。

四、税金

是指国家税法规定的应计入建筑安装工程造价内的营业税、城市维护建设税及教育费附加。

湖南省建设工程费用取定表

（2007 年）

湖南省建设厅关于颁发《湖南省建设工程计价办法》及有关工程消耗量标准的通知
湘建价〔2006〕330 号

为了规范我省建设工程计价行为，合理确定和有效控制工程造价，维护工程建设当事人的合法权益，根据《建筑工程施工发包与承包计价管理办法》（建设部令第 107 号），《湖南省建设工程造价管理办法》（省人民政府令第 192 号），以及有关法律法规，结合本省实际情况，我厅组织制定了《湖南省建设工程计价办法》（以下简称《计价办法》）及《湖南省建筑装饰装修工程消耗量标准》、《湖南省安装工程消耗量标准》、《湖南省市政工程消耗量标准》、《湖南省仿古建筑及园林景观消耗量标准》，现予以颁发。并就有关事项通知如下：

一、《计价办法》及相应的工程消耗量标准适用于在本省行政区域内对建筑工程、装饰工程安装工程、市政工程、仿古建筑及园林景观工程进行工程发承包计价。

二、《计价办法》包括工程量清单计价（即综合单价法计价）和工料单价法计价。全部使用国有资金投资或者以国有资金投资为主的建设项目，其工程招标投标应当采用工程量清单计价方法计价。非国有资金投资的建设项目的工程招标投标，推行工程量清单计价方法计价。

三、省建设工程造价管理总站负责对工程消耗量标准实行适时动态管理，应及时补充、修改和完善相应项目。工程消耗量标准中未含人工、材料、机械台班单价及基价，各级工程造价管理机构应当按照规定及时采集并发布本行政区域内人工、材料、机械台班的市场价格，省建设工程造价管理总站负责基价生成，在湖南省建设工程造价信息网上统一发布。为确保计价的准确性，通过省建设工程造价管理机构符合性评测合格的软件，才能用于施工图预（结）算、招标标底和投标报价的编制，否则工程造价成果无效。对于使用盗版、未经符合性评测或评测不合格的软件的单位和个人，各级建设工程造价管理机构应当要求其停止使用或者予以纠正。对于销售盗版、未经符合性评测或评测不合格软件的单位和个人，将依法追究有关单位和个人的责任。

四、《计价办法》及相应的工程消耗量标准自 2007 年 1 月 1 日起施行。我厅湘建价〔2002〕578 号颁发的《湖南省建设工程计价暂行办法》、湘建价〔2002〕256 号颁发的《湖南省统一安装工程基价表》、原省建委湘建〔1999〕价字第 172 号颁发的《湖南省建筑工程单位估价表》、原省建委湘建〔1997〕监字第 237 号颁发的《湖南省仿古建筑及园林工程单位估价表》、原省建委〔1995〕监字第 318 号颁发的《湖南省市政工程单位估价表》，以及相应的补充定额、解释说明等停止执行。但已发出招标文件和已签订施工承包合同的工程仍按原招标文件的规定和施工承包合同的约定执行。

五、《计价办法》及相应的工程消耗量标准由省建设工程造价管理总站负责解释、管理。一次性的工程消耗量标准由建设、施工单位协商编制，报市、州或省建设工程造价管理站审定后执行，市、州建设工程造价管理站应及时报省建设工程造价管理总站备案。各单位在执行过程中遇到的问题和意见，请及时与省建设工程造价管理总站联系。

建筑安装工程费用项目组成

建筑安装工程费由直接费（直接工程费和措施费）、间接费（企业管理费和规费）、利润和税金组成。

一、直接费

由直接工程费和措施项目费组成。

（一）直接工程费：是指施工过程中耗费的构成工程实体的各项费用，包括人工费、材料费、施工机械使用费。

1. 人工费：是指直接从事建筑安装工程施工的生产工人开支的各项费用，内容包括：

（1）基本工资：是指发放给生产工人的基本工资。

（2）工资性补贴：是指按规定标准发放的物价补贴，煤、燃气补贴，交通补贴，住房补贴，流动施工津贴等。

（3）生产工人辅助工资：是指生产工人年有效施工天数以外非作业天数的工资，包括职工学习、培训期间的工资，调动工作、探亲、休假其间的工资，因气候影响的停工工资，女工哺乳期时间的工资，病假在6个月以内的工资及产、婚、丧假假期的工资。

（4）职工福利费：是指按规定标准计提的职工福利费。

（5）生产工人劳动保护费：是指按规定标准发放的劳动保护用品的购置费及修理费，徒工服装补贴，防暑降温费，在有碍身体健康环境中施工的保健费用等。

2. 材料费：是指施工过程中耗费的构成工程实体的原材料、辅助材料、构配件、零件、半成品的费用。内容包括：

（1）材料原价（或供应价格）。

（2）材料运杂费：是指材料来自源地运至工地仓库或指定堆放地点所发生的全部费用。

（3）运输损耗费：是指材料在运输装卸过程中不可避免的损耗。

（4）采购及保管费：是指为组织采购、供应和保管材料过程中所需要的各项费用。

包括：采购费、仓储费、工地保管费、仓储损耗。

（5）检验试验费：是指对建筑材料、构件和建筑安装物进行一般鉴定、检查所发生的费用，包括自设试验室进行试验所耗用的材料和化学药品等费用。不包括新结构、新材料的试验费和建设单位对具有出厂合格证明的材料进行检验，对构件做破坏性试验及其他特殊要求检验试验的费用。

3. 施工机械使用费：是指施工机构作业所发生的机械使用费以及机械安拆费和场外运费。

施工机械台班单价应由下列七项费用组成：

（1）折旧费：指施工机械在规定的使用年限内，陆续收回其原值及购置资金的时间价值。

（2）大修理费：指施工机械按规定的大修理间隔台班进行必要的大修理，以恢复其正常功能所需的费用。

（3）经常修理费：指施工机械除大修理以外的各级保养和临时故障排除所需的费用。包括为保障机械正常运转所需替换设备与随机配备工具附具的摊销和维护费用，机械运转中日常保养所需润滑与擦拭的材料费用与机械停滞期间的维护和保养费用等。

（4）安拆费及场外运费：安拆费指施工机械在现场进行安装与拆卸所需的人工、材料、机械和试运转费用以及机械辅助设施的折旧、搭设、拆除等费用；场外运费指施工机械整体和分体自停放地点运至施工现场，或由一施工地点运至另一施工地点的运输、装卸、辅助材料及架线等费用。

（5）机械管理费：指施工企业机械管理部门对机械进行保管、调配的费用。

（6）人工费：指机上司机（司炉）和其他操作人员的工作日人工费及上述人员在施工机械规定的年工作台班以外的人工费。

（7）燃料动力费：指施工机械在运转作业中所消耗的固体燃料（煤、木柴）、液体燃料（汽油、柴油）及水、电等。

（8）养路费及车船使用税：指施工机械按照国家规定和有关部门规定应缴纳的养路费、车船使用税、保险费及年检费等。

（二）措施项目费：是指为完成工程项目施工，发生于该工程施工前和施工过程中非工程实体项目的费用。内容包括工程安全防护、文明施工措施费与施工措施项目费。

1. 工程安全防护、文明施工措施费用，是指按照国家现行的建筑施工安全、施工现场环境与卫生标准和有关规定，购置和更新施工安全防护用具及设施、改善安全生产条件和作业环境所需要的费用。

（1）环境保护费：是指施工现场为达到环保部门要求所需要的各项费用。

（2）文明施工费：是指施工现场文明施工所需要的各项费用。

（3）安全施工费：是指施工现场安全施工所需要的各项费用。

（4）临时设施费：是指施工企业为进行建筑工程施工所必须搭设的生活和生产用的临时建筑物、构筑物和其他临时设施费用等。

临时设施包括：临时宿舍、文化福利及公用事业房屋与构筑物，仓库、办公室、加工厂以及规定范围内道路、水、电、管线等临时设施和小型临时设施。

临时设施费用包括：临时设施的搭设、维修、拆除费或摊销费。

工程安全防护、文明施工措施费用包括以下具体项目。

<table>
<tr><th>序号</th><th colspan="2">项目名称</th><th>具 体 要 求</th></tr>
<tr><td>1</td><td colspan="2">安全警示标志牌</td><td>在易发伤亡事故（或危险）处设置明显的、符合国家标准要求的安全警示标志牌</td></tr>
<tr><td>2</td><td colspan="2">现场围挡</td><td>（1）现场采用封闭围挡，高度不小于1.8m
（2）围挡材料可采用彩色、定型钢板，砖、混凝土砌块等墙体</td></tr>
<tr><td>3</td><td colspan="2">五板一图</td><td>在进门处悬挂工程概况、管理人员名单及监督电话、安全生产、文明施工、消防保卫五板；施工现场总平面图</td></tr>
<tr><td>4</td><td colspan="2">企业标志</td><td>现场出入的大门应设有本企业标志或企业标识</td></tr>
<tr><td>5</td><td colspan="2">场容场貌</td><td>（1）道路畅通
（2）排水沟、排水设施通畅
（3）工地地面硬化处理
（4）绿化</td></tr>
<tr><td>6</td><td colspan="2">材料堆放</td><td>（1）材料、构件、料具等堆放时，悬挂有名称、品种、规格等标牌
（2）水泥和其他易飞扬细颗粒建筑材料应密闭存放或采取覆盖等措施
（3）易燃、易爆和有毒有害物品分类存放</td></tr>
<tr><td>7</td><td colspan="2">现场防火</td><td>消防器材配置合理，符合消防要求</td></tr>
<tr><td>8</td><td colspan="2">垃圾清运</td><td>施工现场应设置密闭式垃圾站，施工垃圾、生活垃圾应分类存放
施工垃圾必须采用相应容器或管道运输</td></tr>
<tr><td>9</td><td colspan="2">现场办公生活设施</td><td>（1）施工现场办公、生活区与作业分开设置，保持安全距离
（2）工地办公室、现场宿舍、食堂、厕所、饮水、休息场所等符合卫生和安全要求</td></tr>
<tr><td>10</td><td rowspan="3">施工现场临时用电</td><td>配电线路</td><td>（1）按照TN－S系统要求配备五芯电缆、四芯电缆和三芯电缆
（2）按要求架设临时用电线路的电杆、横担、瓷夹、瓷瓶等，或电缆埋地的地沟
（3）对靠近施工现场的外电线路，设置木质、塑料等绝缘体的防护设施</td></tr>
<tr><td>11</td><td>配电箱
开关箱</td><td>（1）按三级配电要求，配备总配电箱、分配电箱、开关箱三类标准电箱。开关箱应符合一机、一箱、一闸、一漏。三类电箱中的各类电器均应有合格品
（2）按两级保护的要求，选取符合容量要求和质量合格的总配电箱和开关箱中的漏电保护器</td></tr>
<tr><td>12</td><td>接地保护装置</td><td>施工现场保护零线的重复接地应不少于三处</td></tr>
</table>

续表

序号	项目名称		具体要求
13	临边洞口交叉高处作业防护	楼板、屋面、阳台等临边防护	用密目式安全立网全封闭，作业层另加两边防护栏杆和18cm高的踢脚板
14		通道口防护	设防护棚，防护棚应为不小于5cm厚的木板或两道相距50cm的竹笆。两侧应沿栏杆架用密目式安全网封闭
15		预留洞口防护	用木板全封闭；短边超过1.5m长的洞口，除封闭外四周还应设有防护栏杆
16		电梯井口防护	设置定型化、工具化、标准化的防护门；在电梯井内每隔两层（不大于10m）设置一道安全平网
17		楼梯边防护	设1.2m高的定型化、工具化、标准化的防护栏杆，18cm高的踢脚板
18		垂直方向交叉作业防护	设置防护隔离棚或其他设施
19		高空作业防护	有悬挂安全带的悬索或其他设施；有操作平台；有上下的梯子或其他形式的通道

2. 施工措施项目费。

(1) 大型机械进出场费及安拆费：是指机械在施工现场进行安装、拆卸所需人工费、材料费、机械费、试运转费和安装所需的辅助设施的费用及机械整体，或分体自停放场地运至施工现场，或由一个施工地点运至另一个施工地点，所发生的机械进出场运输及转移费用。

(2) 混凝土、钢筋混凝土模板及支架费：是指混凝土施工过程中需要的各种钢模板、木模板、支架等的支、拆、运输费用及模板、支架的摊销（或租赁）费用。

(3) 高层建筑增加费：建筑物超过6层或者檐高超过20m需要增加的人工降效和机械降效等费用。

(4) 超高增加费：操作高度距离楼地面超过一定的高度需要增加的人工降效和机械降效等费用。

(5) 脚手架搭拆费：是指施工需要的各种脚手架搭拆费用及脚手架的摊销（或租赁）费用。

(6) 施工排水、降水费：是指工程地点遇有积水或地下水影响施工需采用人工或机械排（降）水所发生的费用（包括井点安装、拆除和使用费用等）。

(7) 检验试验费：是指新结构、新材料的试验费和建设单位对具有出厂合格证明的材料进行检验，对构件做破坏性试验及其他特殊要求检验试验的费用。包括试桩费、幕墙抗风试验费、桥梁荷载试验费、室内空气污染测试费等。

(8) 缩短工期措施费：是指由于合同工期小于定额工期时，应计算的措施费。包括以下内容：

①夜间施工增加费：是指因夜间施工所发生的夜班补助费、夜间施工降效、夜间施工照明设备摊销及照明用电等费用。

②周转材料加大投入量及增加场外运费：是指由于合同工期小于定额工期时，施工不能按正常流水进行，因赶工需加大周转材料投入量及所增加的场外运费费用。

(9) 无自然采光施工通风、照明、通讯设施增加费：是指在无自然光环境下施工时所需通风设施、照明设施及通讯设施所增加的费用。

(10) 二次搬运费：是指因场地狭小，或障碍物等引起的材料、半成品、设备、机具等超过一定运距或发生的二次搬运、装拆所需的人工增加费（包括运输损耗）。

(11) 已完工程及设备保护费：是指工程完工后未经验收或未交付使用期间的保养、维护所发生的费用。

(12) 有害环境施工增加费：是指当施工环境中存在有毒物质、有害气体和粉尘，其浓度超过允许值时所增加的人工降效及费用。

（13）安装与生产同时进行增加费：是指生产车间或装置内施工，因生产操作或生产条件限制，干扰了安装工作正常进行而增加的人工降效费。

（14）采暖、空调系统调试费：是指采暖工程和空调工程竣工后整个系统进行调整试验所增加的费用。

（15）安装工程管道跨越或穿越施工措施费：是指管道安装时需跨越路面、建筑物、构筑物等所增加的人工、材料、机械等费用。

（16）格架式桅杆增加费：是指安装设备重量在80t以上安装高度在10m以内、设备重量在60t以上安装高度在10~20m以内、设备重量在40t以上安装高度在20m以上时所使用的金属桅杆台次使用费（包括桅杆本体的设计、制造和试验，卷扬机、索具等的折旧摊销，桅杆停滞期间的维护、保养，配件的更换等费用）。

（17）焦炉施工大棚费：是指焦炉烘炉施工大棚的搭建、拆除、折旧、使用期间所发生的费用（包括工作棚的摊销费、仓储费和保养费）。

（18）焦炉烘炉热态工程费：是指焦炉烘炉热态工程中（包括热态作业的特殊劳保消耗）按焦炉本体砌筑直接费所占一定比例的费用。

（19）安装工程组装平台费：是指为配合设备安装的临时平台组装、制安、拆除所需的人工、材料、机械的增加费。

（20）安装工程联动试车费：是指设备安装完毕后，整个系统进行联动试运行所发生的费用。

（21）市政工程脚手架、工作平台搭拆费：指各类脚手架、拱盔、工作平台的搭拆、维护、摊销（或租赁）费用。

（22）市政工程施工吊栏、托架摊销费：指箱梁施工中托架和吊栏的制作摊销费用。

（23）市政工程围堰：指各类围堰的堆筑、拆除、清理和维护费用。

（24）市政工程筑岛：指人工岛的填筑、拆除、清理和维护费用。

（25）市政工程临时便道：指工程施工需要或维持车辆行人通行临时道路的修建、拆除和养护费用。

（26）市政工程原有路基、管线保护费：指对原有路基、路面、各种管线、电缆、光缆等其他设施的保护费用。

（27）市政工程施工用水、电源设备的安装拆除费：指施工用水电自接入点至施工现场配电箱、用水点的设备及其固定管线的敷设拆除和摊销费用。生活用水用电设施不在其内。

（28）园林绿化工程施工因素增加费：是指边施工边维持交通、防游人干扰和路面保护等措施费用。

二、间接费

由企业管理费和规费组成。

（一）企业管理费：是指建筑安装企业组织施工生产和经营管理所需费用。

内容包括：

1. 管理人员工资：是指管理人员的基本工资、工资性补贴、职工福利费、劳动保护费等。

2. 办公费：是指企业管理办公用的文具、纸张、账表、印刷、邮电、书报、会议、水电、烧水和集体取暖（包括现场临时宿舍取暖）用煤等费用。

3. 差旅交通费：是指职工因公出差、调动工作的差旅费、住勤补助费，市内交通费和误餐补助费，职工探亲路费，劳动力招募费，职工离退休、退职一次性路费，工伤人员就医路费，工地转移费以及管理部门使用的交通工具的油料、燃料、养路费及牌照费。

4. 固定资产使用费：是指管理和试验部门及附属生产单位使用的属于固定资产的房屋、设备仪器等的折旧、大修、维修或租赁费。

5. 工具用具使用费：是指管理使用的不属于固定资产的生产工具、器具、家具、交通工具和检验、试验、测绘、消防用具等的购置、维修和摊销费。

6. 劳动保险费：是指由企业支付离退休职工的易地安家补助费、职工退职金、6个月以上的病假人员工资、职工死亡丧葬补助费、抚恤费、按规定支付给离休干部的各项经费。

7. 财产保险费：是指施工管理用财产、车辆保险。

8. 财务费：是指企业为筹集资金而发生的各种费用。

9. 税金：是指企业按规定缴纳的房产税、车船使用税、土地使用税、印花税等。

10. 其他：包括技术转让费、技术开发费、业务招待费、绿化费、广告费、公证费、法律顾问费、审计费、咨询费等。

（二）规费：是指政府和有关部门规定必须缴纳的费用（简称规费）。包括：

1. 工程排污费：是指施工现场按规定缴纳的工程排污费。

2. 工程定额测定费：是指按规定支付工程造价（定额）管理部门的定额测定费。

3. 养老保险费：是指企业按规定标准为职工缴纳的基本养老保险费。

4. 失业保险费：是指企业按照国家规定标准为职工缴纳的失业保险费。

5. 医疗保险费：是指企业按照规定标准为职工缴纳的基本医疗保险费。

6. 住房公积金：是指企业按规定标准为职工缴纳的住房公积金。

7. 危险作业意外伤害保险：是指按照建筑法规定，企业为从事危险作业的建筑安装施工人员支付的意外伤害保险费。

8. 工会经费：是指企业按职工工资总额计提的工会经费。

9. 职工教育经费：是指企业为职工学习先进技术和提高文化水平，按职工工资总额计提的费用。

（三）利润。

利润是指施工企业完成所承包工程获得的盈利。

（四）税金。

税金是指国家税法规定的应计入建筑安装工程造价内的营业税、城市维护建设税及教育费附加等。

建设工程费用取定表

表1　工程安全防护、文明施工措施费费率表

项目名称		计费基础	费率（%）
建筑工程		人工费+机械费	15.30
装饰装修工程		人工费	13.60
安装工程		人工费	12.80
园林（景观）绿化工程		人工费	12.80
仿古建筑		人工费	14.80
市政工程	给水、排水、燃气、集中供热工程	人工费	12.80
	道路、桥涵、隧道、防洪堤工程	人工费+机械费	13.60
机械土石方		人工费+机械费	3.80
打桩工程		人工费+机械费	3.10

注：工程安全防护、文明措施费包括文明措施、安全措施费，临时设施费和环境保护费。单位工程建筑面积在以下范围内的，其建筑工程、装饰装修工程、安装工程的工程防护、文明施工措施费分别乘以下规定的系数：5000m^2 以下乘以1.20；5000～10000m^2 乘以1.10；>20000m^2 且≤30000m^2 乘以0.90；>30000m^2 乘以0.80。其他专业工程执行同一标准。

表2　施工企业计费费率参考表

<table>
<tr><th colspan="2" rowspan="2">项目名称</th><th rowspan="2">计费基础</th><th colspan="2">费率（%）</th></tr>
<tr><th>企业管理费</th><th>利润</th></tr>
<tr><td colspan="2">建筑工程</td><td>人工费+机械费</td><td>33.30</td><td>22.00</td></tr>
<tr><td colspan="2">装饰装修工程</td><td>人工费</td><td>32.20</td><td>29.00</td></tr>
<tr><td colspan="2">安装工程</td><td>人工费</td><td>37.90</td><td>39.00</td></tr>
<tr><td colspan="2">园林（景观）绿化工程</td><td>人工费</td><td>28.60</td><td>19.00</td></tr>
<tr><td colspan="2">仿古建筑</td><td>人工费</td><td>33.10</td><td>24.00</td></tr>
<tr><td rowspan="2">市政工程</td><td>给水、排水、燃气、集中供热工程</td><td>人工费</td><td>35.20</td><td>34.00</td></tr>
<tr><td>道路、桥涵、隧道、防洪堤工程</td><td>人工费+机械费</td><td>31.00</td><td>21.00</td></tr>
<tr><td colspan="2">机械土石方</td><td>人工费+机械费</td><td>7.50</td><td>5.00</td></tr>
<tr><td colspan="2">打桩工程</td><td>人工费+机械费</td><td>14.40</td><td>12.00</td></tr>
</table>

表3　规费

<table>
<tr><th>项目名称</th><th>执行地区</th><th>计费基础</th><th>费率（%）</th></tr>
<tr><td rowspan="2">工程排污费
工程定额测定费
职工失业保险费
职工医疗保险费
职工住房公积金
工会经费
职工教育经费
危险作业意外伤害保险</td><td>长沙、衡阳、湘潭、株洲、岳阳</td><td>税前造价</td><td>3.14</td></tr>
<tr><td>其他地区</td><td>税前造价</td><td>3.16</td></tr>
<tr><td>养老保险费</td><td>全省</td><td>税前造价</td><td>3.50</td></tr>
</table>

广西壮族自治区建筑、装饰装修、安装、园林绿化工程费用定额

（2006年）

广西壮族自治区建设厅、广西壮族自治区发展和改革委员会、广西壮族自治区财政厅关于颁布2005年《广西壮族自治区建筑装饰装修安装园林绿化工程费用定额》的通知

桂建管〔2006〕51号

为了配合国家标准《建设工程工程量清单计价规范》（GB 50500—2003）的贯彻执行，根据《建筑工程施工发包与承包计价管理办法》（建设部令107号）、建设部和财政部《关于印发〈建筑安装工程费用项目组成〉的通知》（建标〔2003〕206号）等有关规定，结合我区实际情况，由自治区建设厅、发改委、财政厅组织编制的2005年《广西壮族自治区建筑装饰装修安装园林绿化工程费用定额》（以下简称本定额）通过审定，现予颁布，并就实施的有关事项通知如下：

一、本定额适用于工程量清单计价法和工料单价计价法。

本定额是编制设计概算、施工图预算、招标标底、竣工结算、调解处理工程造价纠纷、鉴定工程造价的依据，是衡量投标报价合理性的基础。

二、本定额于2006年7月1日起在本自治区行政区域范围内施行。1998年《广西壮族自治区土建工程费用定额》和2002年《广西壮族自治区安装工程费用定额》及1992年《仿古建筑及园林工程预算定额桂林市单位估价表》及其配套的费用定额同时停止执行。

2006年7月1日以后经招标管理机构批准招标或非招标未签订合同的工程，均按本定额执行。2006年7月1日以前已发出招标文件或已签订合同的工程则不作改变。

三、本定额与2005年《广西壮族自治区建筑工程消耗量定额》、2005年《广西壮族自治区装饰装修工程消耗量定额》、2005年《广西壮族自治区园林绿化工程消耗量定额》、2002年《全国统一安装工程预算定额广西壮族自治区单位估价表》配套执行。

四、全区必须统一执行本定额，各地不再编制当地的费用定额。

各单位在贯彻执行过程中遇到的问题，请及时向有关部门反映。本定额的解释、补充、修改等由广西壮族自治区建设工程造价管理总站负责。

广西壮族自治区、建设厅
广西壮族自治区发展和改革委员会
广西壮族自治区财政厅
二〇〇六年六月九日

总 说 明

1. 本定额是根据《建设工程工程量清单计价规范》(GB 50500—2003)、《建筑工程施工发包与承包计价管理办法》(建设部令107号)和建设部、财政部《关于印发〈建筑安装工程费用项目组成〉的通知》(建标〔2003〕206号)及有关法律、法规、规章规定，按照“政府宏观调控、企业自主报价、市场竞争形成价格”的改革目标，结合我区的实际情况进行编制的。

2. 本定额适用于广西壮族自治区辖区范围内的建筑工程、装饰装修工程、安装工程、园林绿化工程，与我区颁发的相应工程消耗量定额配套执行。

3. 本定额是编制设计概算、施工图预算、竣工结算、招标标底、调解处理工程造价纠纷、鉴定工程造价的依据，是衡量投标报价合理性的基础。

4. 为了加强建设工程安全生产、文明施工管理，保障施工从业人员的作业条件和生活环境，防止施工安全事故的发生，保证安全和文明施工措施落实到位，文明施工费和安全施工费作为不可竞争费用，环境保护费用和临时设施费不能低于费率区间。

5. 规费、税金是政府和有关部门规定必须缴纳的费用，应按本定额规定执行。

(1) 养老保险费由广西壮族自治区建设厅劳动保险费机构统收统支，调配使用。

(2) 定额编制费和劳动定额测定费由广西壮族自治区建设工程造价管理总站按税前工程造价的0.13%向施工单位收取。

6. 费用的计价程序和计算规则应按本定额规定执行，取费费率除规定以外均属指导性范畴，具体费率按有关规定取定。

7. 本定额中凡注明有“××以内”或“××以下”者，均包括其本身；“××以外”或“××以上”者，均不包括其本身。

8. 本定额由广西壮族自治区建设工程造价管理总站负责解释与管理。

第一章 建设工程费用项目的组成及计价程序

第一节 建设工程费用项目的组成

建设工程费用由分部分项工程直接工程费、措施费、管理费、利润、其他项目费、规费和五项税费组成。

一、分部分项工程直接工程费

分部分项工程直接工程费是指施工过程中耗费的构成工程实体的人工费、材料费、施工机械使用费。内容包括以下几个方面。

(一) 人工费

人工费是指直接从事建设工程施工的生产工人开支的各项费用，内容包括以下几点。

(1) 基本工资：发放给生产工人的基本工资。

(2) 工资性补贴：按规定标准发放的物价补贴，煤、燃气补贴，交通补贴，住房补贴，流动施工津贴等。

(3) 辅助工资：生产工人年有效施工天数以外非作业天数的工资，包括职工学习、培训期间的工资，调动工作、探亲、休假期间的工资，因气候影响的停工工资，女工哺乳期间的工资，病假在六个月以内的工资及产、婚、丧假期的工资。

(4) 福利费：按规定标准计提的职工福利费。

(5) 劳动保护费：按规定标准发放的生产工人劳动保护用品的购置费及修理费，服装补贴，防暑降温费，在有碍身体健康环境中施工的保健费用等。

(二) 材料费

材料费是指施工过程中耗用的构成工程实体的原材料、辅助材料、构配件、零件、半成品的费用和周转使用材料的摊销（或租赁）费用。

内容包括以下几点。

（1）材料原价（或供应价格）。

（2）材料运杂费：材料自来源地运至工地仓库或指定堆放地点所发生的全部费用。

（3）运输损耗费：材料在运输装卸过程中不可避免的损耗。

（4）采购及保管费：为组织采购、供应和保管材料过程所需要的各项费用，包括采购费、仓储费、工地保管费、仓储损耗等。

（5）检验试验费：对建筑材料、构件和建筑安装物进行一般鉴定、检查所发生的费用，包括有资格的试验室进行试验所耗用的材料和化学药品等费用；不包括新结构、新材料的试验费和建设单位对具有出厂合格证明的材料进行检验，对构件做破坏性试验及其他有特殊要求需要检验试验的费用。

（三）施工机械使用费

施工机械使用费是指施工机械作业所发生的机械使用费以及机械安拆费和场外运输费。

施工机械台班单价应由下列七项费用组成。

（1）折旧费：施工机械在规定的使用年限内，陆续收回其原值及购置资金的时间价值。

（2）大修理费：施工机械按规定的大修理间隔台班进行必要的大修理，以恢复其正常功能所需的费用。

（3）经常修理费：施工机械除大修理以外的各级保养和临时故障排除所需的费用。包括为保障机械正常运转所需替换设备与随机配备工具附具的摊销和维护费用，机械运转中日常保养所需润滑与擦拭的材料费用及机械停滞期间的维护和保养费用等。

（4）安拆费及场外运费：安拆费是指一般施工机械（不包括大型机械）在现场进行安装与拆卸所需的人工、材料、机械和试运转费用以及机械辅助设施的折旧、搭设、拆除等费用；场外运费是指一般施工机械（不包括大型机械）整体或分件自停放场地运至施工场地或由一施工场地运至另一施工场地的运输、装卸、辅助材料及架线等费用。

（5）人工费：机上司机（司炉）和其他操作的工作日人工费及上述人员在施工机械规定的年工作台班以外的人工费。

（6）燃料动力费：施工机械在运转作业中所消耗的固体燃料（煤、木柴）、液体燃料（汽油、柴油）及水、电等。

（7）养路费及车船使用税：施工机械按照国家和有关部门规定应缴纳的养路费、车船使用税、保险费及年检费等。

二、措施费

措施费是指为完成工程项目施工，发生于该工程施工前和施工过程中非工程实体项目的费用，内容包括技术措施费和其他措施费。

（一）技术措施费

1．通用项目

（1）脚手架费：施工需要的各种脚手架搭、拆、运输费用及脚手架的摊销（或租赁）费用。

（2）混凝土、钢筋混凝土模板及支架费：混凝土施工过程中需要的各种钢模板、木模板、支架等的支、拆、运输费用及模板、支架的摊销（或租赁）费用。

（3）混凝土泵送费：泵送混凝土所发生的费用。

（4）施工排水、降水费：为确保工程在正常条件下施工，采取各种排水、降水措施所发生的各种费用。

（5）已完工程及设备保护费：竣工验收前，对已完工程及设备进行保护所需的费用。

（6）二次搬运费：因施工场地狭小等特殊情况而发生的二次搬运费用。

（7）大型机械设备进出场及安拆费：是指大型机械整体或分体自停放场地运至施工现场或由一个施工地点运至另一个施工地点，所发生的机械进出场运输转移费用及机械在施工现场进行安装、拆卸所需的人工费、材料费、机械费、试运转费和安装所需的辅助设施的费用。

2. 专业项目

（1）建筑及装修装饰工程

垂直运输机械费：在合理工期内完成单位工程全部项目所需的垂直运输机械台班费用。

（2）安装工程

①组装平台

②设备管道施工安全、防冻和焊接保护措施

③压力容器和高压管道的检验

④焦炉施工大棚

⑤焦炉烘炉、热态工程

⑥管道安装后的充气保护措施

⑦隧道内施工的通风、供水、供气、照明及通讯设施

⑧现场施工围栏

⑨格架式桅杆

（二）其他措施费

（1）环境保护费：施工现场为达到环保部门要求所需要的各项费用。具体内容详见建设部建办〔2005〕89号《关于印发〈建筑工程安全防护、文明施工措施费用及使用管理规定〉的通知》中建设工程文明施工措施项目清单及我区有关补充规定。

（2）文明施工费：施工现场文明施工所需要的各项费用。具体内容详见建设部建办〔2005〕89号《关于印发〈建筑工程安全防护、文明施工措施费用及使用管理规定〉的通知》中建设工程文明施工措施项目清单及我区有关补充规定。

（3）安全施工费：施工现场安全施工所需要的各项费用。具体内容详见建设部建办〔2005〕89号《关于印发〈建筑工程安全防护、文明施工措施费用及使用管理规定〉的通知》中建设工程文明施工措施项目清单及我区有关补充规定。

（4）临时设施费：施工企业为进行建筑工程施工所必须搭设的生活和生产用的临时建筑物、构筑物和其他临时设施等发生的费用。

临时设施包括：临时宿舍、文化福利及公用事业房屋与构筑物，仓库、办公室、加工厂（场）以及在规定范围内道路、水、电、管线等临时设施和小型临时设施。

临时设施费用包括：临时设施的搭设、维修、拆除费或摊销费。

（5）雨季施工增加费：在雨季施工期间所增加的费用。包括防雨措施、排水、工效降低等费用。

（6）缩短工期增加费：因缩短工期要求发生的施工增加费。包括夜间施工增加费、周转材料加大投入量所增加的费用等。

（7）夜间施工增加费：因夜间施工所发生的夜班补助费、夜间施工降效、夜间施工照明设备摊销及照明用电等费用。

（8）特殊保健费：在有毒有害气体和有放射性物质区域范围内的施工人员的保健费，与建设单位职工享受同等特殊保健津贴。

（9）室内空气污染测试：对室内空气相关参数进行检测发生的人工和检测设备的摊销等费用。

（10）停工窝工损失费：建筑安装施工企业进入现场后，由于设计变更、停水、停电累计超过8小时（不包括周期性停水、停电）以及按规定应由建设单位承担责任的原因造成的、现场调剂不了的停工、窝工损失费用。

（11）机械台班停滞费：非承包商责任造成的机械停滞所发生的费用。

（12）交叉施工补贴：建筑工程与设备安装工程进行交叉作业而相互影响的费用。如招标文件没有规定时，影响的工日可根据拟建工程的实际情况估算。

凡是经过加工制造由多种材料和部件按各自用途组成生产、动力、储存、运输、科研等功能的机器及其他机械等设备。

(13) 暗室施工增加费：在地下室（或暗室）内进行施工时所发生的照明费、照明设备摊销费及人工降效费。

(14) 其他施工组织措施费：根据各专业、地区及工程特点补充的施工组织措施费用项目。

三、管理费

管理费是指建筑安装企业组织施工生产和经营管理所需的费用。内容包括以下几点。

(1) 管理人员工资：管理人员的基本工资、工资性补贴、职工福利费、劳动保护费等。

(2) 办公费：企业管理办公用的文具、纸张、账表、印刷、邮电、书报、会议、水电、烧水和集体取暖（包括现场临时宿舍取暖）用煤等费用。

(3) 差旅交通费：职工因公出差、调动工作的差旅费、住勤补助费，市内交通费和误餐补助费，职工探亲路费，劳动力招募费，职工离退休、退职一次性路费，工伤人员就医路费，工地转移费以及管理部门使用的交通工具的油料、燃料、养路费及牌照费等。

(4) 固定资产使用费：管理和试验部门及附属生产单位使用的属于固定资产的房屋、设备仪器等的折旧、大修、维修或租赁费。

(5) 工具用具使用费：管理使用的不属于固定资产的生产工具、器具、家具、交通工具和检验、试验、测绘、消防用具等的购置、维修和摊销费。

(6) 劳动保险费：由企业支付离退休职工的易地安家补助费、职工退职金、六个月以上的长病假人员工资、职工死亡丧葬补助费、抚恤费、按规定支付给离休干部的各项经费。

(7) 工会经费：企业按职工工资总额计提的工会经费。

(8) 职工教育经费：企业为职工学习先进技术和提高文化水平，按职工工资总额计提的费用。

(9) 财产保险费：施工管理用财产、车辆保险。

(10) 财务费：企业为筹集资金而发生的各种费用。

(11) 税金：企业按规定缴纳的房产税、车船使用税、土地使用税、印花税等。

(12) 其他：包括技术转让费、技术开发费、业务招待费、绿化费、广告费、公证费、法律顾问费、审计费、咨询费等。

四、利润

利润是指施工企业完成所承包工程获得的盈利。

五、其他项目费

(1) 预留金：招标人为可能发生的工程量变更而预留的金额。

(2) 总承包服务费：配合协调招标人进行的工程分包和材料采购所需的费用。该费用根据招标人和总承包人约定一般包括总分包管理费和总分包配合费。

总分包管理费是指总承包单位对分包工程和分包单位实施统筹管理而发生的费用，一般包括：涉及分包工程的施工组织设计、施工现场管理协调、竣工资料的汇总整理等活动所发生的费用。

总分包配合费是指分包单位使用总包单位的现有设施所支付的费用。一般包括：脚手架、垂直运输机械设备、临时设施、临时水电管线的使用，提供施工用水电及总包和分包约定的其他费用。

总承包服务费费率与工作内容可参照本定额的规定约定，也可以由甲乙双方在合同中约定按实际发生计算。

(3) 优良工程增加费：招标人要求承包人完成的单位工程质量达到合同约定为优良工程所必须增加的施工成本费。

(4) 预算包干费：对一些投资不大，建设周期不长的建设项目，施工合同期在一年左右完成的工程，可根据工程大小考虑一定的风险包干系数，通过招、投标（或议标），签订合同，一次包干。

(5) 零星工作项目费：完成招标人的，工程量暂估的零星工作项目所需的费用。

六、规费

规费是指政府和有关权力部门规定必须缴纳的费用（简称“规费”）。

（一）工程排污费

工程排污费是指施工现场按规定缴纳的工程排污费。

（二）工程定额测定费

工程定额测定费是指按规定支付工程造价管理机构的技术经济标准的制定和定额测定费。

（三）社会保障费

社会保障费包括养老保险费、失业保险费和医疗保险费等。

(1) 养老保险费：企业按规定标准为职工缴纳的基本养老保险费。

(2) 失业保险费：企业按照国家规定标准为职工缴纳的失业保险费。

(3) 医疗保险费：企业按照规定标准为职工缴纳的基本医疗保险费。

（四）住房公积金

住房公积金是指企业按规定标准为职工缴纳的住房公积金。

（五）危险作业意外伤害保险费

危险作业意外伤害保险费是指按照《中华人民共和国建筑法》规定，企业为从事危险作业的建筑安装施工人员支付的意外伤害保险费。

七、五项税费

五项税费是指国家税法规定的应计入建筑工程造价内的营业税、城市维护建设税、教育费附加和地方教育费附加及广西防洪保安费等。

第二节　建设工程费用计价程序

表 1.2.1　建设工程工程量清单计价程序

（以人工费 + 材料费 + 机械费为计算基数）

序号	项目名称	计算程序
1	分部分项工程量清单计价合计	Σ（分部分项工程量清单工程量 × 相应综合单价）
1.1	其中：Σ（人工费 + 材料费 + 机械费）	Σ（分部分项工程量清单项目工程内容的工程量 × 相应消耗量定额人、材、机消耗量 × 人、材、机单价）
2	措施项目清单计价合计	<2.1> + <2.2>
2.1	技术措施费用计价小计	Σ（技术措施项目清单工程量 × 相应综合单价）
2.1.1	其中：Σ（人工费 + 材料费 + 机械费）	Σ（技术措施项目清单项目工程内容的工程量 × 相应消耗量定额人、材、机消耗量 × 人、材、机单价）
2.2	其他措施费用计价小计	Σ（<1.1> + <2.1.1> × 相应费率）或按有关规定计算
3	其他项目费计价合计	按有关规定计算
4	规费	<4.1> + <4.2> + <4.3>
4.1	养老保险费	（<1> + <2> + <3>）× 相应费率
4.2	工程定额测定费	（<1> + <2> + <3>）× 相应费率
4.3	其他	（<1> + <2> + <3>）× 相应费率
5	税金	（<1> + <2> + <3> + <4>）× 相应费率
6	工程总造价	<1> + <2> + <3> + <4> + <5>
7	扣除养老保险费后的工程造价	<6> - <4.1>

注：“<　>”内的数字均为表中对应的序号。

表 1.2.2　建设工程工料单价法计价程序

（以人工费＋材料费＋机械费为计算基数）

序号	项目名称	计算程序
1	分部分项工程费用计价合计	Σ（分部分项定额子目工程量×相应综合单价）
1.1	其中：Σ（人工费＋材料费＋机械费）	Σ（分部分项定额子目工程量×相应消耗量定额人、材、机消耗量×人、材、机单价）
2	措施项目工程费用计价合计	<2.1> + <2.2>
2.1	技术措施费用计价小计	Σ（技术措施项目定额子目工程量×相应综合单价）
2.1.1	其中：Σ（人工费＋材料费＋机械费）	Σ（技术措施项目定额子目工程量×相应消耗量定额人、材、机消耗量×人、材、机单价）
2.2	其他措施费用计价小计	Σ（<1.1> + <2.1.1>×相应费率）或按有关规定计算
3	其他项目费计价合计	按有关规定计算
4	规费	<4.1> + <4.2> + <4.3>
4.1	养老保险费	（<1> + <2> + <3>）×相应费率
4.2	工程定额测定费	（<1> + <2> + <3>）×相应费率
4.3	其他	（<1> + <2> + <3>）×相应费率
5	税金	（<1> + <2> + <3> + <4>）×相应费率
6	工程总造价	<1> + <2> + <3> + <4> + <5>
7	扣除养老保险费的工程造价	<6> − <4.1>

注：“<　>”内的数字均为表中对应的序号。

表 1.2.3　建设工程工程量清单计价程序

（以人工费为计算基数）

序号	项目名称	计算程序
1	分部分项工程量清单计价合计	Σ（分部分项工程量清单工程量×相应综合单价）
1.1	其中：Σ人工费用	Σ（分部分项工程量清单项目工程内容的工程量×相应消耗量定额人工消耗量×人工单价）
2	措施项目清单计价合计	<2.1> + <2.2>
2.1	技术措施费用计价小计	Σ（技术措施项目清单工程量×相应综合单价）
2.1.1	其中：Σ人工费用	Σ（技术措施项目清单项目工程内容的工程量×相应消耗量定额人工消耗量×人工单价）
2.2	其他措施费用计价小计	Σ（<1.1> + <2.1.1>×相应费率）或按有关规定计算
3	其他项目费计价合计	按有关规定计算
4	规费	<4.1> + <4.2> + <4.3>
4.1	养老保险费	（<1> + <2> + <3>）×相应费率
4.2	工程定额测定费	（<1> + <2> + <3>）×相应费率
4.3	其他	（<1> + <2> + <3>）×相应费率
5	税金	（<1> + <2> + <3> + <4>）×相应费率
6	工程总造价	<1> + <2> + <3> + <4> + <5>
7	扣除养老保险费后的工程造价	<6> − <4.1>

注：“<　>”内的数字均为表中对应的序号。

表 1.2.4　建设工程工料单价法计价程序

（以人工费为计算基数）

序号	项目名称	计算程序
1	分部分项工程费用计价合计	Σ（分部分项定额子目工程量×相应综合单价）
1.1	其中：人工费	Σ（分部分项定额子目工程量×相应消耗量定额人工消耗量×人工单价）
2	措施项目工程费用计价合计	<2.1 > + <2.2 >
2.1	技术措施费用计价小计	Σ（技术措施项目定额子目工程量×相应综合单价）
2.1.1	其中：人工费	Σ（技术措施项目定额子目工程量×相应消耗量定额人工消耗量×人工单价）
2.2	其他措施费用计价小计	Σ（<1.1 > + <2.1.1 > ×相应费率）或按有关规定计算
3	其他项目费计价合计	按有关规定计算
4	规费	<4.1 > + <4.2 > + <4.3 >
4.1	养老保险费	（<1 > + <2 > + <3 >）×相应费率
4.2	工程定额测定费	（<1 > + <2 > + <3 >）×相应费率
4.3	其他	（<1 > + <2 > + <3 >）×相应费率
5	税金	（<1 > + <2 > + <3 > + <4 >）×相应费率
6	工程总造价	<1 > + <2 > + <3 > + <4 > + <5 >
7	扣除养老保险费后的工程造价	<6 > − <4.1 >

注：“<　>”内的数字均为表中对应的序号。

表 1.2.5　工程量清单综合单价组成表

序号	分部分项及技术措施工程量清单综合单价					
	组成内容	计算程序	序号	费用项目的组成	计算方法	
					以人材机费用为取费基础时	以人工费为取费基础时
A	人工费	<1 > / 清单项目工程量	1	人工费	<1 > = Σ（分部分项工程量清单工程内容的工程量×相应的消耗量定额中人工含量×相应人工单价）	
B	材料费	<2 > / 清单项目工程量	2	材料费	<2 > = Σ（分部分项工程量清单工程内容的工程量×相应的消耗量定额中机械含量×相应材料单价）	
C	机械费	<3 > / 清单项目工程量	3	机械费	<3 > = Σ（分部分项工程量清单工程内容的工程量×相应的消耗量定额中机械含量×相应机械单价）	
D	管理费	<4 > / 清单项目工程量	4	管理费	<4 > =（<1 > + <2 > + <3 >）×管理费费率	<4 > = <1 > ×管理费费率
E	利润	<5 > / 清单项目工程量	5	利润	<5 > =（<1 > + <2 > + <3 >）×利润费率	<5 > = <1 > ×利润费率
小计		A + B + C + D + E				

注：“<　>”内的数字均为表中对应的序号。

表 1.2.6 工料单价法综合单价组成表

工料单价法综合单价			
序号	组成内容	计算方法	
		以人材机费用为取费基础时	以人工费为取费基础时
A	人工费	Σ消耗量定额子目人工含量×相应人工单价	
B	材料费	Σ消耗量定额子目材料含量×相应材料单价	
C	机械费	Σ消耗量定额中子目机械台班含量×相应机械单价	
D	管理费	（A+B+C）×管理费费率	A×管理费费率
E	利润	（A+B+C）×利润费率	A×利润费率
小计		A+B+C+D+E	

第二章　建筑装饰装修安装园林绿化工程费用适用范围及计算规则

第一节　建筑装饰装修安装园林绿化工程费用适用范围

一、建筑装修适用范围

1. 建筑工程

建筑工程是指适用于工业与民用新建、改建、扩建的建筑物、构筑物工程。包括各种房屋、设备基础、烟囱、水塔、水池、站台、围墙、场地平整、附属的土石方工程等。但建筑工程中的大规模土石方工程、桩基础工程、装饰装修工程等费用单列，厂（矿）区、生活小区道路、车间铁路、停车场、球场、地坪等参照市政定额执行。

2. 大规模土石方工程

大规模土石方工程是指适用于单独承包土石方工程或在一个单位工程内挖方或填方超过 5000m^3 的工业与民用建筑的土石方工程。

属于下列情况者不能采用：

（1）以工代赈、义务劳动、动员民工、利用劳改单位施工的土石方工程。

（2）水利、公路、铁路等专业的施工队施工的土石方工程。

3. 桩基础工程

桩基础工程是指适用于工业与民用建筑物、构筑物等的桩基础工程。

4. 装饰装修工程

装饰装修工程是指适用于工业与民用新建、改建、扩建的建筑物、构筑物等的装饰装修工程。

5. 点工借工

点工借工是指适用于经建设单位签认的预算外用工。

二、安装工程适用范围

安装工程适用于工业与民用新建、扩建的设备安装工程和附属于建筑工程的安装工程，范围包括机械设备安装、电气设备安装（含路灯工程）、热力设备安装、炉窑砌筑、静置设备与工艺金属结构制作安装、工业管道、消防及安全防范设备安装、给排水、采暖、燃气、通风空调、自动化仪表安装、刷油、防腐蚀、绝热、建筑智能化等专业工程。

三、园林绿化工程适用范围

1. 园林建筑工程

适用于除园林建筑的装饰项目外的园林建筑工程。

2. 绿化工程

适用于城市广场、公园、道路、厂（矿）区、生活区的树木、花卉、草皮栽植等绿化工程。

3. 园林建筑装饰、园路、园桥、假山、园林桌椅及杂项以及城市广场、公园、厂（矿）区、生活区等的块料铺装项目执行装饰装修工程费用标准。

4．在一个单位工程内挖方或填方工程量在 5000m^3 以内执行园林建筑工程费用标准，超过 5000m^3 执行大规模土石方费用标准。

第二节　建筑装饰装修安装园林绿化工程费用计算规则

一、建设工程费用按“人工费 + 材料费 + 机械费”或“人工费”为计算基数的程序计算。人工费、材料费、机械费是指直接工程费及施工技术措施费中的人工费、材料费、机械费，人工费中不包括机上人工，机械费中不包括大型机械设备进出场及安拆费。

二、人工费、材料费、机械费按分部分项项目及施工技术措施项目计算的人工、材料、机械台班消耗量乘以相应单价计算。

人工、材料、机械台班消耗量根据消耗量定额确定。编制概预算、标底、预算控制价等时应按建设工程造价管理机构发布的人工、材料市场信息价格组价，使用定额的机械台班含量时机械台班单价的一类费用不得调整；企业投标报价时可根据自身的情况及建筑市场人工价格、材料价格、机械租赁价格等因素自主决定。

三、措施费项目应根据本定额或措施项目清单，结合工程实际确定。本定额未包括的其他措施费项目，发承包双方可自行补充或约定。

四、施工组织措施费、管理费、利润，在编制施工图预算、标底、预算控制价等时，原则上按弹性区间费率的中值计取，特殊工程计价时可根据工程投资规模、技术含量、复杂程度在规定的区间内选择相应的费率并在招标文件中注明；投标报价时，除本定额另有规定外，企业可参考弹性区间费率自主确定。

五、缩短工期比例在 30% 以下者按本定额费率区间取定；缩短工期比例在 30% 以上者，应由专家委员会审定其措施方案及相应的费用。计取缩短工期增加费的工程不应同时计取夜间施工增加费。

六、甲供材料费应与乙供材料费一样计入相应的材料费中，按计费程序规定参与各项费用的计算，然后在税后工程总造价中再予以扣除。

七、总承包服务费。

（1）招标人单独分包的工程，总包单位与分包单位的总承包服务费由招标人、总承包人和分包人在合同中明确。

（2）总承包人自行分包的工程所需的总承包服务费由总承包人和分包人自行解决。

（3）安装承包人与土建承包人的施工配合费由其双方协商确定。

八、税金：施工企业从事安装工程作业，凡安装的设备价值作为安装工程产值，设备的价款应计税。

第三章　建筑装饰装修安装园林绿化工程取费费率

第一节　建筑工程及装饰装修工程取费费率

一、建筑工程及装饰装修工程的其他措施费费率

表 3.1.1　建筑工程及装饰装修工程的其他措施费费率表

编号	项目名称	计算基数	费率（%）或标准				
			建筑工程	机械大型土石方工程	桩基础工程	借工点工工程	装饰装修工程
1	环境保护费	①建筑工程、大型土石方工程、桩基础工程：Σ（分部分项、技术措施项目人工费 + 材料费 + 机械费）；	0.16 ~ 0.24	0.08 ~ 0.12	0.10 ~ 0.17	—	0.50 ~ 0.78
2	文明施工增加费		0.90	0.45	0.63	—	2.91
3	安全施工增加费		0.60	0.30	0.42	—	1.94

续表

编号	项目名称	计算基数	费率（%）或标准				
			建筑工程	机械大型土石方工程	桩基础工程	借工点工工程	装饰装修工程
4	临时设施费	②借工点工工程、装饰装修工程：Σ（分部分项、技术措施项目人工费）	1.44～2.16	0.72～1.08	1.01～1.51	—	4.65～6.98
5	雨季施工增加费		0.50	0.25	0.35	—	1.61
6	缩短工期增加费		0.56～0.84	0.28～0.42	0.39～0.59	—	1.81～2.71
7	交叉施工补贴	交叉部分人工工日	4.00元/工日	—	—	—	4.00元/工日
8	暗室施工增加费	暗室施工人工费	25	—	—	25	25
9	夜间施工增加费	夜间施工人工工日数（工日）	8.00元/工日				
10	装饰装修工程室内空气污染测试费	按有关规定计算					
11	机械台班停滞费	签证停滞台班×机械停滞台班费	系数1.10				
12	停工窝工人工补贴	停工窝工人工工日	16.00元/工日				
13	特殊保健费	厂区（车间）内施工项目的定额人工费	厂区内：10.00；车间内：20.00				
14	其他	按有关规定计算					

二、建筑工程及装饰装修工程的其他项目费率

表3.1.2　建筑工程及装饰装修工程的其他项目费率表

编号	项目名称	计算基础	费率（%）或标准
1	优良工程增加费	分部分项工程量清单计价合计＋措施项目清单计价合计（或分部分项费用计价合计＋措施项目费用计价合计）	2.00～3.00
2	预算包干费		3.00～5.00
3	总承包服务费	分包工程合同价	0～5.00
4	预留金	按预计发生数估算	
5	零星工作项目费	按预计发生数估算	
6	其他项目	按实际发生	

三、建筑工程及装饰装修工程的管理费与利润费率

表 3.1.3　建筑工程及装饰装修工程的管理费与利润费率表

<table>
<tr><th>编号</th><th>项目名称</th><th>计算基数</th><th>管理费费率（%）</th><th>利润费率（%）</th></tr>
<tr><td>1</td><td>建筑工程</td><td rowspan="5">①（建筑工程、大型土石方工程、桩基础工程：Σ（分部分项、技术措施项目人工费+材料费+机械费）；
②借工点工工程、装饰装修工程：Σ（分部分项、技术措施项目人工费）</td><td>8.05～12.07</td><td>0～7.00</td></tr>
<tr><td>2</td><td>机械大规模土石方工程</td><td>4.02～6.04</td><td>0～3.50</td></tr>
<tr><td>3</td><td>桩基础工程</td><td>5.63～8.45</td><td>0～4.90</td></tr>
<tr><td>4</td><td>点工借工</td><td>—</td><td>—</td></tr>
<tr><td>5</td><td>装饰装修工程</td><td>25.99～38.99</td><td>0～19.38</td></tr>
</table>

四、建筑工程及装饰装修工程的规费费率

表 3.1.4　建筑工程及装饰装修工程的规费费率表

<table>
<tr><th rowspan="2">编号</th><th rowspan="2" colspan="2">费用项目名称</th><th rowspan="2">计算基数</th><th colspan="10">费率（%）</th></tr>
<tr><th colspan="2">建筑工程</th><th colspan="2">机械大规模土石方工程</th><th colspan="2">桩基础工程</th><th colspan="2">借工点工工程</th><th colspan="2">装饰装修工程</th></tr>
<tr><td>1</td><td colspan="2">养老保险费</td><td rowspan="7">分部分项工程量清单计价合计+措施项目清单计价合计+其他项目费合计（或分部分项工程费合计+措施项目费合计+其他项目费合计）</td><td colspan="2">4.08</td><td colspan="2">2.04</td><td colspan="2">2.85</td><td colspan="2">24.70</td><td colspan="2">3.26</td></tr>
<tr><td>2</td><td colspan="2">工程定额测定费</td><td colspan="2">0.13</td><td colspan="2">0.13</td><td colspan="2">0.13</td><td colspan="2">0.13</td><td colspan="2">0.13</td></tr>
<tr><td rowspan="5">3</td><td rowspan="5">其他</td><td>工程排污费</td><td rowspan="5">3.49</td><td>0.13</td><td rowspan="5">1.75</td><td>0.07</td><td rowspan="5">2.45</td><td>0.70</td><td rowspan="5">—</td><td>—</td><td rowspan="5">2.80</td><td>0.10</td></tr>
<tr><td>失业保险费</td><td>0.40</td><td>0.20</td><td>0.28</td><td>—</td><td>0.32</td></tr>
<tr><td>医疗保险费</td><td>1.63</td><td>0.82</td><td>1.14</td><td>—</td><td>1.31</td></tr>
<tr><td>住房公积金</td><td>1.02</td><td>0.51</td><td>0.71</td><td>—</td><td>0.82</td></tr>
<tr><td>危险作业意外伤害保险</td><td>0.31</td><td>0.15</td><td>0.22</td><td>—</td><td>0.25</td></tr>
</table>

第二节　安装工程取费费率

一、安装工程施工组织措施费费率

表 3.2.1　安装工程施工组织措施费费率表

编号	项目名称	计算基数	费率（%）或标准
1	环境保护费	Σ分部分项人工费	0.30～0.50
2	文明施工增加费	Σ分部分项人工费	2.00
3	安全施工增加费	Σ分部分项人工费	4.50
4	临时设施费	Σ分部分项人工费	6.00～8.00
6	夜间施工增加费	夜间施工人工工日	8.00元/工日
7	雨季施工增加费	Σ分部分项人工费	5.00
8	检验测试费	按实际计	
9	交叉施工补贴	交叉部分人工工日	4.00元/工日
10	机械台班停滞费	签证停滞台班×机械停滞台班费	系数1.10
11	停工窝工人工补贴	停工窝工人工工日	16.00元/工日
12	特殊保健费	厂区（车间）内施工项目的定额人工费	厂区10.00；车间20.00

续表

编号	项目名称	计算基数	费率（%）或标准
13	暗室施工增加费	暗室施工人工费	25.00
14	缩短工期增加费	Σ分部分项人工费	4.00～7.00
15	其他	按实际发生	

注：1. “雨季施工增加费”只适用于露天作业工程。

2. “检验测试费”是指必须委托有资质的检测机构进行检测的费用。

二、其他项目

表 3.2.2　安装工程取费费率其他项目表

<table>
<tr><th>编号</th><th>项目名称</th><th>计算基础</th><th>费率（%）或标准</th></tr>
<tr><td>1</td><td>优良工程增加费</td><td rowspan="2">分部分项工程量清单计价合计＋措施项目清单计价合计（或分部分项费用计价合计＋措施项目费用计价合计）</td><td>2.00～3.00</td></tr>
<tr><td>2</td><td>预算包干费</td><td>3.00～5.00</td></tr>
<tr><td>3</td><td>总承包服务费</td><td>分包工程合同价</td><td>0～5.00</td></tr>
<tr><td>4</td><td>预留金</td><td colspan="2">按预计发生数估算</td></tr>
<tr><td>5</td><td>零星工作项目费</td><td colspan="2">按预计发生数估算</td></tr>
<tr><td>6</td><td>其他项目</td><td colspan="2">按实际发生</td></tr>
</table>

三、安装工程管理费及利润费率

表 3.2.3　安装工程管理费及利润费率表

编号	项目名称	计算基数	管理费费率（%）	利润费率（%）
1	水、电、暖通、非标、炉窑	Σ分部分项人工费	36.00～60.00	12.00～22.00
2	工艺管道		53.00～87.00	12.00～22.00
3	机械设备、热力设备	Σ分部分项人工费	28.00～47.00	12.00～22.00
4	安装修缮	Σ分部分项人工费	30.00～50.00	12.00～22.00

四、安装工程规费费率

表 3.2.4　安装工程规费费率表

<table>
<tr><th rowspan="2">编号</th><th rowspan="2" colspan="2">费用项目名称</th><th rowspan="2">计算基数</th><th colspan="8">费率（%）</th></tr>
<tr><th colspan="2">水电、暖通、非标、消防、炉窑</th><th colspan="2">工艺管道</th><th colspan="2">机械设备、热力设备</th><th colspan="2">安装修缮</th></tr>
<tr><td>1</td><td colspan="2">养老保险费</td><td rowspan="7">分部分项工程量清单计价合计＋措施项目清单计价合计＋其他项目费合计（或分部分项工程费合计＋措施项目费合计＋其他项目费合计）</td><td colspan="2">2.43</td><td colspan="2">1.95</td><td colspan="2">6.11</td><td colspan="2">1.95</td></tr>
<tr><td>2</td><td colspan="2">工程定额测定费</td><td colspan="2">0.13</td><td colspan="2">0.13</td><td colspan="2">0.13</td><td colspan="2">0.13</td></tr>
<tr><td rowspan="5">3</td><td rowspan="5">其他</td><td>工程排污费</td><td rowspan="5">2.22</td><td>0.06</td><td rowspan="5">1.83</td><td>0.06</td><td rowspan="5">4.97</td><td>0.06</td><td rowspan="5">1.83</td><td>0.06</td></tr>
<tr><td>失业保险费</td><td>0.24</td><td>0.19</td><td>0.61</td><td>0.19</td></tr>
<tr><td>医疗保险费</td><td>0.97</td><td>0.78</td><td>2.44</td><td>0.78</td></tr>
<tr><td>住房公积金</td><td>0.64</td><td>0.49</td><td>1.53</td><td>0.49</td></tr>
<tr><td>危险作业意外伤害保险</td><td>0.31</td><td>0.31</td><td>0.31</td><td>0.31</td></tr>
</table>

第三节 园林绿化工程取费费率

一、园林建筑及绿化工程其他措施费费率（园林建筑装饰除外）

表 3.3.1 园林建筑及绿化工程其他措施费费率表

编号	项目名称	计算基数	费率（%）或标准	
			园林建筑工程	绿化工程
1	环境保护费	1. 园林建筑工程：Σ（分部分项、技术措施项目人工费 + 材料费 + 机械费） 2. 绿化工程：Σ（分部分项、技术措施项目人工费）	0.15 ~ 0.20	0.50 ~ 0.70
2	文明施工增加费		0.80	3.50
3	安全施工增加费		0.50	1.50
4	临时设施费		1.30 ~ 1.90	4.00 ~ 6.00
5	雨季施工增加费		0.50	3.00
6	缩短工期增加费		0.55 ~ 0.75	3.50 ~ 5.30
7	夜间施工增加费	夜间施工人工工日	8.00 元/工日	
8	交叉施工补贴	交叉部分人工工日	4.00 元/工日	
9	机械台班停滞费	签证停滞台班 × 机械停滞台班费	系数 1.10	
10	停工窝工人工补贴	停工窝工人工工日	16.00 元/工日	
11	特殊保健费	按规定可享受特殊保健施工项目的定额人工费	10.00	
12	暗室施工增加费	暗室施工人工费	25.00	
13	其他	按实际发生		

二、园林建筑及绿化工程其他项目费费率（园林建筑装饰除外）

表 3.3.2 园林建筑及绿化工程其他项目费费率表

编号	项目名称	计算基础	费率（%）或标准
1	优良工程增加费	分部分项工程量清单计价合计 + 措施项目清单计价合计（或分部分项费用计价合计 + 措施项目费用计价合计）	2.00 ~ 3.00
2	预算包干费		1.00 ~ 3.00
3	总承包服务费	分包工程合同价	0 ~ 3.00
4	预留金	按预计发生数估算	
5	零星工作项目费	按预计发生数估算	
6	其他项目	按实际发生	

三、园林建筑及绿化工程管理费及利润费率（园林建筑装饰除外）

表 3.3.3 园林建筑及绿化工程管理费及利润费率表

编号	项目名称	计算基数	管理费费率（%）	利润费率（%）
1	园林建筑工程	Σ（分部分项或技术措施项目人工费 + 材料费 + 机械费）	6.50 ~ 10.00	3.60 ~ 5.40
2	绿化工程	Σ分部分项或技术措施项目人工费	35.00 ~ 50.00	16.00 ~ 24.00

四、园林建筑及绿化工程规费费率（园林建筑装饰除外）

表 3.3.4 园林建筑及绿化工程规费费率表

编号	费用项目名称		计算基数	费率（%）			
				园林建筑工程		绿化工程	
1	养老保险费		分部分项工程清单计价合计＋措施项目清单计价合计＋其他项目费合计（或分部分项工程费合计＋措施项目费合计＋其他项目费合计）	3.67		2.61	
2	工程定额测定费			0.13		0.13	
3	其他	工程排污费		3.23	0.12	2.30	0.10
		失业保险费			0.37		0.26
		医疗保险费			1.51		1.07
		住房公积金			0.94		0.67
		危险作业意外伤害保险			0.29		0.20

五、1．园林建筑装饰、园路、园桥、假山、园林桌椅及杂项以及城市广场、公园、厂（矿）区、生活区等的块料铺装项目执行装饰装修工程费用标准。

2．在一个单位工程内挖方或填方工程量在 $5000m^3$ 以内执行园林建筑工程费用标准，超过 $5000m^3$ 执行大规模土石方费用标准。

第四节　建筑装饰装修安装园林绿化工程五项税（费）取费费率

建筑装饰装修安装园林绿化工程五项税（费）取费费率表

编号	项目名称	计算基数	费率（%）		
			市区	城（镇）	其他
1	营业税	分部分项工程量清单计价合计＋措施项目清单计价合计＋其他项目费合计＋规费（或分部分项工程费合计＋措施项目费合计＋其他项目费合计＋规费）	3.11	3.05	2.94
2	城市维护建设税		0.22	0.22	0.21
3	教育附加费		0.10	0.10	0.09
4	地方教育附加费		0.03	0.03	0.03
5	广西防洪保安费		0.10	0.10	0.10
五项税（费）合计			3.56	3.50	3.37

四川省建设工程费用定额

（2000年）

四川省建设厅、四川省发展计划委员会、四川省财政厅、四川省物价局关于颁发
《四川省建设工程费用定额》的通知
川建厅价发〔2000〕0281号

为了适应我省建筑市场发展变化的需要，合理确定工程造价，根据建设部建标（1993）894号文件《关于调整建筑安装工程费用项目组成的若干规定》的通知精神，结合我省实际，由省工程造价总站组织编制的二〇〇〇年《四川省建设工程费用定额》SGD7—2000（以下简称《费用定额》)，经审定，现予颁发。《费用定额》与二〇〇〇年《四川省建筑工程计价定额》SGD1—2000、《四川省装饰工程计价定额》SGD2—2000、《四川省市政工程计价定额》SGD3—2000、《四川省维修工程计价定额》SGD4—2000、《全国统一安装工程预算定额四川省估价表》SGD5—2000、《四川省仿古建筑及园林工程计价定额》SGD6—2000配套实施。凡在我省行政区域内从事上述建设工程的建设、设计、咨询单位和施工企业均应执行。

《费用定额》中的财务费用、利润和劳动保险费实行取费证制度，其实施按所附《四川省施工企业工程取费证管理规定》办理。

《费用定额》由四川省建设工程造价管理总站负责解释。

四川省建设厅、四川省发展计划委员会
四川省财政厅、四川省物价局
二〇〇〇年八月二日

总说明

一、2000年《四川省建设工程费用定额》SGD7—2000（以下简称本定额）是根据建设部《关于调整建筑安装工程费用项目组成的若干规定》（建标〔1993〕894号），财政部颁发的《企业财务通则》、《企业会计准则》、《施工、房地产开发企业财务制度》、《施工企业会计制度》，1995年《四川省建设工程费用定额》SGD7—95，结合我省实际情况，经调查研究，综合测算制定的。

二、本定额与2000年《四川省建筑工程计价定额》SGD1—2000、《四川省装饰工程计价定额》SGD2—2000、《四川省市政工程计价定额》SGD3—2000、《四川省维修工程计价定额》SGD4—2000、《全国统一安装工程预算定额四川省估价表》SGD5—2000、《四川省仿古及园林工程计价定额》SGD6—2000等配套实施，凡在我省行政区域内从事上述建设工程的建设、设计、咨询单位和施工企业均应执行。

三、本定额是编制工程建设设计概算、施工图预算、编审标底和投标报价、签订合同价格、拨付工程价款、办理竣工结算、确定工程造价的依据。也是编制工程建设投资估算指标

的基础。

四、本定额以工程类别和企业取费级别为计费的表现形式。对工程类别的划分，在甲乙双方签订工程承包合同时，由各级工程造价管理机构根据管理权限予以审定或确认。对企业取费级别的核定按《四川省施工企业取费证管理规定》办理，凡未办理取费证或没有办理取费证年检的施工企业，视同无取费资格。

五、本定额不分企业性质，一律按定额规定和取费证核定费率执行。

一、企业管理费

（一）建筑工程、市政工程（不含市政给水、燃气、给排水机械设备安装、路灯工程）、仿古及园林工程。

项　　目		计算基础	企业管理费（%）
建筑工程、市政工程、仿古及园林工程	一类工程	定额直接费	7.54
	二类工程	定额直接费	6.91
	三类工程	定额直接费	5.92
	四类工程	定额直接费	5.03

（二）装饰工程

项　　目		计算基础	企业管理费（%）
装饰工程	一类工程	定额人工费	38.07
	二类工程	定额人工费	35.25
	三类工程	定额人工费	32.50
	四类工程	定额人工费	27.58

（三）安装工程及筑炉工程

项　　目		计算基础	企业管理费（%）
安装工程（含市政给水、燃气、给排水机械设备安装、路灯工程）	一类工程	定额人工费	39.62
	二类工程	定额人工费	36.34
	三类工程	定额人工费	32.83
	四类工程	定额人工费	27.45
筑炉工程	一类工程	定额直接费	6.55
	二类工程	定额直接费	5.92
	三类工程	定额直接费	4.91

（四）维修工程及机械施工土石方工程

项　　目	计 算 基 础	企业管理费（%）
维修工程	定额人工费	24.69
机械施工土石方工程	定额直接费	7.05

（五）企业管理费，是指施工企业为组织施工生产经营活动所发生的管理费，内容包括：

1. 管理人员的基本工资、工资性补贴及按规定标准计提的职工福利费。

2. 差旅交通费，是指企业职工因工出差、工作调动的差旅费、住宿费，市内交通及误餐补助费、职工探亲路费，劳动招募费，离、退休职工一次性路费及交通工具油料、燃料、牌照、养路费等。

3. 办公费，是指企业办公文具、纸张、账表、印刷、邮电、书报、会议、水、电、燃煤（气）等费用。

4. 固定资产折旧、修理费，是指企业属于固定资产的房屋、设备、仪器等折旧及维修等费用。

5. 工具用具使用费，是指企业管理使用不属于固定资产的工具、用具、家具、交通工具、检验、试验、消防等的摊销及维修费用。

6. 工会经费，是指企业按职工工资总额2%计提的工会经费。

7. 职工教育经费，是指企业为职工学习先进技术和提高文化水平按职工工资总额的1.5%计提的费用。

8. 职工失业保险费，是指按规定标准计提的职工失业保险费。

9. 保险费，是指企业财产保险、管理用车辆等保险费用。

10. 税金，是指企业按规定交纳的房产税、土地使用税、印花税等。

11. 工程保修费，是指工程竣工交付使用后，在规定的保修期内的修理费。

12. 其他，包括技术转让费、技术开发费、业务招待费、绿化费、广告费、公证费、法律顾问费、审计费、咨询费以及预算定额测定和劳动定额测定费（不包括应交各级造价管理部门的定额编制管理费和劳动定额测定费）和经有关部门规定支付的上级管理费等。

二、财务费用

（一）财务费用标准

取费级别	财务费用标准			
	计算基础	财务费用（%）	计算基础	财务费用（%）
一级取费	定额直接费	1.15	定额人工费	4.35
二级取费	定额直接费	1.04	定额人工费	4.00
三级取费	定额直接费	0.85	定额人工费	3.40
四级取费	定额直接费	0.71	定额人工费	2.80

（二）财务费用，是指企业为筹集资金而发生的各项费用，包括企业经营期间发生的短期贷款利息净支出、汇兑净损失、调剂外汇手续费、金融机构手续费，以及企业筹集资金发生的其他财务费用。

（三）财务费用根据企业资金占用、管理状况，结合年度承担工程任务情况进行核定。

（四）财务费用标准在编制工程概算时，为了将投资打足，以定额直接费为取费基础的，可暂按1.15%列入；以定额人工费为取费基础的可暂按4.35%列入，在施工实施阶段，具体工程项目的收取标准，由承担施工任务的施工企业按照取费证核定的标准收取。

三、劳动保险费

（一）劳动保险费标准

取费级别	劳动保险费标准			
	计算基础	劳动保险费（%）	计算基础	劳动保险费（%）
一级取费	定额直接费	3.0~4.5	定额人工费	15.0~22.5
二级取费	定额直接费	2.5~3.0	定额人工费	12.5~15.0
三级取费	定额直接费	2.0~2.5	定额人工费	10.0~12.5
四级取费	定额直接费	1.5~2.0	定额人工费	7.5~10.0

（二）劳动保险费，是指企业支付离退休职工的退休金（包括提取的离退休职工劳动统筹基金）、价格补贴、医药费、易地安家补助费、职工退职金、六个月以上的病假人员工资，职工死亡丧葬补助费、抚恤费，按规定支付给离休干部的各项经费。

（三）劳动保险费标准根据企业退（离）休职工情况，参加社会劳保统筹情况等进行核定，鉴于目前国有大中型施工企业正在转换经营体制，市场行为还不规范，平等竞争机制尚不完善，社会保险体系尚未形成，在核定施工企业劳动保险费率时，凡属一九八八年十二月底以前成立的预算内国有企业，以定额直接费为取费基础的，劳动保险费率不低于4.5%，以定额人工费为取费基础的不低于22.5%。

（四）劳动保险费标准在编制工程概算时，为了将投资打足，以定额直接费为取费基础的，可暂按4.5%列入，以定额人工费为取费基础的可暂按22.5%列入；在施工实施阶段具体工程项目收取标准，由承担施工任务的施工企业按照取费证核实的标准收取。

（五）劳动保险费实行集中收取、统一管理的地区，其劳动保险费的收取标准报省工程造价总站审查后，经省建设厅、省财政厅、省物价局批准后执行。

四、利润（含施工利润及技术装备费）

（一）利润标准

取费级别		计算基础	利润（%）	计算基础	利润（%）
一级取费	Ⅰ	定额直接费	10	定额人工费	55
	Ⅱ	定额直接费	9	定额人工费	50
二级取费	Ⅰ	定额直接费	8	定额人工费	44
	Ⅱ	定额直接费	7	定额人工费	39
三级取费	Ⅰ	定额直接费	6	定额人工费	33
	Ⅱ	定额直接费	5	定额人工费	28
四级取费	Ⅰ	定额直接费	4	定额人工费	22
	Ⅱ	定额直接费	3	定额人工费	17

（二）利润率的核定根据施工企业的取费级别，结合施工企业上一年度承担工程的类别，参照当年计划承担工程的类别等条件综合核定，一级取费施工企业上一年度完成一类工程建安工作量的比例达到30%以上，工程优良率达到25%以上时，利润率按同类取费中等级Ⅰ标准核定；否则，利润率按同类取费中等级Ⅱ标准核定。二至四类取费施工企业利润率的核定以此类推。

（三）凡属国家投资的工程项目或投资部分，其利润率可按取费证核定的利润率标准减少15%执行。

（四）鉴于目前国有大中型施工企业正在转换经营机制，市场行为还不规范，平等竞争机制尚不完善，社会保险体系尚未形成，在核定施工企业利润时，凡属一九八八年十二月底以前成立的预算内国有企业，利润率的标准不低于8%。

（五）利润率标准在编制工程概算时，为了将投资打足，以定额直接费为取费基础的，可暂按10%列入；以人工费为取费基础的可暂按55%列入；在施工实施阶段，具体工程项目的收取标准，由承担施工任务的施工企业按照取费证中核定的标准收取。

五、安全文明施工增加费

（一）安全文明施工增加费标准

项　　目	计算基础	安全文明施工增加费（%）
以定额直接费为取费基础的工程	定额直接费	0.4～1.0
以定额人工费为取费基础的工程	定额人工费	0.8～4.0

（二）安全文明施工增加费，是根据建设部15号令及川建委发〔1993〕建056号文印发的《四川省建设工程施工现场管理实施办法》计算的安全文明施工所增加的费用，主要内容包括安全文明施工现场临时设施所增加的费用以及施工现场标牌费、整洁费等。

（三）安全文明施工增加费，其具体工程项目收取标准，由甲乙双方根据安全文明施工增加费标准在承包合同中明确。

六、赶工补偿费

（一）赶工补偿费标准

项　　目	计算基础	赶工补偿费（%）
以定额直接费为取费基础的工程	定额直接费	1.1～2.8
以定额人工费为取费基础的工程	定额人工费	4.4～11.2

（二）赶工补偿费，是根据川建委价发〔1999〕0741号文印发的《四川省建设工程施工发承包价格管理实施细则》中规定，甲方要求乙方采取措施，使施工工期小于现行工期定额15%以上所增加的费用，其主要内容包括：工人夜间施工的夜餐费、夜间施工照明费、照明设备及灯具摊销费、工人夜间施工工效降低、模板及支撑材料超用的摊销费和运输费等。

（三）赶工补偿费，其具体工程项目收取标准，由甲乙双方根据赶工补偿费标准在承包合同中明确。

七、按规定允许按实计算的费用

按规定允许按实计算的费用包括城市排水设施有偿使用费、超标污水和超标噪声排放费、按实计算的大型机械进出场费和大型机械安拆费等。

八、定额管理费

定额管理费是指按规定支付工程造价管理机构的工程定额编制管理费及劳动定额测定费。

（一）定额管理费标准：

1．工程定额编制管理费标准，按照省物价局、省财政厅、省建委川价字非〔1994〕196号文的规定：按建安工作量的1.3‰计取，其中成都市工程造价站收取的费用中有0.2‰为代省工程造价总站收取，上缴省工程造价总站调剂使用。

2．工程劳动定额测定费标准，按照省物价局、省财政厅、省建委川价字非〔1994〕195号文的规定：按建安工作量的0.5‰计取，其中成都市为0.4‰。

（二）定额管理费由各市、地、州工程造价管理机构收取，上缴省工程造价总站30%，各地工程造价站不得截留、挪用。

（三）定额管理费的收取方式由各地自定，可由施工单位代收后交工程造价管理机构，也可直接向建设单位收取，但不论采用何种方式，均应列入工程概预算内，按实计算收取。

（四）任何单位不得以任何借口拒交、少交定额管理费，违者由物价检查机关、造价管理机构进行查处。

九、税金

（一）税金包括施工企业按营业额为基础缴纳的营业税以及以营业税为基础缴纳的城市维护建设税、教育费附加、交通建设费附加和施工企业在加工厂（场）生产钢筋混凝土预制构件、钢结构件、木门窗缴纳的增值税以及以增值税为基础缴纳的城市维护建设税、教育费附加、交通建设费附加。

（二）税金计算标准（计算基础见费用计算程序）

1．营业税、城市维护建设税、教育费附加、交通建设费附加：

①工程在市区内时为3.52%；

②工程在县城、镇时为3.46%；

③工程不在市、区、县城、镇时为3.34%。

2. 增值税、城市维护建设税、教育费附加、交通建设费附加：

①钢筋混凝土预制构件为10.0%；

②钢结构件为7.5%；

③木门窗为8.5%。

上述标准只作为编制工程概预算、标底、投标报价和建设单位与施工单位结算工程价款的依据，施工企业应缴纳的各种税收应按税务部门规定执行。

十、费用定额适用范围

（一）土建工程：

适用于工业与民用建筑的新建、扩建、改建工程，包括临时性和永久性的房屋建筑、构筑物工程等。

（二）装饰工程：

适用于工业与民用建筑的新建、扩建、改建工程的一次和二次装饰工程。

（三）安装工程及筑炉工程：

适用于工业与民用建筑的机械设备、电气设备、热力设备、炉窑砌筑、静置设备与工艺金属结构制作安装、工业管道，消防及安全防范设备、给排水、采暖、燃气、通风空调、自动化控制仪表、刷油、防腐蚀和绝热、通信设备及线路工程。

（四）市政工程：

1. 隧道工程：适用于城镇新建、扩建、改建的各种人行、车行隧道，给、排水隧道及电缆隧道等工程。

2. 道路、桥涵、堤防、排水、给排水构筑物工程：适用于城镇市政建设的新建、扩建、改建工程，包括各种拆除工程，按定额计算的便桥、便道工程，人工挖、填土石方和场、站的平整工程，基础工程，砌筑工程，混凝土及钢筋混凝土工程，按定额计算的运输工程，附属构筑物的砌筑工程，桥涵（包括立交桥、人行天桥）的砖、石、混凝土栏杆，灯柱的制作、安装工程，自来水厂、污水处理厂等的构筑物砌筑工程。

3. 给水、燃气，给排水机械设备安装，路灯工程：适用于市政工程中的给水、燃气管道等安装工程、给排水机械设备安装工程、路灯工程。

（五）仿古及园林工程：

适用于新建或扩建的仿古园林工程，以及其他建筑物、构筑物的仿古部分。

（六）维修工程：

适用于房屋修缮工程。

（七）签证记工、零星借工：

签证记工系指施工企业承包的工程范围内，少量无法套用定额须经建设单位签证的用工。

零星借工系指建设单位向施工单位借用工人，由建设单位负责管理的零星用工。

十一、其他说明

（一）施工图预算包干费：

凡按定额包工包料的工程，在编制预结算时，建筑工程、机械施工土石方工程、市政工程中的隧道、道路、桥涵、堤坊、排水、给排水构筑物工程、筑炉工程、仿古及园林工程按定额直接费的1.5%；装饰、安装、市政工程中的给水、燃气管道安装工程、给排水机械设备安装、路灯工程、维修工程按定额人工费的10%，增列包干系数，由施工单位包干使用。内容如下：

1. 材料价差：

土建工程、市政工程中的隧道、道路、桥涵、堤坊、排水、给排水构筑物工程、筑炉工程、仿古建筑及园林工程中除各地单调材料（含进口材料）以外的其他材料现行综合系数调整后的预算价与实际价的价差。

装饰、安装、市政工程中的给水、燃气管道安装工程、给排水机械设备安装、路灯工程中的计价材料的价格以及由省造价总站颁发的计价材料费调整后的预算价与实际价的价差。

2. 材料代用：

不包括建筑材料中的钢材及各种未计价材料的代用。

3. 因临时停水、停电而造成的一天以内的施工现场的停工费。但停水、停电每月不得超过三次，如超过三次的费用，由双方签证另行结算。

4. 材料的理论重量和实际重量的差。

以上包干范围和内容如有扩大或缩小时，由建设单位和施工单位协商另行确定包干系数，并在承包合同中订明。

（二）总分包管理费：

1. 根据《建筑法》第二十四条规定，“提倡对建筑工程实行总承包，禁止将建筑工程肢解发包”。但肢解工程的现象仍时有发生，给工程正确计价造成一定困难。为规范工程计价行为，合理确定工程造价，如果发包单位将一个单位工程的一部分直接分包给另一施工企业，总包单位应以该分部工程的定额直接费（定额人工费）为基础，向发包单位收取临时设施费、现场管理费、企业管理费、劳动保险费。

2. 总包单位如果将承包工程的一部分分包给分包单位，双方应严格按照四川省建设委员会川建委发〔1986〕建438号转发建设部（86）城建180号颁发的“建筑安装工程总分包实施办法”的有关规定，签订分包合同，明确双方责任和经济关系，分包单位按照合同约定收取费用。

（三）签证记工、零星借工的人工费按定额人工单价，各种费用按36.25%（未含定额管理费和税金）计算。

（四）施工单位进入现场后，如因设计变更或由于建设单位的责任造成的停工、窝工费用，由施工单位提出具体资料，经建设单位审查同意后，由建设单位负担。

内容包括：现场机械停置费，按停置机械台班费的60%计算（包括机械部门的管理费）；生产工人停工、窝工工资按相应定额人工费标准计算，费用按停工、窝工工资的20%计算。施工现场如有调剂工程，经建设、施工单位协商可以安排时，停工、窝工费用可以不收或少收。

（五）在有影响健康的扩建、改建工程中进行施工时，建设单位职工享有特种保健者，施工单位进入现场的职工也应同样享受特种保健津贴，其保健津贴费用按实向建设单位结算。

以定额基价为取费基础的费用计算程序

A. 定额直接费	
B. 其他直接费、现场管理费、临时设施费	A×规定费率
C. 价差调整	
C.1 人工费调整	按地区规定计算
C.2 材料费调整	
C.2.1 单调材料价差	按地区规定计算
C.2.2 地区材料综合调整价差	定额材料费×地区规定调整系数
C.2.3 未计价材料价差（筑炉工程）	按地区规定计算
C.2.4 计价材料价差调整（筑炉工程）	按省造价管理总站规定调整系数计算
C.3 机械费调整	按省造价管理总站规定调整系数计算
D. 施工图预算包干费	A×规定费率
E. 企业管理费	A×规定费率
F. 财务费用	A×取费证核定费率
G. 劳动保险费	A×取费证核定费率

H. 利润　　A×取费证核定费率
I. 安全文明施工增加费　　A×按承包合同约定费率
J. 赶工补偿费　　A×按承包合同约定费率
K. 按规定允许按实计算的费用
L. 定额管理费　　(A+……+K) ×规定费率
M. 税金
M.1 构件增值税、城市维护建设税、教育费附加、交通建设费附加
M.1.1 钢筋混凝土预制构件制作定额直接费×规定费率
M.1.2 金属构件制作安装定额直接费×规定费率
M.1.3 木门窗制作定额直接费×规定费率
M.2 营业税、城市维护建设税、教育费附加、交通建设附加
(A+……+L) ×规定费率
N. 工程造价　　A+……+M

以定额人工费为取费基础的费用计算程序

A. 定额直接费
A.1. 定额人工费
A.2. 计价材料费
A.3. 未计价材料费
A.4. 机械费
B. 其他直接费、临时设施费、现场管理费　　A.1×规定费率
C. 价差调整
C.1. 人工费调整　　按地区规定计算
C.2. 计价材料综合调整价差　　按省造价管理总站规定调整系数计算
C.3. 机械费调整　　按省造价管理总站规定调整系数计算
D. 施工图预算包干费　　A.1×规定费率
E. 企业管理费　　A.1×规定费率
F. 财务费用　　A.1×取费证核定费率
G. 劳动保险费　　A.1×取费证核定费率
H. 利润　　A.1×取费证核定费率
I. 安全文明施工增加费　　A.1×按承包合同约定费率
J. 赶工补偿费　　A.1×按承包合同约定费率
K. 按规定允许按实计算的费用
L. 定额管理费　　(A+……+K) ×规定费率
M. 税金　　(A+……+L) ×规定费率
N. 工程造价　　A+……+M

四川省施工企业工程取费证管理规定

为加强对建设工程造价的管理，规范建设工程计价行为，正确执行取费标准，反对不正当竞争，维护建筑市场的经济秩序和建设工程各方的合法经济利益，制订《四川省施工企业工程取费证管理规定》(以下简称本规定)。

一、发证范围：

凡在我省行政区域范围内承担建设工程任务（包括：建筑、装饰、安装、市政、维修、仿古建筑及园林工程等）的施工企业，不分经济性质，不论承包方式如何，都要按规定进行取费级别的审定，领取取费证书。

二、发证办法：

1.《四川省施工企业工程取费》（以下简称取费证）由省建设厅、省财政厅、省物价局统一印制，省建设工程造价管理总站具体组织实施和管理。

2. 申办取费证的企业，应认真填写申请表一式两份，并附上年已完工作量、工程类别、企业营业执照（副本）、资质证（副本）、退休职工劳保统筹证明等，到省、市、州建设工程造价管理机构申请办理取费证。

3. 施工企业申报取费证，经单位所在地工程造价管理机构审核，报省建设工程造价管理总站审查后发证。

4. 外省、市入川施工企业，必须持省建设厅准予入川承担施工任务证明，到省建设工程造价管理总站按规定程序审核发证。

5. 企业以独立法人资格申报取证，企业下属施工单位可办理证书副本。

三、评审条件

1. 一级取费

①企业具有一级资质证书。

②企业近五年来承担过两个以上一类工程。

③企业参加了社会劳保统筹，退（离）休职工人数占在册职工人数30%以上。

2. 二级取费

①企业具有二级资质证书。

②企业近五年来承担过两个二类及其以上工程。

③企业参加了社会劳保统筹，退（离）休职工人数占在册职工人数20%以上。

3. 三级取费

①企业具有三级资质证书。

②企业近五年来承担过两个三类及其以上工程。

③企业参加了社会劳保统筹，退（离）休职工人数占在册职工人数10%以上。

4. 四级取费

①企业具有四级资质证书。

②企业近五年来承担过两个四类及其以上工程。

③企业参加了社会劳保统筹，退（离）休职工人数占在册职工人数10%以下。

5. 凡不符合评审条件各款②、③条者，按下一级核定。

四、管理规定：

1. 取费证审定的财务费用、劳动保险费、利润标准是编制施工图预算、投标报价和办理竣工结算以及工程造价管理机构对工程造价进行监控、审查、检查的依据。

2. 施工企业承包工程，参加工程投标，签订承包合同，必须向招标机构、建设单位出具取费证。施工企业办理工程结算，必须向建设主管部门、建设单位出具取费证，经核对后，方可办理结算。

3. 取费证中核定的取费标准使用期为一年，施工企业须于每年三月至五月持取费证按第二条3、4款的规定到省、市、州建设工程造价管理机构办理年检手续或申报高一级取费。超过使用期此证无效。

4. 工程取费属经营性收费，《四川省施工企业工程取费证》工本费、年检费按《四川省经营性收费许可证》的标准收取。

5.《四川省施工企业工程取费证》只限于本施工企业使用，不准转让、借用、涂改，违者吊销证书。

五、对不按本规定办理取费证而取费、不亮证取费、擅自提高取费级别，改变取费标准的，物价检查机关、造价管理机构按有关规定查处，并吊销其证书。

六、本规定授权四川省建设工程造价管理总站负责解释。

云南省建设工程费用计算方法

（2003年）

云南省建设厅关于发布施行《云南省2003版建设工程造价计价依据》的通知

云建标〔2003〕668号

为适应云南省建筑市场发展需要，更好地贯彻实施国家标准《建设工程工程量清单计价规范》（GB 50500—2003）和《云南省建设工程造价管理条例》，进一步推动工程造价工作市场化进程，规范建设工程承发包计价行为，维护建设工程承发包双方的合法权益，省建设厅组织编制的《云南省2003版建设工程造价计价依据》（以下简称新版计价依据）及其电子版定额，经审查同意，现予发布，自2003年11月1日起在全省行政区域内施行。

新版计价依据包括：《云南省建设工程造价计价规则》、《云南省建设工程工程量清单细目指南》、《云南省建设工程措施项目计价办法》、《云南省施工机械台班费用计价办法》、《云南省建筑工程消耗量定额》、《云南省建筑装饰装修工程消耗量定额》、《云南省安装工程消耗量定额》、《云南省市政工程消耗量定额》、《云南省园林绿化工程消耗量定额》、《云南省房屋修缮工程消耗量定额》等10个部分的内容。根据《云南省建设工程造价管理条例》和建设部的有关规定，新版计价依据发布施行后，除国家有关部、委、办、局发布的现行电力、水利、公路、人防、化工、铁路等专业工程定额外，其他工程计价依据在本省行政区域内一律废止。

新版计价依据是编制工程量清单和工程拦标价的标准，也是编制投资估算、设计概算、施工图预算、工程结算、竣工决算，进行工程造价纠纷技术鉴定和行政调解以及施工企业投标报价的依据和基础。凡2003年11月1日前已发出招标文件或已签订施工合同的工程，其计价办法可继续按招标文件规定或合同约定执行。

各地、各部门在新版计价依据的执行过程中，有何意见和建议请及时向省建设厅标准定额处反映。新版计价依据的印发、勘误、解释、补充、修改等工作由省建设厅标准定额处具体负责。

云南省建设厅

二〇〇三年十月十三日

总 说 明

一、为进一步加大建设工程造价活动市场化进程，规范造价市场各方主体的计价行为，根据国家标准《建设工程工程量清单计价规范》GB 50500—2003（以下简称《清单计价规范》）、《云南省建设工程造价管理条例》，结合我省实际情况，制定《云南省建设工程造价计价规则》（以下简称《本规则》）。

《本规则》所称“建设工程”包括建筑工程、安装工程、建筑装饰装修工程、市政工程、房屋修缮工程、园林绿化工程等。

二、《本规则》包括建筑安装工程费用项目组成、工程类别的划分及适用范围、建筑安装工程各类费用计算方法、单位工程拦标价的确定、定额计价规则、工程量清单计价规则、工程造价计价管理规定等七个部分。

三、《本规则》与《清单计价规范》、《云南省建设工程工程量清单细目指南》（以下简称《细目指南》）、《云南省建设工程措施项目计价办法》（以下简称《措施办法》）、《云南省建筑工程消耗量定额》（以下简称《建筑定额》）、《云南省建筑装饰装修工程消耗量定额》（以下简称《装饰定额》）、《云南省安装工程消耗量定额》（以下简称《安装定额》）、《云南省市政工程消耗量定额》（以下简称《市政定额》）、《云南省园林绿化工程消耗量定额》（以下简称《园林定额》）、《云南省房屋修缮工程消耗量定额》（以下简称《修缮定额》）、《云南省施工机械台班费用计价办法》（以下简称《台班费用》）配套使用，是编制设计概算、施工图预算、拦标价和投标报价，确定工程合同价、拨付工程价款、办理工程竣工结（决）算的依据和基础。

四、《本规则》适用于现阶段“定额计价”和“工程量清单计价”两种并存的工程造价计价模式，施工招投标采用何种计价模式，由招标人在招标文件中予以确认。

五、为确保建设工程概预算控制目标的实现，在招投标活动中，对属于政府性投资的建设工程项目应当设置拦标价。

六、为普及和提高工程造价电算化水平，根据《云南省建设工程造价管理条例》第七条的规定，配套《本规则》和各部《消耗量定额》的电子版定额经省建设行政主管部门鉴定通过，随同发行。

七、《消耗量定额》所选用的人工、材料、机械名称及计量单位与“全国统一基础定额”保持一致；各部《消耗量定额》之间，同一种材料或机械名称表述不一致的，均以电子版本为准；由于对材料、机械市场价格采集的时间不同，同一种材料或机械的单价在各部《消耗量定额》中可能存在差距，仅供参考使用。

第一章　建筑安装工程费用项目组成

建筑安装工程费用由直接工程费、措施费、管理费、利润、其他项目费、规费和税金等七项费用组成。

一、直接工程费：指施工过程中构成工程实体的各种费用，包括人工费、材料费、施工机械使用费。

（一）人工费：指直接从事建筑安装工程施工的生产工人开支的各种费用。内容包括：

1. 基本工资：指发给生产工人的基本工资。

2. 工资性补贴：指按规定标准发放的物价补贴，煤、燃气补贴，交通补贴，住房补贴，流动施工津贴等。

3. 生产工人辅助工资：指生产工人在年有效施工天数以外非作业天数的工资，包括职工学习、培训期间的工资，调动工作、探亲、休假期间的工资，因气候影响的停工工资，女工哺乳时间的工资，病假在六个月以内的工资及产、婚、丧假期的工资。

4. 职工福利费：指按规定标准计提的职工福利费。

5. 生产工人劳动保护费：指按规定标准发放的劳动保护用品的购置及修理费，徒工服装补贴，防暑降温费，一般情况下的施工保健费用等。

（二）材料费：指施工过程中构成工程实体的原材料、辅助材料、构配件、零件、半成品的费用和周转性使用材料的摊销（或租赁）费用。内容包括：

1. 材料原价（或供应价格）。

2. 材料运杂费：指材料自来源地运至工地仓库或指定堆放地点所发生的全部费用。

3. 运输损耗费：指材料在运输装卸过程中不可避免的损耗。

4. 采购及保管费：指在组织采购、供应和保管材料过程中所需要的各项费用。包括：采购费、仓储费、工地保管费、仓储损耗。

5．检验试验费：指对建筑材料、构件和建筑安装物进行一般鉴定、检查所发生的费用，包括自设试验室进行试验所耗用的材料和化学药品等费用，不包括新结构、新材料的试验费和建筑安装企业对有出厂合格证明的材料进行检验，对构件做破坏性试验及其他特殊要求的检验试验费用。

（三）施工机械使用费：指施工机械作业所发生的机械使用费以及机械安拆费和场外运输费。由下列七项费用组成：

1．折旧费：指施工机械在规定的使用年限内，陆续收回其原值及购置资金的时间价值。

2．大修理费：指施工机械按规定的大修理间隔台班进行必要的大修理，以恢复其正常功能所需的费用。

3．经常修理费：指施工机械除大修理以外的各级保养和临时故障排除所需要的费用。包括为保障机械正常运转所需要替换设备与随机配备工具用具的摊销和维护费用，机械运转及日常保养所需润滑与擦拭的材料费用及停滞期间的维护和保养费用等。

4．安拆费及场外运费：安拆费指施工机械在现场进行安装与拆卸所需的人工、材料及机械费用和试运转费用以及机械辅助设施的折旧、搭设、拆除等费用；场外运输费指施工机械整体或分体自停放地点运至施工现场或由一施工地点至另一施工地点的运输、装卸、辅助材料及架线等费用。

5．人工费：指机上司机（司炉）和其他操作人员的工作日人工费及上述人员在施工机械规定的年工作台班以外的人工费。

6．燃料动力费：指施工机械在运转作业中所消耗的固体燃料（煤、木柴）、液体燃料（汽油、柴油）及水、电等能源费用。

7．其他费用：指施工机械按照国家及有关部门规定应交纳的养路费、车船使用税、保险费及年检费等。

上文中所提“人工单价”、“材料单价”和“机械台班单价”的内容组成同“人工费”、“材料费”和“施工机械使用费”。

二、措施费：指为完成工程项目施工，发生于该工程施工前和施工过程中非工程实体项目的费用。一般由通用项目措施费（如：安全文明施工措施费等）、专业项目措施费构成。其主要内容详见下表，针对拟建工程的具体情况，可作调整补充。

措施项目一览表

序号	项 目 名 称
	一、通 用 项 目
1.1	环境保护
1.2	安全文明施工
1.3	临时设施
1.4	夜间施工
1.5	二次搬运
1.6	大型机械设备进出场及安拆
1.7	混凝土、钢筋混凝土模板及支架
1.8	脚手架
1.9	已完工程及设备保护
1.10	施工排水、降水
1.11	其他（测量放线，冬雨季施工增加，生产工具用具使用，工程定位复测、工程点交、场地清理等）
	二、专 业 项 目
	2. 建 筑 工 程
2.1	垂直运输机械
	3. 装饰装修工程
3.1	垂直运输机械

续表

序号	项目名称
3.2	室内空气污染测试
	4. 安装工程
4.1	组装平台
4.2	设备、管道施工的安全、防冻和焊接保护措施
4.3	压力容器和高压管道的检验
4.4	焦炉施工大棚
4.5	焦炉烘炉、热态工程
4.6	管道安装后的充气保护措施
4.7	隧道内施工的通风、供水、供气、供电、照明及通讯设施
4.8	现场施工围栏
4.9	长输管道临时水工保护设施
4.10	长输管道施工便道
4.11	长输管道跨越或穿越施工措施
4.12	长输管道地下穿越地上建筑物的保护措施
4.13	长输管道工程施工队伍调遣
4.14	格架式抱杆
	5. 市政工程
5.1	围堰
5.2	筑岛
5.3	现场施工围栏
5.4	便道
5.5	便桥
5.6	洞内施工的通风、供水、供气、供电、照明及通讯设施
5.7	驳岸块石清理

（一）通用项目措施费：

1. 环境保护费：指施工现场为达到环保部门要求所需要的各项费用。

2. 安全文明施工费：指施工现场安全文明施工所需要的各项费用。

3. 临时设施费：指施工企业为进行工程施工所必须搭设的生产和生活用临时建筑物、构筑物所发生的搭设、维修、拆除费或摊销费以及其他临时设施费用等。

临时设施包括：临时性的宿舍、文化福利及公用事业房屋与构筑物，仓库、堆场、办公室、加工厂以及规定范围内道路、水、电、管线等临时设施和小型临时设施。

4. 夜间施工增加费：指因夜间施工所发生的夜班补助费、夜间施工降效、夜间施工照明设备摊销及照明用电费用。

5. 二次搬运费：指因场地狭小或材料、构件无法直接运进施工操作现场等特殊情况而发生的二次搬运费。

6. 大型机械设备进出场及安拆费：指根据《台班费用》认定的大型或特大型机械整体或分体自停放场地运至施工现场或由一个施工地点运至另一个施工地点，所发生的机械进出场运输及转移费用及机械在施工现场进行安装、拆除所需的人工费、材料费、机械费、试运转费和安装所需的辅助设施的费用。

7．混凝土、钢筋混凝土模板及支架费：指混凝土施工过程中需要的各种模板（如：钢模板、木模板等）、支架等周转性使用材料的支、拆、运输、施工维护费用及模板、支架的摊销（或租赁）费用。

8．脚手架费：指施工需要的各种脚手架搭、拆、运输、施工维护费用及脚手架的摊销（或租赁）费用。

9．已完工程及设备保护费：指竣工验收前，对已完工程及设备进行保护所需费用。

10．施工排水、降水费：指为确保工程在正常条件下施工，采取各种排水、降水措施所发生的费用。

11．其他费用：

（1）测量放线费：指工程开工前确定建筑物位置、标高、水准点所需的人工费及仪器仪表、工具用具的摊销费和维修费用。

（2）冬雨季施工增加费：指在冬、雨季施工期间，为确保工程质量所采取的保温、防雨措施费用。

（3）生产工具用具使用费：指施工生产所需不属于固定资产的生产工具及检验用具等的购置、摊销和维修费，以及支付给工人自备工具的补贴费。

（4）工程定位复测、工程点交、场地清理费。

（二）专业措施费：指施工中发生的工程专业措施费用。

三、管理费：指施工企业组织施工生产和经营管理所需的费用。内容包括：

（一）管理人员工资：指管理人员的基本工资、工资性补贴、辅助工资、职工福利费、劳动保护费等。

（二）办公费：指企业管理办公用的文具、纸张、账表、印刷、邮电、书报、会议、水电、取暖（包括现场临时宿舍取暖）等费用。

（三）差旅交通费：指职工因公出差、调动工作的差旅费、住勤补助费、市内交通费和误餐补助费，职工探亲费，劳动力招募费，职工离退休、退职一次性路费，工伤人员就医路费，工地转移费以及管理部门使用的交通工具的油料、燃料、养路费及牌照费等。

（四）固定资产使用费：指管理和试验部门及附属生产单位使用的属于固定资产的房屋、设备仪器等的折旧、大修、维修或租赁费。

（五）工具用具使用费：指管理使用的不属于固定资产的生产工具、器具、家具、交通工具和检验、试验、测绘、消防用具等的购置、维修和摊销费。

（六）住房公积金：指企业按标准为职工交纳的住房公积金。

（七）工会经费：指企业按规定从职工工资总额中计提的工会经费。

（八）职工教育经费：指企业为职工学习先进技术和提高文化水平，按规定从职工工资总额中计提的费用。

（九）财产保险费：指施工管理用财务、车辆保险。

（十）财务费：指企业为筹集资金而发生的各种费用。

（十一）税金：指企业按规定交纳的房产税、车船使用税、土地使用税、印花税等。

（十二）其他：包括技术转让费、技术开发费、业务招待费、绿化费、广告费、公证费、法律顾问费、审计费、咨询费等。

四、利润：指施工企业完成所承包工程获取的盈利。

五、其他项目费：指除直接工程费、措施费、管理费以外，为完成工程项目施工可能发生的费用。一般包括：总包工程服务费、特种保健津贴、其他等有关费用。

（一）总包工程服务费：指工程施工总承包人为配合协调招标人进行工程分包和材料采购所

需的费用。例如招标人将部分专业工程单独分包给其他承包人，总包工程与分包工程发生交叉施工影响，或虽不发生交叉，但总承包人履行了总包责任（如现场协调、竣工验收资料整理等工作），招标人应当向总承包人支付一定费用作为补偿。

（二）特种保健津贴：在有影响健康的未停产车间内进行改扩建工程施工，施工单位进入现场的施工人员应当享受的特种保健费用。

（三）其他：

1. 停工、窝工损失费：因设计变更或由于建设单位的责任造成的停工、窝工损失。

2. 承发包双方协商认定的有关费用。

六、规费：指政府和有关部门规定的因工程建设必须交纳的行政事业和社会统筹性费用。包括：

（一）工程排污费：指施工现场按规定交纳的排污费用。

（二）工程定额测定费：指按规定支付给工程造价（定额）管理部门的定额测定费。

（三）社会保障及劳动保险费：

1. 养老保险统筹基金：指施工企业按规定向社会保障主管部门交纳的职工基本养老保险费（社会统筹部分）。

2. 失业保险费：指施工企业按国家规定交纳的失业保险基金。

3. 医疗保险费：指施工企业按规定向社会保障主管部门交纳的职工基本医疗保险费。

4. 危险作业意外伤害保险：指按照建筑法规定，施工企业为从事危险作业的建筑安装施工人员支付的意外伤害保险费。

5. 劳动保险费：指施工企业支付离退休职工的易地安家补助费、职工退职金、六个月以上的病假人员工资，职工死亡丧葬补助费，抚恤金、按规定支付给离休干部的各项经费。

七、税金：指国家税法规定的应计入建筑安装工程造价内的营业税、城市维护建设税及教育费附加。

第二章　工程类别的划分及适用范围

一、建筑安装工程类别的划分

建筑工程按单位工程建筑高度、跨度、工程规模以及施工技术的复杂程度，综合权衡划分工程类别；安装工程按工程性质，施工环境条件以及施工技术的复杂程度，综合权衡划分工程类别。

建筑安装工程类别划分表

类别 项目	一　类	二　类	三　类	四　类
工业与民用建筑	1. 跨度＞24m 2. 层数＞9层或高度＞27m 3. 面积＞10000m^{2}的公共建筑或单层工业厂房 4. 高度＞20m和柱网＞5.7m×8.7m（或49.59m^2）的多层工业厂房 5. 露外地面为非地平面的体育场地工程	1. 18m＜跨度≤24m 2. 6层＜层数≤9层或18m＜高度≤27m 3. 7000m^2＜面积≤10000m^{2}的公共建筑或单层工业厂房 4. 高度＞20m和柱网≤5.7m×8.7m（或49.59m^2）的多层工业厂房 5. 高度≤20m和柱网＞5.7m×8.7m（或49.59m^2）的多层工业厂房	1. 12m＜跨度≤18m 2. 4层＜层数≤6层或12m＜高度≤18m 3. 12m＜高度≤20m和柱网≤5.7m×8.7m（或49.59m^2）的多层工业厂房 4. 地下、半地下独立车库 5. 主体为简易结构的集贸市场联片建筑	1. 跨度≤12m 2. 层数≤4层或高度≤12m

续表

类别 项目	一　类	二　类	三　类	四　类
构筑物	钢筋混凝土结构的： 1. 高度＞30m 2. 跨度＞18m 3. 容积＞1000m^3	1. 钢筋混凝土结构的： 1.1 高度≤30m 1.2 跨度≤18m 1.3 容积≤1000m^3 1.4 架构式设备基础 2. 砖石或混合结构的： 2.1 高度＞30m 2.2 跨度＞18m 2.3 容积＞1000m^3	1. 砖石或混合结构的： 1.1 高度≤30m 1.2 跨度≤18m 1.3 容积≤1000m^3 2. 钢筋混凝土独立块体构筑物 3. 露外地面为地平面的体育场地及其他专用场地工程	其他砖石、毛石、混凝土独立块体构筑物
其他	1. 市政工程中的桥梁、隧道工程	1. 人防工程 2. 机场场道工程 3. 市政工程中的道路工程	1. 抗震加固工程 2. 修缮及仿古建筑工程 3. 市政工程中的其他建筑工程 4. 桩基工程 5. 独立土石方工程 6. 建筑装饰装修工程	1. 一般室外道路、围墙、围栏、挡土墙、独立的花台、花池及其他零星工程 2. 园林绿化工程 3. 签证记工和零星借工
安装工程	1. 热电设备工程 2. 静置设备制作安装工程	1. 炉窑砌筑工程 2. 工艺金属制作安装工程 3. 工业管道工程 4. 消防及安全防范设备安装工程 5. 自动化控制仪表安装工程 6. 通信设备及线路工程 7. 智能化系统安装工程	1. 电气设备安装工程 2. 机械设备安装工程 3. 给、排水和采暖燃气工程 4. 通风空调工程 5. 市政安装工程 6. 人防安装工程	签证记工和零星借工
备注	防腐、绝热工程按主体工程分类标准执行			

（一）名词解释

1. 跨度：指按设计图标注的相邻两横向定位轴线的跨距。

2. 高度：房屋建筑指室外地面至房屋檐口上表面（有突出屋面电梯间的，应算至电梯间檐口上表面）之间的垂直距离，有地下室的建筑指最底层地下室地面至房屋檐口上表面之间的垂直距离，构筑物指地面至本体最高点（不包括避雷针、扶梯高度）之间的距离。

3. 层数：指建筑物分层数，凡层高超过2.2m（不含2.2m）可以计算建筑面积并作为技术层使用的结构层均应计算层数。

4. 面积：指按建筑面积计算规则计算的面积。

5. 容积：指构筑物贮存各种相关介质的空间体积。

6. 柱网：指单元柱网纵横定位轴线间距或其乘积。

7. 单位工程：指具有独立设计文件、可以独立组织施工、但建成后不能独立发挥生产能力或使用效益的工程。

（二）公共建筑

公共建筑指涉及公共安全和公众利益的房屋建筑工程。泛指礼堂、会堂、影剧院、俱乐部、音乐厅、报告厅、排演厅、文化宫、青少年宫、图书馆、博物馆、美术馆、展览馆、游泳馆、室内滑冰馆、档案馆、影视摄影棚、火车站、汽车站、航运站、机场候机楼、客运楼、科研楼、医疗技术楼、门诊楼、住院楼、法院审判楼、邮电通讯楼、教学楼、试验楼、综合楼、商场、宾馆、酒店（楼）等。

（三）工程类别划分中有关条件的认定

1. 单位工程按表列范围划分类别，凡工程条件符合表列范围其中之一者，均按就高类别认定。

2. 同一建筑物或构筑物有高有低，跨度或容积有大有小，按就高不就低，就大不就小的原则划类，但不能以沉降缝分开同一单位工程分别划类。

多层工业建筑柱网不同时，用各种柱网所占建筑面积衡量多少，按占多数的部分划类；地下室的层数或高度以及构筑物顶部附属房屋的高度应纳入划类。

3. 突出屋面的尖塔、桅杆、天窗、建筑小品、绿化照明、电器仪器等设施，水箱护栏、女儿墙，上屋面的独立楼梯间和露天楼梯以及屋顶附设局部玻璃温室等所占空间高度，不应纳入划类。

4. 工程类别划分中的跨度、高度、柱网所取定位线是指框架柱网柱中线，砖墙中线，独立砖柱中线，带壁柱砖墙中线，金属或钢筋混凝土工业厂房排架边柱外沿线、中柱中线，公共建筑屋盖横向承重结构支承面中线，取定部位最靠近建筑物或构筑物的室外设计标高，最底层地下室地坪标高，檐口部位屋面顶板结构表面标高和构筑物本体最高点标高等。

5. 在同一工程计价中，交叉使用建筑、建筑装饰装修、安装、市政、园林绿化、房屋修缮等《消耗量定额》时，应当按工程性质及所使用的《消耗量定额》归属划分类别。

6. 工程类别划分表中的人防工程、机场场道工程、抗震加固工程、建筑装饰装修工程、修缮及仿古建筑工程、市政工程、园林绿化工程，涉及安装工程施工作业的部分应当执行相应的安装工程类别划分标准。

7. 建筑物加、减层施工，应当根据拟建工程实际参照下列条件划分类别：

（1）选用面积或跨度指标时，按照实际施工区域的建筑面积或跨度套用类别标准；

（2）选用高度或层数指标时，按照实际建成的建筑物高度或层数套用类别标准。

二、适用范围

1. 建筑工程划类适用于各类新建、扩建、改建的工业与民用建筑和构筑物工程，同时包括建筑装饰装修工程、人防工程、机场场道工程、抗震加固工程、修缮及仿古建筑工程、市政工程、园林绿化工程、土石方工程、零星建筑工程和各种设备基础工程。

2. 建筑装饰装修工程划类适用于执行《装饰定额》项目范围内的装饰装修工程。

3. 独立土石方工程划类适用于附属一个单位工程内其挖方或填方（挖、填不累计）在 $5000m^3$ 以上或实行独立承包的土石方工程。

4. 一般室外道路、围墙、围栏、独立的花台、花池及其他零星工程划类适用于不属于单位工程施工图范围内的一般室外道路、独立的花台、花池及其他零星工程。

与建筑物配套的零星项目，如化粪池、检查井、室内外地沟（室外地沟特指建筑物四周与散水相接的排水沟）、屋顶花架、台阶、散水、花台等，按建筑物的工程类别标准执行。

5. 签证记工和零星借工划类适用于承包工程范围以外经建设单位签证，由施工单位负责管理的用工或建设单位向施工单位借用工人进行属于建设单位负责的工作并由建设单位管理的用工等两种按定额人工工日单价计价的情况。

6. 安装工程划类适用于工业与民用建筑、构筑物以及市政和人防设施中的各类设备、管道、线路、消防、电气仪表、工艺金属结构、防腐、绝热工程以及工业炉窑和重型结构炉墙的锅炉砌筑工程（但沉降缝以外的烟道烟囱和一般民用炉灶砌筑应视为建筑工程）。

第三章　建筑安装工程各项费用计算方法

建筑安装工程各项费用的计算方法和系数（费率）是基于社会平均施工水平测算确定的，在工程计价时，供参考使用。

一、直接工程费计算方法

费用名称	计算方法
人工费	Σ（分部分项工程量×人工消耗量×人工工日单价）
材料费	Σ（分部分项工程量×材料消耗量×材料单价）
机械使用费	Σ（分部分项工程量×机械台班消耗量×机械台班单价）

二、措施费计算方法

措施费应当按照施工方案或施工组织设计，参照有关规定以“项”为单位综合计价。《措施办法》中提供的措施项目的消耗量定额、计算系数、计算公式以及本章中规定的单位工程管理费费率和利润率是编制计算单位工程拦标价措施费的标准；同时可作为施工企业在投标报价或施工图预算中计算措施费的参照。

三、管理费计算方法

（一）管理费=计算基数×管理费费率

（二）管理费费率表（社会平均参考值）：

工程类别	计算基数	费率（%）			
		一类	二类	三类	四类
建筑工程	直接工程费中的人机费	39	33	27	18
安装工程	直接工程费中的人工费	30	25	20	12

（三）包工不包料工程的管理费由承发包双方商定。

四、其他项目费计算方法

（一）总包工程服务费：按分包专业工程造价的2%～6%（社会平均参考值）计算。

（二）特种保健津贴：由承发包双方协商后，按规定计算。

（三）其他：

1. 因设计变更或由于建设单位的责任造成的停工、窝工损失，可参照下列办法计算费用：

（1）现场机械停滞费：按机械台班单价的40%（社会平均参考值）计算；

（2）生产工人停工、窝工工资按人工工日单价的60%（社会平均参考值）计算；

（3）管理费按需支付生产工人停工、窝工工资总额的20%（社会平均参考值）计算；

（4）其他费用按实际发生计算。

2. 承发包双方协商认定的有关费用：按实计算。

五、利润计算方法

（一）利润=计算基数×利润率

（二）利润率（社会平均参考值）：

工程类别	计算基数	利润率（%）			
		一类	二类	三类	四类
建筑工程	直接工程费中的人机费	27	21	18	9
安装工程	直接工程费中的人工费	20	16	12	8

六、规费计算方法

（一）工程排污费：按有关部门规定计算

（二）工程定额测定费 =（直接工程费 + 管理费 + 措施费 + 其他项目费 + 利润）×0.15%

（三）社会保障及劳动保险费 = 直接工程费的人工费总和 ×26%

在计算社会保障及劳动保险费时，其计算基数（直接工程费的人工费总和）中的人工工日单价取定为24.75元/工日。

七、税金计算方法

（一）税金 =（直接工程费 + 管理费 + 措施费 + 其他项目费 + 利润 + 规费）×计算系数

（二）计算系数取定值：

工程所在地	综合税率（%）	计算系数
市区	3.30	0.0341
县城、镇	3.24	0.0335
其他	3.12	0.0322

第四章　单位工程拦标价的确定

在建设工程招投标活动中，为达到合理确定工程造价的目的，充分体现业主的意愿，尊重施工企业自主报价的权利，同时为评标专家提供一个合理的商务标评定范围，以便于其从所有投标报价中评审出相对“合理低价”，《本规则》提出了“拦标价”的概念。拦标价是一个区间价，是工程建设项目的造价控制范围。在商务标的评审中为便于判断投标报价的合理性，拦标价设置上限值和下限值，同时适用于定额计价和工程量清单计价两种计价模式，作为政府控制工程投资的重要依据。

一、拦标价上限值：即单位工程社会平均造价水平，是根据招标文件的有关要求，结合施工现场实际情况以及合理的施工方法，按省建设行政主管部门发布的《消耗量定额》、人工工日单价、机械台班单价、材料、设备价格信息和《本规则》规定的计算方法及相关费率（系数）计算出的无优惠全费用预算价格；包括单位工程直接工程费、措施费、管理费、其他项目费、利润、规费和税金。

二、拦标价上限值由业主委托经省建设行政主管部门认定信誉较好的工程造价咨询单位编制。拦标价下限值是在参照工程造价管理部门发布的同期造价指数基础上，业主对招标工程提出的合理期望值和评标专家经验值的综合平均价格，由业主和评标委员会在投标截止及开标同时确定。

三、拦标价计算公式：

（一）定额计价模式下单位工程拦标价上限值的计算公式：

$$J_{上} = Z + C + G + Q + F + L + S$$

式中　$J_{上}$——拦标价上限值；

Z——直接工程费；

C——措施费；

G——管理费；

Q——其他项目费；

F——规费；

L——利润；

S——税金。

（二）工程量清单计价模式下单位工程拦标价上限值的计算公式：

$$J_{上}=P+C+Q+F+S$$

式中 $J_{上}$——拦标价上限值；

P——分部分项工程费；

C——措施项目费；

Q——其他项目费；

F——规费；

S——税金。

（三）定额计价模式及工程量清单计价模式下单位工程拦标价下限值的计算公式：

$$J_{下}=J_{上}\times（Ta+Tb）/2$$

式中 $J_{下}$——拦标价下限值；

Ta——业主确定的合理期望值占拦标价上限值比率；

Tb——评标专家确定的经验值占拦标价上限值比率。

$（Ta+Tb）/2<1$

第五章　定额计价规则

一、概述

定额计价是指按照省建设行政主管部门发布的《消耗量定额》计算分部分项工程量，同时参照省建设行政主管部门发布的人工工日单价、机械台班单价，材料和设备价格信息及同期市场价格，计算出直接工程费，并按《本规则》规定计算方法计算措施费、其他项目费、管理费、利润、规费和税金，汇总确定工程造价。

《消耗量定额》指由省建设行政主管部门根据常规的施工工艺和施工组织，按照正常施工条件下制定的，完成一个规定计量单位的合格工程施工所需人工、材料、机械台班的社会平均消耗量的计算方法。

（一）编制依据

1. 招标文件规定或施工合同约定的有关内容；

2. 施工设计图纸或设计文件；

3. 施工现场情况及工程施工组织设计；

4. 省建设行政主管部门发布的《消耗量定额》、《措施办法》和《本规则》；

5. 省建设行政主管部门发布的人工工日单价、机械台班单价、材料和设备价格信息或承发包双方结合市场行情确认的人工、材料、机械使用价格；

6. 省建设行政主管部门规定的计价程序和统一格式。

（二）费用组成表

直接工程费			措施费		其他项目费	管理费	利润	规费			税金		
人工费	材料费	机械费	通用项目	专业项目				工程排污费	社会保障及劳动保险费	工程定额测定费	营业税	城市维护建设税	教育费附加

（三）建筑安装工程费用汇总表

云南省建筑安装工程费用汇总表

序号	项　目	计 算 方 法	金额
1	直接工程费	1.1+1.2+1.3	
1.1	人工费	Σ（分部分项工程量×人工消耗量×人工工日单价）	
1.2	材料费	Σ（分部分项工程量×材料消耗量×材料单价）	
1.3	机械费	Σ（分部分项工程量×机械台班消耗量×机械台班单价）	
2	措施费	2.1+2.2	
2.1	通用措施费	按《本规则》第三章规定计算	
2.2	专业措施费	按《本规则》第三章规定计算	
3	其他项目费	按《本规则》第三章规定计算	
4	管理费	按《本规则》第三章规定计算	
5	利润	按《本规则》第三章规定计算	
6	规费	6.1+6.2+6.3	
6.1	工程排污费	按有关规定计算	
6.2	社会保障及劳动保险费	按《本规则》第三章规定计算	
6.3	工程定额测定费	（1+2+3+4+5）×0.15%	
7	税金	（1+2+3+4+5+6）×计算系数	
8	建安工程造价	1+2+3+4+5+6+7	
9	设备购置费	按购置价格计算	
10	总造价	8+9	

（四）建筑安装工程直接工程费计算表（略）

（五）措施费用计算表（略）

（六）其他项目费计算表（略）

第六章　工程量清单计价规则

一、概述

（一）工程量清单

表现拟建工程的分部分项工程项目、措施项目、其他项目名称和相应数量的明细清单。

（二）工程量清单细目

工程量清单细目是指根据工程项目的主要特征对《清单计价规范》的分部分项工程项目内容进行细化分解为细目。在统一细目划分标准、细目名称、细目编码、计量单位、计算规则的基础上，确保同类型建设工程工程量清单编制深度的一致。分部分项工程量清单细目名称在增加了一定的区分特征后，延续了《清单计价规范》中相应的项目名称表述；计量单位和工程量计算规则与《清单计价规范》规定一致；细目编码由十二位阿拉伯数字组成，一至九位与《清单计价规范》的规定一致，第十位根据工程项目主要特征进行了细化设置，第十一位、十二位由清单编制人根据拟建工程的工程量清单名称进行设置，并应当自01起顺序编制。

（三）工程量清单计价

工程量清单计价指投标人根据招标人提供的工程量清单以综合单价的方式进行计价的方法。应当包括分部分项工程费，措施项目费，其他项目费、规费和税金等。

综合单价指完成一个规定计量单位项目所需的人工费、材料费、机械使用费、管理费和利润，并考虑风险因素。

二、相关规定

（一）建设工程工程量清单计价活动应当遵循客观、公正、公平的原则。

（二）工程量清单应当由具有工程造价咨询资质的单位进行编制。

（三）工程量清单应当由造价工程师审核后，方可作为招标文件的组成部分一同发布。

（四）工程量清单的编制应当遵循下列原则：

1. 满足建筑安装工程编制拦标价和投标报价的需要，达到合理确定工程造价的目的；

2. 执行《细目指南》中统一的细目编码、细目名称、计量单位和工程量计算规则；

3. 按照设计文件要求需注明清单的项目（细目）特征、工程内容及所用材料的规格、类型等；

4.《细目指南》中未包括的细目，编制人可作相应补充，并报省工程造价管理部门备案；

5. 工程数量的有效位数应遵守下列规定：

（1）以“吨”为单位，应当保留三位小数，第四位小数四舍五入；

（2）以“立方米”、“平方米”、“米”、“千克”为单位，应当保留二位小数，第三位小数四舍五入；

（3）以“个”、“项”等为单位，应当取整数。

6. 工程量清单计价适用于全部使用国有资金投资或国有资金投资为主的大中型建设工程，以及《云南省建设工程造价管理条例》第二条规定的，“使用国有资金或国有资金融资五十万元以上的建设工程，基础设施、公用事业等关系社会公共安全的项目，使用国际组织或者外国政府贷款、援助资金的建设工程”计价活动；

7. 工程量清单计价应遵守《清单计价规范》的相关规定，并按《本规则》规定的统一格式执行。

三、工程量清单编制

（一）组成内容

1. 工程量清单由分部分项工程量清单，措施项目清单，其他项目清单组成；

2. 分部分项工程量清单是构成工程实体的分部分项工程的细目清单，应当包括细目编码、细目名称、细目特征、计量单位和工程数量；

3. 措施项目清单应当根据拟建工程的具体情况，参照第一章中相关规定列项；

4. 其他项目清单应当根据拟建工程的具体情况，参照下列内容列项：

（1）招标人部分：预留金、材料购置费等；

（2）投标人部分：总承包服务费、零星工作项目费等；

（3）零星工作项目表应当根据拟建工程的具体情况，详细列出人工、材料、机械的名称、计量单位和相应数量，并随工程量清单发至投标人；

（4）编制其他项目清单，出现以上未列的项目，编制人可作补充。

（二）编制依据

1. 招标文件规定的有关内容；

2. 施工设计图纸或设计文件；

3. 施工现场情况及工程施工组织设计；

4.《细目指南》中统一规定的细目编码、细目名称、计量单位和工程量计算规则；

5.《清单计价规范》、《措施办法》和《本规则》中规定的其他内容。

（三）工程量清单格式（略）

四、工程量清单计价

（一）费用组成

1. 采用工程量清单计价方式的单位工程造价为完成招标文件所列工程量清单项目的全部费用，包括分部分项工程费、措施项目费、其他项目费、规费和税金。其组成如下表：

费用组成表

分部分项工程费					措施项目费		其他项目费		规　费			税　金		
人工费	材料费	机械费	管理费	利润	通用措施费	专业措施费	招标人部分	投标人部分	工程排污费	社会保障及劳动保险费	工程定额测定费	营业税	城市建设维护税	教育费附加

2．分部分项工程量清单综合单价，其组成内容包括完成一个规定计量单位分部分项工程项目所需的人工费、材料费、机械使用费、管理费和利润，并考虑风险因素。其管理费参照下表计算，利润按单位工程费率计算比例分摊。

分部分项工程管理费费率表（社会平均参考值）

分部分项工程名称	计算基数	管理费费率（%）	备　注
一、建筑工程			本表提供的管理费费率仅供工程量清单计价参考使用
1．土（石）方工程	分部分项工程人机费用之和	27	
2．桩与地基基础工程	分部分项工程人机费用之和	30	
3．砌筑工程	分部分项工程人机费用之和	26	
4．混凝土与钢筋混凝土工程	分部分项工程人机费用之和	45	
5．厂库房大门、特种门、木结构工程	分部分项工程人机费用之和	26	
6．金属结构工程	分部分项工程人机费用之和	25	
7．屋面及防水工程	分部分项工程人机费用之和	25	
8．防腐、隔热、保温工程	分部分项工程人机费用之和	25	
二、建筑装饰装修工程			
1．楼地面工程	分部分项工程人机费用之和	32	
2．墙、柱面工程	分部分项工程人机费用之和	32	
3．天棚工程	分部分项工程人机费用之和	32	
4．门窗工程	分部分项工程人机费用之和	26	
5．油漆、涂料、裱糊工程	分部分项工程人机费用之和	24	
6．其他工程	分部分项工程人机费用之和	23	
三、安装工程	计算基数与管理费费率的取定参照第二、三章的规定		
四、市政工程			
五、园林绿化工程			
六、房屋修缮工程			

（二）编制依据

1．招标文件及工程量清单；

2．施工设计图纸；

3．施工现场实际情况及拟定的施工组织设计或施工方案；

4．省建设行政主管部门发布的《消耗量定额》、《细目指南》和《措施办法》；

5. 省建设行政主管部门发布的人工工日单价、机械台班单价、材料、设备价格信息或同期市场价格；

6.《本规则》规定的计价程序与方法；

7. 企业自身的施工技术和管理水平。

（三）工程量清单计价程序：

序号	项目名称	计算方法
1	分部分项工程费	Σ（分部分项工程工程量×综合单价）
2	措施项目费	2.1+2.2
2.1	通用措施费	各通用措施项目费用合计
2.2	专业措施费	各专业措施项目费用合计
3	其他项目费	其他项目费求和
4	规费	4.1+4.2+4.3
4.1	工程排污费	按有关规定计算
4.2	社会保障及劳动保险费	按有关规定计算
4.3	工程定额测定费	（1+2+3）×0.15%
5	税金	（1+2+3+4）×计算系数
6	单位工程造价	1+2+3+4+5

（四）工程量清单计价格式（略）

（五）工程量清单计价格式的填写应符合下列规定：

1. 封面应按规定内容填写、签字、盖章。

2. 拦标总价或投标总价应按工程项目总价表合计金额填写。

3. 工程项目总价表。

（1）表中单项工程名称应按单项工程费汇总表的工程名称填写；

（2）表中金额应按单项工程费汇总表的合计金额填写。

4. 单项工程费汇总表

（1）表中单位工程名称应按单位工程费汇总表的工程名称填写；

（2）表中金额应按单位工程费汇总表的合计金额填写。

5. 单位工程费汇总表中的金额应分别按照分部分项工程量清单计价表、措施项目清单计价表和其他项目清单计价表的合计金额和按有关规定计算的规费、税金填写。

6. 分部分项工程量清单计价表中的序号、细目编码、细目名称、计量单位、工程数量必须按分部分项工程量清单中的相应内容填写。

7. 措施项目清单计价表。

（1）表中的序号、项目名称必须按措施项目清单中的相应内容填写。

（2）投标人可根据施工组织设计采取的措施增加项目，补充项目应列在清单项目之后，并在“序号”栏中以“补”字示之。

8. 其他项目清单计价表。

（1）表中的序号、项目名称必须按其他项目清单中的相应内容填写。

（2）招标人部分的金额必须按招标文件中提出的数额填写。

9. 零星工作项目计价表：

表中的工人、材料、机械名称、计量单位和相应数量应按零星工作项目表中相应的内容填写，工程竣工后零星工作费应按实际完成的工程量所需费用结算。

10. 分部分项工程量清单综合单价分析表和措施项目费分析表根据招标人需要填写。

11. 主要材料价格表：

（1）投标人提供的主要材料价格表应包括详细的材料编码、材料名称、规格型号和计量单位等。

（2）所填写的单价必须与工程量清单计价中采用的相应材料的单价一致。

陕西省建筑安装、装饰、市政、园林绿化工程参考费率

（2004年）

陕西省建设厅关于发布实施《陕西省建设工程工程量清单计价规则》等计价文件的通知

陕建发〔2004〕45号

为加快我省建设工程计价改革，规范建设工程工程量清单计价，贯彻《建设工程工程量清单计价规范》（GB 50500—2003），我厅组织编制了《陕西省建设工程工程量清单计价规则》、《陕西省建筑、装饰工程消耗量定额》、《陕西省安装工程消耗量定额》、《陕西省市政、园林绿化工程消耗量定额》和与上述消耗量定额配套的参考价目表（电子版）以及间接费、部分措施项目的参考费率，现予发布。从2004年5月1日起开始使用，2005年1月1日起在全省全面使用。

上述计价文件的日常管理工作由陕西省建筑经济定额办公室负责。

陕西省建设厅

前　言

为适应我省建设工程工程量清单计价的需要，指导建设单位、施工企业、工程造价中介服务组织及各有关单位在工程计价活动中正确理解建安工程费用和计算方法，提高计价水平，根据建设部、财政部“关于印发《建筑安装工程费用项目组成》的通知”（建标〔2003〕206号），《陕西省建设工程工程量清单计价规则》精神，结合我省建筑市场实际，编印了我省建筑工程、安装工程、装饰工程、市政工程、园林绿化工程间接费、部分措施项目的参考费率。“参考费率”是编制建筑工程、安装工程、装饰工程、市政工程、园林绿化工程施工图预算、招标标底计价的依据，也可作为企业投标报价时计价的参考。

适用范围

一、建筑工程

1. 人工土石方工程：适用于采用人工施工的建筑物、构筑物的基础、基坑及大开挖工程的挖、运、填土、石方，管沟、渠、地下室、桩孔、探墓、挖填墓坑、枯井、山坡地等挖、运、填土、石方，不包括房屋室内回填土、散水台阶等土方。

上述工程内容不论何种承包方式、不论工程量大小，均适用人工土石方工程。

2. 机械土石方工程：适用于采用机械施工的上述土石方工程及强夯工程。

3. 桩基工程：适用于机械施工的打（压）、拔各种混凝土预制桩、钢板桩以及各类灌注桩、挤密桩、振冲桩、深层搅拌喷粉（浆）桩等的成孔与成桩。

4. 一般土建工程：适用于1、2、3和下述“二”装饰装修工程规定内容以外建筑物、构筑物的基础、主体、屋盖、维护结构等使用《陕西省建筑、装饰工程消耗量定额》“建筑专业”项目组价的工程。

二、装饰装修工程

适用于使用《陕西省建筑、装饰工程消耗量定额》“装饰装修专业”项目组价的工程。

三、安装工程

适用于使用《陕西省安装工程消耗量定额》项目组价的工程。

四、市政工程

1. 市政（建筑）工程：适用于市政工程的道路、桥涵、隧道排水等建筑工程，土石方工程及市政（安装）工程中的土石方工程。

2. 市政（安装）工程：适用于市政工程的给水、燃气、供电等安装工程。

五、园林绿化工程

适用于使用《陕西省市政、园林绿化工程消耗量定额》项目组价的工程。

参考费率

一、人工工日单价：包括生产工人的基本工资，工资性补贴、辅助工资、福利费、劳动保护费的日开资水平，还考虑了按规定应由职工个人支付的部分劳动统筹（保险）费用。

1. 建筑工程、安装工程、市政工程、园林绿化工程人工工日单价为：25.73 元/工日

2. 装饰工程人工工日单价为：28.48 元/工日

二、规费：（适用于各专业且属不可竞争费率）

单位:%

计算基础	劳保统筹基金	失业保险	医疗保险	工伤及意外伤害保险	残疾人就业保险	工程定额测定费	
分项分部工程费+措施项目费+其他项目费	3.55	0.21	0.48	0.18	0.04	西安市	0.14
						其他市	0.16

三、其他费率：

1. 安全及文明施工措施费（适用于各专业且属不可竞争费率）

单位:%

计算基础	费率
分部分项工程费	1.40

2. 建筑工程：

（1）管理费

单位:%

适用	计算基础	参考费率
一般土建工程	直接工程费	6.90
机械土石方	直接工程费	2.30
桩基工程	直接工程费	2.10
人工土石方	人工费	5.60

（2）利润

单位:%

适用	计算基础	参考费率
一般土建工程	直接工程费+管理费	4.20
机械土石方	直接工程费+管理费	2.00
桩基工程	直接工程费+管理费	1.30
人工土石方	人工费	4.50

（3）部分措施费参考费率

单位:%

适用	计算基础	临时设施费	冬雨季、夜间施工措施费	二次倒运费	检验试验及放线定位费
一般土建工程	分部分项工程费	2.01	1.02	0.46	0.57
机械土石方	分部分项工程费	1.02	0.14	0.08	0.05
桩基工程	分部分项工程费	0.75	0.34	0.34	0.07
人工土石方	人工费	2.34	1.34	1.19	0.56

3. 装饰工程:

(1) 管理费

单位:%

计算基础	参考费率
直接工程费	5.40

(2) 利润

单位:%

计算基础	参考费率
直接工程费+管理费	4.60

(3) 部分措施费参考费率

单位:%

计算基础	临时设施费	冬雨季、夜间施工措施费	二次倒运费	检验试验及放线定位费
分部分项工程费	1.03	0.42	0.11	0.21

4. 安装工程:

(1) 管理费

单位:%

计算基础	参考费率
人工费	32.10

(2) 利润

单位:%

计算基础	参考费率
人工费	34.55

(3) 部分措施费参考费率

单位:%

计算基础	临时设施费	冬雨季、夜间施工措施费	二次倒运费	检验试验及放线定位费
人工费	8.98	5.13	2.56	2.26

5. 市政工程:

(1) 管理费

单位:%

适用	计算基础	参考费率
市政(建筑)工程	人工费+机械费	17.00
市政(安装)工程	人工费	32.30

(2) 利润

单位:%

适用	计算基础	参考费率
市政(建筑)工程	人工费+机械费	15.30
市政(安装)工程	人工费	35.70

(3) 部分措施费参考费率

单位:%

适用	计算基础	临时设施费	冬雨季、夜间施工措施费	二次倒运费	检验试验及放线定位费
市政(建筑)工程	人工费+机械费	7.21	3.82	2.68	1.60
市政(安装)工程	人工费	13.51	8.29	5.80	4.88

6. 园林绿化工程

(1) 管理费

单位:%

计算基础	参考费率
人工费	34.20

（2）利润

单位：%

计算基础	参考费率
人工费	37.80

（3）部分措施费参考费率

单位：%

计算基础	临时设施费	冬雨季、夜间施工措施费	二次倒运费	检验试验及放线定位费
人工费	14.31	8.77	6.13	2.72

工程费用项目组成表

- 建筑安装工程费
  - 直接费
    - 直接工程费
      - 1. 人工费
      - 2. 材料费
      - 3. 施工机械使用费
    - 措施费
      - 1. 环境保护
      - 2. 文明施工
      - 3. 安全施工
      - 4. 临时设施
      - 5. 夜间施工
      - 6. 二次搬运
      - 7. 大型设备机械进出场及安拆
      - 8. 混凝土、钢筋混凝土模板及支架
      - 9. 脚手架
      - 10. 已完工程及设备保护
      - 11. 施工排水、降水
  - 间接费
    - 规费
      - 1. 工程排污费
      - 2. 工程定额测定费
      - 3. 社会保障费
      - （1）养老保险费
      - （2）失业保险费
      - （3）医疗保险费
      - 4. 住房公积金
      - 5. 危险作业意外伤害保险
    - 企业管理费
      - 1. 管理人员工资
      - 2. 办公费
      - 3. 差旅交通费
      - 4. 固定资产使用费
      - 5. 工具用具使用费
      - 6. 劳动保险费
      - 7. 工会经费
      - 8. 职工教育经费
      - 9. 财产保险费
      - 10. 财务费
      - 11. 税金
      - 12. 其他
  - 利润
  - 税金

甘肃省建设工程费用定额

（2004年）

甘肃省建设厅关于颁发《甘肃省建设工程费用定额》暨费用标准核定办法的通知

甘建价〔2004〕323号

为适应工程计价改革工作的需要，根据国家标准《建设工程工程量清单计价规范》（GB 50500—2003），建设部、财政部“关于印发《建筑安装工程费用项目组成》的通知”（建标〔2003〕206号），省政府“甘肃省人民政府关于确认省级行政许可实施机构和行政许可事项的公告（第一号）”（甘政发〔2004〕41号）等规定，结合我省实际情况，制定了《甘肃省建设工程费用定额》暨费用标准核定办法。现随文颁发，并将有关事项通知如下，望认真贯彻执行。

一、本费用定额暨费用标准核定办法从2004年7月1日起执行。2004年6月30日前完成的工作量仍按原规定办理，已办理了结算的工程不再调整。

二、本费用定额暨费用标准核定办法与以下文件配套执行

1. 省建设厅“关于发布《甘肃省安装工程消耗量定额》等五套定额的通知”（甘建价〔2004〕127号）；

2. 省建设厅“关于颁发‘甘肃省建设工程人工单价’的通知”（甘建价〔2004〕125号）；

3. 省建设厅“关于印发《甘肃省建设工程材料预算价格汇编》的通知”（甘建价〔2004〕196号）；

4. 省建设厅“关于颁发《甘肃省施工机械台班费用定额及地区基价》暨《甘肃省施工仪器仪表台班费用定额及地区基价》的通知”（甘建价〔2004〕197号）；

5. 省建设厅“关于发布《甘肃省安装工程消耗量定额地区基价》等五套定额地区基价的通知”（甘建价〔2004〕198号）。

三、自2004年7月1日起，停止执行以下文件

1. 省建设厅“关于颁发《甘肃省建设工程费用定额》的通知”（甘建价〔2001〕223号）；

2. 省建设厅“关于颁发《甘肃省建筑业企业取费资格审定发证规定》的通知”（甘建价〔2001〕225号）。

四、本费用定额暨费用标准核定办法委托甘肃省建设工程造价管理总站负责管理和解释。

附件：1. 甘肃省建设工程费用定额

2. 甘肃省建设工程费用标准的核定发证办法

3. 甘肃省建设工程费用标准的核定评审条件

甘肃省建设厅

二〇〇四年九月十三日

附件一

甘肃省建设工程费用定额

一、建设工程费用项目表

- 建设工程费用项目
  - 直接费
    - 直接工程费
      - 1. 人工费
      - 2. 材料费
      - 3. 施工机械使用费
    - 措施费
      - 1. 环境保护
      - 2. 文明施工
      - 3. 安全施工
      - 4. 临时设施
      - 5. 夜间施工
      - 6. 二次搬运
      - 7. 大型机械设备进出场及安拆
      - 8. 混凝土、钢筋混凝土模板及支架
      - 9. 脚手架
      - 10. 已完工程及设备保护
      - 11. 施工排水、降水
      - 12. 冬雨季施工费
      - 13. 生产工具用具使用费
      - 14. 工程定位复测、工程点交、场地清理
      - 15. 施工因素增加费
  - 间接费（企业管理费）
    - 1. 管理人员工资
    - 2. 办公费
    - 3. 差旅交通费
    - 4. 固定资产使用费
    - 5. 工具用具使用费
    - 6. 工会经费
    - 7. 职工教育经费
    - 8. 财产保险费
    - 9. 财务费
    - 10. 税金
    - 11. 其他
  - 利润
  - 规费
    - 1. 劳动保险基金
    - 2. 住房公积金
    - 3. 工程排污费
    - 4. 工程定额测定费
    - 5. 危险作业意外伤害保险
  - 税金

二、建设工程费用定额

（一）直接费

措施费费率

单位:%

序号	费用项目名称	计算基础	一般建筑工程，修缮工程（拆除及建筑），大规模土石方工程（机械工程）	一般安装工程	修缮工程（单独拆除、拆除及安装），大规模土石方工程（人工施工），包工不包料工程	市政工程（道路、桥涵），仿古建筑工程，园林绿化工程（堆砌假山及塑假石山、园路、园桥及园林小品）	市政工程（集中供热、燃气、给排水、路灯），园林绿化工程（绿化工程）	外购构件工程	建筑装饰装修工程
1	环境保护费	B	0.30			0.33		0.08	
		B1		3.38	3.20		3.60		2.38
2	文明施工费	B	0.48			0.45		0.13	
		B1		5.41	5.12		5.20		3.10
3	临时设施费	B	1.62			0.95		0.76	
		B1		21.00	16.20		12.30		14.30
4	夜间施工费	B	0.72			0.70		0.31	
		B1		8.11	7.68		7.90		7.10
5	二次搬运费	B	0.95			0.95		0.95	
		B1		2.72					1.72
6	冬雨季施工费	B	0.95			0.93		0.45	
		B1		10.71	10.13		10.50		7.55
7	生产工具用具使用费	B	0.65			0.63		0.31	
		B1		7.32	6.93		7.10		5.17
8	工程定位复测、工程点交、场地清理费	B	0.20			0.18		0.10	
		B1		2.25	2.13		2.00		1.59
9	施工因素增加费	B				0.72			
		B1					7.70		

注：未列项目按《甘肃省建设工程措施项目费定额》的规定计算。

（二）间接费费率

单位:%

序号	工程项目	计算基础	取费标准								
			一类			二类		三类		四类	
			甲	乙	丙	甲	乙	甲	乙	甲	乙
1	一般建筑工程	A	8.30	7.90	7.30	7.50	6.90	7.10	6.00	6.20	5.00
2	一般安装工程	A1	65	62	56	58	52	54	45	47	38
3	大规模土石方工程（机械施工）	A	8.10			7.00		6.20		4.70	

续表

序号	工程项目		计算基础	取费标准								
				一类			二类		三类		四类	
				甲	乙	丙	甲	乙	甲	乙	甲	乙
4	大规模土石方工程（人工施工）		A1	24.00			22.00		20.00		8.00	
5	修缮工程	单独拆除	A1	23	21	15	17	15	15	13	13	11
		拆除及安装	A1	60	57	52	54	49	49	42	42	36
		拆除及建筑	A	7.80	7.40	6.80	7.00	6.40	6.60	5.50	5.70	4.50
6	市政工程	道路、桥涵	A	8.00	7.60	7.00	7.20	6.60	6.80	5.70	5.20	
		集中供热、燃气、给排水、路灯	A1	62	59	53	56	49	51	42	41	
7	园林绿化工程	绿化工程	A1	44	41		38					
		堆砌假山及塑假石山、园路、园桥及园林小品工程	A	5.6	5.3		5.00					
8	仿古建筑工程		A	6.40	6.10		5.60	5.20	5.10			
9	包工不包料工程		A1	24	22	16	18	16	16	14	14	12
10	外购构件工程		A	4.00	3.80	3.30	3.40	3.10	3.10	2.80	2.90	2.30
11	建筑装饰装修工程		A1	42	39	36	38	33	35	29	29	

（三）利润率

单位:%

序号	工程项目	计算基础	差别等级								
			一级			二级		三级		四级	
			甲	乙	丙	甲	乙	甲	乙	甲	乙
1	一般建筑工程，修缮工程（拆除及建筑）	A	6.39	5.34	4.29	5.05	3.64	3.62	2.77	2.77	2.29
2	一般安装工程，修缮工程（单独拆除、拆除及安装），包工不包料工程	A1	76	64	51	62	41	41	32	32	25
3	市政工程（道路、桥涵）	A	5.91	5.34	3.91	4.20	3.24	3.24	2.10	1.81	
4	市政工程（集中供热、燃气、给排水、路灯）	A1	71	58	44	50	35	35	24	20	
5	仿古建筑工程	A	5.63	4.20		3.15	2.19	1.81			
6	园林绿化工程（绿化工程）	A1	48	31		20					
7	园林绿化工程（堆砌假山及塑假石山、园路、园桥及园林小品工程）	A	3.91	2.58		1.72					
	大规模土石方工程（机械工程）	A	6.39			5.05		3.62		2.77	

续表

序号	工程项目	计算基础	差别等级								
			一级			二级		三级		四级	
			甲	乙	丙	甲	乙	甲	乙	甲	乙
9	大规模土石方工程（人工施工）	A1	76			62		41		32	
10	建筑装饰装修工程	A1	48	41	32	39	26	26	21	21	

注：外购构件工程不得计取利润率。

（四）规费

1. 劳动保险基金率

单位:%

序号	工程项目		计算基础	取费标准							
				一类		二类		三类		四类	
				Ⅰ	Ⅱ	Ⅰ	Ⅱ	Ⅰ	Ⅱ	Ⅰ	Ⅱ
1	一般建筑工程		A	3.72	0.17	2.59	0.17	1.77	0.17	1.06	0.17
2	一般安装工程		A1	29	1.34	18	1.34	12	1.34	7.21	1.34
3	大规模土石方工程（机械施工）		A	3.62	0.16	2.53	0.16	1.72	0.16	1.03	0.16
4	大规模土石方工程（人工施工）		A1	11	1.13	7.41	1.13	5.02	1.13	3.28	1.13
5	修缮工程	单独拆除	A1	10	1.05	7.06	1.05	4.80	1.05	3.11	1.05
		拆除及安装	A1	27	1.15	17	1.15	11	1.15	6.62	1.15
		拆除及建筑	A	3.50	0.14	2.41	0.14	1.64	0.14	0.98	0.14
6	市政工程	道路、桥涵	A	3.62	0.16	2.44	0.16	1.65	0.16	1.01	0.16
		集中供热、燃气、给排水、路灯	A1	28	1.20	17	1.20	11	1.20	6.40	1.20
7	园林绿化工程	绿化工程	A1	20	1.10	11	1.10				
		堆砌假山及塑假石山、园路、园桥及园林小品工程	A	2.53	0.12	1.54	0.12				
8	仿古建筑工程		A	3.10	0.13	1.55	0.13	1.21	0.13		
9	包工不包料工程		A1	11	1.13	7.41	1.13	5.02	1.13	3.28	1.13
10	外购构件工程		A	1.76	0.11	1.36	0.11	0.95	0.11	0.53	0.11
11	建筑装饰装修工程		A1	27	1.30	17	1.30	9.54	1.30	5.72	1.30

2. 工程定额测定费费率

单位:%

工程项目	一般建筑工程，一般安装工程，筑炉工程，大规模土石方工程，修缮工程，包工不包料工程，市政工程，仿古建筑工程，园林绿化工程，外购构件工程，建筑装饰装修工程
计算基础	A+D+E+F+G+H+J+K+L
费率（%）	0.15

（五）税金税率

单位:%

序号	纳税人所在地	计算基础	税率
1	在市区	A+D+E+F+G+H+I	3.41
2	在县城、镇		3.35
3	不在市区、县城或镇		3.22

注：税金系营业税、城市建设维护费、教育费附加三项。

三、建设工程费用计算程序

序号	费用项目名称	费用代号	费率代号	计算基础：一般建筑工程，市政工程（道路、桥涵），修缮工程（拆除及建筑），仿古建筑及园林绿化工程（堆砌假山及塑假石山、园路、园桥及园林小品工程），大规模土石方工程（机械施工），外购构件工程	计算基础：一般安装工程，包工不包料工程，市政工程（燃气、集中供热、给排水、路灯），修缮工程（单独拆除、拆除及安装），园林绿化工程（绿化工程），大规模土石方工程（人工施工），建筑装饰装修工程
一	直接费［由下面（一）（二）组成］	A		A=B+C	A=B+C
	其中 A1－人工费	A1		A1=B1+C1	A1=B1+C1
	A2－材料费	A2		A2=B2+C2	A2=B2+C2
	A3－机械费	A3		A3=B3+C3	A3=B3+C3
（一）	直接工程费	B		B=B1+B2+B3	B=B1+B2+B3
	其中 B1－人工费	B1			
	B2－材料费	B2			
	B3－机械费	B3			
（二）	措施费	C	C	C=B×c	C=B1×C
二	间接费	D	d	D=A×d	D=A1×d
三	利润	E	e	E=A×e	E=A1×e
四	价差调整：人工费调整	F	f	F=B×f	
	材料价差	G		G=G1+G2	
	其中：一类材差	G1		按实物法调差规定计算	
	二类材差	G2	g2	G2=B2×g2	
	机械费调整	H	h	H=B3×h	
五	规费	I		I=J+K+L+M+N	
1	劳动保险基金	J	J	J=A×j	J=A1×j
2	住房公积金	K		按有关规定计算	
3	工程排污费	L		按有关规定计算	
4	工程定额测定费	M	m	M=（A+D+E+F+G+H+J+K+L）×m	
5	危险作业意外伤害保险	N		按有关规定计算	
六	税金	P	p	P=（A+D+E+F+G+H+I）×p	
七	工程造价	Q		Q=A+D+E+F+G+H+I+P	

四、建设工程费用定额的适用范围

（一）一般建筑工程：适用于一般工业与民用建筑的新建、扩建工程。

（二）一般安装工程：适用于甘肃省安装工程消耗量定额所规定的机械、热力及静置设备，电气设备，工业管道，给排水、采暖、消防、燃气管道及器具，建筑智能化系统设备，通风空调，自动化控制仪表，刷油、防腐蚀、绝热，炉窑砌筑等安装工程。

（三）大规模土石方工程：适用于一个单位工程内挖方或填方工程量在一万立方米以上或单独编制工程预算的场地平整、土石方处理（包括挖方或填方）、堤坝、沟渠、水池、运动场、机场、管道沟等的土石方工程。

（四）修缮工程：适用于一般工业与民用建筑安装工程的拆除、改建、修缮、（包括大修、中修、综合维修）及加固（包括抗震加固）。

（五）市政工程：适用于道路、桥涵、给水、排水、燃气与集中供热、路灯等工程。

（六）仿古建筑工程：适用于新建和扩建的仿古建筑工程。

（七）园林绿化工程：适用于园林绿化、堆砌假山及塑假石山、园路、园桥及园林小品工程。

（八）包工不包料工程：适用于按定额只包人工不包材料、机械的工程。

（九）外购构件工程：适用于外购的预制混凝土构件、钢筋混凝土构件、金属构件工程。

（十）建筑装饰装修工程：适用于甘肃省建筑装饰装修工程消耗量定额所规定的建筑装饰装修工程。

五、建设工程费用定额内容

本费用定额由直接费、间接费、利润、规费和税金组成。

一、直接费

由直接工程费和措施费组成。

（一）直接工程费：是指施工过程中耗费的构成工程实体的各项费用，包括人工费、材料费、施工机械使用费。

1. 人工费：是指直接从事建筑安装工程施工的生产工人开支的各项费用，内容包括：

（1）基本工资：是指发放给生产工人的基本工资。

（2）工资性补贴：是指按规定标准发放的物价补贴，煤、燃气补贴，交通补贴，住房补贴，流动施工津贴等。

（3）生产工人辅助工资：是指生产工人年有效施工天数以外非作业天数的工资，包括职工学习、培训期间的工资，调动工作、探亲、休假期间的工资，因气候影响的停工工资，女工哺乳时间的工资，病假在六个月以内的工资及产、婚、丧假期的工资。

（4）职工福利费：是指按规定标准计提的职工福利费。

（5）生产工人劳动保护费：是指按规定标准发放的劳动保护用品的购置费及修理费，徒工服装补贴，防暑降温费，在有碍身体健康环境中施工的保健费用等。

2. 材料费：是指施工过程中耗费的构成工程实体的原材料、辅助材料、构配件、零件、半成品的费用。内容包括：

（1）材料原价。

（2）材料运杂费：是指材料自来源地运至工地仓库或指定堆放地点所发生的全部费用。

（3）运输损耗费：是指材料在运输装卸过程中不可避免的损耗。

（4）采购及保管费：是指为组织采购、供应和保管材料过程中所需要的各项费用。

包括：采购费、仓储费、工地保管费、仓储损耗。

（5）检验试验费：是指对建筑材料、构件和建筑安装物进行一般鉴定、检查所发生的费用，包括自设试验室进行试验所耗用的材料和化学药品等费用。不包括新结构、新材料的试验费和建设单位对具有出厂合格证明的材料进行检验，对构件做破坏性试验及其他特殊要求检验试验的费用。

3. 施工机械使用费：是指施工机械作业所发生的机械使用费以及机械安拆费和场外运费。

施工机械台班单价应由下列七项费用组成：

(1) 折旧费：指施工机械在规定的使用年限内，陆续收回其原值及购置资金的时间价值。

(2) 大修理费：指施工机械按规定的大修理间隔台班进行必要的大修理，以恢复其正常功能所需的费用。

(3) 经常修理费：指施工机械除大修理以外的各级保养和临时故障排除所需的费用。包括为保障机械正常运转所需替换设备与随机配备工具附具的摊销和维护费用，机械运转中日常保养所需润滑与擦拭的材料费用及机械停滞期间的维护和保养费用等。

(4) 安拆费及场外运费：安拆费指施工机械在现场进行安装与拆卸所需的人工、材料、机械和试运转费用以及机械辅助设施的折旧、搭设、拆除等费用；场外运费指施工机械整体或分体自停放地点运至施工现场或由一施工地点运至另一施工地点的运输、装卸、辅助材料及架线等费用。

(5) 人工费：指机上司机（司炉）和其他操作人员的工作日人工费及上述人员在施工机械规定的年工作台班以外的人工费。

(6) 燃料动力费：指施工机械在运转作业中所消耗的固体燃料（煤、木柴）、液体燃料（汽油、柴油）及水、电等。

(7) 养路费及车船使用税：指施工机械按照国家规定和有关部门规定应缴纳的养路费、车船使用税、保险费及年检费等。

(二) 措施费：是指为完成工程项目施工，发生于该工程施工前和施工过程中非工程实体项目的费用。

包括内容：

1. 环境保护费：是指施工现场为达到环保部门要求所需要的费用。

2. 文明施工费：是指施工现场文明施工所需要的费用。

3. 安全施工费：是指施工现场安全施工所需要的费用。

4. 临时设施费：是指施工企业为进行建筑工程施工所必须搭设的生活和生产用的临时建筑物、构筑物和其他临时设施费用等。

临时设施包括：临时宿舍、文化福利及公用事业房屋与构筑物，仓库、办公室、加工厂以及规定范围内道路、水、电、管线等临时设施和小型临时设施。

临时设施费用包括：临时设施的搭设、维修、拆除费或摊销费。

5. 夜间施工费：是指因夜间施工所发生的夜班补助费、夜间施工降效、夜间施工照明设备摊销及照明用电等费用（包括白天从事地下室施工的工程）。

6. 二次搬运费：是指施工使用占地面积（包括租用马路等面积）除以单位工程外墙皮周长小于15米时（适用于一般建筑工程及附属的安装工程，仿古建筑工程，外购构件工程，建筑装饰装修工程）或设备、材料运输中有障碍物，不能一次通过，需再次装卸而发生的费用（适用于一般安装工程）。

7. 大型机械设备进出场及安拆费：是指机械整体或分体自停放场地运至施工现场或由一个施工地点运至另一个施工地点，所发生的机械进出场运输及转移费用及机械在施工现场进行安装、拆卸所需的人工费、材料费、机械费、试运转费和安装所需的辅助设施的费用。

8. 混凝土、钢筋混凝土模板及支架费：是指混凝土施工过程中需要的各种钢模板、木模板、支架等的支、拆、运输费用及模板、支架的摊销费用。

9. 脚手架费：是指施工需要的各种脚手架搭、拆、运输费用及摊销费用。

10. 已完工程及设备保护费：是指竣工验收前，对已完工程及设备进行保护所需费用。

11. 施工排水、降水费：是指为确保工程在正常条件下施工，采取各种排水、降水措施所发生的费用。

12. 冬雨季施工费：指工程在冬、雨季施工期间为了确保工程质量所采取的各种技术措施及功效降低所发生的费用。包括：防冻、防寒、保温、防滑、防雨、排水所增加的材料和燃料费，设备和设施的摊销费，增加工序和降低工效的人工费，提高混凝土、砂浆强度等级的费用。但不包括采用抗雨施工及电热法、暖棚法等特殊措施费用。

13. 生产工具用具使用费：指施工生产所需要的单位价值在2000元以内、使用年限2年以内、不属于固定资产的生产工具，检验、试验用具等的购置、摊销和维修费，以及支付给工人自备工具的补贴费。

14. 工程定位复测、工程点交、场地清理费。

15. 施工因素增加费：指具有市政或仿古建筑及园林工程特点又不属于临时设施范围，并在施工前可预见的因素所发生的费用。包括地下管道的勾头、交叉处理与恢复措施，边施工边维持交通（包括汽车、畜力车等）的措施费用，由于城市运输车辆增多，行驶缓慢，并分单行道、夜间行车对车辆运输产生降效等的费用。园林工程包括防游人干扰及路面保护等措施费用。

二、间接费

由企业管理费组成。

企业管理费：是指建筑业企业组织施工生产和经营管理所需费用。

内容包括：

1. 管理人员工资：是指管理人员的基本工资、工资性补贴、职工福利费、劳动保护费等。

2. 办公费：是指企业管理办公用的文具、纸张、账表、印刷、邮电、书报、会议、水电、烧水和集体取暖（包括现场临时宿舍取埙）用煤等费用。

3. 差旅交通费：是指职工因公出差、调动工作的差旅费、住勤补助费，市内交通费和误餐补助费，职工探亲路费，劳动力招募费，职工离退休、退职一次性路费，工伤人员就医路费，工地转移费以及管理部门使用的交通工具的油料、燃料、养路费及牌照费。

4. 固定资产使用费：是指管理和试验部门及附属生产单位使用的属于固定资产的房屋、设备仪器等的折旧、大修、维修或租赁费。

5. 工具用具使用费：是指管理使用的单位价值在2000元以内、使用年限2年以内、不属于固定资产的生产工具、器具、家具、交通工具和检验、试验、测绘、消防用具等的购置、维修和摊销费。

6. 工会经费：是指企业按职工工资总额计提的工会经费。

7. 职工教育经费：是指企业为职工学习先进技术和提高文化水平，按职工工资总额计提的费用。

8. 财产保险费：是指施工管理用财产、车辆保险。

9. 财务费：是指企业为筹集资金而发生的各种费用。

10. 税金：是指企业按规定缴纳的房产税、车船使用税、土地使用税、印花税等。

11. 其他：包括技术转让费、技术开发费、业务招待费、绿化费、广告费、公证费、法律顾问费、审计费、咨询费等。

三、利润

是指建筑业企业完成所承包工程获得的盈利。依据不同工程类别实施差别利率。

四、规费

是指政府和有关权力部门规定必须缴纳的费用（简称规费）。包括：

1. 劳动保险基金由社会保障费和劳动保险费组成。

社会保障费由养老保险费、失业保险费、医疗保险费组成：

（1）养老保险费：是指企业按规定标准为职工缴纳的基本养老保险费。

（2）失业保险费：是指企业按照国家规定标准为职工缴纳的失业保险费。

（3）医疗保险费：是指企业按照规定标准为职工缴纳的基本医疗保险费。

劳动保险费：是指由企业支付离退休职工的易地安家补助费、职工退职金、六个月以上的病假人员工资、职工死亡丧葬补助费、抚恤费、按规定支付给离休干部的各项经费。

2. 住房公积金：是指企业按规定标准为职工缴纳的住房公积金。

3. 工程排污费：是指施工现场按规定缴纳的工程排污费。

4. 工程定额测定费：是指按规定支付工程造价（定额）管理部门的定额测定费。

5. 危险作业意外伤害保险：是指按照建筑法规定，企业为从事危险作业的建筑安装施工人员支付的意外伤害保险费。

五、税金

是指国家税法规定的应计入建设工程造价内的营业税、城市维护建设税及教育费附加等。

六、建设工程费用定额说明

（一）材料费中的检验试验费应以直接工程费中的材料费乘以 0.24% 计算后，并入直接工程费中的材料费。

（二）本费用定额直接费中的措施费应以直接工程费或直接工程费中的人工费为计算基础。

1. 环境保护费，文明施工费，临时设施费，夜间施工费，二次搬运费，冬雨季施工费，生产工具用具使用费，工程定位复测、工程点交、场地清理费，施工因素增加费按费用定额的费率标准进行计算。

2. 文明施工费费率标准中不包括场地硬化所发生的费用，实际发生时由甲、乙双方协商确定。

3. 施工工程中发生的安全施工费按《甘肃省建设工程措施项目费定额》有关项目计算，《甘肃省建设工程措施项目费定额》规定以外所发生的安全施工费由甲、乙双方协商确定。

4. 企业离开基地二十五公里以外（不包括兰州市内四区）承担大型建设工程需单独建临时加工厂（场）的临时设施费用，可另行计算。

5. 施工排水发生的费用按我省有关消耗量定额进行计算，施工降水发生的费用按《甘肃省建设工程措施项目费定额》的有关项目进行计算。

6. 本费用定额中未包括的措施费用按《甘肃省建设工程措施项目费定额》的规定进行计算。

（三）间接费的计算

按《甘肃省建设工程费用标准证书》中核定的标准结合企业所承担的工程类别计算。

核定为一类取费标准的建筑业企业，承担一类工程，按一类甲标准计算，承担二类工程，按一类乙标准计算，承担三、四类工程，按一类丙标准计算；核定为二类取费标准的建筑业企业，承担二类或二类以上工程，按二类甲标准计算，承担二类以下工程，按二类乙标准计算；核定为三类取费标准的建筑业企业，承担三类或三类以上工程，按三类甲标准计算，承担三类以下工程，按三类乙标准计算；核定为四类取费标准的建筑业企业，承担四类以上工程，按四类甲标准计算，承担四类工程，按四类乙标准计算。

（四）利润的计算

按《甘肃省建设工程费用标准证书》中核定的标准结合企业所承担的工程类别计算。

核定为一级利润的建筑业企业，承担一类工程，按一级甲标准计算，承担二类工程，按一级乙标准计算，承担三、四类工程，按一级丙标准计算；核定为二级利润的建筑业企业，承担二类或二类以上工程，按二级甲标准计算，承担二类以下工程，按二级乙标准计算；核定为三级利润的建筑业企业，承担三类或三类以上工程，按三级甲标准计算，承担三类以下工程，按三级乙标准计算；核定为四级利润的建筑业企业，承担四类以上工程，按四级甲标准计算，承担四类工程，按四级乙标准计算。

（五）规费的计取

规费为不可竞争的费用，各建筑业企业均应按有关规定和《甘肃省建设工程费用标准证书》中核定的标准计取。

1．劳动保险基金按建筑业企业持有的《甘肃省建设工程费用标准证书》中核定的标准计取，不列入招标标底、投标报价，企业中标后按核定类别对应费率列入建设工程造价。

劳动保险基金费率核定类别中Ⅰ内容包括甘建价〔1996〕415号文《甘肃省建设工程劳动保险基金改革实施意见》规定中的1—12项费用，此费用标准限国有建筑业企业和按甘建价〔1997〕291号文规定条件核准的城镇集体企业计取；核定类别中Ⅱ内容包括《甘肃省建设工程劳动保险基金改革实施意见》规定中的8—11项费用，此费用标准除执行Ⅰ标准建筑业企业外，其余建筑业企业均计取。

2．住房公积金按有关部门规定的缴纳标准进行计算。

3．工程排污费按有关部门规定的缴纳标准进行计算。

4．工程定额测定费是国家为保证定额的测算、编制、管理工作而制定的政策性收费。各建筑业企业均应按本费用定额规定的标准计取，并将费用及时，足额地向建设工程造价（定额）管理部门缴纳。

5．危险作业意外伤害保险按有关部门规定的缴纳标准进行计算。

（六）税金应按工程所在地的税率标准计取。

（七）消耗量定额中包括的预制混凝土构件、钢筋混凝土构件、金属构件及木门窗构件，均应执行相应消耗量定额子目基价。如建筑业企业需外购上述构件时，应事先征得建设单位同意，方可计算价差。其价差应以外购凭证结算价减预算制作价之差单独计算。该价差除计取工程定额测定费、税金外，不计取任何费用。

（八）在有害气体环境中施工时，如在同一环境中建设单位职工享有特殊保健津贴时，建筑业企业进入现场施工的职工应与建设单位职工享受同等待遇。其费用按实际参加有害健康施工人数及规定标准由建设单位支付，并列入工程造价，作为计取工程定额测定费、税金的基础。

（九）专业承包企业单独承担钢结构、网架，机械工业设备安装，消防，防腐保温等工程时，其措施费、间接费、利润按相应工程的费率标准乘以0.7计算。

（十）建设单位若将承包主体建筑业企业有能力承担的单位工程中的分项工程单独分包时，应对承包主体工程的建筑业企业发生的协调配合费用予以补偿，取费基础为直接工程费的工程按分包直接工程费的5%左右计算，取费基础为人工费的工程按分包人工费的20%左右计算，由甲乙双方在合同条款中明确约定。该费用除计取工程定额测定费、税金外，不再计取其他费用。

（十一）承包工程范围以内的签证用工，按甘建价〔2004〕125号文规定的人工单价进行签证，该费用列入直接工程费。

（十二）建设工程的人工单价，由甲、乙双方根据省建设工程造价管理总站发布的人工费调整系数或人工费指导价参照市场实际在签订工程发承包合同时约定，约定的人工单价同甘建价〔2004〕125号文中的人工单价标准的价差除计取工程定额测定费和税金外，不再计取其他任何费用。

七、工程类别的划分

1．一般建筑工程

工程类别		分类指标	类别			
			一类	二类	三类	四类
工业建筑	单层厂房	檐口高度（m）	>24	>18	>12	≤12
		跨度（m）	>30	>24	>18	≤18
	多层厂房	檐口高度（m）	>27	>15	>9	≤9
		建筑面积（m^2）	>6000	>4000	>1200	≤1200

续表

工程类别		分类指标	类别			
			一类	二类	三类	四类
民用建筑	住宅	层数	>12	>9	>6	≤6
	其他工程	檐口高度（m）	>36	>24	>15	≤15
		跨度（m）	>36	>24	>15	≤15
		建筑面积（m^2）	>8000	>6000	>4000	≤4000
构筑物	钢筋混凝土烟囱	高度（m）	>120	>90	>60	≤60
	砖烟囱	高度（m）	>80	>50	>30	≤30
	水塔	高度（m）	>100	>50	>30	≤30
	水池	容积（m^3）	>1000	>500	>300	≤300

2. 一般安装工程

一类工程	（1）一类建筑工程的电气、采暖、通风、空调、给排水、消防、安防、燃气等安装工程； （2）机械设备及各类工业的工艺设备安装，工业管道，自动化控制及仪表，工艺金属结构（跨度24m以上，建筑面积6000m^2以上的钢结构制作、安装工程）及静置设备制作安装，热力设备，独立承担110千伏安以上的变配送电装置安装，单炉蒸发量达到10t/h以上的锅炉及附属设备等安装工程
二类工程	（1）二类建筑工程的电气、采暖、通风、空调、给排水、消防、安防、燃气等安装工程； （2）一般性的工艺金属结构制作安装（跨度24m以下，建筑面积6000m^2以下的一般钢结构制作、安装工程），独立承担110千伏安以内的变配送电装置安装，单炉蒸发量6t/h以上的锅炉及附属设备等安装工程
三类工程	（1）三类建筑工程的电气、采暖、通风、给排水、煤气等安装工程； （2）独立承担35千伏安以内的变配送电装置安装、单炉蒸发量4t/h以内的锅炉及附属设备等安装工程
四类工程	一、二、三类工程以外的安装工程

3. 炉窑砌筑工程

一类工程	专业炉窑工程
二类工程	15m^3以上的一般工业炉窑
三类工程	15m^3以内的一般工业炉窑

4. 市政工程

一类工程	主次干道、支路水泥混凝土路面、沥青路面的道路工程，单跨20m以上桥梁工程，涵洞工程，ϕ600以上的给水工程，ϕ800以上的排水工程，污水厂处理及净水厂工程，10万吨以上的给水厂工程，燃气、热力管道工程及主干道路灯工程
二类工程	主次干道、支路黑色碎石路面、沥青表面处理、沥青贯入式路面的道路工程，单跨10m以上的桥梁工程，涵洞工程，ϕ400以上的给水工程，ϕ600以上的排水工程，次干道路灯工程
三类工程	主次干道、支路大中修、返修、扩建的道路工程，单跨在6m以内的桥梁工程，涵洞工程，ϕ400以内的给水工程，ϕ600以内的排水工程及支路路灯工程
四类工程	街区、巷道的路面及路灯工程

5. 修缮工程

一类工程	一类建筑安装工程的拆除、维修、加固
二类工程	二类建筑安装工程的拆除、维修、加固
三类工程	三类建筑安装工程的拆除、维修、加固
四类工程	四类建筑安装工程的拆除、维修、加固

6. 园林工程

一类工程	堆砌假山、塑假石山、园林小品工程
二类工程	园林绿化工程，园路及园桥等工程

7. 仿古建筑工程

一类工程	建筑面积在400平方米以上的单体仿古建筑工程，官式两层或多层仿古建筑，官式重檐单层仿古建筑，官式带二踩以上斗拱的单层仿古建筑，二少弓子的仿古亭子建筑（兰州作法），两柱或四柱三楼以上带三踩以上斗拱、有翼角的牌楼、砖雕分仿、檩、椽、瓦、花雕的砖砌影壁
二类工程	建筑面积在100m^{2}以上的单体仿古建筑工程，官式无斗拱的单层仿古建筑，垂花门仿古建筑，一步弓子的仿古亭子建筑（兰州作法），共他形式的牌楼、琉璃影壁，石雕分仿、檩、椽、瓦、花雕的石牌楼
三类工程	结构简易的其他仿古建筑、石雕栏板、望柱安装

8. 建筑装饰装修工程

一类工程	（1）单位工程建筑面积在4000平方米以上的建筑整体装饰装修。（2）单项建筑装饰装修工程造价1000万元以上。（3）建筑装饰装修工程平方米造价2000元以上的宾馆饭店（含招待所）、餐饮娱乐场所，平方米造价1500元以上的商场、综合写字楼（含营业大厅）
二类工程	（1）单位工程建筑面积2000平方米以上的建筑整体装饰装修。（2）单项建筑装饰装修工程造价500万元以上，1000万元以下。（3）建筑装饰装修工程平方米造价1000元以上2000元以下的宾馆饭店（含招待所）、餐饮娱乐场所，平方米造价1000元以上1500元以下的商场、综合写字楼（含营业大厅）
三类工程	（1）单位工程建筑面积在500平方米以上的建筑整体装饰装修。（2）单项建筑装饰装修工程造价100万元以上，500万元以下。（3）建筑装饰装修工程平方米造价500元以上1000元以下的宾馆饭店（含招待所）、餐饮娱乐场所、商场、综合写字楼（含营业大厅）
四类工程	一、二、三类工程以外的工程

注：1. 工程划分标准中“×××以上”不包括“×××”本身，“×××以内”包括“×××”本身。

2. 同一类别有几个指标，以符合其中一个指标为准。

附件二：

甘肃省建设工程费用标准的核定发证办法

为加强对建设工程造价的管理和监督，正确执行费用标准，维护建筑市场的经济秩序，根据“甘肃省人民政府关于确认省级行政许可实施机构和行政许可事项的公告（第一号）”（甘政发〔2004〕41号）关于“建设工程费用标准的核定”的事项，制订本办法。

一、凡我省行政管辖区内发承包双方在办理建设工程项目（包括：建筑工程、安装工程、修缮工程、大规模土石方工程、市政工程、仿古建筑及园林工程、建筑装饰装修工程及专业工程等）

的预结算、进行工程招投标等计价活动时，均执行本办法。

二、建筑业企业在我省行政辖区内承担建设项目，均须通过建设工程费用标准的核定，取得《甘肃省建设工程费用标准证书》。证书中核定的间接费、利润、劳动保险基金作为发承包双方编制招标标底、投标报价、签订合同价款及办理工程结算的依据。未取得《甘肃省建设工程费用标准证书》的建筑业企业，一律不得承揽工程、参加工程招投标和办理工程结算。

三、全省建筑业企业的建设工程费用标准的核定及发证工作由省建设厅统一管理并印制证书。省、市（州）建设工程造价（定额）管理站组织实施。具体分工如下：

（一）中央部属和省属及省级有关部门所属的建筑业企业的费用标准由省建设厅审核发证。

（二）各市（州）所属的建筑业企业的费用标准由市（州）建委（建设局）进行初审，其中：一、二、三类费用标准由省建设厅审核发证，四类费用标准由市（州）建委（建设局）审核发证。

（三）外省、市入甘建筑业企业的费用标准，必须在办理进甘施工许可手续的同时持外省省级建设工程造价（定额）管理站出具的企业取费证明，在甘肃省建设工程造价管理总站注册登记后，由省建设厅审核发证。

（四）无隶属关系的建筑业企业的费用标准，一、二、三类费用标准由省建设厅审核发证，四类费用标准由市（州）建委（建设局）审核发证。

四、建筑业企业按管理分工到省、市（州）建设工程造价（定额）管理站申办《甘肃省建设工程费用标准证书》时，必须提供下列资料：

（一）填报《甘肃省建设工程费用标准的核定申请登记表》一式三份；

（二）上年度财务报表和年度统计报表；

（三）企业法人营业执照（复印件）；

（四）资质证及验资报告；

（五）上年度离、退休人数和在册职工人数报表；

（六）预算人员的职称、资格证书原件及复印件（原件验证后退回）；

（七）建筑业企业行为记录情况。

五、具有独立法人资格的建筑业企业均须申办《甘肃省建设工程费用标准证书》。改制为有限公司或有限责任公司的企业，除向建设行政主管部门提供本办法四所列资料外，还应当提供改制前企业类别的基本情况资料。

除此之外，集团公司所属二级法人单位应按各自具备的条件单独进行申报。

六、建筑业企业在我省境内承包工程，参加工程投标、签订工程承包合同、办理工程结算，必须向有关部门、建设单位出具《甘肃省建设工程费用标准证书》后，方可办理结算及价拨款手续。

七、《甘肃省建设工程费用标准证书》实行年检审核制度，持证建筑业企业必须按本办法管理分工，及时到省、市（州）建设工程造价（定额）管理站办理年检手续。

年检结束后，市（州）建设工程造价（定额）管理站要填写年检情况报告，并报省建设工程造价管理总站备案。

八、建设工程费用标准的核定实行动态管理，并实行公告制度。公告由省、市（州）建设工程造价（定额）管理站不定期在地方或行业报刊上发布。其中：中央部属和省属及省级有关部门所属建筑业企业及市（州）所属的一、二、三类建筑业企业的费用标准的核定由省建设厅发布。

九、未经年检鉴章的证书无效。超过使用期不办理年检手续，作自行取消此证使用权。

十、《甘肃省建设工程费用标准证书》只限本建筑业企业使用，不准转让、借用、涂改，违者吊销证书。

附件三：

甘肃省建设工程费用标准的核定评审条件

建设工程费用标准的核定应根据建筑业企业的企业性质、完成产值、人员素质、预结算工作状况、工程质量等综合评定，具体评审条件如下：

一类取费

1. 企业年完成建筑业总产值达到：建筑 20000 万元以上；钢结构、网架 3000 万元以上；地基与基础 5000 万元以上；土石方 3000 万元以上；安装 10000 万元以上；机械工业设备安装 4000 万元以上；消防 2500 万元以上；防腐保温 2000 万元以上；市政 16000 万元以上；仿古及园林 1500 万元以上；建筑装饰装修 3000 万元以上。

2. 企业注册资本金达到：建筑 5000 万元以上；钢结构、网架 1500 万元以上；地基与基础 1500 万元以上；土石方 1500 万元以上；安装 4000 万元以上；机械工业设备安装 1500 万元以上；消防 500 万元以上；防腐保温 1000 万元以上；市政 4000 万元以上；仿古及园林 1000 万元以上；建筑装饰装修 1000 万元以上。企业净资产达到：建筑 6000 万元以上；钢结构、网架 1800 万元以上；地基与基础 1800 万元以上；土石方 1500 万元以上；安装 5000 万元以上；机械工业设备安装 1800 万元以上；消防 600 万元以上；防腐保温 1200 万元以上；市政 5000 万元以上；仿古及园林 1200 万元以上；建筑装饰装修 1200 万元以上。

3. 概预结算工作主管人由国家注册造价工程师担任，具有造价工程师或我省工程造价专业资格证书的人员应达到：建筑 40 人以上；钢结构、网架 8 人以上；地基与基础 10 人以上；土石方 8 人以上；安装 20 人以上；机械工业设备安装 10 人以上；消防 4 人以上；防腐保温 16 人以上；市政 20 人以上；仿古及园林 4 人以上；建筑装饰装修 5 人以上。年人均预（结）算误差率 5% 以上不超过三次。企业各种管理机构及人员配置完善。

4. 企业近几年承担过一类工程或具有承担一类工程的能力。

5. 未出现重大质量安全事故，通过年度安全资格认证。

6. 未受到建设行政执法处罚。

二类取费

1. 企业年完成建筑业总产值达到：建筑 8000 万元以上；钢结构、网架 1500 万元以上；地基与基础 2000 万元以上；土石方 2000 万元以上；安装 5000 万元以上；机械工业设备安装 2000 万元以上；消防 1500 万元以上；防腐保温 1000 万元以上；市政 6000 万元以上；仿古及园林 600 万元以上；建筑装饰装修 1000 万元以上。

2. 企业注册资本金达到：建筑 2000 万元以上；钢结构、网架 800 万元以上；地基与基础 800 万元以上；土石方 800 万元以上；安装 1500 万元以上；机械工业设备安装 800 万元以上；消防 300 万元以上；防腐保温 500 万元以上；市政 2000 万元以上；仿古及园林 500 万元以上；建筑装饰装修 500 万元以上。企业净资产达到：建筑 2500 万元以上；钢结构、网架 1000 万元以上；地基与基础 1000 万元以上；土石方 1000 万元以上；安装 1800 万元以上；机械工业设备安装 1000 万元以上；消防 400 万元以上；防腐保温 600 万元以上；市政 2500 万元以上；仿古及园林 600 万元以上；建筑装饰装修 600 万元以上。

3. 概预结算工作主管人由国家注册造价工程师担任，具有造价工程师或我省工程造价专业资格证书的人员应达到：建筑 25 人以上；钢结构、网架 5 人以上；地基与基础 5 人以上；土石方 4 人以上；安装 10 人以上；机械工业设备安装 6 人以上；消防 2 人以上；防腐保温 8 人以上；市政 12 人以上；仿古及园林 3 人以上；建筑装饰装修 2 人以上。年人均预（结）算误差率 5% 以上不超过三次。企业各种管理机构及人员配置完善。

4. 企业近几年承担过二类工程或具有承担二类工程的能力。

5. 未出现重大质量安全事故，通过年度安全资格认证。

6. 未受到建设行政执法处罚。

三类取费

1. 企业年完成建筑业总产值达到：建筑2400万元以上；钢结构、网架500万元以上；地基与基础600万元以上；土石方1000万元以上；安装2000万元以上；机械工业设备安装500万元以上；消防500万元以上；防腐保温200万元以上；市政1000万元以上；仿古及园林200万元以上；建筑装饰装修500万元以上。

2. 企业注册资本金达到：建筑600万元以上；钢结构、网架300万元以上；地基与基础300万元以上；土石方300万元以上；安装500万元以上；机械工业设备安装300万元以上；消防100万元以上；防腐保温200万元以上；市政500万元以上；仿古及园林250万元以上；建筑装饰装修100万元以上。企业净资产达到：建筑700万元以上；钢结构、网架360万元以上；地基与基础350万元以上；土石方400万元以上；安装600万元以上；机械工业设备安装360万元以上；消防150万元以上；防腐保温300万元以上；市政600万元以上；仿古及园林300万元以上；建筑装饰装修150万元以上。

3. 概预结算工作主管人由国家注册造价工程师或具有我省工程造价专业资格证书的人员担任，具有造价工程师或我省工程造价专业资格证书的人员应达到：建筑10人以上；钢结构、网架2人以上；地基与基础3人以上；土石方1人以上；安装5人以上；机械工业设备安装3人以上；消防1人以上；防腐保温3人以上；市政6人以上；仿古及园林1人以上；建筑装饰装修1人以上。年人均预（结）算误差率5%以上不超过三次。企业设有相应的管理机构。

4. 企业近几年承担过三类工程或具有承担三类工程的能力。

5. 未出现重大质量安全事故，通过年度安全资格认证。

6. 未受到建设行政执法处罚。

四类取费

1. 企业年完成建筑业总产值达到：建筑1000万元以上；安装600万元以上；防腐保温100万元以上；市政150万元以上；建筑装饰装修100万元以上。

2. 企业注册资本金达到：建筑200万元以上；安装100万元以上；防腐保温50万元以上；市政50万元以上；建筑装饰装修50万元以上。企业净资产达到：建筑250万元以上；安装150万元以上；防腐保温100万元以上；市政100万元以上；建筑装饰装修60万元以上。

3. 概预结算工作主管人由具有我省工程造价专业资格证书的人员担任，具有我省工程造价专业资格证书的人员应达到：建筑5人以上；安装2人以上；防腐保温1人以上；市政1人以上；建筑装饰装修1人以上。年人均预（结）算误差率5%以上不超过三次。

4. 企业近几年承担过四类工程或具有承担四类工程的能力。

5. 未出现重大质量安全事故，通过年度安全资格认证。

6. 未受到建设行政执法处罚。

青海省建筑安装工程费用项目组成及计算规则

（2005年）

青海省建设厅、青海省财政厅关于印发《青海省建筑安装工程费用项目组成及计算规则》的通知

青建工〔2005〕1号

根据《建设工程工程量清单计价规范》（GB 50500—2003），建设部、财政部《关于印发〈建筑安装工程费用项目组成〉的通知》（建标〔2003〕206号）等文件规定，结合本省实际，我们编制了《青海省建筑安装工程费用项目组成及计算规则》（下称《费用计算规则》），现予以印发，并将有关事项通知如下：

一、本《费用计算规则》与《青海省建设工程消耗量定额》（青建工〔2004〕34号）、《青海省建设工程消耗量定额基价》（青建工〔2004〕229号）、《青海省房屋修缮工程预算定额》（青建工〔2000〕349号）配套使用。

二、为了培育公平竞争的市场环境，保障施工企业广大职工的切身利益，确保社会保障体系的建立，根据相关法律、法规的规定，《青海省建筑安装工程费用项目组成及计算规则》中养老保险费、失业保险费、医疗保险费、住房公积金、工程定额测定费以及危险作业意外伤害保险费，在工程建设招标中不参与投标竞争的内容。各级建设、财政行政管理部门负责监督管理。

三、本《费用计算规则》自2005年1月1日起在全省范围内施行。原发布的各相关费用定额同时废止。

四、本《费用计算规则》由青海省建设工程造价管理总站负责管理和解释。

附件1：青海省建筑安装工程费用项目组成及计算规则

附件2：青海省施工企业建设工程规费计取标准

青海省建设厅、青海省财政厅

二〇〇五年一月十日

附件1

青海省建筑安装工程费用项目组成及计算规则

总 说 明

1. 为了适应建筑安装工程计价的需要，统一建筑安装工程费用项目组成和计算方法，规范建筑安装工程计价行为，建立适应我省工程建设实际的工程造价计价体系，编制了《青海省建筑安装工程费用项目组成及计算规则》（以下简称《费用计算规则》）。

2. 本《费用计算规则》是根据建设部、财政部建标〔2003〕206号《关于印发〈建筑安装工程费用项目组成〉的通知》，国家标准《建设工程工程量清单计价规范》GB 50500—2003，及

有关法律、法规、规章规定，结合我省工程建设实际制定的。

3．本《费用计算规则》与《青海省建设工程消耗量定额》（青建工〔2004〕34号）及《青海省建设工程消耗量定额基价》（青建工〔2004〕229号）、《青海省房屋修缮工程预算定额》（青建工〔2000〕349号）配套使用，是我省建设工程工程量清单计价的依据，亦是传统工料单价法计价的建设工程确定工程造价的依据；是编制设计概算、施工图预算、招标标底、投标报价、竣工结算、调解和处理工程造价经济纠纷、鉴定工程造价的依据，也是衡量投标报价合理性的基础；是财政、审计确定工程项目投资的依据。

4．施工组织措施费、管理费及利润分别以直接费（分部分项工程费+施工技术措施费）或人工费（分部分项工程人工费+施工技术措施人工费）为取费基础。建筑、市政（道路、桥涵、堤防、隧道、混凝土及钢筋混凝土给排水管道安装与构筑物以及土方工程）、园林建筑工程以直接费为取费基础；装饰装修、安装、市政（道路交通管理设施、给、排水、燃气金属管道与构筑物设备安装）、园林绿化、包工不包料工程以人工费为取费基础。

5．本《费用计算规则》中的规费是政府和有关权力部门规定必须交纳的费用，应按规定执行。

6．本《费用计算规则》中费用费率标准按工程类别划分。

7．施工企业投标报价时施工组织措施项目费与管理费、利润可按本《费用计算规则》规定标准计算，也可按本《费用计算规则》规定的计算方法自行计算确定。

建筑安装工程费用项目组成及内容

建筑安装工程项目组成：建筑安装工程费由直接费、间接费、利润和税金组成（见附表）。

一、直接费：由分部分项工程费和措施项目费组成。

（一）分部分项工程费：是指施工过程中耗费的构成工程实体的各项费用。

内容包括：人工费、材料费、机械使用费。

1．人工费：是指直接从事建筑安装工程施工的生产工人开支的各项费用。

内容包括：

（1）基本工资：是指发给生产工人的基本工资。

（2）工资性补贴：是指按规定标准发放的物价补贴、煤和燃气补贴、交通补贴、住房补贴、高原补贴和流动施工津贴等。

（3）辅助工资：是指生产工人年有效施工天数以外非作业天数的工资。包括职工学习、培训期间的工资，调动工作、探亲、休假期间的工资，因气候影响的停工工资，女工哺乳时间的工资，病假在六个月以内的工资及产、婚、丧假期的工资。

（4）职工福利费：是指按规定标准计提的职工福利费。

（5）生产工人劳动保护费：是指按规定标准发放的劳动保护用品的购置费及修理费，徒工服装补贴，防暑降温费，在有碍身体健康环境中施工的保健费用等。

2．材料费：是指施工过程中耗费的构成工程实体的原材料、辅助材料、构配件、零件、半成品的费用。

内容包括：

（1）材料原价（或供应价格）。

（2）材料运杂费：是指材料自来源地运至工地仓库或指定堆放地点所发生的运输、装卸费用。

（3）运输损耗费：是指材料在运输装卸过程中不可避免的损耗。

（4）采购及保管费：是指为组织采购、供应和保管材料过程中所需要的各项费用。包括：采购费、仓储费、工地保管费、仓储损耗。

（5）检验试验费：是指对建筑材料、构件和建筑安装物进行一般鉴定、检查所发生的费用，包括自设试验室进行试验所耗用的材料和化学药品等费用。不包括新结构、新材料的试验费和建设单位对具有出厂合格证明的材料进行检验，对构件做破坏性试验及其他特殊要求检验试验的费用。

3．施工机械使用费：是指施工机械作业所发生的机械使用费以及机械安拆费和场外运费。内容包括：

（1）折旧费：指施工机械在规定的使用年限内，陆续收回其原值及购置资金的时间价值。

（2）大修理费：指施工机械按规定的大修理间隔台班进行必要的大修理，以恢复其正常功能所需的费用。

（3）经常修理费：指施工机械除大修理以外的各级保养和临时故障排除所需的费用。包括为保障机械正常运转所需替换设备与随机配备工具附具的摊销和维护费用，机械运转中日常保养所需润滑与擦拭的材料费用及机械停滞期间的维护和保养费用等。

（4）安拆费及场外运费：安拆费指施工机械在现场进行安装与拆卸所需的人工、材料、机械和试运转费用以及机械辅助设施的折旧、搭设、拆除等费用；场外运费指施工机械整体或分体自停放地点运至施工现场或由一施工地点运至另一施工地点的运输、装卸、辅助材料及架线等费用。

（5）人工费：指机上司机（司炉）和其他操作人员的工作日人工费及上述人员在施工机械规定的年工作台班以外的人工费。

（6）燃料动力费：指施工机械在运转作业中所消耗的固体燃料（煤、木柴）、液体燃料（汽油、柴油）及水、电等。

（7）养路费及车船使用税：指施工机械按照国家规定和有关部门规定应缴纳的养路费、车船使用税、保险费及年检费等。

（二）措施项目费：是指为完成工程项目施工，发生于该工程施工前和施工过程中非工程实体项目的费用。

内容包括：

1．施工技术措施费

（1）特、大型机械设备进出场及安拆费：是指机械整体或分体自停放场地运至施工现场或由一个施工地点运至另一个施工地点，所发生的机械进出场运输及转移费用及机械在施工现场进行安装、拆卸所需的人工费、材料费、机械费、试运转费和安装所需的辅助设施的费用。

（2）混凝土、钢筋混凝土模板及支架费：是指混凝土施工过程中需要的各种钢模板、木模板、支架等的支、拆、运输费用及模板、支架的摊销（或租赁）费用。

（3）脚手架费：是指施工需要的各种脚手架搭、拆、运输费用及脚手架的摊销（或租赁）费用。

（4）施工排水、降水费：是指为确保工程在正常条件下施工，采取各种排水、降水措施所发生的各项费用。

（5）垂直运输费：是指工程施工需要的垂直运输机械的使用费用。

2．施工组织措施费

（1）环境保护费：是指施工现场为达到环保部门要求所需要的各项费用。

（2）文明施工费：是指施工现场文明施工所需要的各项费用。

（3）安全施工费：是指施工现场安全施工所需要的各项费用。

（4）临时设施费：是指施工企业为进行建筑工程施工所必须搭设的生活和生产用的临时建筑物、构筑物和其他临时设施费用等。

临时设施包括：临时宿舍、文化福利及公用事业房屋与构筑物，仓库、办公室、加工厂以及规定范围内道路、水、电、管线等临时设施和小型临时设施。

临时设施费用包括：临时设施的搭设、维修、拆除费或摊销费。

施工单位承建25km以外的工程项目需要修建临时构件加工厂（场）者，临时设施费双方办理签证据实计算。

（5）夜间施工费：是指因夜间施工所发生的夜班补助费、夜间施工降效、夜间施工照明设备摊销及照明用电等费用。

(6) 二次搬运费：是指因施工场地狭小等特殊情况而发生的二次搬运费用。

(7) 已完工程及设备保护费：是指竣工验收前，对已完工程及设备进行保护所需费用。

(8) 冬雨季施工费：是指在冬雨季施工时，为确保工程质量所增加的费用及过冬工程维护、保护费。包括人工费、材料（防冻剂、抗冻剂按实计算）费、保温设施费、人工室内外作业临时取暖费（包括炉具设施）、建筑物门窗洞口封闭等费用。不包括暖棚法、蒸汽加热法、电气加热法施工而增加的费用。

(9) 缩短工期增加费：是指因缩短工期所发生的施工增加费包括人工、周转材料加大投入量所增加的费用等。其计算方法可参考工期定额计算，应以合同形式约定。

3. 其他措施项目费：是指上述措施项目费未包括的其他措施项目（建设工程工程量清单计价规范规定的与各专业消耗量定额规定的以及其他措施项目）费。如：原有公共建筑、树木、道路、桥涵、管道、电力、通讯等设施保护、改道、迁移等，工程监测，工程新材料、新工艺、新技术的研究、检验、试验、技术专利，苗木检疫，特殊包装，土壤测定，特殊产品保护，优质工程施工措施，特殊条件下施工措施，保险及交通秩序维护与其他影响因素所发生的费用。

二、间接费：由管理费和规费组成。

（一）管理费：是指建筑安装企业组织施工生产和经营管理所需费用。

内容包括：

1. 管理人员工资：是指管理人员的基本工资、工资性补贴、职工福利费、劳动保护费等。

2. 办公费：是指企业管理办公用的文具、纸张、账表、印刷、邮电、书报、会议、水电、烧水和集体取暖（包括现场临时宿舍取暖）用煤等费用。

3. 差旅交通费：是指职工因公出差、调动工作的差旅费、住勤补助费，市内交通费和误餐补助费，职工探亲路费，劳动力招募费，职工离退休、退职一次性路费，工伤人员就医路费，工地转移费以及管理部门使用的交通工具的油料、燃料、养路费及牌照费。

4. 固定资产使用费：是指管理和试验部门及附属生产单位使用的属于固定资产的房屋、设备仪器等的折旧、大修、维修或租赁费。

5. 工具用具使用费：是指管理使用的不属于固定资产的生产工具、器具、家具、交通工具和检验、试验、测绘、消防用具等的购置、维修和摊销费。

6. 劳动保险费：是指由企业支付离退休职工的易地安家补助费、职工退职金、六个月以上的病假人员工资、职工死亡丧葬补助费、抚恤费、按规定支付给离休干部的各项经费。

7. 工会经费：是指企业按职工工资总额计提的工会经费。

8. 职工教育经费：是指企业为职工学习先进技术和提高文化水平，按职工工资总额计提的费用。

9. 财产保险费：是指施工管理用财产、车辆保险。

10. 财务费：是指企业为筹集资金而发生的各种费用。

11. 税金：是指企业按规定缴纳的房产税、车船使用税、土地使用税、印花税等。

12. 其他：包括技术转让费、技术开发费、业务招待费、绿化费、广告费、公证费、法律顾问费、审计费、咨询费等。

（二）规费：是指政府和有关权力部门规定必须缴纳的费用（简称规费）。

内容包括：

1. 工程排污费：是指施工现场按规定缴纳的工程排污费。

2. 工程定额测定费：是指按规定为工程造价（定额）管理部门缴纳的工程定额测定费。

3. 社会保障费

(1) 养老保险费：是指企业按规定标准为职工缴纳的基本养老保险费。

(2) 医疗保险费：是指企业按照规定标准为职工缴纳的基本医疗保险费。

(3) 失业保险费：是指企业按照国家规定标准为职工缴纳的失业保险费。

4．住房公积金：是指企业按规定标准为职工缴纳的住房公积金。

5．危险作业意外伤害保险：是指按照建筑法规定，企业为从事危险作业的建筑安装施工人员支付的意外伤害保险费。

三、利润：是指施工企业完成所承包工程获得的盈利。

四、其他项目费包括：预留金、材料购置费、总承包服务费和零星工作项目费等内容，应按《计价规范》规定计算。

1．预留金：是指业主为可能发生的工程量变更而预留的金额。

2．材料购置费：是指业主自行采购材料的费用。

3．总承包服务费：是指配合业主进行的工程分包和材料采购所需的费用。

4．零星工作项目费：是指完成业主提出的零星工作项目所需的费用。

五、税金：是指国家税法规定的应计入建筑安装工程造价内的营业税、城市维护建设税及教育费附加（含青海省地方教育附加）等。

附表

建筑安装工程费用项目组成表

<table>
<tr><td rowspan="36">建筑安装工程费</td><td rowspan="17">一、直接费</td><td rowspan="3">分部分项工程费</td><td colspan="2">1．人工费</td></tr>
<tr><td colspan="2">2．材料费</td></tr>
<tr><td colspan="2">3．施工机械使用费</td></tr>
<tr><td rowspan="14">措施项目费</td><td rowspan="5">施工技术措施费</td><td>1．特、大型机械设备进出场及安拆费</td></tr>
<tr><td>2．混凝土、钢筋混凝土模板及支架费</td></tr>
<tr><td>3．脚手架费</td></tr>
<tr><td>4．施工排水、降水</td></tr>
<tr><td>5．垂直运输费</td></tr>
<tr><td rowspan="9">施工组织措施费</td><td>1．环境保护费</td></tr>
<tr><td>2．文明施工费</td></tr>
<tr><td>3．安全施工费</td></tr>
<tr><td>4．临时设施费</td></tr>
<tr><td>5．夜间施工费</td></tr>
<tr><td>6．二次搬运费</td></tr>
<tr><td>7．已完工程及设备保护费</td></tr>
<tr><td>8．冬雨季施工费</td></tr>
<tr><td>9．缩短工期增加费</td></tr>
<tr><td rowspan="17">二、间接费</td><td rowspan="12">管理费</td><td colspan="2">1．管理人员工资</td></tr>
<tr><td colspan="2">2．办公费</td></tr>
<tr><td colspan="2">3．差旅交通费</td></tr>
<tr><td colspan="2">4．固定资产使用费</td></tr>
<tr><td colspan="2">5．工具用具使用费</td></tr>
<tr><td colspan="2">6．劳动保险费</td></tr>
<tr><td colspan="2">7．工会经费</td></tr>
<tr><td colspan="2">8．职工教育经费</td></tr>
<tr><td colspan="2">9．财产保险费</td></tr>
<tr><td colspan="2">10．财务费</td></tr>
<tr><td colspan="2">11．税金</td></tr>
<tr><td colspan="2">12．其他</td></tr>
<tr><td rowspan="5">规费</td><td colspan="2">1．工程排污费</td></tr>
<tr><td colspan="2">2．工程定额测定费</td></tr>
<tr><td colspan="2">3．社会保障费（包括养老保险费、失业保险费、医疗保险费）</td></tr>
<tr><td colspan="2">4．住房公积金</td></tr>
<tr><td colspan="2">5．危险作业意外伤害保险费</td></tr>
<tr><td colspan="4">三、利润</td></tr>
<tr><td colspan="4">四、税金</td></tr>
</table>

建筑安装工程费用参考计算方法

一、人工费

$$\text{人工费}=\sum(\text{工日消耗量}\times\text{高原人工效率降低系数}\times\text{人工单价})$$

$$\text{人工单价}=1+2+3+4+5$$

1. $\text{基本工资}=\dfrac{\text{生产工人平均月工资}}{\text{年平均每月法定工作日}}$

2. $\text{工资性补贴}=\dfrac{\sum\text{生产工人平均月补贴}}{\text{年平均每月法定工作日}}$

3. $\text{辅助工资}=\dfrac{(\text{基本工资}+\text{工资性补贴})\times\text{年非作业天数}}{\text{年法定工作日}}$

4. 职工福利费 =（基本工资 + 工资性补贴 + 辅助工资）× 计提标准（%）

5. $\text{劳动保护费}=\dfrac{\text{生产工人年平均劳动支出}}{\text{年法定工作日}}$

二、材料费

$$\text{材料费}=\sum(\text{材料消耗量}\times\text{材料单价})$$

$$\text{材料单价}=1+2+3+4+5$$

1. 材料原价（或供应价格）
2. 材料运杂费 = 运输费 + 装卸费
3. 运输损耗费 = 材料原价 × 材料运输损耗率（%）
4. 采购及保管费 =（材料原价 + 材料运杂费）× 采购保管费率（%）
5. $\text{检验试验费}=\dfrac{\text{按规定每批材料抽验所需费用}}{\text{该批材料数量}}$

三、机械使用费

$$\text{机械使用费}=\sum(\text{机械台班消耗量}\times\text{高原机械效率降低系数}\times\text{台班单价})$$

$$\text{台班单价}=1+2+3+4+5+6+7$$

1. $\text{折旧费}=\dfrac{[\text{机械出厂(或到岸完税)价}+\text{运杂费}\times(1-\text{残值率})\times\text{时间价值系数}]}{\text{耐用总台班}}$

2. $\text{大修理费}=\dfrac{\text{一次大修理费}\times(\text{使用周期}-1)}{\text{耐用总台班}}$

3. $\text{经常修理费}=\dfrac{\sum(\text{各级保养一次费用}\times\text{寿命期内各保养次数})+\text{临时故障排除费}+\text{替换设备台班摊销费}+\text{工具附具台班摊销费}+\text{例保辅料费}}{\text{耐用总台班}}$

4. $\text{台班人工费}=\text{人工消耗量}\times\left(1+\dfrac{\text{年制度工作日}-\text{年工作台班}}{\text{年工作台班}}\right)\times\text{人工单价}$

人工消耗量指机上司机（司炉）和其他操作人员工日消耗量

年制度工作日应执行编制期国家有关规定。

5. 燃料动力费 = $\sum$（台班燃料动力消耗量 × 相应燃料单价）

6. $\text{安拆费及场外运输费}=\text{台班辅助设施摊销费}+\dfrac{\text{机械一性安拆费}\times\text{年平均安拆次数}+P\times\text{年平均场外运输次数}}{\text{年工作台班}}$

$$P=\text{一次运输及装卸费}+\text{辅助材料一次摊销费}+\text{一次架线费}$$

7. $\text{养路费及车船使用税}=\dfrac{\text{年养路费}+\text{年车船使用税}+\text{年保险费}+\text{年检费用}}{\text{年工作台班}}$

$$\text{年养路费}=\text{载重量(或核定吨位)}\times\text{养路费}\times12$$

$$\text{年车船使用税}=\text{载重量(或核定吨位)}\times\text{车船使用税}$$

养路费以“元/吨·月”为单位；车船使用税以“元/吨·年”为单位。

四、施工组织措施费

1．环境保护费 =（分部分项工程费 + 施工技术措施费）× 环境保护费费率（%）

$$\text{环境保护费费率（\%）}=\frac{\text{本项费用年度平均支出}}{\text{全年建安产值}\times\text{（分部分项工程费 + 施工技术措施费）占总造价比例（\%）}}$$

2．安全文明施工费 =（分部分项工程费 + 施工技术措施费）× 安全文明施工费费率（%）

$$\text{安全文明施工费费率（\%）}=\frac{\text{本项费用年度平均支出}}{\text{全年建安产值}\times\text{（分部分项工程费 + 施工技术措施费）占总造价比例（\%）}}$$

3．临时设施费 = 周转使用临建费 + 一次性使用临建费 + 其他临时设施费

（1）周转使用临建（如：活动房屋）

$$\text{周转使用临建费}=\sum\left[\frac{\text{临建面积}\times\text{每平方米造价}}{\text{使用年限}\times 365\times\text{利用率（\%）}}\times\text{工期（天）}\right]+\text{一次性拆除费}$$

（2）一次性使用临建（如：简易建筑）

一次性使用临建费 = Σ临建面积 × 每平方米造价 ×［1 − 残值率（%）］+ 一次性拆除费

（3）其他临时设施费（如：临时管线）

4．夜间施工费 $=\left(1-\frac{\text{合同工期}}{\text{定额工期}}\right)\times\frac{\text{（分部分项工程人工费 + 施工技术措施人工费）}}{\text{人工单价}}\times$ 每工日夜间施工费开支

5．二次搬运费 =（分部分项工程费 + 施工技术措施费）× 二次搬运费费率（%）

$$\text{二次搬运费费率（\%）}=\frac{\text{本项费用年度平均支出}}{\text{全年建安产值}\times\text{（分部分项工程费 + 施工技术措施费）占总造价比例（\%）}}$$

6．已完工程及设备保护费 = 人工费 + 材料费 + 成品保护所需机械费

7．冬雨季施工费 = 人工费 + 材料费 + 人工降效费 + 机械降效费

五、管理费

1．以人工费、材料费、机械使用费之和为计算基础。

管理费 =（人工费 + 材料费 + 机械使用费）× 管理费费率（%）

管理费费率（%）$=\frac{\text{生产工人年平均管理费支出}}{\text{年有效施工天数}\times\text{人工单价}}\times$ 人工费占（人工费 + 材料费 + 机械使用费）比例（%）

2．以人工费、机械费使用之和为计算基础。

管理费 =（人工费 + 机械使用费）× 管理费费率（%）

$$\text{管理费费率（\%）}=\frac{\text{生产工人年平均管理费支出}}{\text{年有效施工天数}\times\text{（人工单价 + 每日机械使用费）}}\times 100\%$$

3．以人工费为计算基础。

管理费 = 人工费 × 管理费费率（%）

$$\text{管理费费率（\%）}=\frac{\text{生产工人年平均管理费支出}}{\text{年有效施工天数}\times\text{人工单价}}\times 100\%$$

年有效施工天数 = 全年日历日 − 法定假日 − 公休日 − 非作业天数

六、利润

1．以人工费、材料费、机械使用费、管理费之和为计算基础。

利润 =（人工费 + 材料费 + 机械使用费 + 管理费）× 利润率（%）

2．以人工费、机械费使用之和为计算基础。

利润 =（人工费 + 机械使用费）× 利润率（%）

3．以人工费为计算基础。

利润 = 人工费 × 利润率（%）

七、税金

税金 = 税前造价 × 税率（%）

1．纳税地点在市区的企业

$$税率（\%）=\frac{1}{1-3\%-(3\%\times7\%)-(3\%\times3\%)-3\%\times0.5\%}-1$$

2．纳税地点在县城、镇的企业

$$税率（\%）=\frac{1}{1-3\%-(3\%\times5\%)-(3\%\times3\%)-3\%\times0.5\%}-1$$

3．纳税地点不在市区、县城、镇的企业

$$税率（\%）=\frac{1}{1-3\%-(3\%\times1\%)-(3\%\times3\%)-3\%\times0.5\%}-1$$

建筑安装工程费用标准

一、施工组织措施费（不包括缩短工期增加费）标准（费率%）

（一）建筑工程

工程项目	工程类别	取费基础	施工组织措施费
一般建筑工程 （1）工程实体项目：土（石）方、桩与地基基础、砌筑、混凝土及钢筋混凝土、厂库房大门特殊门及木结构、金属结构、屋面及防水、防腐、隔热、保温，其他工程及建筑物超高增加。 （2）施工技术措施项目：特、大型机械设备进出场及安拆、施工排水、降水、脚手架、混凝土、钢筋混凝土模板及支架、垂直运输机械。 （3）其他措施项目：实际发生项目	一类	直接费（分部分项工程＋施工技术措施）	6.00
	二类		4.00
	三类		3.00
	四类		2.00
	五类		1.00
构件制作兼安装工程	一类		4.00
	二类		3.00
	三类		2.00
单独构件安装工程 注：取费基础中不包含构件本身的价格	一类		3.00
	二类		2.00
	三类		1.00
打桩工程 注：取费基础中不包含桩本身的价格	一类		3.00
	二类		2.00
	三类		1.00

（二）装饰装修工程

工程项目	工程类别	取费基础	施工组织措施费
（1）工程实体项目：楼地面、墙、柱面、天棚、门窗、油漆、涂料、裱糊、其他工程。 （2）施工技术措施项目：脚手架、垂直运输机械、已完工程及设备保护、室内空气污染测试。 （3）其他措施项目：实际发生项目	一类	分部分项工程人工费＋施工技术措施人工费	22.00
	二类		20.00
	三类		16.00
	四类		14.00

（三）安装工程

工程项目	工程类别	取费基础	施工组织措施费
（1）工程实体项目：机械设备、电气设备、热力设备、炉窑砌筑、静置设备与工艺金属结构制安、工业管道、给排水、采暖、燃气、通风空调、自动化控制仪表、通信设备及线路、建筑智能化系统设备、长距离输送管道安装工程，市政道路交通管理设施、给、排水、燃气金属管道与构筑物设备安装。 （2）施工技术措施项目：组装平台、炉窑施工大棚、炉窑烘炉、热态工程、格架式抱杆、脚手架搭拆等。 （3）其他措施项目：实际发生项目	一类	分部分项工程人工费＋施工技术措施人工费	15.00
	二类		12.00
	三类		10.00
	四类		8.00

（四）市政工程

工程项目	工程类别	取费基础	施工组织措施费
（1）工程实体项目：土方、道路、桥涵护岸、隧道、混凝土及钢筋混凝土给排水管道安装与构筑物以及土方工程、钢筋、拆除工程。 （2）施工技术措施项目：大型机械设备进出场及安拆混凝土、钢筋混凝土模板及支架，脚手架，施工排水降水，围堰、筑岛，现场施工围栏、便道、便桥，洞内施工的通风、供水、供气、供电、照明及通讯设施、驳岸块石清理等。 （3）其他措施项目：实际发生项目	一类	直接费（分部分项工程＋施工技术措施）	5.00
	二类		3.80
	三类		2.70
	四类		1.30

（五）园林绿化与园林建筑工程

1．园林绿化工程

工程项目	工程类别	取费基础	施工组织措施费
（1）工程实体项目：栽植花木。 （2）施工技术措施项目：大型机械设备进出场及安拆、施工排水、降水。 （3）其他措施项目：实际发生项目	一类	分部分项工程人工费＋施工技术措施人工费	—
	二类		6.00

2．园林及仿古建筑工程

工程项目	工程类别	取费基础	施工组织措施费
（1）工程实体项目：土（石）方、园路、园桥、假山、园林景观及仿古建筑工程。 （2）施工技术措施项目：大型机械设备进出场及安拆、施工排水、降水、脚手架、混凝土、钢筋混凝土模板及支架、垂直运输机械等。 （3）其他措施项目：实际发生项目	一类	直接费（分部分项工程＋施工技术措施）	3.50
	二类		2.50
	三类		1.50

（六）大规模土（石）方——人工施工

工程项目	工程类别	取费基础	施工组织措施费
人工挖土、运土、回填土	一类	直接费（分部分项工程＋施工技术措施）	2.50
	二类		1.50
	三类		0.80
	四类		0.50

（七）大规模土（石）方——机械施工

工程项目	工程类别	取费基础	施工组织措施费
（1）工程实体项目：机械挖土（包括人工修边坡）、运土、回填土。 （2）挖掘机场外运输等	一类	直接费（分部分项工程＋施工技术措施）	2.50
	一类		1.50
	三类		0.80
	四类		0.50

（八）包工不包料工程

工程项目	工程类别	取费基础	施工组织措施费
适用于各专业的包工不包料工程	一类	分部分项工程人工费＋施工技术措施人工费	19.00
	二类		15.00
	三类		12.00
	四类		10.00

二、管理费、利润标准（费率％）

（一）建筑工程

工程项目	工程类别	取费基础	管理费	利润
一般建筑工程 （1）工程实体项目：土（石）方、桩与地基基础、砌筑、混凝土及钢筋混凝土、厂库房大门特殊门及木结构、金属结构、屋面及防水、防腐、隔热、保温，其他工程及建筑物超高增加。 （2）施工技术措施项目：特、大型机械设备进出场及安拆、施工排水、降水、脚手架、混凝土、钢筋砼模板及支架、垂直运输机械。 （3）其他措施项目：实际发生项目	一类	直接费（分部分项工程＋施工技术措施）	13.00	7.00
	二类		11.00	5.00
	三类		8.50	3.00
	四类		5.50	2.00
	五类		4.00	1.50
构件制作兼安装工程	一类		10.00	5.00
	二类		8.00	4.00
	三类		5.00	3.00
单独构件安装工程 注：取费基础中不包含构件本身的价格	一类		22.00	7.00
	二类		19.00	5.00
	三类		16.00	3.00
打桩工程 注：取费基础中不包含桩本身的价格	一类		23.00	7.00
	二类		20.00	5.00
	三类		16.00	3.00

（二）装饰装修工程

工程项目	工程类别	取费基础	管理费	利润
（1）工程实体项目：楼地面、墙、柱面、天棚、门窗、油漆、涂料、裱糊、其他工程。 （2）施工技术措施项目：脚手架、垂直运输机械、已完工程及设备保护、室内空气污染测试。 （3）其他措施项目：实际发生项目	一类	分部分项工程人工费＋施工技术措施人工费	61.00	55.00
	二类		49.00	40.00
	三类		39.00	25.00
	四类		31.00	16.00

（三）安装工程

<table>
<tr><th>工 程 项 目</th><th>工程类别</th><th>取费基础</th><th>管理费</th><th>利润</th></tr>
<tr><td rowspan="4">（1）工程实体项目：机械设备、电气设备、热力设备、炉窑砌筑、静置设备与工艺金属结构制安、工业管道、给排水、采暖、燃气、通风空调、自动化控制仪表、通信设备及线路、建筑智能化系统设备、长距离输送管道安装工程，市政道路交通管理设施、给、排水、燃气金属管道与构筑物设备安装。
（2）施工技术措施项目：组装平台、炉窑施工大棚、炉窑烘炉、热态工程、格架式抱杆、脚手架搭拆等。
（3）其他措施项目：实际发生项目</td><td>一类</td><td rowspan="4">分部分项工程人工费+施工技术措施人工费</td><td>50.00</td><td>45.00</td></tr>
<tr><td>二类</td><td>42.00</td><td>37.00</td></tr>
<tr><td>三类</td><td>31.00</td><td>27.00</td></tr>
<tr><td>四类</td><td>22.00</td><td>18.00</td></tr>
</table>

（四）市政工程

<table>
<tr><th>工 程 项 目</th><th>工程类别</th><th>取费基础</th><th>管理费</th><th>利润</th></tr>
<tr><td rowspan="4">（1）工程实体项目：土方、道路、桥涵护岸、隧道、混凝土及钢筋混凝土给排水管道安装与构筑物以及土方工程、钢筋、拆除工程。
（2）施工技术措施项目：大型机械设备进出场及安拆混凝土、钢筋混凝土模板及支架，脚手架，施工排水降水，围堰、筑岛，现场施工围栏、便道、便桥，洞内施工的通风、供水、供气、供电、照明及通讯设施、驳岸块石清理等。
（3）其他措施项目：实际发生项目</td><td>一类</td><td rowspan="4">直接费（分部分项工程+施工技术措施）</td><td>12.50</td><td>7.00</td></tr>
<tr><td>二类</td><td>10.00</td><td>5.00</td></tr>
<tr><td>三类</td><td>6.80</td><td>3.00</td></tr>
<tr><td>四类</td><td>5.30</td><td>2.00</td></tr>
</table>

（五）园林绿化与园林建筑工程

1. 园林绿化工程

<table>
<tr><th>工 程 项 目</th><th>工程类别</th><th>取费基础</th><th>管理费</th><th>利润</th></tr>
<tr><td rowspan="2">（1）工程实体项目：栽植花木。
（2）施工技术措施项目：大型机械设备进出场及安拆、施工排水、降水。
（3）其他措施项目：实际发生项目</td><td>一类</td><td rowspan="2">分部分项工程人工费+施工技术措施人工费</td><td>—</td><td>—</td></tr>
<tr><td>二类</td><td>16.00</td><td>15.00</td></tr>
</table>

2. 园林及仿古建筑工程

<table>
<tr><th>工 程 项 目</th><th>工程类别</th><th>取费基础</th><th>管理费</th><th>利润</th></tr>
<tr><td rowspan="3">（1）工程实体项目：土（石）方、园路、园桥、假山、园林景观及仿古建筑工程。
（2）施工技术措施项目：大型机械设备进出场及安拆、施工排水、降水、脚手架、混凝土、钢筋混凝土模板及支架、垂直运输机械等。
（3）其他措施项目：实际发生项目</td><td>一类</td><td rowspan="3">直接费（分部分项工程+施工技术措施）</td><td>8.50</td><td>5.00</td></tr>
<tr><td>二类</td><td>7.50</td><td>3.50</td></tr>
<tr><td>三类</td><td>5.50</td><td>2.00</td></tr>
</table>

（六）大规模土（石）方——人工施工

工程项目	工程类别	取费基础	管理费	利润
人工挖土、运土、回填土	一类	直接费（分部分项工程+施工技术措施）	18.50	7.00
	二类		15.50	5.00
	三类		12.20	3.00
	四类		8.50	2.00

（七）大规模土（石）方——机械施工

工程项目	工程类别	取费基础	管理费	利润
（1）工程实体项目：机械挖土（包括人工修边坡）、运土、回填土。 （2）挖掘机场外运输等	一类	直接费（分部分项工程+施工技术措施）	10.00	6.00
	二类		9.00	4.00
	三类		6.50	3.00
	四类		5.50	2.00

（八）包工不包料工程

工程项目	工程类别	取费基础	管理费	利润
适用于各专业的包工不包料工程	一类	分部分项工程人工费+施工技术措施人工费	65.00	55.00
	二类		50.00	45.00
	三类		36.00	33.00
	四类		27.00	25.00

（九）房屋修缮工程取费标准（管理费中包括施工组织措施费）

工程项目	工程类别	取费基础	综合费率	其中	
				管理费	利润
拆除及建筑工程	一类	直接费	23.50	16.50	7.00
	二类		18.00	13.00	5.00
	三类		13.00	10.00	3.00
	四类		8.50	6.50	2.00
	五类		6.00	4.50	1.50
拆除及安装工程	一类	人工费	98.00	50.00	48.00
	二类		75.00	38.00	37.00
	三类		47.00	24.00	23.00
	四类		34.00	18.00	16.00
单拆除工程	一类		50.00	26.00	24.00
	二类		40.00	22.00	18.00
	三类		30.00	16.00	14.00
	四类		22.00	12.00	10.00
	五类		12.00	7.00	5.00

三、其他项目费

费用项目	取费基础	建筑	装饰装修	安装	市政	园林绿化
1. 预留金	按招标文件规定	根据招标文件确定				
2. 材料购置费						
3. 总承包服务费						
4. 零星工作项目费						

四、规费标准

单位:%

费用项目	取费基础	建筑	装饰装修	安装	市政	园林绿化
1. 社会保障费	分部分项工程人工费+施工技术措施人工费	(32.50)				
①养老保险费		24.50				
②失业保险费		2.00				
③医疗保险费		6.00				
2. 住房公积金		5.00				
3. 工程定额测定费	税前造价	1.5‰				
4. 危险作业意外伤害保险费		2.2‰				
5. 工程排污费		按实际发生计算				

五、税金税率

纳 税 地 点	取 费 基 础	税金税率（%）
在市区	税前造价	3.43
在县城、镇		3.36
不在市、县城或镇		3.24

六、人工费标准

单位：元/工日

项　目	各 类 工 程	备　注
预算人工费日工资额	25.48	计算《青海省建设工程消耗量定额计价》（建筑、装饰装修、安装、市政、园林工程）的依据，房屋修缮工程预算定额人工费×25.48/20.60（或1.24）。

建筑安装工程费用计价程序

一、分部分项工程费、施工技术措施费、其他措施费、零星工作项目的综合单价计价程序

（一）以人工费+材料费+机械费为取费基础的计价程序

序号	项　目	计 算 式	备　注
1	人工费	清单工程量×人工基价	
2	材料费	清单工程量×材料基价	
3	机械费	清单工程量×机械基价	
4	管理费	（人工费+材料费+机械费）×费率	
5	利润	（人工费+材料费+机械费+管理费）×费率	
6	综合单价	1+2+3+4+5	

青海

（二）以人工费为取费基础的计价程序

序号	项　目	计 算 式	备　注
1	人工费	清单工程量×人工基价	
2	材料费	清单工程量×材料基价	
3	机械费	清单工程量×机械基价	
4	管理费	人工费×费率	
5	利润	人工费×费率	
6	综合单价	1+2+3+4+5	

二、单位工程计价程序

（一）结合单价法

1. 以人工费+材料费+机械费为取费基础的工程费用计价程序

行号	序号	费用项目	计算方法
1	一	分部分项工程量清单项目费	Σ（分部分项清单工程量×综合单价）
2	二	措施清单项目费	3+4
3	（一）	施工技术措施清单项目费	Σ（技术措施项目清单工程量×综合单价）
4	（二）	施工组织措施清单项目费	（1+3）×相应费率
5	三	其他项目清单费	按清单计价规定计算
6	四	规费	7+8+9+10+11
7	（一）	社会保障费（养老保险、医疗保险、失业保险）	人工费×相应费率
8	（二）	住房公积金	人工费×相应费率
9	（三）	工程排污费	按实际发生额
10	（四）	工程定额测定费	（1+2+5+7+8+9）×0.15%
11	（五）	意外伤害保险费	（1+2+5+7+8+9）×0.22%
12	五	税金	（1+2+5+6）×相应税率
13	六	工程总造价	1+2+5+6+12

2. 以人工费为取费基础的工程费用计价程序

行号	序号	费用项目	计算方法
1	一	分部分项工程量清单项目费	Σ（分部分项清单工程量×综合单价）
2	二	措施清单项目费	3+4
3	（一）	施工技术措施清单项目费	Σ（技术措施项目清单工程量×综合单价）
4	（二）	施工组织措施清单项目费	人工费×相应费率
5	三	其他项目清单费	按清单计价规定计算
6	四	规费	7+8+9+10+11
7	（一）	社会保障费（养老保险、医疗保险、失业保险）	人工费×相应费率
8	（三）	住房公积金	人工费×相应费率

续表

行号	序号	费 用 项 目	计 算 方 法
9	(三)	工程排污费	按实际发生额
10	(四)	工程定额测定费	(1+2+5+7+8+9) ×0.15%
11	(五)	意外伤害保险费	(1+2+5+7+8+9) ×0.22%
12	五	税金	(1+2+5+6) ×相应税率
13	六	工程总造价	1+2+5+6+12

（二）工料单价法计价程序

1. 以人工费+材料费+机械费为取费基础的工程费用计价程序

行号	序号	费 用 项 目	计 算 方 法
1	一	直接工程费（分部分项工程费+施工技术措施费）	2+3+4
2	(一)	人工费	
3	(二)	材料费	
4	(三)	机械费	
5	二	施工组织措施费	1×相应费率
6	三	管理费	1×相应费率
7	四	利润	(1+5+6) ×相应费率
8	五	规费	9+10+11+12+13
9	(一)	社会保障费（养老保险、医疗保险、失业保险）	人工费×相应费率
10	(二)	住房公积金	人工费×相应费率
11	(三)	工程排污费	按实际发生额
12	(四)	工程定额测定费	(1+5+6+7+9+10+11) ×0.15%
13	(五)	意外伤害保险费	(1+5+6+7+9+10+11) ×0.22%
14	七	其他	按实际发生
15	八	税金	(1+5+6+7+8+14) ×相应税率
16	九	工程总造价	1+5+6+7+8+14+15

2. 以人工费为取费基础的工程费用计价程序

行号	序号	费 用 项 目	计 算 方 法
1	一	直接工程费（分部分项工程费+施工技术措施费）	2+3+4
2	(一)	人工费	
3	(二)	材料费	
4	(三)	机械费	
5	二	施工组织措施费	人工费×相应费率
6	三	管理费	人工费×相应费率
7	四	利润	人工费×相应费率
8	五	规费	9+10+11+12+13
9	(一)	社会保障费（养老保险、医疗保险、失业保险）	人工费×相应费率
10	(二)	住房公积金	人工费×相应费率

续表

行号	序号	费用项目	计算方法
11	（三）	工程排污费	按实际发生额
12	（四）	工程定额测定费	（1+5+6+7+9+10+11）×0.15%
13	（五）	意外伤害保险费	（1+5+6+7+9+10+11）×0.22%
14	七	其他	按实际发生
15	八	税金	（1+5+6+7+8+14）×相应税率
16	九	工程总造价	1+5+6+7+8+14+15

建筑安装工程类别标准

一、说明

根据我省工程建设情况，我们重新修订了青海省建筑、装饰装修、安装、市政、园林绿化工程类别标准，作为施工企业计取工程间接费的依据。

（一）通用规定

1. 工程类别划分均以单位工程为准。

2. 工程类别标准中“×××以上”包括×××本身，“×××以下”不包括×××本身。

3. 在某一类别工程中有两个指标的，只要满足其中一个指标即可按该指标确定工程类别；有三个指标控制的，必须满足两个及两个以上指标时，方可确定工程类别。

4. 表中未列的工程类别，由青海省建设行政主管部门按有关技术参数确定。

（二）建筑及装饰装修工程

1. 建筑物有声、光、超净、恒温、无菌等特殊要求，且面积超过整个建筑物面积40%以上，划归一类工程。

2. 建筑层数含地下及半地下室层数。突出屋面的楼梯出口间、电梯间、水箱间不计算层数。

3. 建筑物、构筑物高度系指设计室外地坪至檐口顶标高（不包括女儿墙，高出屋面有围护墙的电梯间、水箱间、楼梯间等的高度），跨度系指轴线之间的宽度。

4. 工业建筑工程：指从事物质资料生产和直接为生产服务的建筑工程，主要包括生产（加工）车间、试验车间、仓库、科研单位的独立试验室、化验室、民用锅炉房和其他生产用建筑工程。

5. 民用建筑工程是指直接用于满足人们的物质和文化生活需要的非生产性建筑工程，主要包括住宅楼、综合楼、办公楼、教学楼、宾馆、宿舍及其他民用建筑工程。

6. 公共建筑工程是指为满足人民物质文化生活需要和进行社会活动而设置的非生产性建筑物。如：学校、医院、商店、影剧院、体育馆、图书馆、纪念馆等以及类似的工程。

7. 构筑物工程是指与工业与民用建筑工程相配套且独立于工业与民用建筑工程，主要包括烟囱、水塔、仓类、池类。

8. 别墅按三类建筑工程标准确定。

9. 单独强夯法加固地基按二类工程标准确定；单独构件制作兼安装、单独构件安装、单独打桩工程类别按相应的建筑工程类别标准确定。

10. 与建筑物配套的化粪池、检查井、管道沟按相应的建筑工程类别确定，厂区围墙、道路、下水管道、挡土墙等按五类标准确定。

11. 一个单位工程的土石方（包括挖或填）工程量在6000立方米以下，按建筑物或构筑物的工程类别标准确定。

12. 单独承包装饰装修或建筑与装饰装修一起承包的装饰装修工程，按装饰装修工程类别标准确定。

（三）安装工程：一个单位工程由几个专业组成时，应按其对应的专业工程标准确定。

（四）市政工程

1. 单独承包人行道施工按道路工程四类标准确定。

2. 给水厂工程，10 万吨以上设备安装按给水工程一类标准，土建按道路工程一类；10 万吨以下设备安装按给水工程二类标准，土建按道路工程二类确定。

3. 污水处理厂工程，10 万吨以上设备安装按排水工程一类标准，土建按道路一类；10 万吨以下设备安装按排水工程二类，土建按道路工程二类标准确定。

4. 给水、燃气供热管道安装工程中的附属工程（井类及土方）按给水、燃气供热管道类别标准确定。

5. 在一个给水、排水、燃气供热单位工程中有两种及其以上管径管道时，按最大管径确定类别。

6. 一个单位市政工程的土石方（包括挖或填）工程量在6000 立方米以下的场地平整、土方处理、堤坝、沟渠、水池、运动场、机场、管道沟等的土石方工程按其相应的市政工程类别标准确定。

（五）大型土石方工程

1. 单独承包土石方工程按大型土石方类别确定；

2. 一个单位建筑工程的土石方（包括挖或填）工程量在6000 立方米以上，按大型土石方工程类别标准确定；

3. 一个单位市政工程的土石方（包括挖或填）工程量在6000 立方米以上的场地平整、土方处理、堤坝、沟渠、水池、运动场、机场、管道沟等的土石方工程按大型土石方工程类别标准确定。

（六）包工不包料工程

1. 适用于只包定额人工的工程（大型临时设施由建设单位提供）。

2. 土建类包工不包料工程，包括建筑、装饰装修、市政（道路、桥涵、堤防、隧道、混凝土及钢筋混凝土给排水管道安装与构筑物以及土方工程）、园林绿化与建筑等，按其相应的工程类别确定。

3. 安装类包工不包料工程，包括安装、市政（道路交通管理设施、金属管道安装、给、排水与燃气构筑物设备安装）工程，按其相应的工程类别确定。

二、工程类别标准

（一）建筑工程类别标准

工程项目		分类指标	单位	类别				
				一	二	三	四	五
工业建筑	单层厂房	建筑面积	m^2	6000 以上	4000 以上至 6000 以下	1200 以上至 4000 以下	1200 以下	—
		建筑物高度	m	24 以上	12 以上至 24 以下	9 以上至 12 以下	9 以下	—
		跨度	m	30 以上	18 以上至 30 以下	12 以上至 18 以下	12 以下	—
	多层厂房	建筑面积	m^2	6000 以上	4000 以上至 6000 以下	1200 以上至 4000 以下	1200 以下	—
		建筑物高度	m	27 以上	18 以上至 27 以下	12 以上至 18 以下	12 以下	—
	锅炉房	单炉蒸发量	t	8 以上	6 以上至 8 以下	2 以上至 6 以下	2 以下	—
		总蒸发量	t	20 以上	10 以上至 20 以下	8 以上至 10 以下	8 以下	—

续表

工程项目		分类指标	单位	类别				
				一	二	三	四	五
民用建筑	公共建筑	建筑面积	m^2	8000 以上	4000 以上至 8000 以下	1000 以上至 4000 以下	500 以上至 1000 以下	500 以下
		建筑物高度	m	36 以上	20 以上至 36 以下	15 以上至 20 以下	10 以上至 15 以下	10 以下
		跨度	m	36 以上	18 以上至 36 以下	12 以上至 18 以下	8 以上至 12 以上	8 以下
	住宅及其他建筑	建筑面积	m^2	8000 以上	4000 以上至 8000 以下	1000 以上至 4000 以下	500 以上至 1000 以下	500 以下
		建筑物高度	m	36 以上	24 以上至 36 以下	15 以上至 24 以下	10 以上至 15 以下	10 以下
		层数	层	16 以上	8 以下至 16 以下	6 以下至 8 以下	3 以下至 6 以下	3 以下
构筑物	钢筋混凝土烟囱	高度	m	80 以上	50 以上至 80 以下	50 以下	—	厂区围墙、道路、下水管道、挡土墙等
	砖烟囱	高度	m	80 以上	50 以上至 80 以下	30 以上至 50 以下	30 以下	
	水塔	高度	m	30 以上	20 以上至 30 以下	20 以下	—	
		容量	m^3	60 以上	30 以上至 60 以下	30 以下	—	
	贮仓	高度	m	25 以上	15 以上至 25 以下	15 以下	—	
	贮水（油）池	容量	m^3	1100 以上	400 以上至 1100 以下	100 以上至 400 以下	100 以下	

（二）装饰装修工程类别标准

一类工程

1. 星级以上宾馆装饰工程。

2. 建筑面积在 8000 平方米以上公共建筑与民用建筑的装饰工程。

3. 单位工程造价在 600 万元以上建筑工程的室内、室外装饰工程。

二类工程

1. 建筑面积在 4000 以上至 8000 平方米以下公共建筑与民用建筑的装饰工程。

2. 单位工程造价在 200 以上至 600 万元以下建筑工程的室内、室外工程。

三类工程

1. 建筑面积在 1200 以上至 4000 平方米以下公共建筑与民用建筑的装饰工程。

2. 单位工程造价在 40 以上至 200 万元以下建筑工程的室内、室外装饰工程。

四类工程

1. 建筑面积在 1200 平方米以下公共建筑与民用建筑的装饰工程。

2. 单位工程造价在40万元以下建筑工程的室内、室外装饰工程。

（三）安装工程类别标准

1. 设备安装工程

一类工程

(1) 台重35吨以上各类机械设备（不分整体或解体）；

(2) 各种压力容器的制作和安装；

(3) 35千伏以上变配电装置和架空线路工程；

(4) 单独6千伏以上电缆敷设分项工程；

(5) 专用电气调试与自动化仪表调试；

(6) 实物量 $50m^3$ 以上工业炉窑设备和炉体砌筑；

(7) 锅炉单炉蒸发量在6.5吨/小时以上的锅炉安装及相配套的设备、管道、电气工程；

(8) 焊口有探伤要求的厂区（室外）工艺管道、热力管网、煤气管网、供水管网工程；

(9) 使用总面积在 $5000m^2$ 以上的单独中央空调分项工程及自动防灾报警系统的民用建筑安装工程；

(10) 自动、半自动电梯、输送设备和起重量在20吨以上的设备及相应的轨道安装；

(11) 附属于本类工程各种设备的配管、电气安装、金属梯子、栏杆刷油、绝热防腐工程。

二类工程

(1) 台重35吨以下各类机械设备（不分整体或解体）；

(2) 工艺金属结构、一般容器的制作安装工程；

(3) 实物量在1公里以上单独的低压电力电缆敷设分项工程；

(4) 一类取费范围以外的各类工业设备安装、车间工艺设备及相应的管道、电气安装工程；

(5) 锅炉单炉蒸发量在2吨/小时以上至6.5吨/小时以下锅炉安装及相配套的设备管道、电气工程；

(6) 焊口无探伤要求的厂区（室外）热力管网供水管网工程；

(7) 小型杂物电梯、起重量20吨以下的起重设备及其相应的轨道安装工程；

(8) 除一类取费范围以外单独的中央空调分项安装工程和自动防灾报警系统的安装工程；

(9) 附属于本类工程各种设备的配管、电气安装和调试以及刷油、绝热、防腐工程。

三类工程

(1) 锅炉单炉蒸发量在2吨/小时以下锅炉安装及相配套的设备、管道、电气工程；

(2) 一二类取费范围以外的室外管线工程；

(3) 室外排水工程；

(4) 除一二类取费范围以外的其他安装工程。

四类工程

除一、二、三类工程取费范围以外的各项零星安装工程。

2. 建筑安装工程

二类工程：

一类建筑工程的附属设备、照明、采暖、通风、给排水等工程。

三类工程：

二类建筑工程的附属设备、照明、采暖、通风、给排水等工程。

四类工程：

三、四类及以下建筑工程的附属设备、照明、采暖、通风、给排水等工程。

（四）市政工程类别标准

工程项目		分类指标	单位	类别			
				一	二	三	四
道路工程	道路	面积	m^2	>20000	>15000	>10000	<10000
		等级	—	快速路	主干道	次干道	支路、街道
		结构	—	水泥混凝土路面 沥青混凝土路面	水泥混凝土路面 沥青混凝土及沥青灌入式路面	各种路面	各种路面
	其他		—	中型机场跑道 城市立交桥	小型机场跑道 人行天桥 10000m² 以上广场、停车场	5000m² 以上广场、停车场、操场 体育场跑道	5000m² 以下广场、停车场、 操场体育场跑道
		单跨距	m	>20	>15	>10	<10
桥涵工程		总长	m	>100	>75	>50	<50
		结构	—	混凝土及钢筋混凝土	砖、石	砖、石、土	土、草土
堤防工程		高度	m	>6	>4	>3	<3
隧道沟渠工程		截面宽度	m	>9	>6	>4	<4
给水工程		管径	mm	>800	>600	>400	<400
		总长	m	>2000	>1500	>1000	<1000
排水工程		管径	mm	>1000	>600	>400	<400
		总长	m	>2000	>1500	>1000	<1000
燃气供热工程		管径	mm	>600	>400	>300	<300
		总长	m	>2000	>1500	>1000	<1000

（五）园林绿化与园林建筑工程类别标准

1. 园林绿化工程

一类工程	堆砌假山、塑假石山、园林小品工程
二类工程	园林绿化、园路及园桥等工程

2. 园林及仿古建筑工程

一类工程	建筑面积在 300m² 以上的单体仿古建筑工程，官式两层或多层仿古建筑，官式重檐单层仿古建筑，官式带二踩以上的斗拱的单层仿古建筑，二步弓子仿古亭子建筑，两柱或四柱三楼以上带三踩以上斗拱、有翼角的牌楼，砖雕分枋、檩、椽、瓦、花雕的砖砌影壁
二类工程	建筑面积在 100m² 以上的单体仿古建筑工程，官式无斗拱的单层仿古建筑，垂花门仿古建筑，一步弓子仿古亭子建筑，其他形式的牌楼，琉璃影壁，石雕分枋、檩、椽、瓦、花雕的石牌楼，现代作法的景观工程
三类工程	结构简易的其他仿古建筑、石雕栏板、望柱安装

（六）大型土石方工程类别标准

一类工程

机械化施工：挖（填）土石方量在 25000 立方米以上的工程。

人工施工：挖（填）土石方量在 12000 立方米以上的工程。

二类工程

机械化施工：挖（填）土石方量在10000以上至25000立方米以下的工程。

人工施工：挖（填）土石方量在6000以上至12000立方米以下的工程。

三类工程

机械化施工：挖（填）土石方量在5000以上至10000立方米以下的工程。

人工施工：挖（填）土石方量在4000以上至6000立方米以下的工程。

四类工程

机械化施工：挖（填）土石方量在5000立方米以下的工程。

人工施工：挖（填）土石方量在4000立方米以下的工程。

（七）房屋修缮工程

一类工程	一类建筑安装工程的拆除、维修、加固
二类工程	二类建筑安装工程的拆除、维修、加固
三类工程	三类建筑安装工程的拆除、维修、加固
四类工程	四类建筑安装工程的拆除、维修、加固
五类工程	五类建筑安装工程的拆除、维修、加固

附件2

青海省施工企业建设工程规费计取标准

为了更好地贯彻国家标准《建设工程工程量清单计价规范》（GB 50500—2003），规范建设工程计价行为，反对不正当竞争，维护建设市场秩序和发承包双方的合法权益，按《青海省建筑安装工程费用项目组成及计算规则》规定的规费内容，制定了《青海省施工企业建设工程规费计取标准》（简称《规费计取标准》）。

一、凡在我省行政区域范围内承担房屋建筑和市政基础设施施工任务的施工企业不分企业形式和经济性质，不论承包方式如何，均应按规定执行《规费计取标准》。

二、《规费计取标准》的内容包括：养老保险费、失业保险费、医疗保险费、住房公积金和工程定额测定费以及危险作业意外伤害保险费。

规费标准 单位:%

费用项目	取费基础	建筑	装饰装修	安装	市政	园林绿化
1. 社会保障费	分部分项工程人工费+施工技术措施人工费	(32.50)				
①养老保险费		24.50				
②失业保险费		2.00				
③医疗保险费		6.00				
2. 住房公积金		5.00				
3. 工程定额测定费	税前造价	1.5‰				
4. 危险作业意外伤害保险费		2.2‰				

施工企业对规费的缴纳按有关部门规定执行。

三、规费标准在工程建设招标中为不可竞争费用，应按规定标准计取。采用工程量清单招标编制标底时，必须按《规费计取标准》计取。

施工企业承包工程、参加投标、签订承包合同应按核定的规费费率计取相关费用，施工单位办理工程结算，应向建设单位出具核定的规费标准，经核对后方可办理结算。

四、《规费计取标准》由省建设工程造价管理总站具体组织实施。

宁夏回族自治区建筑安装工程费用定额

（2000年）

宁夏回族自治区建设厅关于发布2000年《宁夏回族自治区建筑工程费用定额》的通知
宁建（价）字〔2000〕第02号

为适应社会主义市场经济发展的需要，促进企业转换经营机制、创造公平竞争的工程造价管理体系，合理确定建设工程造价。根据建设部《关于调整建筑安装工程费用项目组成的若干规定的通知》（建标〔1993〕894号）精神，结合我区实际情况，我厅组织编制了2000年《宁夏回族自治区建筑工程费用定额》（以下简称《费用定额》），现予发布，并将执行中的有关规定通知如下：

一、自2000年8月1日起，凡在我区境内执行2000年《宁夏回族自治区建筑工程预算定额》的新开工程均与本《费用定额》配套执行。

二、2000年8月1日以前开工的在建工程项目，按原工程合同执行原建筑工程预算定额和费用定额及有关调整文件。

三、为加强对工程造价的监督管理，凡甲乙双方承、发包的单位工程，其工程所对应的类别，按《宁发建设工程类别确认管理办法》（宁建［价］字〔2000〕05号）的规定执行。

四、本《费用定额》由宁夏回族自治区建设工程造价管理站负责解释与管理，执行过程中如有问题，请及时反映，以使本《费用定额》日臻完善。

宁夏回族自治区建设厅
二〇〇〇年五月十日

总说明

一、2000年《宁夏回族自治区建筑安装工程费用定额（上册）》（以下简称《费用定额（上册）》）是根据建设部《关于调整建筑安装工程费用项目组成的若干规定》（建标〔1993〕894号文件）的精神，结合我区实际情况，在1992年、1994年费用定额基础上，考虑了各种费用标准开支项目的变化，通过认真细致的调查研究，综合测算编制完成的。

二、《费用定额（上册）》与2000年《宁夏回族自治区建筑工程预算定额》配套使用。它是编制建筑工程设计概算、施工图预算、招标标底、投标报价和办理工程拨款、竣工结算、施工企业内部核算的依据。凡在我区境内从事建筑工程的建设、设计、施工和咨询等单位。均执行本费用定额。

三、本《费用定额（上册）》的“其他直接费、现场经费、施工利润”分别按四个工程类别所对应的费率执行。对于本费用定额“工程类别划分标准”中未能包括的工程，由宁夏回族自治区建设工程造价管理站作补充规定。

四、本《费用定额（上册）》的间接费，分别按企业持有的《宁夏施工企业取费类别资格证书》中企业类别所对应的费率执行。

五、为加强对工程造价的监督管理，凡在宁夏境内实施宁夏建筑工程预算定额及单位估价表的工程，其工程类别的确认，必须按照《宁夏建筑工程类别确认管理办法》规定的建筑工程类别划分标准由当地建设工程造价管理站进行确认。

六、本《费用定额（上册)》包括一般建筑工程、单独打桩工程、构件单独制作兼安装工程、单独构件安装工程（单独构件：包括预制混凝土构件、金属构件、木构件等)、单独机械施工土石方工程、单独人工施工土石方工程、单独装饰工程、包工不包料工程。凡与建筑工程的主体结构一起承包的装饰分部，应随主体结构按一般建筑工程类别执行；单独承包的装饰工程，执行《装饰工程费用定额》。特、大型机械的安拆及厂外运输费，属于定额直接费内容，可作为计取费用的基础。

建安工程费用项目组成

- 建安工程费
  - 直接工程费
    - 定额直接费
      - 定额人工费
      - 定额材料费
      - 定额施工机械使用费
    - 其他直接费
      - 冬雨季施工增加费
      - 夜间施工增加费
      - 二次搬运费
      - 仪器仪表使用费
      - 生产工具用具使用费
      - 检验实验费
      - 特殊工程培训费
      - 工程定位复测、工程点交、场地清理费
    - 现场经费
      - 临时设施费
      - 现场管理费
  - 间接费
    - 企业管理费
    - 财务费用
    - 其他费用
      - 定额编制管理费
      - 劳动定额测定费
      - 建筑市场管理费等
  - 施工利润
  - 税　金
    - 营业税
    - 城市维护建设税
    - 教育费附加

各类建筑工程直接工程费汇总表

（以工程类别划分取费费率）

表一

单位:%

工程类别		取费基础	直接工程费费率	其中			
				其他直接费	现场经费	其中	
						临时设施费	现场管理费
一般建筑工程	一类	定额直接费	9.93	3.24	6.69	1.78	4.91
	二类		8.10	2.97	5.13	1.11	4.02
	三类		6.62	2.36	4.26	0.74	3.52
	四类		2.46	1.02	1.44	0.28	1.16

续表

工程类别		取费基础	直接工程费费率	其中			
				其他直接费	现场经费	其中	
						临时设施费	现场管理费
单独打桩工程	一类	定额直接费	6.28	1.69	4.59	1.14	3.45
	二类		4.87	1.51	3.36	0.83	2.53
	三类		3.87	1.20	2.67	0.56	2.11
	四类		—	—	—	—	—
构件单独制作兼安装工程	一类		5.44	1.64	3.80	0.66	3.14
	二类		4.37	1.48	2.89	0.49	2.40
	三类		3.52	1.17	2.35	0.33	2.02
	四类		2.45	0.84	1.61	0.18	1.43
构件单独安装工程	一类		12.96	5.34	7.62	0.77	6.85
	二类		9.91	4.59	5.32	0.56	4.76
	三类		7.35	3.16	4.19	0.39	3.80
	四类		4.47	1.88	2.59	0.20	2.39
单独机械施工土石方工程	一类		4.47	1.35	3.12	0.99	2.13
	二类		3.35	1.18	2.17	0.61	1.56
	三类		2.65	0.86	1.79	0.48	1.31
	四类		1.66	0.54	1.12	0.19	0.93
单独人工施工土石方工程	一类	定额人工费	31.68	12.59	19.09	6.19	12.90
	二类		25.25	10.30	14.95	5.15	9.80
	三类		18.85	7.92	10.93	4.12	6.81
	四类		11.49	5.48	6.01	1.55	4.46
单独装饰工程	一类		28.21	9.48	18.73	3.40	15.33
	二类		22.07	8.25	13.82	2.04	11.78
	三类		16.08	6.70	9.38	1.13	8.25
	四类		10.64	4.53	6.11	0.57	5.54
包工不包料工程	一类		24.70	9.07	15.63	2.27	13.36
	二类		20.08	7.71	12.37	2.04	10.33
	三类		15.40	6.40	9.00	1.70	7.30
	四类		9.90	4.37	5.53	0.57	4.96

注：单独打桩工程，取费基础中含桩本身价格。

构件单独安装工程，取费基础中不含构件本身价格。

各类工程间接费汇总表

（以企业类别划分取费费率）

表二 单位:%

工程类别	企业类别	取费基础	间接费费率	其中 企业管理费	财务费用	其他费用
一般建筑工程	一类	定额直接费	6.95	5.88	0.77	0.3
	二类		5.79	4.84	0.65	0.3
	三类		4.08	3.39	0.39	0.3
	四类		1.55	1.03	0.22	0.3
单独打桩工程	一类		4.36	3.83	0.23	0.3
	二类		3.17	2.68	0.19	0.3
	三类		2.08	1.63	0.15	0.3
	四类		—	—	—	—
构件单独制作兼安装工程	一类		4.07	3.39	0.38	0.3
	二类		2.94	2.34	0.30	0.3
	三类		2.02	1.55	0.17	0.3
	四类		1.29	0.89	0.10	0.3
构件单独安装工程	一类		10.47	9.99	0.18	0.3
	二类		7.81	7.36	0.15	0.3
	三类		5.38	4.98	0.10	0.3
	四类		3.05	2.69	0.06	0.3
单独机械施工土石方工程	一类		3.39	2.93	0.16	0.3
	二类		2.72	2.30	0.12	0.3
	三类		1.83	1.45	0.08	0.3
	四类		1.00	0.65	0.05	0.3
单独人工施工土石方工程	一类	定额人工费	11.27	10.94	0.03	0.3
	二类		8.89	8.56	0.03	0.3
	三类		6.65	6.33	0.02	0.3
	四类		3.37	3.05	0.02	0.3
单独装饰工程	一类		19.92	16.47	3.15	0.3
	二类		15.04	12.43	2.31	0.3
	三类		11.33	9.90	1.13	0.3
	四类		6.40	5.70	0.40	0.3

续表

工程类别	企业	取费基础	间接费费率	其中		
				企业管理费	财务费用	其他费用
包工不包料工程	一类	定额人工费	13.19	12.86	0.03	0.3
	二类		10.21	9.88	0.03	0.3
	三类		7.21	6.89	0.02	0.3
	四类		3.49	3.17	0.02	0.3

注：单独打桩工程，取费基础中含桩本身价格。

构件单独安装工程，取费基础中不含构件本身价格。

施工利润

（以工程类别划分取费费率）

表三

单位:%

工程类别	取费基础	工程类别			
		一类	二类	三类	四类
一般建筑工程	定额直接费	6.64	4.96	3.16	1.00
单独打桩工程		5.96	4.41	1.85	—
构件单独制作兼安装工程		5.69	4.39	1.82	0.80
构件单独安装工程		5.47	4.23	1.77	0.70
单独机械施工土石方工程		4.26	3.01	1.85	0.70
单独人工施工土石方工程	定额人工费	20	17	13	7
单独装饰工程		37	29	22	11
包工不包料工程		20	17	13	7

税金税率表

表四

工程所在地	取费基础	综合税率（%）
在市区	税前造价	3.4126
在县城、镇		3.3485
在其他地区		3.2844

建筑工程综合取费费率表

（一）一般建筑工程

单位:%

企业类别	工程类别	取费基础	综合费率	其中		
				直接工程费费率	施工利润	间接费
一类	一类	定额直接费	23.52	9.93	6.64	6.95
二类	二类		18.85	8.10	4.96	5.79
三类	三类		13.86	6.62	3.16	4.08
四类	四类		5.01	2.46	1.00	1.55

（二）单独打桩工程

单位:%

企业类别	工程类别	取费基础	综合费率	其中		
				直接工程费费率	施工利润	间接费
一类	一类	定额直接费	16.60	6.28	5.96	4.36
二类	二类		12.45	4.87	4.41	3.17
三类	三类		7.80	3.87	1.85	2.08
四类	四类		—	—	—	—

注：单独打桩工程，取费基础中含桩本身价格。

（三）构件单独制作兼安装工程

单位:%

企业类别	工程类别	取费基础	综合费率	其中		
				直接工程费费率	施工利润	间接费
一类	一类	定额直接费	15.20	5.44	5.69	4.07
二类	二类		11.70	4.37	4.39	2.94
三类	三类		7.36	3.52	1.82	2.02
四类	四类		4.54	2.45	0.80	1.29

（四）构件单独安装工程

单位:%

企业类别	工程类别	取费基础	综合费率	其中		
				直接工程费费率	施工利润	间接费
一类	一类	定额直接费	28.90	12.96	5.47	10.47
二类	二类		21.95	9.91	4.23	7.81
三类	三类		14.50	7.35	1.77	5.38
四类	四类		8.22	4.47	0.70	3.05

注：构件单独安装工程，取费基础中不含构件本身价格。

（五）单独机械施工土石方工程

单位:%

企业类别	工程类别	取费基础	综合费率	其中		
				直接工程费费率	施工利润	间接费
一类	一类	定额直接费	12.12	4.47	4.26	3.39
二类	二类		9.08	3.35	3.01	2.72
三类	三类		6.33	2.65	1.85	1.83
四类	四类		3.36	1.66	0.70	1.00

（六）单独人工施工土石方工程

单位:%

企业类别	工程类别	取费基础	综合费率	其中		
				直接工程费费率	施工利润	间接费
一类	一类	定额人工费	62.95	31.68	20	11.27
二类	二类		51.14	25.25	17	8.89
三类	三类		38.50	18.85	13	6.65
四类	四类		21.86	11.49	7	3.37

（七）包工不包料工程

单位:%

企业类别	工程类别	取费基础	综合费率	其中		
				直接工程费费率	施工利润	间接费
一类	一类	定额人工费	57.89	24.70	20	13.19
二类	二类		47.29	20.08	17	10.21
三类	三类		35.61	15.40	13	7.21
四类	四类		20.39	9.90	7	3.49

关于2000年《费用定额（上册）》和其他有关费用计算办法的说明

一、2000年《费用定额（上册）》取费办法

为了合理确定工程造价，正确执行二〇〇〇年《宁夏回族自治区建筑安装工程费用定额（上册）》，现对《费用定额》做如下说明：

1. 执行本费用定额应统一按工程对象确定相应费用标准。一般建筑工程、单独打桩工程、构件单独制作兼安装工程、构件单独安装工程、单独机械施工土石方工程、单独人工施工土石方工程、单独装饰工程、包工不包料工程和其他工程按工程类别划分表确定工程取费类别：属于独立承包结算的单位工程、分部分项工程，按相应费率表取费，其工程类别确定随单位工程类别。

2. 施工企业承包工程计取间接费时必须持有《宁夏施工企业取费类别资格证书》方能按企业隶属类别计取相对应的间接费率标准。

3. 施工企业承包工程计取直接工程费与施工利润时，应按造价管理部门确认后的工程类别计取相对应的费率标准。

4. 综合费率是按企业类别加工程类别综合编制计算的取费标准。为计取方便，企业可根据企业隶属类别和经确认后承包的工程类别，分别按下列计算式计取费率标准：

计算式：

①间接费（按企业类别计取）＝取费基础×间接费费率

②直接工程费和施工利润（按工程类别计取）＝取费基础×（直接工程费费率＋施工利润率）

二、其他费用项目的有关规定及计算方法

为了合理确定造价，对承包建筑安装工程中实际发生的并根据合同条款和有关规定所计列的，未包括在直接工程费和间接费之内的其他相关费用。由承发包双方按照施工组织设计和有关规定计取，并通过合同形式或现场签证确认。本定额规定了以下其他费用项目的计取标准和方法：

（一）远征工程增加费：指施工企业离开生产基地25公里以外的施工地点，承担施工任务时需增加的费用。其内容包括增加的差旅费、探亲路费，集中食宿增加的生活用车费和中小型机械、工具用具、搬迁及周转材料的运杂费等。发生时需经当地工程造价管理部门审核批准后，经甲、乙双方在工程合同中确认，按下列标准计取：

远征工程增加费费率表

单位:%

工程类别	取费基础	里程（公里）		
		25～100	100～200	200以上
一般建筑工程	定额直接费	1.00	1.80	2.90
单独打桩工程		0.60	1.20	2.00
构件单独制作兼安装工程		0.60	1.10	1.90
构件单独安装工程		0.30	0.80	1.60
单独机械施工土石方工程		0.60	1.20	2.00
单独人工施工土石方工程	定额人工费	4.00	7.00	12.0
单独装饰工程		5.00	9.00	15.0
包工不包料工程		5.00	9.00	15.0

（二）少量零星用工：是指建筑安装工程预算定额以外的工程，无法计算的辅助工作必须采用零星用工；这些零星用工项目只有人工，不发生材料消耗。凡在施工过程中增加的零星用工，须经甲乙双方协商，以双方签订的签证单为准。其单价按定额人工单价计算，综合管理费按30%计取。

（三）有害环境施工保健费：是指施工单位在承担建设单位有毒有害气体和有放射性物质区域范围内有害健康环境中施工的现场生产人员的保健费。标准参照建设单位职工现行享受有特殊保健津贴的同等待遇。该津贴的计算标准以在有害环境施工的定额工日数，在定额人工单价的基础上增加15%的人工降效费用，再乘以每工日津贴标准计算。

（四）交叉作业费：是指由于建设单位要求提前工期而使土建与安装工程无法正常交叉作业所发生的工效降低费用。该费用须经甲、乙双方协商，以双方签订的签证单为准，按受影响部分的人工费的15%计算。

（五）停工窝工损失费：指施工单位进入施工现场后，由于设计变更、临时停水、停电（不包括周期性停水、停电）以及因建设单位责任造成的现场调剂不了的停工窝工损失费用。其费用包括：现场正在施工机械的停置费、停工窝工的人工费及管理费，该费用由施工单位根据现场情况作出停工记录，经建设单位签证认可后才能按下列标准计算。

计算办法：施工机械停置费按定额机械台班单价，乘以机械停置台班数的40%；土建人工费按定额人工单价乘以停工工日数计算，其管理费按停工工日的人工费总额的30%计算。在一周之内累计停工小于8小时不计算停工窝工损失费。

（六）施工机构迁移费：指施工单位根据建设任务的需要，经有关部门决定施工机械成建制（指建筑公司、工程处）由原驻地调迁到工程所在地发生的一次性搬迁费。由建设单位从建设工程其他费用中支出。其费用内容包括：职工的差旅费、调迁期间的工资、车船费、途中住宿及伙食补助费；施工机械设备、工具用具、周转材料、活动房屋等各种搬迁费用。此项费用根据企业驻地的远近，本着公平合理的竞争原则可由承包双方协商在合同中约定。

（七）安全文明施工增加费：是指政府有关文件规定，需设置现场安全、文明施工的措施所需要的费用。根据建设部15号令《建设工程施工现场管理规定》计算发生的施工现场整洁费、标牌费、保安费、环境污染措施费等。该项费用由施工单位提出，报建设单位认可后在工程合同中注明，按定额直接费的0.2%～1.0%计取。

（八）赶工措施费：是指应建设单位要求或由于建设单位原因造成延误工期而又必须按期竣工。如果要求的工期比工期定额缩短20%以上（含20%）所增加的各种赶工措施费等，由承发包双方在合同中约定。

（九）优质优价：是指对建设单位有特殊要求，并在自愿情况下由甲乙双方在工程合同中明确。施工单位完成的单位工程，质量经质检部门评定达到优良的工程，按定额直接费的1.0% ~5.0%计算。

建筑工程取费程序计算表

（一）以定额直接费为取费基础

序号	费用项目		代号	费率%	计算方法
一	定额直接费		A		施工图工程量×定额基价 $A = A_1 + A_2 + A_3$
	其中	定额人工费	A_1		
		定额材料费	A_2		
		定额机械费	A_3		
二	直接工程费		B	b	$B = A \times b$ （b＝相对应工程类别费率）
三	间接费		C	c	$C = A \times c$ （c＝相对应企业类别费率）
四	施工利润		D	d	$D = A \times d$ （d＝相对应工程类别费率）
五	材料差价		E		E＝∑（信息价－定额价）×材料消耗量
六	税金		F	f	F＝（A+B+C+D+E）×f
七	工程造价		G		G＝A+B+C+D+E+F

（二）以定额人工费为取费基础

序号	费用项目		代号	费率%	计算方法
一	定额直接费		A		施工图工程量×定额基价 $A = A_1 + A_2 + A_3$
	其中	定额人工费	A_1		
		定额材料费	A_2		
		定额机械费	A_3		
二	直接工程费		B	b	$B = A_1 \times b$ （b＝相对应工程类别费率）
三	间接费		C	c	$C = A_1 \times c$ （c＝相对应企业类别费率）
四	施工利润		D	d	$D = A_1 \times d$ （d＝相对应工程类别费率）
五	材料差价		E		E＝∑（信息价－定额价）×材料消耗量
六	税金		F	f	F＝（A+B十C+D+E）×f
七	工程造价		G		G＝A+B+C+D+E+F

建筑工程费用定额适用范围

一、建筑工程费用定额：

适用于一般工业与民用建筑新建、扩建、改建的房屋建筑、构筑物及各种设备基础、管道沟基础（包括沟道土方、基础和砌筑）、厂区道路、围墙、场地平整，各种混凝土构件、木构件、金属结构构件、钢门、钢窗及楼梯栏杆、阳台栏杆、加固拉杆、预埋铁件等零星金属构件的制作、安装、刷油以及铝合金门窗的制作、安装；附属在房屋和构筑物单位工程中的，挖方或填方工程量在3000立方米以内（含3000立方米）土石方工程及机械施工的土石方工程，由建筑企业制作并打桩的打桩工程（包括各种桩）。

二、单独打桩、构件单独制作兼安装、构件单独安装工程费用定额：

适用于单独承包、单独核算的专业工程；不适用于建筑总承包预算中的有关分项分部工程。

1. 单独打桩工程费用定额：

适用于从独立核算的加工厂购入的钢筋混凝土桩，钢板桩等成品桩在施工现场进行打桩的工程，也适用于分包单位取费。

打桩费包括：桩架安装、拆卸费及场外运输费和一米以上截桩运费之和计算。包括桩的本身价格和制作、运输。

单独打桩工程内容包括：

①单独机械打预制桩：适用柴油打桩机，振动打拔桩机，履带式柴油打桩机，走管式电动打桩机。按一类工程费率执行。

②单独机械成孔灌注桩（现浇）：适用各类机械驱动打桩机（汽车式钻孔机、潜水钻机）、钻也振动沉管成孔，浇捣混凝土成桩。按二类工程费率执行。

③人工成孔现浇桩：适用人工方法打孔，捣制混凝土成桩。按三类工程费率执行。

凡由施工单位自行制作兼打桩者（包括灌注混凝土桩，碎石桩，砂桩，振冲法加固地基，石灰桩，灰土桩，人工挖孔灌注混凝土及自行加工制作的钢筋混凝土桩，钢板桩等）应按“一般建筑工程”标准取费。

2. 构件单独制作兼安装工程：

一般建筑工程中的构件：包括预制混凝土构件、会属构件、木构件等。

适用于单独承担各种混凝土预制构件及木构件的制作、安装。

适用于单独承担金属构件的钢柱、钢梁、钢屋架、檩条、各种钢平台，钢楼梯、楼板、平台、操作台的制作、安装工程，也适用于分包单位向总包单位的结算。

3. 构件单独安装工程费用定额：

适用于独立核算的加工厂购入的金属结构构件在施工现场进行安装、刷油的工程及铝合金门窗和开关零件的安装工程以及混凝土预制构件及木构件安装工程。

工程内容包括：各种钢筋混凝土构件、木构件及金属构件的吊装、卸、运输、安装费用。

三、单独土石方工程费用定额：

适用于独立承包、独立结算的专业工程；不适于道路工程中砂、石、沥青的装运、铺等项目。

工程内容包括：场地平整、机场、运动场、修筑堤坝、水池、不带基础砌筑的管道沟、人工湖、游泳池、沟渠、洞库等工程项目，或一个单位工程内挖方或填方工程量在3000立方米以上（不含3000立方米）的土石方工程。单独土石方工程分机械施工和人工施工。

四、包工不包料工程：

适用于施工单位只包预算定额人工，不包材料定额用量的工程。

宁夏回族自治区建设厅关于发布2000年《宁夏回族自治区安装工程费用定额》的通知

宁建（标）字〔2001〕第23号

为适应社会主义市场经济发展的需要，促进企业转换经营机制、创造公平竞争的工程造价管理体系，合理确定建设工程造价。根据建设部《关于调整建筑安装工程费用项目组成的若干规定的通知》（建标〔1993〕894号）精神，结合我区实际情况，组织编制了2000年《宁夏回族自治区安装工程费用定额》（以下简称《费用定额》），现予颁发，并将执行中的有关规定通知如下：

一、自2001年10月1日起，凡在我区境内执行2000年《全国统一安装工程预算定额宁夏单位估价表》的新开程均与本《费用定额》配套使用。

二、2001年10月1日以前开工的在建工程项目，仍执行原《全国统一安装工程预算定额宁夏单位估价表》和原《费用定额》及有关调整文件。

三、为加强对工程造价的监督管理，凡甲乙双方承、发包的单位工程，其工程所对应的类别，按《宁夏建设工程类别确认管理办法》（宁建［价］字〔2000〕05号文）的规定执行。单独承包的安装工程类别标准按本《费用定额》中“宁夏安装工程类别划分标准”执行。

四、本《费用定额》由宁夏回族自治区建设工程造价管理站负责解释与管理，执行过程中如有问题，请及时反映，以使本《费用定额》日臻完善。

宁夏回族自治区建设厅

二〇〇一年八月二十八日

总说明

一、2000年《宁夏回族自治区安装工程费用定额》（以下简称本《费用定额》）是根据建设部《关于调整建筑安装工程费用项目组成的若干规定》（建标〔1993〕894号文件）的精神，结合我区实际情况，在1992年费用定额基础上，考虑了各种费用标准开支项目的变化，通过认真细致的调查研究，综合测算编制完成的。

二、本《费用定额》与2000年《全国统一安装工程预算定额宁夏单位估价表》配套使用。它是编制安装工程的设计概算、施工图预算、工程招标投标、计算标底、报价和办理工程拨款、竣工结算、施工单位内部实行经济承包及核算的依据。凡在我区境内从事安装工程的建设、设计、施工和咨询等单位，均执行本费用定额。

三、本《费用定额》的“其他直接费、现场经费、施工利润”分别按四个工程类别所对应的费率执行。对于本费用定额“工程类别划分标准”中未能包括的工程，由宁夏回族自治区建设工程造价管理站作补充规定。

四、本《费用定额》的间接费，分别按企业持有的《宁夏施工企业取费类别资格证书》中企业类别所对应的费率执行。

五、为加强对工程造价的监督管理，凡在宁夏境内实施2000年《全国统一安装工程预算定额宁夏单位估价表》的工程，其工程类别的确认，必须按照《宁夏工程类别确认管理办法》规定的建筑安装工程类别划分标准，由当地建设工程造价管理站负责确认。

建安工程费用项目组成

- 建安工程费
  - 直接工程费
    - 定额直接费
      - 定额人工费
      - 定额材料费
      - 定额施工机械使用费
    - 其他直接费
      - 冬雨季施工增加费
      - 夜间施工增加费
      - 二次搬运费
      - 仪器仪表使用费
      - 生产工具用具使用费
      - 检验实验费
      - 特殊工种培训费
      - 工程定位复测工程点交场清理费用
    - 现场经费
      - 临时设施费
      - 现场管理费
  - 间接费
    - 企业管理费
    - 财务费用
    - 其他费用
      - 定额编制管理费
      - 劳动定额测定费
      - 建筑市场管理费等
  - 施工利润
  - 税　金
    - 营业税
    - 城市维护建设费
    - 教育费附加
  - 劳动保险基金

直接工程费汇总表

（以工程类别划分取费费率）

表一 单位:%

工程类别		取费基础	直接工程费费率	其中			
				其他直接费	现场经费	其中	
						临时设施费	现场管理费
安装工程	一类	定额人工费	43.43	10.15	33.28	8.79	24.49
	二类		36.54	9.31	27.23	7.03	20.20
	三类		23.50	7.27	16.23	4.97	11.26
	四类		13.23	4.90	8.33	1.76	6.57
	一类	定额直接费	8.91	3.16	5.75	1.09	4.66
	二类		7.27	2.66	4.61	0.79	3.82
	三类		5.92	1.98	3.94	0.60	3.34
	四类		2.22	0.88	1.34	0.24	1.10

注：安装工程以定额直接费为基础取费的仅适用于“炉窑砌筑工程”。

间接费汇总表

（以企业类别划分取费费率）

表二

单位：%

工程	企业类别	取费基础	间接费费率	其中 企业管理费	财务费用	其他费用
安装工程	一类	定额人工费	25.46	23.02	2.14	0.30
	二类		20.18	18.28	1.60	0.30
	三类		10.26	9.13	0.83	0.30
	四类		5.04	4.35	0.39	0.30
	一类	定额直接费	4.36	3.55	0.51	0.30
	二类		3.60	2.87	0.43	0.30
	三类		2.02	1.46	0.26	0.30
	四类		1.21	0.76	0.15	0.30

注：安装工程以定额直接费为基础取费的仅适用于“炉窑砌筑工程”。

施工利润

（以工程类别划分取费费率）

表三

单位：%

工程类别	取费基础	工程类别 一类	二类	三类	四类
安装工程	定额人工费	32.61	26.86	15.35	8.31
	定额直接费	6.00	4.42	2.95	0.93

注：安装工程以定额直接费为基础取费的仅适用于“炉窑砌筑工程”。

税金税率表

表四

工程所在地	取费基础	综合税率（%）
在市区	税前造价	3.4126
在县城、镇		3.3485
在其他地区		3.2844

安装工程综合取费费率表

表五

单位：%

企业类别	工程类别	取费基础	综合费率	其中 直接工程费费率	施工利润	间接费
一类	一类	定额人工费	101.50	43.43	32.61	25.46
	二类		88.86	36.54	26.86	
	三类		64.31	23.50	15.35	
	四类		47.00	13.23	8.31	
	一类	定额直接费	19.27	8.91	6.00	4.36
	二类		16.05	7.27	4.42	
	三类		13.23	5.92	2.95	
	四类		7.51	2.22	0.93	

续表

企业类别	工程类别	取费基础	综合费率	其中		
				直接工程费费率	施工利润	间接费
二类	一类	定额人工费	96.22	43.43	32.61	20.18
	二类		83.58	36.54	26.86	
	三类		59.03	23.50	15.35	
	四类		41.72	13.23	8.31	
	一类	定额直接费	18.51	8.91	6.00	3.60
	二类		15.29	7.27	4.42	
	三类		12.47	5.92	2.95	
	四类		6.75	2.22	0.93	
三类	一类	人工费	—	—	—	10.26
	二类		73.47	36.35	26.86	
	三类		49.11	23.50	15.35	
	四类		31.80	13.23	8.31	
	一类	直接费	—	—	—	2.02
	二类		13.71	7.27	4.42	
	三类		10.89	5.92	2.95	
	四类		5.17	2.22	0.93	
四类	一类	人工费	—	—	—	5.04
	二类		—	—	—	
	三类		43.89	23.50	15.35	
	四类		26.58	13.23	8.31	
	一类	直接费	—	—	—	1.21
	二类		—	—	—	
	三类		10.08	5.92	2.95	
	四类		4.36	2.22	0.93	

注：安装工程以定额直接费为基础取费的仅适用于“炉窑砌筑工程”。

关于2000年《费用定额（中册）》和其他有关费用计算办法的说明

一、2000年《费用定额（中册）》取费办法：

为了合理确定工程造价，正确执行2000年《费用定额（中册）》，对本费用定额做如下说明：

1. 执行本费用定额应统一按工程对象确定相应费用标准。“除通信设备安装、通信线路安装、送电线路、长距离输送管道工程（执行专业部有关规定）和《全国统一安装工程预算定额》第二册中的第2页‘本定额不包括以下内容：①10kV以上及专业专用项目的电气设备安装。②电气设备（如电动机等）配合机械设备进行单体试运转和联合试运转工作’外”。机械设备安装工程，电气设备安装工程，热力设备安装工程，炉窑砌筑工程，静置设备与工艺金属结构制作安装工程，工业管道工程，消防及安全防范设备安装工程，给排水、采暖、燃气工程，通风空调工程，自动化控制装置仪表安装工程，刷油、防腐蚀、绝热等工程，均以安装工程类别划分表中的相应专业类别标准确定其工程取费类别；属于独立承包结算的单位工程、分部分项工程，按相应费率表取费，其工程类别确定随单位工程类别。

2. 凡在宁夏境内执行《全国统一安装工程预算定额宁夏单位估价表》的工程。费率表中以直接费为基础取费的仅适用于执行炉窑砌筑定额的各种独立炉窑（除通信设备安装、通信线路安装、送电线路、长距离输送管道工程外），其他均执行人工费为基础取费。施工企业承包工程计取间接费时必须持有《宁夏施工企业取费类别资格证书》方能按企业隶属类别计取相对应的间接费费率标准。

3. 施工企业承包工程计取直接工程费与利润时，应按造价管理部门确认后的工程类别计取相对应的费率标准。

4. 安装工程综合取费费率是按企业类别加工程类别综合编制计算的取费标准。为计取方便，企业可根据企业隶属类别和经确认后承包的工程类别，分别按下列计算式计取费率标准：

计算式：

①间接费（按企业类别计取）＝取费基础×间接费费率

②直接工程费、利润（按工程类别计取）＝取费基础×（直接工程费费率＋利润率）

二、其他费用项目的有关规定及计算方法

为了合理确定造价，对承包建筑安装工程中实际发生的并根据合同条款和有关规定所计列的，未包括在直接工程费和间接费之内的其他相关费用。由承发包双方按照施工组织设计和有关规定计取，并通过合同形式或现场签证确认。本定额规定了以下其他费用项目的计取标准和方法：

（一）远征工程增加费：指施工企业离开生产基地25公里以外的施工地点，承担施工任务时需增加的费用。其内容包括增加的差旅费、探亲路费，集中食宿增加的生活用车费和中小型机械、工具用具、搬迁及周转材料的运杂费等。发生时需经当地工程造价管理部门审核批准后，经甲、乙双方在工程合同中确认，按下列标准计取：

远征工程增加费费率表

单位：%

工程类别	取费基础	里程（公里）		
		25～100	100～200	200以上
安装工程	定额人工费	9.00	16.00	27.00
	定额直接费	0.80	1.70	2.60

（二）少量零星用工：是指建筑安装工程预算定额以外的工程，无法计算的辅助工作必须采用零星用工；这些零星用工项目只有人工，不发生材料消耗。凡在施工过程中增加的零星用工，须经甲乙双方协商，以双方签订的签证单为准。其单价按定额人工单价计算，综合管理费按30%计取。

（三）有害环境施工保健费：是指施工单位在承担建设单位有毒有害气体和有放射性物质区域范围内有害健康环境中施工的现场生产人员的保健费。该费用标准可参照建设单位职工现行享受有特殊保健津贴的同等待遇，或者按《全国统一安装工程预算定额宁夏单位估价表》中有关规定执行。

（四）交叉作业费：是指由于建设单位要求提前工期而使土建与安装工程无法正常交叉作业所发生的工效降低费用。该费用可按《全国统一安装工程预算定额宁夏单位估价表》中有关规定执行。

（五）停工窝工损失费：是指施工单位进入施工现场后，由于设计变更、临时停水、停电（不包括周期性停水、停电）以及因建设单位责任造成的现场调剂不了的停工窝工损失费用。其费用包括：现场正在施工机械的停置费、停工窝工的人工费及管理费，该费用由施工单位根据现场情况作出停工记录，经建设单位签证认可后才能按下列标准计算。

计算方法：施工机械停置费按定额机械台班单价，乘以机械停置台班数的40%；土建人工费按定额人工单价乘以停工工日数计算，其管理费按停工工日的人工费总额的30%计算。在一周之内累计停工小于8小时不计算停工窝工损失费。

（六）施工机构迁移费：指施工单位根据建设任务的需要，经有关部门决定施工机构成建制（指建筑公司、工程处）由原驻地调迁到工程所在地发生的一次性搬迁费。由建设单位从建设工程其他费用中支出。其费用内容包括：职工的差旅费、调迁期间的工资、车船费、途中住宿及伙食补助费；施工机械设备、工具用具、周转材料、活动房屋等各种搬迁费用。此项费用根据企业驻地的远近，本着公平合理的竞争原则可由承发包双方协商在合同中约定。

（七）安全文明施工增加费：是指政府有关文件规定，需设置现场安全、文明施工的措施所需要的费用。根据建设部15号令《建设工程施工现场管理规定》计算发生的施工现场整洁费、标牌费、保安费、环境污染措施费等。该项费用由施工单位提出，报建设单位认可后在工程合同中注明，按定额直接费的0.2% ~1.0%计取。

（八）赶工措施费：是指应建设单位要求或由于建设单位原因造成延误工期而又必须按期竣工。如果要求的工期比工期定额缩短20%以上（含20%）所增加的各种赶工措施费等，由承发包双方在合同中约定。

（九）优质优价：是指对建设单位有特殊要求，并在自愿情况下由甲乙双方在工程合同中明确。施工单位完成的单位工程，质量经质检部门评定达到优良的工程，按定额直接费的1.0% ~5.0%计算。

安装工程取费程序计算表

（一）以定额人工费为取费基础

序号	费用项目		代号	费率%	计算方法
一	定额直接费		A		施工图工程量×定额基价 $A = A_1 + A_2 + A_3$
	其中	定额人工费	A_1		
		定额材料费	A_2		
		定额机械费	A_3		
二	直接工程费 （其他直接费、现场经费）		B	b	$B = A_1 \times b$ （b=相对应工程类别费率）
三	间接费		C	c	$C = A_1 \times c$ （c=相对应企业类别费率）
四	施工（计划）利润		D	d	$D = A_1 \times d$ （d=相对应工程类别费率）
五	材料差价				E=∑（信息价-定额价）×材料消耗量
六	税金		F	f	$F = (A+B+C+D+E) \times f$
七	劳动保险基金		L	l	$L = (A+B+C+D+E+F) \times l$
八	工程造价		G		$G = A+B+C+D+E+F+L$

（二）以定额直接费为取费基础

（仅适用于炉窑砌筑工程）

序号	费用项目		代号	费率%	计算方法
一	定额直接费		A		施工图工程量×定额基价 $A = A_1 + A_2 + A_3$
	其中	定额人工费	A_1		
		定额材料费	A_2		
		定额机械费	A_3		

续表

序号	费 用 项 目	代号	费率%	计 算 方 法
二	直接工程费 （其他直接费、现场经费）	B	b	B = A × b （b = 相对应工程类别费率）
三	间接费	C	c	C = A × c （c = 相对应企业类别费率）
四	施工（计划）利润	D	d	D = A × d （d = 相对应工程类别费率）
五	材料差价			E = ∑（信息价 - 定额价）× 材料消耗量
六	税金	F	f	F = （A + B + C + D + E）× f
七	劳动保险基金	L	l	L = （A + B + C + D + E + F）× l
八	工程造价	G		G = A + B + C + D + E + F + L

安装工程费用定额适用范围

通用设备安装工程：适用与机械设备安装工程，电气设备安装工程，热力设备安装工程，炉窑砌筑工程，静置设备与工艺金属结构制作安装工程，工业管道工程，消防及安全防范设备安装工程，给排水、采暖、燃气工程，通风空调工程，自动化控制装置仪表安装工程，刷油、防腐蚀、绝热工程。

一、《机械设备安装工程》适用于新建、扩建及技术改造项目的机械设备安装工程。费用定额不包括的范围同本册定额“册说明第五条内容”。

二、《电气设备安装工程》适用于工业与民用新建、扩建工程中10kV以下变配电设备及线路安装工程、车间动力电气设备及电气照明器具、防雷及接地装置安装、配管配线、电梯电气装置、电气调整试验等的安装工程。本定额不包括以下内容：

1. 10kV以上及专业专用项目的电气设备安装。（按“宁夏回族自治区建设工程造价管理站、电力建设定额站文件宁建价管〔1997〕第013号《关于我区送变电安装工程执行有关定额的规定》”执行。）

2. 电气设备（如电动机等）配合机械设备进行单体试运转和联合试运转工作。

三、《热力设备安装工程》适用于新建、扩建项目中25MW以下汽轮发电机组、130t/h以下锅炉设备的安装工程。

四、《炉窑砌筑工程》适用于新建、扩建和技改项目中各种工业炉窑耐火与隔热耐火砌体工程（其中蒸汽锅炉只限于蒸发量每小时在75t以内的中、小型蒸汽锅炉工程），不定形耐火材料内衬工程和炉内金具件制作安装工程。

五、《静置设备与工艺金属结构制作安装工程》适用于新建、扩建项目的安装工程。

六、《工业管道工程》适用于新建、扩建项目中厂区范围内的车间、装置、站、罐区及其相互之间各种生产用介质输送管道，厂区第一个连接点以内的生产用（包括生产与生活共用）给水、排水、蒸汽、煤气输送管道的安装工程。其中给水以人口水表井为界；排水以厂区围墙外第一个污水井为界；蒸汽和煤气以人口第一个计量表（阀门）为界；锅炉房、水泵房以墙皮为界。费用定额不包括的范围同本册定额“册说明第四条内容”。

七、《消防及安全防范设备安装工程》适用于工业与民用建筑中的新建、扩建和整体更新改造工程。

八、《给排水、采暖、燃气工程》适用于新建、扩建项目中的生活用给水、排水、燃气、采暖热源管道以及附件配件安装，小型容器制作安装。

九、《通风空调工程》适用于工业与民用建筑的新建、扩建项目中的通风空调工程。

十、《自动化控制仪表安装工程》适用于新建、扩建项目中的自动化控制装置及仪表的安装调试工程。

十一、《刷油、防腐蚀、绝热工程》适用于新建、扩建项目中的设备、管道、金属结构等的刷油、防腐蚀、绝热工程。

凡在宁夏境内执行《全国统一安装工程预算定额宁夏单位估价表》的工程。费率表中以直接费为基础取费的仅适用于执行炉窑砌筑定额的各种独立炉窑。“除通信设备安装、通信线路安装、送电线路、长距离输送管道工程外”，其他均执行人工费为基础取费。

建筑安装工程费用项目组成及内容说明

建筑工程费由直接工程费、间接费、施工利润、税金四个部分组成。

一、直接工程费，由直接费、其他直接费、现场经费组成。

（一）直接费，是指施工过程中耗费的构成工程实体和有助于工程形成的各项费用，包括人工费、材料费、施工机械使用费。

1. 人工费，是指直接从事建筑安装工程施工的生产工人开支的各项费用，内容包括：

（1）基本工资，是指发放生产工人的基本工资。

（2）工资性补贴，是指按规定标准发放的物价补贴，煤、水电补贴、书报补贴、交通费补贴，知识分子津贴与工龄津贴，流动施工津贴等。

（3）生产工人辅助工资，是指生产工人年有效施工天数以外非作业天数的工资，包括职工学习、培训期间的工资，调动工作、探亲、休假期间的工资。因气候影响的停工工资，女工哺乳时间的工资，病假在六个月以内的工资及产、婚、丧假期的工资。

（4）职工福利费，是指按规定标准计提的职工福利费。

（5）生产工人劳动保护费，是指按规定标准发放的劳动保护用品的购置费及修理费，徒工服装补贴，防暑降温费，在有碍身体健康环境中施工的保健费用等。

2. 材料费，是指施工过程中耗用的构成工程实体的原材料、辅助材料、构配件、零件、半成品的费用和周转使用材料的摊销（或租赁）费用，内容包括：

（1）材料原价（或供应价）；

（2）供销部门手续费；

（3）包装费；

（4）材料自来源地运至工地仓库或指定堆放地点的装卸费、运输费及途耗；

（5）采购及保管费。

3. 施工机械使用费，是指使用施工机械作业所发生的机械使用费以及机械安、拆和进出场费用，内容包括：

（1）折旧费；

（2）大修费；

（3）经修费；

（4）安拆费及场外运输费；

（5）燃料动力费；

（6）人工费；

（7）运输机械养路费、车船使用税及保险费。

（二）其他直接费，是指直接费以外施工过程中发生的其他费用，内容包括：

1. 冬雨季施工增加费，是指冬季或雨季施工期间，为保证施工质量所采取的防寒保温或防雨措施所增加的直接费用，其范围包括：人工费、材料费，防冻、防寒保温、防滑、防雨雪设施费；冬雨季室外作业取暖和排除雨雪所发生的人工费、材料和燃料费，设备和设施摊销费；增加工序和降低工效的人工费，因冬季施工混凝土、砂浆提高强度等级；对砂、石、水加温、混凝土养护所增加的费用。不包括混凝土构件的蒸汽养护费及特殊工程采用暖棚法施工所增加的费用。

2. 夜间施工增加费，指根据施工组织设计规定，为确保工程质量，技术要求必须连续施工或因建设单位要求提前完成任务，需要进行夜间施工而发生的降低工效、夜餐补助、照明费及照明设备的购置、维修摊销费等。不包括施工企业为抢工而自行安排夜间施工所发生的上述费用。

3. 二次搬运费，指因施工场地狭小等特殊情况而发生的材料、构件（成品、半成品）二次搬运费。

4. 仪器仪表使用费，是指通信、电子等设备安装工程所需安装、测试仪器仪表摊销及维修费用。

5. 生产工具用具使用费，是指施工生产所需不属于固定资产的生产工具及检验用具等的购置、摊销和维修费，以及支付给工人自备工具补贴费。凡单位价值在2000元以内，使用年限在两年以内的不构成固定资产的施工仪器仪表等未进入定额的费用也包括在生产工具用具使用费里。

6. 检验试验费，是指对建筑材料、构件和建筑安装物进行一般鉴定、检查所发生的费用，包括自设试验室进行试验所耗用的材料和化学药品等费用，以及技术革新和研究试制试验费。不包括新结构、新材料的试验和对构件破坏性实验及其他特殊要求检验试验的费用。

7. 特殊工种培训费，是指承担某些特殊工程、新型建筑施工任务时，根据技术规范要求对某些特殊工种培训的费用。

8. 工程定位复测、工程点交、场地清理等费用，指工程开、竣工时的定位复测、工程交验及场地清理所发生的费用。

（三）现场经费，是指为施工准备、组织施工生产和管理所需费用，内容包括：

1. 临时设施费，是指施工企业为进行建筑安装工程施工所必需的生活和生产用的临时建筑物、构筑物和其他临时设施费用等。

临时设施包括：临时宿舍、文化福利及公用事业房屋与构筑物，仓库、办公室、加工厂以及规定范围内道路、水、电、管线等临时设施和小型临时设施。

临时设施费用内容包括：临时设施的搭设、维修、拆除费或摊销费。

2. 现场管理费

（1）现场管理费人员的基本工资、工资性补贴、职工福利费、劳动保护费等。

（2）办公费，是指现场管理办公用的文具、纸张、账表、印刷、邮电、书报、会议、水、电、烧水和集体取暖（包括现场临时宿舍取暖）用煤等费用。

（3）差旅交通费，是指职工因公出差期间的差旅费，住勤补助费，市内交通费和误餐补助费，职工探亲路费，劳动力招募费，职工离退休、退职一次性路费，工伤人员就医路费，工地转移费以及现场管理使用的交通工具的油料、燃料、养路费及牌照费。

（4）固定资产使用费，是指现场管理及试验部门使用的属于固定资产的设备、仪器等的折旧、大修理、维修费或租赁费等。

（5）工具用具使用费，是指现场管理使用的不属于固定资产的工具、器具、家具、交通工具和检验、试验、测绘、消防用具等的购置、维修和摊销费。

（6）保险费，是指施工管理用财产、车辆保险，高空、井下、海上作业等特殊工种安全保险等。

（7）工程保修费，是指工程竣工交付使用后，在规定保修期以内的修理费用。

（8）工程排污费，是指施工现场按规定交纳的排污费用。

（9）其他费用。

二、间接费，由企业管理费、财务费和其他费用组成。

（一）企业管理费，是指施工企业为组织施工生产经营活动所发生的管理费用，内容包括：

1. 管理人员的基本工资、工资性补贴及按规定标准计提的职工福利费。

2. 差旅交通费，是指企业职工因公出差、工作调动的差旅费，住勤补助费，市内交通及误餐补助费、职工探亲路费，劳动力招募费，离退休职工一次性路费及交通工具油料、燃料、牌照、养路费等。

3. 办公费，是指企业办公用文具、纸张、账表、印刷、邮电、书报、会议、水、电、燃煤（气）等费用。

4. 固定资产折旧、修理费，是指企业属于固定资产的房屋、设备、仪器等折旧及维修等费用。

5. 工具用具使用费，是指企业管理使用不属于固定资产的工具、用具、家具、交通工具、检验、试验、消防等的摊销及维修费用。

6. 工会经费，是指企业按职工工资总额2%计提的工会经费。

7. 职工教育经费，是指企业为职工学习先进技术和提高文化水平按职工工资总额1.5%计提的费用。

8. 劳动保险费，是指企业支付离退休职工的退休金（包括提取的离退休职工劳保统筹基金）、价格补贴、医药费、易地安家补助费、职工退职金、六个月以上的病假人员工资、职工死亡丧葬补助费、抚恤费，按规定支付给离休干部的各项经费。

9. 职工养老保险费，是指职工退休养老金的积累。

〔8、9两项保险费仍按区建设厅文件宁建（价）字〔1999〕第11号文件执行〕

10. 企业职工工伤保险、待业保险及生育保险，是指按规定标准计提的职工保险费。

11. 保险费，是指企业财产保险、管理用车辆等保险费用。

12. 税金，是指企业按规定交纳的房产税、车船使用税、土地使用税、印花税及土地使用费等。

13. 其他，包括技术转让费、技术开发费、业务招待费、排污费、绿化费、公共卫生费和其他费用。

广告费、公证费、法律顾问费、审计费、咨询费等。

（二）财务费用，是指企业为筹集资金而发生的各项费用，包括（企业经营期间发生的短期贷款利息净支出）汇兑净损失、调剂外汇手续费、金融机构手续费以及企业筹集资金发生的其他财务费用。

（三）其他费用，是指按规定支付工程造价（定额）管理部门的定额编制管理费及劳动管理部门的定额测定费。以及按有权部门规定支付的建筑市场管理费和（上级管理费）。

三、施工利润，是指按规定应计入建筑安装工程造价的利润。依据工程类别实施差别利润率。

四、税金，是指国家税法规定的应计入建筑安装工程造价内的营业税，城市维护建设税及教育费附加。

宁夏安装工程类别划分标准

工程类别	通用设备安装工程
一类工程	1. 台（整台）重量在20t及其以上各类机械设备（不分整体或解体）以及精密、自动、半自动或程控机床，引进设备。 2. 输送设备及起重量20t及其以上的起重设备及相应的轨道安装，自动、半自动电梯安装。 3. 净化、超净、恒温和集中空调设备及其空调系统。 4. 10kV以下变配电设备及线路（包括室内、外电缆）安装。 5. 工业炉窑设备和炉体砌筑。 6. 热力设备（锅炉单炉蒸发量在10t/h/台以上的锅炉）及其附属设备与炉体砌筑。 7. 自动化控制装置和仪表安装工程。专业电气调试与自动化仪表调试。 8. 冶金、建材、电力、化工制药和炼油装置。 9. 各种压力容器的制作和安装。 10. 各类工业设备安装车间内工艺设备安装及其相配套的管道、电气安装工程。 11. 焊口有探伤要求的厂区（室外）工艺管道、热力管网、煤气管网、供水（含循环水）管网及电缆敷设工程。[最大管径在DN150以上的室外管网工程及DN250以上的管线工程（包括市政工程的热力、燃气工程）]。 12. 附属于本类型工程各种设备的配管、电气安装和调试、金属梯子、栏杆以及刷油、绝热、防腐蚀工程。

续表

<table>
<tr><th>工程类别</th><th colspan="2">通用设备安装工程</th></tr>
<tr><td>一类工程</td><td>建筑安装</td><td>一类建筑工程的附属设备、照明、采暖、通风空调、给排水、消防等工程。</td></tr>
<tr><td rowspan="2">二类工程</td><td colspan="2">1. 台（整台）重量在20t及其以下各类机械设备（不分整体或解体）。
2. 输送设备及起重量100t及其以上的起重设备及相应的轨道安装，小型杂物电梯安装。
3. 6kV以下变配电设备及线路（包括室内、外电缆）安装。
4. 共用天线安装和调试。
5. 热力设备（锅炉单炉蒸发量在6.5t/h/台以上的锅炉）及其附属设备与炉体砌筑。
6. 工艺金属结构，一般容器的制作和安装。
7. 各类构筑物工程附属的管道、电气安装工程。
8. 焊口无探伤要求的厂区（室外）热力管网、供水（含循环水）管网。
9. 低压空气压缩机、乙炔发生设备、各类泵、供热（换热）装置以及制冷量20万大卡/时及其以下的制冷设备。
10. 附属于本类型工程各种设备的配管、电气安装和调试以及刷油、绝热、防腐蚀工程</td></tr>
<tr><td>建筑安装</td><td>二类建筑工程的附属设备、电气照明、采暖、通风空调、给排水、消防等工程</td></tr>
<tr><td rowspan="2">三类工程</td><td colspan="2">1. 热力设备（锅炉单炉蒸发量在4t/h/台以上的锅炉）及其附属设备与炉体砌筑。
除一类、二类设备安装工程以外均为三类工程</td></tr>
<tr><td>设备安装</td><td>三类建筑工程的附属设备、照明、采暖、通风、给排水、消防等工程</td></tr>
<tr><td>四类工程</td><td colspan="2">1. 四类建筑工程的附属电气照明、采暖、给排水、消防等工程。
2. 一、二、三类安装工程范围以外的其他零星安装工程</td></tr>
</table>

安装工程类别划分说明

一、各工程类别均以一个单位工程为划分标准。由不同（专业）类型单位工程组成的建设项目，分别按各单位工程对应的类别划分标准确定工程类别。

二、建筑安装工程类别划分：建筑工程的附属设备、照明、采暖、通风、给排水等工程，均属于建筑安装类，按宁夏建设工程造价管理站确认的建筑工程类别标准执行。

三、设备安装工程类别划分：分别按《安装工程类别划分表》各专业划分类别标准执行。

四、设备安装工程类别划分以外的补充说明：

1. 单位工程中如设计规定同时安装两台及其以上不同类型的设备时，按高类别标准执行。

2. 安装工程中个别子目套用其他册定额时，取费按主册定额执行。

3. 改建、装修工程使用安装定额应参照相应工程类别。

4. 凡属于区建设工程造价管理站主管业务范围之内的有关专业工程项目，表中未包括的类别划分确定标准；均由区建设工程造价管理站作补充规定。

5. 凡属于行业主管部门负责管理范围之内的表中未列入的安装工程类别划分确定标准，由行业归口主管部门商定。

五、通用设备安装工程类别划分表中的××以上含本身，××以下不含本身。在工程类别划分时，只要符合其中一个指标就按该工程类别标准执行。

宁夏回族自治区建筑装饰装修工程费用定额

说　明

为配合国家标准《建设工程工程量清单计价规范》更好地贯彻执行，结合我区装饰工程市场的变化，考虑装饰企业各项费用支出和经营的实际情况，通过认真细致的调查研究，综合测算编制了《宁夏回族自治区建筑装饰装修工程费用定额》（以下简称《装饰费用定额》)。

一、《装饰费用定额》与2000版《宁夏回族自治区建筑工程预算定额》、《宁夏回族自治区建筑装饰装修工程单位估价表》配套使用。它可作为装饰工程的施工图预算编制，标底、投标报价计算和办理工程拨款、竣工结算的依据。在我区境内从事建筑装饰装修工程的建设、设计、施工和工程造价咨询等单位，均应执行本《装饰费用定额》。

二、《装饰费用定额》适用于我区一般新建、扩建、改建的房屋建筑工程中单独承包的装饰工程，包括建筑高级装饰、再次装修工程取费。也适用于分包装饰单位的建筑装饰工程取费。

三、《装饰费用定额》的间接费，分别对应装饰企业所持有的《宁夏施工企业取费类别资格证书》中装饰企业类别。

四、高级装饰工程类别的划分和确认，应按《装饰费用定额》附表《装饰工程类别划分表》及《宁夏工程类别确认管理办法》规定由当地建设工程造价管理站确认。

五、装饰工程的直接工程费、间接费、施工利润、税金各分项系数见2000年《宁夏回族自治区建筑工程费用定额》。

二次装修的装饰工程

工程类别	工程项目	平方米装饰价
一类工程	宾馆、商场、酒（饭）店、卡拉OK歌舞厅、酒吧、电子游艺厅、保龄球馆、室内游泳池、美容院等营业性的娱乐保健场所；商用写字楼、影剧院、度假村、带独立庭院的别墅；候机楼与候车楼；金融机构的营业用房；有霓虹灯装置的大型商业广告设施	每平方米建筑面积装饰价格≥1500元
二类工程	展览馆、博物馆、图书馆、体育场、馆及设施；群体别墅、疗养院；自用办公楼、礼堂及招待所、科研楼：邮电设施用房；大专院校的教学设施用房；有声、光、防尘、无菌、恒温、恒湿要求的工业厂房；一般商业广告设施	每平方米建筑面积装饰价格≥1000元
三类工程	普通工业厂房；各类住宅；中小学校的教学设施用房（包括实验室、图书馆、食堂、办公楼等）；幼儿园及托儿所、敬老院的设施用房；医院设施用房；仓储式商场及各类仓库；一般公益性建筑等	每平方米建筑面积装饰价格≥700元
四类工程	每平方米建筑面积装饰价格<700元的一般工程	

装饰工程费用定额 单位:%

企业类别	工程类别	取费基础	综合费率	其中		
				直接工程费费率	施工利润	间接费
一类	一类	定额人工费	85.13	28.21	37	19.92
	二类		70.99	22.07	29	
	三类		58.00	16.08	22	
	四类		41.58	10.64	11	

续表

企业类别	工程类别	取费基础	综合费率	其中		
				直接工程费费率	施工利润	间接费
二类	一类	定额人工费	80.25	28.21	37	15.04
	二类		66.11	22.07	29	
	三类		53.12	16.08	22	
	四类		36.68	10.64	11	
三类	一类		—	—	—	11.33
	二类		62.40	22.07	29	
	三类		49.41	16.08	22	
	四类		32.97	10.64	11	
四类	一类		—	—	—	6.40
	二类		—	—	—	
	三类		44.48	16.08	22	
	四类		28.04	10.64	11	

装饰工程类别划分表

单独承包的新装饰工程

项　目	单位	工程类别			
		一	二	三	四
单项装饰工程预算造价	万元	≥250	≥100	≥50	<50
每平方米建筑面积装饰造价	元	≥1500	≥1000	≥700	<700

新疆维吾尔自治区建筑安装工程费用定额

（2004 年）

新疆维吾尔自治区建设厅、新疆维吾尔自治区发展计划委员会关于发布
《新疆维吾尔自治区建筑安装工程费用定额》的通知
新建造〔2004〕3 号

为适应建筑市场定额计价的需要，自治区工程造价管理总站组织制订了《2004 年新疆维吾尔自治区建筑安装工程费用定额》。经审查，现批准发布，并就有关事项通知如下：

一、本费用定额自 2004 年 7 月 1 日起施行。1998 年发布的《新疆维吾尔自治区建筑安装工程费用定额》停止使用。

二、本费用定额在全疆范围内统一执行，并与 2004 年《全国统一建筑工程基础定额、新疆维吾尔自治区建筑工程补充预算定额乌鲁木齐地区单位估价汇总表》、《全国统一安装工程预算定额乌鲁木齐单位估价汇总表》以及自治区各地工程造价管理机构发布的相应定额单位估价表配套使用。

三、本费用定额是编制建筑安装工程概算、预算、结算、编制标底、投标报价的参考依据。

四、本费用定额执行之日以前，凡已完成招投标的工程项目，仍按原约定执行；已办理完竣工结算的工程项目不做调整。

五、本费用定额由新疆维吾尔自治区工程造价管理总站负责管理和解释。

新疆维吾尔自治区建设厅
新疆维吾尔自治区发展计划委员会
二〇〇四年七月一日

建筑安装工程费用定额总说明

一、自治区建筑安装工程费用定额（以下简称本费用定额）是在 1998 年《新疆维吾尔自治区建筑安装工程费用定额》的基础上，按照国家有关费用标准编制的规定、文件，并结合新疆实际情况进行编制的。

二、本费用定额是编制建筑安装工程概算、施工图预算、工程竣工结算的依据，是招、投标工程编制招标工程标底和投标报价的依据，是实行投资包干的计价依据。

三、本费用定额应与全国统一建筑工程基础定额、新疆维吾尔自治区建筑工程补充预算定额、2000 年全国统一安装工程预算定额以及相应定额的 2004 年单位估价汇总表配套使用。

四、根据国家计委、建设银行计标（1985）352 号文关于“间接费定额与直接费定额一般应配套使用，执行什么直接费定额，就采用相应的间接费定额”的规定。

1. 自治区各级施工企业承担各项专业工程，应按承担专业工程的性质，执行各专业部制定的

专业工程定额及相应费用定额；

2. 自治区水利、电力、煤炭、化工、公路、铁路、有色金属等专业施工企业，承担专业工程的应执行专业工程费用定额，承担一般工业与民用建筑安装工程的应执行全国统一建筑工程基础定额、新疆地区建筑工程补充预算定额和全国统一安装工程预算定额及本费用定额；

3. 中央各专业部专业施工企业进疆施工，承担一般工业与民用建筑安装工程，亦应执行本费用定额。

五、定额外签证用工费用，是指非正式工程项目的用工。如设计变更的返工用工，建设单位劳务用工及各种签证用工等。定额外签证用工单独计列，不再计取其他各项费用。

定额外签证用工单价 18.47×（1+78%）×（1+3.3%）=33.96 元/工日

六、本费用定额费用标准是按照工程类别制定的。

七、凡我区各建筑安装施工企业及外省来疆承揽工程的建筑安装施工企业一律按所承担的工程类别对照相应取费标准计取费用。

八、本费用定额的适用范围：

（一）建筑工程：

1. 适用于新建、扩建、改建的工业与民用建筑工程的永久性和临时性的房屋和构筑物工程，建筑工程已综合了各类混凝土、钢筋混凝土构件、金属结构件、木作结构件的自制安装、商品构件现场安装和运输的因素。

2. 人工大型土石方工程：凡单位工程人工挖方或填方工程量超过 1 万立方米的为人工大型土石方工程；单独承揽的土石方工程且单独编制土石方单位工程预算的如：堤坝、沟渠、运动场、人工河、场地平整的竖向布置以及不带混凝土基础和砌筑的管道沟等土石方的人工挖方或填方工程，属人工大型土石方工程，均执行人工大型土石方工程费用标准。

3. 机械大型土石方工程：

凡单位工程机械挖方或填方工程量大于 1 万立方米的大型土石方工程划归一类工程；凡单位工程机械挖方或填方工程量小于 1 万立方米的大型土石方工程划归二类工程。自治区机械化施工公司单独承包的土石方工程，不论工程量大小，均执行机械大型土石方工程。

机械大型土石方工程执行建筑工程一类、二类工程费用标准。

（二）安装工程：

1. 适用于新建、扩建、改建的工业与民用建筑工程中的安装工程：动力、照明、弱电、给排水、消防喷淋、采暖、煤气管道、通风空调等。

2. 适用于工业安装工程：工艺管道、集中空调设备、专用设备、机械设备安装、自动化控制装置及容器、仪表、金属结构及刷油、保温防腐等工程。

3. 适用于炉窑砌筑工程。

（三）单独承包装饰工程：

1. 装饰施工企业单独承包的装饰装潢工程；

2. 装饰施工企业承担的二次装饰工程；

3. 装饰施工企业承担的部分土建、安装工程执行建筑安装工程四类工程费用标准。

第一章　建筑安装工程费用项目

第一节　建筑安装工程费的构成

建筑安装工程费是由直接工程费、间接费、利润、税金等四部分组成。

直接工程费由定额直接费、其他直接费、现场经费组成。

间接费由企业管理费、财务费用、其他费用组成。

利润是指按规定应计入建筑安装工程造价的利润。

税金是指国家税法规定的应计入建筑安装工程造价的营业税、城市维护建设税及教育费附加。

第二节 建筑安装工程费用项目表

- 建筑安装工程费用项目
  - 直接工程费
    - 定额直接费
      - 定额人工费
      - 材料费
      - 施工机械使用费
    - 其他直接费
      - 施工包干费（冬季施工增加费）
      - 施工附加费
        - 生产工具、用具使用费检验试验费
        - 工程定位复测、工程点交、场地清理费
    - 现场经费
      - 临时设施费
      - 现场管理费
  - 间接费
    - 企业管理费
    - 财务费用
    - 其他费用（单独计列）
  - 劳动保险费
    - 未纳入行业统筹
    - 已纳入行业统筹
  - 利润
  - 工程定额测定费
  - 税金
    - 营业税
    - 城市建设维护税
    - 教育费附加

第三节 建筑安装工程费用计算程序

一、建筑工程费用计算程序（定额直接费为计算基数）

序　号	费用项目	计算公式
一	定额直接费 1. 定额人工费 2. 材料费 3. 机械费	
二	其他直接费	(一)×定额费率
三	现场经费	(一)×定额费率
四	直接工程费	(一)+(二)+(三)
五	间接费	(四)×定额费率
六	劳动保险费	(四)×定额费率
七	直接工程费与间接费（劳动保险费）之和	(四)+(五)+(六)
八	利润	(七)×定额参考费率
九	工程定额测定费	[(七)+(八)]×定额费率
十	税金	[(七)+(八)+(九)]×定额费率
十一	建筑工程造价	(七)+(八)+(九)+(十)

二、安装工程费用计算程序（定额人工费为计算基数）

序　号	费用项目	计算公式
一	定额直接费 1. 定额人工费 2. 材料费 3. 机械费	

续表

序号	费用项目	计算公式
二	其他直接费	定额人工费×定额费率
三	现场经费	定额人工费×定额费率
四	直接工程费	(一)+(二)+(三)
五	间接费	定额工人费×定额费率
六	劳动保险费	定额人工费×定额费率
七	直接工程费与间接费（劳动保险费）之和	(四)+(五)+(六)
八	利润	定额人工费×定额参考费率
九	工程定额测定费	[(七)+(八)]×定额费率
十	税金	[(七)+(八)+(九)]×定额费率
十一	安装工程造价	(七)+(八)+(九)+(十)

三、单独承包装饰工程费用计算程序（定额人工费为计算基数）

序号	费用项目	计算公式
一	定额直接费 1. 定额人工费 2. 材料费 3. 机械费	
二	其他直接费	定额人工费×定额费率
三	现场经费	定额人工费×定额费率
四	直接工程费	(一)+(二)+(三)
五	间接费	定额人工费×定额费率
六	劳动保险费	定额人工费×定额费率
七	直接工程费与间接费（劳动保险费）之和	(四)+(五)+(六)
八	利润	定额人工费×定额参考费率
九	工程定额测定费	[(七)+(八)]×定额费率
十	税金	[(七)+(八)+(九)]×定额费率
十一	单独装饰工程造价	(七)+(八)+(九)+(十)

第二章　建筑安装工程费用定额内容

第一节　直接工程费

直接工程费由定额直接费、其他直接费、现场经费组成。

一、定额直接费

定额直接费是指施工过程中耗费的构成工程实体和有助于工程形成的各项费用，包括定额人工费、材料费、施工机械使用费。

(一) 定额人工费，是指直接从事建筑安装工程施工的生产工人开支的各项费用，内容包括：

1. 基本工资，是指发放生产工人的基本工资。

2. 工资性补贴，是指按规定标准发放的物价补贴、煤、燃气补贴、交通费补贴、住房补贴、流动施工津贴、地区津贴等。

3. 生产工人辅助工资，是指生产工人年有效施工天数以外非作业天数的工资，包括职工学习、培训期间的工资，调动工作、探亲、休假期间的工资，因气候影响的停工工资，女工哺乳时间的工资，病假在六个月以内的工资以及产、婚、丧假期的工资。

4. 职工福利费，是指按规定标准计提的职工福利费。

5. 生产工人劳动保护费，是指按规定标准发放的劳动保护用品的购置费及修理费、徒工服装补贴、防暑降温费，在有碍身体健康环境中施工的保健费用等。

定额内人工费单价：建筑工程24.96元/工日、安装工程25.53元/工日

（二）材料费，是指施工过程中耗用的构成工程实体的原材料、辅助材料、构配件、零件、半成品的费用和周转使用材料的摊销（或租赁）费用，内容包括：

1. 材料供应价；

2. 材料自来源地运至工地仓库或指定堆放地点的装卸费、运输费及途耗；

3. 采购及保管费。

（三）施工机械使用费，是指使用施工机械作业所发生的机械使用费以及机械安、拆和进出场费用。内容包括：

1. 折旧费；

2. 大修理费；

3. 经常修理费；

4. 安装拆卸费及场外运输费；

5. 燃料动力费；

6. 机上人工费；

7. 运输机械养路费、车船使用税及保险费。

二、其他直接费

其他直接费，是指定额直接费以外施工过程中发生的其他费用。

（一）施工包干费，是指冬雨季施工增加费。

冬雨季施工增加费，是指按照施工及验收规范所规定的冬季施工要求和雨季施工期间，为保证工程质量和安全生产所需增加的费用。

其内容包括：因冬雨季施工增加工序，从而增加的人工工资及劳动效率降低的因素；防冻保温增加的设施、材料、加热养护及临时取暖费用（包括各种养护、材料加热、覆盖材料、暖棚等）；冬季施工需要提高混凝土、砂浆标号所增加的材料及附加化学药剂等费用。

冬雨季施工增加费可按实际进入冬季施工天数之比例，相应乘以该地区冬雨季施工增加费率，计取该费用。

按上述规定计算的冬雨季施工增加费，在工程结算时若与审定的施工组织设计及现场签证等实际发生计算的冬雨季施工增加费有差异时，其差额部分（含正负差）只计取税金，不计取其他费用。

（二）施工附加费，是指生产工具用具使用费，检验试验费，工程定位复测、工程点交、场地清理等费用。

1. 生产工具用具使用费，是指施工生产所需不属于固定资产的生产工具及检验用具等的购置、摊销和维修费，以及支付给工人的自备工具补贴等。

2. 检验试验费，是指对建筑材料、构件和建筑安装物进行一般鉴定、检查所发生的费用，包括自设试验室进行试验所耗用的材料和化学药品等费用，以及技术革新和研究试制试验费。

3. 工程定位复测、工程点交、场地清理费，是指开工前测量、定位、钉龙门板桩及经规划部门派员复测的费用；办理竣工验收，进行工程点交的费用；竣工后室内垃圾、室外弃土等场地清理所发生的费用。

三、现场经费

现场经费，是指为施工准备，组织施工生产和管理所需费用。

现场经费由临时设施费和现场管理费组成。

（一）临时设施费，是指施工企业为进行建筑安装工程施工所必需的生活和生产用的临时建

筑物、构筑物和其他临时设施费用等。

临时设施包括：临时宿舍、文化福利及公用事业房屋与构筑物、仓库、办公室、加工厂以及规定范围内道路、水、电、管线等临时设施和小型临时设施。

临时设施费用内容包括：临时设施的搭设、维修、拆除费或摊销费，临时设施费由施工单位统筹安排包干使用。

下述情况不在包干范围内应由建设单位负责。

1. 由场外水源、电源、热源敷设到施工现场内指定地点（指按施工组织设计确定的地点、场内活动管线的半径一般不超过 50 米）的较固定管线。

2. 施工现场必须临时设置的水塔、水井、锅炉房、变电所、铁路专用线等设施以及所需的锅炉、水泵、变压器等设备。

3. 大中型工业建筑安装工程，工程地址远离城市或在偏僻地区施工，无原有房屋可利用，又确属需要设置临时构件加工厂。为减少构件的长途运输，可按施工组织设计规划编制临时工程预（概）算，经发包单位及有关部门审核同意后据此结算。

4. 因施工场地狭窄需临时占用城市道路或其他施工用地的，由建设单位办妥手续并在合同规定的工期内负责费用。

施工企业计取了临时设施包干费用，又住用了建设单位的房屋设施，应按规定的房租标准付租金。

（二）现场管理费，是指分公司以下的现场管理层与施工作业层为组织施工生产所发生的管理费用。

内容包括：

1. 管理人员工资，是指现场管理人员的基本工资、工资性补贴、职工福利费、劳动保护费等。

2. 办公费，是指现场管理办公用的文具、纸张、账表、印刷、邮电、书报、会议、水、电、烧水和集体取暖（包括现场临时宿舍取暖）用煤等费用。

3. 差旅交通费，是指职工因公出差期间的差旅费、住勤补助费，市内交通费和误餐补助费，职工探亲路费，劳动力招募费，取工离退休、退职一次性路费、工伤人员就医路费，工地转移费及现场管理使用的交通工具的油料、燃料、养路费及牌照费。

4. 固定资产使用费，是指现场管理及试验部门使用的属于固定资产的设备、仪器等的折旧、大修理、维修费或租赁费等。

5. 工具用具使用费，是指现场管理使用的不属于固定资产的工具、器具、家具、交通工具和检验、试验、测绘、消防用具等的购置、维修和摊销等。

6. 保险费，是指施工管理用财产、车辆保险，高空、井下、海上作业等特殊工种安全保险等。

7. 工程保修费，是指工程竣工交付使用后，在规定保修期内的修理费用。

8. 工程排污费，是指施工现场按规定交纳的排污费用。

9. 其他费用。

第二节　间　接　费

间接费，是指企业经营层所发生的各项费用，由企业管理费、财务费用和其他费用组成。（劳动保险费用从间接费中分离出来单独计列，工程定额测定费从间接费中分离出来单独计列。）

一、企业管理费，是指施工企业为组织施工生产经营活动所发生的管理费用，内容包括：

1. 管理人员工资，是指管理人员的基本工资、工资性补贴及按规定标准计提的职工福利费。

2. 办公费，是指企业办公文具、纸张、账表、印刷、邮电、书报、会议、水、电、燃煤（气）等费用。

3. 差旅交通费，是指企业职工因公出差、工作调动的差旅费，住勤补助费，市内交通及误餐补助费，职工探亲路费，劳动力招募费，离退休职工一次性路费及交通工具油料、燃料、牌照、养路费等。

4. 固定资产使用费，是指企业属于固定资产的房屋、设备、仪器等折旧及维修等费用。

5. 工具用具使用费，是指企业管理使用不属于固定资产的工具、用具、家具、交通工具、检验、试验、消防等的摊销及维修费用。

6. 工会经费，是指企业按职工工资总额2%计提的工会经费。

7. 住房公积金，是指企业按职工工资总额取定比例计提的费用。

8. 医疗保险金，是指企业按职工工资总额取定比例计提的费用。

9. 职工工伤保险金，是指企业按职工工资总额取定比例计提的费用。

10. 职工生育险金，是指企业按职工工资总额取定比例计提的费用。

11. 职工教育经费，是指企业为职工学习先进技术和提高文化水平按职工工资总额的1.5%计提的费用。

12. 劳动保险费，是指企业支付离退休职工的退休金，价格补贴、医药费、易地安家补助费、职工退职金、六个月以上的病假人员工资，职工死亡丧葬补助费，抚恤费、按规定支付给离休干部的各项经费。（劳动保险费从间接费中分离出来单独计列。）

13. 职工失业保险费，是指按规定标准计提的职工失业保险费。

14. 保险费，是指企业财产保险、管理用车辆等保险费用。

15. 税金，是指企业按规定交纳的房产税、车船使用税、土地使用税、印花税及土地使用费等。

16. 其他，包括技术转让费、技术开发费、业务招待费、排污费、绿化费、广告费、公证费、法律顾问费、审计费、咨询费等。

二、财务费用

财务费用，是指企业为筹集资金而发生的各项费用，包括企业经营期间发生的短期贷款利息净支出、汇兑净损失、调剂外汇手续费、金融机构手续费，以及企业筹集资金发生的其他财务费用。

三、其他费用

其他费用，是指按规定支付工程造价（定额）管理部门的工程定额测定费。（工程定额测定费从间接费中分离出来，以独立费的表现形式单独计列。）

第三节 利　　润

利润，是指按规定应计入建筑安装工程造价的利润。依据工程类别实施差别利润率。

第四节 税　　金

税金，是指国家税法规定应计入建筑安装工程造价内的营业税、城市维护建设税及教育费附加。

第三章 建筑安装工程类别划分

第一节 建筑工程

类别划分内容及类级

工程类别名称			单位	等级标准			
				Ⅰ	Ⅱ	Ⅲ	Ⅳ
工业建筑	单层	吊车吨位	t	≥30	≥20	<20	
		檐口高度	m	≥24	≥16	≥9	<9
		跨度	m	≥24	≥16	≥9	<9
	多层	檐口高度	m	≥27	≥18	≥12	<12
		建筑面积	m^2	≥6000	≥4000	≥2000	<2000

续表

工程类别名称			单位	等级标准			
				Ⅰ	Ⅱ	Ⅲ	Ⅳ
民用建筑	公共建筑	檐口高度	m	≥36	≥18	≥12	<12
		跨度	m	≥30	≥18	≥12	<12
		建筑面积	m^2	≥8000	≥4000	≥2000	<2000
	居住建筑	檐口高度	m	≥36	≥20	≥12	<12
		层数	层	≥12	≥7	≥4	<4
		建筑面积	m^2	≥7000	≥4000	≥2000	<2000
构筑物	烟囱	砼结构、高度	m	≥80	≥50	<50	
		砖结构、高度	m	≥60	≥40	<40	
		钢结构、高度	m	≥80	≥50	<50	
	水塔	高度	m	≥60	≥40	<40	
		容积	m^3	≥80	≥50	<50	
	筒仓	高度	m	≥30	≥20	<20	
	贮池	容积（单体）	m^3	≥1000	≥600	<600	
	其他构筑物		m^3	均归三类工程			
独立土石方工程		挖、填、土石方（总量）	m^3	大于10000m^3为大型人工、机械土石方工程			

室外工程及其他，按建筑工程说明4、8款归类。

一、名词界定

1．檐高：指设计室外地坪标高至檐口滴水的垂直距离。

2．跨度：本定额系指整体建筑物总进深。

3．面积：指按建筑面积计算规则计算的单位工程建筑面积。

4．层数：指建筑物设计室外地坪以上自然层层数。

5．公共建筑：指影剧院、体育场（馆）、图书馆、博物馆、美术馆、展览馆、医院、宾馆、综合楼、办公楼、教学楼、候机楼、车站、客运楼、地下停车场等为公众服务的建筑物。

二、建筑工程说明

1．单位工程中有几种工程类别或等级标准组成，以占建筑面积最大的工程类型或等级标准执行。

2．科研单位独立的实验室、化验室、民用锅炉房等，按工业建筑工程类别等级标准执行。

3．构件制作、构件吊装合并到主体工程，不单独计算。

4．与建筑物配套的零星项目，如化粪池、检查井、室外地沟、支架等，按建筑物的等级标准执行。

5．建筑物、构筑物高度，自设计室外地坪算起。高出屋面的电梯间、水箱间、塔楼等，不计算高度。

6．凡等级标准中有二个指标控制的，必须满足其中的一个指标。凡等级标准中有三个指标控制的，必须满足其中的二个指标。

7．关于建筑物加层扩建时套用类别的规定：

A．当选用面积和跨度指标时，以新增的实际面积和跨度套用类别标准；

B．当选用檐高和层数指标时，要与原建筑物一并考虑套用类别标准。

8．单独零星项目，如围墙、道路、挡土墙等，按四类标准执行。

第二节 安装工程

类别划分内容及类级

序号	工程类别			工程项目内容
1	建筑安装工程	室内	Ⅰ类	一类建筑工程的附属设备、照明、给排水、采暖、煤气、通风等工程
2			Ⅱ类	二类建筑工程的附属设备、照明、给排水、采暖、煤气、通风等工程
3			Ⅲ类	三类建筑工程的附属设备、照明、给排水、采暖、煤气、通风等工程
4			Ⅳ类	四类建筑工程的附属设备、照明、给排水、采暖、煤气、通风等工程
5		室外工程		室外水、暖、煤气管道、电气线缆敷设工程，划分为四类工程
6	炉窑砌筑工程		Ⅰ类	专业炉窑和工作压力＞2.5MPa 的散装锅炉的炉体砌筑
7			Ⅱ类	一般工业炉窑和工作压力≤2.5MPa 锅炉的炉体砌筑
8	工业安装工程		Ⅰ类	1. 装置的机械设备（另有说明除外），不分整体或解体，以及精密、自动半自动程控车床、引进设备； 2. 自动电梯、输送设备以及起重量在 30 吨及其以上的起重设备及相应轨道安装； 3. 净化、超净、恒温、恒湿和集中空调设备及其系统； 4. 热力设备蒸发量大于 10 吨/小时或工作压力大小 2.5MPa 的散装锅炉及其附属设备、组装锅炉及其附属设备； 5. 1000 千伏安及其以上的变配电设备，防爆电器安装； 6. 各种压力容器、气柜的制作安装、以及 1000 立方米以上的贮罐制作和安装； 7. 附属于本类型工程各种设备的配管、电气、仪表安装和调试、金属构件以及刷油、绝热、防腐； 8. 焊口有探伤要求的厂区（室外）工艺管道、热力、煤气、供排水管网
9	工业安装工程		Ⅱ类	1. 简单通用机械设备、小型杂物电梯、起重量在 30 吨以下的起重设备及相应轨道； 2. 热力设备蒸发量小于 10 吨/小时或工作压力为 1.3≤P≤2.5MPa 的散装锅炉及其附属设备，热力设备蒸发量大小 6 吨/小时并小于 10 吨/小时的组装锅炉及其附属设备； 3. 1000 千伏安以下的变配电设备； 4. 共用电视天线（列入以上项的除外）； 5. 简单容器的制作和安装； 6. 附属于本类型各种设备的配置、电气、仪表安装和调试，金属构件以及刷油、绝热、防腐； 7. 无探伤要求的厂区（室外）热管网，供排水管网
10			Ⅲ类	除Ⅱ、Ⅱ类以外的其他工业安装工程以及热力设备蒸发量小于 6 吨/时或工作压力小于 1.3MPa 的快装锅炉或组装锅炉及其附属设备

安装工程说明：

1. 一个单位工程只定一个等级类别。
2. 工程中有多种类型的工程内容同时安装，均按主体设备或主要部分来确定等级类别。
3. 安装是指与建筑工程相配套的附属设备，如动力、照明、弱电、给排水、消防、喷林、采暖、煤气、通风、空调等安装工程。
4. 机械设备是指只承担仅有泵、风机、电动葫芦等的单位工程。
5. 单独零星项目，如上下水道、暖气管道、煤气管道、电气线缆敷设等工程，均按四类标准执行。
6. 专业电缆敷设（厂区内或建筑物附近）等按工业安装工程三类标准执行。
7. 建筑物加层扩建的建筑安装工程按建筑工程划分的工程类别确定其安装类别。

第四章　建筑安装工程费用标准

第一节　其他直接费

单位：%

项　目	建筑工程 机械土石方工程				安装工程				人工大型土石方工程
	一类	二类	三类	四类	一类	二类	三类	四类	
计费基础	定额直接费				定额人工费				定额人工费
其他直接费（%）	2.32	2.32	2.21	2.07	23.14	23.14	21.83	20.09	3.8
（一）施工包干费（%）	1.40	1.40	1.40	1.40	12.23	12.23	12.23	12.23	/
（二）施工附加费（%）	0.92	0.92	0.81	0.67	10.91	10.91	9.6	7.86	3.8
1. 生产工具、用具使用费	0.73	0.73	0.62	0.48	8.73	8.73	7.42	5.68	3.06
2. 检验试验费	0.08	0.08	0.08	0.08	0.87	0.87	0.87	0.87	0.3
3. 工程定位复测、工程点交、场地清理费	0.11	0.11	0.11	0.11	1.31	1.31	1.31	1.31	0.44

一、施工包干费（冬雨季施工增加费）标准。

单位：%

气温地区 / 工程类别	取费基础	二类地区	三类地区	四类地区	五类地区
		3.5个月	4~4.5个月	5~5.5个月	6个月
建筑工程、机械大型土石方工程	定额直接费	0.56	0.84	1.40	1.53
安装工程	定额人工费	4.80	6.99	12.23	13.10

二、冬季取暖气温区域划分：

二类地区：和田地区（于田、皮山、民丰县除外）

三类地区：和田地区的于田、皮山、民丰县，喀什地区（塔什库尔干县除外），巴音郭楞蒙古自治州，克孜勒苏自治州的阿图什市、阿合奇县，阿克苏地区（拜城、乌什县除外），吐鲁番地区，哈密地区的哈密市，伊犁地区的伊宁市、县。

四类地区：乌鲁木齐市，克拉玛依市，昌吉自治州，塔城地区（和布克赛尔县除外），博尔塔拉自治州，伊犁地区直属县（伊宁县除外），阿克苏地区拜城县、乌什县，哈密地区的巴里坤县、伊吾县，喀什地区的塔什库尔干县，石河子，奎屯市属。

五类地区：阿勒泰地区，塔城地区的和布克赛尔县。

三、施工包干费即冬雨季施工费是按（冬雨季施工增加费）四类地区标准计列的，若为其他类地区标准，可作相应调整。

第二节　现 场 经 费

单位：%

项　目	建筑工程 机械大型土石方工程				安装工程				人工大型土石方工程
	一类	二类	三类	四类	一类	二类	三类	四类	
计费基础	定额直接费				定额人工费				定额人工费
现场经费	6.22	5.60	4.87	4.52	38.07	36.64	30.93	27.84	17.36
其中：1. 临时设施费	1.43	1.43	1.43	1.43	10.13	10.13	10.13	10.13	3.44
2. 现场管理费	4.79	4.17	3.44	3.09	27.94	26.51	20.80	17.71	13.92

临时设施费标准

单位：%

项　　目	建筑工程 机械大型土石方工程				安装工程				人工大型 土石方工程
	一类	二类	三类	四类	一类	二类	三类	四类	
市区	1.43	1.43	1.43	1.43	10.13	10.13	10.13	10.13	3.44
郊区（远征）	2.14	2.14	2.14	2.14	15.75	15.75	15.75	15.75	5.40

说明：临时设施费是按市区标准计列的，若为郊区或远征标准，可做相应调整。

第三节　间　接　费

单位：%

项　　目	建筑工程 机械大型土石方工程				安装工程				人工大型 土石方工程
	一类	二类	三类	四类	一类	二类	三类	四类	
计费基础	直接工程费				定额人工费				定额人工费
间接费	10.75	9.72	8.35	7.64	75.13	68.52	53.41	38.99	35.49
其中　1. 企业管理费	9.13	8.15	7.02	6.45	54.17	50.18	39.44	33.75	21.52
2. 财务费用	1.62	1.56	1.33	1.19	20.96	18.34	13.97	5.24	13.97

第四节　劳动保险费标准

单位：%

项　　目	建筑工程 机械大型土石方工程				安装工程				人工大型 土石方工程
	一类	二类	三类	四类	一类	二类	三类	四类	
计费基础	直接工程费				定额人工费				定额人工费
未纳入行业统筹	3.20	3.20	2.10	2.10	30.0	30.0	19.0	19.0	7.50
已纳入行业统筹	3.20	3.20	3.20	3.20	30.0	30.0	30.0	30.0	11.70

本费用定额总费率中是按未纳入行业统筹标准计列的，若已纳入行业统筹的，可按已纳入行业统筹标准做相应调整。

第五节　利　　润

单位：%

项　　目	建筑工程 机械大型土石方工程				安装工程				人工大型 土石方工程
	一类	二类	三类	四类	一类	二类	三类	四类	
计费基础	直接工程费＋间接费（含劳保费）				定额人工费				定额人工费
利润（%）	9.0	6.0	3.3	2.5	110	80	40	30	32.02

注：以上费率为该类工程的最高费率。

第六节　工程定额测定费

单位：%

项　　目	建筑工程 机械大型土石方工程				安装工程				人工大型 土石方工程
	一类	二类	三类	四类	一类	二类	三类	四类	
计费基础	（注）				（注）				（注）
工程定额测定费	0.13	0.13	0.13	0.13	0.13	0.13	0.13	0.13	0.13

注：[直接工程费＋间接费（含劳保费）＋利润]。

第七节 税 金

单位：%

项 目	建筑工程 机械大型土石方工程				安装工程				人工大型 土石方工程
	一类	二类	三类	四类	一类	二类	三类	四类	
计费基础	（注）				（注）				（注）
市区	3.41				3.41				3.41
县城（镇）	3.345				3.345				3.345
非市区、县城（镇）	3.217				3.217				3.217

注：[直接工程费+间接费（含劳保费）+利润+工程定额测定费]。

第八节 单独承包装饰工程费用标准（装饰企业费用标准）

单位：%

序号	费用项目	装饰一级	装饰二级	装饰三级
	计费基础	定额人工费	定额人工费	定额人工费
1	其他直接费[（一）+（二）]	23.14	23.14	21.83
	（一）施工包干费	12.23	12.23	12.23
	（二）施工附加费	10.91	10.91	9.60
	其中：1. 生产工具用具使用费	8.73	8.73	7.42
	2. 检验试验费	0.87	0.87	0.87
	3. 定位复测、点交、清理费	1.31	1.31	1.31
2	现场经费[（1）+（2）]	38.07	36.64	30.93
	（1）临时设施费	10.13	10.13	10.13
	（2）现场管理费	27.94	26.51	20.80
3	间接费[①+②]	75.13	68.52	53.41
	①企业管理费	54.17	50.18	39.44
	②财务费用	20.96	18.34	13.97
4	劳动保险费	30	30	19
5	利润	77	77	77
6	工程定额测定费	0.13	0.13	0.13
7	税金	3.41	3.41	3.41

上述表格中利润基数为最高上限，甲乙双方可按工程实际协商界定。单独承包装饰工程费用标准所列各费用项目的具体内容与规定以及对其他有关问题的说明、规定详建安费用有关规定。

一、施工包干费即冬雨季施工增加费，取决于实际发生与否。装饰施工企业装修室外工程冬季施工的按实际发生价格据实计算。冬季不施工的不计取。

二、夜间施工增加费，按实际发生决定计取与否，不发生则不计取，实际发生了，单独计列，不能与取费，只计税金。计费标准同建筑安装工程标准。

三、劳动保险费按未列入建筑行业统筹标准计列。若已纳入建筑行业统筹的，按已纳入行业统筹费用标准执行，纳入建筑行业统筹范围的装饰企业均按装饰一、二级标准计取。

四、建设单位提供了临时设施及房屋的，装饰施工企业不得计取临时设施费。

第五章　特殊增加费

第一节　夜间施工增加费

一、夜间施工增加费，是指根据设计、施工的技术要求必须连续施工和合理的施工进度安排必须在夜间连续施工及根据建设单位的要求为提前工期需要组织夜间施工而发生的费用。

内容包括：照明设施的安装、拆卸及摊销费、降低工效、夜间补助费用。

二、夜间施工增加费按实际发生计取，不发生不计取，单独计列，不参与取费，只计税金。

其计算方法：按实际参加夜间施工的人员（包括管理人员）人数，每人每夜 10.2 元计算。（照明费及设施摊销费 1.00 元，降低工效费 1.20 元，夜餐补助费 8.00 元）夜间施工不足四小时按半个工日计算，超过四小时按一个工日计算。

三、白天施工需要照明的地下室，无窗厂房、坑道、洞库、隧道等工程，亦视同夜间施工。

其计算方法同夜间施工增加费，但应扣减夜餐补助费，每工日按 2.20 元计算。

第二节　二次搬运增加费

一、二次搬运费，是指由于运输道路无法直接运至工地或因场地狭小现场堆放条件所限等特殊原因而发生的所有材料、成品、半成品（不包括混凝土预制构件和金属构件）的二次搬运。按二次搬运增加费标准执行。

若确属场地狭小不能一次堆放发生了部分材料、成品、半成品的二次搬运，且不是施工单位施工组织设计深度不够、布置不合理而自行造成的，甲、乙双方可根据施工现场的实际情况，办理经济签证手续，据此结算。

二、二次搬运增加费按实际发生计取，不发生则不计取。单独计列，不参与取费，只计税金。

三、二次搬运增加费标准

单位：%

项　目	建筑工程机械大型土石方工程				安装工程				人工大型土石方工程
	一类	二类	三类	四类	一类	二类	三类	四类	
计费基础	定额直接费				定额人工费				定额人工费
二次搬运增加费	0.5				5				/

第三节　远征工程增加费

一、远征工程增加费，是指施工企业派遣施工力量到远离基地（公司、独立核算的分公司、工程处）在自治区范围内 25 公里以上远地承担施工任务所增加的费用。

内容包括：派遣职工往返差旅费，调遣期间的工资，施工机具、设备以及周转性材料的运杂费；在施工期间因公、因病、探亲、换季而往返于原驻地间的差旅费和职工在施工现场住宿而增加的水电费、水暖费和主副食品运输费等。

二、远征工程增加费按远离基地超过 25 公里，不超过则不计取。同一城市远距超过 25 公里不计取远征工程增加费。

三、远征工程增加费标准

单位：%

项　目	建筑安装工程			
	1~4 类	1~4 类	1~4 类	1~4 类
超距里程	26~200km	201~500km	501~1000km	1000km 以上
计算基础	建筑工程：定额直接费，安装工程：定额人工费，单独装饰工程：定额人工费			
远征工程增加费（%）	（现场管理费率+企业管理费率）×档次比			
远征工程档次比（%）	8	12	16	20

四、远征工程增加费单独计列，不参与取费，只计税金。

第四节　特殊地区施工增加费

特殊地区施工增加费，是指在沙漠、沙漠边缘地区、高原、高寒地区施工，由于上述特殊自然条件使人工和机械降效所增加的费用。

一、沙漠及边缘地区施工增加费，系指在沙漠腹地或在沙漠边缘地区施工，由于高温、风沙使人工和机械降效所增加的费用。

单位：%

项　目	沙漠腹地				沙漠边缘地区			
	一类	二类	三类	四类	一类	二类	三类	四类
计费基础	定额人工费＋机械费				定额人工费＋机械费			
沙漠及边缘地区增加费	20				14			

二、高原、高寒地区施工增加费，系指在海拔高度2000米以上、气温－20℃以下地区施工，由于受气候、气压的影响致使人工、机械效率降低而增加的费用。

单位：%

项　目	高原地区		高寒地区
	2001～3000m	3001～4000m	－20℃～－30℃
计费基础	定额直接费		定额人工费＋机械费
高原、高寒增加费	2	8	20

特殊地区施工增加费，单独计列，不参与取费，只计税金。

第五节　临时设施、文明施工增加费

临时设施、文明施工增加费，是指根据建设部JG 59—99《建筑施工安全检查标准》及《自治区建设工程施工安全文明实施细则》的要求所发生的费用，内容包括：施工现场搭设的厕所、浴室、变电室、医务室、门卫室、木工棚、钢筋棚、电焊棚、花池、吸烟室、会议室、沙石料厂、地坪、盥洗室、宿舍、办公室、大门、水泥库房、食堂、工具库房、搅拌机棚、娱乐活动室、卷扬机棚、道路硬化、各种标牌（标识牌、规章制度牌、操作规程牌、门头牌、安全警示牌、五图一牌、安全标语牌）、读报宣传栏、黑板报及现场摄像、拍照费、布标、彩旗、工作卡及宣传资料等。

临时设施、文明施工增加费计取办法

一、在编制工程概算、预算、标底、投标报价和合同价时，临时设施、文明施工增加费按下列“增加费率”和“增加项目”标准执行。

（一）临时设施、文明施工增加费率

单位：%

序　号	工程类别	取费基数	调增比例
1	建筑一类工程	定额直接费	1.06
2	建筑二类工程		1.46
3	建筑三类工程		1.87
4	建筑四类工程		2.08

该费率中不包括“增加项目”的内容。如发生，则以经审定的施工组织设计中的施工现场平面布置和施工过程中实际完成的工作量，依据下列“临时设施、文明施工增加项目”的内容

计取。

（二）临时设施、文明施工增加项目

1. 临时设施、文明施工增加项目内容及单价：

（1）玻璃钢围墙：每 10 米 910 元（尺寸 0.9m×2m　M5 水泥砂浆砌砖基础）；

（2）彩钢板围墙：每 10 米 900 元（尺寸 0.9m×2m　M5 水泥砂浆砌砖基础）；

（3）行车道路硬化：每 100 平方米 3600 元（平整、碾压、130mm　C20 混凝土垫层、20mm 面层）；

（4）C10 混凝土地面 100 厚：每 100 平方米 2200 元（平整、碾压、80mm　C10 混凝土垫层、20mm 面层）；

（5）细石混凝土地面 50mm：每 100 平方米 1600 元（30mm 细石混凝土找平层，20mm 面层平整碾压）；

（6）红砖地面硬化：每 100 平方米 700 元（中砂铺一层，平铺红、青砖，平整碾压）。

2. 使用说明：

（1）围墙的工程量按实际搭设数量，以延长米计算。

（2）硬化地面的工程量，按实铺面积以平方米计算。

（3）“增加项目”中各种材料的价格实行动态管理，由各地、州、市造价站定期发布并调整。

二、在进行工程结算时临时设施、文明施工增加费按下列标准调整：

1. 达到《建筑施工安全检查标准》（JG 59—99）合格标准的工地临时设施、文明施工增加费率计取标准：

单位：%

序　号	工程类别	取费基数	调增比例
1	建筑一类工程	定额直接费	0.8
2	建筑二类工程		1.08
3	建筑三类工程		1.57
4	建筑四类工程		1.72

2. 达到《建筑施工安全检查标准》（JG 59—99）优良标准的工地临时设施、文明施工增加费率计取标准：

单位：%

序　号	工程项目	取费基数	调增比例
1	建筑一类工程	定额直接费	0.81~1.21
2	建筑二类工程		1.09~1.61
3	建筑三类工程 （居住建筑工程：建筑面积大于 3000 平方米）		1.58~2.02

说明：

1. 计取办法中第一条中的“增加费率”为编制工程概算、预算、标底、投标报价和合同价时的计取标准，工程结算时应按现场达到的实际标准（合格或优良）按本办法第二条给定的增加费率标准调整。

2. 该费用只计取工程定额测定费及税金，不再计取其他费用。

3. 该费用为不可竞争费，不得作为发包或承揽施工任务的优惠条件。

各地州市造价管理部门要加强对临时设施、文明施工增加费用执行情况的监督检查，并依据

《自治区建筑市场管理条理》第三十三条，对审核争议的竣工结算予以审定。

第六节 配 合 费

配合费是指建设单位直接与专业施工企业发生合同关系，专业施工单位在主体承包施工单位的施工组织设计内施工，现场配合、交叉施工、造成人工、机械降效，影响施工进度而增加的现场经费。

计取配合费的前提条件：

1. 建设单位直接发包给专业施工单位，两者发生合同关系；
2. 专业施工单位与主体施工单位施工同步；
3. 专业施工单位和主体承包施工单位两者不是总包和分包的关系。

一、本费用定额是按单位工程综合测算而制定的，建设单位必须将一个单位工程的建筑安装工程量全部发包给一个施工单位，如果建设单位将其中的一部分工程量（如铝合金门窗、铝合金吊顶、铝合金隔断、铝合金墙面、铝合金墙裙等）分包给另一个施工单位，承包主体工程的施工单位仍应以整个单位工程的定额直接费（或定额人工费）向建设单位收取应计取的全部费用。

二、建设单位如确实属于专业需要，主体承包施工单位又无能力施工，需指定专业施工单位将其安装、装饰等部分工程（如电梯安装、集中空调安装、消防报警等系统安装、玻璃幕墙等）单独分割发包给各专业施工单位施工。承包主体工程的施工单位应向建设单位收取配合费用作为主体承包施工单位现场配合、交叉施工、造成人工机械降效、影响施工进度而增加的现场经费。

计取配合费的标准：按分包工程总价（不包括设备费）的2%～5%，在此区间双方根据配合深度协商确定。

计取配合费的计算基础是定额基价部分价值，不含动态管理或市场因素的价值差。配合费单独计列，不参与取费，只计取税金并入总造价内。

三、各专业施工单位在主体承包施工单位的施工组织设计内施工，双方应互相协作，积极配合，以保证施工工期和工程质量。主体承包施工单位要提供水、电、道路、垂直运输机械、脚手架等配合各专业施工单位施工。

主体承包施工单位与各专业施工单位发生的水费、电费、垂直运输机械台班费、周转性材料（架板架杆）摊销费据实结算，由各专业施工单位付给主体承包施工单位。

石油建设安装工程费用定额

（2005年）

中国石油天然气集团公司关于印发《石油建设安装工程费用定额》的通知
中油计字〔2005〕519号

根据建设部、财政部《关于印发〈建筑安装工程费用项目组成〉的通知》（建标〔2003〕206号），结合石油建设工程的实际，集团公司组织修编了《石油建设安装工程费用定额》，现印发给你们，自2006年1月1日起执行。原中国石油天然气总公司《石油建设安装工程费用定额》（〔95〕中油基字第79号）同时停止执行。

《石油建设安装工程费用定额》为集团公司内部上市企业和未上市企业双方关联交易结算、市场招投标价格确定、建立关联交易长效机制提供指导性计价重要参考。具体实施中，交易结算价格由上市企业和未上市企业双方按照市场化原则，以招投标方式确定。

《石油建设安装工程费用定额》与《石油建设安装工程预算定额》（中油计字〔2000〕第106号）和《石油建设安装工程概算指标》（油计字〔2005〕358号）等配套使用。

此次印发的定额，由集团公司规划计划部、股份公司规划计划部共同负责管理。

附件：《石油建设安装工程费用定额》

中国石油天然气集团公司
二〇〇五年十一月二日

附件

石油建设安装工程费用定额

第一节　总　则

为了适应石油建设工程造价管理工作的需要，合理确定和有效控制石油建设工程造价。根据建设部、财政部《关于印发〈建筑安装工程费用项目组成〉的通知》（建标〔2003〕206号），结合石油工程建设的特点，制订了《石油建设安装工程费用定额》（以下简称本定额）。

一、本定额适用于油气田工程、长距离输送管道工程、炼油化工工程、液化天然气工程、地下储气库工程、油库工程、加油（气）站工程的新建或改扩建工程。

二、本定额是编制石油建设工程设计概算、施工图预算、招标标底和投标报价的指导性计价依据。

三、除国家或集团公司有新的规定外，不得增加新的费用项目或调整本定额规定的计算办法。

四、本定额由集团公司规划计划部和股份公司规划计划部共同负责管理；由集团公司石油工程造价管理中心和股份公司石油工程造价管理中心共同负责解释。

第二节　安装工程费用项目组成

根据建设部、财政部《关于印发〈建筑安装工程费用项目组成〉的通知》（建标〔2003〕206

号），结合石油建设工程的特点，石油建设安装工程费由直接费、间接费、利润和税金等部分组成。

一、直接费：由直接工程费和措施费组成。

（一）直接工程费：是指施工过程中耗费的构成工程实体的各项费用，内容包括人工费、材料费、施工机械使用费。

1. 人工费：是指直接从事安装工程施工的生产工人开支的各项费用。内容包括：

（1）基本工资：是指发放给生产工人的基本工资。

（2）工资性补贴：是指按规定标准发放的物价补贴，煤、燃气补贴，交通补贴，住房补贴，流动施工津贴和地区生活补贴等。

（3）生产工人辅助工资：是指生产工人年有效施工天数以外非作业天数的工资，包括职工学习、培训期间的工资，调动工作、探亲、休假期间的工资，因气候影响的停工工资，女工哺乳时间的工资，病假在六个月以内的工资及产、婚、丧假期的工资。

（4）职工福利费：是指按规定标准计提的职工福利费。

（5）生产工人劳动保护费：是指按规定标准发放的劳动保护用品的购置费及修理费用等。

2. 材料费：是指施工过程中耗费的构成工程实体的原材料、辅助材料、构配件、零件、半成品的费用。内容包括：

（1）材料原价（或供应价格）。

（2）材料运杂费：是指材料自来源地运至工地仓库或指定堆放地点所发生的全部费用。

（3）运输损耗费：是指材料在运输装卸过程中不可避免的损耗。

（4）采购及保管费：是指为组织采购、供应和保管材料过程中所需要的各项费用。包括：采购费、仓储费、工地保管费、仓储损耗。

（5）检验试验费：是指对材料、构件和安装物进行一般鉴定、检查所发生的费用，包括自设试验室进行试验所耗用的材料和化学药品等费用。不包括新结构、新材料的试验费和建设单位对具有出厂合格证明的材料进行检验，对构件进行破坏性试验及其他特殊要求检验试验的费用。

3. 施工机械使用费：是指施工机械作业所发生的机械使用费以及机械安拆费和场外运费。施工机械台班单价应由下列七项费用组成：

（1）折旧费：是指施工机械在规定的使用年限内，陆续收回其原值及购置资金的时间价值。

（2）大修理费：是指施工机械按规定的大修理间隔台班进行必要的大修理，以恢复其正常功能所需的费用。

（3）经常修理费：是指施工机械除大修理以外的各级保养和临时故障排除所需的费用。包括为保障机械正常运转所需替换设备与随机配备工具附具的摊销和维护费用，机械运转中日常保养所需润滑与擦拭的材料费用及机械停滞期间的维护和保养费用等。

（4）安拆费及场外运费：安拆费指施工机械在现场进行安装与拆卸所需的人工、材料、机械和试运转费用以及机械辅助设施的折旧、搭设、拆除等费用；场外运费指施工机械整体或分体自停放地点运至施工现场或由一施工地点运至另一施工地点的运输、装卸、辅助材料及架线等费用。

（5）人工费：是指机上司机（司炉）和其他操作人员的工作日人工费及上述人员在施工机械规定的年工作台班以外的人工费。

（6）燃料动力费：是指施工机械在运转作业中所消耗的固体燃料（煤、木柴）、液体燃料（汽油、柴油）及水、电等。

（7）养路费及车船使用税：指施工机械按照国家规定和有关部门规定应缴纳的养路费、车船使用税、保险费及年检费等。

（二）措施费：是指为完成工程项目施工，发生于该工程施工前和施工过程中非工程实体项目的费用。内容包括：

1. 健康安全环境施工保护费：包括文明施工费、施工环境保护费用、职工健康和安全施工费用。

2. 临时设施费：是指施工企业为进行安装工程施工所必须搭设的生活和生产用的临时建筑

物、构筑物和其他临时设施费用等。

临时设施包括：临时宿舍、文化福利及公用事业房屋与构筑物，仓库、办公室、加工厂以及规定范围内道路、水、电、管线等临时设施和小型临时设施。

临时设施费用包括：临时设施的搭设、维修、拆除或摊销费。

3. 夜间施工费：是指因夜间施工所发生的夜班补助费、夜间施工降效、夜间施工照明设备摊销及照明用电等费用。

4. 二次搬运费：是指因施工场地狭小等特殊情况而发生的二次搬运费用。

5. 生产工具用具使用费：是指施工生产所需不属于固定资产的生产工具及检验用具等的购置、摊销和维修费，以及支付给工人自备工具补贴费。

6. 工程定位复测、工程点交、场地清理等费用。

7. 冬雨季施工增加费：是指在冬季和雨季施工，为保证工程质量和施工安全，对工程采取防寒保温或防雨排水措施所发生的费用以及人工和机械降效所增加的费用。

8. 大型机械进出场及安拆费：是指大型施工机械整体或分体自停放地点运至施工现场或由一施工地点运至另一施工地点，所发生的机械进出场运输转移费用及机械在施工现场进行安装、拆卸所需的人工费、材料费、机械费、试运转费和安装所需的辅助设施的费用。

9. 特定条件下计取的费用：包括特殊地区施工增加费、工程排污费。

（1）特殊地区施工增加费：是指石油建设安装工程在高原（平均海拔高度2000米及以上）、沙漠、戈壁、沼泽（常年有积水的泥沼地和常年屯水地带）、水田、滩海（沿海陆地边缘受潮水冲刷地带）、山区、丘陵等特殊地区施工增加的费用。分为：高原特殊地区施工增加费：沙漠特殊地区施工增加费；沼泽与水田特殊地区施工增加费；戈壁特殊地区施工增加费；滩海特殊地区施工增加费：山区和丘陵特殊地区施工增加费。

（2）工程排污费：是指施工现场按规定缴纳的工程排污费。

二、间接费：由规费和企业管理费组成。

（一）规费：是指政府和有关权力部门规定必须缴纳的费用（简称规费）。内容包括：

1. 工程定额测定费：是指按规定支付工程造价（定额）管理部门的定额测定费。

2. 社会保障费

（1）养老保险费：是指施工企业按规定标准为职工缴纳的基本养老保险费。

（2）失业保险费：是指施工企业按照国家规定标准为职工缴纳的失业保险费。

（3）医疗保险费：是指施工企业按照规定标准为职工缴纳的医疗保险费。

（4）工伤保险费：是指施工企业按照规定标准为职工缴纳的工伤保险费。

3. 住房公积金：是指施工企业按规定标准为职工缴纳的住房公积金。

（二）企业管理费：是指施工企业组织施工生产和经营管理所需费用。内容包括：

1. 管理人员工资：是指管理人员的基本工资、工资性补贴、职工福利费、劳动保护费等。

2. 办公费：是指企业管理办公用的文具、纸张、账表、印刷、邮电、书报、会议、水电、烧水和集体取暖（包括现场临时宿舍取暖，不包括职工住宅取暖）等费用。

3. 差旅交通费：是指职工因公出差、调动工作的差旅费、住勤补助，市内交通费和误餐补助费，职工探亲路费，劳动力招募费，职工离退休、退职一次性路费，工伤人员就医路费，工地转移费以及管理部门使用的交通工具的油料、燃料、养路费及牌照费。

4. 固定资产使用费：指管理部门和试验部门及附属生产单位使用的属于固定资产的房屋、设备仪器等的折旧、大修、维修或租赁费。

5. 工具用具使用费：是指管理使用的不属于固定资产的生产工具、器具、家具、交通工具和检验、试验、测绘、消防用具等的购置、维修和摊销费。

6. 劳动保险费：是指由企业支付离退休职工的易地安家补助费、职工退职金、六个月以上的病假人员工资、职工死亡丧葬补助费、抚恤费、按规定支付给离休干部的各项经费。

7．工会经费：是指企业按职工工资总额计提的工会经费。

8．职工教育经费：是指企业为职工学习先进技术和提高文化水平，按职工工资总额计提的费用。

9．财产保险费：是指施工管理用财产、车辆保险。

10．财务费：是指企业为筹集资金而发生的各种费用。

11．税金：是指企业按规定缴纳的房产税、车船使用税、土地使用税、印花税等。

12．其他：包括技术转让费、技术开发费、业务招待费、绿化费、广告费、公证费、法律顾问费、审计费、咨询费等。

三、利润：是指施工企业完成所承包工程获得的盈利。

四、税金：是指国家税法规定的应计入安装工程造价内的税金。

石油建设安装工程费用项目组成，见表1。

表1　石油建设安装工程费用定额项目组成

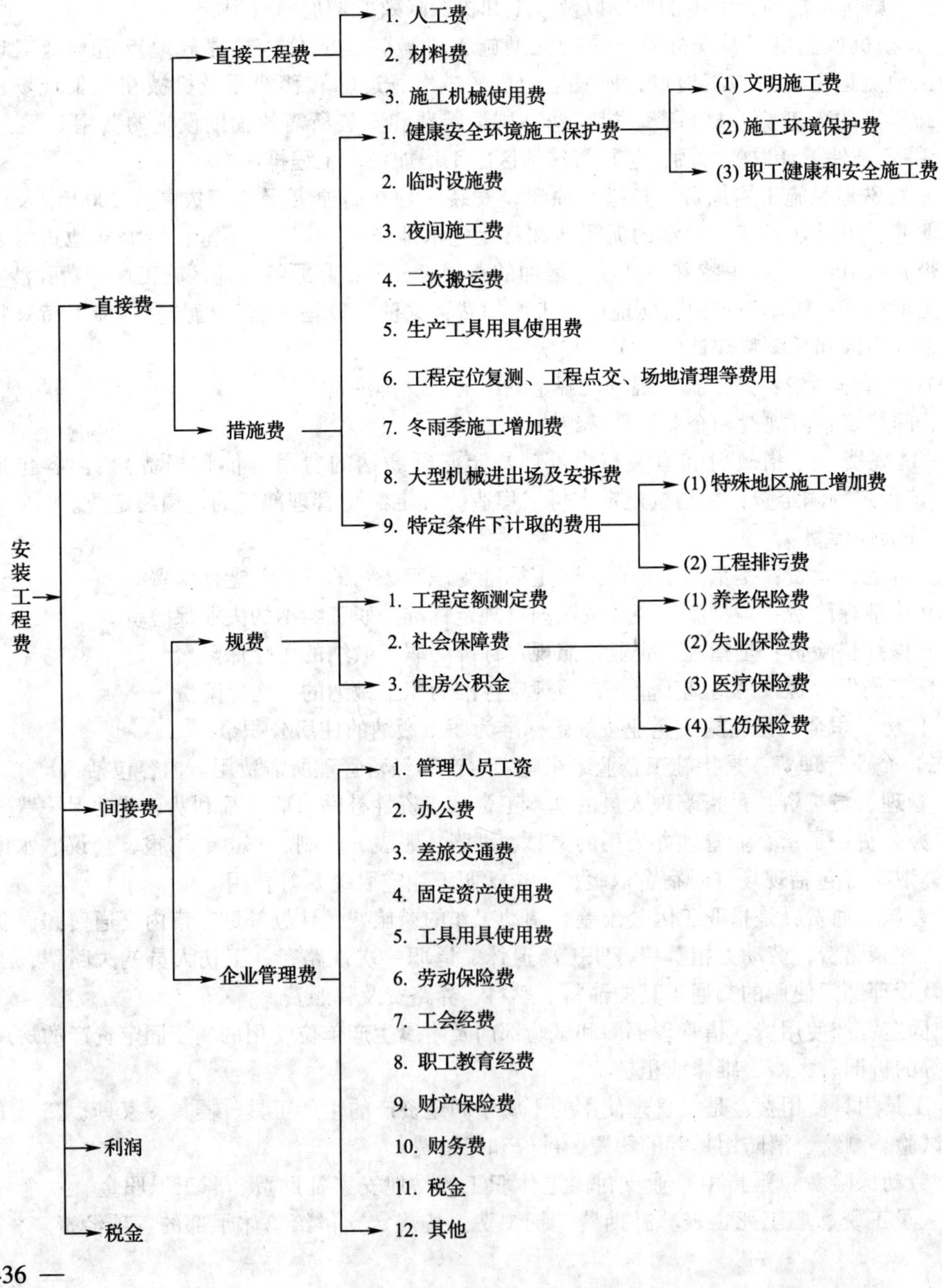

第三节　安装工程取费标准

根据石油工程建设的具体情况，安装工程费用定额划分为三项费率标准：

一、站场工程费率标准：适用于油气田站内工程、长距离输送管道站场工程、液化天然气站库工程、地下储气库站场工程、油库工程、加油（气）站工程。

二、输送管道工程费率标准：适用于长距离输送管道工程（含阀室）、油气田输送管道工程、液化天然气输送管道工程、地下储气库输送管道工程。

三、炼油化工工程费率标准：适用于炼油化工工程、气田天然气集中处理工程。

石油建设安装工程费率标准及其计算程序表，见表2。

表2　石油建设安装工程费用标准及其计算程序表

序号	费用项目名称	取费基数及计算公式	费率（%）			备　注
			站场工程	输送管道工程	炼油化工工程	
一	直接费					1. 以六类地区人工工日单价44.50元/作为取费基数。 2. 本费率为Ⅱ类工程取费标准，Ⅰ类工程调整系数为1.08，Ⅲ类工程调整系数为0.86。 3. 高类别地区取费按六类地区费率标准乘以（表4）调整系数。 4. 如（表3）、（表4）系数同时存在时，系数应连乘
（一）	直接工程费					
1	人工费					
2	材料费					
3	施工机械使用费					
（二）	措施费					
4	健康安全环境施工保护费	1×费率	9.5	11.5	9.5	
5	临时设施费	1×费率	6.9	14.4	6.9	
6	夜间施工费	1×费率	2.0	3.8	2.0	
7	二次搬运费	1×费率	0.7	1.2	0.7	
8	生产工具用具使用费	1×费率	1.7	2.9	1.7	
9	工程定位复测、工程点交、场地清理等费用	1×费率	0.3	1.4	0.3	
10	冬雨季施工增加费	1×费率	3.9	6.6	3.9	
11	大型机械进出场及安拆费					由甲乙双方协商确定
12	特定条件下计取的费用					
12.1	特殊地区施工增加费	(1+3)×费率				按第四节规定计取
12.2	工程排污费					按工程所在地（省、直辖市、自治区）政府规定计取
二	间接费					
（一）	规费					
13	工程定额测定费	1×费率	1.2	1.5	1.2	
14	社会保障费、住房公积金	1×费率	37.0	47.2	37.7	
（二）	企业管理费					

续表

序号	费用项目名称	取费基数及计算公式	费率（%）			备　注
			站场工程	输送管道工程	炼油化工工程	
15	企业管理费（距企业基地≤25km）	1×费率	69.6	88.6	70.9	
16	企业管理费（距企业基地>25km≤250km）	1×费率	71.0	91.8	72.4	
17	企业管理费（距企业基地>250km≤1000km）	1×费率	72.5	95.0	73.8	
18	企业管理费（距企业基地>1000km）	1×费率	75.8	99.8	77.2	
三	利润	1×费率	25	30	25	
四	税金	（一+二+三）×费率				按规定计取

四、工程类别取费等级划分：根据石油建设安装工程的特点，本定额按工程类别等级取费，方法如下：

1. 石油建设安装工程根据工程规模、技术难易、质量标准、施工条件及工期长短等综合划分为三个等级。

2. 为了保证石油建设工程质量，在取费等级计算上实行工程类别和企业资质等级相结合，高级别的施工企业可以承担低类别工程的施工任务，不允许低级别的施工企业承担高类别工程的施工任务。

3. 安装工程费用定额以Ⅱ类工程费率为基准，Ⅰ、Ⅲ两类工程按Ⅱ类工程费率乘系数调整。石油建设安装工程类别取费调整系数表，见表3。

表3　石油建设安装工程类别取费调整系数表

类别	工 程 名 称	取费调整系数
Ⅰ类	≥50万吨/年的联合站 ≥100万方/日的气体处理装置 ≥100公里且公称直径≥500毫米的输送管道工程 ≥100米的管道跨越工程 ≥150米的管道穿越工程 炼油化工生产装置	1.08
Ⅱ类	介于Ⅰ、Ⅲ类工程之间的所有工程	1.00
Ⅲ类	油（气）井口、计量站、加油站、加气站 单井拉油装置 井口至计量站的低压集油、气管线 单独施工的10kV以下（含10kV）输电线路工程 给排水管网及采暖工程	0.86

五、高类别地区取费调整：高类别地区使用本定额时，在计取各项费用（不包括特殊地区施工增加费、大型机械进出场及安拆费、工程定额测定费、税金）按六类地区标准（表2）乘以调整系数（表4）计算。

表4　高类别地区取费调整系数表

高类别地区	站场工程输送管道工程	炼油化工工程
甘肃庆阳地区、兰州市	1.04	1.02
内蒙古自治区	1.05	1.03
宁夏回族自治区、陕北地区	1.06	1.03
甘肃玉门地区	1.08	1.04
新疆维吾尔自治区（不含塔里木地区）	1.12	1.06
新疆塔里木地区	1.18	1.09
青海海西州地区	1.20	1.10

第四节　使用的有关规定

一、计取措施费的规定：

1. 按工程综合计取包干使用的措施费的费用项目有：健康安全环境施工保护费、临时设施费、夜间施工费、二次搬运费、生产工具用具使用费、工程定位复测、工程点交、场地清理和冬雨季施工增加费等。

2. 大型机械进出场及安拆费由甲乙双方协商确定。

3. 特殊地区施工增加费

结合石油工程建设的具体情况，考虑到在下列特殊地区施工时人工、机械的降效因素，按下列规定计取特殊地区施工增加费：

（1）以直接工程费中的人工费和施工机械使用费之和作为计取本项费用的基数。

（2）各特殊地区计取的系数规定如下：

①高原特殊地区施工增加费分为两档，平均海拔高度在2000米及以上至2500米：16%；平均海拔高度在2500米及以上：22%

②沙漠：15%

③沼泽与水田地区（指常年有积水的泥沼地、常年屯水地带及水田）：13%

④戈壁地区：8%

⑤滩海地区（指沿海陆地边缘受潮水冲刷的地带）：12%

⑥山区及丘陵地区：6%

（3）上述系数除高原地区以外，均不得累加计算。

（4）特殊地区施工增加费不作为计取各项费用基础，只计取税金。

（5）炼油化工工程只能计取高原特殊地区施工增加费，其他特殊地区施工增加费不能计取。

4. 工程排污费按工程所在地（省、直辖市、自治区）政府规定计取。

二、间接费

1. 规费

（1）工程定额测定费一律按Ⅱ类工程计取，不再乘以（表3）、（表4）的调整系数。

（2）社会保障费、住房公积金一律按Ⅱ类工程计取，只能乘以（表4）调整系数，不再乘以（表3）调整系数。

（3）规费为不可竞争费用，工程所在地政府（省、直辖市、自治区）如有新的规费项目需报本定额管理部门批准后方可调整。

2. 企业管理费

该项费用中包括远地施工增加费的内容，不包括施工队伍调遣费，并按工程所在地距离企业基地的不同里程划分为四个费率标准。

三、利润：以直接工程费中人工费为计算基数，按工程综合计取。

四、税金：按国家有关规定计取。

五、非石油施工企业和企业内部非石油专业安装队伍承担石油建设安装工程人工单价和取费，由各企业根据具体情况在低于本定额标准的前提下制定补充办法，报上级主管部门备案。

第五节　人工工日单价

一、人工工日单价的确定

1. 人工工日单价是根据中国石油企业工资标准确定的，人工工日单价不分工种以综合单价形式表现。石油建设安装工程人工工日单价见表5。

2. 按照建标〔2003〕206号文件规定的人工费组成内容，取定定额六类地区人工工日单价为44.5元，是计算各项费用的基数。

3. 高类别地区的石油建设安装工程人工工日单价根据各企业的工资标准制定的，计取各项费用的基数按44.5元/工日乘以高类别地区取费调整系数（见表4）。高类别地区人工单价与六类地区人工单价的价差只计取税金，不作为计取其他工程费用的基数。

二、人工工日单价的调整

1. 石油建设安装工程的人工工日单价实行动态管理，由集团公司工程技术服务定额编制领导小组根据国家和集团公司工资制度改革等文件规定组织对人工工日单价进行测算，作出调整，报请集团公司批准后执行。

2.（表5）以外其他地区有中国石油投资的建设项目，其定额人工工日单价由本定额管理部门确定。

表5　石油工程建设各地区人工工日单价表

序号	地区名称	人工工日单价（元）
一	六类地区	44.50
二	高类别地区	
1	甘肃庆阳地区、兰州市	47.55
2	内蒙古自治区、宁夏回族自治区、陕北地区	49.20
3	甘肃玉门地区	53.58
4	新疆乌鲁木齐市	56.70
5	新疆克拉玛依、吐哈等	61.31
6	新疆塔里木地区	62.54
7	青海海西州地区	65.98

石油化工安装工程费用定额

（2008年）

第一章 说 明

为适应我国经济发展需要，满足石油化工基本建设投资管理工作的要求，合理确定并有效的控制工程造价，依据建设部、财政部《关于印发〈建筑安装工程费用项目组成〉的通知》（建标〔2003〕206）号文件的精神，编制《石油化工安装工程费用定额》（以下简称本定额）。

一、本定额适用于石油化工工程建设项目的新建、改扩建安装工程，其他煤化工、天然气化工项目可根据建设特点参照执行。

二、本定额与《石油化工安装工程预算定额》、《石油化工安装工程概算指标》配套使用：本定额是编制石油化工设计概算、施工图预算、招标标底的依据，是投标报价的参考依据。

三、国家或集团公司未发布新的相关规定，不得增加新的费用项目或调整本定额规定的计算办法。

四、本定额主要编制依据

（一）建设部、财政部《关于印发〈建筑安装工程费用项目组成〉的通知》（建标〔2003〕206号）；

（二）中石化〔1995〕建字247号“关于印发《石油化工安装工程费用定额》的通知”；

（三）国家统计局1999年1月1日《关于工资总额组成的规定》；

（四）国务院2002年3月发布第350号令《住房公积金管理条例》；

（五）国务院1999年发布259号令《社会保险费征缴暂行条例》；

（六）国务院2003年4月发布357号令《工伤保险条例》；

（七）国务院1999年发布258号令《失业保险条例》；

（八）国发〔1999〕年44号《国务院关于建立城镇职工基本医疗保险制度的决定》；

（九）建办〔2005〕89号“关于印发《建筑工程安全防护、文明施工措施费用及使用管理规定》的通知”；

（十）中国石化财〔2007〕96号“关于印发《中国石化安全生产费用财务管理暂行规定》的通知”；

（十一）中国石油化工集团公司几家大型施工企业调研收集的资料；

（十一）中国石油化工集团公司、国家及地方有关规定。

第二章 石油化工安装工程费用项目构成

石油化工安装工程费用项目构成见表1。

一、直接费

直接费由直接工程费和措施费组成。

（一）直接工程费：是指施工过程中耗费的构成工程实体的各项费用，包括定额人工费、材料费、施工机械使用费。

1. 定额人工费：是指直接从事安装工程施工的生产工人的工资。

表1　石油化工安装工程费用项目构成表

- 安全工程费
  - 直接费
    - 直接工程费
      - 1. 定额人工费
      - 2. 材料费
      - 3. 施工机械使用费
    - 措施费
      - 1. 文明施工、环境保护费
      - 2. 临时设施费
      - 3. 冬雨季施工增加费
      - 4. 二次搬运费
      - 5. 生产工具用具使用费
      - 6. 夜间施工增加费
      - 7. 工程定位复测、点交、场地清理费
      - 8. 检验试验费
      - 9. 已完工程及设备保护费
      - 10. 建预制加工厂增加费
      - 11. 在有害身体健康环境中施工保健费
      - 12. 特殊地区施工增加费
      - 13. 特殊工种技术培训费
      - 14. 特殊技术措施费
      - 15. 大型机械进出场及安拆费
      - 16. 大型机械使用费
      - 17. 安全生产费
  - 间接费
    - 企业管理费
      - 1. 管理人员定额人工费
      - 2. 办公费
      - 3. 差旅交通费
      - 4. 固定资产使用费
      - 5. 工会经费
      - 6. 职工教育经费
      - 7. 工具用具使用费
      - 8. 财产保险费
      - 9. 税金
      - 10. 财务费
      - 11. 其他
    - 规费
      - 1. 养老保险费
      - 2. 失业保险费
      - 3. 医疗保险费
      - 4. 生育保险费
      - 5. 工伤保险费
      - 6. 危险作业意外伤害保险费
      - 7. 住房公积金
      - 8. 工程排污费
      - 9. 工程定额测定费
  - 利润
  - 税金

2．材料费：是指施工过程中耗费的构成工程实体的原材料、辅助材料、构件、零件、半成品的费用和周转使用材料的摊销（或租赁）费用，内容包括：

（1）材料原价（或供应价格）；

（2）材料运杂费：是指材料自来源地运至施工工地仓库或指定堆放地点所发生的全部费用；

（3）运输损耗费：是指材料在运输装卸过程中不可避免的损耗。

（4）采购及保管费：是指为组织采购、供应和保管材料过程所需要的各项费用。内容包括：采购费、仓储费、工地保管费、仓储损耗。

3．施工机械使用费：是指施工机械作业所发生的机械使用费以及机械安拆和场外运费。内容包括：

（1）折旧费：指施工机械在规定的使用年限内，陆续收回其原值及购置资金的时间价值。

（2）大修理费：指施工机械按规定的大修理间隔台班进行必要的大修理，以恢复其正常功能所需的费用。

（3）经常修理费：指施工机械除大修理以外的各级保养和临时故障排除所需的费用。包括为保障机械正常运转所需替换设备与随机配备工具附具的摊销和维护费用，机械运转中日常保养所需润滑与擦拭的材料费用及机械停滞期间的维护和养护费用等。

（4）安拆费及场外运费：安拆费指施工机械在现场进行安装与拆卸所需的人工、材料、机械和试运转费用以及机械辅助设施的折旧、搭设、拆除等费用；场外运费指施工机械整体或分体自停放地点运至施工现场或由一施工地点运至另一施工地点的运输、装卸、辅助材料及架线等费用。

（5）人工费：指机上司机（司炉）和其他操作人员的工作日人工费及上述人员在施工机械规定的年工作台班以外的人工费。

（6）燃料动力费：指施工机械在运转作业中所消耗的固体燃料（煤、木柴）、液体燃料（汽油、柴油）及水、电等。

（7）养路费及车船使用税：施工机械按照国家规定和有关部门规定应缴纳的养路费、车船使用税、保险费及年检费等。

（二）措施费：是指为完成工程项目施工，发生于该工程施工前和施工过程中非工程实体项目的费用。内容包括：

1．文明施工、环境保护费：是指施工现场文明施工以及施工现场为达到环保部门要求所需要的各项费用。内容包括：易飞扬细颗粒工程材料密闭存放或采取覆盖措施、HSE培训、宣传栏、五牌一图（工程概况牌、管理人员名单及监督电话牌、消防保卫牌、安全生产牌、文明施工牌、施工现场总平面图）、企业标识、施工现场安全围挡、施工现场整洁、消防器材配置。

2．临时设施费：是指施工企业为进行工程施工所必须的生活和生产用的临时建筑物、构筑物和其他临时设施费用等。

临时设施包括：临时宿舍、文化福利及办公事业房屋与构筑物，仓库、办公室以及规定范围内道路、水、电、管线等临时设施和小型临时设施；临时设施的搭设、维修、拆除费或摊销费。

临时设施费不包括：施工区域内的障碍物拆除，场地平整，场内、外运输主干道路，吊装机械行走道路和轨道，加工厂，临时码头，临时铁路专用线，以及从场外到施工现场各施工点50米以外的水、电、汽、通讯线路的敷设、拆除和维修费用。

临时设施费按施工地点距离施工企业生活基地的远近，划分为“距离基地25公里以内”和“距离基地25公里以远”两个类别。

3．冬雨季施工增加费：指在冬、雨季期间施工，为保证工程质量，采取保温、防雨措施所增加的费用，以及人工、机械作业效率降低因素增加的费用。不包括特殊工程越冬防冻所采取的大型暖棚设施和取暖费，以及雨季防洪措施费和人工挖冻土所增加的费用。

冬雨季施工增加费划分三个地区类别：

一类地区：黑龙江、辽宁北部、宁夏、吉林、青海、内蒙、新疆、甘肃、西藏。

二类地区：辽宁中南部、陕西、河南、河北、北京、山东、山西、天津。

三类地区：以上地区以外的其他地区。

4．二次搬运费：指工程所需的材料、成品或半成品，因场地狭小等特殊情况而发生的二次装卸搬运费。

5．生产工具用具使用费：是指施工生产所需不属于固定资产的生产工具、检验、试验用具等购置、摊销和维修费，以及支付给工人自备工具补贴费。

6．夜间施工增加费：是指因夜间施工所发生夜班补助费、夜间施工降效、夜间施工照明设备摊销及照明用电等费用。

该项费用中不包括夜间施工对周围环境采取遮光措施等所发生的费用。

7．工程定位复测、点交、场地清理费：是指设备类安装工程施工前和施工过程中及完工后需要的工程定位复测、点交、场地清理费。

8．检验试验费：是指对建筑材料、构件和建筑安装物进行一般鉴定、检查所发生的费用，包括自设试验室进行试验所耗用的材料和化学药品等费用。不包括新结构、新材料的试验费和建设单位对具有出厂合格证明的材料进行检验，对构件做破坏性试验及其他特殊检验试验的费用。

9．已完工程及设备保护费：是指工程中交前，对已完工程及设备进行保护所需费用。

10．建预制加工厂增加费：是指管道、结构等需预制加工而增加的费用。

11．在有害身体环境中施工保健费：是指生产厂进行扩建、改建工程施工时，进入现场的职工，应同建设单位职工享有同等保健费。

12．特殊地区施工增加费：是指在高原、沙漠、戈壁滩、岛屿、海滩地区施工，由于上述自然条件使人工和机械降效所增加的费用。

13．特殊工种技术培训费：是指工程采用新技术、新材料、新工艺，对施工质量有新的要求，施工前必须对工人、技术人员和管理人员进行培训所发生的工资、差旅费、学习资料费、检验试验费、培训实习用材料费、机械台班使用费及代培费。

14．特殊技术措施费：是指按施工组织设计或施工方案要求在施工中所采取的技术措施费用。

15．大型机械设备进出场及安拆费：是指机械整体或分体自停放场地运至施工现场或由一个施工地点运至另一个施工地点，所发生的机械进出场运输、转移费用和机械在施工现场进行安装、拆卸所需的人工费、材料费、机械费、试运转费及安装所需的辅助设施费用。

16．大型机械使用费：是指定额内未包括而施工时必须使用的大型机械使用费或租赁费。

以上9～16项为特定条件下的费用，编制设计概算时可根据需要在工程费用中单独分别列项。

（三）安全生产费：是指企业按照规定标准提取，在成本中列支专门用于完善和改进企业安全生产条件的资金。建筑安装企业提取的安全生产费用列入工程造价，在竞标时，不得删减。总包单位应当将安全费用按比例直接支付分包单位，分包单位不再重复提取。

二、间接费

间接费由企业管理费、规费组成。

（一）企业管理费：是指企业组织施工生产和经营管理所需费用。内容包括：

1．管理人员定额人工费：是指管理人员的工资。

2．办公费：是指企业管理办公用的文具、纸张、账表、印刷、邮电、书报、会议、水电、饮水和采暖等费用。

3．差旅交通费：是指职工因工出差、调动工作的差旅费、住勤补助费，市内交通费和误餐补助费、职工探亲路费、劳动力招募费、职工离退休、退职一次性路费，工伤人员就医路费，工地转移以及管理部门使用的交通工具的油料、燃料、养路费及牌照费。

4．固定资产使用费：是指管理和试验部门及附属生产单位使用的属于固定资产的房屋、设备仪器等的折旧、大修、维修或租赁费。

5．工会经费：是指企业按照规定标准计提的工会经费。

6. 职工教育经费：是指企业为职工学习先进技术和提高文化水平，按规定标准计提的费用。

7. 工具用具使用费：是指管理使用的不属于固定资产的生产工具、器具、家具、交通工具和检验、试验、测绘、消防用具等的购置、维修和摊销费。

8. 财产保险费：是指施工管理用财产、车辆保险。

9. 财务费：是指企业经营期间发生的短期贷款利息净支出，金融机构手续费。

10. 税金：是指企业按规定缴纳的房产税、车船使用税、土地使用税、印花税等。

11. 其他：包括技术转让费、技术开发费、业务招待费、绿化费、广告费、公证费、法律顾问费、审计费、咨询费等。

企业管理费按施工地点距离施工企业生活基地的远近，划分“距离基地25公里以内”和“距离基地25公里以远1000公里以内”以及“距离基地1000公里以远每增加100公里增加”三类费用标准。

（二）规费：是指按政府和有关部门规定必须缴纳的费用（简称规费）。

内容包括：

1. 养老保险费：是指企业按规定标准为职工缴纳的基本养老保险费。

2. 失业保险费：是指企业按规定标准为职工缴纳的失业保险费。

3. 医疗保险费：是指企业按规定标准为职工缴纳的基本医疗保险费。

4. 生育保险费：是指企业按规定标准为职工缴纳的职工生育保险费。

5. 工伤保险费：是指企业按规定标准为职工缴纳的职工工伤保险费。

6. 危险作业意外伤害保险费：是指按照建筑法规定，为从事危险作业的施工人员支付的意外伤害保险费。

7. 住房公积金：是指企业按照规定标准为职工缴纳的住房公积金。

8. 工程排污费：是指施工现场按规定缴纳的排污费用。

9. 工程定额测定费：是指按规定支付工程造价（定额）管理部门的定额测定费。

三、利润：是指施工企业完成承包工程应计取的利润。

四、税金：是指国家税法规定的应计入安装工程造价的营业税、城市维护建设税及教育费附加。

表2　安装工程费计算程序及费率表

<table>
<tr><th colspan="2">序号</th><th colspan="2">费用类别</th><th>计算方法</th><th>费率（%）</th><th>备注</th></tr>
<tr><td colspan="2">一</td><td colspan="2">直接费</td><td>（一）+（二）</td><td></td><td rowspan="6">人工工日单价确定为39.81元/工日</td></tr>
<tr><td colspan="2">（一）</td><td colspan="2">直接工程费</td><td>1+2+3</td><td></td></tr>
<tr><td colspan="2">1</td><td colspan="2">定额人工费</td><td></td><td></td></tr>
<tr><td colspan="2">2</td><td colspan="2">材料费</td><td></td><td></td></tr>
<tr><td colspan="2">3</td><td colspan="2">施工机械使用费</td><td></td><td></td></tr>
<tr><td colspan="2">（二）</td><td colspan="2">措施费</td><td>A+B+C</td><td></td></tr>
<tr><td rowspan="11">A</td><td>4</td><td colspan="2">文明施工、环境保护费</td><td rowspan="11">1×费率</td><td>2.92</td><td></td></tr>
<tr><td rowspan="2">5</td><td rowspan="2">临时设施费</td><td>距离基地25公里以内</td><td>9.92</td><td></td></tr>
<tr><td>距离基地25公里以远</td><td>12.38</td><td></td></tr>
<tr><td rowspan="3">6</td><td rowspan="3">冬雨季施工增加费</td><td>一类地区</td><td>4.88</td><td></td></tr>
<tr><td>二类地区</td><td>3.99</td><td></td></tr>
<tr><td>三类地区</td><td>3.20</td><td></td></tr>
<tr><td>7</td><td colspan="2">二次搬运费</td><td>1.92</td><td></td></tr>
<tr><td>8</td><td colspan="2">生产工具用具使用费</td><td>2.76</td><td></td></tr>
<tr><td>9</td><td colspan="2">夜间施工增加费</td><td>2.60</td><td></td></tr>
<tr><td>10</td><td colspan="2">工程定位复测、点交、场地清理费</td><td>0.25</td><td></td></tr>
<tr><td>11</td><td colspan="2">检验试验费</td><td>0.75</td><td></td></tr>
</table>

续表

序号		费用类别		计算方法	费率（%）	备注
B	12	已完工程及设备保护费		特定条件下的费用，发生时按有关规定计算		
	13	建预制加工厂增加费				
	14	在有害身体健康环境中施工保健费				
	15	特殊地区施工增加费				
	16	特殊工种技术培训费				
	17	特殊技术措施费				
	18	大型机械进出场及安拆费				
	19	大型机械使用费				
C	20	安全生产费		安全生产费的计取按财政部财企（2006）478号文件规定计算		
二		企业管理费	距离基地25公里以内	1×费率	58.49	
			距离基地25公里以远1000公里以内		68.45	
			距离基地1000公里以远每增加100公里增加		0.30	
三		规费		D+E		
D	21	养老保险费		1×费率	27.37	
	22	失业保险费			2.61	
	23	医疗保险费			9.12	
	24	生育保险费			0.91	
	25	工伤保险费			1.30	
	26	危险作业意外伤害保险费			1.17	
	27	住房公积金			10.43	
	28	工程排污费			0.08	
E	29	工程定额测定费	安装工程费(税前)大于1亿元(含1亿元)	(一+二+四+D)×费率	0.10	
			安装工程费（税前）小于1亿元		0.15	
四		利润		1×费率	22.52	
五		税金		按有关规定计算		
六		安装工程费		一+二+三+四+五		

化工建设安装工程费用定额

(2006年)

中国建设工程造价管理协会化工工程委员会关于印发《化工建设安装工程费用定额》的通知

中价化发〔2006〕10号

建设部、财政部在2003年10月15日联合下发了“关于印发《建筑安装工程费用项目组成》的通知”(建标〔2003〕206号)(全文详见附件1、附件2)。

根据该通知对费用项目调整的内容，结合化工行业建设项目安装工程的特点。我们在总结原化工部颁发的《化工建设建筑安装工程费用定额》(化建发〔1994〕711号)执行情况的基础上，遵照国家有关法规和部门规章的规定，编制了《化工建设安装工程费用定额》，现予印发。

在新编的“化工建设安装工程费用定额”内的措施费项目，增加了冬季、雨季施工增加费、施工工具用具使用费、工程定位复测、工程点交费、配合联动试车费等费用项目；制定了措施费、规费、企业管理费、利润和税金等计费的计算方法和对应项目的费率。

《化工建设安装工程费用定额》与原国家石油和化学工业局颁发的《化工建筑安装工程预算定额》(国石化建发〔1998〕91号)、中国石油和化学工业协会发布的《化工建设概算定额》(中石化协办发〔2003〕10号)、中国建设工程造价管理协会化工工程委员会印发的《化工建设工程综合单价消耗量定额》(中价化发〔2005〕01号)配套使用。

《化工建设安装工程费用定额》自本文下达之日起施行，由中国建设工程造价管理协会化工工程委员会负责管理和咨询解释。由化学工业出版社印刷出版。

中国建设工程造价管理协会化工工程委员会

2006年4月

化工建设安装工程费用定额

化工建设安装工程费由直接费、间接费、利润和税金组成(详见附表1)。

一、直接费

直接费由直接工程费和措施费组成。

(一) 直接工程费

直接工程费是指施工过程中耗费的构成工程实体的各项费用，包括人工费、材料费、施工机械使用费。

1. 人工费

人工费是指直接从事化工建设安装工程施工的生产工人开支的各项费用，包括以下内容。

(1) 基本工资。是指发放给生产工人的基本工资。

(2) 工资性补贴。是指按规定标准发放的物价补贴，煤、燃气补贴，交通补贴，住房补贴，流动施工津贴等。

（3）生产工人辅助工资。是指生产工人年有效施工天数以外非作业天数的工资，包括职工学习、培训期间的工资，调动工作、探亲、休假期间的工资，因气候影响的停工工资，女工哺乳时间的工资，病假在六个月以内的工资及产假、婚假、丧假期的工资。

附表1　化工建设安装工程费用项目组成

- 安装工程费
  - 直接费
    - 直接工程费
      - 1. 人工费
      - 2. 材料费
      - 3. 施工机械使用费
    - 措施费
      - 1. 环境保护费
      - 2. 文明施工费
      - 3. 安全施工费
      - 4. 临时设施费
      - 5. 夜间施工费
      - 6. 二次搬运费
      - 7. 已完工程及设备保护费
      - 8. 施式排水、降水费
      - 9. 冬季、雨季施工增加费
      - 10. 生产工具、用具使用费
      - 11. 工程定位复测、工程点交等费用
      - 12. 配合联动试车费
  - 间接费
    - 规费
      - 1. 工程排污费
      - 2. 工程定额测定费
      - 3. 社会保障费
        - (1) 养老保险费
        - (2) 失业保险费
        - (3) 医疗保险费
      - 4. 住房公积金
      - 5. 危险作业意外伤害保险费
    - 企业管理费
      - 1. 管理人员工资
      - 2. 办公费
      - 3. 差旅交通费
      - 4. 固定资产使用费
      - 5. 工具、用具使用费
      - 6. 劳动保险费
      - 7. 工会经费
      - 8. 职工教育经费
      - 9. 财产保险费
      - 10. 财务费
      - 11. 税金
      - 12. 其他
  - 利润
  - 税金

(4) 职工福利费　是指按规定标准计提的职工福利费。

(5) 生产工人劳动保护费　是指按规定标准发放的劳动保护用品的购置费及修理费，徒工服装补贴，防暑降温费，在有碍身体健康环境中施工的保健费用等。

2. 材料费

材料费是指施工过程中耗费的构成工程实体的主材、辅助材料、构件、零部件、半成品的费用。包括以下内容。

(1) 材料原价（或供应价格）。

(2) 材料运杂费　是指材料自来源地运至工地仓库或指定堆放地点所发生的全部费用。

(3) 运输损耗费　是指材料在运输装卸过程中不可避免的损耗费用。

(4) 采购及保管费　是指为组织采购、供应和保管材料过程中所需要的各项费用。

采购及保管费包括采购费、仓储费、工地保管费、仓储损耗费用。

(5) 检验试验费　是指对主材、辅助材料、构配件、零部件、半成品进行一般鉴定、检查所发生的费用。

检验试验费包括自设试验室进行试验所耗用的材料和化学药品等费用；不包括新结构、新材料的试验费和建设单位对具有出厂合格证明的材料进行检验，对构件做破坏性试验及其他特殊要求检验试验的费用。

3. 施工机械使用费

施工机械使用费是指施工机械作业所发生的机械使用费以及机械安拆费和场外运费。

施工机械台班单价应由下列七项费用组成。

(1) 折旧费　指施工机械在规定的使用年限内，陆续收回其原值及购置资金的时间价值。

(2) 大修理费　指施工机械按规定的大修理间隔台班进行必要的大修理，以恢复其正常功能所需的费用。

(3) 经常修理费　指施工机械除大修理以外的各级保养和临时故障排除所需的费用。包括为保障机械正常运转所需替换设备与随机配备工具附具的摊销和维护费用，机械运转中日常保养所需润滑与擦拭的材料费用及机械停滞期间的维护和保养费用等。

(4) 安拆费及场外运费　安拆费指施工机械在现场进行安装与拆卸所需的人工、材料、机械和试运转费用以及机械辅助设施的折旧、搭设、拆除等费用；场外运费指施工机械整体或分体自停放地点运至施工现场或由一施工地点运至另一施工地点的运输、装卸、辅助材料及架线等费用。

(5) 人工费　指机上司机（司炉）和其他操作人员的工作日人工费及上述人员在施工机械规定的年工作台班以外的人工费。

(6) 燃料动力费　指施工机械在运转作业中所消耗的固体燃料（煤、木柴）、液体燃料（汽油、柴油）及水、电等。

(7) 养路费及车船使用税　指施工机械按照国家规定和有关部门规定应缴纳的养路费、车船使用税、保险费及年检费等。

（二）措施费

措施费是指为完成工程项目施工，发生于该工程施工前和施工过程中非工程实体项目的费用，包括以下内容。

1. 环境保护费

环境保护费是指施工现场为达到环保部门要求所需要的各项费用。

2. 文明施工费

文明施工费是指施工现场文明施工所需要的各项费用。

3. 安全施工费

安全施工费是指施工现场安全施工所需要的各项费用。

4. 临时设施费

临时设施费是指施工企业为进行安装工程施工所必须搭设的生活和生产用的临时建筑物、构筑物和其他临时设施费用等。

临时设施包括临时宿舍，文化福利及公用事业房屋与构筑物，仓库，办公室，加工厂以及规定范围内道路、水、电、管线等临时设施和小型临时设施。

临时设施费用包括临时设施的搭设费、维修费、拆除费或摊销费。

5. 夜间施工费

夜间施工费是指因夜间施工所发生的夜班补助费，夜间施工降效、夜间施工照明设备摊销及照明用电等费用。

6. 二次搬运费

二次搬运费是指因施工场地狭小等特殊情况而发生的二次搬运费用。

7. 已完工程及设备保护费

已完工程及设备保护费是指竣工验收前，对已完工程及设备进行保护所需费用。

8. 施工排水、降水费

施工排水、降水费是指为确保工程在正常条件下施工，采取各种排水、降水措施所发生的各种费用。

9. 冬季、雨季施工增加费

冬季、雨季施工增加费系指冬季、雨季施工增加的防寒、保温、防雨、防滑、排雨水等措施费及因气候影响的人工和机械作业降效因素增加的费用。该费用不包括工程越冬防冻、雨季防洪、暖棚等措施费用和人工挖冻土所增加的费用。

10. 生产工具、用具使用费

生产工具、用具使用费系指施工、生产所需不属于固定资产的生产工具及检验、试验用具等购置、摊销和维修费，以及支付给工人自备工具补贴费。

11. 工程定位复测、工程点交等费用

工程定位复测、工程点交等费用系指建筑安装企业在施工安装前，对勘测、设计单位提供的工程数据进行工程定位复测、工程点交而发生的费用。

12. 配合联动试车费

配合联动试车费系指单体试车后，化工投料试车前施工单位配合联动试车的费用。如螺栓冷把、热把、盲板摊销、参加试车人工费和施工机械的费用及管理费等。不包括水、电、汽、油及试车用临时电源装置与管线的费用。

二、间接费

间接费由规费和企业管理费组成。

(一) 规费

规费是指政府和有关权力部门规定必须缴纳的费用（简称规费）。包括以下内容。

1. 工程排污费

工程排污费是指施工现场按规定缴纳的工程排污费。

2. 工程定额测定费

工程定额测定费是指按规定支付工程造价（定额）管理部门的定额测定费。

3. 社会保障费

社会保险费由养老保险费、失业保险费、医疗保险费组成。

(1) 养老保险费　是指企业按规定标准为职工缴纳的基本养老保险费。

(2) 失业保险费　是指企业按照国家规定标准为职工缴纳的失业保险费。

（3）医疗保险费　是指企业按照规定标准为职工缴纳的基本医疗保险费。

4. 住房公积金

住房公积金是指企业按规定标准为职工缴纳的住房公积金。

5. 危险作业意外伤害保险费

危险作业意外伤害保险费是指按照建筑法规定，企业为从事危险作业的建筑安装施工人员支付的意外伤害保险费。

（二）企业管理费

企业管理费是指安装企业组织施工生产和经营管理所需费用。

企业管理费内容包括以下十二项。

1. 管理人员工资

管理人员工资是指管理人员的基本工资、工资性补贴、职工福利费、劳动保护费等。

2. 办公费

办公费是指企业管理办公用的文具、纸张、账表、印刷、邮电、书报、会议、水电、烧水和集体取暖（包括现场临时宿舍取暖）用煤等费用。

3. 差旅交通费

差旅交通费是指职工因公出差、调动工作的差旅费、住勤补助费，市内交通费和误餐补助费，职工探亲路费，劳动力招募费，职工离退休、退职一次性路费，工伤人员就医路费，工地转移费以及管理部门使用的交通工具的油料、燃料、养路费及牌照费。

4. 固定资产使用费

固定资产使用费是指管理和试验部门及附属生产单位使用的属于固定资产的房屋、设备仪器等的折旧费、大修费、维修费或租赁费。

5. 工具、用具使用费

工具、用具使用费是指建筑安装企业管理部门使用的不属于固定资产的生产工具、器具、家具、交通工具和检验、试验、测绘、消防用具等的购置费、维修费和摊销费。

6. 劳动保险费

劳动保险费是指建筑安装企业支付离退休职工的易地安家补助费，职工退职金，六个月以上的病假人员工资，职工死亡丧葬补助费、抚恤费，按规定支付给离休干部的各项经费。

7. 工会经费

工会经费是指建筑安装企业按职工工资总额计提的工会经费。

8. 职工教育经费

职工教育经费是指建筑安装企业为职工学习先进技术和提高文化水平，按职工工资总额计提的费用。

9. 财产保险费

财产保险费是指建筑安装施工管理用财产、车辆保险。

10. 财务费

财务费是指建筑安装企业为筹集资金而发生的各种费用。

11. 税金

税金是指建筑安装企业按规定缴纳的房产税、车船使用税、土地使用税、印花税等。

12. 其他

其他包括技术转让费、技术开发费、业务招待费、绿化费、广告费、公证费、法律顾问费、审计费、咨询费等。

三、利润

利润是指建筑安装企业完成所承包工程获得的盈利。

四、税金

税金是指国家税法规定的应计入安装工程造价内的营业税、城市维护建设税及教育费附加等。

化工建设安装工程费用计算方法及费率详见附表2。

附表2　化工建设安装工程费用计算方法及费率表

序号	项目名称	计算方法	费率/%	备注
	人工工日单价	39.92元/工日		计算基础
一	直接费	（一）+（二）+（三）		
（一）	直接工程费（A）	$A=1+2+3$		
1	人工费（a）	$a=1$		
2	材料费			
3	施工机械使用费			
（二）　4	主材费（B）	$B=4$		
（三）	措施费			
5	环境保护费	$a\times$费率	0.85	
6	文明施工费	$a\times$费率	0.92	
7	安全施工费	$a\times$费率	0.92	
8	临时设施费	$a\times$费率	14.70	
9	夜间施工费	$a\times$费率	2.70	
10	二次搬运费	$a\times$费率	0.65	
11	已完工程及设备保护费	$a\times$费率	0.60	
12	施工排水、降水费	$a\times$费率	0.77	
13	冬季、雨季施工增加费	$a\times$费率	5.02	
14	生产工具、用具使用费	$a\times$费率	2.25	
15	工程定位复测点交费	$a\times$费率	0.11	
16	配合联动试车费	$(A+B)\times$费率	0.57	
二	间接费	（一）+（二）		
（一）	规费			
17	工程排污费	$a\times$费率	0.42	
18	工程定额测定费	$a\times$费率	0.38	
19	养老保险费	$a\times$费率	20.00	
20	失业保险费	$a\times$费率	2.00	
21	医疗保险费	$a\times$费率	7.00	
22	住房公积金	$a\times$费率	8.00	
23	危险作业意外伤害保险费	$a\times$费率	2.00	
（二）	企业管理费	$a\times$费率	37.38	
三	利润	$a\times$费率	18.73	
四	税金	$(A+B)\times$费率	3.40	

注：1. $5\sim15=29.49\times a$。

2. $17\sim23=39.80\times a$。

附加说明

一、编制化工建设安装工程费用定额（以下简称“本定额”）的依据：

1. 国务院批准，国家统计局发布《关于工资总额的规定》1990.1.10

2. 国务院令第44号发布《国务院关于建立城镇职工基本医疗保险制度的决定》1998.12.14

3. 国务院令第258号发布《失业保险条例》1999.1.22

4. 国务院令第259号发布《社会保险费征缴暂行条例》1999.1.22

5. 国务院令第262号发布《住房公积金管理条例》1999.4.3

6. 国务院令第270号发布《全国年节及纪念日放假办法》1999.9.18

7. 国务院令第350号发布《国务院关于修改（住房公积金管理条例）》2002.3.24

8. 国务院令第375号发布《工伤保险条例》2003.4.27

9. 建设部发布国家标准《建设工程工程量清单计价规范》GB 50500—2003 2003.2.17

10. 建设部、财政部联合发布《关于印发“建筑安装工程费用项目组成”的通知》（建标〔2003〕206号）2003.10.15

11. 建设部《关于印发〈建筑工程安全防护、文明施工措施费用及使用管理规定〉的通知》（建办〔2005〕89号）2005.6.7

12. 国务院令第38号发布《国务院关于建立统一的企业职工基本养老保险制度的决定》2005.12.3

13. 有关省、直辖市、部门相关的文件规定。

二、“本定额”适用范围：

1. “本定额”适用于化工行业建设工程（包括煤化工、盐化工、石油化工、精细化工、农药、橡胶制品加工和医药等）的设备、管道、电气、自动化仪表及装置、工艺金属结构、给排水、绝热、防腐蚀、刷油、筑炉及装置区的通风、采暖等安装工程的“定额”计价和“清单”计价。

2. “本定额”适用于国内各类投资渠道，如中外合资、国外独资、国有资产投资、私有资金投资等化工行业新建、扩建、改建、技术改造等工程建设项目。

3. 建筑工程的费率执行建设工程所在地区的费用标准。

三、“本定额”规定的费率：

未考虑不同工程类别、不同施工企业资质等级等因素，各单位在使用过程中，可根据工程类别、资质等级等情况，对费率进行调整。

四、“本定额”的人工工日单价：

根据国务院批准、国家统计局发布的《关于工资总额的规定》构成情况，国务院令第270号发布《全国年节及纪念日放假办法》，劳动和社会保障部规定职工工资总额中应包括养老保险、失业保险、医疗保险、住房公积金、危险作业意外伤害保险等规定。结合劳动和社会保障部劳动网对14个城市调查统计资料以及其他实际资料经测算，将人工工日单价定为39.92元/工日，作为“本定额”取费费率（系数）的计算基础。

五、配合联动试车费：

化工行业工程建设项目中的安装工程在标准和定额中，只规定到机械竣工，即单体试车为止，而化工投料试车、联动试车则需要施工单位配合。当施工单位不参与联动试车的配合时，可不计取该项费用。

六、养老保险费：

根据《国务院关于建立统一的企业职工基本养老保险制度的决定》，城镇企业职工基本养老保险的缴费总比例为28%左右（单位交20%，个人交8%）。

“本定额”养老保险费的费率定为20%，个人交纳部分已含在人工工日单价中。

七、失业保险费：

根据《中华人民共和国劳动法》、《失业保险条例》和《社会保险费征缴暂行条例》等规定，参照各省、自治区、直辖市执行情况，“失业保险费应按本单位与之建立劳动合同关系的职工或城镇职工工资总额的2%计算，职工缴纳的失业保险费按照本人工资的1%计算”。

“本定额”失业保险费率定为2%，个人交纳部分已含在人工工日单价中。

八、医疗保险费：

根据《国务院关于建立城镇职工基本医疗保险制度的决定》［国发（1998）44号］，“基本医疗保险费应由用人单位和职工共同缴纳。用人单位缴纳医疗保险费的费率，应控制在职工工资总额的6%左右，职工缴纳医疗保险费的费率，一般应为本人工资收入的2%”。2005年北京市所属单位，负担职工医疗保险费的费率为7%，个人负担2%。

“本定额”医疗保险费的费率定为7%，个人交纳部分已含在人工工日单价中。

九、住房公积金：

根据国务院令350号《国务院关于修改〈住房公积金管理条例〉的决定》，2005年北京市所属单位和职工住房公积金的缴费率，各为职工工资总额的8%。

“本定额”住房公积金的费率定为8%，个人交纳部分已含在人工工日单价中。

十、危险作业意外伤害保险：

根据国务院令375号《工伤保险条例》，劳动和社会保障部、财政部、卫生部、国家安全生产监督局《关于工伤保险费率问题的通知》［劳社部发（2003）29号］，将化学工业的工伤保险划定为三类风险。“本定额”将化工行业建设项目的工伤保险界定为三类风险。“三类风险的行业基准费率为2%。”

“本定额”将危险作业意外伤害保险的费率定为2%。

十一、措施费、企业管理费、利润：

施工企业可根据工程实际情况，对“本定额”规定的费率，进行调整。

十二、规费：

设计、施工、建设等单位在编制概算、编制标书、进行投标报价、编制工程竣工决算时，均应执行“本定额”对规费项目规定的费率（系数）。

十三、税金：

税金应执行工程所在地有关文件的规定。2005年北京市规定的税金费率为3.40%。

“本定额”将税金的费率定为3.40%。

冶金工厂建设建筑安装工程费用定额

（2006年）

冶金工业建设工程定额总站关于颁发《冶金工厂建设建筑安装工程
费用定额》（2006年版）的通知
冶建定（2006）11号

根据建设部、财政部《关于印发〈建筑安装工程费用项目组成〉的通知》〔建标(2003)206号〕精神，结合冶金工业建设工程的具体情况，由总站组织编制了《冶金工厂建设建筑安装工程费用定额》。经审查，现予以颁发。

本费用定额自2006年5月1日起施行。原《冶金工业建设工程预算定额》（2001年版）第十四册《冶金工厂建设建筑安装工程费用定额》同时停止执行。

本定额是编制冶金工厂建筑安装工程施工图预算的依据和《冶金工业建设工程综合单价》的基础，也是合理确定冶金工程造价，实行工程量清单招投标的指导性依据。

冶金工业建设工程定额总站
2006年3月18日

说　　明

一、《冶金工厂建设建筑安装工程费用定额》（以下简称本定额）是依据建设部、财政部《关于印发〈建筑安装工程费用项目组成〉的通知》〔建标（2003）206号〕中的要求与原则，结合冶金建设工程的特点与具体情况编制的。本定额是编制冶金工厂建设建筑安装工程施工图预算的依据；也是编制概算定额（指标）的基础；是编制标底、投标报价和签订合同的指导性文件。

二、凡遇到高级装修工程，其中彩色涂层板与铝合金门窗工程，其取费标准除税金外，一律按土建工程标准的50%计取费用。

三、钢结构制作、筑炉主材价格参与取费。其取费主材价格最高限价的取定在合同中约定。金属结构件安装工程费用计算基础不包括金属结构件本身的价值。

四、土建工程中的打桩工程（指打钢制桩及预制混凝土桩）的工程费用计算基础不包括桩本身的价值。

五、安装工程包括冶金工厂建设中的机械设备、电气设备、自动化仪表与控制、铁路信号等安装工程，以及工艺管道、给排水、采暖通风、除尘等工程。刷油、绝热保温工程采用主体工程所适用的费率。

六、铁路上部建筑工程包括冶金厂区的铁路铺设中的钢轨、轨枕、配件以及道渣等的铺设工程。

七、本定额适用于采用定额计价的冶金工厂建安工程造价的编制。以工程量清单计价的冶金建安工程投标报价可参考本定额执行。

八、本定额从2006年5月1日起施行，原《冶金工业建设工程预算定额》（2001年版）第十四册《冶金工厂建筑安装工程费用定额》同时停止执行。执行中如有问题，请及时与冶金工业建设工程定额总站联系。

九、本定额未实行不同工程类别、不同工程性质的差别费率。根据各类工程情况，建设单位应与施工单位在工程招投标合同中约定。

第一章　冶金工厂建设建筑安装工程费用定额及计算程序

冶金工厂建设建筑安装工程费用项目组成表

- 冶金工厂建设建筑安装工程费
  - 直接费
    - 直接工程费
      - 1. 人工费
      - 2. 材料费
      - 3. 施工机械使用费
    - 措施费
      - 1. 环境保护费
      - 2. 文明施工费
      - 3. 安全施工费
      - 4. 临时设施费
      - 5. 夜间施工费
      - 6. 二次搬运费
      - 7. 大型机械设备进出场及安拆费
      - 8. 冬雨季施工费
      - 9. 生产工具用具使用费
      - 10. 工程定位、点交场地清理费
      - 11. 已完工程及设备保护费
      - 12. 施工排水、降水费
  - 间接费
    - 规费
      - 1. 工程排污费
      - 2. 工程定额测定费
      - 3. 社会保障费
        - (1) 养老保险费
        - (2) 失业保险费
        - (3) 医疗保险费
      - 4. 住房公积金
      - 5. 工伤保险费
    - 企业管理费
      - 1. 管理人员工资
      - 2. 办公费
      - 3. 差旅交通费
      - 4. 固定资产使用费
      - 5. 工具、用具使用费
      - 6. 劳动保险费
      - 7. 工会经费
      - 8. 职工教育经费
      - 9. 财产保险费
      - 10. 财务费
      - 11. 税金
      - 12. 其他
  - 利润
  - 税金

一、直接费

1. 直接工程费

序号	工程性质 费用名称	建筑工程	安装工程
1	人工费	30 元/工日	31 元/工日
2	材料费	按《冶金工业建设工程预算定额》（2001 年版）基价或综合单价计算	
	其中：检验试验费	按材料费的 0.2% 计算	
3	施工机械使用费	按《冶金工业建设工程预算定额》（2001 年版）基价或综合单价计算	

2. 措施费

单位:%

序号	计算基础 / 类别 / 费用名称	直接工程费						人工费
		土建	冶金炉砌筑	金属结构制作	金属结构安装	铁路上部建筑	机械化土石方	安装
1	环境保护费	0.25	0.10	0.13	0.25	0.07	0.21	1.50
2	文明施工费	0.10	0.04	0.05	0.10	0.03	0.08	0.60
3	安全施工费	0.20	0.08	0.10	0.20	0.06	0.16	1.20
4	临时设施费	1.50	0.60	0.80	1.50	0.42	1.25	9.50
5	夜间施工费	0.15	0.05	0.08	0.15	0.04	0.13	0.90
6	二次搬运费	0.10	0.04	0.05	0.10	0.03	0.08	0.60
7	冬雨季施工费	0.20	0.08	0.10	0.20	0.06	0.16	1.20
8	生产工具用具使用费	0.05	0.01	0.02	0.05	0.02	0.04	0.30
9	工程定位、点交、场地清理费	0.10	0.04	0.05	0.10	0.03	0.08	0.60

注：1. 大型机械设备进出场及安拆、已完工程及设备保护费、施工排水、降水费，可按批准的施工方案协商确定。

2. 混凝土、钢筋混凝土模板及支架、脚手架可编入预算项目或清单综合单价。

3. 本表中未列的措施费项目，可依据工程的具体情况，参照《冶金工业建设工程工程量清单计价规则》表3.3.1列项，在合同中约定。

二、间接费

1. 规费

单位:%

序号	计算基础 / 工程类别 / 费用名称	直接工程费						人工费
		土建	冶金炉砌筑	金属结构制作	金属结构安装	铁路上部建筑	机械化土石方	安装
1	社会保障费	5.80	2.32	3.08	5.80	1.61	4.84	36.0
(1)	养老保险费	(3.50)	(1.40)	(1.86)	(3.50)	(0.97)	(2.92)	(22.0)
(2)	失业保险费	(0.50)	(0.20)	(0.26)	(0.50)	(0.14)	(0.42)	(3.0)
(3)	医疗保险费	(1.80)	(0.72)	(0.96)	(1.80)	(0.50)	(1.50)	(11.0)
2	住房公积金	1.50	0.60	0.80	1.50	0.42	1.25	9.50
3	工伤保险费	0.10	0.04	0.05	0.10	0.03	0.08	0.60
4	工程排污费	0.05	0.02	0.02	0.05	0.01	0.04	0.30
5	工程定额测定费	0.10	0.04	0.05	0.10	0.03	0.08	0.60

2. 企业管理费

单位:%

计算基础 / 工程类别 / 费用名称	直接工程费						人工费
	土建	冶金炉砌筑	金属结构制作	金属结构安装	铁路上部建筑	机械化土石方	安装
企业管理费	10	4.0	4.8	10	3	8.50	50

三、利润

单位:%

计费基础 费用名称	直接工程费	人工费
	建筑工程	安装工程
利润	7	30

四、综合税率

单位:%

地区	市区	县城、镇	不在市区、县城、镇
综合税率	3.41	3.35	3.22

冶金工厂建设建筑安装工程费用计算程序表

序号	费用项目		计算方法	
			以直接工程费为计费基础的工程	以人工费为计费基础的工程
1	直接费	直接工程费	施工图工程量×定额基价	
2		其中：人工费	定额工日×30元/工日	定额工日×31元/工日
3		材料费	按（2001）《冶金工业建设工程预算定额》基价计算	
4		施工机械使用费	按（2001）《冶金工业建设工程预算定额》基价计算	
5		构件增值税	构件制作定额基价×税率	
6		措施费	直接工程费×费率	人工费×费率
7	价差	主材价差	主材用量×（市场价格－定额取定价格）	
8		辅材价差	按综合系数调整	
9		人工费调整	按规定计算	
10		机械费调整	按规定计算	
11	间接费	规费	直接工程费×费率	人工费×费率
12		企业管理费	直接工程费×费率	人工费×费率
13	利润		直接工程费×费率	人工费×费率
14	不含税工程造价		直接费＋价差＋间接费＋利润	
15	税金		不含税工程造价×税率	
16	含税工程造价		不含税工程造价＋税金	

第二章　冶金工厂建设建筑安装工程费用项目划分及内容

冶金工厂建设建筑安装工程费由直接费、间接费、利润、税金组成（详见冶金工厂建设建筑安装工程费用项目组成表）。

一、直接费

由直接工程费和措施费组成。

（一）直接工程费：是指施工过程中耗费的构成工程实体的各项费用。包括人工费、材料费、施工机械使用费。

1. 人工费：是指直接从事建筑安装工程施工的生产工人开支的各项费用，内容包括：

（1）基本工资：是指发放给生产工人的基本工资。

（2）工资性补贴：是指按规定标准发放的物价补贴、煤、燃气补贴、交通补贴、流动施工津贴等。

（3）生产工人辅助工资：是指生产工人有效施工天数以外非作业的工资。包括职工学习、培训期间的工资，调动工作、探亲、休假期间的工资，因气候影响的停工工资，女工哺育期间的工资，病假在六个月以内及产、婚、丧假期的工资。

（4）职工福利费：是指按规定标准计提的职工福利费。

（5）生产工人劳动保护费：是指按规定标准发放的劳动保护用品的购置费及修理费，徒工服装补贴，防暑降温，在有碍身体健康环境中施工保健费用等。

2. 材料费：是指施工过程中耗费的构成工程实体的原材料、辅助材料、构配件、零件、半成品的费用。内容包括：

（1）材料原价（或供应价格）。

（2）材料运杂费：是指材料自来源地运至工地仓库或指定堆放地点所发生的全部费用。

（3）运输损耗费：是指材料在运输装卸过程中不可避免的损耗。

（4）采购保管费：是指为组织采购、供应和保管材料过程中所需要的各项费用。包括：仓储费、工地保管费、仓储损耗。

（5）检验试验费：是指对建筑材料、构件和建筑安装物进行一般鉴定、检查所发生的费用。包括自设试验室进行试验所耗用的材料和化学药品等费用。不包括新结构、新材料的试验费和建设单位对具有出厂合格证明的材料进行检验，对构件做破坏性试验及其他特殊要求检验试验的费用。

3. 施工机械使用费：指施工机械作业所发生的机械使用费以及机械安拆费和场外运费。施工机械台班单价应由下列七项费用组成：

（1）折旧费：指施工机械在规定的使用年限内，陆续收回其原值及购置资金的时间价值。

（2）大修理费：指施工机械按规定的大修理间隔台班进行必要的大修理，以恢复其正常功能所需的费用。

（3）经常修理费：指施工机械除在修理以外的各级保养和临时故障所需的费用包括为保障机械正常运转所需替换设备与随机配置工具附具的摊销和维护费用，机械运转中日常保养所需润滑与擦拭的材料费用及机械停滞期间的维护和保养费用等。

（4）安拆费及场外运费：安拆费指施工机械在现场进行安装与拆卸所需的人工、材料、机械和试运转费用以及机械辅助设施的折旧、搭设、拆除等费用；场外运费是指施工机械整体或分体自停放地点运至施工现场或由一施工地点运至另一施工地点的运输、装卸、辅助材料及架线等费用。

（5）人工费：指机上司机（司炉）和其他操作人员的工作日人工费及上述人员在施工机械规定的年工作台班以外的人工费。

（6）燃料动力费：指施工机械在运转作业中所消耗的固体燃料（煤、木柴）、液体燃料（汽油、柴油）及水、电等。

（7）养路费及车船使用税：指施工机械按国家规定和有关部门规定应缴纳的养路费、车船使用税、保险费及年检费等。

4. 施工企业非施工现场制作的构件应收取增值税。构件增值税按构件制作直接费的7.05%计取，增值税列入直接工程费，并计取各项费用。

（二）措施费：是指为完成工程项目施工，发生于该工程施工前和施工过程中非工程实体项目的费用。

包括内容：

1. 环境保护费：是指施工现场为达到环保部门要求所需要的各项费用。

2. 文明施工费：是指施工现场文明施工所需要的各项费用。

3. 安全施工费：是指施工现场安全施工所需要的各项费用。

4. 临时设施费：是指施工企业为进行建筑工程施工所必须搭设的生活和生产用的临时建筑物、构筑物和其他临时设施费用等。

临时设施包括：临时宿舍、文化福利及公用事业房屋与构筑物，仓库、办公室、加工厂以及规定范围内道路、水、电、管线等临时设施和小型临时设施。

临时设施费用包括：临时设施的搭设、维修、拆修费或摊销费。

5. 夜间施工费：是指因夜间施工和白天需要照明的地下室、炉内施工所发生的夜班补助费、施工降效、施工照明设备摊销及照明用电等费用。

6. 二次搬运费：是指因施工现场场地狭小等特殊情况而发生的二次搬运费用。

7. 大型机械设备进出场及安拆费：是指机械整体或分体自停放场地运至施工现场或由一个施工地点运至另一个施工地点，所发生的机械进出场运输及转移费用及机械在施工现场进行安装、拆卸所需的人工费、材料费、机械费、试运转费和安装所需的辅助设施的费用。

8. 冬雨季施工费：是指建筑安装工程在冬雨季施工，采取防寒保暖或防雨措施所增加的费用，包括材料费、人工费、保温费及防雨措施费等费用。

9. 生产工具用具使用费：是指施工、生产所需不属于固定资产的生产工具，检验、试验用具等的购置、摊销和维修费，以及支付给工人的自备工具补贴费。

10. 工程定位复测、工程点交、场地清理等费用。

11. 已完工程及设备保护费：是指竣工验收前，对已完工程及设备进行保护所需费用。

12. 施工排水、降水费：指为确保工程在正常条件下施工，采取各种排水、降水措施所发生的各种费用。

二、间接费

由规费、企业管理费用组成。

（一）规费：是指政府和有关权力部门规定必须缴纳的费用（简称规费）。包括：

1. 工程排污费：是指施工现场按规定缴纳的工程排污费。

2. 工程定额测定费：是指按规定支付工程造价（定额）管理部门的定额测定费。

3. 社会保障费

(1) 养老保险费：是指企业按规定标准为职工缴纳的基本养老保险费。

(2) 失业保险费：是指企业按照国家规定标准为职工缴纳的失业保险费。

(3) 医疗保险费：是指企业按规定标准为职工缴纳的基本医疗保险费。

4. 住房公积金：是指企业按规定标准为职工缴纳的住房公积金。

5. 工伤保险费：是指按照《工伤保险条例》规定，企业为从事建筑安装施工人员支付的工伤保险费。

（二）企业管理费：是指建筑安装企业组织施工生产和经营管理所需费用。内容包括：

1. 管理人员工资：是指管理人员的基本工资、工资性补贴、职工福利费、劳动保护费等。

2. 办公费：是指企业管理办公用的文具、纸张、账表、印刷、邮电、书报、会议、水、电、烧水和集体取暖（包括现场临时宿舍取暖）用煤、电、气等费用。

3. 差旅交通费：是指职工因公出差、调动工作的差旅费、住勤补助费、市内交通费和误餐补助费，职工探亲路费，劳动力招募费，职工离退休、退职一次性路费，工伤人员就医路费，工地转移费以及管理部门使用交通工具的油料、燃料、养路费及牌照费。

4. 固定资产使用费：是指管理和试验部门及附属生产单位使用的属于固定资产的房屋，设备仪器等的折旧、大修、维修或租赁费。

5. 工具用具使用费：是指管理使用的不属于固定资产的生产工具、器具、家具、交通工具和检验、试验、测绘、消防用具等的购置、维修和摊销费。

6. 劳动保险费：是指由企业支付离退休职工的易地安家补助费、职工退职金、六个月以内的病假人员工资、职工死亡丧葬补助费、抚恤费、按规定支付给离休干部的各项经费。

7. 工会经费：是指企业为职工学习先进技术和提高文化水平，按职工工资总额计提的费用。

8. 财产保险费：是指施工管理用财产、车辆保险。

9. 财务费：是指企业为筹集资金而发生的各种费用。

10. 税金：是指企业按规定缴纳的房产税、车船使用税、土地使用税、印花税等。

11. 其他：包括技术转让费、技术开发费、业务招待费、绿化费、广告费、公证费、法律顾问费、审计费、咨询费等。

三、利润

是指施工企业完成所承包工程获得的盈利。

四、税金

是指国家税法规定的应计入建筑安装工程造价内的营业税、城市维护建设税及教育费附加。其他税率按工程所在地税务部门规定计取。

有色金属工业建设工程建筑安装工程费用定额

（2008年）

中国有色金属工业协会关于发布有色金属工业工程建设预算定额的通知
中色协综字〔2008〕010号

为适应社会主义市场经济体制下工程造价管理工作的需要，合理确定并有效控制有色金属行业的工程造价，提高投资效益，我们本着公平、适用、实事求是、体现行业平均水平的原则组织修编了《机械设备安装工程预算定额》、《电气设备安装工程预算定额》、《矿山机电设备安装工程预算定额》、《矿山井巷工程预算定额》、《尾矿工程预算定额》、《建安工程费用定额、工程建设其他费用定额》、《施工机械台班费用定额、材料及台班基价汇总表》、《非标准设备订价办法》，以适用于有色金属工业新建和改、扩建工程。经审定，现予以颁发，自2008年3月1日起执行。2001年颁发的以上预算定额同时停止使用。

上述《定额》由中国有色金属工业协会归口管理，有色金属工业工程建设定额站负责解释（地址：北京市复兴路12路，邮编：100038，联系电话：010－63981589）。

中国有色金属工业协会
二〇〇八年一月二十八日

有色金属工业建设工程建筑安装工程费用定额

说　明

一、《有色金属工业建设工程建筑安装工程费用定额（2007年版）》（以下简称本定额）是依据建设部、财政部《关于印发〈建筑安装工程费用项目组成〉的通知》〔建标（2003）206号〕中的要求和原则，结合有色金属工业建设工程的特点与具体情况，在2001年版费用定额基础上修编而成的。本册定额为有色金属工业建设工程专用建筑安装工程费用定额，是编制有色金属工业建设工程建筑安装工程施工图预算的依据；也是编制概算定额（指标）的基础；是编制标底、投标报价和签订合同的指导性文件。

二、本定额适用于采用定额计价的有色金属工业建设工程建安工程造价的编制。以工程量清单计价的有色金属工业建设工程建安工程投标报价可参考本定额执行。

三、本定额未实行不同类别、不同工程性质的差别费率。根据各类工程情况，建设单位应与施工单位在工程招投标合同中约定。

四、尾矿工程的筑坝、防渗等套用本定额的尾矿土建费率，输送管道套用本定额的安装工程费率，排水竖井、隧洞套用本定额的井巷工程费率。

第一章　有色金属工业建设工程建筑安装工程费用定额及计算程序

建筑安装工程费用项目组成表

- 建筑安装工程费
  - 直接费
    - 直接工程费
      - 1. 人工费
      - 2. 材料费
      - 3. 施工机械使用费
    - 措施费
      - 1. 环境保护费
      - 2. 文明施工费
      - 3. 安全施工费
      - 4. 临时设施费
      - 5. 夜间施工费
      - 6. 二次搬运费
      - 7. 大型机械设备进出场及安拆费
      - 8. 混凝土、钢筋混凝土模板及支架
      - 9. 脚手架
      - 10. 冬雨季施工增加费
      - 11. 生产工具用具使用费
      - 12. 工程定位复测、工程点交、场地清理费
      - 13. 已完工程及设备保护费
      - 14. 施工排水、降水费
      - 15. 特殊工种培训费
      - 16. 特殊地区施工增加费
  - 间接费
    - 规费
      - 1. 工程排污费
      - 2. 工程定额测定费
      - 3. 社会保障费
        - (1) 养老保险费
        - (2) 失业保险费
        - (3) 医疗保险费
      - 4. 住房公积金
      - 5. 危险作业意外伤害保险费
    - 企业管理费
      - 1. 管理人员工资
      - 2. 办公费
      - 3. 差旅交通费
      - 4. 固定资产使用费
      - 5. 工具用具使用费
      - 6. 劳动保险费
      - 7. 工会经费
      - 8. 职工教育经费
      - 9. 财产保险费
      - 10. 财务费
      - 11. 税金
      - 12. 其他
  - 利润
  - 税金

一、直接费

1. 直接工程费

序号	定额编号	701001	701002	701003	701004	701005	701006
	费用名称	尾矿土建	井巷工程	露天剥离	安装工程	预焙阳极电解槽制作安装	井下安装工程
1	人工费						
2	材料费						
3	施工机械使用费						

2. 措施费

单位:%

序号	定额编号		701007	701008	701009	701010	701011	701012
	费用名称		尾矿土建	井巷工程	露天剥离	安装工程	预焙阳极电解槽制作安装	井下安装工程
	计算基础		直接工程费			人工费		
1	环境保护费		0.25	0.20		1.50	1.50	1.50
2	文明施工费		0.10	0.10		0.60	0.60	0.60
3	安全施工费		0.20	0.50		1.20	1.20	1.20
4	临时设施费	一类地区	3.25	2.50		19.00	9.10	16.00
		二类地区	3.10	2.30		18.00	8.85	15.00
		三类地区	3.00	2.12		17.00	8.73	15.00
5	夜间施工增加费		0.40	—		3.10	4.89	—
6	二次搬运费		0.50	0.65		2.60	3.80	2.50
7	冬雨季施工增加费	一类地区	1.40			9.50	5.74	
		二类地区	1.80	—		11.50	6.02	—
		三类地区	1.60			10.50	5.84	
8	生产工具用具使用费		0.90	1.35		6.20	3.84	6.10
9	工程定位、点交、场地清理费		0.35	0.25		4.50	2.88	4.00

注：1. 大型机械设备进出场及安拆费、已完工程及设备保护费、施工排水降水费，可按批准的施工方案协商确定。

2. 混凝土、钢筋混凝土模板及支架、脚手架可编入预算项目或清单综合单价。

3. 特殊工种培训费由施工企业编制，经建设单位审定后计取，包干使用。

4. 特殊地区施工增加费按当地规定执行。

5. 地区类别：一类地区：深圳、珠海、厦门、汕头、海南；

二类地区：黑龙江、吉林、辽宁、内蒙古、新疆、甘肃、宁夏、青海、西藏；

三类地区：上述一类和二类地区以外的其他地区。

6. 本表中未列的措施项目，可根据工程的具体情况列项，并在合同中约定。

二、间接费

1. 规费

单位:%

序号	定额编号	702001	702002	702003	702004	702005	702006
	费用名称	尾矿土建	井巷工程	露天剥离	安装工程	预焙阳极电解槽制作安装	井下安装工程
	计算基础	直接工程费			人工费		
1	工程排污费	0.05	0.03		0.30	0.20	0.20
2	工程定额测定费	0.10	0.15		0.60	0.60	0.60
3	社会保障费						
3.1	养老保险	3.50	1.80		22.00	22.00	22.00
3.2	失业保险	0.50	0.40		3.00	3.00	3.00
3.3	医疗保险	1.80	1.20		11.00	11.00	11.00
4	住房公积金	1.50	0.80		9.50	9.50	9.50
5	危险作业意外伤害保险费	0.10	0.10		0.60	0.50	0.80

2. 企业管理费

单位:%

定额编号		702007	702008	702009	702010	702011	702012
费用名称		尾矿土建	井巷工程	露天剥离	安装工程	预焙阳极电解槽制作安装	井下安装工程
计算基础		直接工程费			人工费		
企业管理费	一类地区	7.50	11.10		58.80	45.30	56.00
	二类地区	6.70	10.10		56.50	44.70	55.00
	三类地区	6.20	9.10		55.40	44.20	54.00

三、利润

单位:%

定额编号	703001	703002	703003	703004	703005	703006
费用名称	尾矿土建	井巷工程	露天剥离	安装工程	预焙阳极电解槽制作安装	井下安装工程
计算基础	直接费 + 工程费			人工费		
利润	7	8		46	42.7	40

四、税金

单位:%

定额编号	704001	704002	704003
地区	市区	县城、镇	不在市区、县城、镇
综合税率	3.41	3.35	3.22

建筑安装工程费用计算程序表

序号	费用项目		计算方法	
			以直接工程费为计算基础	以人工费为计算基础
1	直接费	直接工程费	施工图工程量×定额基价	
2		其中：人工费	定额工日× 元/工日	定额工日× 元/工日
3		材料费	按（2008）预算定额基价计算	
4		施工机械使用费	按（2008）预算定额基价计算	
5		措施费	直接工程费×费率	人工费×费率
6	价差	主材价差	主材用量×（市场价－定额取定价）	
7		辅材价差	按综合系数调整	
8		人工费调整	按规定计算	
9		机械费调整	按规定计算	
10	间接费	规费	直接工程费×费率	人工费×费率
11		企业管理费	直接工程费×费率	人工费×费率
12	利润		（直接费＋间接费）×费率	人工费×费率
13	不含税工程造价		直接费＋价差＋间接费＋利润	
14	税金		不含税工程造价×税率	
15	含税工程造价		不含税工程造价＋税金	

人工费标准 单位：元/工日

工程类别	井巷工程		安装工程	井下安装工程
	井上	井下		
人工费标准	31.62	39.26	28.22	32.68

人工费可根据各地人工费标准进行调整。井下人工费是井上人工费的1.2倍。

第二章 有色金属工业建设工程建筑安装工程费用项目划分及内容

有色金属工业建设工程建筑安装工程费由直接费、间接费、利润和税金组成（详见有色金属工业建设工程建筑安装工程费用项目组成表）。

一、直接费

由直接工程费和措施费组成。

（一）直接工程费：是指施工过程中耗费的构成工程实体的各项费用，包括人工费、材料费、施工机械使用费。

1. 人工费：是指直接从事建筑安装工程施工的生产工人开支的各项费用，内容包括：

（1）基本工资：是指发放给生产工人的基本工资。

（2）工资性补贴：是指按规定标准发放的物价补贴，煤、燃气补贴，交通补贴，住房补贴，流动施工津贴等。

（3）生产工人辅助工资：是指生产工人年有效施工天数以外非作业天数的工资，包括职工学习、培训期间的工资，调动工作、探亲、休假期间的工资，因气候影响的停工工资，女工哺乳时间的工资，病假在六个月以内的工资及产、婚、丧假期的工资。

（4）职工福利费：是指按规定标准计提的职工福利费。

（5）生产工人劳动保护费：是指按规定标准发放的劳动保护用品的购置费及修理费，徒工服装补贴，防暑降温费，在有碍身体健康环境中施工的保健费用等。

2. 材料费：是指施工过程中耗费的构成工程实体的原材料、辅助材料、构配件、零件、半成品的费用。内容包括：

（1）材料原价（或供应价格）。

（2）材料运杂费：是指材料自来源地运至工地仓库或指定堆放地点所发生的全部费用。

（3）运输损耗费：是指材料在运输装卸过程中不可避免的损耗。

（4）采购及保管费：是指为组织采购、供应和保管材料过程中所需要的各项费用。包括：采购费、仓储费、工地保管费、仓储损耗。

（5）检验试验费：是指对建筑材料、构件和建筑安装物进行一般鉴定、检查所发生的费用，包括自设试验室进行试验所耗用的材料和化学药品等费用。不包括新结构、新材料的试验费和建设单位对具有出厂合格证明的材料进行检验，对构件做破坏性试验及其他特殊要求检验试验的费用。

3. 施工机械使用费：是指施工机械作业所发生的机械使用费以及机械安拆费和场外运费。

施工机械台班单价应由下列七项费用组成：

（1）折旧费：指施工机械在规定的使用年限内，陆续收回其原值及购置资金的时间价值。

（2）大修理费：指施工机械按规定的大修理间隔台班进行必要的大修理，以恢复其正常功能所需的费用。

（3）经常修理费：指施工机械除大修理以外的各级保养和临时故障排除所需的费用。包括为保障机械正常运转所需替换设备与随机配备工具附具的摊销和维护费用，机械运转中日常保养所需润滑与擦拭的材料费用及机械停滞期间的维护和保养费用等。

（4）安拆费及场外运费：安拆费指施工机械在现场进行安装与拆卸所需的人工、材料、机械和试运转费用以及机械辅助设施的折旧、搭设、拆除等费用：场外运费指施工机械整体或分体自停放地点运至施工现场或由一施工地点运至另一施工地点的运输、装卸、辅助材料及架线等费用。

（5）人工费：指机上司机（司炉）和其他操作人员的工作日人工费及上述人员在施工机械规定的年工作台班以外的人工费。

（6）燃料动力费：指施工机械在运转作业中所消耗的固体燃料（煤、木柴）、液体燃料（汽油、柴油）及水、电等费用。

（7）养路费及车船使用税：指施工机械按照国家规定和有关部门规定应缴纳的养路费、车船使用税、保险费及年检费等。

（二）措施费：是指为完成工程项目施工，发生于该工程施工前和施工过程中非工程实体项目的费用。

包括内容：

1. 环境保护费：是指施工现场为达到环保部门要求所需要的各项费用。

2. 文明施工费：是指施工现场文明施工所需要的各项费用。

3. 安全施工费：是指施工现场安全施工所需要的各项费用。

4. 临时设施费：是指施工企业为进行建筑工程施工所必须搭设的生活和生产用的临时建筑物、构筑物和其他临时设施费用等。

临时设施包括：临时宿舍、文化福利及公用事业房屋与构筑物，仓库、办公室、加工厂以及规定范围内道路、水、电、管线等临时设施和小型临时设施。

临时设施费用包括：临时设施的搭设、维修、拆除费或摊销费。

5. 夜间施工增加费：是指因夜间施工所发生的夜班补助费、夜间施工降效、夜间施工照明设备摊销及照明用电等费用。

6. 二次搬运费：是指因施工场地狭小等特殊情况而发生的二次搬运费用。

7. 大型机械设备进出场及安拆费：是指机械整体或分体自停放场地运至施工现场或由一个施工地点运至另一个施工地点，所发生的机械进出场运输及转移费用及机械在施工现场进行安装、拆卸所需的人工费、材料费、机械费、试运转费和安装所需的辅助设施的费用。

8. 混凝土、钢筋混凝土模板及支架费：是指混凝土施工过程中需要的各种钢模板、木模板、支架等的支、拆、运输费用及模板、支架的摊销（或租赁）费用。

9. 脚手架费：是指施工需要的各种脚手架搭、拆、运输费用及脚手架的摊销（或租赁）费用。

10. 冬雨季施工增加费：是指建筑安装工程在冬季或雨季施工时，为了保证工程质量和安全施工，对工程采取防寒保温、防雨措施以及人工、机械作业降效所需增加的费用。

11. 生产工具用具使用费：是指施工生产所需不属于固定资产的生产工具及检验用具等的购置、摊销和维修费，以及支付给工人自备工具的补贴费。

12. 工程定位复测、工程点交、场地清理等费用。

13. 已完工程及设备保护费：是指竣工验收前，对已完工程及设备进行保护所需费用。

14. 施工排水、降水费：是指为确保工程在正常条件下施工，采取各种排水、降水措施所发生的各种费用。

15. 特殊工种培训费：由施工企业编制预算，建设单位审定后计取，包干使用。

16. 特殊地区施工增加费：指铁路、公路、通讯、输电、长距离输送管道等工程在原始森林、高原、沙漠等特殊地区施工增加的费用（该费用可按当地规定执行）。

二、间接费

由规费、企业管理费组成。

（一）规费：是指政府和有关权力部门规定必须缴纳的费用（简称规费）。包括：

1. 工程排污费：是指施工现场按规定缴纳的工程排污费。

2. 工程定额测定费：是指按规定支付工程造价（定额）管理部门的定额测定费。

3. 社会保障费

（1）养老保险费：是指企业按规定标准为职工缴纳的基本养老保险费。

（2）失业保险费：是指企业按照国家规定标准为职工缴纳的失业保险费。

（3）医疗保险费：是指企业按照规定标准为职工缴纳的基本医疗保险费。

4. 住房公积金：是指企业按规定标准为职工缴纳的住房公积金。

5. 危险作业意外伤害保险：是指按照建筑法规定，企业为从事危险作业的建筑安装施工人员支付的意外伤害保险费。

（二）企业管理费：是指建筑安装企业组织施工生产和经营管理所需费用。

内容包括：

1. 管理人员工资：是指管理人员的基本工资、工资性补贴、职工福利费、劳动保护费等。

2. 办公费：是指企业管理办公用的文具、纸张、账表、印刷、邮电、书报、会议、水电、烧水和集体取暖（包括现场临时宿舍取暖）用煤等费用。

3. 差旅交通费：是指职工因公出差、调动工作的差旅费、住勤补助费，市内交通费和误餐补助费，职工探亲路费，劳动力招募费，职工离退休、退职一次性路费，工伤人员就医路费，工地转移费以及管理部门使用的交通工具的油料、燃料、养路费及牌照费。

4. 固定资产使用费：是指管理和试验部门及附属生产单位使用的属于固定资产的房屋、设备仪器等的折旧、大修、维修或租赁费。

5. 工具用具使用费：是指管理使用的不属于固定资产的生产工具、器具、家具、交通工具和检验、试验、测绘、消防用具等的购置、维修和摊销费。

6. 劳动保险费：是指由企业支付离退休职工的易地安家补助费、职工退职金、六个月以上的病假人员工资、职工死亡丧葬补助费、抚恤费、按规定支付给离休干部的各项经费。

7. 工会经费：是指企业按职工工资总额计提的工会经费。

8. 职工教育经费：是指企业为职工学习先进技术和提高文化水平，按职工工资总额计提的费用。

9. 财产保险费：是指施工管理用财产、车辆保险。

10. 财务费：是指企业为筹集资金而发生的各种费用。

11. 税金：是指企业按规定缴纳的房产税、车船使用税、土地使用税、印花税等。

12. 其他：包括技术转让费、技术开发费、业务招待费、绿化费、广告费、公证费、法律顾问费、审计费、咨询费等。

三、利润

是指施工企业完成所承包工程获得的盈利。

四、税金

是指国家税法规定的应计入建筑安装工程造价内的营业税、城市维护建设税及教育费附加等。其税率按工程所在地税务部门规定计取。

电子建设工程费用计价依据

(2005年)

信息产业部关于发布《电子建设工程概(预)算编制办法及计价依据》和
《电子建设工程预算定额》的通知
信部规〔2005〕36号

为适应电子建设工程的需要,合理确定和有效控制工程造价,我部组织修订了《电子建设工程概(预)算编制办法及计价依据》和《电子建设工程预算定额》(共六册)。经审查,现批准发布,自2005年4月1日起实施。

我部于1999年信部规827号发布的《电子工程建设概预算编制办法、电子设备安装工程费用定额》和《电子工程建设预算定额》,2001年信部规40号发布的《背景音乐兼紧急广播系统设备安装工程》和《电子设备线缆安装工程》同时停止执行。

本《电子建设工程概(预)算编制办法及计价依据》和《电子建设工程预算定额》由信息产业部电子工程标准定额站负责具体解释和管理并组织出版、发行。

附件:《电子建设工程概(预)算编制办法及计价依据》

《电子建设工程预算定额》

1.《雷达、有线电视及专用通信设备安装工程》

2.《计算机、网络设备及布线安装工程》

3.《安全防范、道路交通、停车场、住宅小区及楼宇建筑设备监控管理系统安装工程》

4.《音频、视频、灯光及集中控制系统设备安装工程》

5.《洁净厂房(室)及电子设备技术场地安装工程》

6.《施工机械、仪器仪表台班费用定额及材料预算单价》

信息产业部

二〇〇五年二月二日

建筑、安装工程费用计价依据

一、设备和材料购置费

(一)设备购置费

1. 设备购置费:

设备购置费=设备原价+运杂费(运输费+装卸费+搬运费)
+运输保险费+采购及保管费

2. 设备原价:

设备原价=出厂价(或供货地点价)+包装费+手续费

3. 运杂费:

运杂费 = 设备原价 × 运杂费费率

运杂费费率见表4－1。

4．运输保险费：

运输保险费 = 设备原价 × 保险费费率1%

5．采购及保管费：

需要安装的：　采购及保管费 = 设备原价 ×2.4%

不需要安装的：　采购及保管费 = 设备原价 ×1.2%

表4－1　设备运杂费费率表

运输里程（km）	取费基础	费率（%）
100以内	设备原价	0.8
101～200	设备原价	0.9
201～300	设备原价	1.0
301～400	设备原价	1.1
401～500	设备原价	1.2
501～750	设备原价	1.5
751～1000	设备原价	1.7
1001～1250	设备原价	2.0
1251～1500	设备原价	2.2
1501～1750	设备原价	2.4
1751～2000	设备原价	2.6
2000以上每增加250增加	设备原价	0.2

（二）材料购置费

1．材料购置费：

材料购置费 = 材料原价 + 运杂费（运输费 + 装卸费 + 搬运费）+ 运输保险费 + 采购及保管费

2．材料原价：

材料原价 = 出厂价（或供货地点价）+ 包装费 + 手续费

3．运杂费：

运杂费 = 材料原价 × 运杂费费率

运杂费费率见表4－2。

表4－2　材料运杂费费率表

费率（%）项目名称 / 运输里程（km）	光缆	电缆、电工器材	金属、焊接管件材料	塑料、橡胶、保温材料	木材及木材制品	水泥、砖、瓦、灰、石
100以内	1.0	1.5	3.6	4.3	8.4	18.0
101～200	1.1	1.7	4.0	4.8	9.4	20.0
201～300	1.2	1.9	4.5	5.4	10.5	23.0
301～400	1.3	2.1	4.8	5.8	11.5	24.5
401～500	1.4	2.4	5.4	6.5	12.5	25.0
501～750	1.7	2.6	6.3	—	14.7	—
751～1000	1.9	3.0	7.2	—	16.8	—

续表

费率（%）项目名称 / 运输里程（km）	光缆	电缆、电工器材	金属、焊接管件材料	塑料、橡胶、保温材料	木材及木材制品	水泥、砖、瓦、灰、石
1001～1250	2.2	3.4	8.1	—	18.9	—
1251～1500	2.4	3.8	9.0	—	21.0	—
1501～1750	2.6	4.0	9.6	—	22.4	—
1751～2000	2.8	4.3	10.2	—	23.8	—
2000以上每增加250增加	0.2	0.3	0.6	-1.5	—	—

4．运输保险费：

运输保险费＝材料原价×保险费费率（1%）

5．采购及保管费：

采购及保管费＝材料原价×采购及保管费费率（2.4%）

凡由建设单位提供的可利用旧料，其材料费不计入工程成本。

二、建筑、安装工程费

建筑、安装工程费由直接费、间接费、利润和税金组成。

（一）直接费

直接费由直接工程费、措施费组成。

1．直接工程费：是指施工过程中耗费的构成工程实体的各项费用。包括人工费、材料费、施工机械使用费、施工仪器仪表使用费。

直接工程费＝Σ（子目基价×工程量）

（1）人工费：是指直接从事建筑安装工程施工生产人员开支的各项费用。

本定额的人工工日一律以综合工日表示，内容包括基本用工、辅助用工和人工幅度差。

综合工日单价按专业和施工技术复杂程度分别定为32.00、46.00、52.00和66.00元作为定额的综合工日单价标准。编制期的综合工日单价和定额的综合工日单价的价差另计。

人工费＝Σ（工程量×工日定额消耗量×综合工日单价）

（2）材料费：是指施工过程中耗费的构成工程实体的原材料、辅助材料、构配件、零件、半成品的费用。

材料费＝Σ（工程量×材料定额消耗量×材料预算单价）

（3）施工机械使用费：是指施工机械作业所发生的机械使用费。

施工机械使用费＝Σ（工程量×机械定额消耗量×机械台班预算单价）

（4）施工仪器仪表使用费：是指施工仪器仪表作业所发生的仪器仪表使用费。

施工仪器仪表使用费＝Σ（工程量×仪器仪表定额消耗量×仪器仪表台班预算单价）

2．措施费：是指为完成工程项目施工，发生于该工程施工前和施工过程中非工程实体项目的费用。措施费由直接措施费和其他项目措施费组成。

（1）直接措施费：

直接措施费＝总人工费×费率（60%）

其中：

1）临时设施费：

临时设施费＝人工费×费率（26%）

2）测量放线费：

测量放线费＝人工费×费率（2%）

3）工地器材搬运费：

工地器材搬运费 = 人工费 × 费率（9%）

4）工程定位复测、工程点交费：

工程定位复测、工程点交费 = 人工费 × 费率（4%）

5）脚手架搭拆摊销费：

脚手架搭拆摊销费 = 人工费 × 费率（4%）

6）安全生产文明施工费：

安全生产文明施工费 = 人工费 × 费率（5%）

7）施工队伍车辆使用费：

施工队伍车辆使用费 = 人工费 × 费率（10%）

（2）其他项目措施费：项目发生时计取，不发生不计取（见表 4－3）。

计算方法：按实际发生计取。

表 4－3　其他项目措施费计算表

项　目			计算基数及费率
1）	超高施工增加费 （指操作物高度离楼地面 5m 以上施工增加的费用，超高机械使用费按实际发生另计）	10m 以下	人工费 ×25.00%
		20m 以下	人工费 ×40.00%
		20m 以上	人工费 ×60.00%
2）	高层施工增加费 （指操作物高度在 6 层或 20m 以上的高度施工增加的费用；施工层高不同时，应以最高层为确定取费标准的依据）	21 层以下	人工费 ×8.00%
		45 层以下	人工费 ×31.00%
		65 层以下	人工费 ×49.00%
		95 层以下	人工费 ×67.00%
		120 层以下	人工费 ×82.00%
3）	特殊地区施工增加费 （在海拔 2000m 以上的高原地区、沙漠地区、山区、森林地区施工）		人工费 ×25.00%
4）	冬雨季施工增加费		人工费 ×10%
5）	安装与生产同时进行施工增加费		人工费 ×10%
6）	在有害身体健康环境中施工增加费 （在化工地区、核污染地区、高寒地区、高温地区施工）		人工费 ×10%
7）	分包工程管理费		包工包料工程 = 直接工程费 ×4.5% 包工不包料工程 = 人工费 ×26%
8）	施工队伍调遣费 （根据工程建设任务需要，在距施工单位基地 25km 以外地点施工，应支付给施工队伍的差旅费）		按（硬卧中铺价 + 人员途中工资 + 补贴）× 调遣人数计取。特殊情况调遣按双方合同约定计取
9）	缩短工期费（夜间施工增加费）		按双方合同约定计取
10）	停、窝工费		按双方合同约定计取
11）	施工用水、电、气等费		按实际发生计取
12）	施工机械、仪器仪表进出场、过路、过桥、运输费		按实际发生计取
13）	工程系统检测费 （按有关规定委托法定检测机构实施系统检测应支付的费用）		按实际发生计取
14）	已完工程及设备保护费		按双方合同约定计取
15）	其他费用		按实际发生计取

（二）间接费

间接费由企业管理费、规费组成。

1. 企业管理费：是指建筑安装企业组织施工生产和经营管理所需的费用。

企业管理费 = 人工费 × 费率（60%）

2. 规费：是指政府和有关权力部门规定必须缴纳的费用。

计算方法：

（1）工程定额测定费：

工程定额测定费 =（直接费 + 企业管理费 + 利润）× 费率（0.1%）

（2）社会保障费：

社会保障费 = 人工费 × 费率（40%）

其中：

1）养老保险费：

养老保险费 = 人工费 × 费率（19%）

2）失业保险费：

失业保险费 = 人工费 × 费率（1.5%）

3）医疗保险费：

医疗保险费 = 人工费 × 费率（10%）

4）住房公积金：

住房公积金 = 人工费 × 费率（8%）

5）危险作业意外伤害保险费：

危险作业意外伤害保险费 = 人工费 × 费率（1.5%）

（三）利润

利润是指施工企业完成所承包工程获得的盈利。

计算方法：

（1）电子设备安装工程的利润：

电子设备安装工程的利润 = 人工费 × 费率（60%）

（2）洁净厂房（室）及电子设备技术场地安装工程的利润：

洁净厂房（室）及电子设备技术场地安装工程的利润 =（直接费 + 企业管理费）× 费率（7%）

（四）税金

税金是指国家税法规定的应计入建筑安装工程造价内的营业税、城市维护建设税及教育费附加等。

税金 =（直接费 + 间接费 + 利润）×3.41%

第五章　建设工程其他费用计价依据

工程建设其他费用项目，是项目建设投资中较常发生的费用项目，但并非每个项目都会发生这些费用项目，项目不发生的其他费用项目不计取。

一、建设单位管理费

1. 费用内容：系指建设单位从项目筹建开始直至办理竣工决算为止发生的项目建设管理费用。包括：工资性支出、社会保障费支出、公用经费、房屋租赁费等。

2. 计算方法：按财政部2000年9月27日财建（2002）394号文，关于印发《基本建设财务管理规定》的规定计取（见表5－1）。建设单位管理费 = 工程总概算 × 费率（%），按差额定率累进法计算。

表5－1　建设单位管理费用计算表

工程总概算（万元）	费率（%）	算　例	
		工程总概算（万元）	建设单位管理费（万元）
1000以下	1.5	1000	1000×1.5%＝15
1001～5000	1.2	5000	15＋（5000－1000）×1.2%＝63
5001～10000	1.0	10000	63＋（10000－5000）×1%＝113
10001～50000	0.8	50000	113＋（50000－10000）×0.8%＝433
50001～100000	0.5	100000	433＋（100000－50000）×0.5%＝683
100001～200000	0.2	200000	683＋（200000－100000）×0.2%＝883
200000以上	0.1	280000	883＋（280000－200000）×0.1%＝963

二、可行性研究费

1. 费用内容：系指在建设项目前期工作中，编制和评估项目建议书（或预可行性研究报告）、可行性研究报告所需的费用。

2. 计算方法：依据项目前期可行性研究委托合同计算，或按照《国家计委关于印发〈建设项目前期工作咨询收费暂行规定〉的通知》（计投资〔1999〕1283号）的规定计算（见表5－2）。

表5－2　建设项目估算投资额分档收费标准　　单位：万元

估算投资 / 咨询评估项目	3000万～1亿元	1亿～5亿元	5亿～10亿元	10亿～50亿元	50亿元以上
编制项目建议书	6～14	14～37	37～55	55～100	100～125
编制可行性研究报告	12～28	28～75	75～110	110～200	200～250
评估项目建议书	4～8	8～12	12～15	15～17	17～20
评估可行性研究报告	5～10	10～15	15～20	20～25	25～35

注：（1）建设项目估算投资额是指项目建议书或者可行性研究报告的估算投资额。

（2）建设项目的具体收费标准，根据估算投资额在相对应的区间内用插入法计算。

三、招标代理服务费

1. 费用内容：系指招标代理机构接受招标人委托，从事编制招标文件（包括编制资格预审文件和标底），审查投标人资格，组织投标人踏勘现场并答疑，组织开标、评标、定标，以及提供招标前期咨询、协调合同的签订等业务所收取的费用。

2. 计算方法：按照国家计委关于印发《招标代理服务收费管理暂行办法》的通知（计价格〔2006〕1980号规定）计算（见表5－3）。

表5－3　招标代理服务收费标准

费率（%） 服务类型 / 中标金额（万元）	货物招标	服务招标	工程招标
100以下	1.50	1.50	1.00
101～500	1.10	0.80	0.70
501～1000	0.80	0.45	0.55
1001～5000	0.50	0.25	0.35
5001～10000	0.25	0.10	0.20
10001～100000	0.05	0.05	0.05
100000以上	0.01	0.01	0.01

四、研究试验费

1．费用内容：系指为本建设项目提供或验证设计数据、资料等进行必要的研究试验及按照设计规定在建设过程中必须进行试验、验证所需的费用。但不包括：

（1）应由科技三项费用（即新产品试制费、中间试验费和重要科学研究补助费）开支的项目；

（2）应在建筑安装费用中列支的施工企业对建筑材料、构件和建筑物进行一般鉴定、检查所发生的费用及技术革新的研究试验费；

（3）应由勘察设计费或工程费用中开支的项目。

2．计算方法：按照研究试验内容和要求进行编制。

五、勘察费

1．费用内容：工程勘察收费是指勘察人根据发包人的委托，收集已有资料、现场踏勘、制订勘察纲要，进行测绘、勘探、取样、试验、测试、检测、监测等勘察作业，以及编制工程勘察文件和岩土工程设计文件等收取的费用。

2．计算方法：依据勘察委托合同计列，或按照国家发展和改革委员会、建设部《关于发布〈工程勘察设计收费管理规定〉的通知》（计价格〔2002〕10号）规定计算。

六、设计费

1．费用内容：工程设计收费是指设计人根据发包人的委托，提供编制建设项目初步设计文件、施工图设计文件、非标准设备设计文件、施工图预算文件、竣工图文件等服务所收取的费用。

基本设计收费采取按照建设项目单位工程概算投资额分档计费方法计算收费。

2．计算方法：按照国家发展和改革委员会、建设部《关于发布〈工程勘察设计收费管理规定〉的通知》（计价格〔2002〕10号）规定，依据下列公式计算。

（1）工程设计收费：

工程设计收费＝工程设计收费基准价×（1±浮动幅度值）

（2）工程设计收费基准价：

工程设计收费基准价＝基本设计收费＋其他设计收费

（3）基本设计收费：

基本设计收费＝工程设计收费基价×专业调整系数×工程复杂程度调整系数×附加调整系数

（4）工程设计收费基价可根据工程设计收费计费额从表中查找确定，计费额处于两个数区间的，采用直线内插法确定工程设计收费基价（见表5－4）。

表5－4　工程设计收费基价表　　单位：万元

序号	1	2	3	4	5	6	7	8
计费额	50.00	100.00	200.00	500.00	1000.00	3000.00	5000.00	8000.00
收费基价	2.70	4.90	9.00	20.90	38.80	103.80	163.90	249.60

七、环境影响咨询费

1．费用内容：是指按照《中华人民共和国环境保护法》、《中华人民共和国环境影响评价法》等规定，为全面、详细评价本建设项目对环境可能产生的污染或造成的重大影响所需的费用。环境影响咨询是建设项目前期工作中的重要环节，环境影响咨询内容包括：编制环境影响报告书（含大纲），环境影响报告表和对环境影响报告书（含大纲）、环境影响报告表进行技术评估咨询费。

2．计算方法：按照国家发展和改革委员会、国家环境保护总局《关于规范环境影响咨询收费有关问题的通知》（计价格〔2002〕125号）规定计取（见表5－5）。

表5-5 建设项目环境影响咨询收费标准　　单位：万元

估算投资额（亿元） 咨询服务项目	0.3以下	0.3~2	2~20	20~50	50~100	100以上
编制环境影响报告书（含大纲）	5~6	6~15	15~35	35~75	75~110	110以上
编制环境影响报告表	1~2	2~4	4~7	7以上		
评估环境影响报告书（含大纲）	0.8~1.5	1.5~3	3~7	7~9	9~13	13以上
评估环境影响报告表	0.5~0.8	0.8~1.5	1.5~2	2以上		

注：（1）表中数字下限为不含，上限为包含。

（2）估算投资额为项目建议书或可行性研究报告中的估算投资额。

（3）咨询服务项目收费标准根据估算投资额在对应区间内用插入法计算。

（4）以本表收费标准为基础，按建设项目行业特点和所在区域的环境敏感程度，乘以调整系数，确定咨询服务收费基准价，调整系数见表5-6、表5-7。

（5）评估环境影响报告书（含大纲）的费用不含专家参加审查会议的差旅费；环境影响评价大纲的技术评估费用占环境影响报告书评估费用的40%。

（6）本表所列编制环境影响报告收费标准为不设评价专题的基准价，每增加一个专题加收50%。

（7）本表中费用不包括遥感、遥测、风洞试验、污染气象观测、示踪试验、地探、物探、卫星图片解读、需要动用船、飞机等特殊监测的费用。

表5-6 环境影响评价大纲、报告书编制收费行业调整系数

行　业	调整系数
化工、冶金、有色、黄金、煤炭、矿产、纺织、化纤、轻工、医药	1.2
石化、石油天然气、水利、水电、旅游	1.1
林业、畜牧、渔业、农业、交通、铁道、民航、管线运输、建材、市政、烟草、兵器	1.0
邮电、广播电视、航空、机械、船舶、航天、电子、勘探、社会服务、火电	0.8
粮食、建筑、信息产业、仓储	0.6

表5-7 环境影响评价大纲、报告书编制收费环境敏感程度调整系数

环境敏感程度	调整系数
敏感	1.2
一般	0.8

八、劳动安全卫生评价费

1．费用内容：按照劳动部《建设项目（工程）劳动安全卫生监察规定》和《建设项目（工程）劳动安全卫生预评价管理办法》的规定，为预测和分析建设项目存在的职业危险、危害因素的种类和危险危害程度，并提出先进、科学、合理可行的劳动安全卫生技术和管理对策所需的费用。包括编制建设项目劳动安全卫生预评价大纲和劳动安全卫生预评价报告书以及为编制上述文件所进行的工程分析和环境现状调查等所需费用。

2．计算方法：依据劳动安全卫生预评价委托合同计列，或按照建设项目所在省（直辖市、自治区）劳动行政部门规定的标准计算。

九、场地准备及临时设施费

1．费用内容：包括场地准备费和临时设施费。

（1）场地准备费是指建设项目为达到工程开工条件所发生的场地平整和建设场地余留的有碍于施工建设的设施进行拆除、清理的费用。

（2）临时设施费是指为满足施工建设需要而供到场地界区的临时水、电、路、讯、气等工程费用和建设期间建设单位所发生的现场临时建（构）筑物的搭设、维修、拆除、摊销或租赁费用，以及施工期间专用公路养护费、维修费。

(3) 场地准备及临时设施应尽量与永久性工程统一考虑。建设场地的大型土石方工程应进入工程费用中的总运土费用中。

2. 计算方法：

(1) 新建项目的场地准备及临时设施费应根据实际工程量估算，或按工程费用的比例计算。改扩建项目不计此项费用。

(2) 发生拆除清理费时可按新建同类工程造价或主材费、设备费的比例计算。凡可回收钢材采用以料抵工方式，不再计算拆除清理费。

场地准备及临时设施费 = 工程费用 × 费率 + 拆除清理费

拆除、清理费具体按表 5 - 8 计取。

表 5 - 8　拆除、清理费计算表

项目名称		计算公式	费率（%）
建筑工程	一般砖木结构	工程造价 × 费率	10
	混合结构	工程造价 × 费率	20
	混凝土及钢筋混凝土结构 (1) 有条件爆破的 (2) 无条件爆破的	 工程造价 × 费率 工程造价 × 费率	 20 30 ~ 50
	临时简易建筑	工程造价 × 费率	8
	金属结构 (1) 拆除后金属结构能利用的 (2) 拆除后金属结构不能利用的	 安装直接工程费 × 费率 安装直接工程费 × 费率	 55 38
安装工程	锅炉炉墙、金属结构及工业管道 机务设备 电气设备 送电线路及通信线路 电子设备	安装直接工程费 × 费率 安装直接工程费 × 费率 安装直接工程费 × 费率 安装直接工程费 × 费率 安装直接工程费 × 费率	45 32 55 72 55

注：(1) 费率中不包括运距超过 5km 部分的渣土运杂费。

(2) 安装直接工程费不包括未计价材料。

十、引进技术和引进设备其他费

1. 费用内容：

(1) 引进项目图纸资料翻译复制费、备品备件测绘费；

(2) 出国人员费用：包括买方人员出国设计联络、出国考察、联合设计、监造、培训等所发生的旅费、生活费、制装费等；

(3) 来华人员费用：包括卖方来华工程技术人员的现场办公费用、往返现场交通费用、工资、食宿费用、接待费用等；

(4) 银行担保及承诺费：指引进项目由国内外金融机构出面承担风险和责任担保所发生的费用，以及支付贷款机构的承诺费用。

2. 计算方法：

(1) 引进项目图纸资料翻译复制费：根据引进项目的具体隋况计列或按引进货价（F. O. B）的比例估列；引进项目发生备品备件测绘费时按具体情况估列。

（2）出国人员费用：依据合同规定的出国人次、期限和费用标准计算。生活费及制装费按照财政部、外交部规定的现行标准计算，旅费按中国民航公布的国际航线票价计算。

（3）来华人员费用：应依据引进合同有关条款规定计算。引进合同价款中已包括的费用内容不得重复计算。来华人员接待费用可按每人/次费用指标计算。

（4）银行担保及承诺费：应按担保或承诺协议计取。投资估算和概算编制时可以担保金额或承诺金额为基数乘以费率计算。

十一、建设工程监理费

1. 费用内容：指建设单位委托工程监理单位实施工程监理的费用。

2. 计算方法：根据国家物价局、建设部关于发布工程建设监理费用有关规定的通知（〔1992〕价费字47号）等文件规定计取（见表5-9）。

表5-9　工程建设监理收费标准

序号	工程概（预）算 M（万元）	设计阶段（含设计招标）监理取费 a（%）	施工（含施工招标）及保修阶段监理费 b（%）
1	$M<500$	$0.20<a$	$2.50<b$
2	$500\leq M<1000$	$0.15<a\leq 0.20$	$2.00<b\leq 2.50$
3	$1000\leq M<5000$	$0.10<a\leq 0.15$	$1.40<b\leq 2.00$
4	$5000\leq M<10000$	$0.08<a\leq 0.10$	$1.20<b\leq 1.40$
5	$10000\leq M<50000$	$0.05<a\leq 0.08$	$0.80<b\leq 1.20$
6	$50000\leq M<100000$	$0.03<a\leq 0.05$	$0.60<b\leq 0.80$
7	$100000\leq M$	$a\leq 0.03$	$b\leq 0.60$

十二、工程保险费

1. 费用内容：系指建设项目在建设期间根据需要对建筑工程、安装工程及机器设备进行投保而发生的保险费用。包括建筑工程一切险和人身意外伤害险、引进设备国内安装保险等。

2. 计算方法：

（1）不同的建设项目可根据工程特点选择投保险种，根据投保合同计列保险费用，编制投资估算和概算时可按工程费用的比例估算。

（2）不投保的工程不计取此项费用。

十三、联合试运转费

1. 费用内容：系指新建项目或新增加生产能力的工程，在交付生产前按照批准的设计文件所规定的工程质量标准和技术要求，进行整个生产线或装置的负荷联合试运转或局部联动试车所发生的费用净支出（试运转支出大于收入的差额部分费用，以及必要的工业炉烘炉费）。试运转支出包括试运转所需原材料、燃料及动力消耗、低值易耗品、其他物料消耗、工具用具使用费、机械使用费、保险金、施工单位参加试运转人员工资，以及专家指导费等；试运转收入包括试运转期间的产品销售收入和其他收入。

联合试运转费不包括应由设备安装工程费用开支的调试及试车费用，以及在试运转中暴露出来的因施工原因或设备缺陷等发生的处理费用。

2. 计算方法：

（1）不发生试运转或试运转收入大于（或等于）费用支出的工程，不列此项费用。

（2）当联合试运转收入小于试运转支出时：

联合试运转费＝联合试运转费用支出－联合试运转收入

十四、特殊设备安全监督检验费

1．费用内容：系指在施工现场组装的锅炉及压力容器、消防设备、燃气设备、电梯等特殊设备设施，由安全监察部门按照有关安全监察条例和实施细则以及设计技术要求进行安全检验，应由建设项目支付，并向安全监察部门缴纳。

2．计算方法：按照建设项目所在省（直辖市、自治区）安全监察部门规定的标准计算。无具体规定的，在编制投资估算和概算时可按受检设备现场安装费的比例估算。

十五、市政公用设施建设及绿化补偿费

1．费用内容：系指项目建设单位按照项目所在地人民政府有关规定缴纳的市政公用设施建设费，以及绿化补偿费等。

2．计算办法：

（1）按工程所在地人民政府规定标准计列。

（2）不发生或按规定免征项目不计取。

十六、施工承包费

1．费用内容：系指施工总承包企业对项目的组织协调管理费。

2．计算方法：按双方合同约定计取。

十七、建设用地费

1．费用内容：系指按照《中华人民共和国土地管理法》等规定，建设项目征用土地或租用土地应支付的费用。包括：

（1）土地征用及迁移补偿费：经营性建设项目通过出让方式购置的土地使用权（或建设项目通过划拨方式取得无限期的土地使用权）而支付的土地补偿费、附着物和青苗补偿费、安置补偿费、余物迁建补偿费、土地登记管理费等；行政事业单位的建设项目通过出让方式取得土地使用权而支付的出让金；建设单位在建设过程中发生的土地复垦费用和土地损失补偿费用；建设期间临时占地补偿费。

（2）征用耕地按规定交纳的耕地占用税（一次性征收），征用城镇土地在建设期间按规定每年交纳的城镇土地使用税。

（3）建设单位租用建设项目土地使用权而一次性支付的费用。

2．计算方法：

（1）根据应征建设用地面积、临时用地面积，按建设项目所在省、直辖市、自治区人民政府制定颁发的土地征用补偿费、安置补助费标准和耕地占用税、城镇土地使用税标准计算。

（2）建设用地上的建构筑物如需迁建，其迁建补偿费应按迁建补偿协议计列或按新建同类工程造价计算。建设场地平整中的余物拆除清理费在“场地准备及临时设施费”中计算。

（3）建设项目采用“长租短付”方式租用土地使用权，在生产经营期间按年支付的土地使用费应进入营运成本中核算。

十八、专利及专有技术使用费

1．费用内容：

（1）国外设计及技术资料费、引进有效专利、专有技术使用费和技术保密费；

（2）国内有效专利、专有技术使用费；

（3）商标使用费等。

2．计算方法：

（1）按专利使用许可协议和专有技术使用合同的规定计列；

（2）专有技术的界定应以省、部级鉴定批准为依据；

（3）项目投资中只计需在建设期一次支付的专利及专有技术使用费。协议或合同规定在生产期分年支付的使用费应在成本中核算。

十九、生产准备及开办费

1．费用内容：系指建设项目为保证正常生产（或营业、使用）而发生的人员培训费、提前进厂费以及投产使用初期必备的生产、生活用具、工器具等购置费用。包括：

（1）人员培训费及提前进厂费：自行组织培训或委托其他单位培训的人员工资、工资性补贴、职工福利费、差旅交通费、劳动保护费、学习资料费等；

（2）为保证初期正常生产、生活（或营业、使用）所必需的生产办公、生活家具、用具购置费；

（3）为保证初期正常生产（或营业、使用）必需的第一套不够固定资产标准的生产工具、器具、用具购置费（不包括备品备件费）。

2．计算方法：

（1）新建项目按设计定员为基数计算，改扩建项目按新增设计定员为基数计算：

生产准备及开办费＝设计定员×生产准备费指标（元/人）

（2）可采用综合的生产准备费指标进行计算，也可以按上述费用内容的分类指标计算。

第六章　预　备　费

预备费：是指在初步设计文件和概算中难以事先预料，而在建设期间发生的工程费用。预备费包括基本预备费和价差预备费。

一、基本预备费

1．费用内容：

（1）设计及工程量变更增加费；

（2）一般性自然灾害损失和预防费；

（3）竣工验收隐蔽工程开挖和修复费。

2．计算方法：

费用计算基数＝设备购置费＋建筑工程费＋安装工程费＋工程建设其他费用

按可行性研究、初步设计、施工等不同阶段费率计取。

二、价差预备费

1．费用内容：价差预备费是指建设项目在建设期内由于价格等变化引起工程造价变化的预测预留费用。费用内容包括：人工、设备、材料、施工机械、仪器仪表的价差费，建筑安装工程费及工程建设其他费用调整，利率、汇率调整等增加的费用。

2．计算办法：一般根据国家规定的投资总额和价格指数，按估算年份价格水平的投资额为基数，采用复利方法计算。

第七章　专项费用

一、建设期贷款利息

是指建设项目投资中分年度使用银行或其他金融机构等贷款，在建设期内应归还的贷款利息。

1．费用内容：贷款利息（含企业集资、建设债券和外汇贷款等利息）。

2．计算方法：根据不同资金来源分别计算。

（1）国内人民币贷款利息，按单利法计算：

$$建设期贷款利息=\sum\left(年初贷款本金累计+\frac{本年贷款额}{2}\right)\times 年利率$$

（2）外汇贷款利息，按复利法计算：

$$建设期贷款利息=\sum\left(年初贷款本息累计+\frac{本年贷款额}{2}\right)\times 年利率$$

二、铺底流动资金

为保证建设项目投产初期正常生产经营活动，确保其所需流动资金有可靠来源，可按建设项目建成投产时实际需要的铺底流动资金计算。

三、固定资产投资方向调节税（暂不征收）

为了贯彻国家产业政策，控制投资规模，引导投资方向，调整投资结构，加强重点建设，促进国民经济持续稳定协调发展，对在我国境内进行固定资产投资的单位和个人（不含中外合资经营企业、中外合作经营企业和外商独资企业）征收固定资产投资方向调节税（简称投资方向调节税）。

投资方向调节税的税率，根据国家产业政策和项目经济规模实行差别税率，税率为0%、5%、10%、15%、30%，共5个档次。差别税率按两大类计取，一是基本建设项目投资；二是更新改造项目投资。

1. 基本建设项目投资使用的税率：

（1）国家急需发展的项目投资，如农业、林业、水利、能源、交通、通讯、原材料、科教、地质、勘探、矿山开采等基础产业和薄弱环节的部门项目投资，适用零税率。

（2）对国家鼓励发展但受能源、交通等制约的项目投资，如钢铁、化工、石油、水泥等部分重要原材料项目，以及一些重要机械、电子、轻工工业和新型建材的项目，实行5%的税率。

（3）为配合住房制度改革，对城乡个人修建、购买住宅的投资实行零税率；对单位修建、购买一般性住宅投资，实行5%的低税率；对单位用公款修建、购买高标准独门独院、别墅式住宅投资，实行30%的高税率。

（4）对楼堂馆所以及国家严格限制发展的项目投资，课以重税，税率为30%。

（5）对不属于上述四类的其他项目投资，实行中等税赋政策，税率15%。

2. 更新改造项目投资使用的税率：

（1）为了鼓励企事业单位进行设备更新和技术改造，促进技术进步，对国家急需发展的项目投资，予以扶持，适用零税率；对单纯工艺改造和设备更新的项目投资，适用零税率。

（2）对不属于上述提到的其他更新改造项目投资，一律按建筑工程投资适用10%的税率。

电网工程建设预算编制与计算标准

（2007 年）

中国电力企业联合会关于发布《电网工程建设预算编制与计算标准》和
《火力发电工程建设预算编制与计算标准》的通知
（中电联技经〔2007〕139 号）

为加强电力工程建设管理，统一电力工程建设预算的编制和计算规则，合理确定工程造价，提高投资效益，维护工程建设各方的合法权益，促进电力建设事业健康发展，经国家发展和改革委员会批准（发改办能源〔2007〕1808 号文），现颁布2006 年版《电网工程建设预算编制与计算标准》和《火力发电工程建设预算编制与计算标准》，自2007 年12 月1 日起施行。

原《电力工业基本建设预算管理制度及规定》（2002 年版）自本标准施行之日起废止。

本标准由中国电力出版社出版、发行。

附件：1. 国家发展和改革委员会办公厅文件（发改办能源〔2007〕1808 号）

2. 电网工程建设预算编制与计算标准

3. 火力发电工程建设预算编制与计算标准（略）

中国电力企业联合会
二〇〇七年十一月九日

附件 1

国家发展改革委办公厅关于同意颁布《电网工程建设预算编制与计算
标准》和《火力发电工程建设预算编制与计算标准》的函
发改办能源〔2007〕1808 号

中国电力企业联合会：

报来《关于申请颁布〈电网工程建设预算编制与计算标准〉和〈火力发电工程建设预算编制与计算标准〉的请示》（中电联技经〔2007〕60 号）均悉，现将有关意见函复如下：

为统一电力工程建设预算的编制和计算规则，合理确定电力工程造价，提高投资效益，维护工程建设各方的合法权益，促进电力建设事业健康发展，原则同意你会颁布《电网工程建设预算编制与计算标准》和《火力发电工程建设预算编制与计算标准》。

请按照我委《关于开展电力工程造价与定额管理有关工作的函》（发改办能源〔2006〕427 号）及其他相关文件的要求，抓紧筹备相关工作，并将有关颁布情况报送我委。

特此函复。

国家发展和改革委员会办公厅
二〇〇七年七月二十六日

附件2

电网工程建设预算编制与计算标准

3　建设预算费用构成及计算标准

3.1　一般规定

3.1.1　本章内容规定了工程建设预算各项费用的构成和计算标准，用于规范电网工程建设预算的费用组成内容划分、计算方式和取费标准。

3.1.2　在本标准之外确有必要增列的费用项目，必须以国家行政主管部门、各省（自治区、直辖市）人民政府的规定为依据，经电力行业定额（造价）管理机构确认后计列。

3.1.3　本标准有关表内所称“××及以下”，包括××在内，其下限截止至低一档“××及以下”的上限之上。凡未注明“××及以下”的，适用于本电压等级工程。

3.2　建设预算费用构成

3.2.1　电网工程建设预算费用的构成

电网工程建设预算费用由建筑工程费、安装工程费、设备购置费、其他费用和动态费用构成，其中建筑工程费、安装工程费、设备购置费和其他费用之和称为静态投资。

3.2.2　建筑工程费、安装工程费的构成

3.2.2.1　直接费。

1　直接工程费：

1）人工费。

2）材料费。

3）施工机械使用费。

2　措施费：

1）冬雨季施工增加费。

2）夜间施工增加费。

3）施工工具用具使用费。

4）特殊地区施工增加费。

5）临时设施费。

6）施工机构转移费。

7）安全文明施工措施补助费。

3.2.2.2　间接费。

1　规费：

1）社会保障费。

2）住房公积金。

3）危险作业意外伤害保险费。

2　企业管理费。

3.2.2.3　利润。

3.2.2.4　税金。

3.2.3　设备购置费的构成

1　设备费。

2　设备运杂费。

3.2.4　其他费用的构成

3.2.4.1　建设场地征用及清理费。

1　土地征用费。

2　施工场地租用费。

3 迁移补偿费。
4 余物清理费。
5 送电线路走廊赔偿费。
6 通信设施防送电线路干扰措施费。
3.2.4.2 项目建设管理费。
1 项目法人管理费。
2 招标费。
3 工程监理费。
4 设备监造费。
5 工程保险费。
3.2.4.3 项目建设技术服务费。
1 项目前期工作费。
2 知识产权转让与研究试验费。
3 勘察设计费：
1）勘察费。
2）设计费。
4 设计文件评审费：
1）可行性研究设计文件评审费。
2）初步设计文件评审费。
5 项目后评价费。
6 工程建设监督检测费：
1）工程质量监督检测费。
2）特种设备安全监测费。
3）环境监测验收费。
4）水土保持项目验收及补偿费。
5）桩基检测费。
7 电力建设标准编制管理费。
8 电力工程定额编制管理费。
3.2.4.4 分系统调试及整套启动试运费。
1 分系统调试费。
2 整套启动试运费。
3 施工企业配合调试费。
3.2.4.5 生产准备费。
1 管理车辆购置费。
2 工器具及办公家具购置费。
3 生产职工培训及提前进场费。
3.2.4.6 大件运输措施费。
3.2.4.7 基本预备费。
3.2.5 动态费用的构成
1 价差预备费。
2 建设期贷款利息。
3.3 建筑安装工程费计算标准
3.3.1 建筑安装工程费

建筑安装工程费由直接费、间接费、利润和税金组成。

计算公式：

建筑安装工程费 = 直接费 + 间接费 + 利润 + 税金

3.3.2　直接费

直接费由直接工程费和措施费组成。

计算公式：

直接费 = 直接工程费 + 措施费

3.3.3　直接工程费

直接工程费包括人工费、材料费和施工机械使用费。

计算公式：

直接工程费 = 人工费 + 材料费 + 施工机械使用费

计算标准：

根据建设预算编制的不同阶段分别采用投资估算指标、概算定额、预算定额计算，并依据电力工程定额（指标）管理规定，调整到建设预算的编制水平年的价格水平。

3.3.3.1　人工费

计算标准：

人工费按照电力行业定额中规定的原则计算，电力工程人工工日单价按照定额中规定的电力行业基准工日单价执行。

各地区、各年度人工费的调整按照电力行业定额（造价）管理机构的规定执行。

3.3.3.2　材料费

电网工程建设预算中的材料费包括装置性材料费和消耗性材料费两部分。

1　装置性材料费的计算：

装置性材料费 = 装置性材料消耗量 × 装置性材料预算价格

装置性材料预算价格按照电力行业定额（造价）管理机构公布的装置性材料预算价格或综合预算价格计算。

2　消耗性材料费的计算

消耗性材料费根据定额规定的原则计算。

3.3.3.3　施工机械使用费

施工机械费按照定额规定的原则计算。

3.3.4　措施费

措施费的内容包括：冬雨季施工增加费、夜间施工增加费、施工工具用具使用费、特殊地区施工增加费、临时设施费、施工机构转移费、安全文明施工措施补助费。

计算公式：

措施费 = 冬雨季施工增加费 + 夜间施工增加费 + 施工工具用具使用费 + 特殊地区施工增加费 + 临时设施费 + 施工机构转移费 + 安全文明施工措施补助费

3.3.4.1　冬雨季施工增加费

计算公式：

建筑工程冬雨季施工增加费 = 直接工程费 × 费率（见表 3.3.4.1－1）

安装工程冬雨季施工增加费 = 人工费 × 费率（见表 3.3.4.1－1）

架空送电线路工程冬雨季施工增加费 = 人工费 × 费率（见表 3.3.4.1－1）

电缆线路工程冬雨季施工增加费 = 人工费 × 费率（见表 3.3.4.1－1）

光缆线路工程冬雨季施工增加费 = 人工费 × 费率（见表 3.3.4.1－1）

表 3.3.4.1－1　冬雨季施工增加费费率

地区分类			Ⅰ	Ⅱ	Ⅲ	Ⅳ	Ⅴ
费率%	变电工程	建筑	0.89	1.26	1.91	2.73	3.41
		安装	7.56	10.71	16.38	21.46	23.50
	架空送电线路工程		4.91	6.95	10.63	13.90	17.14
	电缆线路工程		3.78	5.35	8.19	10.73	11.80
	系统通信工程	通信站建筑	1.13	1.61	2.43	3.48	4.34
		通信站安装	7.71	10.92	16.71	21.89	23.97
		光缆线路工程	6.45	9.12	13.94	18.21	20.37

注1. 电缆线路工程中，与市政共用的电缆沟、井、隧道及其保护管工程执行地方市政定额及取费标准，下同。
2. 通信站建筑工程费率适用于独立建设的光端站、载波站、中继站工程，随变电站工程同时建设的通信站工程建筑取费执行变电工程费率，下同。
3. 随架空送电线路同时架设的光缆工程取费执行架空线路工程费率，下同。
4. 换流站及串联补偿站工程执行变电工程费率，下同。
5. 地区分类见表 3.3.4.1－2，下同。

表 3.3.4.1－2　地区分类表

地区分类	省、自治区、直辖市名称
Ⅰ	上海、江苏、安徽、浙江、福建、江西、湖南、湖北、广东、广西、海南
Ⅱ	北京、天津、山东、河南、河北（张家口、承德以南地区）、重庆、四川（甘孜、阿坝州除外）、云南（迪庆州除外）、贵州
Ⅲ	辽宁（盖县及以南地区）、陕西（榆林以南地区）、山西、河北（张家口、承德及以北地区）
Ⅳ	辽宁（盖县以北）、陕西（榆林及以北）、内蒙古（锡林郭勒盟锡林浩特市以南各盟、市、旗，不含阿拉善盟）、新疆（伊犁、哈密地区以南）、吉林、甘肃、宁夏、四川（甘孜、阿坝州）、云南（迪庆州）
Ⅴ	黑龙江、青海、西藏、新疆（伊犁、哈密及以北地区）、内蒙古除四类地区以外的其他地区

3.3.4.2　夜间施工增加费

计算公式：

建筑工程夜间施工增加费＝直接工程费×费率（见表 3.3.4.2）

安装工程夜间施工增加费＝人工费×费率（见表 3.3.4.2）

架空送电线路工程（大跨越工程除外）、系统通信工程不计此项费用。

表 3.3.4.2　夜间施工增加费费率

工程类别	费率%	工程类别	费率%
建筑	0.11	安装	1.05

3.3.4.3　施工工具用具使用费

计算公式：

建筑工程施工工具用具使用费＝直接工程费×费率（表 3.3.4.3－1、表 3.3.4.3－2）

安装工程施工工具用具使用费＝人工费×费率（表 3.3.4.3－1、表 3.3.4.3－2）

架空送电线路工程施工工具用具使用费＝人工费×费率（表 3.3.4.3－1）

电缆线路工程施工工具用具使用费＝人工费×费率（表 3.3.4.3－1）

光缆线路工程施工工具用具使用费 = 人工费 × 费率（表 3.3.4.3－2）

表 3.3.4.3－1　送变电工程施工工具用具使用费费率

工程类别	变电工程		架空送电线路工程	电缆线路工程
	建筑	安装		
费率%	0.67	6.95	5.38	5.17

表 3.3.4.3－2　系统通信工程施工工具用具使用费费率

工程类别	通信站工程		光缆线路工程
	建筑	安装	
费率%	0.75	7.65	5.58

3.3.4.4　特殊地区施工增加费

计算公式：

建筑工程特殊地区施工增加费 = 直接工程费 × 费率（见表 3.3.4－4）

安装工程特殊地区施工增加费 = 人工费 × 费率（见表 3.3.4－4）

表 3.3.4－4　特殊地区施工增加费费率

工程类别	高海拔地区		高纬度寒冷地区		酷热地区	
	建筑	安装	建筑	安装	建筑	安装
费率%	1.17	6.50	0.98	5.50	0.86	4.75

注1. 高海拔地区指平均海拔高度在 3000m 以上的地区。

2. 高纬度寒冷地区指北纬 45°以北地区。

3. 酷热地区指面积在 $1\times10^4km^2$ 以上的沙漠地区，以及新疆吐鲁番地区。

3.3.4.5　临时设施费

电网工程临时设施包括：职工宿舍，办公、生活、文化、福利等公用房屋，仓库、加工场、工棚、围墙等建、构筑物，站区围墙范围内的临时施工道路、水、电（含 380V 降压变压器）分支管线，以及建设期间的临时隔墙等，但不包括下列内容：

1　施工电源：施工、生活用 380V 变压器高压侧以外的装置及线路。

2　水源：场外供水管道及装置，水源泵房，施工、生活区供水母管。

3　施工道路：场外道路，施工、生活区的建筑、安装共用主干道路。

4　通信：场外接至施工、生活区总机的通信线路。

计算公式：

临时设施费 = 直接工程费 × 费率（见表 3.3.4－5）

表 3.3.4－5　临时设施费费率

地区分类			Ⅰ	Ⅱ	Ⅲ	Ⅳ	Ⅴ
费率%	变电工程	建筑	2.14	2.59	2.96	3.14	3.34
		安装	2.41	2.76	2.92	3.26	3.56
	架空线路工程		1.87	1.95	2.04	2.18	2.55
	电缆线路工程		6.4	7.05	7.93	8.60	9.38
	系统通信工程	通信站建筑	2.24	2.71	3.09	3.29	3.49
		通信站安装	1.40	1.61	1.76	1.95	2.17
		光缆线路工程	2.08	2.48	2.79	3.07	3.43

注：扩建工程乘以 0.9 系数。

3.3.4.6　施工机构转移费

计算公式：

建筑工程施工机构转移费 = 直接工程费 × 费率（见表 3.3.4.6－1、表 3.3.4.6－2）

安装工程施工机构转移费 = 人工费 × 费率（见表 3.3.4.6－1、表 3.3.4.6－2）

架空送电线路工程施工机构转移费 = 人工费 × 费率（见表 3.3.4.6－1）

电缆线路工程施工机构转移费 = 人工费 × 费率（见表 3.3.4.6－1）

光缆线路工程施工机构转移费 = 人工费 × 费率（见表 3.3.4.6－2）

表 3.3.4.6－1　送变电工程施工机构转移费费率

电压等级 kV			110 及以下	220	330	500	750
费率%	变电工程	建筑	1.53	1.48	1.32	1.24	1.22
		安装	14.32	13.78	12.50	10.95	10.26
	架空送电线路工程		3.59	3.37	2.84	2.71	2.44
	电缆线路工程		2.32				

表 3.3.4.6－2　系统通信工程施工机构转移费费率

项　目		费率%
通信站工程	建筑	1.12
	安装	8.30
光缆线路工程		2.10

3.3.4.7　安全文明施工措施补助费

计算公式：

建筑工程安全文明施工措施补助费 = 直接工程费 × 费率（见表 3.3.4.7－1、表 3.3.4.7－2）

安装工程安全文明施工措施补助费 = 人工费 × 费率（见表 3.3.4.7－1、表 3.3.4.7－2）

架空送电线路工程安全文明施工措施补助费 = 人工费 × 费率（见表 3.3.4.7－1）

电缆线路工程安全文明施工措施补助费 = 人工费 × 费率（见表 3.3.4.7－1）

光缆线路工程安全文明施工措施补助费 = 人工费 × 费率（见表 3.3.4.7－2）

表 3.3.4.7－1　送变电工程安全文明施工措施补助费费率

工程类别	变电工程		架空送电线路工程	电缆线路工程
	建筑	安装		
费率%	0.65	8.94	2.52	2.76

表 3.3.4.7－2　系统通信工程安全文明施工措施补助费费率

工程类别	通信站工程		光缆线路工程
	建筑	安装	
费率%	0.4	4.28	0.85

3.3.5　间接费

间接费由规费和企业管理费组成。

计算公式：

间接费 = 规费 + 企业管理费

3.3.6　规费

规费主要包括：社会保障费、住房公积金和危险作业意外伤害保险费。

计算公式：

规费=社会保障费+住房公积金+危险作业意外伤害保险费

3.3.6.1 社会保障费

计算公式：

建筑工程社会保障费=直接工程费×0.18×缴费费率

安装工程社会保障费=人工费×1.6×缴费费率

架空送电线路工程社会保障费=人工费×1.12×缴费费率

电缆线路及光缆线路工程社会保障费=人工费×1.2×缴费费率

注1. 缴费费率是指工程所在省（自治区、直辖市）社会保障机构颁布的以工资总额为基数计取的基本养老保险、失业保险和基本医疗保险费率之和。

2. 跨省（自治区、直辖市）送电线路应分段计算或按照线路长度计算加权平均费率。

3.3.6.2 住房公积金

计算公式：

建筑工程住房公积金=直接工程费×0.18×住房公积金缴费费率

安装工程住房公积金=人工费×1.6×住房公积金缴费费率

架空送电线路工程住房公积金=人工费×1.12×住房公积金缴费费率

电缆线路及光缆线路工程住房公积金=人工费×1.2×住房公积金缴费费率

注：住房公积金缴费费率按照工程所在地政府部门公布的费率执行。

3.3.6.3 危险作业意外伤害保险费

计算公式：

建筑工程危险作业意外伤害保险费=直接工程费×0.15%

安装工程危险作业意外伤害保险费=人工费×2.31%

架空送电线路工程危险作业意外伤害保险费=人工费×2.53%

电缆线路工程危险作业意外伤害保险费=人工费×2.31%

光缆线路工程危险作业意外伤害保险费=人工费×2.53%

3.3.7 企业管理费

计算公式：

建筑工程企业管理费=直接工程费×费率（见表3.3.7-1、表3.3.7-2）

安装工程企业管理费=人工费×费率（见表3.3.7-1、表3.3.7-2）

线路工程企业管理费=人工费×费率（见表3.3.7-1、表3.3.7-2）

表3.3.7-1 送变电工程企业管理费费率

工程类别	变电工程		架空送电线路工程	电缆线路工程
	建筑	安装		
费率%	8.66	73.93	45.62	47.91

表3.3.7-2 系统通信工程企业管理费费率

工程类别	通信站工程		光缆线路工程
	建筑	安装	
费率%	8.14	67.63	23.70

3.3.8 利润

计算公式：

利润=（直接费+间接费）×利润率（见表3.3.8）

表 3.3.8　利润率

工程类别	变电工程		送电线路工程	系统通信工程
	安装工程	建筑工程		
利润率%	6	5.5	5	5

3.3.9　税金

计算公式：

$$税金=（直接费+间接费+利润）\times 税率$$

税率按照工程所在地税务部门的规定计算。

3.4　设备购置费计算标准

3.4.1　设备购置费

计算公式：

$$设置购置费=设备费+设备运杂费$$

3.4.2　设备费

根据市场供货情况及供货价格计算。

3.4.3　设备运杂费

计算公式：

$$设备运杂费=设备费\times 设备运杂费率$$

$$设备运杂费率=铁路、水路运杂费率+公路运杂费率$$

3.4.3.1　铁路、水路运杂费率

1　主设备（主变压器）铁路、水路运杂费的计算：运距100km以内费率为1.5%；超过100km时，每增加50km费率增加0.08%；不足50km按50km计取。

2　其他设备铁路、水路运杂费的计算见表3.4.3。

表 3.4.3　其他设备铁路、水路运杂费率

序号	适 用 地 区	费率%
1	上海、天津、北京、辽宁、江苏	3.0
2	浙江、安徽、山东、山西、河南、河北、黑龙江、吉林、湖南、湖北	3.2
3	陕西、江西、福建、四川、重庆	3.5
4	内蒙古、云南、贵州、广东、广西、宁夏、甘肃（武威及以东）、海南	3.8
5	新疆、青海、甘肃（武威以西）	4.5
6	西藏	具体测算

注：以上费率中均不包括因运输超限设备而发生的路、桥加固、改造，以及障碍物迁移等费用。

3.4.3.2　公路运杂费费率

公路运输的运距在50km以内费率为1.06%。运距超过50km时，每增加50km费率增加0.35%，不足50km按50km计取。

3.4.3.3　其他说明

供货商直接供货到现场的，只计取卸车费及保管费，主设备按设备费的0.5%计算，其他设备按设备费的0.7%计算。

3.5　其他费用计算标准

3.5.1　其他费用

其他费用包括：建设场地征用及清理费，项目建设管理费，项目建设技术服务费，分系统调试及整套启动试运费，生产准备费，大件运输措施费，基本预备费。

计算公式：

其他费用＝建设场地征用及清理费＋项目建设管理费＋项目建设技术服务费＋分系统调试及整套启动试运费＋生产准备费＋大件运输措施费＋基本预备费

3.5.2　建设场地征用及清理费

建设场地征用及清理费包括：土地征用费，施工场地租用费，迁移补偿费，余物清理费，送电线路走廊赔偿费，通信设施防送电线路干扰措施费。

计算公式：

建设场地征用及清理费＝土地征用费＋施工场地租用费＋迁移补偿费＋余物清理费＋送电线路走廊赔偿费＋通信设施防送电线路干扰措施费

3.5.2.1　土地征用费

计算标准：

根据有关法律、法规、国家行政主管部门以及省（自治区、直辖市）人民政府规定计算。

3.5.2.2　施工场地租用费

计算标准：

根据有关法律、法规、国家行政主管部门和工程所在地人民政府规定，按照项目法人与土地所有者签订的租用合同计算。

3.5.2.3　迁移补偿费

计算标准：

迁移补偿费按照工程所在地人民政府规定计算。

3.5.2.4　余物清理费

计算标准：

余物清理费按照表3.5.2中的费率计算，并应扣除残余物回收金额。

表3.5.2　余物清理费费率

项目名称			计算公式	费率（%）
建筑工程	一般砖木结构		建筑工程新建直接费×费率	10
	混合结构		建筑工程新建直接费×费率	20
	混凝土及钢筋混凝土结构	有条件爆破的	建筑工程新建直接费×费率	20
		无条件爆破的	建筑工程新建直接费×费率	30~50
	临时简易建筑		建筑工程新建直接费×费率	8
	金属结构	拆除后金属结构能利用	安装工程新建直接费×费率	55
		拆除后金属结构不能利用	安装工程新建直接费×费率	38
安装工程	金属结构及工业管道		安装工程新建直接费×费率	45
	机电设备		安装工程新建直接费×费率	32
	送电线路及通信线路	拆除后能利用	安装工程新建直接费×费率	62
		拆除后不能利用	安装工程新建直接费×费率	35
铁路工程	铁路站		工程新建直接费×费率	18
	铁道线		工程新建直接费×费率	10

注1. 费率中不包括运距超过5km部分的渣土运杂费。

2. 安装工程新建直接费中不包括未计价材料费。

3.5.2.5　送电线路走廊赔偿费

计算标准：

按照工程所在地人民政府规定计算。

3.5.2.6　通信设施防送电线路干扰措施费

计算标准：

依据设计方案以及项目法人与通信部门签订的合同或达成的补偿协议计算。

3.5.3　项目建设管理费

项目建设管理费由项目法人管理费、招标费、工程监理费、设备监造费、工程保险费组成。

计算公式：

项目建设管理费 = 项目法人管理费 + 招标费 + 工程监理费 + 设备监造费 + 工程保险费

3.5.3.1　项目法人管理费

计算公式：

送变电工程项目法人管理费 =（建筑工程费 + 安装工程费）×费率（见表 3.5.3.1）

系统通信工程项目法人管理费 =（建筑工程费 + 安装工程费 + 设备购置费）×费率（见表 3.5.3）

表 3.5.3　项目法人管理费费率　　单位：%

电压等级 kV	220 及以下	330	500	750
变电工程	4.28	3.72	3.28	2.94
架空线路工程	1.35		1.22	
电缆线路工程	3.87			
系统通信工程	1.64			

注：变电扩建工程按表中费率乘以 0.75 系数。

3.5.3.2　招标费

计算公式：

变电工程招标费 =（建筑工程费 + 安装工程费 + 设备购置费）×费率（见表 3.5.3.2）

架空送电线路工程招标费 = 安装工程费 × 费率（见表 3.5.3.2）

电缆线路工程招标费 = 安装工程费 × 费率（见表 3.5.3.2）

系统通信工程招标费 =（建筑工程费 + 安装工程费 + 设备购置费）×费率（见表 3.5.3.2）

表 3.5.3.2　招标费费率

工程类别	变电工程（kV）			架空线路（kV）			电缆线路工程	系统通信工程
	110 及以下	330 及以下	500 及以上	110 及以下	330 及以下	500 及以上		
费率%	0.64	0.55	0.48	0.53	0.45	0.35	1.65	0.45

3.5.3.3　工程监理费

计算公式：

变电工程监理费 =（建筑工程费 + 安装工程费）×费率（见表 3.5.3－1）

系统通信工程监理费 =（建筑工程费 + 安装工程费 + 设备购置费）×1.93%

电缆线路工程监理费 = 安装工程费 ×2.15%

架空送电线路工程监理费根据线路长度按照表 3.5.3－2 所列标准计算。

表 3.5.3-1　变电工程监理费费率

电压等级 kV	35	110	220	330	500	750
费率%	5.20	4.30	3.60	3.30	3.10	2.85
注：箱式变电站按每站0.5万~2万元计列。						

表 3.5.3-2　架空送电线路工程监理费标准　　单位：万元/km

电压等级 kV	单回路	同杆（塔）双回
750	2.00	
500	1.55	2.05
330	1.25	1.60
220	1.00	1.25
110	0.60	0.75
35	0.50	0.60

注1. 线路长度不足5km的按5km计算。

2. 架空线路的费率以平地、丘陵为标准地形考虑，河网泥沼、一般山地按本标准乘1.1系数，高山按本标准乘1.2系数，险峻大岭按本标准乘1.3系数。
3. 大跨越工程，按安装工程费的1.5%计算。
4. 穿越城区的电网工程，可根据其施工难度，按本标准乘1.1~1.2系数。
5. 高海拔地区、酷热地区架空线路工程本标准乘1.1系数。

3.5.3.4　设备监造费

变电工程监造的范围：变压器、电抗器、断路器、隔离开关、组合电器等主要设备。

计算公式：

设备监造费 = 全站设备购置费 × 费率

费率标准：

330kV及以下变电工程0.7%，500kV及以上变电工程0.5%。

注：成套进口设备不计入取费基数。

3.5.3.5　工程保险费

计算标准：

根据项目法人要求及工程实际情况，按照实际保险范围和费率计算，从基本预备费中支付。

3.5.4　项目建设技术服务费

项目建设技术服务费包括：项目前期工作费，知识产权转让与研究试验费，勘察设计费，设计文件评审费，项目后评价费，工程建设监督检测费，电力建设标准编制管理费，电力工程定额编制管理费。

计算公式：

项目建设技术服务费 = 项目前期工作费 + 知识产权转让与研究试验费 + 勘察设计费 + 设计文件评审费 + 项目后评价费 + 工程建设监督检测费 + 电力建设标准编制管理费 + 电力工程定额编制管理费

3.5.4.1　项目前期工作费

初步设计阶段根据项目法人与有关单位签订的各项协议费用计列，可行性研究阶段按以下计算公式计算：

项目前期工作费 = （勘察费 + 基本设计费） × 费率（见表3.5.4）

表 3.5.4 项目前期工作费费率

工程类别	变电工程	架空线路长度 km		电缆线路工程	系统通信工程
		100 及以下	100 以上		
费率%	13.1	11.2	9.3	3.74	5.6

3.5.4.2 知识产权转让与研究试验费

计算标准：

根据项目法人提出的项目和费用计列。

3.5.4.3 勘察设计费

计算公式：

勘察设计费 = 勘察费 + 设计费

1 勘察费计算标准：

依据国家行政主管部门颁发的工程勘察收费标准计算。

2 设计费计算标准：

依据国家行政主管部门颁发的工程勘察设计收费标准计算，其中要分别计算基本设计费和其他设计费。

3.5.4.4 设计文件评审费

设计文件评审费由可行性研究设计文件评审费和初步设计文件评审费组成。

计算公式：

设计文件评审费 = 可行性研究设计文件评审费 + 初步设计文件评审费

计算标准：

1 可行性研究设计文件评审费计算标准见表 3.5.4－1、表 3.5.4－2。

2 初步设计文件评审费计算标准见表 3.5.4－1、表 3.5.4－2。

表 3.5.4－1 变电工程设计文件评审费费用标准

项目名称		规模	费用标准（万元）	
			可行性研究	初步设计
35kV	新建工程	1 组	1.4	2
	扩建主变压器工程	1 组	0.7	1
	扩建间隔工程		0.35	0.5
110kV	新建工程	1 组	4.5	6
	扩建主变压器工程	1 组	1.4	2
	扩建间隔工程		0.6	0.8
220kV	新建工程	1 组	5.6	8
	扩建主变压器工程	1 组	2	3.5
	扩建间隔工程		0.7	1.2
330kV	新建工程	2 组	16	23
	扩建主变压器工程	1 组	5	7
	扩建间隔工程		2	3
500kV	新建工程	2 组	24	34
	扩建主变压器工程	1 组	8	12
	扩建间隔工程		3	4

续表

项目名称		规模	费用标准（万元）	
			可行性研究	初步设计
750kV	新建工程	2组	32	45
	扩建主变压器工程	1组	14	20
	扩建间隔工程		7	10

注1. 330/500kV 新建工程按本期建设两组主变压器考虑，220kV 及以下按新建一组主变压器考虑，每增减一组主变压器按照 20% 调整。

2. 扩建主变压器工程综合考虑了扩建出线。

3. 串联补偿站按新建工程的 70% 计算。

表 3.5.4-2　送电线路工程设计文件评审费费用标准

电压等级	规模范围 km	费用标准（万元/km）	
		可行性研究	初步设计
35	100 以内	0.11	0.15
110	100 以内	0.17	0.24
220	100 以内	0.22	0.31
330	100 以内	0.24	0.34
	100～300	0.13	0.19
	300 以上	0.10	0.13
500	100 以内	0.34	0.49
	100～300	0.18	0.26
	300 以上	0.12	0.17
750	100 以内	0.50	0.70
	100～300	0.29	0.42
	300 以上	0.19	0.27

注1. 同塔双回线路工程（段）乘以 1.8 系数。

2. 覆冰 20mm 及以上线路工程（段），乘以 1.3 系数。

3. 设计风速超过 35m/s 时，乘以 1.1 系数。

4. 直流送电线路工程乘以 1.2 系数。

5. 500kV 采用 $630mm^2$ 及以上大截面导线时乘以 1.2 系数。

3.5.4.5　项目后评价费

计算公式：

项目后评价费 =（建筑工程费 + 安装工程费）× 费率

费率标准：

220kV 及以下送变电工程 0.5%，330kV 及以上送变电工程 0.35%。

注：本项目应根据项目法人提出的要求计列。

3.5.4.6　工程建设监督检测费

计算公式：

工程建设监督检测费 = 工程质量监督检测费 + 特种设备安全监测费 + 环境监测验收费 + 水土保持项目验收及补偿费 + 桩基检测费

1　工程质量监督检测费，计算公式：

工程质量监督检测费 =（建筑工程费 + 安装工程费）×费率（见表3.5.4－3）

表3.5.4－3　工程质量监督检测费费率

工程类别	变电工程	架空线路工程	电缆线路工程	系统通信工程
费率%	0.30	0.23	0.35	0.18

2　特种设备安全监测费，计算标准：

1）交流变电站：330kV及以上按每站2万元计列，330kV以下按每站1万元计列。

2）直流换流站：500kV换流站按每站3万元计列。

3　环境监测验收费计算标准：根据工程所在省、自治区、直辖市行政主管部门规定的标准计算。

4　水土保持项目验收及补偿费计算标准：根据工程所在省、自治区、直辖市行政主管部门规定的标准计算。

5　桩基检测费计算标准：根据工程实际情况确定。

3.5.4.7　电力建设标准编制管理费

计算公式：

电力建设标准编制管理费 =（勘察费 + 基本设计费）×1.5%

3.5.4.8　电力工程定额编制管理费

计算公式：

电力工程定额编制管理费 =（建筑工程费 + 安装工程费）×0.12%

3.5.5　分系统调试及整套启动试运费

分系统调试及整套启动试运费包括分系统调试费、整套启动试运费和施工企业配合调试费。

计算公式：

分系统调试及整套启动试运费 = 分系统调试费 + 整套启动试运费 + 施工企业配合调试费

3.5.5.1　分系统调试费

计算标准：

按照电力行业调试定额执行。

3.5.5.2　整套启动试运费

计算标准：

按照电力行业调试定额执行。

3.5.5.3　施工企业配合调试费

计算公式：

施工企业配合调试费 = 安装工程费×费率（见表3.3.5）

表3.5.5　施工企业配合调试费费率

电压等级（kV）		110及以下	220	330	500	750
费率%	变电工程	0.41	0.54	0.71	0.87	1.06
	架空线路工程	0.17			0.13	

注1. 35kV及以下架空线路工程不列此项费用。

2. 电缆线路工程、通信工程、光缆工程不列此项费用。

3.5.6　生产准备费

生产准备费包括：管理车辆购置费、工器具及办公家具购置费、生产职工培训及提前进场费。

计算公式：

生产准备费 = 管理车辆购置费 + 工器具及办公家具购置费 + 生产职工培训及提前进场费

3.5.6.1　管理车辆购置费

计算公式：

变电工程管理车辆购置费 = 设备购置费 × 费率（见表3.5.6.1）

架空线路工程管理车辆购置费 = 安装工程费 × 费率（见表3.5.6.1）

电缆线路工程管理车辆购置费 = 安装工程费 × 费率（见表3.5.6.1）

系统通信工程管理车辆购置费 = （安装工程费 + 设备购置费） × 费率（见表3.5.6－1）

表3.5.6－1　管理车辆购置费费率

电压等级（kV）		110及以下	220	330	500	750
费率（%）	变电工程	0.45	0.37	0.3	0.22	0.16
	架空线路工程	0.25		0.20		
	电缆线路工程	1.35				
	系统通信工程	0.32				

3.5.6.2　工器具及办公家具购置费

计算公式：

工器具及办公家具购置费 = （建筑工程费 + 安装工程费） × 费率（见表3.5.6－2）

系统通信工程工器具及办公家具购置费 = （安装工程费 + 设备购置费） ×0.4%

无人值守变电站、通信站工程原则上不计列该项费用。

表3.5.6－2　工器具及办公家具购置费费率　　单位：%

电压等级（kV）			110及以下	220	330	500	750
费率	变电工程	新建	1.35	1.20	1.18	1.05	0.85
		扩建	1.14	1.02	1.01	0.89	0.72
	架空线路工程		0.21		0.15		0.11
	电缆线路工程		1.07				

3.5.6.3　生产职工培训及提前进场费

计算公式：

生产职工培训及提前进场费 = （建筑工程费 + 安装工程费） × 费率（见表3.5.6－3）

无人值守变电站、变电站扩建工程、电缆线路工程、系统通信工程不计列该项费用。

表3.5.6－3　生产职工培训及提前进场费费率　　单位：%

电压等级（kV）		110及以下	220	330	500	750
费率	变电工程	0.70	0.60	0.50	0.43	0.37
	架空线路工程	0.10		0.08		0.06

3.5.7　大件运输措施费

计算标准：

按照实际运输条件及运输方案计算。

3.5.8　基本预备费

计算公式：

基本预备费 = [建筑工程费 + 安装工程费 + 设备购置费 + 其他费用（不包括基本预备费）] ×费率（见表3.5.8）

表3.5.8 基本预备费费率

设计阶段	费率（%）	
	220kV 及以下	330kV 及以上
可行性研究估算	4	3
初步设计概算	2.5	2
施工图预算	1.0	1.0

3.6 动态费用计算标准

3.6.1 动态费用

计算公式：

$$动态费用 = 价差预备费 + 建设期贷款利息$$

3.6.2 价差预备费

计算公式：

$$C = \sum_{i=1}^{n_2} F_i[(1+e)^{n_1+i-1} - 1]$$

式中 C——价差预备费；

e——年度造价上涨指数；

n_1——建设预算编制水平年至工程开工年时间间隔，年；

n_2——工程建设周期，年；

i——从开工年开始的第 i 年；

F_i——第 i 年投入的工程建设资金。

注：年度造价上涨指数依据国务院综合管理部门及电力行业主管部门颁布的有关规定执行。

3.6.3 建设期贷款利息

计算公式：

$$建设期贷款利息 = (年初借款本息累计 + 本年贷款/2) \times 年利率$$

注：以工程年度资金使用计划为依据确定贷款额。

7 引进成套设备工程费用计算办法

7.1 一般规定

7.1.1 引进成套设备工程建设预算除执行以上各章节规定之外，以本章规定作为补充。

7.1.2 引进成套设备工程建设预算投资，统一用人民币表现，对使用外汇支付的资金（含融资），按照建设预算编制时的外汇汇率（编制说明中应说明所采用汇率的日期）和折算方法折算成人民币金额。

7.1.3 凡采用国际招标方式采购的各类产品，国内中标产品的增值税和国外中标产品的关税及增值税，均以人民币表现。

7.1.4 引进成套设备工程建设项目的引进部分无论由国内设计、国内外联合或分工设计、或全部由国外设计，均由该项目国内配合主体设计单位或工程造价咨询机构对整个项目编制建设预算。

7.2 引进成套设备工程建设预算费用构成

7.2.1 引进成套设备工程建设预算的费用构成应与电网工程建设预算费用构成及计算标准一致，因设备引进需增加或修改的费用项目如下：

7.2.1.1 引进成套设备材料价格构成

1　设备（含备品备件）、材料供货价。

2　相关费用：

1）国外段运费。

2）国外段保险费。

3）关税。

4）进口环节增值税（简称增值税）。

5）进口商品检验费。

6）进口代理手续费。

7）银行财务费。

3　国内段运杂费。

7.2.1.2　其他费用

其他费用中应在“项目建设技术服务费”项下增加“引进成套设备工程项目服务费”项目，该项目由以下内容组成：

1）国外图纸资料翻译复制费。

2）技术服务费。

3）出国人员费。

4）设计联络会（国内部分）费用。

5）进口设备招标工作费。

6）融资相关费用。

7.2.1.3　基本预备费

在基本预备费项下增加外资基本预备费。

7.2.2　与电网工程建设预算费用构成及计算标准的费用项目构成相对应，因设备引进而发生的各项费用项目应分别计入相应的费用项目中。

7.3　费用计算方法与标准

根据引进成套设备工程的特点，其费用计算方法与标准包括：引进成套设备材料的价格计算方法与标准，利用外资或国家批准的外汇额度国内厂商中标及外商中标返包国内制造部分设备材料预算价格计算方法，引进成套设备材料的安装费计算方法，引进成套设备材料其他费用（即引进成套设备工程项目服务费）的计算方法与标准，外资部分基本预备费计算方法。

7.3.1　引进成套设备材料的价格计算方法与标准

引进成套设备材料的价格计算方法与费用标准应根据国家相关主管部门及电力行业的有关规定执行，预算编制前应向有关部门收集现行规定作为计算依据。

7.3.1.1　进口设备材料的供货价

1　我国常用进口设备材料供货价的种类：

1）装运港船上交货价（Free on Board，FOB）。

2）成本加运费在内价（Cost and Freight，CFR）。

3）到岸价或成本加保险费、运费在内价（Cost Insurance and Freight，CIF）。

以下计算均以上述三种供货价的标准条款为例。

2　供货价的计算：

$$供货价 = 外币金额（签订的合同价）\times 外汇牌价$$

在可行性研究阶段，如果没有具体的意向或协议，可按市场询价或国家批准用于进口设备材料的外资（或外汇）额度视同CIF价计算供货价。

初步设计阶段按所签订的合同价计算。

7.3.1.2　相关费用的计算方法与费用标准

1　国外段运费：

供货价（合同价）若为FOB等不含国外段运费价时，按照以下方法计算：

国外段运费＝设备材料毛重（t）×运输单价（元/t）

其中：运输单价根据采用的运输方式，按照进出口公司或对外运输部门现行的价格确定。

如编制预算时没有质量资料，则可按下列公式计算：

国外段运费＝进口设备材料供货价×运费率

其中，运费率可参照近期同类工程测算。

2　国外段保险费：国外段保险费指进口商品在国外段运输期间向有关保险公司投保所需的费用。

计算公式：

保险费＝保险额×保险费率

一般以CIF价为保险额，如果供货价（合同价）为FOB、CFR等不含国外段保险费时，可采用以下方法计算保险费：

1）供货价为FOB价时：

保险费＝（供货价＋国外段运费＋保险费）×保险费率

或　　保险费＝供货价×（1＋国外段运费率＋保险费率）×保险费率

2）供货价为CFR价时：

保险费＝（供货价＋保险费）×保险费率

或　　保险费＝供货价×（1＋保险费率）×保险费率

根据投保的险种、商品种类和地区的远近不同，保险费率也不同，应根据引进成套设备工程的具体情况，向保险公司收集现行保险费率。

3　进口关税：进口关税指根据国家税务总局和海关总署颁发的有关规定对进口货物征收的关税。

计算公式：

关税税额＝完税价格×关税税率

其中，完税价格为海关审定的进口货物CIF价格。

在编制引进成套设备材料预算时，可简化以CIF价为完税价格计算关税，计算公式如下：

关税税额＝CIF价×关税税率

4　增值税：

计算公式：

增值税税额＝（CIF价＋关税税额）×增值税率

其中CIF价应为完税价格，简化为以CIF价计算；增值税税率按现行税率计算。

5　进口商品检验费：进口商品检验费按国家现行标准执行。

6　进口代理手续费：进口代理手续费指外贸企业采取代理方式进口商品时，向国内委托进口企业（单位）所收取的一种费用，它补偿外贸企业经营进口代理业务中有关费用的支出，并含有一定的利润。其计算办法及费用标准应执行国家的现行规定。

计算方法及费用标准如下：

进口代理手续费＝CIF价（外币）×对外付汇当日外汇牌价×手续费率

注：预算编制时，若不知对外付汇当日外汇牌价，则以预算编制时的外汇牌价计算。

根据国家物价局价综字〔1992〕463号《关于印发进口代理手续费收取办法的通知》规定，进口代理手续费率按照对外供货合同金额不同，分档计收：

1）金额在100万美元以下（含100万美元）费率不超过2%，最低收费额为1000元人民币。

2）金额在100万美元以上，1000万美元以下（含1000万美元）费率不超过1.5%。

3）金额在1000万美元以上，5000万美元以下（含5000万美元）费率不超过1.0%。

4）金额在5000万美元以上，费率在0.5%～1.0%之间。

7 银行财务费：银行财务费指项目法人或进口代理公司与卖方在合同内规定的开证银行财务费。

银行财务费=进口设备材料供货价×外汇牌价×银行财务费率

其中银行财务费率应根据各银行现行的收费标准计算。

8 国内段运杂费：国内段运杂费指由我国港口（或交接车站、机场）运到建设工地指定地点的运杂费。包括引进成套设备材料的港口费用和压力容器安全性能检验费。

计算方法如下：

国内段运杂费=CIF价×编制时汇率×（铁路、水路运杂费率+公路运杂费率）

1）铁路、水路运杂费率：100km及以内费率为0.9%；超过100km，每增加100km费率增加0.1个百分点；不足100km按100km计取。

2）公路运杂费率：公路运输的运距在50km及以内，费率为0.64%，运距超过50km时，每增加50km费率增加0.25个百分点，不足50km按50km计取。

当返包比例超过50%时，国内段运杂费可以根据各工程的实际情况进行测算。

7.3.2 利用外资或国家批准的外汇额度国内厂商中标及外商中标返包国内制造部分设备材料预算价格计算方法

在可行性研究阶段，按意向性的返包比例计算国内生产部分的相关费用［增值税、进口代理手续费（如进口部分需代理）、银行财务费］及国内段运杂费等。在初步设计阶段，按以下方法计算：

1 利用外资并采取国际招标时，按合同价以外资方式计列，并计取进口代理手续费（如需代理）、银行财务费、国内段运杂费。

2 采用国家批准的外汇额度，国内厂商中标的设备材料费用，一律采用人民币计算，运杂费按国内标准计算。

7.3.3 引进成套设备材料的安装费计算方法

1 编制投资估算时，工程量以国外概念设计资料或近期在建（或建成）的同类工程的工程量为依据，采用现行的定额或指标进行编制。

2 在编制初步设计概算和施工图预算时，进口安装主材及建筑用钢材按照工程所在地的材料预算价格计算，作为计取费用的基数。

3 国外进口主材，其加工配制费用按照合同约定计列。

7.3.4 引进成套设备材料其他费用（即引进成套设备工程项目服务费）的计算方法与标准

7.3.4.1 国外图纸资料翻译复制费

国外图纸资料翻译复制费用，按表7.3.4指标计列，由项目法人控制使用。

表7.3.4 图纸、资料翻译复制费用指标

序号	设计方式	变电工程（元/kVA）	
		新建	扩建
一	国外设计、国内配合	0.6	0.3
二	国外设备、国内设计	0.4	0.2

注1. 容量以主变压器的容量（kVA）为计算基础。

2. 扩建工程的主设备与上期相同且布置基本相同时，按上述费率的60%计列。

3. 单项设备，可按实际情况计列。

7.3.4.2 技术服务费

技术服务费包括国外设计费、培训费、外技人员现场服务费及技术专利费等。

可行性研究阶段，若无协议或意向性文件，可视同用于引进的外资或外汇额度中已含，不再单列。

在初步设计计段，可按合同的规定计算费用。如果合同价中已含此部分费用，则该费用在附录E表六中单列。

7.3.4.3　出国人员费

出国人员费指我方为本工程派出的设计联络、设备检验、技术培训等人员出国的旅费、服装费、国外生活费、交通费和国内段的差旅费等可按合同中规定的出国人数、期限和我国有关部门规定的现行费用标准计算，合同有特殊规定的按合同规定计算。

7.3.4.4　设计联络会（国内部分）费用

设计联络会（国内部分）费用指国内各方参加联络会的费用，在签订各自的服务合同中应包括该项费用，建设单位人员参加会议及会议场所租用的费用在建设单位管理费中开支。

注：国外部分费用含在引进成套设备费用合同中。

7.3.4.5　进口设备招标工作费

进口设备招标工作费指进口设备招标工作所发生的全部费用，计算办法参照国内工程的标书编制费，费率按国内工程招标费费率乘以1.1系数计算，计算基数按招标范围所包含的内容计算，一般情况下为合同价。

7.3.4.6　融资相关费用

按贷款合同有关条文进行计算。

7.3.5　外资部分基本预备费计算方法

计算公式：

$$外资部分基本预备费 = 外资部分投资额 \times 费率$$

费率标准：

估算阶段，2%，概算阶段，0.5%。

火力发电工程建设预算编制与计算标准

（2007年）

中国电力企业联合会关于发布《电网工程建设预算编制与计算标准》和
《火力发电工程建设预算编制与计算标准》的通知
（中电联技经〔2007〕139号）

为加强电力工程建设管理，统一电力工程建设预算的编制和计算规则，合理确定工程造价，提高投资效益，维护工程建设各方的合法权益，促进电力建设事业健康发展，经国家发展和改革委员会批准（发改办能源〔2007〕1808号文），现颁布2006年版《电网工程建设预算编制与计算标准》和《火力发电工程建设预算编制与计算标准》，自2007年12月1日起施行。

原《电力工业基本建设预算管理制度及规定》（2002年版）自本标准施行之日起废止。

本标准由中国电力出版社出版、发行。

附件：1. 国家发展和改革委员会办公厅文件（发改办能源〔2007〕1808号）（略）
2. 电网工程建设预算编制与计算标准（略）
3. 火力发电工程建设预算编制与计算标准

中国电力企业联合会
二〇〇七年十一月九日

附件3

火力发电工程建设预算编制与计算标准

3　建设预算费用构成及计算标准

3.1　一般规定

3.1.1　本章内容规定了火力发电工程建设预算各项费用的构成和计算标准，用于规范工程建设预算的费用组成内容划分、计算方式和取费标准。

3.1.2　在本标准之外确有必要增列的费用项目，必须以国家行政主管部门、各省（自治区、直辖市）人民政府的规定为依据，经电力行业定额（造价）管理机构确认后计列。

3.1.3　本标准有关表内所称“××及以下”，包括××在内，其下限截止至低一档“××及以下”的上限之上。凡未注明“××及以下”的，适用于本容量等级工程。

3.2　建设预算费用构成

3.2.1　发电工程建设预算费用的构成

发电工程建设预算费用由建筑工程费、安装工程费、设备购置费、其他费用和动态费用构成。其中建筑工程费、安装工程费、设备购置费和其他费用之和称为静态费用。

3.2.2　建筑工程费、安装工程费的构成

（一）直接费

1. 直接工程费

（1）人工费；

（2）材料费；
（3）施工机械使用费。
2. 措施费
（1）冬雨季施工增加费；
（2）夜间施工增加费；
（3）施工工具用具使用费；
（4）特殊工程技术培训费；
（5）大型施工机械安拆与轨道铺拆费；
（6）特殊地区施工增加费；
（7）临时设施费；
（8）施工机构转移费；
（9）安全文明施工措施补助费。
（二）间接费
1. 规费
（1）社会保障费；
（2）住房公积金；
（3）危险作业意外伤害保险费。
2. 企业管理费
（三）利润
（四）税金

3.2.3 设备购置费的构成
1. 设备费；
2. 设备运杂费。

3.2.4 其他费用的构成
（一）建设场地征用及清理费
1. 土地征用费；
2. 施工场地租用费；
3. 迁移补偿费；
4. 余物清理费。
（二）项目建设管理费
1. 项目法人管理费；
2. 招标代理费；
3. 工程监理费；
4. 设备监造费；
5. 工程保险费。
（三）项目建设技术服务费
1. 项目前期工作费；
2. 知识产权转让与研究试验费；
3. 设备成套技术服务费；
4. 勘察设计费
（1）勘察费；
（2）设计费。
5. 设计文件评审费

(1) 可行性研究设计文件评审费；

(2) 初步设计文件评审费。

6. 项目后评价费

7. 工程建设监督检测费

(1) 工程质量监督检测费；

(2) 特种设备安全监测费：

(3) 环境监测验收费；

(4) 水土保持项目验收及补偿费；

(5) 桩基检测费。

8. 电力建设标准编制管理费

9. 电力工程定额编制管理费

(四) 分系统调试及整套启动试运费

1. 分系统调试费；

2. 整套启动试运费；

3. 施工企业配合调试费。

(五) 生产准备费

1. 管理车辆购置费；

2. 工器具及办公家具购置费；

3. 生产职工培训及提前进厂费。

(六) 大件运输措施费

(七) 基本预备费

3.2.5 动态费用的构成

1. 价差预备费；

2. 建设期贷款利息。

3.3 建筑安装工程费计算标准

3.3.1 建筑安装工程费

建筑安装工程费由直接费、间接费、利润和税金组成。

计算公式：

$$建筑安装工程费 = 直接费 + 间接费 + 利润 + 税金$$

3.3.2 直接费

直接费由直接工程费和措施费组成。

3.3.3 直接工程费

直接工程费包括人工费、材料费和施工机械使用费。

计算公式：

$$直接工程费 = 人工费 + 材料费 + 施工机械使用费$$

计算标准：根据不同阶段分别采用投资估算指标、概算定额、预算定额计算，并依据电力工程定额（指标）管理规定，调整到建设预算的编制水平年的价格水平。

1. 人工费：人工费的计算方法执行电力行业定额中的规定，发电工程人工工日单价按照定额中规定的电力行业基准工日单价执行。

各地区、年度人工费的调整按照电力行业定额（造价）管理机构的规定执行。

2. 材料费：发电工程建设预算中的材料费根据定额规定的原则计算；安装工程材料费包括装置性材料费和消耗性材料费两部分。

1）装置性材料费的计算公式：

装置性材料费 = 装置性材料消耗量 × 装置性材料预算价格

装置性材料预算价格按照电力行业定额（造价）管理机构公布的装置性材料预算价格或综合预算价格计算。

2）消耗性材料费的计算按照定额规定的原则计算。

3. 施工机械使用费：施工机械费按照定额规定的原则计算。

3.3.4 措施费

措施费内容包括：冬雨季施工增加费、夜间施工增加费、施工工具用具使用费、特殊工程技术培训费、大型施工机械安拆与轨道铺拆费、特殊地区施工增加费、临时设施费、施工机构转移费、安全文明施工措施补助费。

计算公式：

措施费 = 冬雨季施工增加费 + 夜间施工增加费 + 施工工具用具使用费
+ 特殊工程技术培训费 + 大型施工机械安拆与轨道铺拆费
+ 特殊地区施工增加费 + 临时设施费 + 施工机构转移费
+ 安全文明施工措施补助费

3.3.4.1 冬雨季施工增加费

计算公式：

建筑工程冬雨季施工增加费 = 直接工程费 × 费率（见表 3－3－1）

安装工程冬雨季施工增加费 = 人工费 × 费率（见表 3－3－2）

表 3－3－1 冬雨季施工增加费费率

单位:%

地区分类		Ⅰ	Ⅱ	Ⅲ	Ⅳ	Ⅴ
燃煤发电工程	建筑	0.76	1.08	1.66	2.36	2.94
	安装	8.30	11.75	17.85	23.56	26.28
燃气－蒸汽联合循环电站	建筑	0.69	0.98	1.51	2.14	2.67
	安装	7.05	9.98	15.17	20.03	22.34

表 3－3－2 地区分类表

地区分类	省、自治区、直辖市名称
Ⅰ	上海、江苏、安徽、浙江、福建、江西、湖南、湖北、广东、广西、海南
Ⅱ	北京、天津、山东、河南、河北（张家口、承德以南地区）、重庆、四川（甘孜、阿坝州除外）、云南（迪庆州除外）、贵州
Ⅲ	辽宁（盖州及以南地区）、陕西（榆林以南地区）、山西、河北（张家口、承德及以北地区）
Ⅳ	辽宁（盖州以北）、陕西（榆林及以北）、内蒙古（锡林郭勒盟锡林浩特市以南各盟、市、旗，不含阿拉善盟）、新疆（伊犁、哈密地区以南）、吉林、甘肃、宁夏、四川（甘孜、阿坝州）、云南（迪庆州）
Ⅴ	黑龙江、青海、西藏、新疆（伊犁、哈密以北地区，含伊犁、哈密）、内蒙古除四类地区以外的其他地区

3.3.4.2 夜间施工增加费

计算公式：

建筑工程夜间施工增加费 = 直接工程费 × 费率（见表 3－3－3）

安装工程夜间施工增加费 = 人工费 × 费率（见表 3－3－3）

表 3－3－3 夜间施工增加费费率

单位:%

工程类别	费率	工程类别	费率
建筑	0.4	安装	2.04

3.3.4.3 施工工具用具使用费

计算公式：

建筑工程施工工具用具使用费 = 直接工程费 × 费率（见表3-3-4）

安装工程施工工具用具使用费 = 人工费 × 费率（见表3-3-4）

表3-3-4 施工工具用具使用费费率 单位：%

工程类别	燃煤发电工程		燃气-蒸汽联合循环电站	
	建筑	安装	建筑	安装
费率	0.52	10.73	0.45	8.35

3.3.4.4 特殊工程技术培训费

本费用只在安装工程热力系统各单位工程中计列。

计算公式：

1. 燃煤发电工程：

特殊工程技术培训费 = 安装工程热力系统各单位工程人工费 × 费率（见表3-3-5）

表3-3-5 特殊工程技术培训费 单位：%

单机容量	150MW 及以下	200MW	300MW	600MW		1000MW
				亚临界	超临界	
费率	9.11	8.71	7.32	8.85	10.16	9.82

2. 燃气-蒸汽联合循环电站工程：

特殊工程技术培训费 = 安装工程热力系统各单位工程人工费 ×7.75%

3.3.4.5 大型施工机械安拆与轨道铺拆费

本费用只在建筑工程和安装工程的热力系统各单位工程中计列。

计算公式：

建筑工程大型施工机械安拆与轨道铺拆费 = 热力系统直接工程费 × 费率（见表3-3-6）

安装工程大型施工机械安拆与轨道铺拆费 = 热力系统人工费 × 费率（见表3-3-6）

表3-3-6 大型施工机械安拆与轨道铺设费费率 单位：%

工程类别		建筑工程	安装工程
费率	单机600MW 及以下	1.05	15.73
	单机600MW 及以上	0.95	14.5

注1. 本费率适用于2机2炉，如果本期为1机1炉时费率乘以1.6系数，4机4炉时乘以0.6系数；

2. 燃煤发电工程的烟囱计入建筑工程取费基数，但不提取该项费用；

3. 燃气-蒸汽联合循环电站工程执行单机600MW 及以下费用。

3.3.4.6 特殊地区施工增加费

计算公式：

建筑工程特殊地区施工增加费 = 直接工程费 × 费率（见表3-3-7）

安装工程特殊地区施工增加费 = 人工费 × 费率（见表3-3-7）

3.3.4.7 临时设施费

临时设施包括：职工宿舍，办公、生活、文化、福利等公用房屋，仓库、加工厂、工棚、围墙等建、构筑物，厂区围墙范围内的临时施工道路、水、电（含380V 降压变压器）、通信的分支管线，建设期间的临时隔墙等。

表 3-3-7　特殊地区施工增加费费率　　单位:%

工程类别	高海拔地区		高纬度寒冷地区		酷热地区	
	建筑	安装	建筑	安装	建筑	安装
费率	0.72	6.50	0.57	5.50	0.51	4.75

注1. 高海拔地区指平均海拔高度在3000米以上的地区；
2. 高纬度寒冷地区指北纬45度以北地区；
3. 酷热地区指面积在1万平方公里以上的沙漠地区，以及新疆吐鲁番地区。

临时设施不包括下列内容：
(1) 厂区及进场施工铁路专用线；
(2) 施工电源：施工、生活用380V变压器高压侧以外的装置及线路；
(3) 水源：厂外供水管道及装置，水源泵房，施工、生活区供水母管；
(4) 施工道路：厂外道路，施工、生活区的建筑、安装共用的主干道路；
(5) 通信：厂外接至施工、生活区总机的通信线路。
计算公式：

临时设施费 = 直接工程费 × 费率（见表3-3-8）

表 3-3-8　临时设施费费率　　单位:%

地区分类		Ⅰ	Ⅱ	Ⅲ	Ⅳ	Ⅴ
燃煤发电工程	建筑	2.86	3.29	3.62	3.90	4.11
	安装	4.68	5.20	5.42	5.63	5.94
燃气-蒸汽联合循环电站	建筑	2.43	2.80	3.07	3.32	3.50
	安装	4.41	4.72	5.00	5.22	5.38

注1. 以上发电工程费率适用于本期建设规模为2机2炉工程，若为1机1炉时，乘以1.1系数；
2. 扩建工程乘以0.9系数。

3.3.4.8　施工机构转移费

计算公式：

建筑工程施工机构转移费 = 直接工程费 × 费率（表3-3-9、表3-3-10）

安装工程施工机构转移费 = 人工费 × 费率（表3-3-9、表3-3-10）

表 3-3-9　燃煤发电工程施工机构转移费费率　　单位:%

单机容量	150MW及以下		200MW		300MW		600MW		1000MW	
	建筑	安装	建筑	安装	建筑	安装	建筑	安装	建筑	安装
费率	1.18	14.64	1.09	13.41	1.04	12.33	0.81	10.97	0.60	8.39

表 3-3-10　燃气-蒸汽联合循环电站工程施工机构转移费费率　　单位:%

本期建设容量	100MW及以下		200MW及以下		400MW及以下		800MW及以下	
	建筑	安装	建筑	安装	建筑	安装	建筑	安装
费率	1.15	14.45	1.02	13.81	0.95	12.62	0.81	10.37

3.3.4.9　安全文明施工措施补助费

计算公式：

建筑工程安全文明施工措施补助费 = 直接工程费 × 费率（表 3－3－11）

安装工程安全文明施工措施补助费 = 人工费 × 费率（表 3－3－11）

表 3－3－11　安全文明施工措施补助费费率　　单位:%

工程类别	燃煤发电工程		燃气－蒸汽联合循环电站	
	建筑	安装	建筑	安装
费率	0.30	4.60	0.33	4.76

3.3.5　间接费

间接费由规费和企业管理费组成。

计算公式：

间接费 = 规费 + 企业管理费

3.3.6　规费

发电工程应计列的规费内容主要包括：社会保障费、住房公积金和危险作业意外伤害保险费。

计算公式：

规费 = 社会保障费 + 住房公积金 + 危险作业意外伤害保险费。

3.3.6.1　社会保障费

计算公式：

建筑工程社会保障费 = 直接工程费 ×0.18 × 缴费费率

安装工程社会保障费 = 人工费 × 1.6 × 缴费费率

社会保障费缴费费率是指工程所在省（自治区、直辖市）社会保障机构颁布的以工资总额为基数计取的基本养老保险、失业保险和基本医疗保险费率之和。

3.3.6.2　住房公积金

计算公式：

建筑工程住房公积金 = 直接工程费 ×0.18 × 缴费费率

安装工程住房公积金 = 人工费 ×1.6 × 缴费费率

住房公积金缴费费率按照工程所在地政府部门公布的费率执行。

3.3.6.3　危险作业意外伤害保险费

计算公式：

建筑工程危险作业意外伤害保险费 = 直接工程费 ×0.15%

安装工程危险作业意外伤害保险费 = 人工费 ×2.31%

3.3.7　企业管理费

计算公式：

建筑工程企业管理费 = 直接工程费 × 费率（表 3－3－12）

安装工程企业管理费 = 人工费 × 费率（表 3－3－12）

表 3－3－12　企业管理费费率　　单位:%

工程类别	燃煤发电工程		燃气－蒸汽联合循环电站	
	建筑	安装	建筑	安装
费率	7.46	78.30	5.75	63.50

3.3.8　利润

计算公式：

利润 = （直接费 + 间接费） × 利润率（表 3－3－13）

表3-3-13 利润率 单位:%

工程类别	建筑工程	安装工程
利润率	6	7

3.3.9 钢结构、灰坝工程及大型土石方取费

发电工程的钢结构主厂房（包括柱、梁、支撑）和灰坝工程的取费（含措施费、间接费、利润）实行综合费率，大于1万立方米的独立土石方工程按照灰坝工程的取费标准执行。

计算公式： 综合取费费用额=直接工程费×费率（表3-3-14）

表3-3-14 钢结构、灰坝工程及大型土石方综合费率表 单位:%

工程类别	钢结构主厂房	灰坝工程
费率	8.8	18.7

3.3.10 税金

计算公式：

税金=（直接费+间接费+利润）×税率

注：税率按照工程所在地税务部门的规定计算。

3.4 设备购置费计算标准

3.4.1 设备购置费

设备购置费包括设备费和运杂费。

计算公式：

设备购置费=设备费+运杂费

3.4.2 设备费

计算标准：根据市场价格供货计算。

3.4.3 设备运杂费

计算公式：

设备运杂费=设备费×设备运杂费率

其中：设备运杂费率=铁路、水路运杂费率+公路运杂费率

3.4.3.1 铁路、水路运杂费率：

（1）主设备（锅炉、汽轮机、发电机、主变压器）铁路、水路运杂费费率：

运距100km以内费率为1.5%；超过100km时，每增加100km费率增加0.15%；不足100km按100km计取。

（2）其他设备铁路、水路运杂费费率见表3-4-1。

表3-4-1 其他设备铁路、水路运杂费率 单位:%

序号	适用地区	费率（%）
1	上海、天津、北京、辽宁、江苏	3.0
2	浙江、安徽、山东、山西、河南、河北、黑龙江、吉林、湖南、湖北	3.2
3	陕西、江西、福建、四川、重庆	3.5
4	内蒙古、云南、贵州、广东、广西、宁夏、甘肃（武威及以东）、海南	3.8
5	新疆、青海、甘肃（武威以西）	4.5
6	西藏	具体测算

注：以上费率中均不包括因运输超限设备而发生的路、桥加固改造，以及障碍物迁移等措施费用。

3.4.3.2　公路运杂费费率

公路运输的运距在 50km 以内费率为 1.06%；运距超过 50km 时，每增加 50km 费率增加 0.35%，不足 50km 按 50km 计取。

若铁路专用线、专用码头可直接将设备运达现场，主设备不计公路运杂费，其他设备的公路段运杂费率按 0.5% 计算。

3.4.3.3　其他说明

（1）供货商直接供货到现场的，只计取卸车费及保管费，主设备按设备费的 0.5% 计算，其他设备按设备费的 0.7% 计算。

（2）燃机的运杂费费率按照以上燃煤发电工程主设备运杂费费率乘以 0.7 系数。

3.5　其他费用计算标准

3.5.1　其他费用

其他费用由建设场地征用及清理费、项目建设管理费、项目建设技术服务费、分系统调试及整套启动试运费、生产准备费、大件运输措施费和基本预备费组成。

计算公式：

其他费用 = 建设场地征用及清理费 + 项目建设管理费 + 项目建设技术服务费
+ 分系统调试及整套启动试运费 + 生产准备费 + 大件运输措施费
+ 基本预备费

3.5.2　建设场地征用及清理费

建设场地征用及清理费由土地征用费、施工场地租用费、迁移补偿费、余物清理费组成。

计算公式：

建设场地征用及清理费 = 土地征用费 + 施工场地租用费 + 迁移补偿费
+ 余物清理费组成

3.5.2.1　土地征用费

计算标准：

根据有关法律、法规、国家行政主管部门以及省（自治区、直辖市）人民政府规定计算。

3.5.2.2　施工场地租用费

计算标准：

根据有关法律、法规、国家行政主管部门和工程所在地人民政府规定，按照项目法人与土地所有者签订的租用合同计算。

3.5.2.3　迁移补偿费

计算标准：迁移补偿费按照工程所在地人民政府规定计算。

3.5.2.4　余物清理费

计算标准：余物清理费按照表 3-5-1 规定的费率计算，并应扣除残余物回收金额。

表 3-5-1　余物清理费费率　　单位：%

项目名称			计算公式	费率
建筑工程	一般砖木结构		建筑工程新建直接费 × 费率	10
	混合结构		建筑工程新建直接费 × 费率	20
	混凝土及钢筋混凝土结构	有条件爆破的	建筑工程新建直接费 × 费率	20
		无条件爆破的	建筑工程新建直接费 × 费率	30～50
	临时简易建筑		建筑工程新建直接费 × 费率	8
	金属结构	拆除后金属结构能利用	安装工程新建直接费 × 费率	55
		拆除后金属结构不能利用	安装工程新建直接费 × 费率	38

续表

项目名称			计算公式	费率
安装工程	炉墙、保温		安装工程新建直接费×费率	30
	金属结构及工业管道		安装工程新建直接费×费率	45
	机电设备		安装工程新建直接费×费率	32
	输电线路及通信线路	拆除后能利用	安装工程新建直接费×费率	62
		拆除后不能利用	安装工程新建直接费×费率	35
铁路工程	铁道上线		工程新建直接费×费率	15
	铁道下线		工程新建直接费×费率	6

注1. 费率中不包括运距超过5km部分的渣土运杂费；

2. 安装工程新建直接费中不包括未计价材料费。

3.5.3 项目建设管理费

项目建设管理费由项目法人管理费、招标代理费、工程监理费、设备监造费、工程保险费组成。

计算公式：

项目建设管理费＝项目法人管理费＋招标代理费＋工程监理费＋设备监造费＋工程保险费

3.5.3.1 项目法人管理费

计算公式：

项目法人管理费＝（建筑工程费＋安装工程费）×费率（表3－5－2、表3－5－3）

表3－5－2 燃煤发电工程项目法人管理费费率 单位:%

单机容量	150MW以下	200MW	300MW	600MW	1000MW
费率	3.10	2.80	2.54	2.40	2.16

注1. 本费率适用于2机2炉，1机1炉时按照表中费率乘以1.2系数，4机4炉时按照表中费率乘以0.85系数；

2. 扩建工程按表中费率乘以0.75系数。

表3－5－3 燃气－蒸汽联合循环电站项目法人管理费费率 单位:%

本期建设容量	100MW以下	200MW以下	400MW以下	800MW以下
费率	2.72	2.60	2.45	2.24

注：扩建工程按表中费率乘以0.75系数。

3.5.3.2 招标费

计算公式：

招标费＝（建筑工程费＋安装工程费＋设备购置费）×费率（表3－5－4）

表3－5－4 招标费费率 单位:%

工程类别	燃煤发电工程			燃气－蒸汽联合循环电站工程
	300MW及以下	600MW以下	1000MW以下	
费率	0.38	0.32	0.26	0.28

3.5.3.3 工程监理费

计算公式：

工程监理费 =（建筑工程费 + 安装工程费）×费率（表 3 – 5 – 5、表 3 – 5 – 6）

3.5.3.4　设备监造费

设备监造的范围：锅炉、汽轮机、发电机、变压器、磨煤机、风机、高压加热器、低压加热器、除氧器及水箱、给水泵、凝汽器、凝结水泵、循环水泵等主要设备。

表 3 – 5 – 5　燃煤发电工程监理费费率　　单位:%

单机容量 / 本期规模	50MW	125MW	200MW	300MW	600MW	1000MW
两台	2.26	2.05	1.84	1.73	1.60	1.42
两台以上	1.81	1.64	1.47	1.38	1.27	1.13

注1. 燃煤发电工程新建、扩建一台按两台费率乘以 1.1 系数；

2. 成套进口设备项目，按本标准乘 1.1 系数；

3. 外方独资项目监理费可参照国际惯例。

表 3 – 5 – 6　燃气 – 蒸汽联合循环电站工程监理费费率　　单位:%

本期建设容量	100MW 以下	200MW 以下	400MW 以下	800MW 以下
费率	2.65	2.22	1.98	1.87

计算公式：设备监造费 = 全厂设备购置费 × 费率（表 3 – 5 – 7）

表 3 – 5 – 7　设备监造费率　　单位:%

工程类别	燃煤发电工程	燃气 – 蒸汽联合循环电站
费率	0.36	0.32

注：成套进口设备不计入取费基数。

3.5.3.5　工程保险费

计算标准：

根据项目法人要求及工程实际情况按照保险范围和保险费率计算。

3.5.4　项目建设技术服务费

项目建设技术服务费由项目前期工作费、知识产权转让与研究试验费、设备成套技术服务费、勘察设计费、设计文件评审费、项目后评价费、工程建设监督检测费、电力建设标准编制管理费、电力工程定额编制管理费组成。

计算公式：

项目建设技术服务费 = 项目前期工作费 + 知识产权转让与研究试验费
+ 设备成套技术服务费 + 勘察设计费 + 设计文件评审费
+ 项目后评价费 + 工程建设监督检测费
+ 电力建设标准编制管理费 + 电力工程定额编制管理费

3.5.4.1　项目前期工作费

计算公式：

项目前期工作费 =（勘察费 + 设计费）×费率（表 3 – 5 – 8）

3.5.4.2　知识产权转让与研究试验费

计算标准：根据项目法人提出的项目和费用计列。

3.5.4.3　设备成套技术服务费

计算标准：按照设备购置费的 0.3% 计列。

表 3－5－8　项目前期工作费费率　　单位:%

工程类别	燃煤发电工程			燃气－蒸汽联合循环电站工程
	200MW 及以下	600MW 及以下	1000MW 及以下	
费率	14.5	13.4	12.7	13.1

3.5.4.4　勘察设计费

计算公式：

勘察设计费＝勘察费＋设计费

1. 勘察费

计算标准：依据国家行政主管部门颁发的工程勘察设计收费标准计算。

2. 设计费

计算标准：依据国家行政主管部门颁发的工程勘察设计收费标准计算。

其中包括施工图预算编制费。

3.5.4.5　设计文件评审费

设计文件评审费由可行性研究设计文件评审费和初步设计文件评审费组成。

计算公式：

设计文件评审费＝可行性研究设计文件评审费＋初步设计文件评审费

1. 可行性研究设计文件评审费计算标准：见表 3－5－9、表 3－5－10。

2. 初步设计文件评审费计算标准：见表 3－5－9、表 3－5－10。

表 3－5－9　燃煤发电工程评审费费用标准

本期建设规模	费用标准（万元）	
	可行性研究	初步设计
2×135MW	18	60
2×200MW	24	80
2×300MW	40	100
2×600MW	60	180
2×1000MW	96	270

注1. 本期工程为 1 台机组时，按费用标准的 75% 计算。

2. 2×50MW 机组按 2×135MW 费用标准的 60% 计算。

3. 初步可行性研究评审取费按照可行性研究取费标准的 60% 计算。

表 3－5－10　燃气－蒸汽联合循环电站工程工程评审费费用标准

本期建设容量	费用标准（万元）	
	可行性研究	初步设计
100MW 以下	10	30
200MW 以下	15	45
400MW 以下	20	60
800MW 以下	30	80

3.5.4.6　项目后评价费

本项目应根据项目法人提出的要求计列。

计算公式：

1. 发电工程

项目后评价费 = （建筑工程费 + 安装工程费） × 费率

费率标准：300MW 及以下机组费率为 0.15%，600MW 及以上机组费率为 0.1%。

2. 烟气脱硫项目

计算标准见表 3-5-11

表 3-5-11 烟气脱硫项目后评价费用计算标准

序号	机组等级	费用标准（万元）
1	2×125MW 级机组（两炉两塔）	60
2	2×200MW 级机组（两炉两塔）	65
3	2×300MW 级机组（两炉两塔）	72
4	2×600MW 级机组（两炉两塔）	81
5	2×800MW 及以上机组（两炉两塔）	90

注1. 以上费用是按照大型火电厂机组烟气脱硫装置以石灰石—石膏烟气湿法工艺为主（即目前我国燃煤电厂 FGD 的首选工艺）为基础测算的，其他工艺形式的烟气脱硫工程应参照本标准执行，原则上不作调整。

2. 以上机组等级是指本期烟气脱硫工程所对应的机组容量，若本期只建设一台机组或者只为一台机组配套烟气脱硫工程时，费用标准乘以 0.7 系数；若本期建设容量为 4 台机组 +4 套烟气脱硫装置时，费用标准乘以 1.8 系数。

3. 若本期工艺设计为 2 炉 1 塔时，按本期机组规模所对应的 2 炉 2 塔费用标准乘以 0.85 系数；若为 3 炉 1 塔时，按两炉两塔标准执行。

4. 如果委托的后评价工作内容不包括相应的烟气检测及试验工作时，以上标准乘以 0.6 系数。

3.5.4.7 工程建设监督检测费

计算公式：

工程建设监督检测费 = 工程质量监督检测费 + 特种设备安全监测费 + 环境监测验收费 + 水土保持项目验收及补偿费 + 桩基检测费

1. 工程质量监督检测费

计算公式：

工程质量监督检测费 = （建筑工程费 + 安装工程费） × 费率（表 3-5-12）

表 3-5-12 工程质量监督检测费费率 单位:%

工程类别	燃煤发电工程			燃气-蒸汽联合循环电站
	300MW 及以下	600MW 及以下	600MW 以上	
费率（%）	0.2	0.17	0.15	0.16

2. 特种设备安全监测费计算标准：

按照机组额定发电出力 0.5 元/kW 计列。

3. 环境监测验收费计算标准：根据工程所在省、自治区、直辖市行政主管部门规定的标准计算。

4. 水土保持项目验收及补偿费计算标准：根据工程所在省、自治区、直辖市行政主管部门规定的标准计算。

5. 桩基检测费计算标准：由项目法人根据工程实际情况审核确定。

3.5.4.8 电力建设标准编制管理费

计算标准：

电力建设标准编制管理费 = （勘察费 + 设计费） × 1.5%

3.5.4.9　电力工程定额编制管理费

计算公式：

电力工程定额编制管理费 = （建筑工程费 + 安装工程费） ×0.12%

3.5.5　分系统调试及整套启动试运费

分系统调试及整套启动试运费由分系统调试、整套启动试运费和施工单位配合费组成。

计算公式：

分系统调试及整套启动试运费 = 分系统调试 + 整套启动试运费 + 施工单位配合费

3.5.5.1　分系统调试费

计算标准：按照电力行业调试定额执行。

3.5.5.2　整套启动试运费

整套启动试运费不包括启动试运中暴露出来的设备缺陷处理、施工质量或设计质量问题返工等所发生的费用。

1．燃煤发电工程：

整套启动试运费 = 燃煤费 + 燃油费 + 其他材料费 + 厂用电费 + 整套启动调试费 − 售出电费 − 售出蒸汽费

1）燃煤费计算公式：

燃煤费 = 发电机容量 × 整套启动试运小时 × 标准煤耗 × 标准煤价 × K

注：循环流化床锅炉需掺烧石灰石时，另计石灰石材料费。

2）燃油费计算公式：

燃油费 = 机组整套启动试运燃油平均消耗量 × 燃油价格

机组整套启动试运燃油平均消耗量及 K 值见表 3 − 5 − 13。

表 3 − 5 − 13　机组整套启动试运燃油平均消耗量及 K 值

点火方式	单机容量	燃油消耗量（吨）	K 值
普通点火方式	50MW	726	0.85
	135MW	1038	
	200MW	1482	
	300MW	2118	
	600MW	3025	
	1000MW	5042	
节油点火方式	50MW	145	0.92
	135MW	208	
	200MW	296	
	300MW	424	
	600MW	605	
	1000MW	1008	

注1．表中燃油消耗量按 0 号柴油计算。

2：当工程设计燃煤挥发分（V_{daf}）≤5% 时，按表中数量增加 10%。

3．新建、扩建一台机组或两台及以上机组的第一台机组调试时，燃油用量按表中数量增加 10%。

3）其他材料费计算公式：

其他材料费 = 装机容量（MW） ×3000 元/MW

4）厂用电费计算公式：

厂用电费 = 发电机容量 × 厂用电率 × 试运购电小时 × 试运购电价格

注：厂用电率应为不含烟气脱硫、脱硝装置的厂用电率。

5）整套启动调试费：整套启动调试费按照电力行业调试定额计算。

6）售出电费计算公式：

售出电费 = 发电机容量 × 额定容量系数 0.75 × 带负荷试运小时 × 试运售电价

7）售出蒸汽费计算公式：

售出蒸汽费 = 售出蒸汽吨数 × 试运售热单价

2. 脱硫装置整套启动试运费

计算公式：

脱硫装置整套启动试运费 = 石灰石材料费 + 其他材料费 + 厂用电费 + 脱硫整套启动调试费

1）石灰石材料费计算公式：

石灰石材料费 = 每小时石灰石耗量 × 脱硫装置整套启动试运小时 × 石灰石单价

2）其他材料费计算公式：

其他材料费 = 装机容量（MW）× 400 元/MW

3）厂用电费计算公式：

厂用电费 = 发电机容量 × 脱硫装置用电率 × 脱硫试运小时 × 成本电价

4）脱硫装置整套启动调试费

整套启动调试费按照电力行业调试定额计算。

3. 脱硝装置整套启动试运费

计算公式：

脱硝装置整套启动试运费 = 氨液材料费 + 其他材料费 + 厂用电费 + 脱硝整套启动调试费

1）氨液材料费计算公式：

氨液材料费 = 每小时氨液消耗量 × 脱硝装置整套启动试运小时 × 氨液单价

注：催化剂的材料费应计算在内。

2）其他材料费计算公式：

其他材料费 = 装机容量（MW）×200 元/MW

3）厂用电费计算公式：

厂用电费 = 发电机容量 × 脱硝装置用电率 × 脱硝装置整套启动试运小时 × 成本电价

4）脱硝装置整套启动调试费：按电力行业调试定额计算。

4. 燃气－蒸汽联合循环电站整套启动试运费

计算公式：

整套启动试运费 = 燃料费 + 其他材料费 + 厂用电费 + 调试费 － 售出电费 － 售出蒸汽费

1）燃料费计算公式：

燃料费 = 整套启动试运小时 × 每小时额定燃气消耗量 × 燃气价格 × 1.05

2）其他材料费计算公式：

其他材料费 = 装机容量（MW）×750 元/MW

3）厂用电费计算公式：

厂用电费 = 发电机容量 × 厂用电率 × 试运购电小时 × 试运购电价格

4）整套启动调试费：按照电力行业调试定额计算。

5）售出电费计算公式：

售出电费 = 发电机容量 × 额定容量系数 0.75 × 带负荷试运小时 × 试运售电价

6）售出蒸汽费计算公式：

售出蒸汽费 = 售出蒸汽吨数 × 试运售热单价

表 3-5-14　发电工程整套启动试运小时及试运购电小时

机组类型	燃煤发电工程		燃气-蒸汽联合循环电站
	单机 200MW 及以下	单机 100MW 及以下	
整套启动试运小时	240	408	216
试运购电小时	144	240	72
带负荷试运小时	96	312	168

注1. 试运购电价按照从电网购电单价计算；

2. 试运售电价、售热价按照以下次序确定：①当地物价主管机构核定的试运上网电价和售热单价；②与电网、热网企业签订的协议试运上网电价和售热单价；③当地类似工程的试运上网电价和售热单价；④按照规定的价格计算方法（如标杆电价）确定的变动成本电价和售热单价。

3.5.5.3　施工企业配合调试费

计算公式：

施工企业配合调试费 = 安装工程费 × 费率（表 3-3-15、表 3-3-16）

表 3-3-15　燃煤发电工程施工单位配合费费率　　单位：%

单机容量	150MW 及以下	200MW	300MW	600MW	1000MW
费率	1.16	0.87	0.65	0.52	0.49

表 3-3-16　燃气-蒸汽联合循环电站工程施工单位配合费费率　　单位：%

本期建设容量	100MW 以下	200MW 以下	400MW 以下	800MW 以下
费率	0.82	0.68	0.57	0.44

3.5.6　生产准备费

生产准备费包括：管理车辆购置费、工器具及办公家具购置费、生产职工培训及提前进厂费。

3.5.6.1　管理车辆购置费

计算公式：

管理车辆购置费 = 设备购置费 × 费率（表 3-5-17、表 3-5-18）

表 3-5-17　燃煤发电工程管理车辆购置费费率　　单位：%

单机容量	150MW 及以下	200MW	300MW	600MW	1000MW
费率	0.60	0.48	0.4	0.28	0.18

表 3-5-18　燃气-蒸汽联合循环电站管理车辆购置费费率　　单位：%

本期建设容量	100MW 以下	200MW 以下	400MW 以下	800MW 以下
费率	0.58	0.50	0.44	0.32

3.5.6.2　工器具及办公家具购置费

计算公式：

工器具及办公家具购置费 =（建筑工程费 + 安装工程费）×费率（表3－5－19、表3－5－20）

表3－5－19　燃煤发电工程工器具及办公家具购置费费率　　单位：%

单机容量		150MW 及以下	200MW	300MW	600MW	1000MW
费率	新建	0.50	0.37	0.30	0.24	0.17
	扩建	0.42	0.30	0.25	0.20	0.14

表3－5－20　燃气－蒸汽联合循环电站工器具及办公家具购置费费率　　单位：%

本期建设容量		1000MW 以下	200MW 以下	400MW 以下	800MW 以下
费率	新建	0.50	0.42	0.34	0.27
	扩建	0.42	0.35	0.28	0.22

3.5.6.3　生产职工培训及提前进厂费

计算公式：

生产职工培训及提前进厂费 =（建筑工程费 + 安装工程费）×费率（表3－5－21、表3－5－22）

表3－5－21　燃煤发电工程生产职工培训费及提前进厂费费率　　单位：%

单机容量	150MW 及以下	200MW	300MW	600MW	1000MW
费率	3.06	2.47	1.95	1.50	0.98

注：扩建工程乘以0.85系数。

表3－5－22　燃气－蒸汽联合循环电站生产职工培训费及提前进厂费费率　　单位：%

本期建设容量	100MW 以下	200MW 以下	400MW 以下	800MW 以下
费率	3.26	2.72	2.24	1.85

注：扩建工程乘以0.85系数。

3.5.7　大件运输措施费

计算标准：按照实际运输条件及运输方案计算。

3.5.8　基本预备费

计算公式：

基本预备费 =［建筑工程费 + 安装工程费 + 设备购置费 + 其他费用（不包括基本预备费）］×费率（表3－5－23）

表3－5－23　基本预备费费率　　单位：%

设计阶段	发电工程
初步可行性研究投资估算	7
可行性研究估算	5
初步设计概算	3
施工图预算	1.5

3.6　动态费用计算标准

3.6.1　动态费用

动态费用包括价差预备费和建设期贷款利息。

计算公式：

动态费用 = 价差预备费 + 建设期贷款利息

3.6.2 价差预备费

计算公式：

$$C = \sum_{i=1}^{n_2} F_i[(1+e)^{n_1+i-1} - 1]$$

C——价差预备费；

e——年度造价上涨指数；

n_1——建设预算编制年至工程开工年时间间隔（单位：年）；

n_2——工程建设周期（单位：年）；

i——从开工年开始的第 i 年；

F_i——第 i 年投入的工程建设资金。

注：年度造价上涨指数依据国家行政主管部门及电力行业主管部门颁布的有关规定执行。

3.6.3 建设期贷款利息

计算公式：

建设期贷款利息 = 第一台机组发电前建设期贷款利息 + 第一台机组发电后建设期贷款利息

其中：

第一台机组发电前建设期贷款利息 = Σ［（年初贷款本息累计 + 本年贷款/2）×年实际利率］

第一台机组发电后建设期贷款利息 = Σ［（本年贷款/2）×年实际利率］

注：1. 发电机组参考投资比例见表 3-6-1、表 3-6-2；

2. 计算贷款金额时，应从投资额中扣除资本金。

表 3-6-1 燃煤发电机组参考投资比例 单位:%

机组台数	第 1 年	第 2 年	第 3 年	第 4 年	第 5 年	第 6 年
2×200MW 及以下	60	40				
4×200MW 及以下	40	40	20			
2×300MW	30	50	20			
4×300MW	30	40	25	5		
2×600MW	25	40	25	10		
4×600MW	22	35	25	15		
2×1000MW	25	40	25	10		
4×1000MW	20	35	25	15	5	

表 3-6-2 燃气-蒸汽联合循环电站参考投资比例 单位:%

总装机容量	第 1 年	第 2 年	第 3 年
200MW	60	40	
400MW	40	45	15
800MW	30	45	25

7 引进成套设备工程费用计算办法

7.1 一般规定

7.1.1 引进成套设备工程建设预算的编制及费用计算除执行以上各章节规定之外，以本章规定作为补充。

7.1.2　引进成套设备工程建设预算投资，统一用人民币表现，对使用外汇支付的资金（含融资），按照建设预算编制时的外汇汇率（编制说明中应说明所采用汇率的日期）和折算方法折算成人民币金额。

7.1.3　凡采用国际招标方式采购的各类产品，国内中标产品的增值税和国外中标产品的关税及增值税，均以人民币表现。

7.1.4　引进成套设备工程建设项目的引进部分无论由国内设计、国内外联合或分工设计、或全部由国外设计，均由该项目国内配合主体设计单位或工程造价咨询机构对整个项目编制建设预算。

7.2　引进成套设备工程建设预算费用构成

7.2.1　引进成套设备工程建设预算的费用构成应与第3章建设预算费用构成及计算标准一致，因设备引进需增加或修改的费用项目如下：

7.2.1.1　引进成套设备材料价格构成

1. 设备（含备品备件）、材料供货价

2. 相关费用：

(1) 国外段运费；

(2) 国外段保险费；

(3) 关税；

(4) 进口环节增值税（简称增值税）；

(5) 进口商品检验费；

(6) 进口代理手续费；

(7) 银行财务费。

3. 国内段运杂费。

7.2.1.2　其他费用

其他费用中应在“项目建设技术服务费”项下增加“引进成套设备工程项目服务费”项目，该增加项目由以下内容组成：

1. 国外图纸资料翻译复制费；

2. 技术服务费；

3. 出国人员费；

4. 设计联络会（国内部分）费用；

5. 进口设备招标工作费；

6. 融资相关费用。

7.2.1.3　基本预备费

在基本预备费项下增加外资基本预备费。

7.2.2　与第3章建设预算费用构成及计算标准的费用项目构成相对应，因设备引进而发生的各项费用项目应分别计入相应的费用项目中。

7.3　费用计算方法与标准

7.3.1　根据引进成套设备工程的特点，其费用计算方法与标准包括：引进成套设备材料的价格计算方法与标准，利用外资或国家批准的外汇额度国内厂商中标及外商中标返国内制造部分设备材料预算价格计算方法，引进成套设备材料的安装费计算方法，引进成套设备材料其他费用（即引进成套设备工程项目服务费）计算方法与标准，外资部分基本预备费计算方法。

7.3.2　引进成套设备材料的价格计算方法与标准

引进成套设备材料的价格计算方法与费用标准应根据国家相关主管部门及电力行业的有关规定执行，预算编制前应向有关部门收集现行规定作为计算依据。

7.3.2.1 进口设备材料的供货价

1. 我国常用进口设备材料供货价的种类：

1）装运港船上交货价，英文缩写 FOB（Free on Board）；

2）成本加运费在内价，英文缩写 CFR（Cost and Freight）；

3）到岸价或成本加保险费、运费在内价，英文缩写 CIF（Cost Insurance and Freight）。

以下计算均以上述三种供货价的标准条款为例。

2. 供货价的计算：

计算公式：

供货价 = 外币金额（签订的合同价）×外汇牌价

在可行性研究阶段，如果没有具体的意向或协议，可按市场询价或国家批准用于进口设备材料的外资（或外汇）额度视同 CIF 价计算供货价。

初步设计阶段按所签订的合同价计算。

7.3.2.2 相关费用的计算方法与费用标准

1. 国外段运费：

供货价（合同价）若为 FOB 等不含国外段运费价时，按照以下方法计算：

国外段运费 = 设备材料毛重（t）×运输单价（元/t）

其中：运输单价根据采用的运输方式，按照进出口公司或对外运输部门现行的价格确定。

如编制预算时没有重量资料，则可按下列公式计算：

国外段运费 = 进口设备材料供货价×运费率

其中，运费率可参照近期同类工程测算。

2. 国外段保险费：指进口商品在国外段运输期间向有关保险公司投保所需的费用。

计算公式：

保险费 = 保险额×保险费率

一般以 CIF 价为保险额，如果供货价（合同价）若为 FOB、CFR 等不含国外段保险费时，可采用以下方法计算保险费：

1）供货价为 FOB 价时：

保险费 =（供货价 + 国外段运费 + 保险费）×保险费率

或　保险费 = 供货价×（1 + 国外段运费率 + 保险费率）×保险费率

2）供货价为 CFR 价时：

保险费 =（供货价 + 保险费）×保险费率

或　保险费 = 供货价×（1 + 保险费率）×保险费率

根据投保的险种、商品种类和地区的远近不同，保险费率也不同。应根据引进成套设备工程的具体情况，向保险公司收集现行保险费率。

3. 进口关税：指根据国家税务总局和海关总署颁发的有关规定对进口货物征收的关税。

计算公式：

关税税额 = 完税价格×关税税率

其中，完税价格为海关审定的进口货物 CIF 价格。

在编制引进成套设备材料预算时，可简化以 CIF 价为完税价格计算关税，计算公式如下：

关税税额 = CIF 价×关税税率

4. 增值税：

增值税税额 =（CIF 价 + 关税税额）×增值税率

其中 CIF 价也应为完税价格，简化为以 CIF 价计算；增值税税率按现行税率计算。

5. 进口商品检验费：进口商品检验费按国家现行标准执行。

6. 进口代理手续费：进口代理手续费指外贸企业采取代理方式进口商品时，向国内委托进口企业（单位）所收取的一种费用，它补偿外贸企业经营进口代理业务中有关费用的支出，并含有一定的利润。其计算办法及费用标准应执行国家的现行规定。

计算公式：

进口代理手续费 = CIF 价（外币）×对外付汇当日外汇牌价×手续费率

预算编制时，若不知对外付汇当日外汇牌价，则以预算编制时的外汇牌价计算。

计算标准：根据国家物价局价综字〔1992〕463 号《关于印发进口代理手续费收取办法的通知》规定，进口代理手续费率按照对外供货合同金额不同，分档计收：

1）金额在 100 万美元以下（含 100 万美元）费率不超过 2%，最低收费额为 1000 元人民币；

2）金额在 100 万美元以上，1000 万美元以下（含 1000 万美元）费率不超过 1.5%；

3）金额在 1000 万美元以上，5000 万美元以下（含 5000 万美元）费率不超过 1.0%；

4）金额在 5000 万美元以上，费率在 0.5% ~1.0% 之间。

7. 银行财务费：银行财务费是指项目法人或进口代理公司与卖方在合同内规定的开证银行财务费。

计算公式：

银行财务费 = 进口设备材料供货价×外汇牌价×银行财务费率

其中银行财务费率应根据各银行现行的收费标准计算。

8. 国内段运杂费：国内段运杂费指由我国港口（或交接车站、机场）运到建设工地指定地点的运杂费。包括引进成套设备材料的港口费用和压力容器安全性能检验费。

计算公式：

国内段运杂费 = CIF 价×编制时汇率×（铁路、水路运杂费率 + 公路运杂费率）

铁路、水路运杂费率：100km 及以内费率为 0.9%；超过 100km，每增加 100km 费率增加 0.1 个百分点；不足 100km 按 100km 计取。

公路运输的运距在 50km 及以内，费率为 0.64%，运距超过 50km 时，每增加 50km 费率增加 0.25 个百分点，不足 50km 按 50km 计取。若到货港口（地点）为电厂的专用码头时，公路段运杂费按 0.3% 计算，若到货港口（地点）到现场有直达铁路时，不计取公路运杂费。

当返包比例超过 50% 时，国内段运杂费可以根据各工程的实际情况进行测算。

燃机工程按上述费率的 50% 计算。

电厂有大件码头或其他特别情况时应按设备、材料的运输重量或国家规定的运费办法计算。

7.3.3 利用外资或国家批准的外汇额度国内厂商中标及外商中标返包国内制造部分设备材料预算价格计算方法

在可行性研究阶段，按意向性的返包比例计算国内生产部分的相关费用［增值税、进口代理手续费（如进口部分需代理）、银行财务费］及国内段运杂费等。

在初步设计阶段，按以下方法计算：

1. 利用外资并采取国际招标时，按合同价以外资方式计列，并计取进口代理手续费（如需代理）、银行财务费、国内段运杂费。

2. 采用国家批准的外汇额度，国内厂商中标的设备材料费用，一律采用人民币计算，运杂费按国内标准计算。

7.3.4 引进成套设备材料的安装费

1. 编制投资估算时，工程量以国外概念设计资料或近期在建（或建成）的同类型机组的工程量为依据，采用现行的定额或指标进行编制。

2. 在编制初步设计概算和施工图预算时，进口安装主材及建筑用钢材按照工程所在地的材料预算价格计算，作为计取费用的基数。

3. 国外进口主材，其加工配制费用按照合同约定计列。

7.3.5 引进成套设备材料其他费用（即引进成套设备工程项目服务费）的计算方法与标准

1. 国外图纸资料翻译复制费：国外图纸资料翻译复制费用，按表7-3-5指标计列，由项目法人控制使用。

表7-3-5 图纸、资料翻译复制费用指标

序号	设计方式	燃煤发电工程（元/kW）			
		炉岛	机岛	I&C岛	BOP岛
一	国外设计、国内配合	1.5	1.5	1.0	0.5
二	国外设备、国内设计	1.0	1.0	0.8	0.2

注1. 容量；发电厂按2台机组，如超过2台机组，仍按2台机组计取。

2. 燃气轮机发电机组，可按燃煤发电工程指标的40%计算。

3. 扩建工程的主设备与上期相同且布置基本相同时，按上述费率的60%计列。

4. 单项设备，可按实际情况计列。

2. 技术服务费：技术服务费包括国外设计费、培训费、外技人员现场服务费及技术专利费等。

可行性研究阶段，若无协议或意向性文件，可视同用于引进的外资或外汇额度中已含，不再单列。

在初设计段，可按合同的规定计算费用。如果合同价中已含此部分费用，则该费用在表中单列。

3. 出国人员费：我方为本工程派出的设计联络、设备检验、技术培训等人员出国的旅费、服装费、国外生活费、交通费和国内段的差旅费等可按合同中规定的出国人数、期限和我国有关部门规定的现行费用标准计算，合同有特殊规定的按合同规定计算。

4. 设计联络会（国内部分）费用：设计联络会（国内部分）费用指国内各方参加联络会的费用，在签订各自的服务合同中应包括该项费用，建设单位人员参加会议及会议场所租用的费用在建设单位管理费中开支。

注：国外部分费用含在引进成套设备费用合同中。

5. 进口设备招标工作费：进口设备招标工作费指进口设备招标工作所发生的全部费用，计算办法参照国内工程的标书编制费，费率按国内工程招标代理费费率乘以1.1系数计算，计算基数按招标范围所包含的内容计算，一般情况下为合同价。

6. 融资相关费用：按融资合同有关条文进行计算。

7.3.6 外资部分基本预备费

外资部分基本预备费的取费费率：估算阶段2%，概算阶段5%。

注：取费的计算基数为外资总额。

铁路基本建设工程费用内容及标准

(2006 年)

铁道部关于发布《铁路基本建设工程设计概（预）算编制办法》的通知

铁建设〔2006〕113 号

为加强铁路基本建设工程造价管理，合理编制铁路基本建设工程设计概（预）算，根据国家有关规定，结合铁路工程建设特点，在认真总结经验的基础上，对《铁路基本建设工程设计概算编制办法》（铁建管〔1998〕115 号）进行了全面修订。现将修订后的《铁路基本建设工程设计概（预）算编制办法》予以发布（单行本另发）。

铁道部原发《铁路基本建设工程设计概算编制办法》（铁建管〔1998〕115 号）、《地方铁路基本建设工程设计概算编制办法》（铁建设〔2002〕78 号）、《关于调整〈地方铁路基本建设工程设计概算编制办法〉的通知》（铁建设〔2003〕64 号）、《关于调整铁路工程建设管理费用标准的通知》（铁建设〔2000〕80 号）、《关于发布〈营业线施工配合费计费暂行标准〉的通知》（铁建设函〔2002〕52 号）等同时废止。

《关于对铁路工程定额和费用进行调整的通知》（铁建设〔2003〕42 号）中对《铁路基本建设工程设计概算编制办法》（铁建管〔1998〕115 号）和《铁路工程建设材料预算价格》（铁建设〔2001〕28 号）进行调整的相关规定、《关于调整铁路工程监理费标准的通知》（铁建设〔2002〕101 号）中增加费用在招标节余费中列支的相关规定以及其他文件中与本办法相悖的规定同时废止。

本办法自 2006 年 7 月 1 日起施行。

本办法由铁道部建设管理司负责解释，由铁路工程定额所组织发行单行本。

二〇〇六年六月二十日

3.1　人工费

指直接从事建筑安装工程施工的生产工人开支的各项费用。

$$人工费 = \sum 定额人工消耗量 \times 综合工费标准$$

3.1.1　综合工费的组成内容

（1）基本工资。

（2）津贴和补贴。

（3）生产工人辅助工资。

（4）职工福利费。

（5）生产工人劳动保护费。

3.1.2　综合工费标准见表 3

表3　综合工费标准

综合工费类别	工程类别	综合工费标准（元/工日）
Ⅰ类工	路基，小桥涵，房屋、给排水、站场（不包括旅客地道、天桥）等的建筑工程，取弃土（石）场处理，临时工程	20.35
Ⅱ类工	特大桥、大桥、中桥（包括旅客地道、天桥），轨道，机务、车辆、动车等的建筑工程	24.00
Ⅲ类工	隧道、通信、信号、信息、电力、电力牵引供电工程，设备安装工程	25.82
Ⅳ类工	计算机设备安装调试	43.08

注：①本表中的综合工费标准为基期综合工费标准，不包含特殊地区津贴、补贴。特殊地区津贴、补贴按国务院及其有关部门和省（自治区、直辖市）的规定计算，按人工费价差计列。

②独立建设项目的大型旅客站房及地方铁路中的房屋工程，采用工程所在地地区统一定额的，应采用工程所在地的房屋工程综合工费标准。

③隧道外一般工程短途接运运输的综合工费标准采用Ⅰ类工。

3.2　材料费

指按施工过程中耗用的构成工程实体的原材料、辅助材料、构配件、零件和半成品、成品的用量以及周转材料的摊销量和相应预算价格等计算的费用。

3.2.1　材料预算价格的组成

材料预算价格由材料原价、运杂费、采购及保管费组成。

材料预算价格 =（材料原价 + 运杂费）×（1 + 采购及保管费率）

（1）材料原价。指材料的出厂价或指定交货地点的价格，对同一种材料，因产地、供应渠道不同而出现几种原价时，其综合原价可按其供应量的比例加权平均确定。

（2）运杂费。是指材料自来源地（生产厂或指定交货地点）运至工地所发生的有关费用，包括运输费、装卸费及其他有关运输的费用等。

（3）采购及保管费。是指材料在采购、供应和保管过程中所发生的各项费用。包括采购费、仓储费、工地保管费、运输损耗费、仓储损耗费，以及办理托运所发生的费用（如按规定由托运单位负担的包装、捆扎、支垫等的料具耗损费，转向架租用费和托运签条）等。

3.2.2　材料预算价格的确定

（1）水泥、木材、钢材、砖、瓦、砂、石、石灰、黏土、花草苗木、土工材料、钢轨、道岔、轨枕、钢梁、钢管拱、斜拉索、钢筋混凝土梁、铁路桥梁支座、钢筋混凝土预制桩、电杆、铁塔、机柱、接触网支柱、接触网及电力线材、光电缆线、给水排水管材等材料（电算代号见表4）的基期价格采用现行的《铁路工程建设材料基期价格》，编制期价格根据设计单位实地调查分析采用，以上价格均不含来源地至工地的运杂费，来源地至工地的运杂费应单独计列。若调查价格中未含采购及保管费，要计算其按材料原价计取的采购及保管费。编制期价格与基期价格的差额按价差计列。以上材料的编制期价格应随设计文件一并送审。

（2）施工机械用汽油、柴油，基期价格采用现行的《铁路工程建设材料基期价格》，编制期价格根据设计单位实地调查分析采用，以上均为含运杂费和采购及保管费的价格。编制期价格与基期价格的差额按价差计列（计入施工机械使用费价差中）。施工机械用汽油、柴油的编制期价格应随设计文件一并送审。

(3) 除上述材料以外的其他材料，基期价格采用现行的《铁路工程建设材料基期价格》，其编制期与基期的价差按部颁材料价差系数调整。此类材料的基期价格已包含运杂费和采购及保管费，部颁材料价差系数也已考虑运杂费和采购及保管费因素，编制概（预）算时不应另计运杂费和采购及保管费。

表4　采用调查价格材料的品类及电算代号

序号	材料名称	电算代号
1	水泥	1010001～1010100
2	木材	1110001～1110018
3	钢材	1900001～1979999，1980010～1989999，2000001～2009999，2200001～2209999，2220001～2249999，2810023～2810999
4	给水排水管材	1400001～1403999，2300010～2309999，2330010～2330109，3372010～3372999
5	砂	1260022～1260025
6	石	1230001～1240599
7	石灰、黏土	1200013～1200019，1210004，1210016
8	砖、瓦	1300001～1300054，1310001～1310099
9	土工材料、花草苗木	3410010～3412999，1170050～11179999
10	钢轨	2700010～2709999
11	道岔	2720010～2729999
12	轨枕	2741012～2741799
13	钢梁、钢管拱、斜拉索	2624010～2624999
14	钢筋混凝土梁	2600010～2609999
15	铁路桥梁支座	2610010～2612999，2613110～2613499，2625010～2625999
16	钢筋混凝土预制桩	1405001～1405999
17	电杆、铁塔、机柱	1410001～1413499，4843010～4844999，7812010～7812999，8111036～8111099
18	接触网支柱	5200302～5200799，5300051～5399999
19	接触网及电力线材	2120001～2129999，5800001～5800499，5811016～5866999
20	光电缆线	4710010～4715999，4720010～4734960，7010010～7312999，8010010～8017999

3.2.3　再用轨料价格的计算规定

修建正式工程使用的旧轨料（不包括定额规定使用的废轨、旧轨，如桥梁和平交道的护轮轨，车挡弯轨等），其价格按设计调查的价格分析确定；本工程范围内拆除后利用的，一般只计运杂费，需整修的，按相同规格型号新料价格的10%计算整修管理费。

3.3　施工机械使用费

施工机械使用费＝∑定额施工机械台班消耗量×施工机械台班单价

3.3.1　施工机械台班费用的组成

（1）折旧费：指机械在规定的使用期限（耐用总台班）内，陆续收回其原值（不含贷款利息）的费用。

（2）大修理费：指机械按规定的大修间隔台班进行必要的大修理，以恢复其正常功能所需的费用。

（3）经常修理费：指机械除大修理以外的各级技术保养，修理及临时故障排除所需的费用；为保障机械正常运行所需的替换设备、随机配备的工具与附具的摊销和维护费用；机械运转与日常保养所需的润滑、擦拭材料费用；机械停置期间的维护保养费用等。

（4）安装拆卸费：指机械在施工现场进行安装、拆卸与搬运所需的人工费、材料费、机具费和试运转费用；辅助设施（基础、底座、固定锚桩、走行轨道、枕木等）的搭拆与折旧费用等。

（5）人工费：指机上司机和相关操作人员的人工费，以及上述人员在机械规定的年工作台班以外的人工费。

（6）燃料动力费：指机械在运转施工作业中所耗用的液体燃料（汽油、柴油）、固体燃料（煤）、电和水的费用。

（7）其他费用：指机械按照国家和有关部门规定应交纳的养路费、车船使用税、保险费及年检费用等。

3.3.2　施工机械台班单价的取定

编制设计概（预）算以现行的《铁路工程施工机械台班费用定额》作为计算施工机械台班单价的依据。

以现行《铁路工程建设材料基期价格》中的油燃料价格及本办法规定的基期综合工费标准计算出的台班单价作为基期施工机械台班单价；以编制期的综合工费标准、油燃料价格、水电单价及养路费标准计算出的台班单价作为编制期施工机械台班单价。编制期与基期的施工机械台班单价的差额按价差计列。

3.4　工程用水、电综合单价

3.4.1　工程用水综合单价

工程用水基期单价为0.38元/吨。特殊缺水地区或取水困难的工程，可按施工组织设计确定的供水方案，另行分析工程用水单价，分析水价与基期水价的差额，按价差计列；在大、中城市中施工时，必须使用城市自来水的，可按当地规定的自来水价格分析工程用水单价，与基期水价的差额按价差计列。

3.4.2　工程用电综合单价

工程用电基期单价为0.55元/kW·h。

编制设计概（预）算时，可根据施工组织设计所确定的供电方案，按下述工程用电单价分析办法，计算出各种供电方式的单价。

（1）采用地方电源的电价算式：

$$Y_{地} = Y_{基}(1+c) + f_1 \tag{1}$$

式中 $Y_{地}$——采用地方电源的电价（元/kWh）；

$Y_{基}$——地方供电部门基本电价（元/kWh）；

c——变配电设备和线路损耗率7%；

f_1——变配电设备的修理、安装、拆除、设备和线路的运行维修的摊销费等0.03元/kWh。

（2）采用内燃发电机临时集中发电的电价算式：

$$Y_{集} = \frac{Y_1 + Y_2 + Y_3 + \cdots + Y_n}{W(1-R-c)} + S + f_1 \tag{2}$$

式中 $Y_{集}$——临时内燃集中发电站的电价（元/kWh）；

Y_1、Y_2、$Y_3 \cdots Y_n$——各型发电机的台班费（元）；

W——各型发电机的总发电量（kWh）；

其值为 $W = (N_1 + N_2 + N_3 + \cdots + N_n) \times 8 \times B \times M$

其中：N_1、N_2、N_3、$\cdots N_n$——各型发电机的额定能力（kW）；

B——台班小时的利用系数0.8；

M——发电机的出力系数0.8；

R——发电站的用电率5%；

S——发电机的冷却水费0.02元/kWh；

c、f_1 同（1）式。

（3）采用分散发电的电价算式：

$$Y_{分} = \frac{Y_1 + Y_2 + Y_3 + \cdots + Y_n}{(W_1 + W_2 + W_3 + \cdots + W_n)(1-c)} + S + f_1 \tag{3}$$

式中 $Y_{分}$——分散发电的电价（元/kWh）；

Y_1、Y_2、$Y_3 \cdots Y_n$——各型发电机的台班费（元）；

W_1、W_2、$W_3 \cdots W_n$——各型发电机的台班产量（kWh）；

其值为 $W_i = 8 \times B_i \times M$

其中：B_i 为某种型号发电机台班小时的利用系数，由设计确定；

M、c、S、f_1 同（2）式；

分析电价与基期电价的差额按价差计列。

3.5 运杂费

是指水泥、木材、钢材、砖、瓦、砂、石、石灰、黏土、土工材料、花草苗木、钢轨、道岔、轨枕、钢梁、钢管拱、斜拉索、钢筋混凝土梁、铁路桥梁支座、钢筋混凝土预制桩、电杆、铁塔、机柱、接触网支柱、接触网及电力线材、光电缆线、给水排水管材等材料（电算代号见表4），自来源地运至工地所发生的有关费用，包括运输费、装卸费、其他有关运输的费用（如火车运输的取送车费等）以及应按运输费、装卸费、其他有关运输的费用之和计取的采购及保管费。运杂费的计算规定如下：

3.5.1 各种运输单价

（1）火车运价

火车运价分营业线火车、临管线火车、工程列车、其他铁路四种。

①营业线火车

按编制期《铁路货物运价规则》的有关规定计算，计算公式如下：

营业线火车运价（元/吨）$=K_1\times$（基价$_1$ + 基价$_2\times$运价里程）+ 附加费运价

其中：附加费运价 $=K_2\times$（电气化附加费费率×电气化里程 + 新路新价均摊运价率×运价里程 + 铁路建设基金费率×运价里程）。

计算公式中的有关因素说明如下：

A. 各种材料计算货物运价所采用的运价号、综合系数 K_1、K_2 见表5。

表5　铁路运价号、综合系数

序号	项目 分类名称	运价号（整车）	综合系数 K_1	综合系数 K_2
1	砖、瓦、石灰、砂石料	2	1.00	1.00
2	道碴	2	1.20	1.20
3	钢轨（≤25m）、道岔、轨枕、钢梁、电杆、机柱、钢筋混凝土管桩、接触网圆形支柱	5	1.08	1.08
4	100m长定尺钢轨	5	1.80	1.80
5	钢筋混凝土梁	5	3.48	1.64
6	接触网方形支柱、铁塔、硬横梁	5	2.35	2.35
7	接触网及电力线材、光电缆线	5	2.00	2.00
8	其他材料	5	1.05	1.05

注：①K_1 包含了游车、超限、限速和小满载等因素；K_2 只包含小满载及游车因素。

②火车运土的运价号和综合系数 K_1、K_2，比照“砖、瓦、石灰、砂石料”确定。

③爆炸品、一级易燃液体除 K_1、K_2 外的其他加成，按编制期《铁路货物运价规则》的有关规定计算。

B. 电气化附加费按该批货物经由国家铁路正式营业线和实行统一运价的运营临管线电气化区段的运价里程合并计算。

C. 货物运价、电气化附加费费率、新路新价均摊运价率、铁路建设基金费率等按编制期《铁路货物运价规则》及铁道部的有关规定执行。

D. 计算货物运输费用的运价里程，由发料地点起算，至卸料地点止，按编制期《铁路货物运价规则》的有关规定计算。其中，区间（包括区间岔线）装卸材料的运价里程，应由发料地点的后方站起算，至卸料地点的前方站（均系指办理货运业务的营业站）止。

②临管线火车

临管线火车运价应执行由部批准的运价。运价中包括路基、轨道及有关建筑物和设备（包括临管用的临时工程）的养护、维修、折旧费等。运价里程应按发料地点起算，至卸料地点止，区间卸车算至区间工地。

③工程列车

工程列车运价包括机车、车辆的使用费，乘务员及有关行车管理人员的工资、津贴和差旅费，线路及有关建筑物和设备的养护维修费、折旧费以及有关运输的管理费用。运价里程应按发料地点起算，至卸料地点止，区间卸车算至区间工地。工程列车运价按营业线火车运价（不包括铁路建设基金、电气化附加费、限速加成等）的1.4倍计算。

计算公式：

工程列车运价（元/吨）$=1.4\times K_2\times$（基价$_1$ + 基价$_2\times$运价里程）

④其他铁路

其他铁路运价按该铁路主管部门的规定办理。

（2）汽车运价

原则上参照现行的《汽车运价规则》确定。为简化概（预）算编制工作，按下列计算公式分析汽车运价：

汽车运价（元/吨）=吨次费+公路综合运价率×公路运距+汽车运输便道综合运价率×汽车运输便道运距

计算公式中有关因素说明如下：

①吨次费：按工程项目所在地的调查价格计列。

②公路综合运价率：材料运输道路为公路时，考虑过路过桥费等因素，以建设项目所在地的汽车运输单价乘以1.05的系数计算。

③汽车运输便道综合运价率：材料运输道路为汽车运输便道时，结合地形、道路状况等因素，按当地汽车运输单价乘以1.2的系数计算。

④公路运距：应按发料地点起算，至卸料地点止所途经的公路长度计算。

⑤汽车运输便道运距：应按发料地点起算，至卸料地点止所途经的汽车运输便道长度计算。

（3）船舶运价及渡口等收费标准按建设项目所在地的标准计列。

（4）材料运输过程中，因确需短途接运而采用的双（单）轮车、单轨车、大平车、轻轨斗车、轨道平车、机动翻斗车等运输方法的运价，应按有关定额资料分析确定。

3.5.2　各种装卸费单价

（1）火车、汽车装卸单价，按表6所列综合单价计算。

表6　火车、汽车装卸费单价

单位：元/吨

一般材料	钢轨、道岔、接触网支柱	其他1t以上的构件
3.4	12.5	8.4

注：其中装占60%，卸占40%。

（2）水运等的装卸费单价，按建设项目所在地的标准计列。

（3）双（单）轮车、单轨车、大平车、轻轨斗车、轨道平车、机动翻斗车等的装卸费单价，按有关定额资料分析确定。

3.5.3　其他有关运输费用

（1）取送车费（调车费）

用铁路机车往专用线、货物支线（包括站外出岔）或专用铁路的站外交接地点调送车辆时，核收取送车费。计算取送车费的里程，应自车站中心线起算，到交接地点或专用线最长线路终端止，里程往返合计（以公里计）。取送车费的计费标准原则上按铁道部运输主管部门的规定办理。取送车费按0.10元/吨公里计列。

（2）汽车运输的渡船费

按建设项目所在地的标准计列。

3.5.4　采购及保管费

指按运输费、装卸费及其他有关运输的费用之和为基数计取的，应列入运杂费中的采购及保管费。采购及保管费率见表7。

表7 采购及保管费率

序号	材料名称	费率（%）	其中运输损耗费率（%）
1	水泥	3.53	1.00
2	碎石（包括道碴及中、小卵石）	3.53	1.00
3	砂	4.55	2.00
4	砖、瓦、石灰	5.06	2.50
5	钢轨、道岔、轨枕、钢梁、钢管拱、斜拉索、钢筋混凝土梁、铁路桥梁支座、电杆、铁塔、钢筋混凝土管桩、接触网支柱、机柱	1.00	—
6	其他材料	2.50	—

3.5.5 运杂费计算的其他规定

（1）单项材料运杂费单价的编制范围，原则上应与单项概（预）算的编制单元相对应。

（2）运输方式和运输距离要经过调查、比选，综合分析确定。以最经济合理的，并且符合工程要求的材料来源地作为计算运杂费的起运点。

（3）分析各单项材料运杂费单价，应按施工组织设计所拟定的材料供应计划，对不同的材料品类及不同的运输方法分别计算平均运距。

（4）各种运输方法的比例，按施工组织设计确定。

（5）旧轨件的运杂费，其重量应按设计轨型计算。如设计轨型未确定，可按代表性轨型的重量，其运距由调拨地点的车站起算。如未明确调拨地点者，可按以下原则编列：

①已明确调拨的铁路局，但未明确调拨地点者，则由该铁路局所在地的车站起算；

②未明确调拨的铁路局者，则按工程所在地区的铁路局所在地的车站起算。

3.6 填料费

指购买不作为材料对待的土方、石方、渗水料、矿物料等填筑用料所支出的费用。

3.7 施工措施费

内容包括：

（1）冬雨季施工增加费。指建设项目的某些工程需在冬季、雨季施工，以致引起需采取的防寒、保温、防雨、防潮和防护措施，人工与机械的功效降低以及技术作业过程的改变等，所需增加的有关费用。

（2）夜间施工增加费。指必须在夜间连续施工或在隧道内铺碴、铺轨，敷设电线、电缆，架设接触网等工程，所发生的工作效率降低、夜班津贴，以及有关照明设施（包括所需照明设施的装拆、摊销、维修及油燃料、电）等增加的有关费用。

（3）小型临时设施费。指施工企业为进行建筑安装工程施工，所必须修建的生产和生活用的一般临时建筑物、构筑物和其他小型临时设施所发生的费用。

小型临时设施包括：

①为施工及施工运输（包括临管）所需修建的临时生活及居住房屋，文化教育及公共房屋（如三用堂、广播室等）和生产、办公房屋（如发电站，变电站，空压机站，成品厂，材料厂、库，堆料棚，停机棚，临时站房，货运室等）。

②为施工或施工运输而修建的小型临时设施，如通往中小桥、涵洞、牵引变电所等工程和施工队伍驻地以及料库、车库的运输便道引入线（包括汽车、马车、双轮车道），工地内运输便道、轻便轨道、龙门吊走行轨，由干线到工地或施工队伍驻地的地区通信引入线、电力线和达不到给水干管路标准的给水管路等。

③为施工或维持施工运输（包括临管）而修建的临时建筑物、构筑物。如临时给水（水井、水塔、水池等），临时排水沉淀池，钻孔用泥浆池、沉淀池，临时整备设备（给煤、砂、油，清灰等设备），临时信号，临时通信（指地区线路及引入部分），临时供电，临时站场建筑设备。

④其他。大型临时设施和过渡工程项目内容以外的临时设施。

小型临时设施费用包括：

小型临时设施的搭设、移拆、维修、摊销及拆除恢复等费用，因修建小型临时设施，而发生的租用土地、青苗补偿、拆迁补偿、复耕及其他所有与土地有关的费用等。

(4) 工具、用具及仪器、仪表使用费。指施工生产所需不属于固定资产的生产工具、检验用具及仪器、仪表等的购置、摊销和维修费，以及支付给生产工人自备工具的补贴费。

(5) 检验试验费。指施工企业按照规范和施工质量验收标准的要求，对建筑安装的设备、材料、构件和建筑物进行一般鉴定、检查所发生的费用，包括自设试验室进行试验所耗用的材料和化学药品费用等，以及技术革新的研究试验费。不包括应由研究试验费和科技三项费用支出的新结构、新材料的试验费；不包括应由建设单位管理费支出的建设单位要求对具有出厂合格证明的材料进行试验，对构件破坏性试验及其他特殊要求检验试验的费用；不包括设计要求的和需委托其他有资质的单位对构筑物进行检验试验的费用。

(6) 工程定位复测、工程点交、场地清理费。

(7) 安全作业环境及安全施工措施费。是指用于购置施工安全防护用具及设施、宣传落实安全施工措施、改善安全生产环境及条件、确保施工安全等所需的费用。

(8) 文明施工及施工环境保护费。指现场文明施工费用及防噪声、防粉尘、防振动干扰、生活垃圾清运排放等费用。

(9) 已完工程及设备保护费。是指竣工验收前，对已完工程及设备进行保护所需费用。

施工措施费，以各类工程的基期人工费与基期施工机械使用费之和为计算基数，根据施工措施费地区划分表（见表8），按表9所列费率计列。

表8　施工措施费地区划分表

地区编号	地域名称
1	上海，江苏，河南，山东，陕西（不含榆林地区），浙江，安徽，湖北，重庆，云南，贵州（不含毕节地区），四川（不含凉山彝族自治州西昌市以西地区、甘孜藏族自治州）
2	广东，广西，海南，福建，江西，湖南
3	北京，天津，河北（不含张家口市、承德市），山西（不含大同市、朔州市、忻州地区原平以西各县），甘肃，宁夏，贵州毕节地区，四川凉山彝族自治州西昌市以西地区、甘孜藏族自治州（不含石渠县）
4	河北张家口市、承德市，山西大同市、朔州市、忻州地区原平以西各县，陕西榆林地区，辽宁
5	新疆（不含阿勒泰地区）
6	内蒙古（不含呼伦贝尔盟－图里河及以西各旗），吉林，青海（不含玉树藏族自治州曲麻莱县以西地区、海北藏族自治州祁连县、果洛藏族自治州玛多县、海西蒙古族藏族自治州格尔木市辖的唐古拉山区），西藏（不含阿里地区和那曲地区的尼玛、班戈、安多、聂荣县），四川甘孜藏族自治州石渠县
7	黑龙江（不含大兴安岭地区），新疆阿勒泰地区
8	内蒙古呼伦贝尔盟－图里河及以西各旗，黑龙江大兴安岭地区，青海玉树藏族自治州曲麻莱县以西地区、海北藏族自治州祁连县、果洛藏族自治州玛多县、海西蒙古族藏族自治州格尔木市辖的唐古拉山区，西藏阿里地区和那曲地区的尼玛、班戈、安多、聂荣县

表9 施工措施费率

类别代号	工程类别＼地区编号	1	2	3	4	5	6	7	8	附注
		费率（%）								
1	人力施工土石方	20.55	21.09	24.70	27.10	27.37	29.90	30.51	31.57	包括人力拆除工程，绿色防护、绿化，各类工程中单独挖填的土石方，爆破工程
2	机械施工土石方	9.42	9.98	13.83	15.22	15.51	18.21	18.86	19.98	包括机械拆除工程，填级配碎石、砂砾石、渗水土，公路路面，各类工程中单独挖填的土石方
3	汽车运输土石方采用定额“增运”部分	5.09	4.99	5.40	6.12	6.29	6.63	6.79	7.35	包括隧道出碴洞外运输
4	特大桥、大桥	10.28	9.19	12.30	13.53	14.19	14.24	14.34	14.52	不包括梁部及桥面系
5	预制混凝土梁	27.56	22.14	37.67	41.38	44.65	44.92	45.42	46.31	包括桥面系
6	现浇混凝土梁	17.24	13.89	23.50	25.97	27.99	28.16	28.46	29.02	包括梁的横向联结和湿接缝，包括分段预制后拼接的混凝土梁
7	运架混凝土简支箱梁	4.68	4.68	4.81	5.16	5.25	5.40	5.49	5.73	
8	隧道、明洞、棚洞，自采砂石	13.08	12.74	13.61	14.75	14.90	14.96	15.04	15.09	
9	路基加固防护工程	16.94	16.25	18.89	20.19	20.35	20.59	20.80	20.94	包括各类挡土墙及抗滑桩
10	框架桥、中桥、小桥，涵洞、轮渡、码头，房屋，给排水、工务、站场、其他建筑物等建筑工程	21.25	20.22	23.50	25.53	26.04	26.27	26.47	26.65	不包括梁式中、小桥梁部及桥面系
11	铺轨、铺岔，架设混凝土梁（简支箱梁除外）、钢梁、钢管拱	27.08	26.96	27.83	29.50	30.17	32.46	34.12	40.96	包括支座安装，轨道附属工程，线路备料
12	铺碴	10.33	9.07	12.38	13.71	13.94	14.52	14.86	15.99	包括线路沉落整修、道床清筛
13	无碴道床	27.66	23.60	35.25	38.90	41.35	41.55	41.93	42.6	包括道床过渡段
14	通信、信号、信息、电力、牵引变电、供电段、机务、车辆、动车，所有安装工程	25.30	25.40	25.80	27.75	28.03	28.30	28.70	29.55	
15	接触网建筑工程	25.12	23.89	27.33	29.26	29.42	29.74	30.20	30.46	

注：①对于设计速度≤120km/h的工程，其机械施工土石方工程、铺架工程的施工措施费应按表10规定的费率计算，其余工程类别的费率采用表9中的规定。

②大型临时设施和过渡工程按表列同类正式工程的费率乘以0.45的系数计列。

表 10　设计速度≤120km/h 的工程施工措施费费率表

工程类别＼地区编号	1	2	3	4	5	6	7	8
机械施工土石方	9.03	9.59	13.44	14.83	15.12	17.82	18.47	19.59
铺轨、铺岔，架设混凝土梁	25.33	25.21	26.08	27.75	28.42	30.71	32.38	39.21

3.8　特殊施工增加费

内容包括：

（1）风沙地区施工增加费。指在内蒙古及西北地区的非固定沙漠地区施工时，月平均风力在四级以上的风沙季节，进行室外建筑安装工程时，由于受风沙影响应增加的费用，本项费用按下列算法计列：

室外建筑安装工程的定额工天×编制期综合工费单价×3%

（2）高原地区施工增加费。指在海拔 2000m 以上的高原地区施工时，由于人工和机械受气候、气压的影响而降低工作效率，所增加的费用。

本项费用根据工程所在地的不同海拔高度，不分工程类别，按下列算法计列：

定额工天×编制期综合工费单价×高原地区工天定额增加幅度＋定额机械台班量×编制期机械台班单价×高原地区机械台班定额增加幅度

高原地区施工定额增加幅度见表 11。

表 11　高原地区施工定额增加幅度

海拔高度（m）	定额增加幅度（%）	
	工天定额	机械台班定额
2000～3000	12	20
3001～4000	22	34
4001～4500	33	54
4501～5000	40	60
5000 以上	60	90

（3）原始森林地区施工增加费。指在原始森林地区进行新建或增建二线铁路施工，由于受气候影响，其路基土方工程应增加的费用。本项费用按下列算法计列：

（路基土方工程的定额工天×编制期综合工费单价＋路基土方工程的定额机械台班量×编制期机械台班单价）×30%

（4）行车干扰施工增加费。指在不封锁的营业线上，在维持通车的情况下，进行建筑安装工程施工时，由于受行车影响造成局部停工或妨碍施工而降低工作效率等所需增加的费用。

①行车干扰施工增加费的计费范围

受行车干扰的范围见表 12。

表 12　行车干扰施工增加费计费范围

名称	受行车干扰范围	受行车干扰项目	包括	不包括
路基	在行车线上或在行车线中心平距 5m 及以内	填挖土方、填石方	路基抬高落坡全部工程	路基加固防护及附属土石方工程

续表

名称	受行车干扰范围	受行车干扰项目	包括	不包括
路基	在行车线的路堑内	开挖土石方的全部数量以及路堑内的挡土墙、护墙、护坡、边沟、吊沟的全部砌筑工程数量	以邻近行车线的一股道为限	控制爆破开挖石方，路堤挡土墙、护坡
	平面跨越行车线运土石方	跨越运输的全部数量	隧道弃碴	
桥涵	在行车线上或在行车线中心平距5m及以内	涵洞的主体圬工，桥梁工程的下部建筑主体圬工	桥梁的锥体护坡及桥头填土	桥涵其他附属工程及桥梁架立和桥面系等，框架桥、涵管的挖土、顶进，框架桥内、涵洞内的路面、排水等工程
隧道及明洞	在行车线的隧道、明洞内施工	改扩建隧道或增设通风、照明设备的全部工程数量	明洞、棚洞的挖基及衬砌工程	明洞棚洞拱上的回填及防水层、排水沟等
轨道	在行车线上或在行车线中心平距5m及以内或在行车线的线间距≤5m的邻线上施工	全部数量	拆铺、改拨线路，更换钢轨、轨枕及线路整修作业	线路备料
电力牵引供电	在行车线上或在行车线两侧中心平距5m及以内或在行车线的线间距≤5m的邻线上施工	在既有线上非封锁线路作业的全部数量和邻线未封锁而本线封锁线路作业的全部数量		封锁线路作业的项目（邻线未封锁的除外）；牵引变电及供电段的全部工程
其他室外建筑安装及拆除	在行车线上或在行车线两侧中心平距5m及以内	全部数量	靠行车线较近的基本站台、货物站台，天桥、灯桥，地道的上下楼梯，信号工程的室内安装	站台土方不跨线取土者

在封锁的营业线上施工（包括要点施工在内，封锁期间邻线行车的除外），在未移交正式运营的线路上施工和在避难线、安全线、存车线及其他段管线上施工均不计列行车干扰施工增加费。

②行车干扰施工增加费的计算

每次行车的行车干扰施工定额人工和机械台班增加幅度按0.31%计（接触网工程按0.40%计）。行车干扰施工定额增加幅度包含施工期间因行车而应做的整理和养护工作，以及在施工时为防护所需的信号工、电话工、看守工等的人工费用及防护用品的维修、摊销费用在内。

本项费用，根据每昼夜的行车次数（以现行铁路局运输部门的计划运行图为准，所有计划外的小运转、轨道车、补机、加点车的运行等均不计算），按受行车干扰范围内的工程项目的工程数量，以其定额工天和机械台班量，乘以行车干扰施工定额增加幅度计算。

A. 土石方施工及跨股道运输的行车干扰施工增加费，不论施工方法如何，均按下列算法计列：

表13所列工天×编制期综合工费单价×受干扰土石方数量×每昼夜行车次数×0.31%

表13　土石方施工及跨股道运输计行车干扰的工天

单位：工日/100m³ 天然密度体积

序号	工作内容	土方	石方
1	仅挖、装（爆破石方仅为装）在行车干扰范围内	20.4	8.0
2	仅卸在行车干扰范围内	4.0	5.4
3	挖、装、卸（爆破石方为装、卸）均在行车干扰范围内	24.4	13.4
4	平面跨越行车线运输土石方，仅跨越一股道或跨越双线、多线股道的第一股道	15.7	23.0
5	平面跨越行车线运输土石方，每增跨一股道	3.1	4.6

B. 接触网工程的行车干扰施工增加费按下列算法计列：

受行车干扰范围内的工程数量×（所对应定额的应计行车干扰的工天×编制期综合工费单价+所对应定额的应计行车干扰的机械台班量×编制期机械台班单价）×每昼夜行车次数×0.40%

C. 其他工程的行车干扰施工增加费按下列算法计列：

受行车干扰范围内的工程数量×（所对应定额的应计行车干扰的工天×编制期综合工费单价+所对应定额的应计行车干扰的机械台班量×编制期机械台班单价）×每昼夜行车次数×0.31%

3.9　大型临时设施和过渡工程费

指施工企业为进行建筑安装工程施工及维持既有线正常运营，根据施工组织设计确定所需的大型临时建筑物和过渡工程修建及拆除恢复所发生的费用。

3.9.1　项目及费用内容

（1）大型临时设施（简称大临）

①铁路岔线、便桥。指通往混凝土成品预制厂、材料厂、道碴场（包括砂、石场）、轨节拼装场、长钢轨焊接基地、钢梁拼装场、制（存）梁场的岔线，机车转向用的三角线和架梁岔线，独立特大桥的吊机走行线，以及重点桥隧等工程专设的运料岔线等。

②铁路便线、便桥。指混凝土成品预制厂、材料厂、道碴场（包括砂、石场）、轨节拼装场、长钢轨焊接基地、钢梁拼装场、制（存）梁场等场（厂）内为施工运料所需修建的便线、便桥。

③汽车运输便道。指通行汽车的运输干线及其通往隧道、特大桥、大桥和轨节拼装场、混凝土成品预制厂、材料厂、砂石场、钢梁拼装场、制（存）梁场、混凝土集中拌和站、填料集中拌和站、大型道碴存储场、长钢轨焊接基地、换装站等的引入线，以及机械化施工的重点土石方工点的运输便道。

④运梁便道。指专为运架大型混凝土成品梁而修建的运输便道。

⑤轨节拼装场、混凝土成品预制厂、材料厂、制（存）梁场、钢梁拼装场、混凝土集中拌和站、填料集中拌和站、大型道碴存储场、长钢轨焊接基地、换装站等的场地土石方、圬工及地基处理。

⑥通信工程。指困难山区（起伏变化很大或比高>80m的山地）铁路施工所需的临时通信干线（包括由接轨点最近的交接所为起点所修建的通信干线），不包括由干线到工地或施工地段沿线各施工队伍所在地的引入线、场内配线和地区通信线路。当采用无线通信时，其费用应控制在有线通信临时工程费用水平内。

⑦集中发电站、集中变电站（包括升压站和降压站）。

⑧临时电力线（供电电压在6kV及以上）。包括临时电力干线及通往隧道、特大桥、大桥和

混凝土成品预制厂、材料厂、砂石场、钢梁拼装场、制（存）梁场等的引入线。

⑨给水干管路。指为解决工程用水而铺设的给水干管路（管径100mm及以上或长度2km及以上）。

⑩为施工运输服务的栈桥、缆索吊。

⑪渡口、码头、浮桥、吊桥、天桥、地道。指通行汽车为施工服务者。

⑫铁路便线、岔线、便桥和汽车运输便道的养护费。

⑬修建“大临”而发生的租用土地、青苗补偿、拆迁补偿、复耕及其他所有与土地有关的费用等。

（2）过渡工程

指由于改建既有线、增建第二线等工程施工，需要确保既有线（或车站）运营工作的安全和不间断地运行，同时为了加快建设进度，尽可能地减少运输与施工之间的相互干扰和影响，从而对部分既有工程设施必须采取的施工过渡措施。

内容包括临时性便线、便桥和其他建筑物及设备，以及由此引起的租用土地、青苗补偿、拆迁补偿、复耕及其他所有与土地有关的费用等。

3.9.2　费用计算规定

（1）大型临时设施和过渡工程，应根据施工组织设计确定的项目、规模及工程量，按本办法规定的各项费用标准，采用定额或分析指标，按单项概（预）算计算程序计算。

（2）大型临时设施和过渡工程，均应结合具体情况，充分考虑借用本建设项目正式工程的材料，以尽可能节约投资，其有关费用的计算规定如下：

①借用正式工程的材料

A. 钢轨、道岔计列一次铺设的施工损耗，钢轨配件、轨枕、电杆计列铺设和拆除各一次的施工损耗（拆除损耗与铺设同），便桥枕木垛所用的枕木，计列一次搭设的施工损耗。

B. 借用表4中所列的材料，计列由材料堆存地点至使用地点和使用完毕由材料使用地点运至指定归还地点的运杂费，其余材料不另计运杂费。

C. 借用正式工程的材料，在概（预）算中一律不计折旧费，损耗率均按《铁路工程基本定额》执行。

②使用施工企业的工程器材

A. 使用施工企业的工程器材，按表14所列的施工器材年使用费率计算使用费。

表14　临时工程施工器材年使用费率

序号	材料名称	年使用费率（%）
1	钢轨、道岔	5
2	钢筋混凝土枕、钢筋混凝土电杆	8
3	钢铁构件、钢轨配件、铁横担、钢管	10
4	油枕、油浸电杆、铸铁管	12.5
5	木制构件	15
6	素枕、素材电杆、木横担	20
7	通信、信号及电力线材（不包括电杆及横担）	30

注：①不论按摊销或折旧计算，均一律按表列费率作为编制概（预）算的依据。其中通信、信号及电力线材的使用年限超过3年时，超过部分的年使用费率按10%计。困难山区使用的钢筋混凝土电杆，不论其使用年限多少，均按100%摊销。

②计算单位为季度，不足一季度，按一季度计。

B. 以上材料、构件的运杂费，属表4所列材料类别的，计列由始发地点至使用地点的往返运杂费，其余不再另计运杂费。

③利用旧道碴，除计运杂费外，还应计列必要的清筛费用。

④不能倒用的材料，如圬工用料，道碴（不能倒用时），计列全部价值。

(3) 铁路便线、岔线、便桥的养护费计费标准

为使铁路便线、岔线、便桥经常保持完好状态，其养护费按表15规定的标准计列。

表15 铁路便线、岔线、便桥养护费

项目	人工	零星材料费	道碴（立方米/月·公里）		
			3个月以内	3~6个月	6个月以上
便线岔线	32工日/月·公里	—	20	10	5
便桥	11工日/月·百换算米	1.25元/月·延长米	—	—	—

注：①人工费按概（预）算综合工费标准计算。

②便线、岔线长度不满100m者，按100m计；便桥长度不满1m者，按1m计。计算便线、岔线长度，不扣除道岔及便桥长度。

③便桥换算长度的计算：

钢梁桥：1m=1换算米

木便桥：1m=1.5换算米

圬工及钢筋混凝土梁桥：1m=0.3换算米

④养护的期限，根据施工组织设计确定，按月计算，不足一个月者，按一个月计。

⑤道碴数量采用累计法计算（例：1km便线当其使用期为一年时，所需道碴数量 $=3\times20+3\times10+6\times5=120m^3$）。

⑥费用内包括冬季积雪清除和雨季养护等一切有关养护费用。

⑦架梁及存梁岔线等，均不计列养护费。

⑧便线、岔线、便桥，如通行工程列车或临管列车，并按有关规定计列运费者，因运价中已包括了养护费用，不应另列养护费；如修建的临时岔线（如运土、运料岔线等）只计取送车费或机车、车辆租用费者，可计列养护费。

⑨营业线上施工，为保证不间断行车而修建通行正式运营列车的便线、便桥，在未办理交接前，其养护费按照表列规定加倍计算。

(4) 汽车便道养护费计费标准

为使通行汽车运输便道经常保持完好的状态，其养护费按表16规定的标准计算。

表16 汽车运输便道养护费

项目		人工	碎石或粒料
		工日/月·公里	立方米/月·公里
土路		15	—
粒料路（包括泥结碎石路面）	干线	25	2.5
	引入线	15	1.5

注：①人工费按概（预）算综合工费标准计算。

②计算便道长度，不扣除便桥长度。不足1km者，按1km计。

③养护的期限，根据施工组织设计确定，按月计算，不足一个月者，按一个月计。

④费用内包括冬季积雪清除和雨季养护等一切有关养护费用。

⑤便道中的便桥不另计养护费。

3.10 间接费

间接费包括企业管理费、规费和利润。

3.10.1 费用内容

(1) 企业管理费

是指建筑安装企业组织施工生产和经营管理所需的费用。内容包括：

①管理人员工资。是指管理人员的基本工资、津贴和补贴、辅助工资、职工福利费、劳动保护费等。

②办公费。指管理办公用的文具、纸张、账表、印刷、邮电、书报、宣传、会议、水、电、烧水和集体取暖用煤等费用。

③差旅交通费。指职工因公出差、调动工作的差旅费，助勤补助费，市内交通费和误餐补助费，职工探亲路费，劳动力招募费，职工退休、退职一次性路费，工伤人员就医路费以及管理部门使用的交通工具的油料、燃料、养路费及牌照费。

④固定资产使用费。是指管理和试验部门及附属生产单位使用的属于固定资产的房屋、车辆、设备仪器等的折旧、大修、维修或租赁费。

⑤工具用具使用费。是指管理使用的不属于固定资产的生产工具、器具、家具、交通工具和检验、试验、测绘、消防用具等的购置、维修和摊销费。

⑥财产保险费。是指施工管理用财产、车辆保险。

⑦税金。是指企业按规定交纳的房产税、车船使用税、土地使用税、印花税等各项税费。

⑧施工单位进退场及工地转移费。指施工单位根据建设任务需要，派遣人员和机具设备从基地迁往工程所在地或从一个项目迁至另一个项目所发生的往返搬迁费用及施工队伍在同一建设项目内，因工程进展需要，在本建设项目内往返转移，以及民工上、下路所发生的费用。包括：承担任务职工的调遣差旅费，调遣期间的工资，施工机械、工具、用具、周转性材料及其他施工装备的搬运费用；施工队伍在转移期间所需支付的职工工资、差旅费、交通费、转移津贴等；民工的上、下路所需车船费、途中食宿补贴及行李运费等。

⑨劳动保险费。指由企业支付离退休职工的易地安家补助费、职工退职金、6 个月以上病假人员的工资、职工死亡丧葬补助费、抚恤费以及按规定支付给离休干部的各项经费等。

⑩工会经费。指企业按照职工工资总额计提的工会经费。

⑪职工教育经费。指企业为职工学习先进技术和提高文化水平，按职工工资总额计提的费用。

⑫财务费用。指企业为筹集资金而发生的各种费用，包括企业经营期间发生的短期贷款利息净支出，金融机构手续费，以及其他财务费用。

⑬其他。包括技术转让费、技术开发费、业务招待费、绿化费、广告费、公证费、法律顾问费、审计费、咨询费、无形资产摊销费、投标费、企业定额测定费等。

(2) 规费

是指政府和有关部门规定必须缴纳的费用（简称规费）。内容包括：

①社会保障费。是指企业按规定缴纳的基本养老保险费、失业保险费、基本医疗保险费、工伤保险费、生育保险费。

②住房公积金。是指企业按规定缴纳的住房公积金。

③工程排污费。是指施工现场按规定缴纳的工程排污费用。

(3) 利润

指施工企业完成所承包的工程获得的盈利。

3.10.2 费用计算

本项费用以基期人工费和基期施工机械使用费之和为计算基数，按不同工程类别，采用表 17 所规定费率计列。

表 17　间接费率

类别代号	工程类别	费率（%）	附　注
1	人力施工土石方	59.7	包括人力拆除工程，绿色防护、绿化，各类工程中单独挖填的土石方，爆破工程
2	机械施工土石方	19.5	包括机械拆除工程，填级配碎石、砂砾石、渗水土，公路路面，各类工程中单独挖填的土石方
3	汽车运输土石方采用定额“增运”部分	9.8	包括隧道出碴洞外运输
4	特大桥、大桥	23.8	不包括梁部及桥面系
5	预制混凝土梁	67.6	包括桥面系
6	现浇混凝土梁	38.7	包括梁的横向联结和湿接缝，包括分段预制后拼接的混凝土梁
7	运架混凝土简支箱梁	24.5	
8	隧道、明洞、棚洞，自采砂石	29.6	
9	路基加固防护工程	36.5	包括各类挡土墙及抗滑桩
10	框架桥、中桥、小桥，涵洞、轮渡、码头，房屋，给排水、工务、站场、其他建筑物等建筑工程	52.1	不包括梁式中、小桥梁部及桥面系
11	铺轨、铺岔，架设混凝土梁（简支箱梁除外）、钢梁、钢管拱	97.4	包括支座安装，轨道附属工程，线路备料
12	铺碴	32.5	包括线路沉落整修、道床清筛
13	无碴道床	73.5	包括道床过渡段
14	通信、信号、信息、电力、牵引变电、供电段、机务、车辆、动车，所有安装工程	78.9	
15	接触网建筑工程	69.5	

注：大型临时设施和过渡工程按表列同类正式工程的费率乘以 0.8 的系数计列。

3.11　税金

指按国家税法规定应计入建筑安装工程造价内的营业税，城市维护建设税及教育费附加。

3.11.1　根据国家规定，税金计列标准如下：

（1）营业税按营业额的 3% 计列。

（2）城市维护建设税以营业税税额作为其计税基数，其税率随纳税人所在地不同而异，即市区按 7%；县城、镇按 5%；不在市区、县城或镇者按 1% 计列。

（3）教育费附加按营业税的 3% 计列。

3.11.2　为简化概（预）算编制，税金统一按建筑安装工程费（不含税金）的 3.35% 计列。

3.12　设备购置费

指构成固定资产标准的设备购置和虽低于固定资产标准，但属于设计明确列入设备清单的设备，按设计确定的规格、型号、数量，以设备原价加设备运杂费计算的购置费用。工程竣工验交时，设备（包括备品备件）应移交运营部门。

购买计算机硬件设备时所附带的软件若不单独计价，其费用应随设备硬件一起列入设备购置费中。

3.12.1　设备购置费的内容：

（1）设备原价

指设计单位根据生产厂家的出厂价及国家机电产品市场价格目录和设备信息价等资料综合确定的设备原价。内容包括按专业标准规定的保证在运输过程中不受损失的一般包装费，及按产品设计规定配带的工具、附件和易损件的费用。非标准设备的原价（包括材料费、加工费及加工厂的管理费等），可按厂家加工订货等价格资料，并结合设备信息价格，经分析论证后确定。

（2）设备运杂费

设备自生产厂家（来源地）运至施工工地料库（或安装地点）所发生的运输费、装卸费、供销部门手续费、采购及保管费等统称为设备运杂费。

3.12.2　设备购置费的计算规定

（1）编制设计概（预）算时，采用现行的《铁路工程建设设备预算价格》中的设备原价，作为基期设备原价。编制期设备原价由设计单位根据调查资料确定。编制期与基期设备原价的差额按价差处理，直接列入设备购置费中。缺项设备由设计单位进行补充。

（2）设备运杂费：为简化概（预）算编制工作，设备运杂费以基期设备原价为计算基数，一般地区按6.1%计列，新疆、西藏按7.8%计列。

3.13　其他费

指根据有关规定，应由基本建设投资支付并列入建设项目总概（预）算内，除建筑安装工程费、设备购置费以外的有关费用。

3.13.1　土地征用及拆迁补偿费

指按照《中华人民共和国土地管理法》规定，为进行铁路建设所支付的土地征用及拆迁补偿费用。内容包括：

（1）土地征用补偿费：土地补偿费，安置补助费，被征用土地地上、地下附着物及青苗补偿费，征用城市郊区菜地缴纳的菜地开发建设基金，征用耕地缴纳的耕地开垦费，耕地占用税等。

（2）拆迁补偿费：被征用土地上的房屋及附属构筑物、城市公共设施等迁建补偿费等。

（3）土地征用、拆迁建筑物手续费：在办理征地拆迁过程中，所发生的相关人员的工作经费及土地登记管理费等。

（4）用地勘界费：委托有资质的土地勘界机构对铁路建设用地界进行勘定所发生的费用。

土地征用补偿费、拆迁补偿费应根据设计提出的建设用地面积和补偿动迁工程数量，按工程所在地区的省（自治区、直辖市）人民政府颁发的各项规定和标准计列。

土地征用、拆迁建筑物手续费按土地补偿费与征用土地安置补助费的0.4%计列。

用地勘界费按国家和工程所在地区的省（自治区、直辖市）人民政府的有关规定计列。

3.13.2　建设项目管理费

（1）建设单位管理费

指建设单位从筹建之日起至办理竣工财务决算之日止发生的管理性质开支。

内容包括：工作人员工资、基本养老保险费、基本医疗保险费、失业保险费、工伤保险费、住房公积金，办公费、差旅交通费、劳动保护费、工具用具使用费、固定资产使用费、零星购置费、招募生产工人费、技术图书资料费、印花税、业务招待费、施工现场津贴、竣工验收费和其他管理性质开支。

本项费用以第二~第十章费用总额为计算基数，按表18所规定的费率采用累进法计列。

表 18　建设单位管理费率

第二～第十章费用总额（万元）	费率（%）	算例（万元）	
		基数	建设单位管理费
500 及以内	1.74	500	500×1.74%＝8.7
501～1000	1.64	1000	8.7＋500×1.64%＝16.9
1001～5000	1.35	5000	16.9＋4000×1.35%＝70.9
5001～10000	1.10	10000	70.9＋5000×1.10%＝125.9
10001～50000	0.87	50000	125.9＋40000×0.87%＝473.9
50001～100000	0.48	100000	473.9＋50000×0.48%＝713.9
100001～200000	0.20	200000	713.9＋100000×0.20%＝913.9
200000 以上	0.10	300000	913.9＋100000×0.10%＝1013.9

（2）建设管理其他费

内容包括：建设期交通工具购置费，建设单位前期工作费，建设单位招标工作费，审计（查）费，合同公证费，经济合同仲裁费，法律顾问费，工程总结费，宣传费，按规定应缴纳的税费，以及要求施工单位对具有出厂合格证明的材料进行试验、对构件破坏性试验及其他特殊要求检验试验的费用等。

建设期交通工具购置费按表 19 所列的标准计列，其他费用按第二～第十章费用总额的 0.05% 计列。

表 19　建设期交通工具购置标准

线路长度（正线公里）	交通工具配置情况		
	数量（台）		价格（万元/台）
	平原丘陵区	山区	
100 及以内	3	4	20～40
101～300	4	5	
301～700	6	7	
700 以上	8	9	

注：①平原丘陵区指起伏小或比高≤80m 的地区；山区指起伏大或比高＞80m 的山地。
②工期 4 年及以上的工程，在计算建设期交通工具购置费时，均按 100% 摊销；工期小于 4 年的工程，在计算建设期交通工具购置费时，按每年 25% 计算。
③海拔 4000m 以上的工程，交通工具价格另行分析确定。

（3）建设项目管理信息系统购建费

指为利用现代信息技术，实现建设项目管理信息化需购建项目管理信息系统所发生的费用，包括有关设备购置与安装、软件购置与开发等。

本项费用按铁道部有关规定计列。

（4）工程监理与咨询服务费

是指由建设单位委托具有相应资质的单位，在铁路建设项目的招投标、勘察、设计、施工、设备采购监造（包括设备联合调试）等阶段实施监理与咨询的费用（设计概（预）算中每项监理与咨询服务费应列出详细条目）。

①招投标咨询服务费

本项费用按国家和铁道部有关规定计列。

②勘察监理与咨询费

本项费用按国家和铁道部有关规定计列。

③设计咨询服务费

本项费用按国家和铁道部有关规定计列。

④施工监理与咨询费

其中施工监理费以第二～第九章建筑安装工程费用总额为基数，按表 20 费率采用内插法计列，施工咨询费按国家和铁道部有关规定计列。

表 20　施工监理费率

第二～第九章建筑安装工程费用总额 M（万元）	费率 b（%）	
	新建单线、独立工程、增建二线、电气化改造工程	新建双线
$M \leqslant 500$	2.5	
$500 < M \leqslant 1000$	$2.5 > b \geqslant 2.0$	
$1000 < M \leqslant 5000$	$2.0 > b \geqslant 1.7$	
$5000 < M \leqslant 10000$	$1.7 > b \geqslant 1.4$	0.7
$10000 < M \leqslant 50000$	$1.4 > b \geqslant 1.1$	
$50000 < M \leqslant 100000$	$1.1 > b \geqslant 0.8$	
$M > 100000$	0.8	

⑤设备采购监造监理与咨询费

本项费用按国家和铁道部有关规定计列。

（5）工程质量检测费

指为保证工程质量，根据铁道部规定由建设单位委托具有相应资质的单位对工程进行检测所需的费用。

本项费用按国家和铁道部有关规定计列。

（6）工程质量安全监督费

工程质量安全监督费是指按国家有关规定实行工程质量安全监督所发生的费用。

本项费用按第二～第十章费用总额的 0.02%～0.07% 计列。

（7）工程定额测定费

指为制定铁路工程定额和计价标准，实现对铁路工程造价的动态管理而发生的费用。

本项费用按第二～第九章建筑安装工程费用总额的 0.01%～0.05% 计列。

（8）施工图审查费

指建设主管部门认定的施工图审查机构按照有关法律、法规，对施工图涉及公共利益、公共安全和工程建设强制性标准的内容进行审查所需的费用。

本项费用按国家和铁道部有关规定计列。

（9）环境保护专项监理费

指为保证铁路施工对环境及水土保持不造成破坏，而从环保的角度对铁路施工进行专项检测、监督、检查所发生的费用。

本项费用按国家有关部委及建设项目所经地区省（自治区、直辖市）环保监理部门的有关规定计列。

（10）营业线施工配合费。指施工单位在营业线上进行建筑安装工程施工时，需要运营单位在施工期间参加配合工作所发生的费用（含安全监督检查费用）。本项费用按不同工程类别的计算范围，以编制期人工费与编制期施工机械使用费之和为基数，乘以表21所列费率计列。

表21　营业线施工配合费费率表

工程类别	费率（%）	计算范围	说明
一、路基			
1. 石方爆破开挖	0.5	既有线改建、既有线增建二线需要封锁线路作业的爆破	不含石方装、运、卸及压实、码砌
2. 路基基床加固	0.9	挤密桩等既有基床加固及基床换填	仅限于行车线路基，不含土石方装、运、卸
二、桥涵			
1. 架梁	9.1	既有线改建、增建二线拆除和架设成品梁	增建二线限于线间距10m以内
2. 既有桥涵改建	2.7	既有桥梁墩台、基础的改建、加固，既有桥梁部加固：既有涵洞接长、加固、改建	
3. 顶进框架桥、顶进涵洞	1.4	行车线加固及防护，行车线范围内主体的开挖及顶进	不包括主体预制、工作坑、引道、土方外运及框架桥、涵洞内的路面、排水等工程
三、隧道及明洞	4.1	需要封锁线路作业的既有隧道及明、棚洞的改建、加固、整修	
四、轨道			
1. 正线铺轨	3.5	既有轨道拆除、起落、重铺及拨移；换铺无缝线路	仅限于行车线
2. 铺岔	5.5	既有道岔拆除、起落、重铺及拨移	仅限于行车线
3. 道床	2.4	既有道床扒除、清筛、回填或换铺、补碴及沉落整修	仅限于行车线
五、通信、信息	2.0	通信、信息改建建安工程	
六、信号	24.4	信号改建建安工程	
七、电力	1.1	电力改建建安工程	
八、接触网	2.0	既有线增建电气化接触网建安工程和既有电气化改造接触网建安工程	已含牵引变电所，供电段等工程的施工配合费
九、给排水	0.5	全部建安工程	

3.13.3　建设项目前期工作费

（1）项目筹融资费

是指为筹措项目建设资金而支付的各项费用。主要包括向银行借款的手续费以及为发行股票、债券而支付的各项发行费用等。

本项费用根据项目融资情况，按国家和铁道部的有关规定计列。

（2）可行性研究费

是指编制和评估项目建议书（或预可行性研究报告）、可行性研究报告所需的费用。

本项费用按国家和铁道部有关规定计列。

（3）环境影响报告编制与评估费

是指按照有关规定编制与评估建设项目环境影响报告所发生的费用。

本项费用按国家和铁道部有关规定计列。

（4）水土保持方案报告编制与评估费

是指按照有关规定编制与评估建设项目水土保持方案报告所发生的费用。

本项费用按国家和铁道部有关规定计列。

（5）地质灾害危险性评估费

是指按照有关规定对建设项目所在地区的地质灾害危险性进行评估所需的费用。

本项费用按国家有关规定计列。

（6）地震安全性评估费

是指按照有关规定对建设项目进行地震安全性评估所需费用。

本项费用按国家有关规定计列。

（7）洪水影响评价报告编制费

是指按照有关规定就洪水对建设项目可能产生的影响和建设项目对防洪可能产生的影响做出评价，并编制洪水影响评价报告所需的费用。

本项费用按国家有关规定计列。

（8）压覆矿藏评估费

是指按照有关规定对建设项目压覆矿藏情况进行评估所需的费用。

本项费用按国家有关规定计列。

（9）文物保护费

是指按照有关规定对受建设项目影响的文物进行原址保护、迁移、拆除所需的费用。

本项费用按国家有关规定计列。

（10）森林植被恢复费

是指按照有关规定缴纳的所征用林地的植被恢复费用。

本项费用按国家有关规定计列。

（11）勘察设计费

①勘察费。指勘察单位根据国家有关规定，按承担任务的工作量应收取的勘察费用。

本项费用按国家主管部门颁发的工程勘察收费标准和铁道部有关规定计列。

②设计费。指设计单位根据国家有关规定，按承担任务的工作量应收取的设计费用。

③标准设计费。指采用铁路工程建设标准设计图所需支付的费用。

本项费用按国家主管部门颁发的工程设计收费标准和铁道部有关规定计列。

3.13.4　研究试验费

指为建设项目提供或验证设计数据、资料等所进行的必要的研究试验，以及按照设计规定在施工中必须进行的试验、验证所需的费用。不包括：

（1）应由科技三项费用（即新产品试制费、中间试验费和重要科学研究补助费）开支的项目。

（2）应由检验试验费开支的施工企业对建筑材料、设备、构件和建筑物等进行一般鉴定、检查所发生的费用及技术革新的研究试验费。

（3）应由勘察设计费开支的项目。

铁路

本项费用应根据设计提出的研究试验内容和要求，经建设主管单位批准后按有关规定计列。

3.13.5　计算机软件开发与购置费

指购买计算机硬件所附带的单独计价的软件，或需另行开发与购置的软件所需的费用。不包括项目建设、设计、施工、监理、咨询工作所需软件。

本项费用应根据设计提出的开发与购置计划，经建设主管单位批准后按有关规定计列。

3.13.6　配合辅助工程费

指在该建设项目中，凡全部或部分投资由铁路基本建设投资支付修建的工程，而修建后的产权不属铁路部门所有者，其费用应按协议额或具体设计工程量，按本办法的有关规定计算完整的第一～第十一章概（预）算费用。

3.13.7　联合试运转及工程动态检测费

指铁路建设项目在施工全面完成后至运营部门全面接收前，对整个系统进行负荷或无负荷联合试运转或进行工程动态检测所发生的费用。包括所需的人工、原料、燃料、油料和动力的费用，机械及仪器、仪表使用费用，低值易耗品及其他物品的购置费用等。

本项费用的计算方法：

（1）需要临管运营的，按0.15万元/正线公里计列。

（2）不需临管运营而直接交付运营部门接收的，按下列指标计列：

新建单线铁路：3.0万元/正线公里

新建双线铁路：5.0万元/正线公里

（3）时速200km及以上客运专线铁路联合试运转费另行分析确定。

3.13.8　生产准备费

（1）生产职工培训费

指新建和改扩建铁路工程，在交验投产以前对运营部门生产职工培训所必需的费用。内容包括：培训人员的工资、津贴和补贴、职工福利费、差旅交通费、劳动保护费、培训及教学实习费等。本项费用按表22所规定的标准计列。

（2）办公和生活家具购置费

指为保证新建、改扩建项目初期正常生产、使用和管理，所必须购置的办公和生活家具、用具的费用。

表22　生产职工培训费标准

单位：元/正线公里

铁路类别 / 线路类别	非电气化铁路	电气化铁路
新建单线	7500	11200
新建双线	11300	16000
增建第二线	5000	6400
既有线增建电气化	—	3200

注：时速200km及以上客运专线铁路的生产职工培训费另行分析确定。

范围包括：行政、生产部门的办公室、会议室、资料档案室、文娱室、食堂、浴室、单身宿舍、行车公寓等的家具用具。

不包括应由企业管理费、奖励基金或行政开支的改扩建项目所需的办公和生活家具购置费。

本项费用按表23所规定的标准计列。

表23　办公和生活家具购置费标准

单位：元/正线公里

线路类别＼铁路类别	非电气化铁路	电气化铁路
新建单线	6000	7000
新建双线	9000	10000
增建第二线	3500	4000
既有线增建电气化	—	2000

注：时速200km及以上客运专线铁路的办公和生活家具购置费另行分析确定。

（3）工器具及生产家具购置费

指新建、改建项目和扩建项目的新建车间，验交后为满足初期正常运营必须购置的第一套不构成固定资产的设备、仪器、仪表、工卡模具、器具、工作台（框、架、柜）等的费用。不包括：构成固定资产的设备、工器具和备品、备件；已列入设备购置费中的专用工具和备品、备件。本项费用按表24所规定的标准计列。

表24　工器具及生产家具购置费标准

单位：元/正线公里

线路类别＼铁路类别	非电气化铁路	电气化铁路
新建单线	12000	14000
新建双线	18000	20000
增建第二线	7000	8000
既有线增建电气化	—	4000

注：时速200km及以上客运专线铁路的工器具及生产家具购置费标准另行分析确定。

3.13.9　其他

指以上费用之外的，经铁道部批准或国家、相关部委及工程所在省（自治区、直辖市）规定应纳入设计概（预）算的费用。

3.14　基本预备费

3.14.1　基本预备费主要用途：

（1）在进行设计和施工过程中，在批准的设计范围内，必须增加的工程和按规定需要增加的费用。本项费用不含Ⅰ类变更设计增加的费用。

（2）在建设过程中，未投保工程遭受一般自然灾害所造成的损失和为预防自然灾害所采取的措施费用，及为了规避风险而投保全部或部分工程的建筑、安装工程一切险和第三者责任险的费用。

（3）验收委员会（或小组）为鉴定工程质量，必须开挖和修复隐蔽工程的费用。

（4）由于设计变更所引起的废弃工程，但不包括施工质量不符合设计要求而造成的返工费用和废弃工程。

（5）征地、拆迁的价差。

3.14.2　基本预备费的计费标准

本项费用以第一～第十一章费用总额为基数，初步设计概算按5%计列，施工图预算、投资检算按3%计列。

3.15　工程造价增长预留费

3.15.1　本项费用指为正确反映铁路基本建设工程项目的概（预）算总额，在设计概（预）算编制年度到项目建设竣工的整个期限内，因形成工程造价诸因素的正常变动（如材料、设备价格的上涨，人工费及其他有关费用标准的调整等），导致必须对该建设项目所需的总投资额进行合理的核定和调整，而需预留的费用。

3.15.2　本项费用应根据建设项目施工组织设计安排，以其分年度投资额及不同年限，按国家及铁道部公布的工程造价年上涨指数计算。计算公式：

$$E = \sum_{n=1}^{N} F_n[(1+p)^{c+n} - 1]$$

式中　E——工程造价增长预留费；

N——施工总工期（年）；

F_n——施工期第 n 年的分年度投资额；

c——编制年至开工年年限（年）；

n——开工年至结（决）算年年限（年）；

p——工程造价年增长率。

3.16　建设期投资贷款利息

3.16.1　本项费用指建设项目中分年度使用国内贷款，在建设期应归还的贷款利息。

3.16.2　计算公式：

建设期投资贷款利息 = Σ（年初付息贷款本金累计 + 本年度付息贷款额 ÷ 2）× 年利率，即：

$$S = \sum_{n=1}^{N}\left(\sum_{m=1}^{N} F_m \times b_m - F_n \times b_n \div 2\right) \times i$$

式中　S——建设期投资贷款利息；

N——建设总工期；

n——施工年度；

m——还息年度；

F_n、F_m——在建设年度的第 n、m 年的分年度资金供应量；

b_n、b_m——在建设的第 n、m 年份还息贷款占当年投资比例；

i——建设期贷款年利率。

3.17　机车车辆购置费

3.17.1　根据铁道部铁路机车、客车投资有偿占用有关办法的规定，在新建铁路、增建二线和电气化改造等基建大中型项目总概（预）算中计列按初期运量所需新增机车车辆的购置费。

3.17.2　本项费用按设计确定的初期运量所需新增机车车辆的型号、数量及编制期机车车辆购置价格计算。

3.18　铺底流动资金

3.18.1　为保证新建铁路项目投产初期正常运营所需流动资金有可靠来源，而计列本项费用。主要用于购买原材料、燃料、动力，支付职工工资和其他有关费用。

3.18.2　本项费用按下列指标计列：

（1）地方铁路

新建Ⅰ级地方铁路，6.0万元/正线公里。

新建Ⅱ级地方铁路，4.5万元/正线公里。

既有地方铁路改扩建、增建二线以及电气化改造工程不计列铺底流动资金。

（2）其他铁路

新建单线：Ⅰ级铁路，8.0 万元/正线公里。

Ⅱ级铁路，6.0 万元/正线公里。

新建双线：12.0 万元/正线公里。

如初期运量较小，上述指标可酌情核减。

既有线改扩建、增建二线以及电气化改造工程不计列铺底流动资金。

公路工程基本建设项目概、预算费用标准和计算办法

（2008年）

中华人民共和国交通部关于公布《公路工程基本建设项目概算预算编制办法》（JTG B06—2007）及《公路工程概算定额》（JTG/T B06－01—2007）、《公路工程预算定额》（JTG/T B06－02—2007）、《公路工程机械台班费用定额》（JTG/T B06－03—2007）的公告

2007年第33号

现公布《公路工程基本建设项目概算预算编制办法》（JTG B06—2007）及《公路工程概算定额》（JTG/T B06－01—2007）、《公路工程预算定额》（JTG/T B06－02—2007）、《公路工程机械台班费用定额》（JTG/T B06－03—2007），自2008年1月1日起施行，原发布的《公路基本建设工程概算、预算编制办法》（交公路发〔1996〕612号）、《公路基本建设工程交通工程概（预）算编制的规定》（公设技字〔2000〕285号）、《公路工程概算定额》和《公路工程预算定额》（交工发〔1992〕65号）、《公路工程机械台班费用定额》（交公路发〔1996〕610号）同时废止。

该办法及定额的管理权和解释权归交通部，日常解释和管理工作由主编单位交通公路工程定额站负责。请各有关单位在实践中注意总结经验，若有修改意见请函告交通公路工程定额站（地址：北京东四前炒面胡同，邮政编码：100010），以便修订时研用。

特此公告。

中华人民共和国交通部

二〇〇七年十月十九日

第三章　概、预算费用标准和计算方法

第一节　建筑安装工程费

建筑安装工程费包括直接费、间接费、利润及税金。

其他工程费及间接费取费标准的工程类别划分如下：

1. 人工土方。系指人工施工的路基、改河等土方工程，以及人工施工的砍树、挖根、除草、平整场地、挖盖山土等工程项目，并适用于无路面的便道工程。

2. 机械土方。系指机械施工的路基、改河等土方工程，以及机械施工的砍树、挖根、除草等工程项目。

3. 汽车运输。系指汽车、拖拉机、机动翻斗车等运送的路基、改河土（石）方、路面基层和面层混合料、水泥混凝土及预制构件、绿化苗木等。

4. 人工石方。系指人工施工的路基、改河等石方工程，以及人工施工的挖盖山石项目。

5. 机械石方。系指机械施工的路基、改河等石方工程（机械打眼即属机械施工）。

6. 高级路面。系指沥青混凝土路面、厂拌沥青碎石路面和水泥混凝土路面的面层。

7. 其他路面。系指除高级路面以外的其他路面面层，各等级路面的基层、底基层、垫层、透层、黏层、封层，采用结合料稳定的路基和软土等特殊路基处理等工程，以及有路面的便道工程。

8. 构造物Ⅰ。系指无夜间施工的桥梁、涵洞、防护（包括绿化）及其他工程，交通工程及沿线设施工程［设备安装及金属标志牌、防撞钢护栏、防眩板（网）、隔离栅、防护网除外］，以及临时工程中的便桥、电力电信线路、轨道铺设等工程项目。

9. 构造物Ⅱ。系指有夜间施工的桥梁工程。

10. 构造物Ⅲ。系指商品混凝土（包括沥青混凝土和水泥混凝土）的浇筑和外购构件及设备的安装工程。商品混凝土和外购构件及设备的费用不作为其他工程费和间接费的计算基数。

11. 技术复杂大桥。系指单孔跨径在120m以上（含120m）和基础水深在10m以上（含10m）的大桥主桥部分的基础、下部和上部工程。

12. 隧道。系指隧道工程的洞门及洞内土建工程。

13. 钢材及钢结构。系指钢桥及钢索吊桥的上部构造，钢沉井、钢围堰、钢套箱及钢护筒等基础工程，钢索塔，钢锚箱，钢筋及预应力钢材，模数式及橡胶板式伸缩缝，钢盆式橡胶支座，四氟板式橡胶支座，金属标志牌、防撞钢护栏、防眩板（网）、隔离栅、防护网等工程项目。

购买路基填料的费用不作为其他工程费和间接费的计算基数。

一、直接费

直接费由直接工程费和其他工程费组成。

（一）直接工程费

直接工程费是指施工过程中耗费的构成工程实体和有助于工程形成的各项费用，包括人工费、材料费、施工机械使用费。

1. 人工费

人工费系指列入概、预算定额的直接从事建筑安装工程施工的生产工人开支的各项费用，内容包括：

(1) 基本工资。系指发放给生产工人的基本工资、流动施工津贴和生产工人劳动保护费，以及为职工缴纳的养老、失业、医疗保险费和住房公积金等。

生产工人劳动保护费系指按国家有关部门规定标准发放的劳动保护用品的购置费及修理费、徒工服装补贴、防暑降温费、在有碍身体健康环境中施工的保健费用等。

(2) 工资性补贴。系指按规定标准发放的物价补贴，煤、燃气补贴，交通费补贴，地区津贴等。

(3) 生产工人辅助工资。系指生产工人年有效施工天数以外非作业天数的工资，包括开会和执行必要的社会义务时间的工资，职工学习、培训期间的工资，调动工作、探亲、休假期间的工资，因气候影响停工期间的工资，女工哺乳期间的工资，病假在六个月以内的工资及产、婚、丧假期的工资。

(4) 职工福利费。系指按国家规定标准计提的职工福利费。

人工费以概、预算定额人工工日数乘以每工日人工费计算。

公路工程生产工人每工日人工费按如下公式计算：

$$\text{人工费（元/工日）}=[\text{基本工资（元/月）}+\text{地区生活补贴（元/月）}+\text{工资性津贴（元/月）}]\times(1+14\%)\times 12\text{月}\div 240\text{（工日）} \quad (3-1)$$

式中　生产工人基本工资——按不低于工程所在地政府主管部门发布的最低工资标准的1.2倍计算；

地区生活补贴——指国家规定的边远地区生活补贴、特区补贴；

工资性津贴——指物价补贴，煤、燃气补贴，交通费补贴等。

以上各项标准由各省、自治区、直辖市公路（交通）工程造价（定额）管理站根据当地人民政府的有关规定核定后公布执行，并抄送交通部公路司备案。并应根据最低工资标准的变化情况及时调整公路工程生产工人工资标准。

人工费单价仅作为编制概、预算的依据，不作为施工企业实发工资的依据。

2. 材料费

材料费系指施工过程中耗用的构成工程实体的原材料、辅助材料、构（配）件、零件、半成品、成品的用量和周转材料的摊销量，按工程所在地的材料预算价格计算的费用。

材料预算价格由材料原价、运杂费、场外运输损耗、采购及仓库保管费组成。

$$材料预算价格 = （材料原价 + 运杂费）×（1 + 场外运输损耗率）×（1 + 采购及保管费率）- 包装品回收价值 \quad (3-2)$$

（1）材料原价

各种材料原价按以下规定计算。

外购材料：国家或地方的工业产品，按工业产品出厂价格或供销部门的供应价格计算，并根据情况加计供销部门手续费和包装费。如供应情况、交货条件不明确时，可采用当地规定的价格计算。

地方性材料：地方性材料包括外购的砂、石材料等，按实际调查价格或当地主管部门规定的预算价格计算。

自采材料：自采的砂、石、黏土等材料，按定额中开采单价加辅助生产间接费和矿产资源税（如有）计算。

材料原价应按实计取。各省、自治区、直辖市公路（交通）工程造价（定额）管理站应通过调查，编制本地区的材料价格信息，供编制概、预算使用。

（2）运杂费

运杂费系指材料自供应地点至工地仓库（施工地点存放材料的地方）的运杂费用，包括装卸费、运费，如果发生，还应计囤存费及其他杂费（如过磅、标签、支撑加固、路桥通行等费用）。

通过铁路、水路和公路运输部门运输的材料，按铁路、航运和当地交通部门规定的运价计算运费。

施工单位自办的运输，单程运距15km以上的长途汽车运输按当地交通部门规定的统一运价计算运费；单程运距5～15km的汽车运输按当地交通部门规定的统一运价计算运费，当工程所在地交通不便、社会运输力量缺乏时，如边远地区和某些山岭区，允许按当地交通部门规定的统一运价加50%计算运费；单程运距5km及以内的汽车运输以及人力场外运输，按预算定额计算运费，其中人力装卸和运输另按人工费加计辅助生产间接费。

一种材料如有两个以上的供应点时，都应根据不同的运距、运量、运价采用加权平均的方法计算运费。

由于预算定额中汽车运输台班已考虑工地便道特点，以及定额中已计入了“工地小搬运”项目，因此平均运距中汽车运输便道里程不得乘调整系数，也不得在工地仓库或堆料场之外再加场内运距或二次倒运的运距。

有容器或包装的材料及长大轻浮材料，应按表3-1规定的毛重计算。桶装沥青、汽油、柴油按每吨摊销一个旧汽油桶计算包装费（不计回收）。

表3－1　材料毛重系数及单位毛重表

材料名称	单　位	毛重系数	单位毛重
爆破材料	t	1.35	—
水泥、块状沥青	t	1.01	—
铁钉、铁件、焊条	t	1.10	—
液体沥青、液体燃料、水	t	桶装1.17，油罐车装1.00	
木料	m^3	—	1.000t
草袋	个	—	0.004t

（3）场外运输损耗

场外运输损耗系指有些材料在正常的运输过程中发生的损耗，这部分损耗应摊入材料单价内。材料场外运输操作损耗率见表3－2。

表3－2　材料场外运输操作损耗率表　　单位:%

材料名称		场外运输（包括一次装卸）	每增加一次装卸
块状沥青		0.5	0.2
石屑、碎砾石、砂砾、煤渣、工业废渣、煤		1.0	0.4
砖、瓦、桶装沥青、石灰、黏土		3.0	1.0
草皮		7.0	3.0
水泥（袋装、散装）		1.0	0.4
砂	一般地区	2.5	1.0
	多风地区	5.0	2.0

注：汽车运水泥，如运距超过500km时，增加损耗率：袋装0.5%。

（4）采购及保管费

材料采购及保管费系指材料供应部门（包括工地仓库以及各级材料管理部门）在组织采购、供应和保管材料过程中，所需的各项费用及工地仓库的材料储存损耗。

材料采购及保管费，以材料的原价加运杂费及场外运输损耗的合计数为基数，乘以采购保管费率计算。材料的采购及保管费费率为2.5%。

外购的构件、成品及半成品的预算价格，其计算方法与材料相同，但构件（如外购的钢桁梁、钢筋混凝土构件及加工钢材等半成品）的采购保管费率为1%。

商品混凝土预算价格的计算方法与材料相同，但其采购保管费率为0。

3．施工机械使用费

施工机械使用费系指列入概、预算定额的施工机械台班数量，按相应的机械台班费用定额计算的施工机械使用费和小型机具使用费。

施工机械台班预算价格应按交通部公布的现行《公路工程机械台班费用定额》（JTG/T B06—03）计算，台班单价由不变费用和可变费用组成。不变费用包括折旧费、大修理费、经常修理费、安装拆卸及辅助设施费等；可变费用包括机上人员人工费、动力燃料费、养路费及车船使用税。可变费用中的人工工日数及动力燃料消耗量，应以机械台班费用定额中的数值为准。台班人工费工日单价同生产工人人工费单价。动力燃料费用则按材料费的计算规定计算。

当工程用电为自行发电时，电动机械每千瓦时（度）电的单价可由下述近似公式计算：

$$A = 0.24\frac{K}{N} \qquad (3-3)$$

式中 A——每千瓦时电单价（元）；

K——发电机组的台班单价（元）；

N——发电机组的总功率（kW）。

（二）其他工程费

其他工程费系指直接工程费以外施工过程中发生的直接用于工程的费用。内容包括冬季施工增加费、雨季施工增加费、夜间施工增加费、特殊地区施工增加费、行车干扰工程施工增加费、安全及文明施工措施费、临时设施费、施工辅助费、工地转移费等九项。公路工程中的水、电费及因场地狭小等特殊情况而发生的材料二次搬运等其他工程费已包括在概、预算定额中，不再另计。

1. 冬季施工增加费

冬季施工增加费系指按照公路工程施工及验收规范所规定的冬季施工要求，为保证工程质量和安全生产所需采取的防寒保温设施、工效降低和机械作业率降低以及技术操作过程的改变等所增加的有关费用。

冬季施工增加费的内容包括：

（1）因冬季施工所需增加的一切人工、机械与材料的支出。

（2）施工机具所需修建的暖棚（包括拆、移），增加油脂及其他保温设备费用。

（3）因施工组织设计确定，需增加的一切保温、加温及照明等有关支出。

（4）与冬季施工有关的其他各项费用，如清除工作地点的冰雪等费用。

冬季气温区的划分是根据气象部门提供的满15年以上的气温资料确定的。每年秋冬第一次连续5天出现室外日平均温度在5℃以下、日最低温度在－3℃以下的第一天算起，至第二年春夏最后一次连续5天出现同样温度的最末一天为冬季期。冬季期内平均气温在－1℃以上者为冬一区，－1～－4℃者为冬二区，－4～－7℃者为冬三区，－7～－10℃者为冬四区，－10～－14℃者为冬五区，－14℃以下者为冬六区。冬一区内平均气温低于0℃的连续天数在70天以内的为Ⅰ副区，70天以上的为Ⅱ副区；冬二区内平均气温低于0℃的连续天数在100天以内的为Ⅰ副区，100天以上的为Ⅱ副区。

气温高于冬一区，但砖石、混凝土工程施工须采取一定措施的地区为准冬季区。准冬季区分两个副区，简称准一区和准二区。凡一年内日最低气温在0℃以下的天数多于20天，日平均气温在0℃以下的天数少于15天的为准一区，多于15天的为准二区。

全国冬季施工气温区划分见附录七。若当地气温资料与附录七中划定的冬季气温区划分有较大出入时，可按当地气温资料及上述划分标准确定工程所在地的冬季气温区。

冬季施工增加费的计算方法，是根据各类工程的特点，规定各气温区的取费标准。为了简化计算手续，采用全年平均摊销的方法，即不论是否在冬季施工，均按规定的取费标准计取冬季施工增加费。一条路线穿过两个以上的气温区时，可分段计算或按各区的工程量比例求得全线的平均增加率，计算冬季施工增加费。

冬季施工增加费以各类工程的直接工程费之和为基数，按工程所在地的气温区选用表3－3的费率计算。

2. 雨季施工增加费

雨季施工增加费系指雨季期间施工为保证工程质量和安全生产所需采取的防雨、排水、防潮和防护措施，工效降低和机械作业率降低以及技术作业过程的改变等，所需增加的有关费用。

雨季施工增加费的内容包括：

（1）因雨季施工所需增加的工、料、机费用的支出，包括工作效率的降低及易被雨水冲毁的工程所增加的工作内容等（如基坑坍塌和排水沟等堵塞的清理、路基边坡冲沟的填补等）。

表 3-3　冬季施工增加费费率表　　单位:%

气温区 \ 工程类别	冬季期平均气温（℃）								准一区	准二区
	-1 以上		-1 ~ -4		-4 ~ -7	-7 ~ -10	-10 ~ -14	-14 以下		
	冬一区		冬二区		冬三区	冬四区	冬五区	冬六区		
	Ⅰ	Ⅱ	Ⅰ	Ⅱ						
人工土方	0.28	0.44	0.59	0.76	1.44	2.05	3.07	4.61	—	—
机械土方	0.43	0.67	0.93	1.17	2.21	3.14	4.71	7.07	—	—
汽车运输	0.08	0.12	0.17	0.21	0.40	0.56	0.84	1.27	—	—
人工石方	0.06	0.10	0.13	0.15	0.30	0.44	0.65	0.98	—	—
机械石方	0.08	0.13	0.18	0.21	0.42	0.61	0.91	1.37	—	—
高级路面	0.37	0.52	0.72	0.81	1.48	2.00	3.00	4.50	0.06	0.16
其他路面	0.11	0.20	0.29	0.37	0.62	0.80	1.20	1.80	—	—
构造物Ⅰ	0.34	0.49	0.66	0.75	1.36	1.84	2.76	4.14	0.06	0.15
构造物Ⅱ	0.42	0.60	0.81	0.92	1.67	2.27	3.40	5.10	0.08	0.19
构造物Ⅲ	0.83	1.18	1.60	1.81	3.29	4.46	6.69	10.03	0.15	0.37
技术复杂大桥	0.48	0.68	0.93	1.05	1.91	2.58	3.87	5.81	0.08	0.21
隧道	0.10	0.19	0.27	0.35	0.58	0.75	1.12	1.69	—	—
钢材及钢结构	0.02	0.05	0.07	0.09	0.15	0.19	0.29	0.43	—	—

（2）路基土方工程的开挖和运输，因雨季施工（非土壤中水影响）而引起的黏附工具，降低工效所增加的费用。

（3）因防止雨水必须采取的防护措施的费用，如挖临时排水沟，防止基坑坍塌所需的支撑、挡板等费用。

（4）材料因受潮、受湿的耗损费用。

（5）增加防雨、防潮设备的费用。

（6）其他有关雨季施工所需增加的费用，如因河水高涨致使工作困难而增加的费用等。

雨量区和雨季期的划分，是根据气象部门提供的满 15 年以上的降雨资料确定的。凡月平均降雨天数在 10 天以上，月平均日降雨量在 3.5 ~ 5mm 之间者为Ⅰ区，月平均日降雨量在 5mm 以上者为Ⅱ区。全国雨季施工雨量区及雨季期的划分见附录八。若当地气象资料与附录八所划定的雨量区及雨季期出入较大时，可按当地气象资料及上述划分标准确定工程所在地的雨量区及雨季期。

雨季施工增加费的计算方法，是将全国划分为若干雨量区和雨季期，并根据各类工程的特点规定各雨量区和雨季期的取费标准，采用全年平均摊销的方法，即不论是否在雨季施工，均按规定的取费标准计取雨季施工增加费。

一条路线通过不同的雨量区和雨季期时，应分别计算雨季施工增加费或按工程量比例求得平均的增加率，计算全线雨季施工增加费。

雨季施工增加赀以各类工程的直接工程费之和为基数，按工程所在地的雨量区、雨季期选用表 3-4 的费率计算。

室内管道及设备安装工程不计雨季施工增加费。

3. 夜间施工增加费

夜间施工增加费系指根据设计、施工的技术要求和合理的施工进度要求，必须在夜间连续施工而发生的工效降低、夜班津贴以及有关照明设施（包括所需照明设施的安拆、摊销、维修及油燃料、电）等增加的费用。

表3-4　雨季施工增加费费率表　　单位:%

雨季期(月数) / 雨量区 / 工程类别	1	1.5	2		2.5		3		3.5		4		4.5		5		6		7	8
	Ⅰ	Ⅰ	Ⅰ	Ⅱ	Ⅰ	Ⅱ	Ⅰ	Ⅱ	Ⅰ	Ⅱ	Ⅰ	Ⅱ	Ⅰ	Ⅱ	Ⅰ	Ⅱ	Ⅰ	Ⅱ	Ⅱ	Ⅱ
人工土方	0.04	0.05	0.07	0.11	0.09	0.13	0.11	0.15	0.13	0.17	0.15	0.20	0.17	0.23	0.19	0.26	0.21	0.31	0.36	0.42
机械土方	0.04	0.05	0.07	0.11	0.09	0.13	0.11	0.15	0.13	0.17	0.15	0.20	0.17	0.23	0.19	0.27	0.22	0.32	0.37	0.43
汽车运输	0.04	0.05	0.07	0.11	0.09	0.13	0.11	0.16	0.13	0.19	0.15	0.22	0.17	0.25	0.19	0.27	0.22	0.32	0.37	0.43
人工石方	0.02	0.03	0.05	0.07	0.06	0.09	0.07	0.11	0.08	0.13	0.09	0.15	0.10	0.17	0.12	0.19	0.15	0.23	0.27	0.32
机械石方	0.03	0.04	0.06	0.10	0.08	0.12	0.10	0.14	0.12	0.16	0.14	0.19	0.16	0.22	0.18	0.25	0.20	0.29	0.34	0.39
高级路面	0.03	0.04	0.06	0.10	0.08	0.13	0.10	0.15	0.12	0.17	0.14	0.19	0.16	0.22	0.18	0.25	0.20	0.29	0.34	0.39
其他路面	0.03	0.04	0.06	0.09	0.08	0.12	0.09	0.14	0.10	0.16	0.12	0.18	0.14	0.21	0.16	0.24	0.19	0.28	0.32	0.37
构造物Ⅰ	0.03	0.04	0.05	0.08	0.06	0.09	0.07	0.11	0.08	0.13	0.10	0.15	0.12	0.17	0.14	0.19	0.16	0.23	0.27	0.31
构造物Ⅱ	0.03	0.04	0.05	0.08	0.07	0.10	0.08	0.12	0.09	0.14	0.11	0.16	0.13	0.18	0.15	0.21	0.17	0.25	0.30	0.34
构造物Ⅲ	0.06	0.08	0.11	0.17	0.14	0.21	0.17	0.25	0.20	0.30	0.23	0.35	0.27	0.40	0.31	0.45	0.35	0.52	0.60	0.69
技术复杂大桥	0.03	0.05	0.07	0.10	0.08	0.12	0.10	0.14	0.12	0.16	0.14	0.19	0.16	0.22	0.18	0.25	0.20	0.29	0.34	0.39
隧道	—	—	—	—	—	—	—	—	—	—	—	—	—	—	—	—	—	—	—	—
钢材及钢结构	—	—	—	—	—	—	—	—	—	—	—	—	—	—	—	—	—	—	—	—

夜间施工增加费按夜间施工工程项目（如桥梁工程项目包括上、下部构造全部工程）的直接工程费之和为基数，按表3-5的费率计算。

表3-5　夜间施工增加费费率表　　单位:%

工程类别	费　率	工程类别	费　率
构造物Ⅱ	0.35	技术复杂大桥	0.35
构造物Ⅲ	0.70	钢材及钢结构	0.35

注：设备安装工程及金属标志牌、防撞钢护栏、防眩板（网）、隔离栅、防护网等不计夜间施工增加费。

4. 特殊地区施工增加费

特殊地区施工增加费包括高原地区施工增加费、风沙地区施工增加费和沿海地区施工增加费三项。

（1）高原地区施工增加费

高原地区施工增加费系指在海拔高度1500m以上地区施工，由于受气候、气压的影响，致使人工、机械效率降低而增加的费用。该费用以各类工程人工费和机械使用费之和为基数，按表3-6的费率计算。

表3-6　高原地区施工增加费费率表　　单位:%

工程类别	海拔高度(m)							
	1501～2000	2001～2500	2501～3000	3001～3500	3501～4000	4001～4500	4501～5000	5000以上
人工土方	7.00	13.25	19.75	29.75	43.25	60.00	80.00	110.00
机械土方	6.56	12.60	18.66	25.60	36.05	49.08	64.72	83.80
汽车运输	6.50	12.50	18.50	25.00	35.00	47.50	62.50	80.00
人工石方	7.00	13.25	19.75	29.75	43.25	60.00	80.00	110.00
机械石方	6.71	12.82	19.03	27.01	38.50	52.80	69.92	92.72
高级路面	6.58	12.61	18.69	25.72	36.26	49.41	65.17	84.58
其他路面	6.73	12.84	19.07	27.15	38.74	53.17	70.44	93.60

续表

工程类别	海拔高度（m）							
	1501～2000	2001～2500	2501～3000	3001～3500	3501～4000	4001～4500	4501～5000	5000以上
构造物Ⅰ	6.87	13.06	19.44	28.56	41.18	56.86	75.61	102.47
构造物Ⅱ	6.77	12.90	19.17	27.54	39.41	54.18	71.85	96.03
构造物Ⅲ	6.73	12.85	19.08	27.19	38.81	53.7	70.57	93.84
技术复杂大桥	6.70	12.81	19.01	26.94	38.37	52.61	69.65	92.27
隧道	6.76	12.90	19.16	27.50	39.35	54.09	71.72	95.81
钢材及钢结构	6.78	12.92	19.20	27 66	39.62	54.50	72.30	96.80

一条路线通过两个以上（含两个）不同的海拔高度分区时，应分别计算高原地区施工增加费或按工程量比例求得平均的增加率，计算全线高原地区施工增加费。

（2）风沙地区施工增加费

风沙地区施工增加费系指在沙漠地区施工时，由于受风沙影响，按照施工及验收规范的要求，为保证工程质量和安全生产而增加的有关费用。内容包括防风、防沙及气候影响的措施费，材料费，人工、机械效率降低增加的费用，以及积沙、风蚀的清理修复等费用。

风沙地区的划分，根据《公路自然区划标准》、“沙漠地区公路建设成套技术研究报告”的公路自然区划和沙漠公路区划，结合风沙地区的气候状况将风沙地区分为三区九类：半干旱、半湿润沙地为风沙一区，干旱、极干旱寒冷沙漠地区为风沙二区，极干旱炎热沙漠地区为风沙三区；根据覆盖度（沙漠中植被、戈壁等覆盖程度）又将每区分为固定沙漠（覆盖度>50%）、半固定沙漠（覆盖度10%～50%）、流动沙漠（覆盖度<10%）三类，覆盖度由工程勘察设计人员在公路工程勘察设计时确定。

全国风沙地区公路施工区划见附录九。若当地气象资料及自然特征与附录九中的风沙地区划分有较大出入时，由工程所在省、自治区、直辖市公路（交通）工程造价（定额）管理站按当地气象资料和自然特征及上述划分标准确定工程所在地的风沙区划，并抄送交通部公路司备案。

一条路线穿过两个以上（含两个）不同风沙区时，按路线长度经过不同的风沙区加权计算项目全线风沙地区施工增加费。

风沙地区施工增加费以各类工程的人工费和机械使用费之和为基数，根据工程所在地的风沙区划及类别，按表3-7的费率计算。

表3-7　风沙地区施工增加费费率表　　单位：%

风沙区划 \ 工程类别	风沙一区			风沙二区			风沙三区		
	沙漠类型								
	固定	半固定	流动	固定	半固定	流动	固定	半固定	流动
人工土方	6.00	11.00	18.00	7.00	17.00	26.00	11.00	24.00	37.00
机械土方	4.00	7.00	12.00	5.00	11.00	17.00	7.00	15.00	24.00
汽车运输	4.00	8.00	13.00	5.00	12.00	18.00	8.00	17.00	26.00
人工石方	—	—	—	—	—	—	—	—	—
机械石方	—	—	—	—	—	—	—	—	—
高级路面	0.50	1.00	2.00	1.00	2.00	3.00	2.00	3.00	5.00
其他路面	2.00	4.00	7.00	3.00	7.00	10.00	4.00	10.00	15.00
构造物Ⅰ	4.00	7.00	12.00	5.00	11.00	17.00	7.00	16.00	24.00
构造物Ⅱ	—	—	—	—	—	—	—	—	—

续表

风沙区划 工程类别	风沙一区			风沙二区			风沙三区		
	沙漠类型								
	固定	半固定	流动	固定	半固定	流动	固定	半固定	流动
构造物Ⅲ	—	—	—	—	—	—	—	—	—
技术复杂大桥	—	—	—	—	—	—	—	—	—
隧道	—	—	—	—	—	—	—	—	—
钢材及钢结构	1.00	2.00	4.00	1.00	3.00	5.00	2.00	5.00	7.00

(3) 沿海地区工程施工增加费

沿海地区工程施工增加费系指工程项目在沿海地区施工受海风、海浪和潮汐的影响，致使人工、机械效率降低等所需增加的费用。本项费用由沿海各省、自治区、直辖市交通厅（局）制定具体的适用范围（地区），并抄送交通部公路司备案。

沿海地区工程施工增加费以各类工程的直接工程费之和为基数，按表3-8的费率计算。

表3-8　沿海地区工程施工增加费费率表　　单位:%

工程类别	费率	工程类别	费率
构造物Ⅱ	0.15	技术复杂大桥	0.15
构造物Ⅲ	0.15	钢材及钢结构	0.15

5. 行车干扰工程施工增加费

行车干扰工程施工增加费系指由于边施工边维持通车，受行车干扰的影响，致使人工、机械效率降低而增加的费用。该费用以受行车影响部分的工程项目的人工费和机械使用费之和为基数，按表3-9的费率计算。

6. 安全及文明施工措施费

安全及文明施工措施费系指工程施工期间为满足安全生产、文明施工、职工健康生活所发生的费用。该费用不包括施工期间为保证交通安全而设置的临时安全设施和标志、标牌的费用，需要时，应根据设计要求计算。安全及文明施工措施费以各类工程的直接工程费之和为基数，按表3-10的费率计算。

表3-9　行车干扰工程施工增加费费率表　　单位:%

工程类别	施工期间平均每昼夜双向行车次数（汽车、畜力车合计）							
	51~100	101~500	501~1000	1001~2000	2001~3000	3001~4000	4001~5000	5000以上
人工土方	1.64	2.46	3.28	4.10	4.76	5.29	5.86	6.44
机械土方	1.39	2.19	3.00	3.89	4.51	5 02	5.56	6.11
汽车运输	1.36	2.09	2.85	3.75	4.35	4.84	5.36	5.89
人工石方	1.66	2.40	3.33	4.06	4.71	5.24	5.81	6.37
机械石方	1.16	1.71	2.38	3.19	3.70	4.12	4.56	5.01
高级路面	1.24	1.87	2.50	3.11	3.61	4.01	4.45	4.88
其他路面	1.17	1.77	2.36	2.94	3.41	3.79	4.20	4.62
构造物Ⅰ	0.94	1.41	1.89	2.36	2.74	3.04	3.37	3.71
构造物Ⅱ	0.95	1.43	1.90	2.37	2.75	3.06	3.39	3.72
构造物Ⅲ	0.95	1.42	1.90	2.37	2 75	3.05	3.38	3.72
技术复杂大桥	—	—	—	—	—	—	—	—
隧道	—	—	—	—	—	—	—	—
钢材及钢结构	—	—	—	—	—	—	—	—

表3－10 安全及文明施工措施费费率表 单位:%

工程类别	费率	工程类别	费率
人工土方	0.59	构造物Ⅰ	0.72
机械土方	0.59	构造物Ⅱ	0.78
汽车运输	0.21	构造物Ⅲ	1.57
人工石方	0.59	技术复杂大桥	0.86
机械石方	0.59	隧道	0.73
高级路面	1.00	钢材及钢结构	0.53
其他路面	1.02		

注：设备安装工程按表中费率的50%计算。

7. 临时设施费

临时设施费系指施工企业为进行建筑安装工程施工所必需的生活和生产用的临时建筑物、构筑物和其他临时设施的费用等，但不包括概、预算定额中临时工程在内。

临时设施包括：临时生活及居住房屋（包括职工家属房屋及探亲房屋）、文化福利及公用房屋（如广播室、文体活动室等）和生产、办公房屋（如仓库、加工厂、加工棚、发电站、变电站、空压机站、停机棚等），工地范围内的各种临时的工作便道（包括汽车、畜力车、人力车道）、人行便道，工地临时用水、用电的水管支线和电线支线，临时构筑物（如水井、水塔等）以及其他小型临时设施。

临时设施费用内容包括：临时设施的搭设、维修、拆除费或摊销费。

临时设施费以各类工程的直接工程费之和为基数，按表3－11的费率计算。

表3－11 临时设施费费率表 单位:%

工程类别	费率	工程类别	费率
人工土方	1.57	构造物Ⅰ	2.65
机械土方	1.42	构造物Ⅱ	3.14
汽车运输	0.92	构造物Ⅲ	5.81
人工石方	1.60	技术复杂大桥	2.92
机械石方	1.97	隧道	2.57
高级路面	1.92	钢材及钢结构	2.48
其他路面	1.87		

8. 施工辅助费

施工辅助费包括生产工具用具使用费、检验试验费和工程定位复测、工程点交、场地清理等费用。

生产工具用具使用费系指施工所需不属于固定资产的生产工具、检验用具、试验用具及仪器、仪表等的购置、摊销和维修费，以及支付给生产工人自备工具的补贴费。

检验试验费系指施工企业对建筑材料、构件和建筑安装工程进行一般鉴定、检查所发生的费用，包括自设试验室进行试验所耗用的材料和化学药品的费用，以及技术革新和研究试验费，但不包括新结构、新材料的试验费和建设单位要求对具有出厂合格证明的材料进行检验、对构件进行破坏性试验及其他特殊要求检验的费用。

施工辅助费以各类工程的直接工程费之和为基数，按表3－12的费率计算。

表 3－12 施工辅助费费率表 单位:%

工程类别	费 率	工程类别	费 率
人工土方	0.89	构造物Ⅰ	1.30
机械土方	0.49	构造物Ⅱ	1.56
汽车运输	0.16	构造物Ⅲ	3.03
人工石方	0.85	技术复杂大桥	1.68
机械石方	0.46	隧道	1.23
高级路面	0.80	钢材及钢结构	0.56
其他路面	0.74		

9．工地转移费

工地转移费系指施工企业根据建设任务的需要，由已竣工的工地或后方基地迁至新工地的搬迁费用。其内容包括：

（1）施工单位全体职工及随职工迁移的家属向新工地转移的车费、家具行李运费、途中住宿费、行程补助费、杂费及工资与工资附加费等。

（2）公物、工具、施工设备器材、施工机械的运杂费，以及外租机械的往返费及本工程内部各工地之间施工机械、设备、公物、工具的转移费等。

（3）非固定工人进退场及一条路线中各工地转移的费用。

工地转移费以各类工程的直接工程费之和为基数，按表 3－13 的费率计算。

表 3－13 工地转移费费率 单位:%

工程类别	工地转移距离（km）					
	50	100	300	500	1000	每增加 100
人工土方	0.15	0.21	0.32	0.43	0.56	0.03
机械土方	0.50	0.67	1.05	1.37	1.82	0.08
汽车运输	0.31	0.40	0.62	0.82	1.07	0.05
人工石方	0.16	0.22	0.33	0.45	0.58	0.03
机械石方	0.36	0.43	0.74	0.97	1.28	0.06
高级路面	0.61	0.83	1.30	1.70	2.27	0.12
其他路面	0.56	0.75	1.18	1.54	2.06	0.10
构造物Ⅰ	0.56	0.75	1.18	1.54	2.06	0.11
构造物Ⅱ	0.66	0.89	1.40	1.83	2.45	0.13
构造物Ⅲ	1.31	1.77	2.77	3.62	4.85	0.25
技术复杂大桥	0.75	1.01	1.58	2.06	2.76	0.14
隧道	0.52	0.71	1.11	1.45	1.94	0.10
钢材及钢结构	0.72	0.97	1.51	1.97	2.64	0.13

转移距离以工程承包单位（如工程处、工程公司等）转移前后驻地距离或两路线中点的距离为准；编制概（预）算时，如施工单位不明确时，高速、一级公路及独立大桥、隧道按省会（自治区首府）至工地的里程，二级及以下公路按地区（市、盟）至工地的里程计算工地转移费；工地转移里程数在表列里程之间时，费率可内插计算。工地转移距离在 50km 以内的工程不计取本项费用。

二、间接费

间接费由规费和企业管理费两项组成。

（一）规费

规费系指法律、法规、规章、规程规定施工企业必须缴纳的费用（简称规费），包括：

1. 养老保险费。系指施工企业按规定标准为职工缴纳的基本养老保险费。

2. 失业保险费。系指施工企业按国家规定标准为职工缴纳的失业保险费。

3. 医疗保险费。系指施工企业按规定标准为职工缴纳的基本医疗保险费和生育保险费。

4. 住房公积金。系指施工企业按规定标准为职工缴纳的住房公积金。

5. 工伤保险费。系指施工企业按规定标准为职工缴纳的工伤保险费。

各项规费以各类工程的人工费之和为基数，按国家或工程所在地法律、法规、规章、规程规定的标准计算。

（二）企业管理费

企业管理费由基本费用、主副食运费补贴、职工探亲路费、职工取暖补贴和财务费用五项组成。

1. 基本费用

企业管理费基本费用系指施工企业为组织施工生产和经营管理所需的费用，内容包括：

（1）管理人员工资。系指管理人员的基本工资、工资性补贴、职工福利费、劳动保护费以及缴纳的养老、失业、医疗、生育、工伤保险费和住房公积金等。

（2）办公费。系指企业办公用的文具、纸张、账表、印刷、邮电、书报、会议、水、电、烧水和集体取暖（包括现场临时宿舍取暖）用煤（气）等费用。

（3）差旅交通费。系指职工因公出差和工作调动（包括随行家属的旅费）的差旅费、住勤补助费，市内交通费和误餐补助费，职工探亲路费，劳动力招募费，职工离退休、退职一次性路费，工伤人员就医路费，以及管理部门使用的交通工具的油料、燃料、养路费及牌照费。

（4）固定资产使用费。系指管理和试验部门及附属生产单位使用的属于固定资产的房屋、设备、仪器等的折旧、大修、维修或租赁费等。

（5）工具用具使用费。系指管理使用的不属于固定资产的生产工具、器具、家具、交通工具和检验、试验、测绘、消防用具等的购置、维修和摊销费。

（6）劳动保险费。系指企业支付离退休职工的易地安家补助费、职工退职金、六个月以上的病假人员工资、职工死亡丧葬补助费、抚恤费、按规定支付给离休干部的各项经费。

（7）工会经费。系指企业按职工工资总额计提的工会经费。

（8）职工教育经费。系指企业为职工学习先进技术和提高文化水平，按职工工资总额计提的费用。

（9）保险费。系指企业财产保险、管理用车辆等保险费用。

（10）工程保修费。系指工程竣工交付使用后，在规定保修期以内的修理费用。

（11）工程排污费。系指施工现场按规定缴纳的排污费用。

（12）税金。系指企业按规定缴纳的房产税、车船使用税、土地使用税、印花税等。

（13）其他。系指上述项目以外的其他必要的费用支出，包括技术转让费、技术开发费、业务招待费、绿化费、广告费、投标费、公证费、定额测定费、法律顾问费、审计费、咨询费等。

基本费用以各类工程的直接费之和为基数，按表 3－14 的费率计算。

2. 主副食运费补贴

主副食运费补贴系指施工企业在远离城镇及乡村的野外施工购买生活必需品所需增加的费用。该费用以各类工程的直接费之和为基数，按表 3－15 的费率计算。

表 3－14　基本费用费率表

单位:%

工程类别	费　率	工程类别	费　率
人工土方	3.36	构造物Ⅰ	4.44
机械土方	3.26	构造物Ⅱ	5.53
汽车运输	1.44	构造物Ⅲ	9.79
人工石方	3.45	技术复杂大桥	4.72
机械石方	3.28	隧道	4.22
高级路面	1.91	钢材及钢结构	2.42
其他路面	3.28		

表 3－15　主副食运费补贴费率表

单位:%

工程类别	综合里程（km）											
	1	3	5	8	10	15	20	25	30	40	50	每增加 10
人工土方	0.17	0.25	0.31	0.39	0.45	0.56	0.67	0.76	0.89	1.06	1.22	0.16
机械土方	0.13	0.19	0.24	0.30	0.35	0.43	0.52	0.59	0.69	0.81	0.95	0.13
汽车运输	0.14	0.20	0.25	0.32	0.37	0.45	0.55	0.62	0.73	0.86	1.00	0.14
人工石方	0.13	0.19	0.24	0.30	0.34	0.42	0.51	0.58	0.67	0.80	0.92	0.12
机械石方	0.12	0.18	0.22	0.28	0.33	0.41	0.49	0.55	0.65	0.76	0.89	0.12
高级路面	0.08	0.12	0.15	0.20	0.22	0.28	0.33	0.38	0.44	0.52	0.60	0.08
其他路面	0.09	0.12	0.15	0.20	0.22	0.28	0.33	0.38	0.44	0.52	0.61	0.09
构造物Ⅰ	0.13	0.18	0.23	0.28	0.32	0.40	0.49	0.55	0.65	0.76	0.89	0.12
构造物Ⅱ	0.14	0.20	0.25	0.30	0.35	0.43	0.52	0.60	0.70	0.83	0.96	0.13
构造物Ⅲ	0.25	0.36	0.45	0.55	0.64	0.79	0.96	1.09	1.28	1.51	1.76	0.24
技术复杂大桥	0.11	0.16	0.20	0.25	0.29	0.36	0.43	0.49	0.57	0.68	0.79	0.11
隧道	0.11	0.16	0.19	0.24	0.28	0.34	0.42	0.48	0.56	0.66	0.77	0.10
钢材及钢结构	0.11	0.16	0.20	0.26	0.30	0.37	0.44	0.50	0.59	0.69	0.80	0.11

综合里程＝粮食运距×0.06＋燃料运距×0.09＋蔬菜运距×0.15＋水运距×0.70　(3－4)

粮食、燃料、蔬菜、水的运距均为全线平均运距；综合里程数在表列里程之间时，费率可内插；综合里程在1km以内的工程不计取本项费用。

3. 职工探亲路费

职工探亲路费系指按照有关规定施工企业职工在探亲期间发生的往返车船费、市内交通费和途中住宿费等费用。该费用以各类工程的直接费之和为基数，按表3－16的费率计算。

表 3－16　职工探亲路费费率表

单位:%

工程类别	费　率	工程类别	费　率
人工土方	0.10	构造物Ⅰ	0.29
机械土方	0.22	构造物Ⅱ	0.34
汽车运输	0.14	构造物Ⅲ	0.55
人工石方	0.10	技术复杂大桥	0.20
机械石方	0.22	隧道	0.27
高级路面	0.14	钢材及钢结构	0.16
其他路面	0.16		

4．职工取暖补贴

职工取暖补贴系指按规定发放给职工的冬季取暖费或在施工现场设置的临时取暖设施的费用。该费用以各类工程的直接费之和为基数，按工程所在地的气温区（见附录七）选用表3－17的费率计算。

表3－17　职工取暖补贴费率表

单位:%

工程类别	气温区						
	准二区	冬一区	冬二区	冬三区	冬四区	冬五区	冬六区
人工土方	0.03	0.06	0.10	0.15	0.17	0.26	0.31
机械土方	0.06	0.13	0.22	0.33	0.44	0.55	0.66
汽车运输	0.06	0.12	0.21	0.31	0.41	0.51	0.62
人工石方	0.03	0.06	0.10	0.15	0.17	0.25	0.31
机械石方	0.05	0.11	0.17	0.26	0.35	0.44	0.53
高级路面	0.04	0.07	0.13	0.19	0.25	0.31	0.38
其他路面	0.04	0.07	0.12	0.18	0.24	0.30	0.36
构造物Ⅰ	0.06	0.12	0.19	0.28	0.36	0.46	0.56
构造物Ⅱ	0.06	0.13	0.20	0.30	0.41	0.51	0.62
构造物Ⅲ	0.11	0.23	0.37	0.56	0.74	0.93	1.13
技术复杂大桥	0.05	0.10	0.17	0.26	0.34	0.42	0.51
隧道	0.04	0.08	0.14	0.22	0.28	0.36	0.43
钢材及钢结构	0.04	0.07	0.12	0.19	0.25	0.31	0.37

5．财务费用

财务费用系指施工企业为筹集资金而发生的各项费用，包括企业经营期间发生的短期贷款利息净支出、汇兑净损失、调剂外汇手续费、金融机构手续费，以及企业筹集资金发生的其他财务费用。

财务费用以各类工程的直接费之和为基数，按表3－18的费率计算。

表3－18　财务费用费率表

单位:%

工程类别	费率	工程类别	费率
人工土方	0.23	构造物Ⅰ	0.37
机械土方	0.21	构造物Ⅱ	0.40
汽车运输	0.21	构造物Ⅲ	0.82
人工石方	0.22	技术复杂大桥	0.46
机械石方	0.20	隧道	0.39
高级路面	0.27	钢材及钢结构	0.48
其他路面	0.30		

（三）辅助生产间接费

辅助生产间接费系指由施工单位自行开采加工的砂、石等材料及施工单位自办的人工装卸和运输的间接费。

辅助生产间接费按人工费的5%计。该项费用并入材料预算单价内构成材料费，不直接出现在概（预）算中。

高原地区施工单位的辅助生产，可按其他工程费中高原地区施工增加费费率，以直接工程费为基数计算高原地区施工增加费（其中：人工采集、加工材料，人工装卸、运输材料按人工土方费率计算；机械采集、加工材料按机械石方费率计算；机械装、运输材料按汽车运输费率计算）。辅助生产高原地区施工增加费不作为辅助生产间接费的计算基数。

三、利润

利润系指施工企业完成所承包工程应取得的盈利。利润按直接费与间接费之和扣除规费的7%计算。

四、税金

税金系指按国家税法规定应计入建筑安装工程造价内的营业税、城市维护建设税及教育费附加等。

计算公式：

$$综合税金额 = （直接费 + 间接费 + 利润） \times 综合税率 \tag{3-5}$$

1. 纳税地点在市区的企业，综合税率为：

$$综合税收率（\%） = \left(\frac{1}{1-3\%-3\%\times7\%-3\%\times3\%}-1\right)\times100 = 3.41（\%）$$

2. 纳税地点在县城、乡镇的企业，综合税率为：

$$综合税收率（\%） = \left(\frac{1}{1-3\%-3\%\times5\%-3\%\times3\%}-1\right)\times100 = 3.35（\%）$$

3. 纳税地点不在市区、县城、乡镇的企业，综合税率为

$$综合税收率（\%） = \left(\frac{1}{1-3\%-3\%\times1\%-3\%\times3\%}-1\right)\times100 = 3.22（\%）$$

第二节　设备、工具、器具及家具购置费

一、设备购置费

设备购置费系指为满足公路的营运、管理、养护需要，购置的达到固定资产标准的设备和虽低于固定资产标准但属于设计明确列入设备清单的设备的费用，包括渡口设备，隧道照明、消防、通风的动力设备，高等级公路的收费、监控、通信、供电设备，养护用的机械、设备和工具、器具等的购置费用。

设备购置费应由设计单位列出计划购置的清单（包括设备的规格、型号、数量），以设备原价加综合业务费和运杂费按以下公式计算：

$$\begin{aligned}设备购置费 = {} & 设备原价 + 运杂费（运输费 + 装卸费 + 搬运费）\\ & + 运输保险费 + 采购及保管费\end{aligned} \tag{3-6}$$

需要安装的设备，应在第一部分建筑安装工程费的有关项目内另计设备的安装工程费。

设备与材料的划分标准见附录六。

1. 国产设备原价的构成及计算

国产设备的原价一般是指设备制造厂的交货价，即出厂价或订货合同价。它一般根据生产厂或供应商的询价、报价、合同价确定，或采用一定的方法计算确定。其内容包括按专业标准规定的在运输过程中不受损失的一般包装费，及按产品设计规定配带的工具、附件和易损件的费用。即：

$$设备原价 = 出厂价（或供货地点价） + 包装费 + 手续费 \tag{3-7}$$

2. 进口设备原价的构成及计算

进口设备的原价是指进口设备的抵岸价，即抵达买方边境港口或边境车站，且交完关税为止形成的价格。即：

$$进口设备原价 = 货价 + 国际运费 + 运输保险费 + 银行财务费 + 外贸手续费 + 关税$$

+增值税+消费税+商检费+检疫费+车辆购置附加费　(3-8)

(1) 货价：一般指装运港船上交货价（FOB，习惯称离岸价）。设备货价分为原币货价和人民币货价。原币货价一律折算为美元表示，人民币货价按原币货价乘以外汇市场美元兑换人民币的中间价确定。进口设备货价按有关生产厂商询价、报价、订货合同价计算。

(2) 国际运费：即从装运港（站）到达我国抵达港（站）的运费。即：

国际运费=原币货价（FOB价）×运费费率　(3-9)

我国进口设备大多采用海洋运输，小部分采用铁路运输，个别采用航空运输。运费费率参照有关部门或进出口公司的规定执行，海运费费率一般为6%。

(3) 运输保险费：对外贸易货物运输保险是由保险人（保险公司）与被保险人（出口人或进口人）订立保险契约，在被保险人交付议定的保险费后，保险人根据保险契约的规定对货物在运输过程中发生的承保责任范围内的损失给予经济上的补偿。这是一种财产保险。计算公式为：

运输保险费=[原币货价（FOB价）+国际运费]÷（1-保险费费率）×保险费费率　(3-10)

保险费费率按保险公司规定的进口货物保险费费率计算，一般为0.35%。

(4) 银行财务费：一般指中国银行手续费。其可按下式简化计算：

银行财务费=人民币货价（FOB价）×银行财务费费率　(3-11)

银行财务费费率一般为0.4%~0.5%。

(5) 外贸手续费：指按规定计取的外贸手续费。其计算公式为：

外贸手续费=[人民币货价（FOB价）+国际运费+运输保险费]×外贸手续费费率　(3-12)

外贸手续费费率一般为1%~1.5%。

(6) 关税：指海关对进出国境或关境的货物和物品征收的一种税。其计算公式为：

关税=[人民币货价（FOB价）+国际运费+运输保险费]×进口关税税率　(3-13)

进口关税税率按我国海关总署发布的进口关税税率计算。

(7) 增值税：是对从事进口贸易的单位和个人，在进口商品报关进口后征收的税种。按《中华人民共和国增值税条例》的规定，进口应税产品均按组成计税价格和增值税税率直接计算应纳税额。即：

增值税=[人民币货价（FOB价）+国际运费+运输保险费+关税+消费税]×增值税税率　(3-14)

增值税税率根据规定的税率计算，目前进口设备适用的税率为17%。

(8) 消费税：对部分进口设备（如轿车、摩托车等）征收。其计算公式为：

应纳消费税额=[人民币货价（FOB价）+国际运费+运输保险费+关税]÷（1-消费税税率）×消费税税率　(3-15)

消费税税率根据规定的税率计算。

(9) 商检费：指进口设备按规定付给商品检查部门的进口设备检验鉴定费。其计算公式为：

商检费：[人民币货价（FOB价）+国际运费+运输保险费]×商检费费率　(3-16)

商检费费率一般为0.8%。

(10) 检疫费：指进口设备按规定付给商品检疫部门的进口设备检验鉴定费。其计算公式为：

检疫费=[人民币货价（FOB价）+国际运费+运输保险费]×检疫费费率　(3-17)

检疫费费率一般为0.17%。

(11) 车辆购置附加费：指进口车辆需缴纳的进口车辆购置附加费。其计算公式为：

进口车辆购置附加费=[人民币货价（FOB价）+国际运费+运输保险费+关税+消费税+增值税]×进口车辆购置附加费费率　(3-18)

在计算进口设备原价时，应注意工程项目的性质，有无按国家有关规定减免进口环节税的可能。

3. 设备运杂费的构成及计算

国产设备运杂费指由设备制造厂交货地点起至工地仓库（或施工组织设计指定的需要安装设备的堆放地点）止所发生的运费和装卸费；进口设备运杂费指由我国到岸港口或边境车站起至工地仓库（或施工组织设计指定的需要安装设备的堆放地点）止所发生的运费和装卸费。其计算公式为：

$$运杂费=设备原价\times运杂费费率 \quad (3-19)$$

设备运杂费费率见表3－19。

表3－19 设备运杂费费率表 单位:%

运输里程（km）	100以内	101~200	201~300	301~400	401~500	501~750	751~1000	1001~1250	1251~1500	1501~1750	1751~2000	2000以上每增250
费率（%）	0.8	0.9	1.0	1.1	1.2	1.5	1.7	2.0	2.2	2.4	2.6	0.2

4. 设备运输保险费的构成及计算

设备运输保险费指国内运输保险费。其计算公式为：

$$运输保险费=设备原价\times保险费费率 \quad (3-20)$$

设备运输保险费费率一般为1%。

5. 设备采购及保管费的构成及计算

设备采购及保管费指采购、验收、保管和收发设备所发生的各种费用，包括设备采购人员、保管人员和管理人员的工资、工资附加费、办公费、差旅交通费，设备供应部门办公和仓库所占固定资产使用费、工具用具使用费、劳动保护费、检验试验费等。其计算公式为：

$$采购及保管费=设备原价\times采购及保管费费率 \quad (3-21)$$

需要安装的设备的采购保管费费率为2.4%，不需要安装的设备的采购保管费费率为1.2%。

二、工器具及生产家具（简称工器具）购置费

工器具购置费系指建设项目交付使用后为满足初期正常营运必须购置的第一套不构成固定资产的设备、仪器、仪表、工卡模具、器具、工作台（框、架、柜）等的费用。该费用不包括构成固定资产的设备、工器具和备品、备件，及已列入设备购置费中的专用工具和备品、备件。

对于工器具购置，应由设计单位列出计划购置的清单（包括规格、型号、数量），购置费的计算方法同设备购置费。

三、办公和生活用家具购置费

办公和生活用家具购置费系指为保证新建、改建项目初期正常生产、使用和管理所必须购置的办公和生活用家具、用具的费用。

范围包括：行政、生产部门的办公室、会议室、资料档案室、阅览室、单身宿舍及生活福利设施等的家具、用具。

办公和生活用家具购置费按表3－20的规定计算。

表3－20 办公和生活用家具购置费标准表

工程所在地	路线（元/公路公里）				有看桥房的独立大桥（元/座）	
	高速公路	一级公路	二级公路	三、四级公路	一般大桥	技术复杂大桥
内蒙古、黑龙江、青海、新疆、西藏	21500	15600	7800	4000	24000	60000
其他省、自治区、直辖市	17500	14600	5800	2900	19800	49000

注：改建工程按表列数80%计。

第三节　工程建设其他费用

一、土地征用及拆迁补偿费

土地征用及拆迁补偿费系指按照《中华人民共和国土地管理法》及《中华人民共和国土地管理法实施条例》、《中华人民共和国基本农田保护条例》等法律、法规的规定，为进行公路建设需征用土地所支付的土地征用及拆迁补偿费等费用。

1. 费用内容

(1) 土地补偿费：指被征用土地地上、地下附着物及青苗补偿费，征用城市郊区的菜地等缴纳的菜地开发建设基金，租用土地费，耕地占用税，用地图编制费及勘界费，征地管理费等。

(2) 征用耕地安置补助费：指征用耕地需要安置农业人口的补助费。

(3) 拆迁补偿费：指被征用或占用土地上的房屋及附属构筑物、城市公用设施等拆除、迁建补偿费，拆迁管理费等。

(4) 复耕费：指临时占用的耕地、鱼塘等，待工程竣工后将其恢复到原有标准所发生的费用。

(5) 耕地开垦费：指公路建设项目占用耕地的，应由建设项目法人（业主）负责补充耕地所发生的费用；没有条件开垦或者开垦的耕地不符合要求的，按规定缴纳的耕地开垦费。

(6) 森林植被恢复费：指公路建设项目需要占用、征用或者临时占用林地的，经县级以上林业主管部门审核同意或批准，建设项目法人（业主）单位按照有关规定向县级以上林业主管部门预缴的森林植被恢复费。

2. 计算方法

土地征用及拆迁补偿费应根据审批单位批准的建设工程用地和临时用地面积及其附着物的情况，以及实际发生的费用项目，按国家有关规定及工程所在地的省（自治区、直辖市）人民政府颁发的有关规定和标准计算。

森林植被恢复费应根据审批单位批准的建设工程占用林地的类型及面积，按国家有关规定及工程所在地的省（自治区、直辖市）人民政府颁发的有关规定和标准计算。

当与原有的电力电信设施、水利工程、铁路及铁路设施互相干扰时，应与有关部门联系，商定合理的解决方案和补偿金额，也可由这些部门按规定编制费用以确定补偿金额。

二、建设项目管理费

建设项目管理费包括建设单位（业主）管理费、工程质量监督费、工程监理费、工程定额测定费、设计文件审查费和竣（交）工验收试验检测费。

(一) 建设单位（业主）管理费

建设单位（业主）管理费系指建设单位（业主）为建设项目的立项、筹建、建设、竣（交）工验收、总结等工作所发生的费用，不包括应计入设备、材料预算价格的建设单位采购及保管设备、材料所需的费用。

费用内容包括：工作人员的工资、工资性补贴、施工现场津贴、社会保障费用（基本养老、基本医疗、失业、工伤保险）、住房公积金、职工福利费、工会经费、劳动保护费；办公费、会议费、差旅交通费、固定资产使用费（包括办公及生活房屋折旧、维修或租赁费，车辆折旧、维修、使用或租赁费，通信设备购置、使用费，测量、试验设备仪器折旧、维修或租赁费，其他设备折旧、维修或租赁费等）、零星固定资产购置费、招募生产工人费；技术图书资料费、职工教育经费、工程招标费（不含招标文件及标底或造价控制值编制费）；合同契约公证费、法律顾问费、咨询费；建设单位的临时设施费、完工清理费、竣（交）工验收费（含其他行业或部门要求的竣工验收费用）、各种税费（包括房产税、车船使用税、印花税等）；建设项目审计费、境内外融资费用（不含建设期贷款利息）、业务招待费、安全生产管理费和其他管理性开支。

由施工企业代建设单位（业主）办理“土地、青苗等补偿费”的工作人员所发生的费用，应在建设单位（业主）管理费项目中支付。当建设单位（业主）委托有资质的单位代理招标时，其代理费应在建设单位（业主）管理费中支出。

建设单位（业主）管理费以建筑安装工程费总额为基数，按表3－21的费率，以累进办法计算。

表3－21　建设单位管理费费率表

第一部分　建筑安装工程费（万元）	费率（%）	算例（万元）	
		建筑安装工程费	建设单位（业主）管理费
500以下	3.48	500	500×3.48%＝17.4
501～1000	2.73	1000	17.4＋500×2.73%＝31.05
1001～5000	2.18	5000	31.05＋4000×2.18%＝118.25
5001～10000	1.84	10000	118.25＋5000×1.84%＝210.25
10001～30000	1.52	30000	210.25＋20000×1.52%＝514.25
30001～50000	1.27	50000	514.25＋20000×1.27%＝768.25
50001～100000	0.94	100000	768.25＋50000×0.94%＝1238.25
100001～150000	0.76	150000	1238.25＋50000×0.76%＝1618.25
150001～200000	0.59	200000	1618.25＋50000×0.59%＝1913.25
200001～300000	0.43	300000	1913.25＋100000×0.43%＝2343.25
300000以上	0.32	310000	2343.25＋10000×0.32%＝2375.25

水深＞15m、跨度＞400m的斜拉桥和跨度≥800m的悬索桥等独立特大型桥梁工程的建设单位（业主）管理费按表3－21中的费率乘以1.0～1.2的系数计算；海上工程［指由于风浪影响，工程施工期（不包括封冻期）全年月平均工作日少于15天的工程］的建设单位（业主）管理费按表3－21中的费率乘以1.0～1.3的系数计算。

（二）工程质量监督费

工程质量监督费系指根据国家有关部门规定，各级公路工程质量监督机构对工程建设质量和安全生产实施监督应收取的管理费用。

工程质量监督费以建筑安装工程费总额为基数，按0.15%计算。

（三）工程监理费

工程监理费系指建设单位（业主）委托具有公路工程监理资格的单位，按施工监理规范进行全面的监督和管理所发生的费用。

费用内容包括：工作人员的基本工资、工资性津贴、社会保障费用（基本养老、基本医疗、失业、工伤保险）、住房公积金、职工福利费、工会经费、劳动保护费；办公费、会议费、差旅交通费、固定资产使用费（包括办公及生活房屋折旧、维修或租赁费，车辆折旧、维修、使用或租赁费，通信设备购置、使用费，测量、试验、检测设备仪器折旧、维修或租赁费，其他设备折旧、维修或租赁费等）、零星固定资产购置费、招募生产工人费；技术图书资料费、职工教育经费、投标费用；合同契约公证费、咨询费、业务招待费；财务费用、监理单位的临时设施费、各种税费和其他管理性开支。

工程监理费以建筑安装工程费总额为基数，按表3－22的费率计算。

表3－22　工程监理费费率表

工程类别	高速公路	一级及二级公路	三级及四级公路	桥梁及隧道
费率（%）	2.0	2.5	3.0	2.5

表 3 - 22 中的桥梁指水深大于 15m、斜拉桥和悬索桥等独立特大型桥梁工程；隧道指水下隧道工程。

建设单位（业主）管理费和工程监理费均为实施建设项目管理的费用，执行时根据建设单位（业主）和施工监理单位所实际承担的工作内容和工作量，在保证监理费用的前提下，可统筹使用。

（四）工程定额测定费

工程定额测定费系指各级公路（交通）工程定额（造价管理）站为测定劳动定额、搜集定额资料、编制工程定额及定额管理所需要的工作经费。

工程定额测定费以建筑安装工程费总额为基数，按 0.12% 计算。

（五）设计文件审查费

设计文件审查费系指国家和省级交通主管部门在项目审批前，为保证勘察设计工作的质量，组织有关专家或委托有资质的单位，对设计单位提交的建设项目可行性研究报告和勘察设计文件以及对设计变更、调整概算进行审查所需要的相关费用。

设计文件审查费以建筑安装工程费总额为基数，按 0.1% 计算。

（六）竣（交）工验收试验检测费

竣（交）工验收试验检测费系指在公路建设项目交工验收和竣工验收前，由建设单位（业主）或工程质量监督机构委托有资质的公路工程质量检测单位按照有关规定对建设项目的工程质量进行检测，并出具检测意见所需要的相关费用。

竣（交）工验收试验检测费按表 3 - 23 的规定计算。

表 3 - 23　竣（交）工验收试验检测费标准表

项目	路线（元/公路公里）				独立大桥（元/座）	
	高速公路	一级公路	二级公路	三、四级公路	一般大桥	技术复杂大桥
试验检测费	15000	12000	10000	5000	30000	100000

关于竣（交）工验收试验检测费，高速公路、一级公路按四车道计算，二级及以下等级公路按双车道计算，每增加一条车道，按表 3 - 23 的费用增加 10% 。

三、研究试验费

研究试验费系指为本建设项目提供或验证设计数据、资料进行必要的研究试验和按照设计规定在施工过程中必须进行试验、验证所需的费用，以及支付科技成果、先进技术的一次性技术转让费。该费用不包括：

（1）应由科技三项费用（即新产品试制费、中间试验费和重要科学研究补助费）开支的项目。

（2）应由施工辅助费开支的施工企业对建筑材料、构件和建筑物进行一般鉴定、检查所发生的费用及技术革新研究试验费。

（3）应由勘察设计费或建筑安装工程费用中开支的项目。

计算方法：按照设计提出的研究试验内容和要求进行编制，不需验证设计基础资料的不计本项费用。

四、建设项目前期工作费

建设项目前期工作费系指委托勘察设计、咨询单位对建设项目进行可行性研究、工程勘察设计，以及设计、监理、施工招标文件及招标标底或造价控制值文件编制时，按规定应支付的费用。该费用包括：

（1）编制项目建议书（或预可行性研究报告）、可行性研究报告、投资估算，以及相应的勘察、设计、专题研究等所需的费用。

（2）初步设计和施工图设计的勘察费（包括测量、水文调查、地质勘探等）、设计费、概

（预）算及调整概算编制费等。

（3）设计、监理、施工招标文件及招标标底（或造价控制值或清单预算）文件编制费等。

计算方法：依据委托合同计列，或按国家颁发的收费标准和有关规定进行编制。

五、专项评价（估）费

专项评价（估）费系指依据国家法律、法规规定须进行评价（评估）、咨询，按规定应支付的费用。该费用包括环境影响评价费、水土保持评估费、地震安全性评价费、地质灾害危险性评价费、压覆重要矿床评估费、文物勘察费、通航论证费、行洪论证（评估）费、使用林地可行性研究报告编制费、用地预审报告编制费等费用。

计算方法：按国家颁发的收费标准和有关规定进行编制。

六、施工机构迁移费

施工机构迁移费系指施工机构根据建设任务的需要，经有关部门决定成建制地（指工程处等）由原驻地迁移到另一地区所发生的一次性搬迁费用。该费用不包括：

（1）应由施工企业自行负担的，在规定距离范围内调动施工力量以及内部平衡施工力量所发生的迁移费用。

（2）由于违反基建程序，盲目调迁队伍所发生的迁移费。

（3）因中标而引起施工机构迁移所发生的迁移费。

费用内容包括：职工及随同家属的差旅费，调迁期间的工资，施工机械、设备、工具、用具和周转性材料的搬运费。

计算方法：施工机构迁移费应经建设项目的主管部门同意按实计算。但计算施工机构迁移费后，如迁移地点即新工地地点（如独立大桥），则其他工程费内的工地转移费应不再计算；如施工机构迁移地点至新工地地点尚有部分距离，则工地转移费的距离，应以施工机构新地点为计算起点。

七、供电贴费

供电贴费系指按照国家规定，建设项目应交付的供电工程贴费、施工临时用电贴费。

计算方法：按国家有关规定计列（目前停止征收）。

八、联合试运转费

联合试运转费系指新建、改（扩）建工程项目，在竣工验收前按照设计规定的工程质量标准，进行动（静）载荷载实验所需的费用，或进行整套设备带负荷联合试运转期间所需的全部费用抵扣试车期间收入的差额。该费用不包括应由设备安装工程项下开支的调试费的费用。

费用内容包括：联合试运转期间所需的材料、油燃料和动力的消耗，机械和检测设备使用费，工具用具和低值易耗品费，参加联合试运转人员工资及其他费用等。

联合试运转费以建筑安装工程费总额为基数，独立特大型桥梁按 0.075%、其他工程按 0.05% 计算。

九、生产人员培训费

生产人员培训费系指新建、改（扩）建公路工程项目，为保证生产的正常运行，在工程竣工验收交付使用前对运营部门生产人员和管理人员进行培训所必需的费用。

费用内容包括：培训人员的工资、工资性补贴、职工福利费、差旅交通费、劳动保护费、培训及教学实习费等。

生产人员培训费按设计定员和 2000 元/人的标准计算。

十、固定资产投资方向调节税

固定资产投资方向调节税系指为了贯彻国家产业政策，控制投资规模，引导投资方向，调整投资结构，加强重点建设，促进国民经济持续稳定协调发展，依照《中华人民共和国固定资产投资方向调节税暂行条例》规定，公路建设项目应缴纳的固定资产投资方向调节税。

计算方法：按国家有关规定计算（目前暂停征收）。

十一、建设期贷款利息

建设期贷款利息系指建设项目中分年度使用国内贷款或国外贷款部分，在建设期内应归还的贷款利息。费用内容包括各种金融机构贷款、企业集资、建设债券和外汇贷款等利息。

计算方法：根据不同的资金来源按需付息的分年度投资计算。

计算公式如下：

$$建设期贷款利息 = \sum（上年末付息贷款本息累计 + 本年度付息贷款额 \div 2）\times 年利率 \quad (3-22)$$

即：

$$S = \sum_{n=1}^{N} (F_{n-1} + b_n \div 2) \times i$$

式中 S——建设期贷款利息（元）；

N——项目建设期（年）；

n——施工年度；

F_{n-1}——建设期第（$n-1$）年末需付息贷款本息累计（元）；

b_n——建设期第 n 年度付息贷款额（元）；

i——建设期贷款年利率（%）。

第四节 预 备 费

预备费由价差预备费及基本预备费两部分组成。在公路工程建设期限内，凡需动用预备费时，属于公路交通部门投资的项目，需经建设单位提出，按建设项目隶属关系，报交通部或交通厅（局、委）基建主管部门核定批准；属于其他部门投资的建设项目，按其隶属关系报有关部门核定批准。

一、价差预备费

价差预备费系指设计文件编制年至工程竣工年期间，第一部分费用的人工费、材料费、机械使用费、其他工程费、间接费等以及第二、三部分费用由于政策、价格变化可能发生上浮而预留的费用及外资贷款汇率变动部分的费用。

（1）计算方法：价差预备费以概（预）算或修正概算第一部分建筑安装工程费总额为基数，按设计文件编制年始至建设项目工程竣工年终的年数和年工程造价增长率计算。

计算公式如下：

$$价差预备费 = P \times [(1+i)^{n-1} - 1] \quad (3-23)$$

式中 P——建筑安装工程费总额（元）；

i——年工程造价增长率（%）；

n——设计文件编制年至建设项目开工年 + 建设项目建设期限（年）。

（2）年工程造价增长率按有关部门公布的工程投资价格指数计算，或由设计单位会同建设单位根据该工程人工费、材料费、施工机械使用费、其他工程费、间接费以及第二、三部分费用可能发生的上浮等因素，以第一部分建安费为基数进行综合分析预测。

（3）设计文件编制至工程完工在一年以内的工程，不列此项费用。

二、基本预备费

基本预备费系指在初步设计和概算中难以预料的工程和费用。其用途如下：

（1）在进行技术设计、施工图设计和施工过程中，在批准的初步设计和概算范围内所增加的工程费用。

（2）在设备订货时，由于规格、型号改变的价差；材料货源变更、运输距离或方式的改变以及因规格不同而代换使用等原因发生的价差。

（3）由于一般自然灾害所造成的损失和预防自然灾害所采取的措施费用。

（4）在项目主管部门组织竣（交）工验收时，验收委员会（或小组）为鉴定工程质量必须开挖和修复隐蔽工程的费用。

(5) 投保的工程根据工程特点和保险合同发生的工程保险费用。

计算方法：以第一、二、三部分费用之和（扣除固定资产投资方向调节税和建设期贷款利息两项费用）为基数按下列费率计算：

设计概算按 5% 计列；

修正概算按 4% 计列；

施工图预算按 3% 计列。

采用施工图预算加系数包干承包的工程，包干系数为施工图预算中直接费与间接费之和的 3% 。施工图预算包干费用由施工单位包干使用。

该包干费用的内容为：

(1) 在施工过程中，设计单位对分部分项工程修改设计而增加的费用，但不包括因水文地质条件变化造成的基础变更、结构变更、标准提高、工程规模改变而增加的费用。

(2) 预算审定后，施工单位负责采购的材料由于货源变更、运输距离或方式的改变以及因规格不同而代换使用等原因发生的价差。

(3) 由于一般自然灾害所造成的损失和预防自然灾害所采取的措施的费用（例如一般防台风、防洪的费用）等。

第五节 回收金额

概、预算定额所列材料一般不计回收，只对按全部材料计价的一些临时工程项目和由于工程规模或工期限制达不到规定周转次数的拱盔、支架及施工金属设备的材料计算回收金额。回收率见表 3 – 24。

表 3 – 24 回收率表 单位:%

回收项目	使用年限或周转次数				计算基数
	一年或一次	两年或两次	三年或三次	四年或四次	
临时电力、电信线路	50	30	10	—	材料原价
拱盔、支架	60	45	30	15	
施工金属设备	65	65	50	30	

注：施工金属设备指钢壳沉井、钢护筒等。

第六节 公路工程建设各项费用的计算程序及计算方式

公路工程建设各项费用的计算程序及计算方式见表 3 – 25。

表 3 – 25 公路工程建设各项费用的计算程序及计算方式

代号	项目	说明及计算式
(一)	直接工程费（即工、料、机费）	按编制年工程所在地的预算价格计算
(二)	其他工程费	(一) ×其他工程费综合费率或各类工程人工费和机械费之和×其他工程费综合费率
(三)	直接费	(一) + (二)
(四)	间接费	各类工程人工费×规费综合费率 + (三) ×企业管理费综合费率
(五)	利润	[(三) + (四) – 规费] ×利润率
(六)	税金	[(三) + (四) + (五)] ×综合税率
(七)	建筑安装工程费	(三) + (四) + (五) + (六)
(八)	设备、工具、器具购置费（包括备品备件）	Σ（设备、工具、器具购置数量×单价 + 运杂费）× (1 + 采购保管费率)
	办公及生活用家具购置费	按有关规定计算

续表

代号	项　目	说明及计算式
（九）	工程建设其他费用	
	土地征用及拆迁补偿费	按有关规定计算
	建设单位（业主）管理费	（七）×费率
	工程质量监督费	（七）×费率
	工程监理费	（七）×费率
	工程定额测定费	（七）×费率
	设计文件审查费	（七）×费率
	竣（交）工验收试验检测费	按有关规定计算
	研究试验费	按批准的计划编制
	前期工作费	按有关规定计算
	专项评价（估）费	按有关规定计算
	施工机构迁移费	按实计算
	供电贴费	按有关规定计算
	联合试运转费	（七）×费率
	生产人员培训费	按有关规定计算
	固定资产投资方向调节税	按有关规定计算
	建设期贷款利息	按实际贷款数及利率计算
（十）	预备费	包括价差预备费和基本预备费两项
	价差预备费	按规定的公式计算
	基本预备费	[（七）+（八）+（九）－固定资产投资方向调节税－建设期贷款利息]×费率
	预备费中施工图预算包干系数	[（三）+（四）]×费率
（十一）	建设项目总费用	（七）+（八）+（九）+（十）

煤炭建设工程费用定额

（2008年）

中国煤炭建设协会关于发布《煤炭建设工程工程量清单项目及计算规则》、
各类工程消耗量定额和工程造价管理有关规定的通知
中煤建协字〔2007〕90号

为适应社会主义市场经济体制下工程造价计价的需要，规范煤炭建设工程造价计价行为，合理确定并有效控制工程造价，提高投资效益，根据建设部《建设工程工程量清单计价规范》（GB 50500—2003）、建设部第313号公告《矿山工程工程量清单项目及计算规则》要求（国家标准《建设工程工程量清单计价规范》2005年局部修订部分），中国煤炭建设协会组织煤炭工业五个工程造价管理站编制完成了《煤炭建设工程工程量清单项目及计算规则》、《煤炭建设井巷工程消耗量定额》（2007基价）、《煤炭建设井巷工程概算定额》（2007基价）、《煤炭建设井巷工程辅助费基础定额》（2007基价）、《煤炭建设井巷工程辅助费综合定额》（2007基价）、《煤炭建设特殊凿井工程消耗量定额》（2007基价）、《煤炭建设特殊凿井工程综合定额》（2007基价）、《煤炭建设机电安装工程消耗量定额》（2007基价）、《煤炭建设地面建筑工程消耗量定额》（2007基价）、《煤炭建设工程施工机械台班费用定额》（2007基价）、《煤炭建设工程费用定额及造价管理有关规定》，经组织有关方面多次审查，现予以发布。

上述计算规则、消耗量定额、取费标准及管理规定适用于煤炭工业新建、改建和扩建工程，自2008年1月1日起施行。2000年颁发的相关定额、指标、取费标准、管理规定同时停止使用。

本次发布的计算规则、消耗量定额、取费标准、管理规定由中国煤炭建设协会归口管理，各煤炭工业工程造价管理站负责解释，在实施中出现的问题请及时反映，以便总结完善。

中国煤炭建设协会
二〇〇七年十一月十六日

煤炭建设工程费用定额

第一章　总　说　明

一、为规范煤炭建设工程造价计价行为，统一煤炭建筑安装工程费用项目、内容和取费标准及计价方法。根据建设部、财政部《建筑安装工程费用项目组成》（建标〔2003〕206号）等文件精神，结合煤炭建设具体情况，重新修订《煤炭建设工程费用定额》（以下简称本定额）。

二、本定额是煤炭建筑安装工程工程造价的计价依据。适用于编制煤炭建设矿山工程、地面建筑工程、机电设备安装工程概算、预算、结算和招标工程编制标底，也可作为投标报价的基础。

三、本定额各类取费标准是以定额基价（2007基价）为基础制定的。与煤炭建设工程概算定额（指标）、消耗量定额或综合定额配套执行。

四、本定额制定了工程量清单计价和定额计价两种工程造价计价程序。不论是工程量清单计价还是定额计价，编制标底时，均应按照煤炭建设工程消耗量定额统一基价和本定额规定的费用标准及有关规定计算；投标报价时，应当按照本定额规定的计算程序，参照本定额取费标准或采用企业定额由企业自主报价。

五、规费和税金属于不可竞争的费用，必须按照本定额的费用标准及有关规定计取。

六、安全文明施工及环境保护费为措施性费用，但属于非竞争性的，不参与商务标价格竞争。编制工程预算、标底、投标报价时，应按照本定额的费用标准和有关规定单独列项计算，并在合同中明确其内容、计取标准和费用金额，确保专款专用。

七、本定额部分费用标准划分了地区类别，编制工程概预算、标底、工程结算时，按建设项目所在地的地区类别选用有关费率标准。地区类别划分如下：

一类地区：黑龙江、吉林、辽宁、内蒙古、宁夏、青海、新疆、甘肃、西藏及山西雁北地区、陕西陕北地区（含延安和榆林地区）。

二类地区：山西（不含雁北地区）、陕西（不含陕北地区）、山东、河南、河北、云南、贵州、四川、重庆、北京、天津。

三类地区：江苏、安徽、浙江、江西、湖南、湖北、福建、广东、广西、海南、上海。

第二章　费用项目组成及内容

煤炭建筑安装工程费用由直接费、间接费、利润、税金组成。其组成见下图示：

煤炭建筑安装工程费用的项目组成

- 直接费
  - 直接工程费（含井巷工程辅助费）
    - 人工费
    - 材料费
    - 施工机械使用费
  - 措施费
    - 组织措施费
      - 1. 环境保护
      - 2. 文明施工
      - 3. 安全施工
      - 4. 临时设施费
      - 5. 夜间施工
      - 6. 二次搬运
      - 7. 冬雨季施工
      - 8. 检验试验费
      - 9. 生产工具用具使用费
      - 10. 特殊工种培训费
      - 11. 工程定位、点交、清理费
      - 12. 其他组织措施费
    - 技术措施费
      - 1. 大型机械设备进出场及安拆费
      - 2. 砼模板及支架
      - 3. 脚手架
      - 4. 凿井措施费
      - 5. 其他技术措施费
- 间接费
  - 规费
    - 1. 工程排污费
    - 2. 工程定额测定费
    - 3. 社会保障费
      - 养老保险
      - 医疗保险
      - 失业保险
      - 工伤保险
      - 生育保险
    - 4. 住房公积金
    - 5. 危险作业意外伤害保险费
  - 企业管理费
    - 1. 管理人员工资
    - 2. 办公费
    - 3. 差旅交通费
    - 4. 固定资产使用费
    - 5. 工具用具使用费
    - 6. 劳动保险费
    - 7. 工会经费
    - 8. 职工教育经费
    - 9. 财产保险费
    - 10. 财务费
    - 11. 税金
    - 12. 其他
- 利润
- 税金

一、直接费

由直接工程费和措施费组成。

（一）直接工程费：指施工过程中耗费的构成工程实体的各项费用以及有助于工程实体形成的井巷工程辅助费、特殊凿井工程费用。包括人工费、材料费、施工机械使用费。

1. 人工费：指直接从事建筑安装施工的生产工人开支的各项费用。包括：

（1）基本工资：指发放给生产工人的基本工资。

（2）工资性补贴：指按规定范围和标准发放的煤炭井下艰苦岗位津贴以及流动施工津贴，物价补贴，煤、燃气补贴，交通补贴，住房补贴等地方性特殊津贴。

（3）生产工人辅助工资：指生产工人年有效施工天数以外非作业天数的工资。包括职工学习、培训期间的工资，调动工作、探亲、休假期间的工资，因气候影响的停工工资，女工哺乳时间的工资，病假在六个月以内的工资及产、婚、丧假期的工资。

（4）职工福利费：指按规定标准计提的职工福利费。

（5）生产工人劳动保护费：指按规定发放生产工人的劳动保护用品的购置及修理费，徒工服装补贴，防暑降温费，井下生产工人保健费，生产工人洗澡、饮水费用及职业病防治费用等。各工种劳动保护费单价根据工程所在地区类别按下表选用。

生产工人劳动保护费单价表　　单位：元/工日

工程类别	工　种	地区类别		
		一类	二类	三类
井巷工程	井下直接工	4.39	4.39	4.39
	井下辅助工	1.82	1.82	1.82
	地面辅助工	2.14	1.97	1.72
特凿工程	冻结工	3.4	3.24	2.98
	其他工	2.29	2.14	1.87
露天剥离工程	综合工	2.41	2.26	1.99
土建工程	综合工	2.08	1.91	1.66
安装工程	井下工	1.87	1.87	1.87
	地面工	1.88	1.74	1.48

（6）煤炭定额（统一基价）工资单价见下表。

煤炭定额（统一基价）工资单价表　　单位：元/工日

项　目		井巷			特殊凿井		露天剥离		土建	安装	
		井下直接工	井下辅助工	地面辅助工	冻结工	其他工	直接工	辅助工	综合工	地面工	井下工
一、基本工资		16.97	14.73	14.73	15.60	15.60	15.60	14.73	13.86	14.73	14.73
二、工资性补贴	井下岗位津贴	25.67	20.67								18.00
	地方性津贴	4.99	4.92	5.59	5.62	5.62	5.62	5.59	4.89	4.92	4.92
三、生产工人辅助工资		2.85	2.53	2.46	2.54	2.54	2.62	2.5	2.12	2.2	2.28
四、职工福利费		3.45	3.08	3.16	3.30	3.30	3.31	3.17	2.9	3.03	3.05
五、劳动保护费		4.39	1.82	1.97	3.24	2.14	2.26	2.26	1.91	1.74	1.87
日工资单价		58.32	47.75	27.91	30.30	29.20	29.41	28.25	25.68	26.62	44.85

2. 材料费：指直接耗用在特定建筑安装产品对象上的原材料、辅助材料、构配件、零件、成品、半成品、周转材料摊销及租赁等费用。包括：

（1）材料原价（或供应价格）

（2）材料运杂费：指材料来源地运至工地仓库或指定堆放地点所发生的全部费用。

（3）运输损耗费：指材料在运输装卸过程中不可避免的损耗。

（4）采购及保管费：指在组织采购、供应和保管过程中所需要的各项费用。包括：采购费、仓储费、工地保管费、仓储损耗。

3. 施工机械使用费：指施工机械作业所发生的机械使用费以及机械安拆费和场外运费。施工机械台班单价由下列七项费用组成：

（1）折旧费：指施工机械在规定的使用年限内，陆续收回其原值及购置资金的时间价值。

（2）大修理费：指施工机械在规定的大修理间隔台班进行必要的大修理，以恢复其正常功能所需的费用。

（3）经常修理费：指施工机械除大修理以外的各级保养和临时故障排除所需的费用。包括为保障机械正常运转需替换设备与随机配备工具用具的摊销和维护费用，机械运转及日常保养所需润滑与擦拭的材料费用及机械停滞期间的维护和保养费用等。

（4）安拆费及场外运费：安拆费是指施工机械在现场进行安装与拆卸所需的人工、材料、机械和试运转费用以及机械辅助设施的折旧、搭设、拆除等费用；场外运费指施工机械整体或分体自停放地点运至施工现场或由一施工地点运至另一施工地点的运输、装卸、辅助材料及架线等费用。

（5）人工费：指机上司机（司炉）和其他操作人员（不含矿建工程）的工作日人工费及上述人员在施工机械规定年工作台班以外的人工费。

（6）燃料动力费：指施工机械在运转作业中所消耗的固体燃料（煤、木柴）、液体燃料（汽油、柴油）及水、电等费用。

（7）其他费用：指施工机械按照国家和有关部门规定应缴纳的养路费、车船使用税、保险费及年检费等。

4. 井巷工程辅助费：指井巷工程施工所发生的提升、给排水、通风、运输、照明供电、供热、其他等辅助系统的费用，包括人工费、材料费、机械费。

（二）措施费：指为完成工程项目施工，发生于该工程施工前和施工过程中非工程实体项目的费用，由技术措施费和组织措施费组成。

1. 技术措施费包括：

（1）大型机械设备进出场及安拆费（不含矿建工程大型机械设备）：指机械整体或分体自停放场地运至施工现场或由一施工地点运至另一施工地点，所发生的机械进出场运输转移费用，以及机械在施工现场进行安装、拆卸所需的人工费、材料费、机械费、试运转费和安装所需的辅助设施的费用。

（2）混凝土、钢筋混凝土模板及支架费（矿建工程除外）：指混凝土施工过程中需要的各种钢模板、木模板、支架等的支、拆、运输费用及模板、支架的摊销（或租赁）费用。

（3）脚手架费：指施工需要的各种脚手架搭、拆、运输费用及脚手架的摊销（或租赁）费用。

（4）其他技术措施费：指根据各专业工程特点或工程实际需要补充的技术措施项目费用。

2. 组织措施费包括：

（1）环境保护费：指施工现场为达到环保部门的要求所需要的各项费用。内容主要包括：施工企业按照《中华人民共和国环境保护法》、《建设工程安全生产管理条例》及其他有关环境保护的规定，保护施工现场周边环境防止或者减少粉尘、废气、废水、噪声、振动、施工照明造成对周围环境的污染和对人的危害，以及采取的必要的措施修复由于工程施工受到破坏的环境等所需要的各项费用。

（2）文明施工费：指施工现场文明施工所需要的各项费用。内容主要包括：按照《建设工程安全生产管理条例》、《建筑施工安全检查标准》等有关规定，施工现场硬化处理，防病除害措施、卫生保健措施、洗车槽措施、场地绿化等建设和管理措施。

(3) 安全施工费：指施工现场安全施工所需要的各项费用。主要内容包括：按照《建设工程安全生产管理条例》、《矿山安全法》、《煤矿安全规程》等规定，施工企业建立安全生产责任、安全检查、安全隐患排除、安全教育、安全生产培训等各种制度，以及为保护井下工作人员生命安全，进行安全救护所发生的费用；设置符合国家标准的安全警示标牌、标志的费用；对可能造成损害的毗邻建筑物、构筑物和地下管线等采取的防护措施，对建筑四周、"四口"（楼梯口、电梯口、通道口、预留洞口）及临边采用安全防护，垂直作业上下隔离防护，施工用电防护，起重吊装专设人员上下爬梯及作业平台临时支护的费用；起重机械（各类吊车、起重机、塔吊等）及需要检测的设备、设施的安全防护和安全检测费用；施工现场配置的消防设施、消防器材的费用；按照《煤矿安全规程》一般规定，通风防尘、防火、防瓦斯爆炸及水害、地压等安全监控系统设施和机电、运输、提升安全保护监控设施的费用，以及创伤急救系统应配备救护车辆、急救器材、急救装备和药品等费用。

(4) 临时设施费：指施工企业为进行建筑安装工程施工所必需生活和生产用的临时建筑物、构筑物和其他临时设施的费用等。

临时设施包括：临时宿舍、生活福利的房屋与构筑物、临时仓库、办公室、加工厂以及规定范围内的道路、水、电、管线等临时设施。不包括矿井施工时所必需的冻结、钻进、预注浆、提升、排水、通风、压风、运输、照明、机电以及广场外的水、电、管线等凿井措施工程。

临时设施费用的内容包括：临时设施的搭设、维修、拆除、摊销费用及施工期间场内道路和水、电、管线的养护费和维修费。

(5) 冬雨季施工费：指建筑安装工程在冬雨季施工期间为保障工程质量所采取的各项措施（保暖、防寒、防雨、防潮、排水等）费用以及增加工序、机械使用、材料消耗和降低工效等所需的补偿费用。

(6) 夜间施工费：指地面建筑安装工程因夜间施工发生的夜班补助费、夜间施工降效、夜间施工照明设备的安装、拆除、摊销及照明用电等费用。

(7) 二次搬运费：指因施工场地狭小等特殊情况所发生的二次搬运费用。

(8) 生产工具用具使用费：指施工生产所需不属于固定资产的生产工具和检验、试验用具等的购置、摊销及维修费，以及支付个人自备工具的补贴费。

(9) 检验试验费：指对建筑材料、构件和建筑安装物进行一致鉴定、检查的所发生的费用，包括自设试验室进行试验所耗用的材料和化学药品等费用。不包括新结构、新材料的试验费和建设单位对具有出厂合格证明的材料进行检验，对构件做破坏性试验及其他特殊要求检验试验的费用。

(10) 特殊工种培训费：指对特殊工种进行培训，在培训期间所支付的工资、补贴、劳动保护费、差旅费、学杂费等。

(11) 工程定位、点交、清理费：指工程定位复测（不含井巷工程），工程点交，场地清理和单位工程竣工后移交前的看管费等费用。

二、间接费

由规费、企业管理费组成。

(一) 规费：指政府和有关权力部门规定必须缴纳的费用（简称规费）。包括：

1. 工程排污费：指施工现场按规定缴纳的工程排污费。

2. 工程定额测定费：指按规定支付工程造价（定额）管理部门的定额测定费。

3. 社会保障费，包括：

(1) 养老保险费：指企业按规定标准为职工缴纳的基本养老保险费。

(2) 失业保险费：指企业按规定标准为职工缴纳的失业保险费。

(3) 医疗保险费：指企业按规定标准为职工缴纳的基本医疗保险费。

（4）工伤保险费：指企业按规定标准为职工缴纳的工伤保险费。

（5）生育保险费：指企业按规定标准为职工缴纳的生育保险费。

4. 住房公积金：指企业按规定标准为职工缴纳的住房公积金。

5. 危险作业意外伤害保险：指按照建筑法规定，企业为从事危险作业的建筑安装施工人员支付的意外伤害保险费。

（二）企业管理费：指建筑安装企业组织施工生产和经营管理所需费用。内容包括：

1. 管理人员工资：指管理人员的基本工资、工资性补贴、职工福利费、劳动保护费等。

2. 办公费：指企业管理办公用的文具、纸张、账表、印刷、邮电、书报、会议、水、电、烧水和集体取暖（包括现场临时宿舍取暖）用煤等费用。

3. 差旅交通费：指职工因公出差、调动工作的差旅费、住勤补助费，市内交通费和误餐补贴费，职工探亲路费，劳动力招募费，职工离退休、退职一次性路费，工伤人员就医路费，人员来访费用以及管理部门使用的交通工具的油料、燃料、养路费及牌照费。

4. 固定资产使用费：指管理和试验部门及附属生产单位使用的属于固定资产的房屋、设备仪器等的折旧、大修、维修或租赁费。

5. 工具用具使用费：指管理使用的不属于固定资产的工具、用具、家具、交通工具和检验、试验、测绘、消防用具等的购置、维修和摊销费。

6. 劳动保险费：指由企业支付离退休职工的易地安家补助费、职工退职金、六个月以上病假人员工资、职工死亡丧葬补助费、抚恤费、按规定支付给离休干部的各项经费。

7. 工会经费：指企业按职工工资总额计提的工会经费。

8. 职工教育经费：指企业为职工学习先进技术和提高管理水平，按职工工资总额计提的费用。

9. 财产保险费：指施工管理用财产、车辆保险费用。

10. 财务费：指企业为筹集资金而发生的各项费用。

11. 税金：指企业按规定缴纳的房产税、车船使用税、土地使用税、印花税等。

12. 其他：包括技术转让费、技术开发费、业务招待费、绿化费、广告费、公证费、法律顾问费、审计费、咨询费等。

三、利润

指施工企业完成所承包工程获得的盈利。

四、税金

指国家税法规定的应列入建筑安装工程造价内的营业税、城市维护建设税及教育费附加等。

第三章 费用标准及有关规定

一、各类工程企业管理费、利润、临时设施费、安全文明施工及环保措施费、冬雨季施工等七项措施费、税金分别按表一至表六所列的费率、利润率、税率计取。

二、措施费列入相应工程的措施项目计算。技术措施费应计取企业管理费、利润等相关费用。组织措施费按本定额规定费率计取，包括人工费、材料费、机械使用费、企业管理费、利润。

三、规费

1. 社会保障费：土建、地面安装工程，按项目所在地土建、安装工程社会保障费率计取。井巷工程和露天剥离工程，按项目所在地土建工程（一类）社会保障费率分别以 1.73 和 0.34 系数调整。特殊凿井工程和井下安装工程，按项目所在地安装工程（一类）社会保障费率分别以 1.02 和 1.05 系数调整。

2. 工程定额测定费：应按项目所在地规定的费率计入工程造价，由建设单位代扣或由施工单位向煤炭地区工程造价管理部门交纳。

3. 工程排污费、住房公积金、危险作业意外伤害保险费、工程定额测定费，地方有规定按地方规定费率计算，当地方规定不明确时，可按下表费率（%）计算：

工程排污费、住房公积金、危险作业意外伤害保险费、工程定额测定费率表

工程类别	计算基础	工程排污费（%）	住房公积金（%）	危险作业意外伤害保险费（%）	工程定额测定费（%）	合计
井巷工程	分部分项工程费、措施项目费、其他项目费之和	0.03	0.68	0.22	0.20	1.13
露天剥离工程		0.01	0.18	0.15	0.20	0.54
特殊凿井工程		0.03	0.49	0.22	0.20	0.94
土建工程		0.03	0.50	0.19	0.20	0.92
安装工程		0.03	0.58	0.19	0.20	1.00

四、其他有关规定

1. 企业管理费中取暖费，根据项目所在地省级人民政府规定的取暖期（月）套用相应费率。

2. 企业管理费基本费率包括远地施工增加费，施工企业基地至施工点距离超过25km小于500km时，按本定额费率标准计取；若小于25km时，以0.96系数调整基本费率；若大于500km时，以1.05系数调整基本费率。

3. 北纬48度以北高寒地区的工程项目，临时设施费按一类地区标准以1.2系数调整。

4. 根据矿井施工特点，井巷工程的临时设施费分为井筒期（一期）、巷道期（二、三期）和尾工期，其划分原则与井巷工程辅助费定额的规定相同。

5. 在工业广场利用原生产系统的改扩建工程，临时设施费按规定标准的70%计取；新建独立工业广场设置独立系统的改扩建工程，按本定额规定的标准执行。

6. 安全施工费分为高沼气矿井和低沼气矿井两档，按设计规定的矿井沼气等级套用相应费率。

7. 井巷工程辅助费补偿费应计取企业管理费、利润、组织措施费、规费和税余。

8. 当建筑安装工程综合税地方规定与本定额规定不一致时，编制概算执行本定额规定，编制预算与工程结算执行地方规定。

表一　企业管理费费率表

工程名称		计算基础	企业管理费费率（%）							
			基本费率	取暖费：按取暖期（月）计取						
				2	3	4	5	6	7	>7
一、矿建工程										
1. 井巷工程		直接工程费（含辅助费）								
（1）立井井筒及硐室			11.48	0.09	0.21	0.37	0.59	0.84	1.15	1.50
（2）一般支护			14.95	0.12	0.27	0.49	0.76	1.10	1.49	1.95
（3）金属支架支护			8.35	0.07	0.15	0.27	0.43	0.61	0.83	1.09
2. 井下铺轨工程			2.22	0.02	0.04	0.07	0.11	0.16	0.22	0.29
3. 特殊凿井工程		人工费	59.10	0.55	1.24	2.20	3.44	4.95	6.74	8.80
4. 露天剥离工程		直接工程费	2.81	0.03	0.06	0.11	0.17	0.24	0.33	0.43
二、土建工程		直接工程费								
1. 一般土建工程										
（1）一类			8.36	0.08	0.18	0.32	0.50	0.72	0.98	1.28
（2）二类			7.25	0.07	0.16	0.28	0.43	0.62	0.85	1.11
（3）三类			6.27	0.06	0.14	0.24	0.38	0.54	0.74	0.96
2. 金属结构制作及安装			3.89	0.03	0.08	0.13	0.21	0.30	0.41	0.54
3. 金属结构安装			2.22	0.02	0.04	0.07	0.11	0.15	0.21	0.27
4. 地面轻轨铺设工程			1.88	0.01	0.03	0.05	0.08	0.11	0.16	0.20
5. 大型土石方	机械施工		4.75	0.04	0.10	0.18	0.28	0.40	0.71	0.71
	人工施工	人工费	15.12	0.14	0.33	0.58	0.90	1.30	1.77	2.31
三、安装工程										
1. 地面安装工程			64.30	0.61	1.36	2.43	3.79	5.46	7.43	9.70
2. 井下安装工程			40.80	0.36	0.81	1.45	2.26	3.25	4.43	5.79

表二　利润率表

工程名称			利润率（%）	
			计算基础	费率（%）
矿建工程	井巷工程		直接工程费（含辅助费）+企业管理费	7.26
	井下铺轨工程			3.40
	露天剥离式程		直接工翟费+企业管理费	3.2
	特殊凿井工程		人工费	53
土建工程	一般土建工程		直接工程费+企业管理费	5.54
	金属结构制安			2.91
	金属结构安装			1.62
	地面轻轨铺设			1.30
	大型土石方	机械施工		3.53
		人工施工	人工费	19
安装工程	地面安装			53
	井下安装			45

表三　临时设施费费率表

工程名称		计算基础	临时设施费费率（%）								
			一类地区			二类地区			三类地区		
			一期	二、三期	尾工期	一期	二、三期	尾工期	一期	二、三期	尾工期
一、矿建工程		分部分项工程费									
1. 井巷工程											
（1）立井井筒及硐室			3.21			2.92			2.77		
（2）一般支护			4.16	2.09		3.78	1.90		3.59	1.81	
（3）金属支架支护				1.17			1.06			1.01	
2. 井下铺轨工程			0.85	0.43	0.14	0.78	0.39	0.13	0.74	0.37	0.12
3. 特殊凿井工程		人工费	8.58			7.80			7.41		
4. 露天剥离工程		分部分项工程费	0.48			0.44			0.42		
二、趣面建筑工程											
1. 一般土建工程											
（1）一类			1.45			1.32			1.25		
（2）二类			1.27			1.15			1.09		
（3）三类			1.09			0.99			0.94		
2. 金属结构制作及安装			0.62			0.56			0.53		
3. 金属结构安装			0.31			0.28			0.27		
4. 地面轻轨铺设工程			0.25			0.23			0.22		
5. 大型土石方	机械施工		0.88			0.80			0.76		
	人工施工	人工费	4.97			4.52			4.29		
三、安装工程											
1. 地面安装			9.50			8.64			8.21		
2. 井下安装			5.50			5.00			4.75		

表四　安全施工费、文明施工费、环境保护费费率表

工程名称		计算基础	安全施工费（%）		文明施工费（%）	环境保护费（%）
			高沼气	低沼气		
一、矿建工程		分部分项工程费				
1. 井巷工程		分部分项工程费	2.94	1.96	0.38	0.19
2. 井下铺轨工程		分部分项工程费	0.53	0.35	0.07	0.04
3. 特殊凿井工程		人工费	7.12		3.71	2.23
4. 露天剥离工程		分部分项工程费	0.24		0.17	0.10
二、地面建筑工程		分部分项工程费				
1. 一般土建工程		分部分项工程费	0.64		0.45	0.27
2. 金属结构制作及安装		分部分项工程费	0.31		0.22	0.13
3. 金属结构安装		分部分项工程费	0.16		0.11	0.07
4. 地面轻轨铺设工程		分部分项工程费	0.12		0.08	0.05
5. 大型土石方	机械施工	分部分项工程费	0.41		0.29	0.17
	人工施工	人工费	3.02		2.15	1.29
三、安装工程		人工费				
1. 地面安装		人工费	6.9		3.43	2.06
2. 井下安装		人工费	4.56		1.99	1.19

表五　冬雨季施工、夜间施工、生产工具用具使用费，检验试验费、二次搬运、特殊工种培训、工程定位、点交、清理费综合费率表

工程名称		计算基础	冬雨季施工、夜间施工等措施费综合费率（%）		
			一类地区	二类地区	三类地区
一、矿建工程		分部分项工程费			
1. 井巷工程		分部分项工程费	2.41	1.97	1.66
2. 井下铺轨工程		分部分项工程费	0.48	0.39	0.33
3. 特殊凿井工程		人工费	27.66	22.58	19.08
4. 露天剥离工程		分部分项工程费	1.32	1.08	0.91
二、地面建筑工程		分部分项工程费			
1. 一般土建工程		分部分项工程费	3.76	3.07	2.59
2. 金属结构制作及安装		分部分项工程费	1.83	1.49	1.26
3. 金属结构安装		分部分项工程费	0.92	0.75	0.63
4. 地面轻轨铺设工程		分部分项工程费	0.69	0.56	0.47
5. 大型土石方	机械施工	分部分项工程费	2.40	1.96	1.66
	人工施工	人工费	17.82	14.55	12.29
三、安装工程		人工费			
1. 地面安装		人工费	26.65	21.75	18.38
2. 井下安装		人工费	10.18	8.31	7.02

表六　综合税率表

工程所在地	计税基础	税率（%）
市区	分部分项工程费、措施项目费、其他项目费、规费之和（不含税工程造价）	3.41
县城或镇		3.35
其他地区		3.22

第四章　费用标准的适用范围

一、矿建工程

1. 井巷工程

（1）立井井筒及硐室工程：适用于立井井筒、立井井筒与井底车场联接处、箕斗装载硐室及位于井筒中的硐室。

（2）一般支护井巷工程：适用于一般支护的斜井、斜巷、平硐、平巷及硐室工程。

（3）金属支架支护井巷工程：适用于施工企业自行制作（包括刷油）的金属支架支护的斜井、斜巷、平硐、平巷及硐室工程。

2. 井下铺轨工程：适用于井下铺轨、道岔铺设工程。

3. 特殊凿井工程：适用于井筒冻结、地面预注浆等特殊措施工程和大钻机钻井工程。

4. 露天剥离工程：适用于露天矿基本建设剥离工程。

二、地面土建工程

1. 一般土建工程：适用于一般工业与民用建筑新建、扩建、改建工程的永久性和临时性的房屋及构筑物，各种设备基础、管道沟、场区道路、挡土墙、排水沟、围墙等单位工程以及附属一个单位内挖方或填方量不超过5000m^3的土石方工程。

一般土建工程按《建筑工程类别划分表》及说明规定的一、二、三类工程类别选用费率标准。

2. 金属结构制作及安装工程：适用于地面建筑工程中的金属结构工程，如钢梁、钢屋架、钢桁架、球型管网架、金属楼梯、金属框架、铝合金门窗、塑钢窗、塑料窗、彩钢压型板、金属卷帘门等施工企业自行加工制作（包括刷油及运输）并安装的金属结构工程。

3. 金属结构安装（吊装）工程：适用于施工企业以成品形式购入的金属构件，只负责安装的金属结构工程（含彩钢压型板安装工程）。

4. 地面轻轨铺设工程：适用于地面轻轨铺设，包括道碴、道岔铺设及转车盘、扳道器、电磁转辙器的安装

5. 大型土石方工程：适用于单独编制预算的，或附属于单位工程内挖方或填方（不得挖填相加计算）在5000m^3以上的土石方工程。

三、安装工程

1. 地面安装工程：适用于煤炭地面的机电设备设施安装、室内给排水、采暖、照明、通风等安装工程，室外供水、给排水热力网、煤气、压风、灌浆等管路敷设工程，室外动力网路、照明线路敷设等工程。

2. 井下安装工程：适用于井筒装备（含辅助费）、井下机电设备设施安装和管线敷设等工程。

使用说明：

1. 表中各类工程分类均按单位工程划分。一个单位有由几种工程类型组成时，以建筑面积最大的类型选定；多跨工业建筑以檐口高度最高或跨度最大的选定。同一类型中有几个指标，只要满足其中一个指标，即可按该类型选定。

建筑工程类别划分表

项目				一类	二类	三类
工业建筑	单层	檐口高度	m	≥18	≥12	<12
		跨度	m	≥24	≥18	<18
	多层	檐口高度	m	≥24	≥18	<18
		建筑面积	m^2	≥5000	≥3000	<3000
	锅炉房	单炉蒸发量	t	≥20	≥10	<10
		总蒸发量	t	≥50	≥30	<30
民用建筑	公共建筑	檐口高度	m	≥36	≥24	<24
		跨度	m	≥27	≥18	<18
		建筑面积	m^2	≥6000	≥4000	<4000
	矿区住宅	檐口高度	m	≥36	≥27	<27
		层数	层	≥12	≥9	<9
		建筑面积	m^2	≥7000	≥4000	<4000
构筑物	井塔	高度	m	≥40	<40	
	井架	高度	m	≥30	<30	
	圆筒仓	内径	m	≥15	≥12	<12
	方形仓	边长	m	≥6	<6	
	水塔	有效高度	m	≥30	≥25	<25
		容量	m^3	≥100	≥50	<50
	烟囱	高度 钢筋混凝土	m	≥50	<50	
		高度 砖	m	≥40	≥30	<30
	贮水（油）池	容量	m^3	≥1000	≥400	<400
	栈桥	支架平均高度	m	≥10	≥5	<5
	回煤漏斗	建筑体积	m^3	≥300	<300	

2. 翻车机房、浓缩池、受煤坑、风道及单独施工的沉井、沉箱均按一类工程取费。
3. 地道、暗道及排、框架结构不够二类工程按二类工程取费。
4. 场区道路以及挡土墙、排水沟、围墙等零星工程均按三类工程取费。
5. 表中未涉及的工程可按类似工程选定。

第五章　建筑安装工程造价计算程序

一、工程量清单计价

1. 综合单价计算程序表

序号	费用项目＼工程类别		井巷、露天、土建	特凿、安装、人工土石方
（一）	分部分项工程直接工程费		分部分项工程 Σ（人工费＋材料费＋机械费）	分部分项工程 Σ（人工费＋材料费＋机械费）
	其中	（1）人工费	Σ（人工消耗量×人工单价）	Σ（人工消耗量×人工单价）
		（2）材料费	Σ（材料消耗量×材料单价）	Σ（材料消耗量×材料单价）
		（3）机械费	Σ（机械台班消耗量×台班单价）	Σ（机械台班消耗量×台班单价）

续表

序号	工程类别 费用项目	井巷、露天、土建	特凿、安装、人工土石方
（二）	企业管理费	（一）×相应费率	（1）×相应费率
（三）	利润	［（一）+（二）］×相应费率	（1）×相应费率
（四）	综合单价	（一）+（二）+（三）	（一）+（二）+（三）

2. 技术措施费计算程序表

序号	工程类别 费用项目		井巷、露天、土建	特凿、安装、人工土石方
（一）	技术措施项目		Σ（人工费+材料费+机械费）	Σ（人工费+材料费+机械费）
	其中	（1）人工费	Σ（人工消耗量×人工单价）	Σ（人工消耗量×人工单价）
		（2）材料费	Σ（材料消耗量×材料单价）	Σ（材料消耗量×材料单价）
		（3）机械费	Σ（机械台班消耗量×台班单价）	Σ（机械台班消耗量×台班单价）
（二）	企业管理费		（一）×相应费率	（1）×相应费率
（三）	利润		［（一）+（二）］×相应费率	（1）×相应费率
（四）	技术措施费		（一）+（二）+（三）	（一）+（二）+（三）

3. 组织措施费计算程序表

序号	工程类别 费用项目	井巷、露天、土建	特凿、安装、人工土石方
（一）	分部分项工程费	Σ（分部分项工程量×综合单价）	Σ（分部分项工程量×综合单价）
	其中：（1）人工费		Σ（人工消耗量×人工单价）
（二）	技术措施费（含企业管理费和利润）	Σ（人工费+材料费+机械费+企业管理费+利润）	Σ（人工费+材料费+机械费+企业管理费+利润）
	其中：（2）人工费		Σ（人工消耗量×人工单价）
（三）	组织措施费（含企业管理费和利润）	［（一）+（二）］×相应费率	［（1）+（2）］×相应费率或（1）×相应费率

4. 零星工作项目费计算程序表

序号	工程类别 费用项目	井巷、露天、土建	特凿、安装、人工土石方
（一）	人工综合单价	人工单价×（1+企业管理费率）×（1+利润率）	人工单价×（1+企业管理费率）×（1+利润率）
（二）	人工费合价	Σ（工日消耗量×人工综合单价）	Σ（工日消耗量×人工综合单价）
（三）	材料综合单价	材料单价×（1+企业管理费率）×（1+利润率）	材料单价
（四）	材料费合价	Σ（材料消耗量×材料综合单价）	Σ（材料消耗量×材料单价）
（五）	机械综合单价	机械单价×（1+企业管理费率）×（1+利润率）	机械单价
（六）	机械合价	Σ（机械消耗量×机械综合单价）	Σ（机械消耗量×机械单价）
（七）	零星工作项目费	（二）+（四）+（六）	（二）+（四）+（六）

5. 煤炭建筑安装工程费用计算程序表

序号	项目名称	计算办法
(一)	分部分项工程费	Σ(分部分项工程量×综合单价)
(二)	措施项目费	Σ(各项措施项目费)
(三)	其他项目费	Σ(各项其他项目费)
(四)	规费	Σ(各项规费)
(五)	税金	[(一)+(二)+(三)+(四)]×税率
(六)	总造价	(一)+(二)+(三)+(四)+(五)

说明：综合单价：是指完成工程量清单中一个规定计量单位项目所需的人工费、材料费、机械使用费、管理费和利润，并考虑风险因素。利用清单计价编制招标工程标底时，地区价差只计取规费和税金。

二、定额计价

1. 井巷、露天、土建工程造价计算程序表

费用项目	计算办法
(一)直接工程费	工程量×消耗量定额 基价
(二)技术措施费	工程量×消耗量定额 基价
(三)企业管理费	[(一)+(二)]×相应费率
(四)利润	[(一)+(二)+(三)]×相应费率
(五)组织措施费	[(一)+(二)+(三)+(四)]×相应费率
(六)其他项目费	列项计算
(七)地区价差	按规定计算
(八)规费	按规定计算
(九)税金	[(一)+(二)+(三)+(四)+(五)+(六)+(七)+(八)]×相应税率
(十)总造价	(一)+(二)+(三)+(四)+(五)+(六)+(七)+(八)+(九)

2. 特凿、安装、人工土石方工程造价计算程序表

费用项目	计算办法
(一)直接工程费	Σ(工程量×消耗量定额 基价)
1. 其中人工费	Σ(工日消耗量×人工单价)
(二)技术措施费	Σ(工程量×消耗量定额基价)
2. 其中人工费	Σ(工日消耗量×人工单价)
(三)企业管理费	(1+2)×相应费率
(四)利润	(1+2)×相应费率
(五)组织措施费	(1+2)×相应费率
(六)其他项目费	列项计算
(七)地区价差	按规定计算
(八)规费	按规定计算
(九)税金	[(一)+(二)+(三)+(四)+(五)+(六)+(七)+(八)]×相应税率
(十)总造价	(一)+(二)+(三)+(四)+(五)+(六)+(七)+(八)+(九)

煤炭工程建设其他费用规定
（2008 年）

一、建设单位管理费

建设单位管理费：指建设单位从项目筹建开始直至办理竣工决算为止，发生的项目建设管理费用。

费用内容：

（1）建设单位管理费：是指建设单位发生的管理性质的开支。包括：工作人员工资、工资性补贴、施工现场津贴、职工福利费、住房基金、基本养老保险费、基本医疗保险费、失业保险费、工伤保险费、办公费、差旅交通费、劳动保护费、工具用具使用费、固定资产使用费、必要的办公及生活用品购置费、必要的通讯设备及交通工具购置费、零星固定资产购置费、招募生产工人费、技术图书资料费、业务招待费、设计审查费、合同契约公证费、法律顾问费、咨询费、审计费、房产税、土地使用税、印花税和其他管理性质开支。

计费方法：

建设单位所需费用按以下费用×建设单位管理人员数×建设工期。建设单位管理人员数（建设工期内加权平均人数）和建设工期（含准备期）根据施工组织设计确定。

单位：元/人·月

项　　目	矿井（露天）	选煤厂
费　　用	8000～12000	7000～10000

注：改扩项目建设单位管理费按 60% 计取。

（2）工程监理费：指建设单位委托工程监理单位实施工程监理的费用。

计费方法：

监理费根据委托监理范围和监理深度在监理合同中商定，或按中国煤炭建设协会中煤建协字〔2003〕第 71 号文、国家物价局、建设部的有关规定计算。矿建工程按 1.1 系数调整。

（3）工程招标费：指招标、发标等工作所需费用。

计费方法：

依据工程所在省、自治区、直辖市有关规定计算。

（4）工程标底编制、合同签证、合同预算审查费。

计费方法：按建安工作量 5‰计算。

（5）竣工清理及竣工验收费：指为项目竣工交付使用进行资料档案、环保、劳动卫生、安全消防验收及地面和井下清理等所发生的费用。

计费方法：

4.0 元/m^2 ×工业广场及居住区占地面积 +1.0 元/m ×矿井巷道长度。由建设单位包干使用。

（6）工程质量监督检测费：

计费方法：

根据原煤炭工业部煤规字〔1994〕第 220 号文件《关于颁发煤炭工业建设工程质量监督办法的通知》的有关规定，结合建设项目的具体情况，按建安工作量的 3.5‰～4‰计算。

（7）如建设管理采用工程总承包方式，其总包管理费由建设单位与总包单位根据总包工作范围在合同中商定，从建设管理费中支出。

二、建设用地费

建设用地费：指按照《中华人民共和国土地管理法》等规定，建设项目征用土地或租用土地应支付的费用。

费用内容：

（1）土地征用及迁移补偿费：经营性建设项目通过出让方式购置的土地使用权（或建设项目通过划拨方式取得无限期的土地使用权）而支付的土地补偿费、地上附着物和青苗补偿费、余物迁建补偿费、土地登记管理费等；建设单位在建设过程中发生的土地复垦费用和土地损失补偿费用；建设期间临时占地补偿费。

（2）征用耕地按规定一次性缴纳的耕地占用税；征用城镇土地在建设期间按规定每年缴纳的城镇土地使用税；征用城市郊区菜地按规定缴纳的新菜地开发建设基金。

（3）建设单位租用建设项目土地使用权支付的租地费用。

计费方法：

（1）根据应征建设用地面积、临时用地面积，按建设项目所在地省、市、自治区人民政府制定颁发的土地征用补偿费、安置补偿费标准和耕地占用税、城镇土地使用税标准计算。

（2）建设用地上的建（构）筑物如需迁建，其迁建补偿费按地方政府规定执行。如果地方政府没有规定，可按迁建补偿协议计列或按新建同类工程造价计算。建设场地平整中的余物拆除清理费在“场地准备及临时设施费”中计算。

（3）建设项目采用“长租短付”方式租用土地使用权，在建设期间支付的租用地费用计入建设用地费；在生产经营期间支付的土地使用费应进入营运成本中核算。

三、可行性研究费

可行性研究费：系指在建设项目前期工作中，编制和评估项目建议书（或预可行性研究报告）、可行性研究报告所需的费用。

计费方法：

（1）依据前期研究委托合同计算，或按照《国家计委关于印发〈建设项目前期工作咨询收费暂行规定〉的通知》（计投资〔1999〕1283号）的规定计算。

（2）编制预可行性研究报告参照编制项目建议书收费标准。

（3）单独委托编制技术经济评价按项目所在省、自治区、直辖市有关规定计算。

四、研究试验费

研究试验费：系指为本建设项目提供或验证设计数据、资料等进行必要的研究试验及按照设计规定在建设过程中必须进行试验、验证所需的费用。但不包括：

（1）应由科技三项费用（即新产品试制费、中间试验费和重要科学研究补助费）开支的项目。

（2）应在建筑安装费用中列支的施工企业对建筑材料、构件和建筑物进行一般鉴定，检查所发生的费用及技术革新的研究试验费。

（3）应由勘察设计费或工程费用中开支的项目。

计费方法：

按照研究试验内容和要求按有关规定计算。

五、勘察设计费

勘察设计费：系指委托勘察设计单位进行工程水文地质勘察、工程设计所发生的各项费用。包括：

（1）工程勘察费、初步设计费（基础设计费）、施工图设计费（详细设计费）。

（2）委托勘察、设计单位进行概、预算编制所需费用。

（3）调整概算按工程设计费4.2%～6.3%计取。

（4）设计模型制作费。

计费方法：

依据勘察设计委托合同计列，或按照国家计委、建设部《关于发布〈工程勘察设计收费管理规定〉的通知》（计价格〔2002〕10号）规定计算。单独委托编制施工图预算时，预算编制费按施工图设计费的14.3%计取。

六、环境影响评价费

环境影响评价费：系指按照《中华人民共和国环境保护法》、《中华人民共和国环境影响评价法》等规定，为全面、详细评价本建设项目对环境可能产生的污染或造成的重大影响所需的费用。包括编制环境影响报告书（含大纲）、环境影响报告表和评估环境影响报告书（含大纲）、评估环境报告影响报告表等所需的费用。

计费方法：

依据环境影响评价委托合同计列，或按照国家计委、国家环境保护总局《关于规范环境影响咨询收费有关问题的通知》（计价格〔2002〕125号）规定计算。

七、劳动安全卫生评价费

劳动安全卫生评价费：系指按照劳动部《建设项目（工程）劳动安全卫生监察规定》和《建设项目（工程）劳动安全卫生预评价管理办法》的规定，为预测和分析建设项目存在的职业危险、危害因素的种类和危害程度，并提出先进、科学、合理可行的劳动安全卫生技术和管理对策所需的费用。包括编制建设项目劳动安全卫生评价大纲和劳动安全卫生预评价报告书，以及为编制上述文件所进行的工程分析和现状调查等所需费用。

计费方法：

依据劳动安全卫生预评价委托合同计列，或按照建设项目所在省（市、自治区）劳动行政部门规定的标准计算。

八、场地准备及临时设施费

场地准备及临时设施费：包括场地准备费和临时设施费。

（1）场地准备费：是指建设项目为达到工程开工条件所发生的场地平整和建设场地余留的有碍于施工建设的设施，进行拆除清理的费用。

（2）临时设施费：是指为满足施工建设需要而供到场地界区的临时水、电、路、讯、气等工程费用和建设单位的现场临时建（构）筑物的搭设、维修、拆除、摊销或建设期间租赁费用，以及施工期间专用公路养护费、维修费。此费用不包括已列入建筑安装工程费用中的施工单位临时设施费用。

（3）场地准备及临时设施应尽量与永久性工程统一考虑。建设场地的大型土石方工程应进入工程费用中的总图运输费用中。

计费方法：

（1）新建项目的场地准备和临时设施费应根据实际工程量估算，或按工程费用的比例计算。改扩建项目只计拆除清理费。

拆除清理费用

项　目		计算公式	费率（%）
建筑工程	一般砖木结构	按新建价格×费率	10
	混合结构	按新建价格×费率	15
	混凝土及钢筋混凝土		
	（1）有爆破条件工程	按新建价格×费率	20
	（2）无爆破条件工程	按新建价格×费率	35

续表

项目		计算公式	费率（%）
安装工程	（1）机械设备及装置	按新建价格×费率	30
	（2）电气设备及装置	按新建价格×费率	45
	（3）工艺管理工程	按新建价格×费率	45
	（4）输电线路及通讯线路	按新建价格×费率	60

注：发生拆除清理费时可按同类工程等价或主材费、设备费的比例计算。凡可回收材料的拆除采用以料抵工方式，不再计算拆除清理费。

（2）场地准备和临时设施费＝工程费用×拆除清理费用费率＋临时设施费

场地准备和临时设施费 单位：万元

项目	场外公路	输电线路	通信线路	输水管路		平整场地		办公室车库宿舍
				埋设	明设	主副井广场	风井广场	
单位	km					一个广场		
矿井费用	21.92	4.14	2.16	34.32	31.47	7.66	4.61	19.80
选煤厂费用	15.34	2.90	1.51	24.02	22.03	5.36		13.86

九、引进技术和引进设备其他费

费用内容：

（1）引进项目图纸资料翻译复制费、备品备件测绘费。

（2）出国人员费用：包括买方人员出国设计联络、出国考察、联合设计、监造、培训等所发生的旅费、生活费、制装费等。

（3）来华人员费用：包括卖方来华工程技术人员的现场办公费用、往返现场交通费用、工资、食宿费用、接待费用等。

（4）银行担保及承诺费：指引进项目由国内外金融机构出面承担风险和责任担保所发生的费用，以及支付贷款机构的承诺费用。

计费方法：

根据设计资料按国家部门的规定或合同计算。

十、工程保险费

工程保险费：指建设项目在建设期间根据需要对建筑工程、安装工程及机器设备进行投保而发生的保险费用。包括建筑工程一切险和人力意外伤害险、引进设备国内安装保险等。

计费方法：

按国家有关规定计算。

十一、联合试运转费

联合试运转费：指新建企业或新增生产能力的扩建企业，在竣工验收前按照设计规定的工程质量标准，对整个生产线或车间进行无负荷和有负荷联合试运转所发生的费用支出大于试运转收入的差额部分费用，不包括应由设备安装工程费项下开支的调试费及试车费。

费用内容：

试运转所需材料、燃料、油料及动力消耗、低值易耗品及其他物料消耗、机械使用费、联合试运转人员工资以及施工企业参加试运转人员的工资及管理费用。试运转收入是指试运转产品销售收入及其他收入。

计费方法：

费用×设计生产能力

项　　目	设计生产能力（Mt/d）	费用（元/0.01Mt）
矿井	0.3 以下	11090
	0.45 ~ 1.2	12580
	1.5 ~ 1.8	12370
	2.4 ~ 4.0	8950
	5.0 以上	8520
炼焦煤选煤厂	0.6 以下	1310
	0.9 ~ 1.2	2170
	1.5 ~ 2.4	3970
	3.0 以上	3780
非炼焦煤选煤厂	0.6 以下	920
	0.9 ~ 1.2	1520
	1.5 ~ 2.4	2780
	3.0 以上	2640

注：改扩建按新增设计能力。

十二、特殊设备安全监督检验费

特殊设备安全监督检验费：系指在施工现场组装的锅炉及压力容器、消防设备、燃气设备、电梯等特殊设备和设施，由安全监察部门按照有关安全监察条例和实施细则以及设计技术要求进行安全检验，应由建设项目支付的，向安全监察部门缴纳的费用。

计费方法：

按建设项目所在省（市、自治区）安全监察部门的规定标准计算。

十三、市政公用设施建设及绿化费

市政公用设施建设及绿化费：指项目建设单位按照项目所在地人民政府有关规定交纳的市政公用设施建设费，以及绿化补偿费，建设项目在工程移交验收前对工业场区、场外公路、居住区进行绿化所需的费用。

计费方法：

按工程所在地人民政府规定标准计算，无规定标准可按以下方法计算。

（1）场区：（工业广场占地面积 ×15% + 居住区占地面积 ×20%）×25 元/m^2；

（2）场外公路：按场外公路长度 ×8400 元/km。

十四、专利及专有技术使用费

费用内容：

（1）国外设计及技术资料费、引进有效专利、专有技术使用费和技术保密费；

（2）国内有效专利、专有技术使用费；

（3）商标使用费、特许经营权费等。

计费方法：

（1）按专利使用许可协议和专有技术使用合同的规定计列。

（2）专有技术的界定以省、部级鉴定批准为依据。

（3）项目投资中只计需在建设期支付的专利及专有技术使用费。协议或合同规定在生产期支付的使用费应在成本中核算。

十五、生产准备及开办费。

生产准备及开办费：系指建设项目为保证正常生产而发生的人员培训费、提前进厂费以及投产使用初期必备的生产生活用具、工器具等购置费用。

（1）生产准备人员费：内容包括工作人员的基本工资、工资性补贴、职工福利费、基本养老保险费、医疗保险费、失业保险费、住房公积金、办公费、差旅交通费、劳动保护费等。

计算方法：

矿井、选煤厂均按3500元/人、月×生产准备人员数×准备期。生产准备人员数（准备期加权平均人数）和准备期依据有关规定确定。改扩建项目不发生此项费用不计取。

（2）人员培训费：包括自行培训、委托其他单位培训人员工资、工资性补贴、职工福利费、基本养老保险费、医疗保险费、失业保险费、住房公积金、办公费、差旅交通费、学习资料费、劳动保护费等。

计费方法：

费用×设计定员

改扩建工程按新增加人员计算。

单位：元/人

项　目	矿井（露天）	选　煤　厂
费　用	1350	1100

（3）生产单位提前进矿（厂）人员费：内容包括为熟悉工艺流程及设备性能等提前进矿（厂）人员的基本工资、工资性补贴、职工福利费、基本养老保险费、医疗保险费、失业保险费、住房公积金、差旅交通费、劳动保护费等。

计费方法：

费用×全矿（厂）在籍人数

改扩建工程在籍人数指新增在籍人数。

单位：元/人

项　目	矿井（露天）				选煤厂
	0.3Mt/d 以下	0.45～1.2Mt/d	1.5～4.0Mt/d	5.0Mt/d 以上	
费用	2100	2800	3600	4500	1700

（4）办公及生活家具用具购置费：指新建项目为保证初期生产、生活和管理所必须的或改扩建项目需补充的办公、生活家具、用具等费用。

费用内容：

办公室、会议室、资料档案室、阅览室、文娱室、职工食堂、浴室、单身宿舍及设计文件规定必须建设的医务室、招待所等所需的家具、用具、器具购置费。

计费方法：

费用×全矿（厂）在籍人数

改扩建工程在籍人数指新增在籍人数。

单位：元/人

项　目	矿　井	选　煤　厂	
		矿区及群矿	矿井
新建工程	890	850	850
改扩建工程	530	510	

办公及生活家具购置费不包括下列设备及器材：

（a）行政用具：录像设备、晒图机；

（b）食堂：炊事机具、冷藏设备；

（c）医院：医疗诊断仪器和设备。

（5）生产工器具购置费：指建设项目为保证初期正常生产所必须购置的第一套生产工器具、消防工器具和机电调试设备及工具的费用。

计算方法：费用×全矿（厂）在籍生产人数

改扩建项目在籍人数指新增在籍人数

单位：元/人

项目	矿井（露天）	选煤厂			
		0.3～0.6Mt/d	0.9～1.2Mt/d	1.5～3.0Mt/d	≥400Mt/d
费用	720	1360	1730	1680	1520

十六、安全生产评价费

安全生产评价费：系指根据建设项目可行性研究报告的内容，定价、定量分析和预测该建设项目可能存在的各种危险，有害因素，确定其危险度，提出合理可行的安全对策措施及建议所发生的费用。

计费方法：按照国家安全监察局关于贯彻实施《安全评价机构管理规定》的通知，或按地方政府有关规定计算。

十七、水土保持评价费

水土保持评价费：系指水土保持方案编制所发生的费用。

计费方法：按水利部保监（2005）22号《关于开发建设项目水土保持咨询服务费用计列的指导意见》的规定计算。

十八、探矿权转让费

探矿权转让费：指建设单位支付精查、详查（最终）、普查（最终）、扩大延深补充勘探、矿区水源勘探及补充地震勘探阶段全部技术资料的费用。

计费方法：

按国家或省（自治区）直辖市有关规定计算。

十九、采矿权转让费

采矿权转让费：系指获得采矿权所支付的采矿使用费、采矿权价款、矿产资源补偿费和资源税等费用。

计算方法：按各省有关规定计算。

二十、项目申请报告费

项目申请报告费：系指根据建设项目申报单位概况、拟建项目基本情况、投资资金概况等编制煤炭项目申请报告文本所发生的费用。

计费方法：参照编制预算可行性研究报告收费标准计算。

二十一、井筒地质检查钻探费

井筒地质检查钻探费：系指建设工程在井筒开工前，为了解井筒所在位置的地质及水文情况所需的钻探费用。

主要工作内容包括：生产准备、造孔、全孔取芯、测定层位、测斜、水文观测、抽水试验、化验、封孔、安装与拆卸钻机、移至新区内、新点等。

计费方法：

按国家计划委员会计价费〔1996〕2853号文《国家计委关于重新审定颁布煤炭地质勘探收费标准的通知》规定计算。

二十二、矿井井位确定费

矿井井位确定费：指测量、导线、标桩砌筑等费用。

计费方法：

单位：万元/一个广场

项　目	单　井　筒	双　井　筒	三　井　筒
费用	3.23	5.51	7.79

该项费用可按实调整概算。

二十三、施工机构迁移费

施工机构迁移费：指施工企业由原住地迁移到工程所在地所发生的往返一次性搬迁费用。

费用内容：被调迁职工的差旅费、调迁期间工资、施工机械设备、工具用具、周转使用材料等运杂费。

计费方法：

按建筑安装工程费用1%计算，实际发生按甲乙双方合同规定计算。

二十四、维修费

维修费：指井下锚喷支护巷道、木支架巷道和工业广场永久建筑工程及外部公部建成后至移交生产前，由施工单位使用和代管期间的维修费。

计费方法：

（1）巷道维修费，按锚喷、木支架支护巷道工程造价的2%～3%计算，包干使用。岩石硬度系数$f<3$取上限；$f<6$取下限；$f>6$不计取。

（2）工业广场外部公路维修费。

a. 中低级路面：指碎石或砾石路面，其他粒料加固或改善路面。

计费方法：

按路面工程造价的10%计算。

b. 次高级路面：指沥青或渣油灌入式表面处理路面。

计费方法：

按路面工程造价的5%计算。

（3）利用永久建筑工程维修补助费：按工业广场内永久建筑工程造价的0.5%计算。该项费用由建设单位安排使用。